数字集成电路设计与实战

Design and Practice of Digital Integrated Circuits

曲英杰　李 阳　编著

化学工业出版社

·北京·

内容简介

本书系统介绍了数字集成电路的设计思想、原理、方法和技术，主要内容包括数字集成电路设计流程、Verilog 硬件描述语言、基于 Verilog HDL 的逻辑设计方法、数字集成电路设计的验证方法、EDA 工具的原理及使用方法、基于 FPGA 的集成电路设计方法、低功耗设计技术、可测性设计方法、SoC 设计方法以及多个复杂度较高的设计实例等。

本书根据数字集成电路设计与验证的工程需要确定知识结构，内容涵盖了数字集成电路设计流程中的各个知识点；设计实例丰富且介绍详尽，使读者能够深入了解各个设计环节，加深对设计方法的理解，提高工程实践能力；在内容的组织编排方面，突出逻辑性和条理性，遵循循序渐进的原则，利于读者学习和掌握。

本书可以作为高等学校电子信息类专业本科生和研究生的教材，也可供相关的工程技术人员参考。

图书在版编目（CIP）数据

数字集成电路设计与实战/曲英杰，李阳编著．—北京：化学工业出版社，2023.9
ISBN 978-7-122-43557-6

Ⅰ.①数…　Ⅱ.①曲…②李…　Ⅲ.①数字集成电路-电路设计　Ⅳ.①TN431.2

中国国家版本馆 CIP 数据核字（2023）第 092969 号

责任编辑：金林茹　　文字编辑：林　丹　吴开亮
责任校对：刘曦阳　　装帧设计：王晓宇

出版发行：化学工业出版社（北京市东城区青年湖南街 13 号　邮政编码 100011）
印　　装：高教社（天津）印务有限公司
787mm×1092mm　1/16　印张 31　字数 813 千字　2024 年 4 月北京第 1 版第 1 次印刷

购书咨询：010-64518888　　售后服务：010-64518899
网　　址：http://www.cip.com.cn
凡购买本书，如有缺损质量问题，本社销售中心负责调换。

定　　价：169.00 元

版权所有　违者必究

前言

PREFACE

数字集成电路设计技术是信息产业的核心技术，关系到国家的安全和经济的发展，体现了一个国家的核心竞争力和创新能力。目前，我国集成电路设计产业发展迅速，人才缺口较大，很多高校的电子信息类专业陆续开设了数字集成电路设计相关课程。编写本书的目的是提高我国数字集成电路设计人才的培养质量，为我国集成电路设计产业的发展提供支持。

编写本书的指导思想是：面向学科前沿，面向产业需求，面向工程实践，在内容的选择和组织上体现出系统性、完备性、先进性和实用性。

基于上述指导思想，本书首先介绍了数字集成电路的历史、现状和发展趋势，以及相关的基本概念、思想和方法；然后介绍了目前产业界流行的数字集成电路设计流程，之后以该设计流程为主线，详细介绍了流程中各个环节所用到的设计思想、原理、方法和技术，主要内容包括数字集成电路设计流程、Verilog 硬件描述语言、基于 Verilog HDL 的逻辑设计方法、数字集成电路设计的验证方法、EDA 工具的原理及使用方法、基于 FPGA 的集成电路设计方法、低功耗设计技术、可测性设计方法、SoC 设计方法以及多个复杂度较高的设计实例等。

本书内容新颖，紧跟学科前沿，能够把新的理论研究成果和先进的实用技术及时纳入其中；知识结构系统完备，内容涵盖了数字集成电路设计流程中的各个知识点；设计实例丰富，每个实例都来自笔者的科研项目且介绍详尽，使读者能够深入了解各个设计环节，加深对设计方法的理解，提高工程实践能力；注重总结和提炼具有普遍指导意义的设计思想和方法，引导读者重视对一般性的设计思想、设计方法的理解和掌握，而非仅仅局限于某些具体问题的解决，从而提高读者分析问题和解决问题的能力；在内容的组织编排方面，突出逻辑性和条理性，遵循循序渐进的原则，符合学习习惯。

本书可以作为高等学校电子信息类专业本科生和研究生的教材，也可供相关的工程技术人员参考。建议本教材的授课学时为 80 学时，其中理论 48 学时，实验 32 学时，具体学时分配见下表：

授课内容	学时分配
第 1 章　数字集成电路设计概述	4 学时
第 2 章　数字集成电路设计流程	8 学时
第 3 章　Verilog 硬件描述语言	8 学时
第 4 章　基于 Verilog HDL 的逻辑设计方法	6 学时
第 5 章　数字集成电路设计的验证方法	4 学时
第 6 章　EDA 工具的原理及使用方法	8 学时
第 7 章　基于 FPGA 的集成电路设计方法	4 学时
第 8 章　低功耗设计技术	2 学时
第 9 章　可测性设计方法	2 学时
第 10 章　SoC 设计方法	2 学时

续表

授课内容	学时分配
实验(可从第11～15章5个设计实例中选择1个作为实验内容,将设计实例划分为体系结构设计、各个子模块的RTL代码设计与功能仿真、系统集成与功能仿真、基于FPGA进行综合与布局布线、静态时序分析与时序仿真、FPGA实现与测试等多个实验)	32学时

本书由曲英杰和李阳编写，笔者学生明洋、仝令威、林泽龙、苗恒、马敬万、孙希杰、赵晨旭、王静等参与了书中部分设计实例的仿真与验证工作，在此向他们表示感谢。本书在编写过程中参考了近年来国内外出版的多本同类书籍和相关资料，在此一并向相关人员表示衷心的感谢！

限于笔者水平，书中难免有不当之处，敬请广大读者批评指正！

编著者

E-mail：quyj _ qd@163. com

目录
CONTENTS

本书内容思维导图

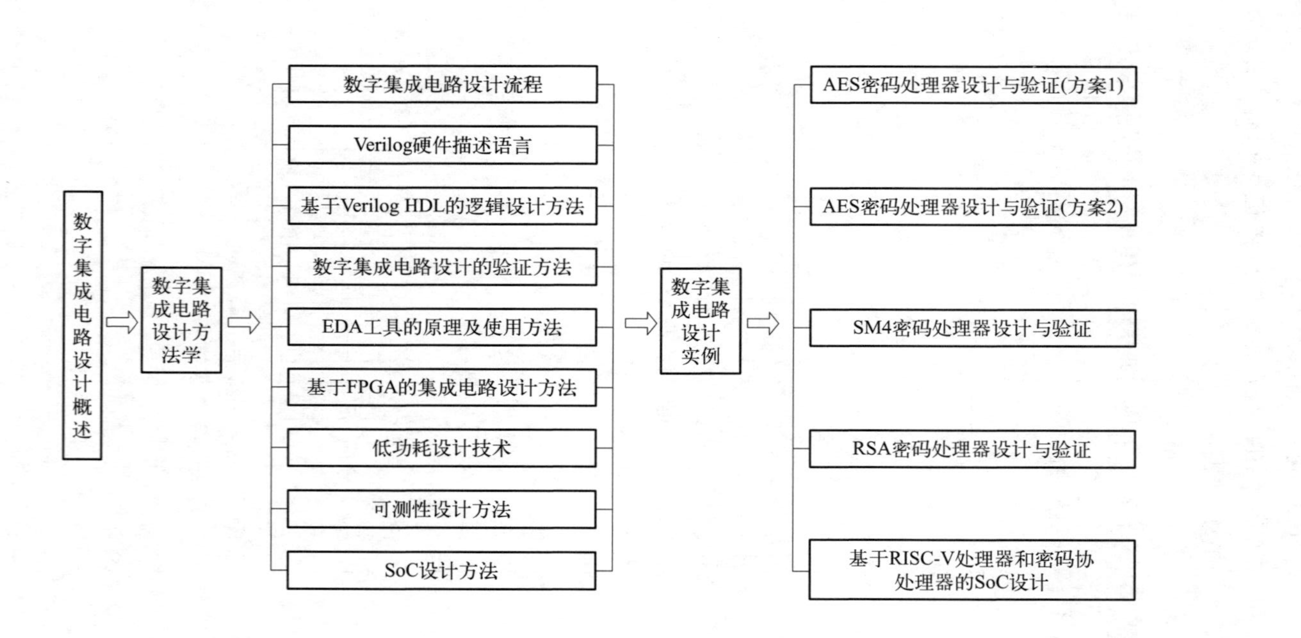

数字集成电路设计概述
数字集成电路设计方法学
数字集成电路设计流程
Verilog硬件描述语言
基于Verilog HDL的逻辑设计方法
数字集成电路设计的验证方法
EDA工具的原理及使用方法
基于FPGA的集成电路设计方法
低功耗设计技术
可测性设计方法
SoC设计方法
数字集成电路设计实例
AES密码处理器设计与验证(方案1)
AES密码处理器设计与验证(方案2)
SM4密码处理器设计与验证
RSA密码处理器设计与验证
基于RISC-V处理器和密码协处理器的SoC设计

第 1 章

数字集成电路设计概述

本章学习目标

了解数字集成电路的发展历史与现状，理解现代数字 IC 设计方法的基本思想，知道数字 IC 前端设计语言及后端设计软件（EDA）的功能、种类和特点，理解并掌握数字 IC 的五种不同设计模式的定义及优缺点，了解数字 IC 设计面临的挑战，掌握集成电路的分类方法，理解并掌握与集成电路相关的常用术语和基本概念，理解并掌握集成电路设计质量的评价方法。

本章内容思维导图

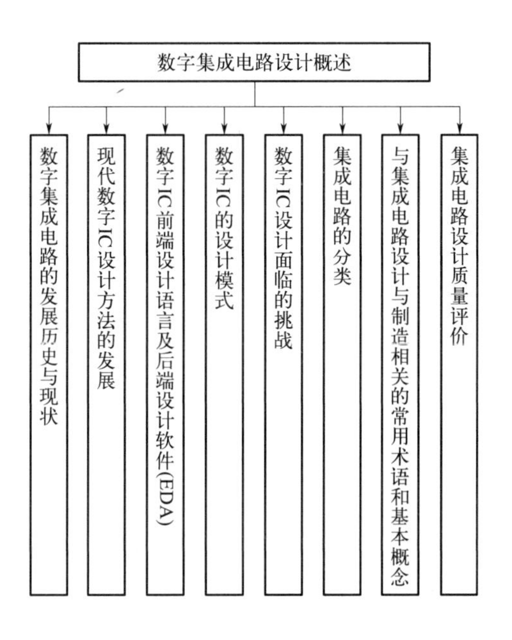

本章主要介绍与集成电路设计相关的基本概念和知识，内容包括数字集成电路的发展历史与现状、现代数字IC（integrated circuit，集成电路）设计方法的发展、数字IC前端设计语言及后端设计软件（EDA）、数字IC的设计模式、数字IC设计面临的挑战、集成电路的分类、与集成电路设计与制造相关的常用术语和基本概念、集成电路设计质量评价等。

1.1 数字集成电路的发展历史与现状

半个多世纪以来，数字集成电路技术的发展成为科学与技术各个方面进步的巨大动力，并且影响着人类活动的各个方面。电子计算机的发展和广泛应用就是数字集成电路技术应用的一个非常成功和典型的例子，每一次计算机性能的提高都离不开数字集成电路技术进步的推动，而计算机性能的提高和应用的普及反过来又促进了数字集成电路技术的快速发展，因此，数字集成电路的发展历史与计算机的发展历史密切相关。

1.1.1 机械式计算机的启蒙时代

在电子元器件发明之前，人们就开始探索用机器代替人进行计算的可能性。最初出现的计算器就是中国古人发明的算筹和算盘，此后欧洲陆续发明了计算尺和手摇式计算器，实现了超越函数的计算和一些开方运算。法国数学家帕斯卡（Pascal）发明的钟表式齿轮计算机，是机械式计算机的初级阶段，此后莱布尼茨（Leibniz）乘法器、巴贝奇微分器也相继问世。图1-1所示为巴贝奇微分器，它是一个机械计算装置，能执行加、减、乘、除基本运算（十进制），分“存放”和“执行”两个周期序列，共有25000个部件，当时的成本为17470英镑。

图1-1 巴贝奇微分器

1703年，德国数学家莱布尼茨（Leibniz）的论文《谈二进制算术》发表在《皇家科学院论文集》上。19世纪，英国数学家布尔（Boole）运用代数方法研究逻辑学，1844年发表了著名论文《关于分析中的一个普遍方法》。这些数学理论为日后的数字系统设计和电子计算机的发明奠定了坚实的科学基础。

1.1.2 电子技术和半导体技术的诞生和发展

20世纪40—70年代，电子技术和半导体工艺技术的突飞猛进为数字设计的发展提供了新的舞台，数字设计技术得到了快速发展和广泛应用。

（1）电子管时代

美国发明家佛斯特（Lee de Forest）于1906年发明了电子管，随即用它来放大无线电信号和声音信号。1909年，美国贝尔（Bell）购买了他的专利，经过改进，将电子管用于长距离电线电信号的放大。之后，以电子管为核心器件人们陆续发明了许多产品，如电子管收音机、电子管录放机、电子管电视机、唱片机、无线电发报机、电子计算机等。

电子管是封装在玻璃外壳内的一种电真空器件，如图1-2所示。用电子管可以设计出实现反相功能的反相器线路，在此基础上，再实现计算机使用的全部组合逻辑线路，诸如加法器、译码器等线路，以及触发器、寄存器、计数器等各种时序逻辑线路。用电子管线路实现的电子计算机属于电子管计算机。

世界上第一台电子数字计算机（electronic numerical integrator and calculator, ENIAC）由美国宾夕法尼亚大学于1946年研制，字长12位，运算速度5000次/s，使用了约18000个电子管、1500个继电器，功耗150kW，占地$170m^2$，重达30t，当时造价100万美元，如图1-3所示。

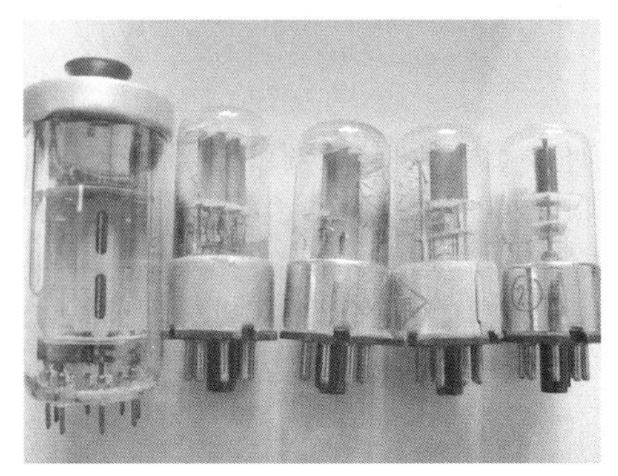

图1-2 电子管

图1-3 世界上第一台电子数字计算机ENIAC

（2）晶体管时代

电子管体积大、功耗高、价格贵、易破碎。为了改进这些不足，人们开始寻找电子管的替代元件。

1947年，美国贝尔实验室肖克利领导的半导体研究小组发明了点接触型晶体管，如图1-4所示。

1948年，肖克利发明了面接触型晶体管，这就是今天仍在使用的晶体管结构，如图1-5所示，它是用半导体材料制作出来的、封装在一个金属壳内的、带有三个引脚的小器件。

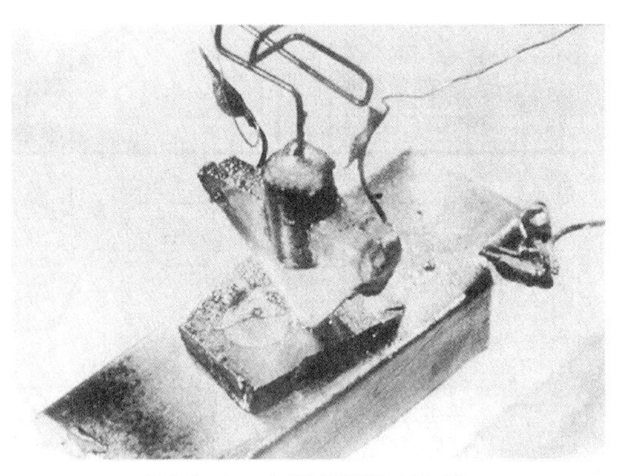

图1-4 点接触型晶体管

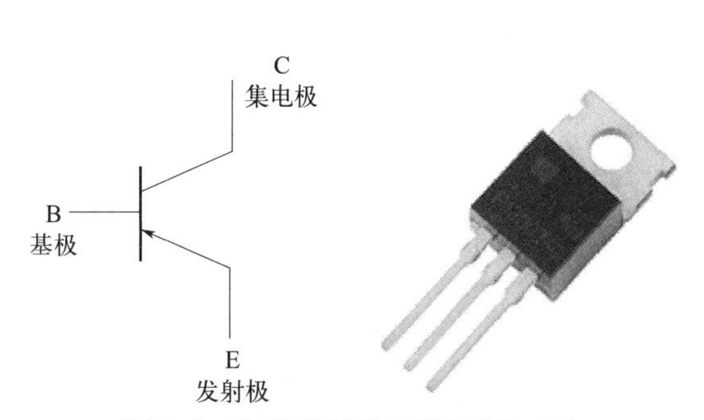

图1-5 面接触型晶体管结构和实物

晶体管体积小、功耗低、性能更加稳定，逐步取代了电子管的地位，并得到了广泛的应用。用晶体管可以设计出实现反相功能的反相器电路，在此基础上，可实现组合逻辑电路，以及触发器、寄存器、计数器等时序逻辑电路，因此以晶体管作为基本元件可以设计电子计算机，这种计算机称为晶体管计算机。

1954年，美国贝尔实验室研制出第一台使用晶体管线路的计算机，取名TRADIC，装有800个晶体管。1958年，美国IBM公司制成第一台全部使用晶体管的计算机RCA501型。1964年，中国制成第一台全晶体管电子计算机441-B型。

随着晶体管计算机性能和可靠性的提高、体积的减小、价格的降低、外设和软件越来越多，并且高级程序设计语言应运而生，使得计算机产业迅速发展。

尽管用晶体管替代电子管使计算机焕然一新，但随着对计算机性能的追求，新计算机包含的晶体管数量已从一万个左右骤增到数十万个，人们需要将晶体管、电阻等元件焊接到电路板上，再将一块块电路板通过导线连接到一台计算机上。其复杂的工艺严重影响了生产计算机的效率，并使计算机的可靠性降低。

（3）集成电路时代

电子管的很多缺点延续到分立晶体管上，复杂的连线导致电路系统设计复杂，而且体积、功耗比较大，电子产品的电路成本和使用成本都比较高。克服晶体管的这些不足成为半导体工艺工程师追逐的主要目标，从而促进了集成电路的发明。

集成电路（IC）是指以半导体晶体材料为基片，经加工制造，将元件和互连线集成在基片内部、表面或基片之上，再用一个管壳将其封装起来，形成具有某种电子功能的微型化电路，如图 1-6～图 1-8 所示。有时也把集成电路称为芯片。

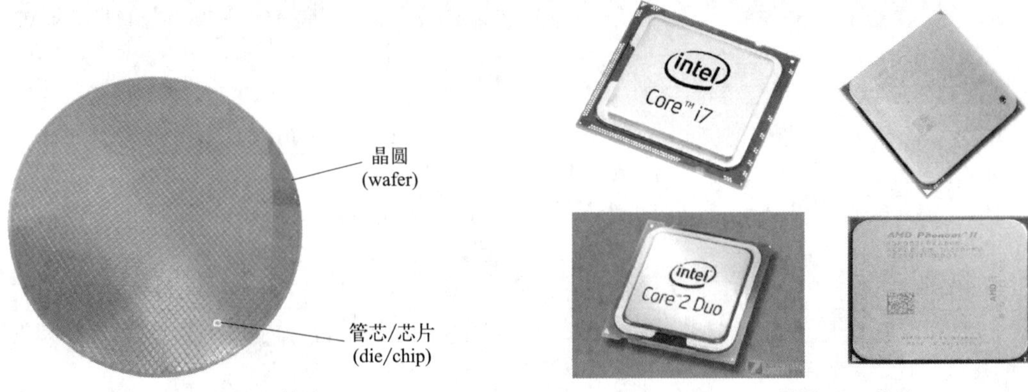

图 1-6　晶圆和芯片

图 1-7　微处理器芯片

1958 年，德州仪器（Texas Instruments）的工程师基尔比制造出第一块 IC，集成了 1 个晶体管、1 个电容、1 个电阻，如图 1-9 所示。1959 年，仙童（Fairchild）半导体科学家诺伊斯发明了可制造性更强的 IC 设计，从而开启了集成电路快速发展的时代，集成电路的集成度和性能按照摩尔定律（Moore's Law）迅速提高，即单片集成电路上可容纳的晶体管数目，大约每隔 18 个月便会增加一倍，性能提升一倍。

图 1-8　存储器芯片

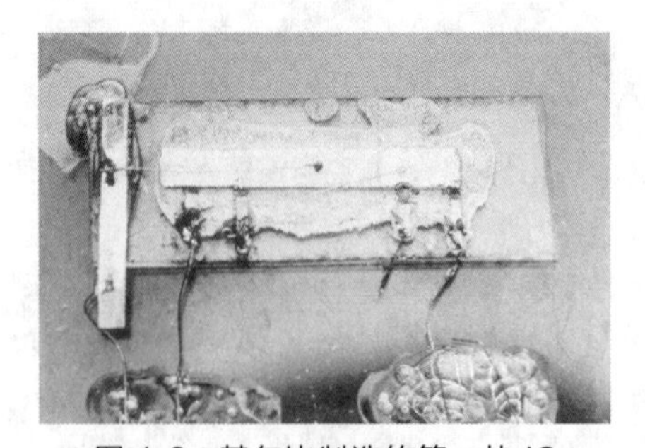

图 1-9　基尔比制造的第一块 IC

按照集成度划分，集成电路的发展经历了中小规模集成电路时代、大规模和超大规模集成电路时代、甚大规模和极大规模集成电路时代等。

中小规模集成电路时代（1964—1975）：此时集成到单个芯片内的晶体管数量还相当有限，实现的还只限于简单的、完成基本处理功能的组合逻辑门一级的电路和简单的触发器、寄存器之类的电路，故称之为中、小规模集成电路（MSI、SSI）。

大规模和超大规模集成电路时代（1975—1990）：半导体器件生产工艺的改进，使得在一片半导体基片上可以生产出数量更多的晶体管，就形成了大规模集成（large scale integration，LSI）电路和超大规模集成（very large scale integration，VLSI）电路。

甚大规模和极大规模集成电路时代（1990—）：单个芯片内的晶体管数量达到百万个时被叫作甚大规模集成（ultra large scale integration，ULSI）电路，达到一亿个时叫作极大规模集成（extremely large scale integration，ELSI）电路。

摩尔定律的意义在于预言了半导体技术的发展前景，最重要的是它还指出了半导体技术的巨大市场价值和广阔的商业机会。在它的影响下，全世界为半导体技术投入了巨大的资金、人力、物力。半导体行业吸引了最杰出的人才，成为人类历史上最辉煌的、发展最快的科学技术领域。一直到今天，摩尔定律依然以“更快、更小、更便宜”的核心思想指导着芯片设计行业的发展。

今天，在单个集成电路上可以集成多达数百亿个晶体管，我们拥有非常丰富的设计资源，可以在这样的平台上进行自由的、复杂的、高速的数字系统设计。可以毫不夸张地说，只要能用数学算法和软件算法描述清楚，就能开发出相应功能的数字 IC 产品。数字 IC 产品也越来越多样化，近年来甚至出现了数字 IC 大规模替代模拟 IC 的趋势，越来越多的模拟 IC 开始采用混合设计的方式，在其中嵌入数字设计模块，用于降低功耗，提高信号处理和存储能力。

1.2 现代数字 IC 设计方法的发展

在 CAD（computer aided design，计算机辅助设计）软件工具成熟以前，设计数字集成电路只能基于最原始的方法。工程师把电路图画在图纸上，然后由人工完成繁重的计算验证，工程师按照原理图手工画成多层版图（最初的辅助工具是尺和笔），再把版图刻成模板，最后用模板进行集成电路制造。由于各个环节都是手工设计，出错概率很大，严重影响了开发周期和成本。

1.2.1 自底向上的设计方法

自底向上（bottom-up）的设计方法是集成电路和 PCB（printed circuit board，印制电路板）的传统设计方法，该方法盛行于 20 世纪 70 年代。自底向上的设计方法的思想是先设计底层的门电路，再由门电路搭建模块级电路，然后由模块级电路搭建系统级电路。自底向上的设计流程如图 1-10 所示。

自底向上设计方法的优点是在设计早期能够准确估算性能、规模，缺点是设计效率低、设计周期长、一次设计成功率低。

1.2.2 自顶向下的设计方法

自顶向下（top-down）的设计方法的思路是从确定电路系统的功能和性能指标开始，自系统级、寄存器传输级、逻辑级直到物理级，逐级细化并逐级验证其功能和性能。具体流程如图 1-11 所示。

自顶向下设计方法的优点是设计效率高、设计周期短、一次设计成功率高，缺点是在设计早期无法准确估算电路的性能和规模等指标。

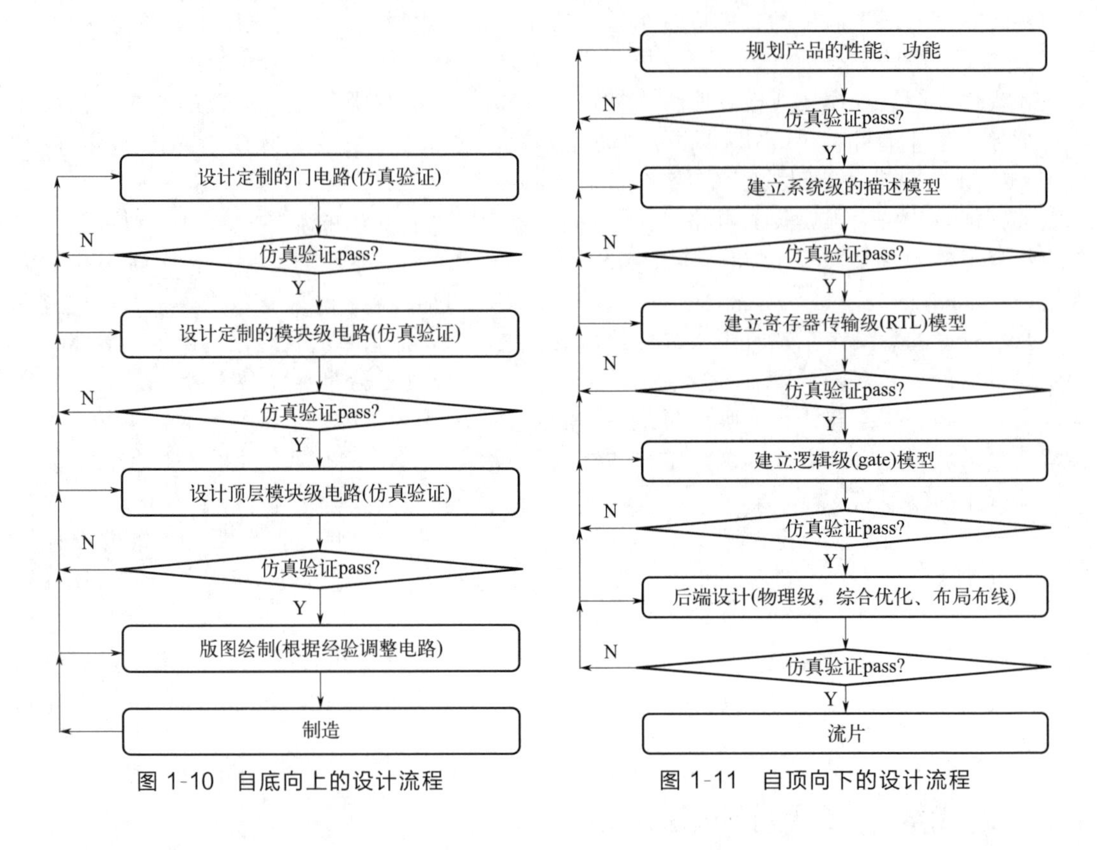

图 1-10　自底向上的设计流程　　图 1-11　自顶向下的设计流程

1.2.3　自顶向下与自底向上相结合的设计方法

目前 IC 设计工程师经常采用自顶向下与自底向上相结合的设计方法，这样可以有效整合两种设计方法的优点，使得设计工作既具有较高的效率和成功率，也能在设计早期较准确地估算电路的性能和规模。这样能够有效地将 IC 设计与市场需求结合起来，减少产品的市场风险。

1.3　数字 IC 前端设计语言及后端设计软件（EDA）

随着设计复杂度的提高，传统的电路原理图设计方法的工作量越来越大，验证也越来越困难，设计效率和正确性大大降低，无法满足市场对 IC 产品高性能、强功能、低成本、快上市的要求。为了解决上述问题，人们发明了硬件描述语言（hardware description language，HDL），用硬件描述语言描述电路的结构和行为，建立集成电路模型并进行仿真验证，从而大大提高了集成电路设计的抽象层次，降低了设计复杂度，提高了设计效率和成功率。

硬件描述语言具有下述特点。

① 采用高级程序设计语言的结构，但与一般软件程序设计语言有差别，它是针对硬件系统与部件设计的。

② 能够在不同的抽象层次上描述电路的功能和连接关系，可以描述电路的结构。

③ 除了描述功能之外，还能描述时序关系。

④ 能够描述电路固有的并行性，可同时执行多个任务。

⑤ 具有描述延迟等时间概念的能力。

目前 IC 设计领域应用最为广泛的两种硬件描述语言是 Verilog HDL 和 VHDL（超高速集成电路硬件描述语言）。

1.3.1 Verilog 硬件描述语言

Verilog 硬件描述语言（HDL）是由民间发展起来的，其语法风格类似于 C 语言。1985 年，Gateway Design Automation 公司为其仿真器产品 Verilog-XL 开发了 Verilog HDL。1989 年，Cadence 收购了 Gateway Design Automation 公司，并继续推广该语言和仿真器。

Verilog 硬件描述语言在 C 语言的基础上，引入了并行计算的概念，可以准确地描述二值电压的数字电路行为，还可以实现系统级（system）、算法级（algorithm）、行为级（behaviour）、门级（gate）的电路建模。由于它保留了 C 语言的特点，简单灵活，很快就被应用于数字电路的设计中，受到工程师的欢迎。基于 Verilog HDL 的优越性，IEEE（Instiute of Electrical and Electronics Engineer，电气与电子工程师协会）于 1995 年制定了 Verilog HDL 的 IEEE 标准，即 Verilog HDL 1364—1995；2001 年，IEEE 发布了 Verilog HDL 1364—2001 标准。在这个标准中，加入了 HDL-A 标准，使 Verilog HDL 有了模拟设计描述的能力。后来由于系统级的设计需要，由 Verilog 语言衍生出了 Superlog，Verilog HDL 的创始人 Phil Moorby 参与了这个扩展工作。Phil Moorby 本人因对现代 IC 设计自动化的重大贡献而获得了巨大的荣誉。

1.3.2 VHDL

因为美国军方需要描述电子系统的方法，美国国防部开始进行 VHDL 的开发。VHDL 的英文全称为 VHSIC hardware description language，而 VHSIC 则是 very-high-speed integrated circuit（超高速集成电路）的缩写词，故 VHDL 准确的中文译名为“超高速集成电路的硬件描述语言”。1987 年，由 IEEE 将 VHDL 制定为标准，参考手册为《IEEE VHDL 语言参考手册标准草案 1076/B 版》，于 1987 年批准，称为 IEEE 1076—1987。应当注意，起初 VHDL 只是作为系统规范的一个标准，而不是为设计而制定的。第二个版本是在 1993 年制定的，称为 VHDL-93，增加了一些新的命令和属性。

VHDL 相对 Verilog HDL 来说比较繁杂、抽象，更适合描述系统级的模型，所以使用范围没有 Verilog 广泛。

随着数字芯片设计规模越来越大，模块化的重复使用越来越多，尤其是以处理器为核心的系统芯片，软件设计和硬件设计越来越迫切需要一个统一的设计平台。增强系统级描述能力的 HDL 软件应运而生，如 Superlog、System C、Cynlib C＋＋、C Level 等，它们各有长处，可以大大提高超大规模芯片设计的效率。但是在目前的这些增强语言中，并没有一种语言可以像 Verilog HDL 和 VHDL 一样广泛应用于数字设计。

1.3.3 验证和验证语言

当数字 IC 设计进入超大规模时代时，设计工程师发现，设计的时间已经不是影响设计周期的关键因素，关键因素在于发现和修改设计中存在的问题。而一般的仿真工具，Verilog HDL 和 VHDL，在仿真中只适合解决低层次的设计问题，更高层次的问题需要海量的测试矢量来发现，而产生这种测试矢量对于 Verilog HDL 和 VHDL 来说非常麻烦，相关代码也更加繁杂，运算速度也受到制约。更重要的是，VHDL 和 Verilog HDL 对于建立更抽象的算法级描述并不方便。

为了保证数字 IC 设计不偏离最初的目标，在自顶向下的设计方法中引入了验证（verification）的概念。验证的概念就是从数字设计开始，就要对系统的功能以及重要信号进行描述，以便与下一级的模型设计的结果进行比较，修正下一级模型设计中引入的偏差和错误。

System Verilog 作为一种验证语言工具，引入了软件设计中类似事件的概念，更适合描述与芯片相关的系统，方便建立更完善的验证平台。它增强了算法的描述，更加方便描述抽象实现算法，同时又继承了 Verilog HDL 对并行运算和位运算的支持，并且以时钟为基本时间单位，方便对重要信号进行 cycle-to-cycle 比较。

C 语言和上述提到的几种语言，都可以更加方便地建立验证平台。

1.3.4 数字 IC 设计后端 EDA 工具

（1）数字 IC 设计的 EDA 综合软件

EDA（electronic design automation，电子设计自动化）综合（synthesis）软件是从算法到门级实现的“自动化翻译软件”。EDA 综合软件的主要功能有两个：映射和优化。

业界常用的 RTL（register transfer level）综合工具：Synopsys 公司的 Design Compiler（DC），Cadence 公司的 Encounter RTL Compiler，Mentor 公司的 Leo Spectrum 等。

综合工具往往包含可测性设计软件，如 DFT Compiler 等，可为同步数字电路自动生成测试电路并自动产生测试向量（ATPG）。

（2）数字 IC 设计的自动布局布线工具

自动布局布线 EDA 软件工具能够实现自动布局和布线功能，它能大大缩短数字 IC 版图的设计周期，最大限度地减少手工布局布线所产生的错误，且能修复布局布线产生的时序问题。

常用的布局布线工具有：Cadence 公司的 SoC Encounter，Synopsys 公司的 Astro 等。

（3）其他后端设计分析工具

静态时序分析（static timing analysis）工具用于分析数字 IC 后端设计中的时序在真实信号负载情况下是否满足寄存器时钟的建立时间和保持时间，同时可以分析电路的驱动能力及上升、下降时间是否安全和稳健。

常用的静态时序分析工具：Synopsys 公司的 Prime Time 和 Cadence 公司的 ETS。

形式验证工具用于保证物理版图实现的功能与 RTL 模型的逻辑功能一致。

常用的形式验证工具：Cadence 公司的 LEC（logic equivalence check）和 Synopsys 公司的 Formality。

针对定制版图的 EDA 验证工具，有 Mentor 公司的 Calibre 和 Cadence 公司的 Assura。它们都可以做版图的工艺规则检查（DRC），版图和网表的等效连线检查（LVS），版图的电气规则检查（ERC）。这些工具还可以提取版图参数，反标原理图网表，以用于最后版图可靠性的仿真验证。

总之，大规模数字 IC 设计需要各种各样的 EDA 软件来保证每个环节的正确性，并加速设计进程。EDA 工具种类繁多、各有所长，每家 IC 设计公司都基于不同的 EDA 软件建立了自己的设计流程。

1.4 数字 IC 的设计模式

1.4.1 全定制设计模式

从顶层模块划分到最底层的 MOS 管，每个参数都由工程师设计定制，还包括版图绘制、连线等。

全定制（full custom）设计的优点是性能和成本达到最优，缺点是设计复杂度高、周期长。

模拟电路的设计至今仍然离不开全定制方式。

1.4.2 标准单元设计模式

标准单元（standard cell）是IC foundry或IP厂商提供的最基本的门级模型，包括标准的仿真库参数、原理图、版图和可综合的模型等。

标准单元的版图有一个显著的特点：高度相等。

标准单元设计模式的特点是标准、方便、仿真速度快、布局布线容易、设计周期短。

1.4.3 门阵列设计模式

门阵列（gate array）设计模式主要通过改变金属层连线的方式实现不同功能的设计和重复使用。

门阵列设计模式的特点主要是集成密度不高，性能不能做到最好，但设计周期短。

1.4.4 宏模块设计模式

宏模块（macro cell）设计模式是通过选用预先定义的更高层次的功能模块，如处理器模块、存储模块等，来设计复杂度较高的芯片。

宏模块设计模式具有高密度、高性能、短周期的特点，但设计成本较高。

1.4.5 FPGA设计模式

FPGA（field programmable gate array，现场可编程门阵列）由许多可编程模块和可编程连线构成。

FPGA设计模式的特点是整个设计不需要版图设计，只需要进行数字部分的设计。最终实现的设计整体性能不高、集成度较低、单个产品价格高，但设计时间短，修改设计方便快捷，且可以多次重复使用，开发周期短，开发费用很低。

FPGA设计模式一般用于小批量产品开发、样品研制或流片前验证。

1.4.6 不同设计模式的比较

表1-1从集成度、灵活性、模拟功能、性能、设计时间、设计成本、设计工具、产品批量等方面对不同设计模式进行了比较。

表1-1 不同设计模式的比较

特性	设计模式				
	FPGA设计模式	门阵列设计模式	标准单元设计模式	全定制设计模式	宏模块设计模式
集成度(芯片面积利用率)	低	中	中	高	高
灵活性	低(高)	低	中	高	中
模拟功能	无	无	无	有	有
性能	低	中	高	很高	很高
设计时间	短	中	中	长	中

续表

特性	设计模式				
	FPGA 设计模式	门阵列设计模式	标准单元设计模式	全定制设计模式	宏模块设计模式
设计成本	低	中	中	高	高
设计工具	简单	复杂	复杂	非常复杂	复杂
产品批量	小	中	大	大	大

注：FPGA 设计模式的灵活性低（高），表示其电路结构灵活性低，但功能灵活性高。

在同一个 IC 设计中，可对不同模块采用不同设计模式，以达到高性能、高集成度、周期短、成本低的设计目标。

1.5 数字 IC 设计面临的挑战

数字化已经成为电子产品发展的主流，带来了轻便、高速、低能耗和更高效的解决方案。数字化的发展引发了一场又一场的技术和商业风暴，硅或矽是这场风暴的主角，半导体工艺和数字设计技术把它们从元素变成了集成电路芯片，这可以说是人类科学发展史上的奇迹。然而，在经历了数十年的高速发展之后，数字集成电路的工艺水平、集成度和设计复杂度达到了前所未有的高度，从而为数字 IC 设计带来了诸多挑战。

1.5.1 工艺极限的挑战

当今，单个芯片上已经能够集成 10 亿个以上的晶体管，芯片的功能越来越全面、复杂，运算速度也越来越快，而工艺线宽也从最初的微米级缩小到了现在的纳米级。工艺线宽再缩小，就要接近原子尺寸了。在这样小的尺寸下，半导体许多量子特性开始显示出来，如电子隧道效应，此时半导体器件稳定性越来越难控制。线宽越缩小，就会遇到越多工艺难题，这些难题集中起来，就会变成不可逾越的技术屏障。所以很多工程师和科学家纷纷预言，摩尔定律将会在未来几年失去作用，半导体工艺技术很快就要达到发展的极限。

数字集成电路芯片单位面积上集成的晶体管越来越多，运算速度也越来越快，导致单位面积上产生的热量越来越高，难以散发，产品在使用中容易出现故障，甚至使芯片被无法散发的热量烧毁。因此，设计工程师在设计的早期阶段就要从整体上考虑优化问题，避免出现局部功耗过大、过热现象，从而增加了芯片设计的复杂度。

对于高集成度的电路，连线密度和长度也在以几何级数增长，这就需要更多层次的金属进行布线，再加上线宽的不断缩小，相邻的信号越来越容易引发窜扰（cross talk），这对工艺和自动布局布线的 EDA 工具提出了更高的要求。

1.5.2 投资风险的挑战

集成度高还会导致掩模板层数增多，以及掩模板的加工复杂度提高，进而导致新产品开发的成本越来越高；越来越小的工艺线宽，意味着光刻源波长越来越短，这对光刻设备的要求越来越高，每次光刻成本也就越来越高；同时，越来越小的工艺线宽，还给工艺的每个流程、工艺的生产参数控制以及设备维护提出了更高的要求。这些都大大提高了芯片的生产成本。

由于功能变得越来越复杂，测试向量也变得越来越多，测试费用也相应提高。同时，越来越多和越来越细的芯片引脚也提高了对封装设备的要求，最终提高了封装成本。

1.5.3 IC工程师面临的挑战

芯片设计是高科技的研发行为，涉及越来越多的设计理论和EDA工具，这就要求从事IC设计的工程师不断学习新的设计方法与技术，以及不断学习并熟练掌握新的、先进的EDA工具。IC产品相对其他产品来讲，开发周期比较长，每个技术环节出现问题都会导致最终产品的失败，这就要求IC工程师在设计过程中认真、细心。

此外，由于IC设计的复杂性，在设计过程中往往要涉及不同的技术领域，需要多人合作完成，这就要求IC工程师具有良好的团队合作精神，并养成撰写技术文档的良好习惯，同时要具有良好的交流能力。

最后，IC产品总是以市场盈利为目标，这就要求IC工程师注意积累经验，勇于创新，这样才能设计出性能良好且价格便宜的芯片。

1.5.4 项目管理上的挑战

由于芯片集成度变得越来越高，芯片设计项目涉及的人员越来越多，涉及的部门也越来越多，甚至涉及不同公司之间的战略合作，这导致IC设计流程变得越来越复杂，开发流程越来越细，应用的EDA软件越来越多，设计周期越来越长。要想对每个环节都验证无误，有效地组织起几十人甚至上百人同时高效工作，按时完成设计，按时通过测试，按时投入市场实现盈利，这就对IC设计项目的组织管理人员提出了更高的要求。

IC产品的研发是一个复杂的工程，是融合半导体工艺技术、集成电路设计技术、集成电路测试技术、集成电路封装技术、计算机科学与技术、管理、市场、决策等多学科领域为一体的研发行为。要成功开发一款芯片，需要研发者付出辛勤的汗水和艰苦的劳动，然而每款成功的芯片，都会创造巨大的经济效益和社会效益，推动科技进步和社会发展。

1.6 集成电路的分类

1.6.1 按用途分类

集成电路（IC）按用途可以分为以下几种类型。

① 通用集成电路：如存储器、通用微处理器。

② 专用集成电路（application specific integrated circuit，ASIC）：如DES/AES/RSA加密芯片。

③ 专用标准产品（application specific standard product，ASSP）：如很多标准接口电路、图形处理电路、通信编解码电路等。

1.6.2 按集成度分类

按集成度分类的标准并不是非常严格的，下面介绍两种分类标准。

（1）按等效门数分类

这里所说的等效门指的是二输入与非门，一个集成电路的等效门数等于该集成电路的面积除以一个标准的二输入与非门的面积。按集成电路的等效门数可将集成电路划分为以下几种类型。

① 小规模集成（small scale integration，SSI）电路：电路规模小于100门。

② 中规模集成（medium scale integration，MSI）电路：电路规模在100门和1000门

之间。

③ 大规模集成（large scale integration，LSI）电路：电路规模在 1000 门和 10000 门之间。

④ 超大规模集成（very large scale integration，VLSI）电路：电路规模在 10000 门和 1000000 门之间。

⑤ 甚大规模集成（ultra large scale integration，ULSI）电路：电路规模在 1000000 门和 10000000 门之间。

⑥ 极大规模集成（extremely large scale integration，ELSI）电路：电路规模大于 10000000 门。

（2）按集成电路中的元件数进行分类

① 小规模集成电路：电路中所含元件（通常指晶体管）数小于 10^2。

② 中规模集成电路：电路中所含元件数在 $10^2 \sim 10^3$ 之间。

③ 大规模集成电路：电路中所含元件数在 $10^3 \sim 10^5$ 之间。

④ 超大规模集成电路：电路中所含元件数在 $10^5 \sim 10^7$ 之间。

⑤ 甚大规模集成电路：电路中所含元件数在 $10^7 \sim 10^8$ 之间。

⑥ 极大规模集成电路：电路中所含元件数大于 10^8。

1.6.3 按设计与制造过程分类

按设计与制造过程集成电路可以分为以下几类。

① 全定制集成电路。

② 基于标准单元的集成电路。

③ 基于门阵列的集成电路。

a. 基于通道门阵列的集成电路。

b. 基于无通道门阵列的集成电路。

c. 基于结构化门阵列（嵌入式门阵列）的集成电路。其中有专门用来实现特定功能的模块，如微控制器。

④ 可编程逻辑器件（PLD）：如 ROM、EPROM、EEPROM 等。

⑤ 现场可编程门阵列（FPGA）。

1.7 与集成电路设计与制造相关的常用术语和基本概念

（1）常用术语

① NRE（non-recurrent engineering）成本：不重复的一次性成本，包括设计成本、掩模制造成本、样品生产成本和其他一次性投入成本。

② Recurrent 成本：重复性成本，也可称为生产成本，包括工艺制造（silicon processing）、封装（packaging）、测试（test）等成本。集成电路的 Recurrent 成本正比于产量，也正比于芯片面积。

③ wafer size：晶圆尺寸，晶圆是制造集成电路的原材料，呈圆片状。晶圆尺寸通常指晶圆的直径，常见的规格有 4 英寸（1 英寸＝2.54 厘米）、6 英寸、8 英寸、12 英寸等。

④ feature size：特征尺寸，指集成电路的最小连线宽度，如果是 MOS 工艺，通常指晶体管的沟道长度或者栅极宽度，有时也称为工艺线宽。特征尺寸代表工艺水平，特征尺寸越小代表工艺水平越高、集成度越高。

⑤ Moore's Law：摩尔定律。摩尔定律是由英特尔（Intel）创始人之一戈登·摩尔（Gordon Moore）提出来的。其内容为：单个集成电路上可容纳的晶体管数目，约每隔18个月增加一倍，性能也将提升一倍。在之前50多年的时间里，集成电路的发展基本符合摩尔定律，但摩尔定律毕竟只是一个统计规律，并不是严谨的科学定律，未来它是否会一直有效目前还是未知数。

⑥ 等效门：一个等效门是指一个二输入的与非门，这里的等效不是指功能上的等效，而是芯片面积的等效，即一个集成电路的等效门数等于该集成电路的面积除以一个标准的二输入与非门的面积。

⑦ gate utilization：指对门阵列或FPGA等的门的利用率。

⑧ die size：芯片尺寸，指芯片的面积。

⑨ the number of die per wafer：一个晶圆上所包含的芯片数量。

⑩ defect density：缺陷密度，影响成品率。

⑪ yield：成品率（良率）。

（2）单元库

单元库是完成数字集成电路设计的一个关键部分。获得单元库的方式包括：制造厂家提供、第三方（库开发商）提供、自己设计。

为了支持不同层次的设计，单元库可能需要的内容包括：物理版图（physical layout）、行为模型（behavioral model）、Verilog/VHDL模型（Verilog/VHDL model）、详细的时序模型（detailed timing model）、测试策略（test strategy）、电路原理图（circuit schematic）、单元符号（cell icon）、线负载模型（wire-load model）、布线模型（routing model）等。

（3）IP Core

集成电路设计中可能会用到IP Core（IP核），有些集成电路的设计也可能转化成IP核。IP（intellectual property，知识产权）是一些经过设计和验证的模块，可以在其他设计中使用。IP核是系统级芯片（system on chip，SoC）设计复用的重要基础。

按形态，IP Core可分成Soft Core、Firm Core和Hard Core。

① Soft Core（软核）：是可以综合的设计，没有针对具体的工艺，灵活性强，但可预测性和性能不是最优。

② Firm Core（固核）：综合后的网表，与工艺相关，可预测性和性能在Soft Core和Hard Core之间。

③ Hard Core（硬核）：针对具体工艺的版图设计，可预测性和性能方面是最好的，但灵活性差。

按用途，IP Core可以分为以下几类。

① 数字电路IP Core：如RISC、MCU、DSP、Codec、Encryption/Decryption、PCI、USB等。

② 存储器IP Core：如SRAM、DRAM、EEPROM、Flash等。

③ 混合信号IP Core：如ADC、DAC、PLL、Interface、Charge Pump、Amplifier等。

IP Core应该满足下列要求。

① 可重用性：不需修改即可使用。

② 灵活性：可以进行一些参数调整。

③ 可靠性：保证质量。

④ 易于使用：文档说明齐全，可以完全验证。

⑤ 可以加快设计进度，提高设计效率。

将一个典型模块设计成可以重用的IP Core的费用超过设计成一次使用的费用的2～3倍，这其中包括因需要满足IP Core的稳定性、可靠性、规范性、易于集成等要求而额外增加的费用。使用一个高度可重用的IP模块的费用只有开发一次使用模块费用的1/10，也就是资金效率提高了10倍。对没有完全按可重用设计完成的IP Core进行重用时，资金效率的提高降低到2倍，也就是使用按可重用设计完成的IP Core比使用没有完全按可重用设计完成的IP模块资金效率提高5倍。

（4）设计流程相关的基本概念

① 设计输入（design entry）：输入使用硬件描述语言（Verilog或VHDL）描述的设计模型或电路原理图。

② 模拟/仿真（simulation）：利用EDA工具模拟集成电路的工作过程，检查设计功能是否符合要求。

③ 逻辑综合（logic synthesis）：利用逻辑综合工具将硬件描述语言描述的设计模型通过分析、优化和映射产生与实现工艺相关的门级网表（netlist）。

④ 前仿真（prelayout simulation）：进行版图设计之前通过仿真检查设计功能是否符合要求。

⑤ 版图规划（floor planning）：将网表中的模块放置到芯片中确定的位置上。

⑥ 布局（placement）：确定模块中单元的摆放位置。

⑦ 布线（routing）：建立单元或模块之间的连接。

⑧ 提取（extraction）：确定互连线的电阻、电容等寄生参数。

⑨ 后仿真（post layout simulation）：检查设计在增加了互连线负载之后是否仍然能正确工作。

1.8 集成电路设计质量评价

评价集成电路的设计质量通常需要综合考虑功能、性能、成本、功耗、可靠性等多个方面。

功能是集成电路设计首先要满足的指标，即必须实现设计规范所要求的全部功能。性能通常是指单位时间内完成的任务数量，即处理速度。常用的表征性能的指标有时钟主频、字长、存储容量、总线宽度、并行结构等。成本包括NRE成本和Recurrent成本两部分，每个集成电路的成本=（Recurrent成本+NRE成本）/总产量。随着特征尺寸的减小，NRE成本将越来越高。功耗具有两个层次的含义，第一个层次的含义是单位时间内集成电路所消耗的电能，第二个层次的含义是完成特定的一个处理任务所消耗的电能。对于电池供电或能源受限的电子设备来讲，集成电路的功耗是非常重要的指标，有时甚至是首要的指标。可靠性是指集成电路在各种可能的目标环境中能够长时间可靠工作的概率，显然可靠性越高越好。

在理想情况下，我们当然希望集成电路的功能越强越好，性能和可靠性越高越好，成本和功耗越低越好。但实际上上述集成电路的各项指标往往是相互制约的，例如功能越强、性能越高，则成本和功耗也越高。因此在实际的集成电路设计项目中，往往需要根据实际情况在上述指标之间进行权衡和折中，提出一个可行的设计方案，例如在满足功能和性能的前提下尽量降低功耗和成本。

本章习题

1. 数字集成电路有哪几种设计模式？简述每种设计模式的定义和特点。

2. 按照集成度划分，集成电路的发展经历了哪几个时代？
3. 集成电路按用途可以分为哪几种类型？
4. 什么叫自底向上的设计方法？它的优点是什么？缺点是什么？
5. 什么叫自顶向下的设计方法？它的优点是什么？缺点是什么？
6. 什么叫自顶向下与自底向上相结合的设计方法？它有什么特点？
7. 硬件描述语言有哪些特点？
8. 什么叫 IP 核？它分为哪几种类型？
9. 什么叫软核？它有什么优缺点？
10. 什么叫硬核？它有什么优缺点？
11. 什么叫固核？它有什么特点？
12. 常用的 EDA 工具有哪几种？它们的功能是什么？
13. 什么叫集成电路的 NRE（non-recurrent engineering）成本？
14. 什么叫集成电路的 Recurrent 成本？
15. 什么叫集成电路的特征尺寸？
16. 数字集成电路设计用到的标准单元库需要包括哪些内容？
17. 如何评价集成电路的设计质量？

第2章 数字集成电路设计流程

本章学习目标

知道数字集成电路设计包括哪些主要环节以及各环节之间的关系，掌握系统体系结构设计、RTL模型设计与功能仿真、综合优化、可测性设计、布局布线、时序仿真、静态时序分析与时序收敛的基本思想、原理与方法，了解选择CMOS工艺应注意的事项和IC产业的变革及对设计方法的影响。

本章内容思维导图

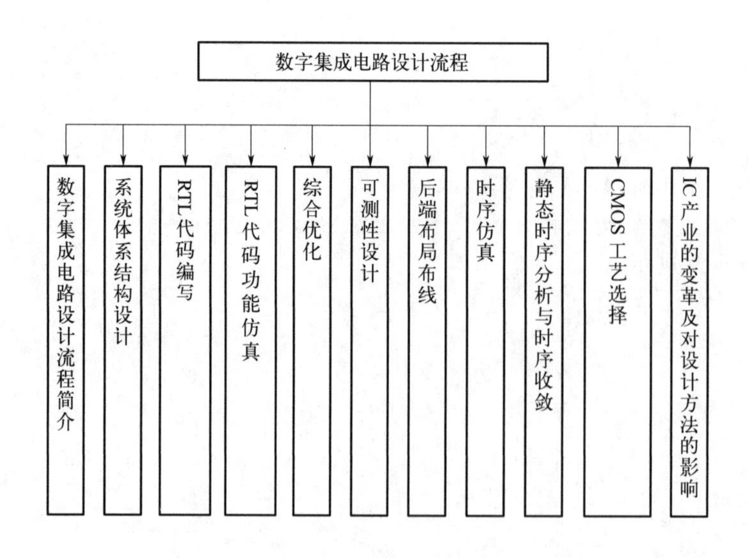

本章主要介绍现代集成电路学术界和产业界普遍采用的数字集成电路设计流程，以及流

程中各个环节所采用的思想、原理、方法和技术。

2.1 数字集成电路设计流程简介

数字集成电路设计是一个非常复杂的系统工程，其流程也不是固定不变的，而是随着设计复杂度、设计方法、制造工艺、EDA 工具的发展而不断演化的。图 2-1 所示是目前学术界和产业界普遍认可的数字集成电路设计的基本流程。

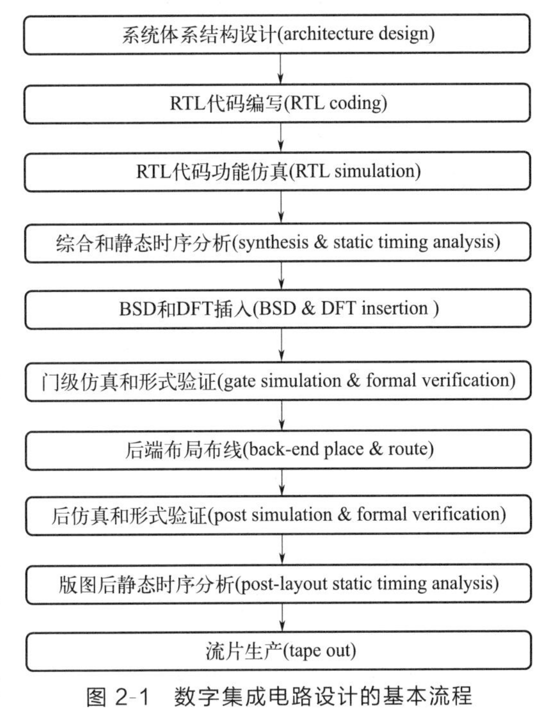

图 2-1 数字集成电路设计的基本流程

数字集成电路的实际设计过程中，各个阶段之间必然会有交互和反复，只有在设计的前一阶段充分考虑后续阶段可能遇到的困难，后续阶段才有可能顺利进行，否则需要返回到前面的阶段重新设计。

比如，系统体系结构设计阶段要考虑硬件实现的代价，否则到后端设计阶段发现面积和功耗上的要求无法实现时，只好返回到系统体系结构设计阶段重新设计或修改；RTL 代码编写的质量太差，或者综合时约束条件不完备，会导致后端布局布线时时序无法收敛，只能重新修改 RTL 代码，重新综合仿真。显然，反复次数过多会大大影响设计的进度。现代 EDA 工具发展的一个重要原则就是尽可能在设计的前端发现并克服或减少后端设计将要面临的困难，减少设计中反复的次数。

数字集成电路的实际设计过程中，各个阶段之间也不是完全串行操作的，在合理安排的情况下，多个阶段之间可以并行操作。

比如，RTL 综合等后端处理阶段和 RTL 代码功能仿真阶段可以并行进行；再如，后端设计过程中的静态时序分析和后仿真可以并行进行。

多阶段之间的并行操作缩短了数字集成电路设计周期，但也给设计中数据管理提出了更高要求，因为多个操作阶段间具有数据依赖关系。

设计各阶段间的反复迭代和并行操作要求数字集成电路设计必须有严格的数据管理机制，以保证项目正常进行。

2.2 系统体系结构设计

系统体系结构设计是集成电路设计的第一步，也是最重要的一步。系统体系结构设计的好坏，很大程度上决定了后续所有设计阶段的完成质量，即决定了整个集成电路设计的成败。

2.2.1 系统体系结构设计的内容及方法

系统体系结构设计主要包括以下内容。

① 定义集成电路的功能和应用环境，划分整个电子系统（包括集成电路和其所处的应用环境）的软硬件功能，明确集成电路与外部环境的接口（包括信号流向、宽度、时序关系、通信协议等）。

② 将集成电路划分为多个功能较为简单的子模块，定义各个子模块的功能，画出集成电路的模块结构图，定义各个模块间的接口信号以及信号互联规范和信号流向；确定各个模块之间如何相互配合，从而实现整体功能的原理和机制。

③ 设计集成电路的系统时钟、系统复位方案，设计跨时钟域的信号握手方式，并评估其对集成电路整体性能的影响。

④ 确定集成电路的关键性能指标，评估这些指标对系统体系结构的影响。

⑤ 分析和比较关键的算法，评估算法的硬件可实现性和硬件代价。

⑥ 确定可测性功能模块（如 BSD、BIST、JTAG）的需求和实现代价。

需要注意的是，对于复杂的超大规模数字集成电路的设计，通常采用层次化的设计方法。

所谓层次化设计方法，是指在进行集成电路设计时把一个复杂的系统划分为多个模块，然后对每一个模块重复应用这种划分过程，直到可以详细了解（或控制）各个子模块的复杂性。模块的划分可以逐步细化，分为多个层次。

层次化设计方法有以下优点：降低设计复杂度，有利于设计并行化，减小 EDA 工具的工作难度，使设计规则化，便于采用基于 IP 的设计方法进行 SoC 设计等。

对应不同的体系结构和算法实现，相应的模块划分方法也会不同。对于一个复杂的数字 IC，最有效的方法是建立各种体系结构模型，对不同模块划分方案进行分析比较，从中筛选出符合设计目标和约束的最佳方案。

2.2.2 系统体系结构设计实例

本节以一个真实的设计项目——可重构密码协处理器为例，介绍数字集成电路体系结构的设计思想和方法。

2.2.2.1 功能及应用环境的定义

可重构密码协处理器是一款新型的用于对数据进行加密/解密处理的集成电路芯片，可以作为核心芯片应用于各种各样的信息安全产品中，如电脑加密卡、保密电话等。其特点是硬件电路的结构和功能能够根据不同密码算法的需求重新构造，因此能够灵活地、方便地、快速地实现多种不同的密码算法。同现有的密码芯片相比，它具有灵活性大、适应性强、扩展性好、安全性高等优点。

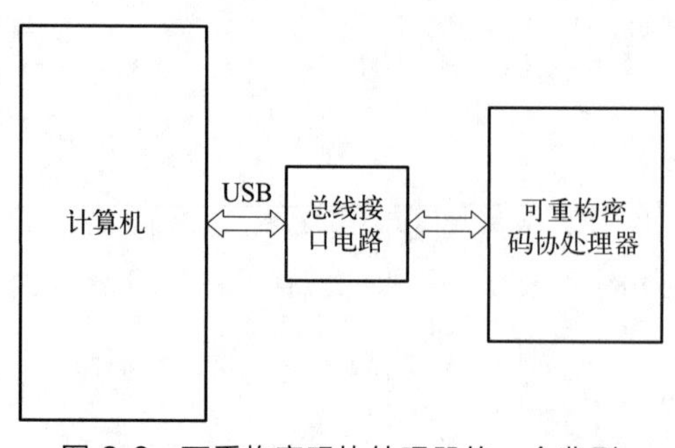

图 2-2 可重构密码协处理器的一个典型应用环境的模块结构图

可重构密码协处理器的一个典型的应用环境是通过总线接口芯片（如 USB 接口芯片）和计算机总线（如 USB 总线）将可重构密码协处理器和计算机连接起来，用于对存储在计算机中的信息进行加密/解密处理。图 2-2 给出了上述典型应用环境的模块结构，图 2-3 所示为基于可重构密码协处理器（用 FPGA 实现）和 USB 接口芯片构建的电脑加密设备，图 2-4 所示为由该电脑加密设备和计算机通过 USB 总线连接而构成的数据加密/解密系统。

图 2-3 基于可重构密码协处理器和 USB 接口芯片构建的电脑加密设备

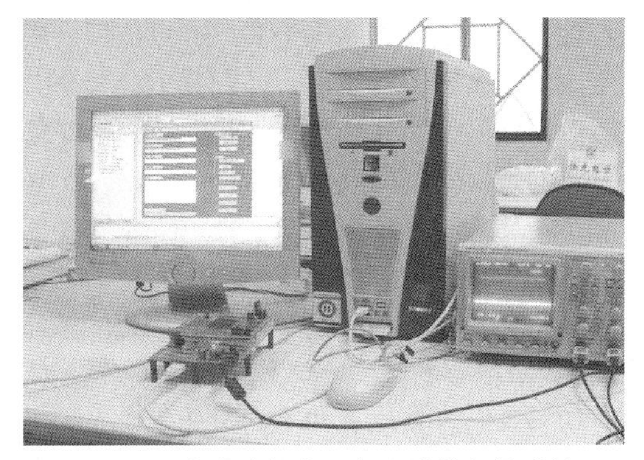

图 2-4 由电脑加密设备和计算机构成的数据加密/解密系统

2.2.2.2 可重构密码协处理器的设计原理

（1）体系结构设计原理

可重构密码协处理器是用来实现密码算法的，因此我们首先应该分析密码算法的需求，以确定可重构密码协处理器的体系结构框架。

任何一个密码算法都是由一系列的基本运算按照一定规则复合而成。设 A 是一个密码算法，则 A 可以表示成：

$$A=(op_{1,1}+op_{1,2}+\cdots+op_{1,m1})*(op_{2,1}+op_{2,2}+\cdots+op_{2,m2})*\cdots*(op_{n,1}+op_{n,2}+\cdots+op_{n,mn}) \tag{2-1}$$

其中，$op_{i,j}(j=1,2,\cdots,m_i;i=1,2,\cdots,n)$ 表示基本密码操作，$+$表示并行操作关系，$*$ 表示串行操作关系。如果可重构密码协处理器中包含实现所有 $op_{i,j}(j=1,2,\cdots,m_i;i=1,2,\cdots,n)$ 所需的基本功能部件并支持式(2-1) 所需要的连接关系，该可重构密码协处理器就可以实现算法 A。但需要注意的是，可重构密码协处理器的设计目标是能够灵活、快速地实现多种不同的密码算法，而不是某一种特定的算法。不同密码算法的基本运算成分及其复合规则是不同的，因此，要求可重构密码协处理器中的基本功能部件能够实现不同密码算法的基本运算成分，并且基本功能部件之间的内部连接网络能够支持多种不同的连接关系。为了使可重构密码协处理器能够实现多种不同密码算法的基本运算成分，而又不至于导致基本功能部件数量的膨胀，我们必须尽可能提高每个基本功能部件的复用率，即使它具有一定的通用性，能够被不同的密码算法所复用。

通过对大量的密码算法进行分析和研究，我们发现密码算法具有一个显著的特征：很多不同的密码算法具有相同类型的基本运算成分。表 2-1 列出了我们对 DES、IDEA、AES 候选算法等 34 种典型的分组密码算法和 13 种典型的序列密码算法的统计结果。

表 2-1 密码算法的基本运算成分及其使用频度

算法类别	基本运算成分	使用频度	算法类别	基本运算成分	使用频度
分组密码算法	异或运算	100%	分组密码算法	模乘逆运算	2.94%
	S盒变换	50%		逻辑非运算	11.76%
	移位运算	58.82%		逻辑与运算	11.76%
	置换运算	29.41%		逻辑或运算	11.76%
	模加运算	44.12%		指数运算	8.82%
	模减运算	8.82%		对数运算	5.88%
	模加逆运算	2.94%			
	模乘运算	26.47%	序列密码算法	反馈移位寄存器	100%

这些相同类型的基本运算成分可以用同一个功能单元来实现，那么这个功能单元就可以被多种不同的密码算法所使用，因此我们就能够以较小的电路规模构造一套逻辑电路来实现多种算法。例如，假设实现算法 A_1 所需要的硬件资源的集合为 $\mathbf{E}_{A1}=\{e_1, e_2, e_3, e_4, e_5\}$，实现算法 A_2 所需要的硬件资源的集合为 $\mathbf{E}_{A2}=\{e_1, e_3, e_6, e_7\}$，实现算法 A_3 所需要的硬件资源的集合为 $\mathbf{E}_{A3}=\{e_2, e_4, e_6, e_8\}$，则 $\mathbf{E}_{A1}$、$\mathbf{E}_{A2}$、$\mathbf{E}_{A3}$ 的并集为 $\mathbf{E}=\mathbf{E}_{A1}\cup\mathbf{E}_{A2}\cup\mathbf{E}_{A3}=\{e_1, e_2, e_3, e_4, e_5, e_6, e_7, e_8\}$；由于 **E** 中包含了实现算法 A_1、A_2、A_3 所需的全部硬件资源，因此 **E** 能够实现 A_1、A_2、A_3 三个不同的算法，并且 **E** 的规模小于 $\mathbf{E}_{A1}$、$\mathbf{E}_{A2}$、$\mathbf{E}_{A3}$ 的规模之和，即 $S(\mathbf{E})<S(\mathbf{E}_{A1})+S(\mathbf{E}_{A2})+S(\mathbf{E}_{A3})$，实际上 $S(\mathbf{E})=[S(\mathbf{E}_{A1})+S(\mathbf{E}_{A2})+S(\mathbf{E}_{A3})]-S(e_1)-S(e_2)-S(e_3)-S(e_4)-S(e_6)$。这个例子说明，如果我们将实现多种不同密码算法的硬件资源叠加起来（即求并集）构成一套密码逻辑电路，则该密码逻辑电路能够实现上述的多种不同的密码算法，并且由于多种不同密码算法所需的资源中往往存在重用部件（被两个以上的算法所使用的部件），因此该密码逻辑电路的规模一般要小于上述多种不同密码算法所需资源的总和。一般地，我们有下述定理。

［定理 2-1］ 设实现算法 A_i 所需要的硬件资源的集合为 $\mathbf{E}_i=\{e_{i,1}, e_{i,2}, \cdots, e_{i,m_i}\}[i=1,2,\cdots,n, n、m_i\in\mathbf{N}$（自然数）$]$，则所有 $\mathbf{E}_i$ 的并集 $\mathbf{E}=\bigcup_{i=1}^{n}\mathbf{E}_i=\{e_1, e_2, \cdots, e_r\}(r\in\mathbf{N}, 1\leqslant r\leqslant\sum_{i=1}^{n}m_i)$，所构成的逻辑电路能够实现算法 A_1、A_2、…、A_n，并且 **E** 的规模 $S(\mathbf{E})=\sum_{i=1}^{n}S(\mathbf{E}_i)-\sum_{i=1}^{r}(k_i-1)S(e_i)$，其中，$S(e_i)$ 是硬件资源 e_i 的规模，$S(\mathbf{E}_i)$ 是算法 A_i 所需要的硬件资源的规模，$S(\mathbf{E}_i)=\sum_{j=1}^{m_i}S(e_{i,j})$，$k_i$ 是使用硬件资源 e_i 的算法的个数（或者称为 e_i 的重用次数）。

［证明］ ①先证明 $\mathbf{E}=\bigcup_{i=1}^{n}\mathbf{E}_i$ 能够实现算法 A_1、A_2、…、A_n。

对于算法 A_1、A_2、…、A_n 中的任何一个算法 A_j，$1\leqslant j\leqslant n$，由定理的假设，实现算法 A_j 所需要的硬件资源的集合为 $\mathbf{E}_j=\{e_{j,1}, e_{j,2}, \cdots, e_{j,m_j}\}$，根据并集的定义，我们知道 $\mathbf{E}_j$ 是 $\mathbf{E}=\bigcup_{i=1}^{n}\mathbf{E}_i$ 的子集，即 **E** 中包含了实现算法 A_j 所需要的全部硬件资源，因此 **E** 能够实现算法 A_j。又因为 A_j 是 A_1、A_2、…、A_n 中的任何一个算法，所以 **E** 能够实现算法 A_1、A_2、…、A_n。

② 再证明 **E** 的规模 $S(\mathbf{E})=\sum_{i=1}^{n}S(\mathbf{E}_i)-\sum_{i=1}^{r}(k_i-1)S(e_i)$。

因为 $\mathbf{E}=\bigcup_{i=1}^{n}\mathbf{E}_i=\{e_1, e_2, \cdots, e_r\}(r\in\mathbf{N}, 1\leqslant r\leqslant\sum_{i=1}^{n}m_i)$，根据并集的定义我们知道，$e_1$，$e_2$，…，$e_r$ 是所有 $\mathbf{E}_i$ 的 $\sum_{i=1}^{n}m_i$ 个元素中不重复的元素的全体，即所有 $\mathbf{E}_i$ 的 $\sum_{i=1}^{n}m_i$ 个元素由 e_1，e_2，…，e_r 及其重复元素组成；又根据定理的假设，k_i 是使用硬件资源 e_i 的算法的个数，即 k_i 是 e_i 在所有 $\mathbf{E}_i$ 的 $\sum_{i=1}^{n}m_i$ 个元素中出现的次数，因此所有 $\mathbf{E}_i$ 的 $\sum_{i=1}^{n}m_i$ 个元素由 k_1 个 e_1、k_2 个 e_2、…、k_r 个 e_r 组成，所以我们有

$$\begin{aligned}\sum_{i=1}^{n}S(\mathbf{E}_i)&=\sum_{i=1}^{n}\sum_{j=1}^{m_i}S(e_{i,j})=\sum_{i=1}^{r}k_iS(e_i)=\sum_{i=1}^{r}S(e_i)+\sum_{i=1}^{r}(k_i-1)S(e_i)\\&=S(\mathbf{E})+\sum_{i=1}^{r}(k_i-1)S(e_i)\end{aligned}$$

所以，$S(\mathbf{E})=\sum_{i=1}^{n}S(\mathbf{E}_i)-\sum_{i=1}^{r}(k_i-1)S(e_i)$ ［证毕］

上述定理说明，我们可以采用资源叠加的方法来构造实现 n 个不同算法的密码逻辑，由于这 n 个密码算法所需的资源中往往存在重用部件，因此该密码逻辑电路的规模一般要小于上述多种不同密码算法所需资源的总和，而且重用部件越多、重用次数越多，则该密码逻辑电路的规模就越小。通过对数据加/解密原理和大量典型的密码算法进行分析，我们发现密码算法所使用的基本运算成分大多局限在移位、置换、S 盒变换、模乘/模加、异或、反馈移位寄存器等少数几种操作类型，因此随着密码算法个数 n 的增加，其重用部件和重用次数也会越来越多，从而按照资源叠加方法构造的密码逻辑的规模的增长速度会越来越慢，不会因为算法个数 n 的增加而导致规模的无限膨胀。我们可以想象，当 n 足够大时，我们只需增加很小规模（或者根本不用增加规模）就可以实现第 $n+1$ 个算法。例如，在我们针对 DES、IDEA、Gifford、Geffe 4 个算法设计的可重构密码协处理器实例 RELOG_DIGG 中，不需增加任何资源就可以实现 FEAL 算法和 PES 算法，只需增加一个模 2^{32} 加法器，就可以实现俄罗斯加密标准 GOST。另外，当 n 足够大时，n 个算法的资源叠加构成的密码逻辑电路中将包含各种类型的常用的密码部件，因此，我们可以利用这些已有的密码部件开发新的密码算法，从这个意义上讲，该密码逻辑电路具有一定的扩展性。例如，在 RELOG_DIGG 中，我们只要修改一下 S 盒的设置，就可以得到 DES 算法的一种变形算法，进一步讲，仅修改 S 盒而不做其他变动，我们就可以实现 DES 算法的 $2^{64}-1$ 种变形算法。

综上所述，可重构密码协处理器的体系结构框架如下：可重构密码协处理器应该包括一些能够被大量密码算法重复使用的功能模块，每个基本功能模块应该尽可能多地实现不同的密码运算成分，以提高每个功能模块的复用率，而且各个功能模块之间应该有灵活的连接结构，以支持不同算法所需的连接关系。

（2）逻辑电路实现原理

据前所述，可重构密码协处理器包括功能可变的基本功能模块和灵活可变的内部连接结构。那么，如何在逻辑电路设计中实现模块功能可变和连接结构可变呢？为此，我们必须在功能模块的内部及其相互之间的连接网络中设置一些指令界面可见、可控的电路节点（称为可控节点），通过对可控节点施加不同的控制来实现不同的功能和连接关系。由此得到可重构密码协处理器的逻辑电路的设计原理如下：

在密码逻辑电路中设置某些可被不同密码算法重复使用的部件，并在可重用部件的内部和重用部件之间的连接网络中设置某些指令界面可见的可控节点，通过改变这些可控节点的控制编码，可以改变重用部件的内部结构或相互之间的连接关系，从而实现不同的密码操作，匹配不同的密码算法。

根据上述设计原理，我们可以给出可重构密码协处理器的逻辑电路的一个形式化的描述：

可重构密码逻辑 RELOG 由 E、CTRL、C 三部分构成，记为 $\mathbf{RELOG}=\{\mathbf{E},\mathbf{CTRL},\mathbf{C}\}$。其中，**E** 表示某些可被不同密码算法重复使用的功能部件所构成的集合，$\mathbf{E}=\{e_1,e_2,\cdots,e_m\}$ $(m\in\mathbf{N})$；**CTRL** 表示某些指令界面可见、可控的部件所构成的集合，$\mathbf{CTRL}=\{ctrl_1,ctrl_2,\cdots,ctrl_n\}(n\in\mathbf{N})$；**C** 表示上述功能部件或可控部件之间的连接关系所构成的集合，$\mathbf{C}=\{R\langle a,b\rangle \mid R\langle a,b\rangle$ 是 a 到 b 的连接关系，a，$b\in\mathbf{E}\cup\mathbf{CTRL}\}$。

显然，可重构密码逻辑 RELOG 的功能将随着可控节点的控制信号的改变而改变。设可重构密码逻辑 $\mathbf{RELOG}=\{\mathbf{E},\mathbf{CTRL},\mathbf{C}\}$ 所能实现的功能用 RELOG_FUNC 表示，其可控节点对应的控制信号的集合仍然用 **CTRL** 表示（为简单起见，以后在不至于引起混淆的情况下，我们仍然将可控节点对应的控制信号称为可控节点），则 RELOG_FUNC 是 **CTRL** 的函数，表示为 FUNC_RELOG＝f(**CTRL**)。

下面我们给出可重构逻辑电路的两个实例。

【例 2-1】 实现不同逻辑函数的可重构逻辑电路。

如图 2-5 所示，AND2 表示 2 输入与门，AND3 表示 3 输入与门，OR2 表示 2 输入或门，NOT 表示非门，A、B、C′、D 是 4 个输入变量，F 是输出变量。我们在上述电路中设置了 2 个可控节点，其控制信号分别记为 CTRL1 和 CTRL2。通过对 CTRL1 和 CTRL2 赋以不同的值，就可以改变上述电路的逻辑功能，实现不同的逻辑函数。表 2-2 给出了当 CTRL1 和 CTRL2 取不同的值时，上述电路所实现的函数关系。

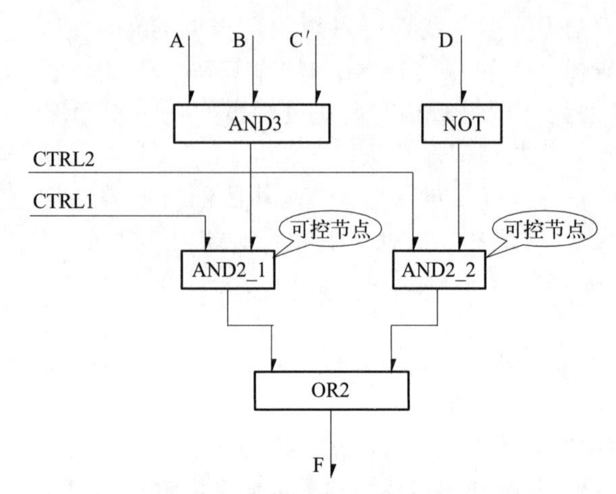

图 2-5 实现不同逻辑函数的可重构逻辑电路

表 2-2 可重构逻辑电路实现的功能

CTRL1	CTRL2	函数关系
0	0	F＝0
0	1	F＝～D(～表示取反)
1	0	F＝ABC′
1	1	F＝ABC′＋～D

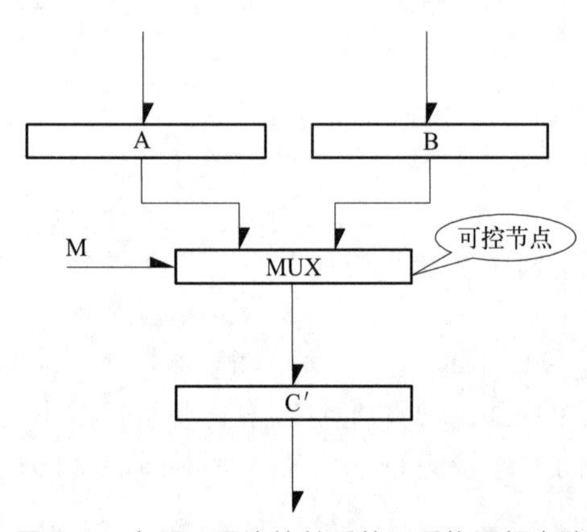

图 2-6 实现不同连接关系的可重构逻辑电路

该可重构逻辑电路可以描述为：**RELOG**＝{**E**,**CTRL**,**C**}，其中，**E**＝{AND3, NOT, OR2}，**CTRL**＝{AND2_1,AND2_2}，**C**＝{AND3→AND2_1, NOT→AND2_2, AND2_1→OR2, AND2_2→OR2}。该可重构逻辑电路实现的函数可表示为：RELOG_FUNC＝CTRL1·ABC′＋CTRL2·～D。

【例 2-2】 实现不同连接关系的可重构逻辑电路。

在图 2-6 中，部件 A 和 B 的输出经过 MUX 选通后进入 C′部件，作为 C′部件的输入，其中 MUX 就是一个可控节点，通过对这个可控节点进行控制就可以实现 A⇒C′和 B⇒C′两种不同的连接关系。该可重构逻辑电路可以描述为：**RELOG**＝{**E**,**CTRL**,**C**}，其中，**E**＝{A,B,C′}，**CTRL**＝{MUX}，**C**＝{A→MUX，B→MUX，MUX→C′}。该可重构逻辑电路实现的功能可表示为：RELOG_FUNC＝～M·(A＊C′)＋M·(B＊C′)。其中，A＊C′表示 A 的输出连接到 C′的输入。

2.2.2.3 可重构密码协处理器的体系结构设计方案

（1）总体结构设计

可重构密码协处理器由存储模块、控制模块和可重构密码处理单元三大部分组成。其中，存储模块用于存储密码算法程序、种子密钥和待加/解密数据，控制模块用于控制程序的存储和执行，可重构密码处理单元用于对数据进行加/解密处理。可重构密码协处理器与外部设备的接口信号包括：clock（时钟信号），reset（复位信号），insnumr_en（指令条数寄存器写使能信号），insnumw_en（指令装载使能信号），mem_addr<1：0>（指令存储器地址），ins_exe（指令执行使能信号），dkw_en（待加/解密数据或密钥装载使能信号），trans_en（将加/解密结果传输到外部的使能信号），ready（可重构密码协处理器状态标志信号），datain（数据输入总线），dataout（数据输出总线）。可重构密码协处理器的总体结构如图 2-7 所示。

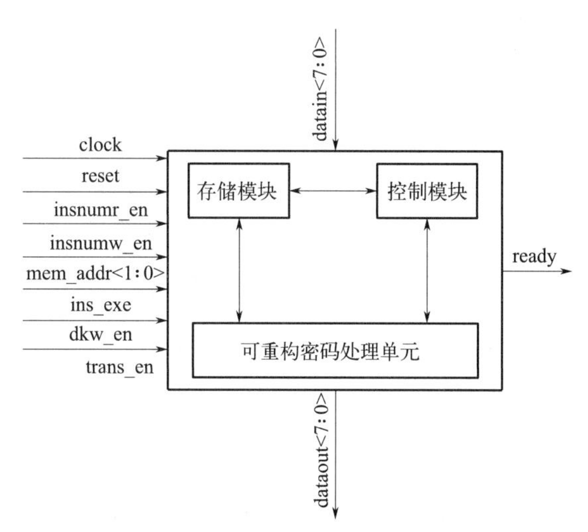

图 2-7 可重构密码协处理器的总体结构图

（2）存储模块设计

存储模块包括指令存储器、数据/密钥缓冲寄存器和指令条数寄存器，如图 2-8 所示。指令存储器用来保存加密或解密程序，其存储容量为 256 个 208 位的指令字，即 6.5KB。指令存储器具有一个写端口和一个读端口。写端口用于将密码程序由外部写入到可重构密码协处理器内部的指令存储器中，为了减少可重构密码协处理器的引脚数，指令存储器写端口的数据宽度为 8 位，这样可重构密码协处理器的一条指令（208 位）需要分 26 次才能写入到指令存储器中。由于密码程序装载操作只发生在密码算法初建或更新的时刻，而通常一个密码算法能够保持较长时间不变，在这段时间内只需进行一次密码程序装载操作，因此它所花费的时间长一些无关紧要。读端口用于读出保存在指令存储器内的指令，经过译码后控制加/解密过程的执行。由于可重构密码协处理器的指令长度为 208 位，我们将指令存储器读端口的数据宽度定为 208 位，这样能够保证每个时钟周期读取一条指令，提高了加/解密的处理速度。

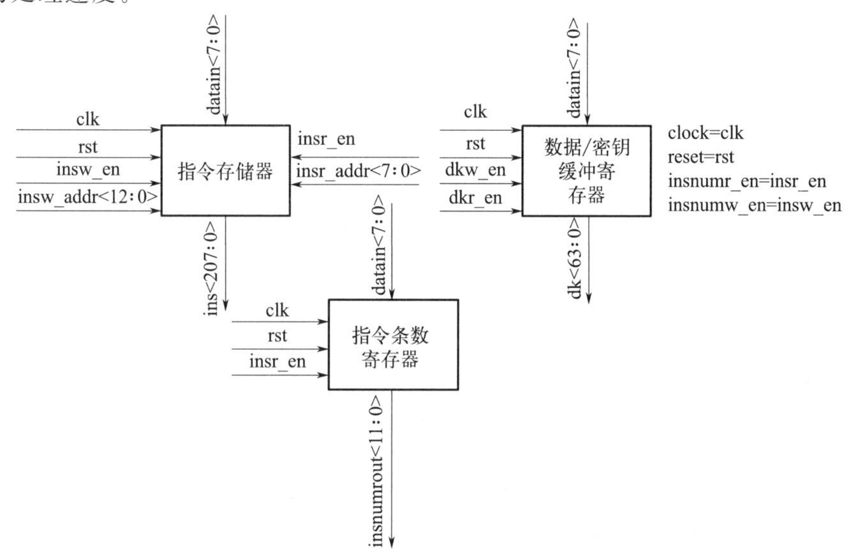

图 2-8 存储模块结构图

数据/密钥缓冲寄存器是一个128位的寄存器，用来保存种子密钥和待加/解密的数据。为了进一步节省可重构密码协处理器的引脚数，数据/密钥缓冲寄存器和指令存储器共享数据输入总线datain＜7：0＞。

指令条数寄存器用来保存密码程序中所含的指令的条数，该数据参与控制程序装载操作的自动执行。

（3）控制模块设计

控制模块包括指令装载控制逻辑、指令执行控制逻辑和指令译码逻辑，如图2-9所示。其中，指令装载控制逻辑和指令执行控制逻辑用有限状态机的形式实现。有限状态机用于控制可重构密码协处理器的状态转换和每个状态下的操作。根据加/解密处理的实现过程，我们将可重构密码协处理器的状态划分为三种：指令装载状态、指令执行状态和空闲状态。在指令装载状态下，可重构密码协处理器将密码程序中的指令按顺序装载到指令存储器中。在指令执行状态下，可重构密码协处理器自动地、不断地从指令存储器中取出指令，进行译码并加以执行，直至所有指令执行完毕。在空闲状态下，可重构密码协处理器不进行指令装载操作和指令执行操作，并保持所有的运算结果寄存器的值不变。主处理器只需对指令执行使能信号ins_exe施加一个脉冲，就可以将可重构密码协处理器设置为指令执行状态，从而启动指令自动执行过程，在整个过程中不再需要主处理器的干预，这大大减少了主处理器的控制开销和可重构密码协处理器访问外部设备的开销，提高了加/解密的处理速度。指令自动执行过程结束以后，可重构密码协处理器将自动转换为空闲状态，并给出空闲状态的标志信号ready，主处理器在收到ready信号后，就可以驱动可重构密码协处理器进行新的操作。

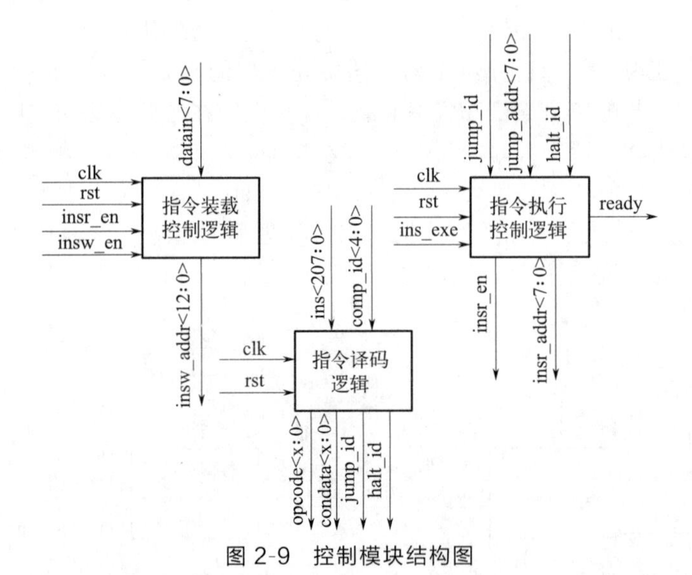

图2-9　控制模块结构图

指令译码逻辑用于对指令进行分析，确定指令中所包含的操作，并给出相应的控制信号，驱动相应的模块完成所需的操作。

（4）可重构密码处理单元设计

可重构密码处理单元用于实现加/解密运算，它由大量的密码运算模块和灵活可变的内部互联网络构成，其中，密码运算模块用于实现密码算法所需要的基本密码运算，内部互联网络用于实现不同密码运算模块之间的数据传送。为了提高可重构密码处理单元的灵活性，许多密码运算模块的功能和模块之间的数据传输路径都是可配置的，即可以通过指令来灵活设置密码运算模块的功能和模块之间的数据传输路径，从而可以通过编程来灵活地实现不同的密码算法。

可重构密码处理单元的内部结构如图 2-10 所示。

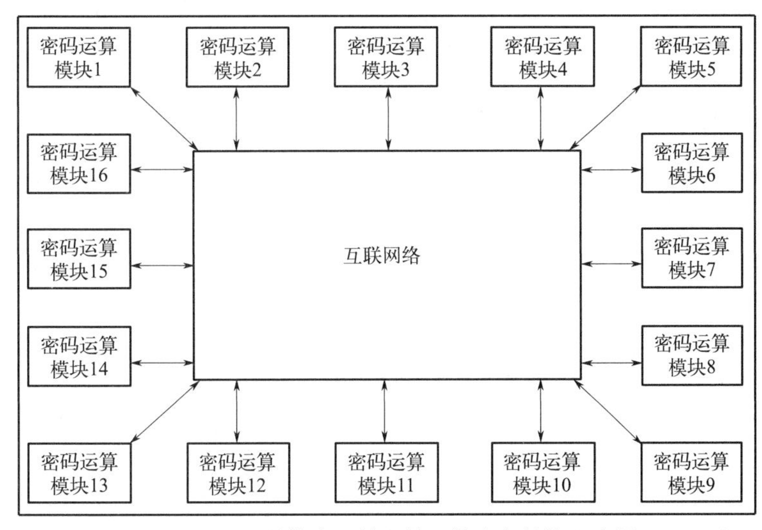

图 2-10 可重构密码处理单元的内部结构示意图

① 密码运算模块的设置。根据计算机体系结构的基本理论，对于那些在应用中频繁出现的计算任务，应该用专门的硬件加以实现，这样将大大提高计算机系统的性能。因此，我们应该在可重构密码处理单元中设置能够被不同密码算法频繁使用的密码运算模块。通过对 DES、IDEA、AES 等 50 余种典型的对称密码算法进行分析，我们发现一些典型的密码运算在不同密码算法中出现的频率很高，如异或、移位、置换、S 盒变换、模乘/模加运算、反馈移位运算等，因此，我们应该在可重构密码处理单元中设置相应类型的密码运算模块，这样，将显著提高一些常用密码算法的运算速度。同时，为了提供足够的灵活性和适应性，可重构密码处理单元还应该包括一些通用计算模块，如算术逻辑单元等，以便处理那些特殊的、使用频率不高的密码运算。另外，为了进一步提高可重构密码处理单元的性能，可以设置多个同一类型的密码运算模块，以便增加计算的并行性。

基于上述考虑，我们确定了可重构密码处理单元的组成方案，见表 2-3。

表 2-3 可重构密码处理单元所包括的基本模块的名称、功能和数量

序号	名称	功能	数量
1	16 位异或运算器	实现 16 位数据的逐位异或运算	4
2	28 位循环左移模块	能对 28 位数据进行循环左移 1 位或 2 位的操作	2
3	32 位移位模块	能对 32 位数据进行逻辑左移、逻辑右移、循环左移、循环右移任意 $n(n\leqslant 32)$ 位的操作	1
4	128 位移位模块	能对 128 位数据进行逻辑左移、逻辑右移、循环左移、循环右移任意 $n(n\leqslant 128)$ 位的操作	1
5	32×32 置换模块	能够实现 32 位输入到 32 位输出的任意的置换	2
6	64×32 置换模块	能够实现 64 位输入到 32 位输出的任意的置换	1
7	64×64 置换模块	能够实现 64 位输入到 64 位输出的任意的置换	2
8	8×8 S 盒模块	能够实现 8 位输入到 8 位输出的任意的变换	8
9	32 位线性反馈移位寄存器	级数在 2～32 之间可变，反馈抽头数在 2～6 之间可变，每个反馈抽头可以选择 32 个寄存器的任意一个，能够实现 2～6 个反馈抽头的任意的线性反馈函数	3
10	16 位逻辑运算模块	实现 16 位数据的与、或、非逻辑运算	1
11	16 位比较模块	实现 16 位数据的比较运算	1

续表

序号	名称	功能	数量
12	模 2^{16} 加法器	实现 16 位模 2^{16} 加法和减法	2
13	模 $2^{16}+1$ 乘法器	实现 16 位模 $2^{16}+1$ 乘法	2
14	模 $2^{16}+1$ 乘法逆模块	求 16 位整数的模 $2^{16}+1$ 乘法逆	1
15	模 2^{32} 乘法器	实现 32 位模 2^{32} 乘法	1
16	8 位模多项式乘法器	能够实现 GF(2^8)上的多项式的模乘运算，其中模多项式是可变的	8
17	16×16 寄存器堆	保存工作子密钥和中间结果，由 16 个 16 位的寄存器组成	8
18	16 位内部数据总线	用于各个模块之间的数据传输	8
19	64 位输入寄存器	暂存待加/解密数据或者种子密钥	1
20	128 位结果寄存器	保存加/解密结果数据	1

② 密码运算模块的设计原则。通过对密码学基本原理和大量的、典型的密码算法进行分析，发现任何密码算法实际上都是从明文空间、密钥空间到密文空间的变换，并且这一变换通常是由一系列的子变换按照一定的顺序复合而成。可重构密码处理单元中的密码运算模块就是为实现密码算法中的子变换而设计的，显然，密码运算模块实现的密码变换越多，它所支持的密码算法就越多，可重构密码处理单元的灵活性和适应性就越大。因此，为了使可重构密码处理单元能够实现尽可能多的密码算法，而规模又不至于太大，我们在设计密码运算模块时，应该使它实现尽可能多的密码变换，这样，它就能尽可能多地适应不同密码算法的需求，从而达到最大的适应性，并提高硬件资源的利用率。上面所述是我们进行密码运算模块设计的指导性原则，我们称之为最大适应性设计原则。

下面我们将讨论几种典型的密码运算模块的设计原则，并对它们的灵活性和所需控制编码的规模进行定量分析。

a. 移位模块的设计原则。密码算法中所使用的移位变换主要有 4 种类型：循环左移、循环右移、逻辑左移、逻辑右移。根据最大适应性设计原则，我们认为可重构密码处理单元中的移位模块应该实现上述所有 4 种类型的移位操作，而且移位的位数任意可变。

［定理 2-2］ 设一个 n 位的移位模块能够实现循环左移、循环右移、逻辑左移、逻辑右移 4 种移位操作，而且移位的位数在 $1\sim n$ 之间任意可变，则该移位模块需要 $2+[\log n_2]$ 位二进制控制编码，而且其能够实现的移位变换的个数为 $4n$。

［证明］ 只有移位类型和移位位数都确定以后，我们才能实现一个确定的移位变换。该移位模块要实现的移位操作类型有 4 种，移位位数有 n 种，因此根据组合数学中的乘法法则，该移位模块能够实现 $4n$ 种不同的移位变换，同时为了表示这 $4n$ 种不同的移位变换，就需要 $[\log(4n)_2]=2+[\log n_2]$ 位二进制控制编码。［证毕］

例如，一个 128 位的移位模块需要 9 位控制编码，能够实现 512 种不同的移位变换。

b. 置换模块的设计原则。置换模块的功能是从输入变量中选择某些位输出，显然，置换模块实现了从输入变量到输出变量的一个变换，我们称之为选择变换。根据最大适应性设计原则，一个 n 输入、m 输出的置换模块（以下称之为 $n\times m$ 置换模块）应该实现 n 个输入、m 个输出的所有的选择变换，即任何一个输出能够选择任何一个输入。

［定理 2-3］ 设一个 $n\times m$ 置换模块能够实现输入变量到输出变量的所有的选择变换，则该置换模块需要 $m[\log n_2]$ 位控制编码，能够实现 n^m 个不同的选择变换。

［证明］ 当且仅当 $n\times m$ 置换模块的每个输出的选择状态都确定以后，其所实现的选择变换才能确定。因为每个输出可选择 n 个输入中的任何一个，因此，每个输出有 n 种不同的选择状态，又因为共有 m 个输出，根据乘法法则，该置换模块能够实现 $n\times n\times\cdots\times n=$

n^m 个不同的选择变换。为表示这 n^m 个不同的选择变换，就需要 $[\log n_2^m]=m[\log n_2]$ 位二进制控制编码。[证毕]

例如：一个 64×64 的置换模块需要 384 位控制编码，能够实现 $64^{64}\approx 3.94\times 10^{115}$ 个不同的选择变换。显然，循环移位变换是一种特殊的选择变换，因此，一个 $n\times n$ 的置换模块能够实现字长小于或等于 n 的任意的循环移位变换。

c. S 盒的设计原则。S 盒在密码算法中有着广泛的应用，S 盒是许多密码算法中唯一的非线性部件，因此，它的密码强度决定了整个密码算法的安全强度。S 盒提供了分组密码算法所必需的混淆作用。实际上，一个 n 输入、m 输出的 S 盒（以下记为 $n\times m$ S 盒）的功能是从二元域 $\mathbf{F}_2$ 上的 n 维向量空间 $\mathbf{F}_2^n$ 到 $\mathbf{F}_2$ 上的 m 维向量空间 $\mathbf{F}_2^m$ 的映射 $S(x)=(f_1(x),f_2(x),\cdots,f_n(x))$：$\mathbf{F}_2^n\rightarrow\mathbf{F}_2^m$，我们称这个映射为 S 盒代替函数。一般来说，$n$ 和 m 越大，S 盒的密码强度就越大，但 S 盒的规模和控制编码的宽度也越大，因此，n 和 m 也不能选择得过大，否则将难以实现。目前比较流行的是 8×8 S 盒。

按照前面所述的密码运算模块的最大适应性设计原则，一个 $n\times m$ S 盒应该能够实现 $\mathbf{F}_2^n\rightarrow\mathbf{F}_2^m$ 的所有的代替函数，以保证 S 盒达到最大的适应性。这样的 S 盒所需的控制编码的宽度和所能实现的代替函数的个数由下述定理给出。

[定理 2-4] 设一个 $n\times m$ S 盒能够实现 $\mathbf{F}_2^n\rightarrow\mathbf{F}_2^m$ 的所有的代替函数，则该 S 盒需要 $m\times 2^n$ 位可控编码，而且其能够实现的代替函数的个数为 2 的 $m\times 2^n$ 次方。

[证明] 当且仅当 $\mathbf{F}_2^n$ 中的所有向量元素所对应的 $\mathbf{F}_2^m$ 中的向量元素确定以后，才能确定 $\mathbf{F}_2^n\rightarrow\mathbf{F}_2^m$ 的一个特定的代替函数。$\mathbf{F}_2^n$ 中的每个向量元素可以选择 $\mathbf{F}_2^m$ 中的任何一个向量元素作为它的映像，而 $\mathbf{F}_2^m$ 中有 2^m 个向量元素，因此 $\mathbf{F}_2^n$ 中的每个向量元素有 2^m 个不同的选择方式确定其映像，又因为 $\mathbf{F}_2^n$ 中有 2^n 个向量元素，所以，根据组合数学中的乘法法则，共有 $2^m\times 2^m\times\cdots\times 2^m$（$2^n$ 个 2^m 相乘）=2 的 $m\times 2^n$ 次方个 $\mathbf{F}_2^n\rightarrow\mathbf{F}_2^m$ 的代替函数，为了表示这些不同的代替函数，需要 [$\log_2$（2 的 $m\times 2^n$ 次方）]$=m\times 2^n$ 位二进制控制编码。[证毕]

例如，一个 8×8 S 盒需要 $8\times 2^8=2048$ 位控制编码，能够实现 2 的 8×2^8 次方（$2^{2048}\approx 3.23\times 10^{616}$）个不同的代替函数。由定理 2-4 可见，$n\times m$ S 盒所需的控制编码宽度 $m\times 2^n$ 随输入个数 n 的增加而按指数级增长，其增长速度是惊人的，例如 6×4 S 盒需要 256 位控制编码，8×8 S 盒需要 2048 位控制编码，而 9×9 S 盒则需要 4608 位控制编码，所以 S 盒的输入和输出数不能太大，否则会造成规模和控制编码的宽度太大而难以实现。

③ 可重构密码处理单元内部互联网络的设计。可重构密码处理单元的内部互联网络是其数据传输的通路，互联网络的连通性、数据传输效率、网络规模等特性对可重构密码处理单元的灵活性和扩展性、性能、规模具有至关重要的意义。

若互联网络中的任何一个密码运算模块的输出都可以经过一定的路径传输到任何密码运算模块的输入端口，则称该互联网络是连通的，否则称为不连通。互联网络的连通性在很大程度上决定了可重构密码处理单元的适应性和扩展性，反映了互联网络对于利用密码运算模块构建密码算法所能够提供的支持的程度。我们知道，可重构密码处理单元所实现的任何一个密码算法，都是由密码运算模块以某种组合方式和连接关系构成的。如果一个互联网络是连通的，则说明我们可以以任意的组合方式、任意的连接关系使用现有的密码运算模块，从而使可重构密码处理单元在现有密码运算模块的基础上实现最多的密码算法，或者使可重构密码处理单元达到最大的适应性和扩展性。反之，如果一个互联网络不是连通的，则因为互联网络对密码运算模块的某些组合方式和连接关系不提供支持，我们无法使用密码运算模块的这些组合方式和连接关系构造算法，从而使得可重构密码处理单元所能够适应的算法的数量减少，或者说使可重构密码处理单元的适应性和扩展性降低。因此，可重构密码处理单元的互联网络的第一个设计原则是满足连通性。

数据传输效率是指互联网络中的密码运算模块之间数据传输的速率，可以用单位时间内传送的数据宽度来表示，显然，数据传输效率越高，密码算法的实现速度就越快。

网络规模包括了3个特征参数：引脚数（pins）、线网数（nets）以及多路开关的数量。引脚数（pins）和线网数（nets）越多，则连线所占的硅片的面积越大、线延迟越大、布局布线的难度也越大；开关数量越多，则连接网络所占的规模越大，数据传输路径的延时就越长、需控制的可控节点就越多。

数据传输效率和网络规模往往是相互矛盾、相互制约的，一般来说数据传输效率越高，则网络规模越大；网络规模越小，则数据传输效率越低。因此，在设计可重构密码处理单元的内部互联网络时，我们需要根据特定的设计目标和约束条件，综合考虑上述各个因素。通常情况下，我们追求的设计目标是：首先满足连通性，然后在满足一定规模约束的条件下，尽可能实现最大的数据传输效率。

可重构密码处理单元的内部互联网络的设计模式通常有三种类型：全互联模式、单总线模式、多总线模式。

所谓全互联模式，是指互联网络中的任意两个密码运算模块都直接相连，即任一密码运算模块的输出直接连接到所有密码运算模块的输入端口，或者说任一密码运算模块的输入端口直接与所有的密码运算模块的输出相连。全互联模式的互联网络具有连通性和很高的数据传输效率，但其网络规模很大，因此，通常情况下不宜采用。

所谓单总线模式，是指互联网络中的任意密码运算模块的输出都连接一条数据总线，而所有的密码运算模块的输入都来自这条数据总线。单总线模式的互联网络具有连通性和很小的网络规模，但其数据传输效率也很低。

所谓多总线模式，是指互联网络中的所有密码运算模块的输出连接到多条独立的数据总线上，而所有的密码运算模块的输入也来自多条数据总线。多总线模式的互联网络具有连通性、较高的数据传输效率和可以接受的网络规模，因此是可重构密码处理单元互联网络比较理想的设计模式。

④ 密码运算模块的端口及功能描述。

a. 寄存器堆模块。

＜1＞图2-11为寄存器堆模块框图。

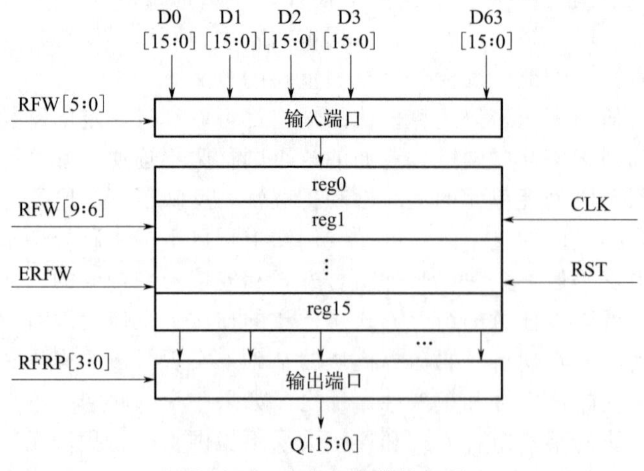

图2-11 寄存器堆模块框图

<2>端口信号定义见表2-4。

表2-4　寄存器堆模块端口信号定义

信号名	宽度	方向	含义
CLK	1位	输入	时钟信号，用作写操作的同步信号
RST	1位	输入	寄存器复位信号，用于给出寄存器堆的初始状态
ERFW	1位	输入	寄存器堆写操作的使能信号，用于控制寄存器堆写操作是否有效
RFW	10位	输入	寄存器堆写操作的控制信号，RFW[5∶0]为数据来源选通信号，RFW[9∶6]为目标寄存器地址
RFRP	4位	输入	寄存器堆读操作的控制信号，用于从寄存器堆的16个寄存器的值中选出1个输出
D0～D63	16位	输入	寄存器堆的64个数据来源
Q	16位	输出	寄存器堆的输出

<3>功能描述。寄存器堆用于保存待加密/解密的数据、工作密钥和中间结果，并作为数据传输的中转站。由16个16位的寄存器组成，一个写端口、一个读端口，可将64个16位数据中的任何一个通过写端口写入寄存器堆中的任何一个寄存器，也可将寄存器堆中的任何一个寄存器的值通过读端口读出。寄存器堆能够实现3种操作：复位操作、寄存器堆写操作、寄存器堆读操作。

<3-1>复位操作。复位操作在复位信号RST的控制下进行。当RST=1时，复位操作有效，此时寄存器堆中的所有的寄存器的值将被置为0；当RST=0时，复位操作无效。需要注意的是，复位操作是同步操作，即在复位信号有效的时钟周期的上升沿处发生复位操作。复位操作的时序图如图2-12所示。

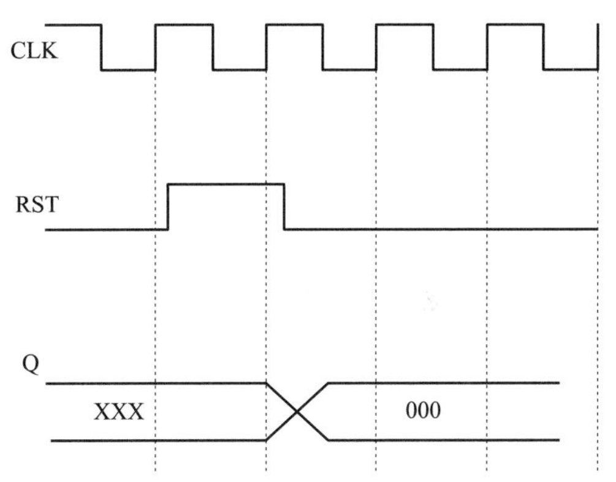

图2-12　寄存器堆模块复位操作的时序图

<3-2>寄存器堆写操作。寄存器堆写操作在ERFW和RFW信号的控制下进行，当ERFW=1时，寄存器堆写操作将RFW［5∶0］指定的数据来源写到RFW［9∶6］指定的目标寄存器中去；当ERFW=0时，寄存器堆写操作无效。寄存器堆写操作是同步操作，即在ERFW有效的时钟周期的上升沿处，寄存器堆写操作发生。RFW的编码定义如表2-5所示。

表2-5　RFW的编码定义

RFW编码值	对应的含义
RFW[5∶0]=i(0≤i≤63)	选择D_i(0≤i≤63)作为寄存器堆写操作的数据来源
RFW[9∶6]=i(0≤i≤15)	寄存器堆写操作的目标寄存器为第i(0≤i≤15)个寄存器

图2-13为寄存器堆写操作的时序图。

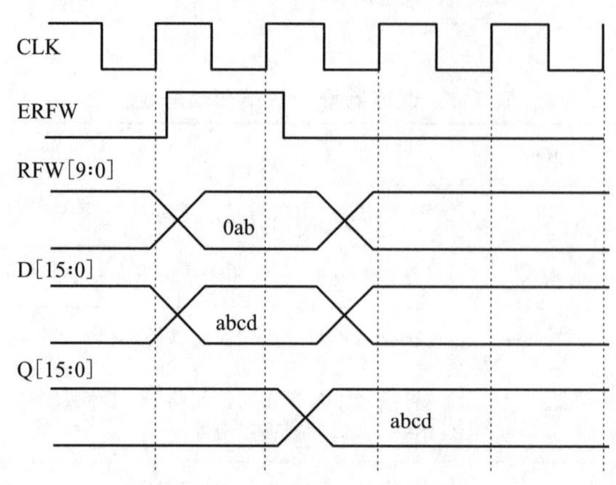

图 2-13　寄存器堆写操作的时序图

＜3-3＞寄存器堆读操作。寄存器堆读操作在 RFRP 的控制下进行，该操作将 RFRP 指定的寄存器的值输出。RFRP 的编码定义如表 2-6 所示。

表 2-6　RFRP 的编码定义

RFRP 编码值	对应的含义
RFRP=i(0≤i≤15)	选择第 i(0≤i≤15)个寄存器的值输出

b. 128 位移位模块。

＜1＞图 2-14 为 128 位移位模块框图。

＜2＞端口信号定义如表 2-7 所示。

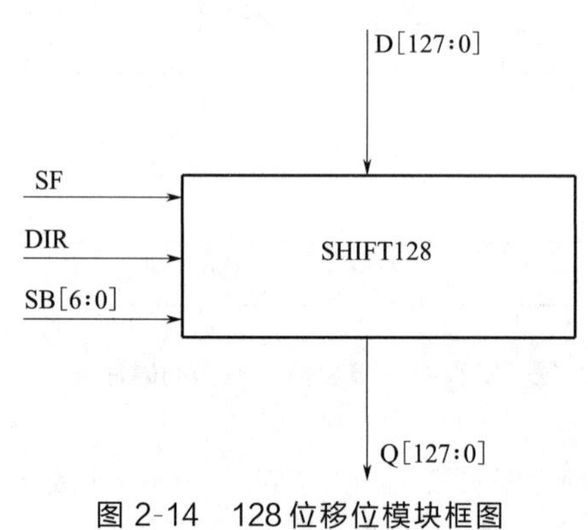

图 2-14　128 位移位模块框图

表 2-7　128 位移位模块端口信号定义

信号名	宽度	方向	含义
SF	1 位	输入	移位方式控制信号，用于控制 128 位移位单元的移位方式是循环移位还是逻辑移位
DIR	1 位	输入	移位方向控制信号，用于控制 128 位移位单元的移位方向是左移还是右移
SB	7 位	输入	移位位数控制信号，用于控制 128 位移位单元的移位位数(1～128)
D	128 位	输入	待移位的数据
Q	128 位	输出	移位后的结果

＜3＞功能描述。128 位移位单元能够在 SF、DIR、SB 的控制下，对 128 位的输入数据 D 进行循环左移、循环右移、逻辑左移、逻辑右移 4 类操作，而且移位位数在 1～128 之间任意可变。各控制信号的编码定义如表 2-8～表 2-10 所示。

表 2-8　128 位移位模块 SF 的编码定义

SF 的编码值	对应的含义
SF=0	循环移位
SF=1	逻辑移位

表 2-9　128 位移位模块 DIR 的编码定义

DIR 的编码值	对应的含义
DIR=0	向左移位
DIR=1	向右移位

表 2-10　128 位移位模块 SB 的编码定义

SB 的编码值	左移时对应的移位位数	右移时对应的移位位数	SB 的编码值	左移时对应的移位位数	右移时对应的移位位数
SB＝0000000	1	128	……	……	……
SB＝0000001	2	127	SB＝1111101	126	3
SB＝0000010	3	126	SB＝1111110	127	2
SB＝0000011	4	125	SB＝1111111	128	1

c. 28 位循环左移模块。

＜1＞图 2-15 为 28 位循环左移模块框图。

＜2＞端口信号定义见表 2-11。

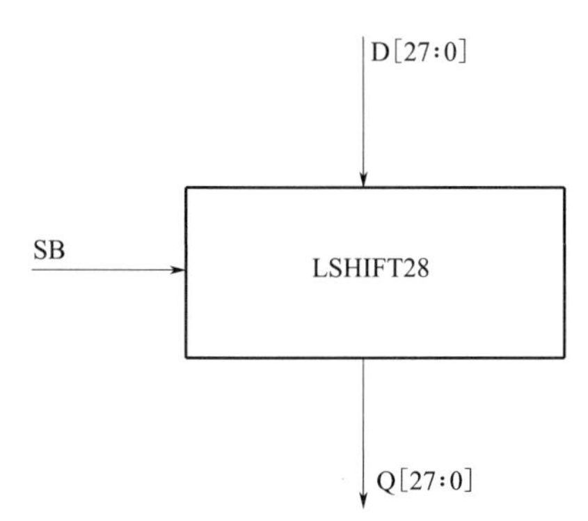

图 2-15　28 位循环左移模块框图

表 2-11　28 位循环左移模块端口信号定义

信号名	宽度	方向	含义
SB	1 位	输入	移位位数控制信号，用于控制 28 位循环移位单元的移位位数(1～2)
D	28 位	输入	待移位的数据
Q	28 位	输出	移位后的结果

＜3＞功能描述。28 位循环左移单元能够在 SB 的控制下，对 28 位输入数据进行循环左移 1 位或 2 位的操作。SB 的编码定义如表 2-12 所示。

表 2-12　28 位循环左移模块 SB 的编码定义

SB 的编码值	对应的含义	SB 的编码值	对应的含义
SB＝0	循环左移 1 位	SB＝1	循环左移 2 位

d. 32×32 置换模块。

＜1＞图 2-16 为 32×32 置换模块框图。

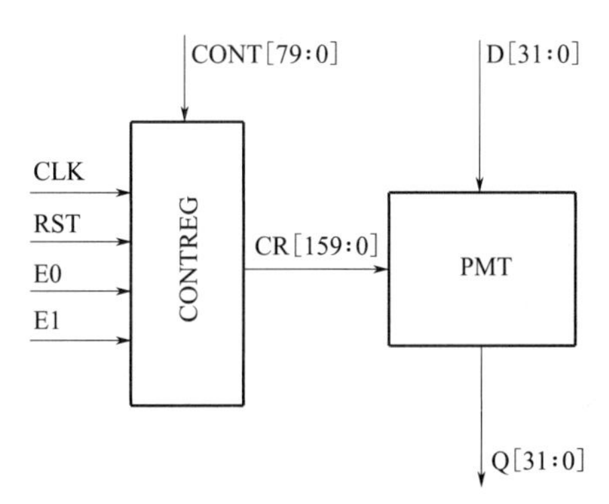

图 2-16　32×32 置换模块框图

＜2＞端口信号定义见表 2-13。

表 2-13　32×32 置换模块端口信号定义

信号名	宽度	方向	含义
CLK	1 位	输入	时钟信号，用作配置文件寄存器写操作和复位操作的同步信号
RST	1 位	输入	复位信号，当 RST=1 时，配置文件寄存器的值全部置为 0
E0	1 位	输入	写配置文件寄存器 CONTREG 的第 0～79 位的使能信号，1 有效
E1	1 位	输入	写配置文件寄存器 CONTREG 的第 80～159 位的使能信号，1 有效
CONT	80 位	输入	配置数据输入端口
D	32 位	输入	待置换的数据输入端口
Q	32 位	输出	置换后的数据输出端口

＜3＞功能描述。32×32 置换模块用于实现 32 位输入和 32 位输出之间的任意的置换关系，即 32 位输出数据的任何一位可以选择 32 位输入数据中的任何一位。具体说，32×32 置换模块能够实现 3 种操作：配置文件寄存器复位操作、配置文件寄存器写操作、置换操作，分别描述如下。

＜3-1＞配置文件寄存器复位操作。在时钟上升沿到达时，若 RST=1，则将配置文件寄存器 CONTREG 的值 CR［159：0］全部置为 0，即配置文件寄存器复位操作与时钟 CLK 信号同步。

＜3-2＞配置文件寄存器写操作。在时钟上升沿到达时，若 E0=1，将配置数据 CONT［79：0］写到配置文件寄存器 CONTREG 的第 79～0 位（即 CR［79：0］）中去；在时钟上升沿到达时，若 E1=1，将配置数据 CONT［79：0］写到配置文件寄存器 CONTREG 的第 159～80 位（即 CR［159：80］）中去。配置文件寄存器写操作与时钟 CLK 信号同步。

＜3-3＞置换操作。在配置文件寄存器 CONTREG 输出 CR［159：0］的控制下，将 32 位的输入 D［31：0］置换为 32 位的输出 Q［31：0］，详细的控制关系如下：

$CR[5i+4:5i](0\leqslant i\leqslant 31)$ 控制 $Q[i](0\leqslant i\leqslant 31)$ 的选择，当 $CR[5i+4:5i]=j\ (0\leqslant j\leqslant 31)$ 时，$Q[i]=D[j]$。

e. 64×64 置换模块。

＜1＞图 2-17 为 64×64 置换模块框图。

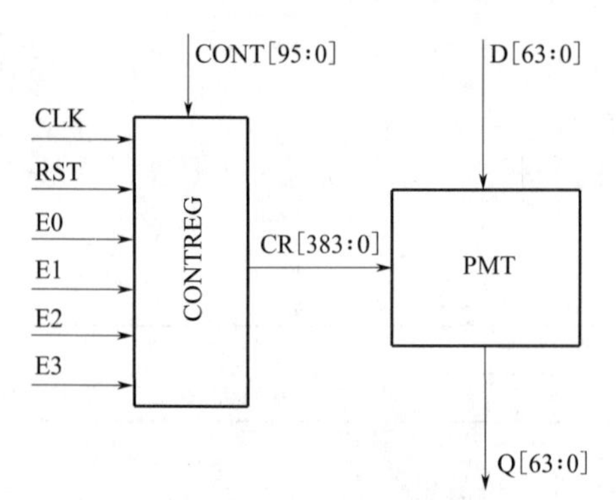

图 2-17　64×64 置换模块框图

＜2＞端口信号定义见表 2-14。

表 2-14　64×64 置换模块端口信号定义

信号名	宽度	方向	含义
CLK	1 位	输入	时钟信号，用作配置文件寄存器写操作和复位操作的同步信号
RST	1 位	输入	复位信号，当 RST=1 时，配置文件寄存器的值全部置为 0
E0	1 位	输入	写配置文件寄存器 CONTREG 的第 0～95 位的使能信号，1 有效
E1	1 位	输入	写配置文件寄存器 CONTREG 的第 96～191 位的使能信号，1 有效
E2	1 位	输入	写配置文件寄存器 CONTREG 的第 192～287 位的使能信号，1 有效
E3	1 位	输入	写配置文件寄存器 CONTREG 的第 288～383 位的使能信号，1 有效
CONT	96 位	输入	配置数据输入端口
D	64 位	输入	待置换的数据输入端口
Q	64 位	输出	置换后的数据输出端口

＜3＞功能描述。64×64 置换模块用于实现 64 位输入和 64 位输出之间的任意的置换关系，即 64 位输出数据的任何一位可以选择 64 位输入数据中的任何一位。具体说，64×64 置换模块能够实现 3 种操作：配置文件寄存器复位操作、配置文件寄存器写操作、置换操作，分别描述如下。

＜3-1＞配置文件寄存器复位操作。在时钟上升沿到达时，若 RST＝1，则将配置文件寄存器 CONTREG 的值 CR［383：0］全部置为 0，即配置文件寄存器复位操作与时钟 CLK 信号同步。

＜3-2＞配置文件寄存器写操作。在时钟上升沿到达时，若 E0＝1，将配置数据 CONT［95：0］写到配置文件寄存器 CONTREG 的第 95～0 位（即 CR［95：0］）；在时钟上升沿到达时，若 E1＝1，将配置数据 CONT［95：0］写到配置文件寄存器 CONTREG 的第 191～96 位（即 CR［191：96］）；在时钟上升沿到达时，若 E2＝1，将配置数据 CONT［95：0］写到配置文件寄存器 CONTREG 的第 287～192 位（即 CR［287：192］）；在时钟上升沿到达时，若 E3＝1，将配置数据 CONT［95：0］写到配置文件寄存器 CONTREG 的第 383～288 位（即 CR［383：288］）。配置文件寄存器写操作与时钟 CLK 信号同步。

＜3-3＞置换操作。在配置文件寄存器 CONTREG 输出 CR［383：0］的控制下，将 64 位的输入 D［63：0］置换为 64 位的输出 Q［63：0］，详细的控制关系如下：

$CR[6i+5:6i](0\leqslant i\leqslant 63)$ 控制 $Q[i](0\leqslant i\leqslant 63)$ 的选择，当 $CR[6i+5:6i]=j(0\leqslant j\leqslant 63)$ 时，$Q[i]=D[j]$。

f. 8×8 S 盒模块。

＜1＞图 2-18 为 8×8 S 盒模块框图。

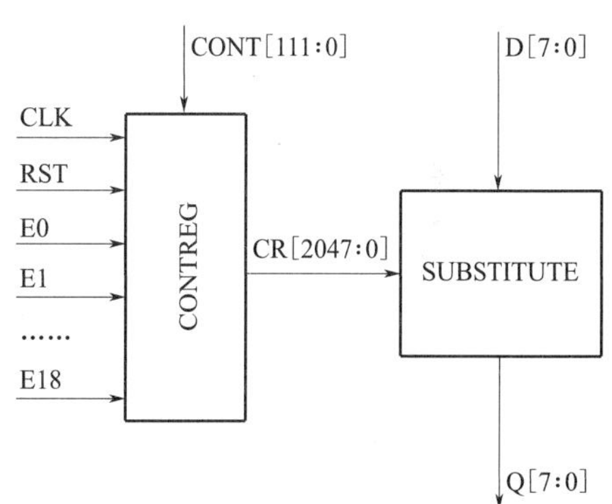

图 2-18　8×8 S 盒模块框图

＜2＞端口信号定义见表 2-15。

表 2-15　8×8 S 盒模块端口信号定义

信号名	宽度	方向	含义
CLK	1 位	输入	时钟信号，用作配置文件寄存器写操作和复位操作的同步信号
RST	1 位	输入	复位信号，当 RST＝1 时，配置文件寄存器的值全部置为 0
$E_i(0\leqslant i\leqslant 17)$	1 位	输入	写配置文件寄存器 CONTREG 的第 $112i\sim(112i+111)$ 位（即 $CR[112i+111:112]$）的使能信号，1 有效（$0\leqslant i\leqslant 17$）
E18	1 位	输入	写配置文件寄存器 CONTREG 的第 2016～2047 位（即 CR［2047：2016］）的使能信号，1 有效
CONT	112 位	输入	配置数据输入端口
D	8 位	输入	待变换的数据输入端口
Q	8 位	输出	变换后的数据输出端口

＜3＞功能描述。8×8 S 盒模块用于实现 8 位输入和 8 位输出之间的任意的布尔函数关系，即 8 个输出变量中的每一个变量可以是 8 个输入变量的任意的布尔逻辑函数。具体说，8×8 S 置换模块能够实现 3 种操作：配置文件寄存器复位操作、配置文件寄存器写操作、S 盒代替变换操作，分别描述如下。

＜3-1＞配置文件寄存器复位操作。在时钟上升沿到达时，若 RST＝1，则将配置文件寄存器 CONTREG 的值 CR［2047：0］全部置为 0。配置文件寄存器复位操作与时钟 CLK

信号同步。

＜3-2＞配置文件寄存器写操作。在时钟上升沿到达时，若 $E_i=1(0\leqslant i\leqslant 17)$，将配置数据 CONT［111：0］写到配置文件寄存器 CONTREG 的第 $112i\sim(112i+111)$ 位（即 CR［$112i+111$：112］）（$0\leqslant i\leqslant 17$）；在时钟上升沿到达时，若 E18＝1，将配置数据 CONT［111：0］写到配置文件寄存器 CONTREG 的第 2016～2047 位（即 CR［2047：2016］）。配置文件寄存器写操作与时钟 CLK 信号同步。

＜3-3＞S 盒代替变换操作。在配置文件寄存器 CONTREG 输出 CR［2047：0］的控制下，将 8 位的输入 D［7：0］变换为 8 位的输出 Q［7：0］，详细的变换关系如下：

若 D［7：0］＝i，则 Q[7：0]＝CR[$8i+7$：$8i$]，其中 $0\leqslant i\leqslant 255$，即将配置文件寄存器 CONTREG 的值 CR［2047：0］按顺序划分为 256 个 8 位的数据，用输入数据 D［7：0］作为选通控制信号，从 256 个数据中选择一个作为输出 Q［7：0］。

g. 线性反馈移位寄存器模块。

＜1＞图 2-19 为 32 位线性反馈移位寄存器模块框图。

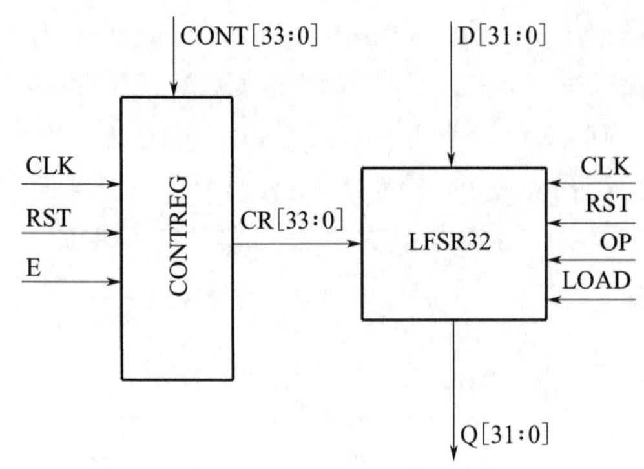

图 2-19　32 位线性反馈移位寄存器模块框图

＜2＞端口信号定义见表 2-16。

表 2-16　线性反馈移位寄存器模块端口信号定义

信号名	宽度	方向	含义
CLK	1 位	输入	时钟信号，用作同步信号
RST	1 位	输入	复位信号，当 RST＝1 时，寄存器的值全部置为 0
CONT	34 位	输入	结构配置数据，用于确定 LFSR32 的结构，包括 LFSR32 的反馈抽头控制编码和反馈系数控制编码
E	1 位	输入	LFSR32 的配置文件寄存器写操作使能信号
OP	1 位	输入	线性反馈移位寄存器的操作使能控制信号，用于控制 LFSR32 是否工作
LOAD	1 位	输入	线性反馈移位寄存器的初始数据装载/反馈移位控制信号，用于确定 LFSR32 的操作类型
D	32 位	输入	LFSR32 的初始装载数据
Q	32 位	输出	LFSR32 的输出

＜3＞功能描述。反馈移位寄存器是构造序列密码算法的主要部件，往往用于产生伪随机序列。根据反馈函数是否线性，反馈移位寄存器分为线性反馈移位寄存器和非线性反馈移位寄存器。不同算法所使用的反馈移位寄存器的级数、反馈抽头、反馈函数是不同的。为了匹配不同的算法，反馈移位寄存器的电路结构（级数、反馈抽头、反馈函数）必须是可变的。

32 位线性反馈移位寄存器 LFSR32 的级数在 2～32 之间可变，反馈抽头数在 2～6 之间可变，每个反馈抽头可以选择 32 个寄存器的任意一个，能够实现 2～6 个反馈抽头的任意的线性反馈函数。具体说，LFSR32 能够实现如下 4 种操作：复位操作、结构配置寄存器写操作、初始数据装载操作、线性反馈移位操作。

<3-1>复位操作。在时钟上升沿到达时，若 RST=1，则将 LFSR32 的结构配置寄存器和移位寄存器的值全部置为 0。复位操作与时钟 CLK 信号同步。

<3-2>结构配置寄存器写操作。在时钟上升沿到达时，若 E=1，则将结构配置数据 CONT [33：0] 写到结构配置寄存器 CONTREG。结构配置寄存器用于保存 LFSR32 的结构控制数据，其值为：

CR[33：0]={FBC，TAPSEL5，TAPSEL4，TAPSEL3，TAPSEL2，TAPSEL1，TAPSEL0}

其中，TAPSEL$_j$（$j=0$，1，…，5）是线性反馈移位寄存器的反馈抽头控制信号，TAPSEL$_j$=k（$j=0$，1，…，5；$k=0\sim31$）表示线性反馈移位寄存器 LFSR32 的第 j 个反馈抽头选择的是第 k 个 D 触发器的输出，反馈抽头从右向左依次排列的为 TAP0～ TAP5，D 触发器从右向左依次排列的为 D0～D31；FBC 是线性反馈移位寄存器的反馈系数控制节点，用于确定 LFSR32 的线性反馈函数：

$F=TAP0\oplus(FBC[1]*TAP1)\oplus(FBC[2]*TAP2)\oplus(FBC[3]*TAP3)\oplus(FBC[4]*TAP4)\oplus TAP5$。

32 位线性反馈移位寄存器的内部结构如图 2-20 所示。

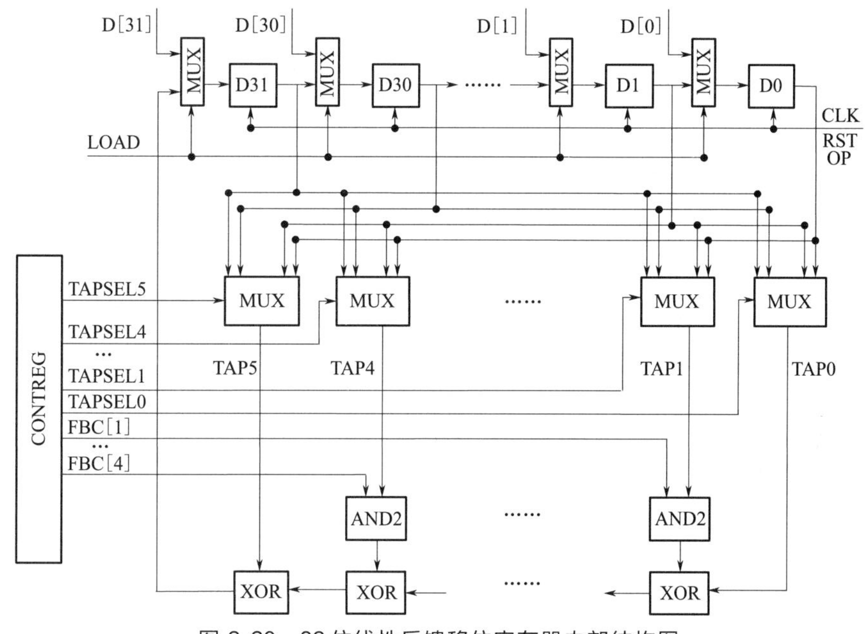

图 2-20　32 位线性反馈移位寄存器内部结构图

<3-3>初始数据装载操作。在时钟上升沿到达时，若 OP=1 且 LOAD=1，则初始数据 D [31：0] 装载到移位寄存器中。其中，OP 是线性反馈移位寄存器的操作使能控制信号，用于控制 LFSR32 是否工作：OP=1 时，LFSR32 处于工作状态；OP=0 时，LFSR32 处于关闭状态。LOAD 是线性反馈移位寄存器的初始数据装载/反馈移位控制节点，用于确定 LFSR32 的操作类型：LOAD=1 表示进行装载初始数据操作，LOAD=0 表示进行反馈移位操作。

<3-4>线性反馈移位操作。当 LFSR32 的结构配置和初始数据装载完成以后，就可以进行线性反馈移位操作了。令 OP=1 且 LOAD=0，则 LFSR32 每个周期反馈移位一次，即将最右边 1 位移出，而将线性反馈函数的输出补充到最左边 1 位。

h. 16 位异或运算模块。

<1>图 2-21 为 16 位异或运算模块框图。

<2>端口信号定义见表 2-17。

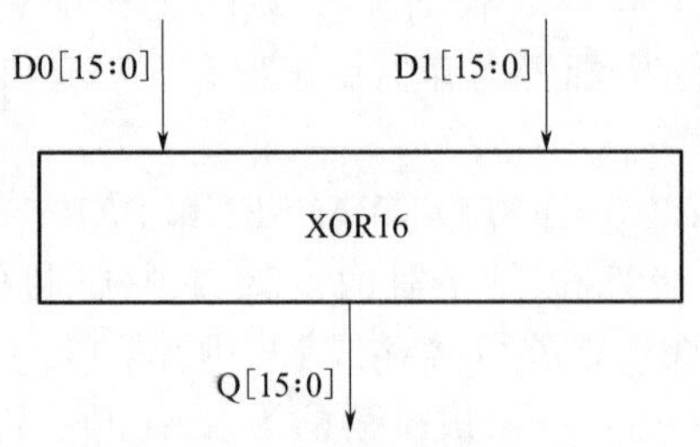

图 2-21 16 位异或运算模块框图

表 2-17 16 位异或运算模块端口信号定义

信号名	宽度	方向	含义
D0	16 位	输入	输入数据
D1	16 位	输入	输入数据
Q	16 位	输出	输出数据

<3>功能描述。XOR16 对两个 16 位的输入数据 D0 [15∶0] 和 D1 [15∶0] 进行逐位异或运算得到 16 位结果 Q [15∶0]，即 $Q=D0\oplus D1$。

i. 模 2^{16} 加/减法运算模块。

<1>图 2-22 为模 2^{16} 加/减法运算模块框图。

<2>端口信号定义见表 2-18。

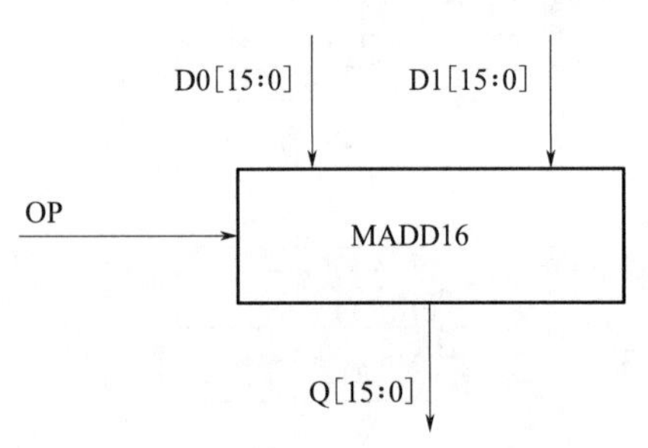

图 2-22 模 2^{16} 加/减法运算模块框图

表 2-18 模 2^{16} 加/减法运算模块端口信号定义

信号名	宽度	方向	含义
D0	16 位	输入	输入数据
D1	16 位	输入	输入数据
OP	1 位	输入	操作功能控制信号，用于控制进行加法操作还是减法操作
Q	16 位	输出	输出数据

<3>功能描述。MADD16 对两个 16 位的输入数据 D0 [15∶0] 和 D1 [15∶0] 进行模 2^{16} 加法和模 2^{16} 减法，得到 16 位的结果 Q [15∶0]。

当 OP=1 时，做模 2^{16} 加法，即 $Q=(D0+D1)\bmod 2^{16}$；

当 OP=0 时，做模 2^{16} 减法，即 $Q=(D0-D1)\bmod 2^{16}$。

j. 模 $2^{16}+1$ 乘法运算模块。

<1>图 2-23 为模 $2^{16}+1$ 乘法运算模块框图。

<2>端口信号定义见表 2-19。

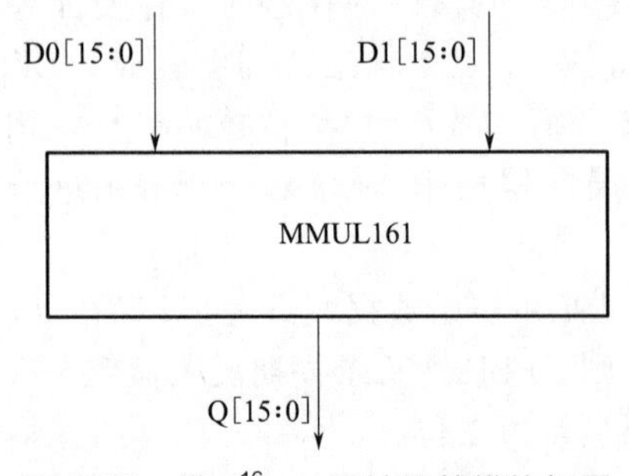

图 2-23 模 $2^{16}+1$ 乘法运算模块框图

表 2-19 模 $2^{16}+1$ 乘法运算模块端口信号定义

信号名	宽度	方向	含义
D0	16 位	输入	输入数据
D1	16 位	输入	输入数据
Q	16 位	输出	输出数据

<3>功能描述。MMUL161 对两个 16 位输入数据 D0［15：0］和 D1［15：0］进行模 $2^{16}+1$ 乘法运算，得到 16 位的结果 Q［15：0］，即 $Q=(D0\times D1)\bmod(2^{16}+1)$。

特别需要注意的是：16 位的全 0 数据要按照 2^{16} 处理，即输入数据中出现 0 时要处理为 2^{16}，输出数据出现 2^{16} 时要处理成 0。

k. 模 2^{32} 乘法运算模块。

<1>图 2-24 为模 2^{32} 乘法运算模块框图。

<2>端口信号定义见表 2-20。

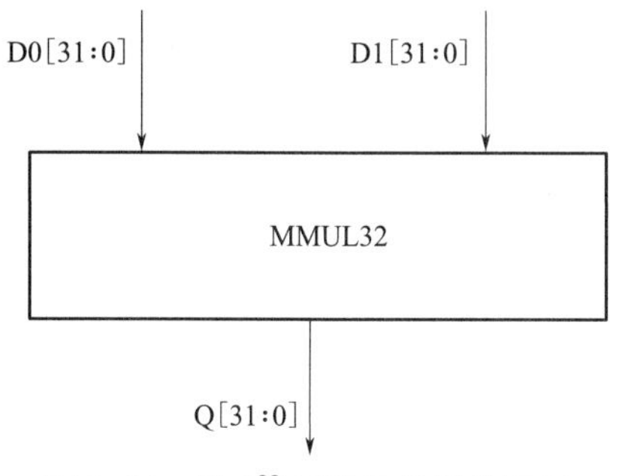

图 2-24 模 2^{32} 乘法运算模块框图

表 2-20 模 2^{32} 乘法运算模块端口信号定义

信号名	宽度	方向	含义
D0	32 位	输入	输入数据
D1	32 位	输入	输入数据
Q	32 位	输出	输出数据

<3>功能描述。MMUL32 对两个 32 位输入数据 D0［31：0］和 D1［31：0］进行模 2^{32} 乘法运算，得到 32 位的运算结果 Q［31：0］，即 $Q=(D0\times D1)\bmod 2^{32}$。

l. 模 $2^{16}+1$ 乘法逆运算模块。

<1>图 2-25 为模 $2^{16}+1$ 乘法逆运算模块框图。

<2>端口信号定义见表 2-21。

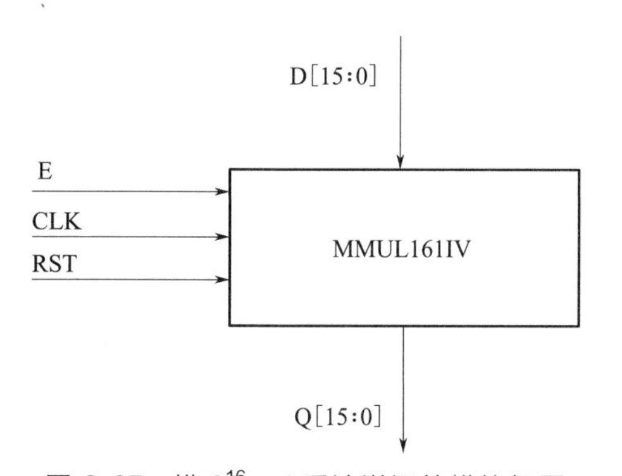

图 2-25 模 $2^{16}+1$ 乘法逆运算模块框图

表 2-21 模 $2^{16}+1$ 乘法逆运算模块端口信号定义

信号名	宽度	方向	含义
CLK	1 位	输入	时钟信号
RST	1 位	输入	复位信号，高位有效，用作同步信号
E	1 位	输入	模乘法逆操作使能信号，E=1 有效
D	16 位	输入	输入数据
Q	16 位	输出	输出数据

<3>功能描述。模 $2^{16}+1$ 乘法逆运算器 MMUL161IV 对 16 位的输入数据 D，求 D 的模 $2^{16}+1$ 的乘法逆 Q，即对于 D 求 Q，使得 $D\times Q=1\bmod(2^{16}+1)$。

E 为模乘法逆运算使能信号，当 E=1 时，模 $2^{16}+1$ 乘法逆运算使能；当 E=0 时，模 $2^{16}+1$ 乘法逆运算不使能。

求 D 的模 $2^{16}+1$ 乘法逆 Q 的算法如下：

令 $n1\leftarrow 2^{16}+1$，$n2\leftarrow D$，$b1\leftarrow 0$，$b2\leftarrow 1$。

- 求 q，r，使 $n1=q\times n2+r$。
- 若 $r\neq 0$，则作

  $n1\leftarrow n2$，$n2\leftarrow r$，$t\leftarrow b2$，$b2\leftarrow b1-q\times b2$，$b1\leftarrow t$。

• 若 b2<0，则作

b2←b2+(2^{16}+1)。

• b2 就是 D 的乘法逆，即 Q=b2，结束。

m. 16 位逻辑运算模块。

<1>图 2-26 为 16 位逻辑运算模块框图。

<2>端口信号定义见表 2-22。

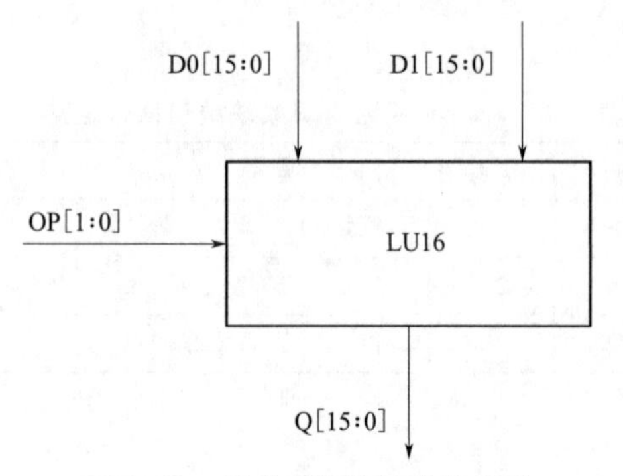

图 2-26 16 位逻辑运算模块框图

表 2-22 16 位逻辑运算模块端口信号定义

信号名	宽度	方向	含义
D0	16 位	输入	输入数据
D1	16 位	输入	输入数据
OP	2 位	输入	操作控制信号
Q	16 位	输出	输出数据

<3>功能描述。LU16 在 OP 的控制下分别实现对 D0 和 D1 的逐位与操作、逐位或操作以及对 D0 的逐位求非操作。操作控制信号 OP 的编码定义如表 2-23 所示。

表 2-23 16 位逻辑运算模块操作控制信号 OP 的编码定义

OP 的编码值	对应的含义	OP 的编码值	对应的含义
OP=00	对 D0 和 D1 进行逐位与操作	OP=10	对 D0 进行逐位求非操作
OP=01	对 D0 和 D1 进行逐位或操作	OP=11	对 D0 进行逐位求非操作

n. 64 位输入/输出端口寄存器。

<1>图 2-27 为 64 位输入/输出端口寄存器模块框图。

<2>端口信号定义见表 2-24。

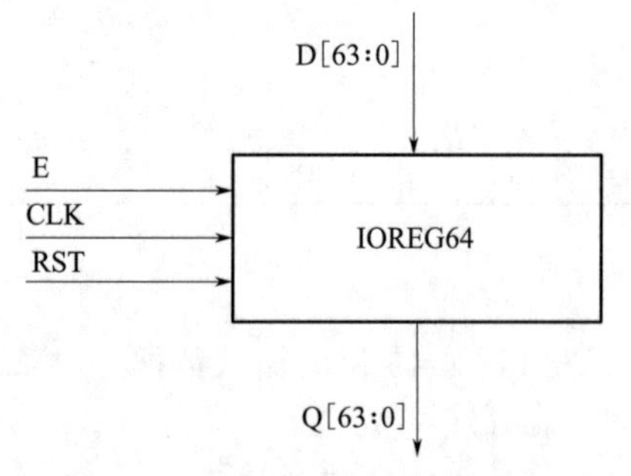

图 2-27 64 位输入/输出端口寄存器框图

表 2-24 64 位输入/输出端口寄存器端口信号定义

信号名	宽度	方向	含义
CLK	1 位	输入	时钟信号
RST	1 位	输入	复位信号，RST = 1 有效
E	1 位	输入	寄存器写操作使能信号，E=1 有效
D	64 位	输入	输入数据
Q	64 位	输出	输出数据

<3>功能描述。输入/输出端口寄存器用于保存待加/解密数据和加/解密结果数据。它能实现两种操作：复位操作和寄存器写操作。

<3-1>复位操作。当时钟上升沿到来时，若 RST=1，则将 IOREG64 的输出置为全 0，即 Q=0。

<3-2>寄存器写操作。当时钟上升沿到来时，若 E=1，则将 D 写入 IOREG64 中，即

Q=D。

o. 数据总线模块。

<1>图 2-28 为数据总线模块框图。

<2>端口信号定义见表 2-25。

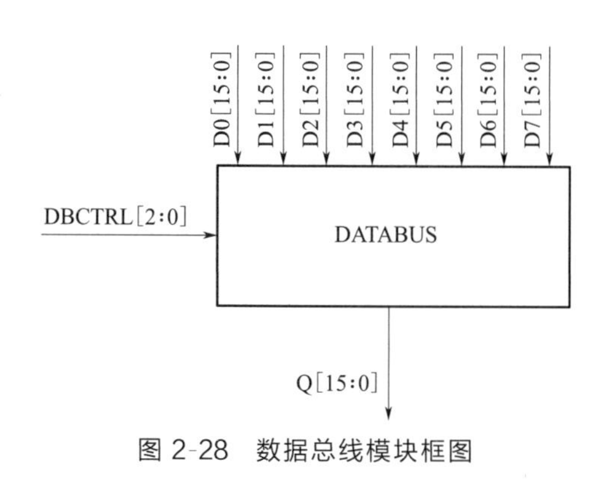

图 2-28 数据总线模块框图

表 2-25 数据总线模块端口信号定义

信号名	宽度	方向	含义
DBCTRL	3 位	输入	选通控制信号，用于控制 DATABUS 从 8 个输入数据中选择一个输出
D0	16 位	输入	输入数据
D1	16 位	输入	输入数据
D2	16 位	输入	输入数据
D3	16 位	输入	输入数据
D4	16 位	输入	输入数据
D5	16 位	输入	输入数据
D6	16 位	输入	输入数据
D7	16 位	输入	输入数据
Q	16 位	输出	输出数据

<3>功能描述。数据总线（DATABUS）模块在选通控制信号 DBCTRL 的控制下，从 8 个输入数据中选择一个输出。输出 Q 和控制信号 DBCTRL 之间的对应关系如表 2-26 所示。

表 2-26 数据总线模块输出 Q 和控制信号 DBCTRL 之间的对应关系

DBCTRL 的编码	对应的 Q	DBCTRL 的编码	对应的 Q
000	D0	100	D4
001	D1	101	D5
010	D2	110	D6
011	D3	111	D7

p. 8 位模多项式乘法模块。

<1>图 2-29 为 8 位模多项式乘法模块框图。

<2>端口信号定义见表 2-27。

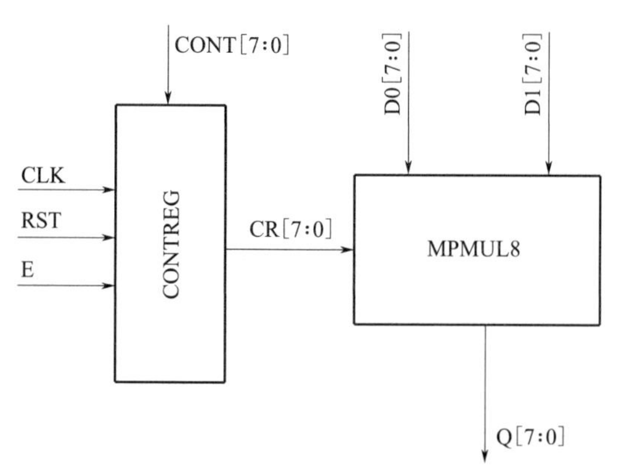

图 2-29 8 位模多项式乘法模块框图

表 2-27 8 位模多项式乘法模块端口信号定义

信号名	宽度	方向	含义
CLK	1 位	输入	时钟信号
RST	1 位	输入	复位信号，RST=1 有效
E	1 位	输入	配置文件寄存器写操作使能信号，E=1 有效
CONT	8 位	输入	配置数据，用于确定模多项式
D0	8 位	输入	输入数据
D1	8 位	输入	输入数据
Q	8 位	输出	输出数据

<3>功能描述。8位模多项式乘法模块MPMUL8用于实现8位的模多项式乘法运算。具体说，它能实现3种操作：复位操作、配置文件寄存器写操作、模多项式乘法操作。

<3-1>复位操作。当时钟上升沿到来时，若RST=1，则将CONTREG的值CR置为全0，即CR=0。

<3-2>配置文件寄存器写操作。当时钟上升沿到来时，若E=1，则将CONT写入CONTREG中，即CR=CONT。该操作用于确定模多项式的系数。

<3-3>模多项式乘法操作。在模多项式的系数CR确定以后，我们就可以进行模多项式乘法操作了。设

D0={a7,a6,a5,a4,a3,a2,a1,a0}

D1={b7,b6,b5,b4,b3,b2,b1,b0}

CR={m7,m6,m5,m4,m3,m2,m1,m0}

Q={q7,q6,q5,q4,q3,q2,q1,q0}

则D0、D1、CR、Q分别表示下列多项式：

$D0=a7x^7+a6x^6+a5x^5+a4x^4+a3x^3+a2x^2+a1x+a0$

$D1=b7x^7+b6x^6+b5x^5+b4x^4+b3x^3+b2x^2+b1x+b0$

$CR=x^8+m7x^7+m6x^6+m5x^5+m4x^4+m3x^3+m2x^2+m1x+m0$

$Q=q7x^7+q6x^6+q5x^5+q4x^4+q3x^3+q2x^2+q1x+q0$

MPMUL8实现的运算就是Q=(D0 * D1)modCR，即

$$q7x^7+q6x^6+q5x^5+q4x^4+q3x^3+q2x^2+q1x+q0=[(a7x^7+a6x^6+a5x^5+a4x^4+a3x^3+a2x^2+a1x+a0)*(b7x^7+b6x^6+b5x^5+b4x^4+b3x^3+b2x^2+b1x+b0)]\bmod(x^8+m7x^7+m6x^6+m5x^5+m4x^4+m3x^3+m2x^2+m1x+m0)$$

其中，模多项式的系数CR={m7,m6,m5,m4,m3,m2,m1,m0}是配置文件寄存器CONTREG的输出。

q. 32位移位模块。

<1>图2-30为32位移位模块框图。

<2>端口信号定义如表2-28所示。

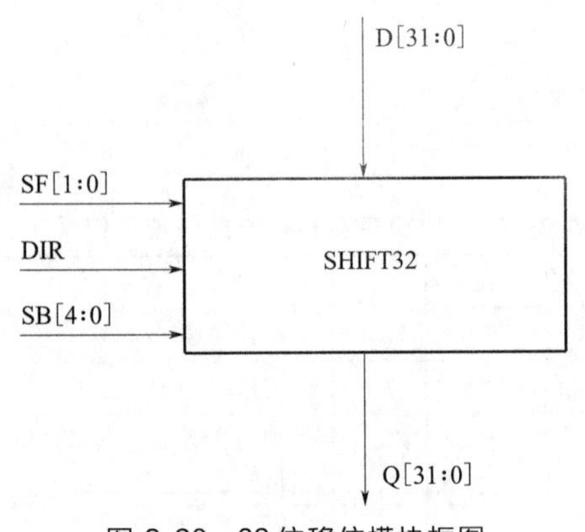

图2-30　32位移位模块框图

表2-28　32位移位模块端口信号定义

信号名	宽度	方向	含义
SF	2位	输入	移位方式控制信号，用于控制32位移位单元的移位方式是循环移位还是逻辑移位
DIR	1位	输入	移位方向控制信号，用于控制32位移位单元的移位方向是左移还是右移
SB	5位	输入	移位位数控制信号，用于控制32位移位单元的移位位数(1～32)
D	32位	输入	待移位的数据
Q	32位	输出	移位后的结果

<3>功能描述。32位移位模块能够在SF、DIR、SB的控制下，对32位的输入数据D进行循环左移、循环右移、逻辑左移、逻辑右移4类操作，而且移位位数在1～32之间任意可变。各控制信号的编码定义如表2-29～表2-31所示。

表 2-29　32 位移位模块 SF 的编码定义

SF 的编码值	对应的含义
SF＝0	循环移位
SF＝1	逻辑移位

表 2-30　32 位移位模块 DIR 的编码定义

DIR 的编码值	对应的含义
DIR＝0	向左移位
DIR＝1	向右移位

表 2-31　32 位移位模块 SB 的编码定义

SB 的编码值	左移时对应的移位位数	右移时对应的移位位数	SB 的编码值	左移时对应的移位位数	右移时对应的移位位数
SB＝00000	1	32	……	……	……
SB＝00001	2	31	SB＝11101	30	3
SB＝00010	3	30	SB＝11110	31	2
SB＝00011	4	29	SB＝11111	32	1

（5）指令系统设计

① 可重构密码协处理器指令系统的设计要素及分析。在可重构密码协处理器指令系统的设计过程中，我们着重考虑以下几个因素。

a. 指令系统的灵活性。可用指令系统所能提供的密码操作类型的数量来表示，显然，指令系统所能提供的密码操作的类型越多，它所支持的密码算法就越多。

b. 指令系统的性能。可用实现密码算法所需要执行的指令的条数来衡量，指令条数越少，则加/解密的速度越快。

c. 密码程序的代码量。表示其所占的存储空间的多少，显然，实现密码算法的密码程序的代码量越少越好。

d. 指令系统的功能完备性。即指令系统不仅能够提供大量的、常见的密码操作，而且能提供必要的程序控制功能。

e. 指令系统的复杂性。即指令系统不能太复杂，以降低设计难度和指令译码控制逻辑的复杂性。

上述因素往往是互相制约的，不可能同时达到最优，因此在指令系统的设计中，我们需要根据设计目标和约束条件，综合考虑各种因素。由于可重构密码协处理器的设计目标是灵活、快速地实现不同的密码算法，因此，在上述设计要素中我们优先考虑的是指令系统的灵活性和性能。

如果仅仅从提高指令系统灵活性的角度来考虑，我们当然希望指令系统所能提供的基本密码操作的类型越多越好，但是任何一种操作都需要硬件提供支持，若指令系统所包括的基本密码操作的类型太多，则会导致硬件电路规模太大而难以实现，因此，我们必须精心选择指令系统所包括的基本密码操作类型，以便使指令系统既有较好的灵活性，又不至于导致硬件规模过分庞大。为此，我们对大量的密码算法进行分析，从中筛选出一些使用频率很高的基本密码操作类型作为可重构密码协处理器的指令系统所要实现的基本密码操作类型，再加上一些通用的操作类型，就构成了可重构密码协处理器的指令系统所能提供的操作类型集合。具体来说，该操作类型集合包括下列操作类型：32 位移位、128 位移位、28 位循环左移、32×32 置换、64×64 置换、64×32 置换、8×8 S 盒代替、32 位线性反馈移位、16 位异或运算、模 2^{16} 加/减法、模 $2^{16}+1$ 乘法、模 $2^{16}+1$ 乘法逆运算、模 2^{32} 乘法、8 位模多项式乘法、16 位逻辑运算、16 位比较运算、取数、存数、读/写寄存器堆等。

为了提高指令系统的性能，就要减少实现密码算法所需要执行的指令条数。由于任何一个密码算法都是由一系列操作按照一定的时序关系（并行、串行）构成的，而每个操作的执行是靠指令赋予相应模块确定的控制编码来驱动的，因此，每条指令同时驱动的操作越多，则实现密码算法所需要执行的指令条数越少，加/解密的速度越快。为了达到每条指令同时驱动多个操作的目的，每条指令中要包含多个操作的控制编码，因此我们采用超长指令字（VLIW）技术设计可重构密码协处理器的指令系统。

可重构密码协处理器的组成模块的控制编码分为以下几种不同的类型：操作使能码（控制操作是否进行）、功能配置码（配置模块的功能）、数据来源码（确定操作数）、结果去向码（操作结果的目的地址）。在可重构密码协处理器上实现一个有效的密码操作，往往需要不同类型的控制编码互相配合。例如，我们要实现一个8位输入数据到8位输出数据的S盒代替变换，首先需要配置S盒的功能，即S盒所实现的代替变换函数，这需要对S盒赋以2048位功能配置码，另外还需要操作使能码1位，数据来源码6位，所以实现该操作共需要2055位控制编码，如果将如此多的编码拼装在一条指令中，则指令的长度太长，从而使密码程序所占的存储空间太大而难以实现。为解决这一问题，我们对可重构密码协处理器的控制编码的特性进行了分析。结果发现，绝大多数的功能配置码在加/解密过程中保持不变或者改变次数很少，而数据来源码等其他控制编码却在频繁地改变。我们将在加/解密过程中保持不变或者改变次数很少的控制编码称为静态编码，而将在加/解密过程中需要频繁地改变的控制编码称为动态编码。由于静态编码在连续的多个时钟周期内都不会改变，因此在这一段时间内不需要对其进行控制，从而这一段时间内的指令不需要包含静态编码。而动态编码几乎在每个时钟周期都改变，因此必须由当前指令进行实时控制。根据静态编码和动态编码的上述特性，我们将静态编码和动态编码分别拼装在不同的指令中，形成两种不同的指令格式。由于静态编码一般用于配置密码运算模块的功能，因此我们称拼装静态编码的指令格式为配置指令格式，而动态编码一般用于控制密码操作的具体执行，因此我们称拼装动态编码的指令格式为执行指令格式。对于那些需要大量功能配置码的操作，我们可以首先使用配置指令对相应模块进行功能配置，然后再用执行指令驱动模块对不同的数据来源进行操作。若在一段时间内，模块的功能不改变，而只是对不同的数据来源进行相同的操作（这是许多密码算法所具有的普遍特征），那么在这段时间内，只需对模块功能配置一次，然后由执行指令对模块的操作使能码和数据来源码进行实时控制。在加/解密过程中采用配置指令和执行指令结合的方法，可以大大减少指令字中的冗余编码，缩短指令字的长度，增加指令字中所包含的有效操作的个数，从而有效提高加/解密速度并减少密码程序的代码量。

除了上述配置指令格式和执行指令格式之外，考虑到程序控制方面的需要，我们又增设了跳转和停机两种指令格式，以提高可重构密码协处理器指令系统的功能完备性。

② 可重构密码协处理器指令系统的设计方案。根据上述分析，可重构密码协处理器的指令结构采用超长指令字（VLIW）结构，指令长度为202位（实际上，由于存储器的最小存储单元为字节，因此在实际应用中，我们需要对指令进行填充，使它的长度为字节的整数倍，即208位），共有4种指令格式，其形态如下：

insformat[201：200]	inscode[199：0]

其中：insformat是指令格式控制域，insformat＝00表示执行指令，insformat＝01表示配置指令，insformat＝10表示停机指令，insformat＝11表示跳转指令。inscode是指令编码域。

下面详细介绍4种指令格式的编码定义。

a. 配置指令格式。配置指令中拼装静态编码，用于对可重构密码协处理器中的密码运算模块进行功能配置。可重构密码协处理器共有17830位静态编码，被分别保存在14个配置文件寄存器中，由配置指令进行装载。配置指令的格式如下：

insformat[201 : 200]	contreg_num[199 : 196]	contreg_addr[195 : 192]	contdata[191 : 0]

其中：insformat是指令格式控制域，在这里insformat=01；

contreg _ num是配置文件寄存器编码域，用于指明被装载的配置文件寄存器，其编码定义见表2-32；

contreg _ addr是配置文件寄存器内的数据地址，由于有些配置文件寄存器所包含的数据量太大，需要分多次装入，因此需要给每次装入的数据分配一个地址；

contdata是配置数据（即静态编码）。

表2-32　各个配置文件寄存器的编码定义

contreg_num编码	对应的配置文件寄存器	对应的配置文件寄存器的容量
0000	32×32置换模块0的配置文件寄存器	160位
0001	32×32置换模块1的配置文件寄存器	160位
0010	64×32置换模块的配置文件寄存器	192位
0011	64×64置换模块0的配置文件寄存器,每次装载192位,分两次装载	384位
0100	64×64置换模块1的配置文件寄存器,每次装载192位,分两次装载	384位
0101	保留	
0110	保留	
0111	8×8 S盒0的配置文件寄存器,每次装载128位,分16次装载	2048位
1000	8×8 S盒1的配置文件寄存器,每次装载128位,分16次装载	2048位
1001	8×8 S盒2的配置文件寄存器,每次装载128位,分16次装载	2048位
1010	8×8 S盒3的配置文件寄存器,每次装载128位,分16次装载	2048位
1011	8×8 S盒4的配置文件寄存器,每次装载128位,分16次装载	2048位
1100	8×8 S盒5的配置文件寄存器,每次装载128位,分16次装载	2048位
1101	8×8 S盒6的配置文件寄存器,每次装载128位,分16次装载	2048位
1110	8×8 S盒7的配置文件寄存器,每次装载128位,分16次装载	2048位
1111	模多项式乘_反馈移位配置文件寄存器	166位

b. 执行指令格式。执行指令中拼装动态编码，用于驱动可重构密码协处理器中的密码运算模块对数据进行各种密码运算。可重构密码协处理器共有195位动态编码，被全部拼装在执行指令中。这些编码所驱动的操作，在资源不冲突且数据不相关的前提下，可同时执行，最多可同时对128位数据进行各种不同的密码操作。执行指令的格式如下：

insformat [201 : 200]	reserved [199 : 195]	lfsr322_en [194]	lfsr322op [193]	lfsr321_en [192]	lfsr321op [191]

lfsr320_en [190]	lfsr320op [189]	mpmul87_en [188]	mpmul86_en [187]	mpmul85_en [186]	mpmul84_en [185]	mpmul83_en [184]

mpmul82_en [183]	mpmul81_en [182]	mpmul80_en [181]	lu16_en [180]	lu16op [179 : 178]	mmul32_en [177]	mmul161iv_en [176]

mmul1611_en [175]	mmul1610_en [174]	madd161_en [173]	madd161op [172]	madd160_en [171]	madd160op [170]	xor162_en [169]

xor161_en [168]	xor160_en [167]	sbox7r_en [166]	sbox6r_en [165]	sbox5r_en [164]	sbox4r_en [163]	sbox3r_en [162]	sbox2r_en [161]

sbox1r_en	sbox0r_en	comp_en	xor163_en	pmt641_en	pmt640_en	pmt6432_en
[160]	[159]	[158]	[157]	[156]	[155]	[154]

pmt321_en	pmt320_en	sf128_en	sf128sf	sf128dir	sf128sb	sf32_en	sf32sf
[153]	[152]	[151]	[150]	[149]	[148：142]	[141]	[140]

sf32dir	sf32sb	lsf281_en	lsf281sb	lsf280_en	lsf280sb	load_en	store_en
[139]	[138：134]	[133]	[132]	[131]	[130]	[129]	[128]

rf7w_en	rf7w_addr	rf7r_en	rf7r_addr	rf6w_en	rf6w_addr	rf6r_en	rf6r_addr
[127]	[126：123]	[122]	[121：118]	[117]	[116：113]	[112]	[111：108]

rf5w_en	rf5w_addr	rf5r_en	rf5r_addr	rf4w_en	rf4w_addr	rf4r_en	rf4r_addr
[107]	[106：103]	[102]	[101：98]	[97]	[96：93]	[92]	[91：88]

rf3w_en	rf3w_addr	rf3r_en	rf3r_addr	rf2w_en	rf2w_addr	rf2r_en	rf2r_addr
[87]	[86：83]	[82]	[81：78]	[77]	[76：73]	[72]	[71：68]

rf1w_en	rf1w_addr	rf1r_en	rf1r_addr	rf0w_en	rf0w_addr	rf0r_en	rf0r_addr
[67]	[66：63]	[62]	[61：58]	[57]	[56：53]	[52]	[51：48]

db7ctrl	db6ctrl	db5ctrl	db4ctrl	db3ctrl	db2ctrl	db1ctrl	db0ctrl
[47：42]	[41：36]	[35：30]	[29：24]	[23：18]	[17：12]	[11：6]	[5：0]

其中，insformat：指令格式控制域，在这里 insformat=00。

reserved：保留域。

lfsr32*i*_en：第 i 个 32 位线性反馈移位寄存器的操作使能信号，1 有效，$i=0$，1，2。

lfsr32*i*op：第 i 个 32 位线性反馈移位寄存器的操作类型控制信号，0 为反馈移位操作，1 为初始数据装载操作，$i=0$，1，2。

mpmul8*i*_en：第 i 个 8 位模多项式乘法运算模块的操作使能信号，1 有效，$i=0$，1，2，3，4，5，6，7。

lu16_en：16 位逻辑运算单元的操作使能控制信号，1 有效。

lu16op：16 位逻辑运算单元的操作类型控制信号。

mmul32_en：模 2^{32} 乘法器的操作使能信号。

mmul161iv_en：模 $2^{16}+1$ 乘法逆运算模块的操作使能信号。

mmul161*i*_en：第 i 个模 $2^{16}+1$ 乘法器的操作使能信号，$i=0$，1。

madd16*i*_en：第 i 个模 2^{16} 加法器的操作使能信号，$i=0$，1。

madd16*i*op：第 i 个模 2^{16} 加法器的操作类型（加法、减法）控制信号，$i=0$，1。

xor16*i*_en：第 i 个 16 位异或运算器的操作使能信号，$i=0$，1，2，3。

sbox*i*r_en：第 i 个 8×8 S 盒的操作使能信号，$i=0$，1，2，3，4，5，6，7。

pmt64*i*_en：第 i 个 64×64 置换模块的操作使能信号，$i=0$，1。

pmt32*i*_en：第 i 个 32×32 置换模块的操作使能信号，$i=0$，1。

sf128_en：128 位移位运算模块的操作使能信号。

sf128sf：128 位移位运算模块的移位方式控制信号。

sf128dir：128 位移位运算模块的移位方向控制信号。

sf128sb：128 位移位运算模块的移位位数控制信号。

sf32_en：32 位移位运算模块的操作使能信号。

sf32sf：32 位移位运算模块的移位方式控制信号。

sf32dir：32 位移位运算模块的移位方向控制信号。

sf32sb：32 位移位运算模块的移位位数控制信号。

lsf28*i*_en：第 *i* 个 28 位循环左移模块的操作使能信号，*i*=0，1。

lsf28*i*sb：第 *i* 个 28 位循环左移模块的移位位数控制信号，*i*=0，1。

load_en：数据装载使能信号，1 有效。

store_en：结果保存使能信号，1 有效。

rf*i*w_en：第 *i* 个寄存器堆写操作使能信号，*i*=0，1，2，3，4，5，6，7。

rf*i*w_addr：第 *i* 个寄存器堆写操作地址，*i*=0，1，2，3，4，5，6，7。

rf*i*r_en：第 *i* 个寄存器堆读操作使能信号，*i*=0，1，2，3，4，5，6，7。

rf*i*r_addr：第 *i* 个寄存器堆读操作地址，*i*=0，1，2，3，4，5，6，7。

db*i*ctrl：第 *i* 条数据总线的选通控制信号，*i*=0，1，2，3，4，5，6，7。

pmt6432_en：pmt6432 模块使能信号。

comp_en：比较操作使能信号。

c. 跳转指令格式。跳转指令用于控制程序的跳转执行，其格式如下：

insformat[201：200]	cond_code[199：197]	jump_addr[196：189]	reserved[188：0]

其中，insformat 是指令格式控制域，在这里 insformat=11。

cond_code 是条件编码，其编码定义如下。

cond_code=000：无条件跳转。

cond_code=001：比较结果小于标识（less_id），为 1 时跳转。

cond_code=010：比较结果等于标识（equal_id），为 1 时跳转。

cond_code=011：比较结果大于标识（large_id），为 1 时跳转。

cond_code=100：比较结果小于等于标识（lesseq_id），为 1 时跳转。

cond_code=101：比较结果大于等于标识（largeq_id），为 1 时跳转。

cond_code=110：不跳转。

cond_code=111：不跳转。

jump_addr 是跳转地址。

reserved 是保留编码域。

d. 停机指令格式。停机指令用于结束程序的执行，使可重构密码协处理器处于空闲状态，同时保持所有寄存器的目前状态不变。其指令格式如下：

insformat[201：200]	reserved[199：0]

其中，insformat 是指令格式控制域，在这里 insformat=10。

reserved 是保留编码域。

2.3 RTL 代码编写

RTL 编码在寄存器传输级层次对电路进行抽象描述。RTL 编码重点描述寄存器和其之间的逻辑。RTL 编码规范比系统级、行为级更严格，可以使用 EDA 综合工具转换为门级电路，具有物理可实现性。虽然目前业界已有系统级综合工具，但转换效率和可靠性在短时间内还无法达到 EDA 综合工具的水平。

RTL 抽象层次比门级高，描述简洁、清晰，设计效率比门级设计高几十到上百倍。RTL 在很大程度上决定了设计的功能和性能，虽然可以通过后续的综合和布局布线来对设计做一定程度的优化，但优化的结果依赖于 RTL 编码的质量。RTL 编码设计者要在不依赖后端的综合和布局布线的情况下，尽可能多地解决延时、面积、测试等问题。在 RTL 编码过程中，从一开始就要考虑到综合，以及最终会生成的硅物理电路。

高质量的 RTL 编码设计应该考虑以下因素。

① 可综合性：设计者头脑中要始终具有电路的概念，即保证编码是综合工具转换的，并保证编码能够被综合工具正确识别，最终产生设计者所期望的电路。

② 可读性：在 RTL 编码过程中采用统一的、规范的书写风格，避免复杂、难以理解的语法形式，并应加入清晰易懂的注释。

③ 时序优化：设计者要选择恰当的电路结构和时序划分，保证同步电路的时钟约束（建立时间、保持时间）在综合阶段能较容易地得到满足。

④ 面积优化：在 RTL 编码阶段考虑节约面积往往会得到比只靠综合优化工具更好的效果；另外，对于一些复杂的电路结构，不同的 RTL 编码方法会得到面积和单元数目完全不同的综合结果。设计者需要学会估算各种 RTL 编码设计在特定的综合工具和综合库下占用面积资源的情况，从而选择最优的编码形式。

⑤ 功耗优化：设计者在 RTL 编码阶段就要考虑减少不必要的信号跳变，降低信号翻转频率，以降低整个数字 IC 系统的功耗。

⑥ 可测性：设计者只有按照一定的可测性规则进行 RTL 编码，后端的可测性设计工作才能顺利进行。

⑦ 物理可实现性：在 RTL 编码阶段还应该考虑到后端布局布线的难度，如多个模块间的数目巨大的交叉走线必然会使后端工具无能为力；再如，某些电路信号扇入扇出太多会造成布局布线的局部拥塞。

2.4 RTL 代码功能仿真

功能仿真是芯片设计的重要步骤，目的是验证电路设计模型（即 RTL 代码）是否达到了预期的功能。功能仿真不考虑信号的传播延时，只验证电路的功能是否正确。

在进行仿真之前，首先要为待验证的电路设计模型建立一个仿真环境。仿真指从待验证的电路设计模型的输入端输入激励信号，验证该信号在电路设计模型内部传输到输出的过程。采集并保存仿真最终结果和中间结果，用于分析设计功能是否正确。不同设计的仿真环境的结构往往是不同的，需要根据待验证设计和验证的目标来设计。仿真环境模拟真实的应用环境，用 Verilog 语言可以建立仿真环境，称为 testbench。

在进行功能仿真时要注意功能测试的完备性和代码的测试覆盖率。

下面给出一个功能仿真的例子：32 位 ALU 的功能仿真。

【例 2-3】 利用 Verilog HDL 设计一个运算器模型，并进行仿真测试。要求该运算器的字长为 32 位，能够实现加法、减法、逻辑与、逻辑或四种运算，并产生 N（结果为负）、Z（结果为零）、V（结果溢出）、C（进位）四个标志位。

解：ALU 的电路结构如图 2-31 所示。

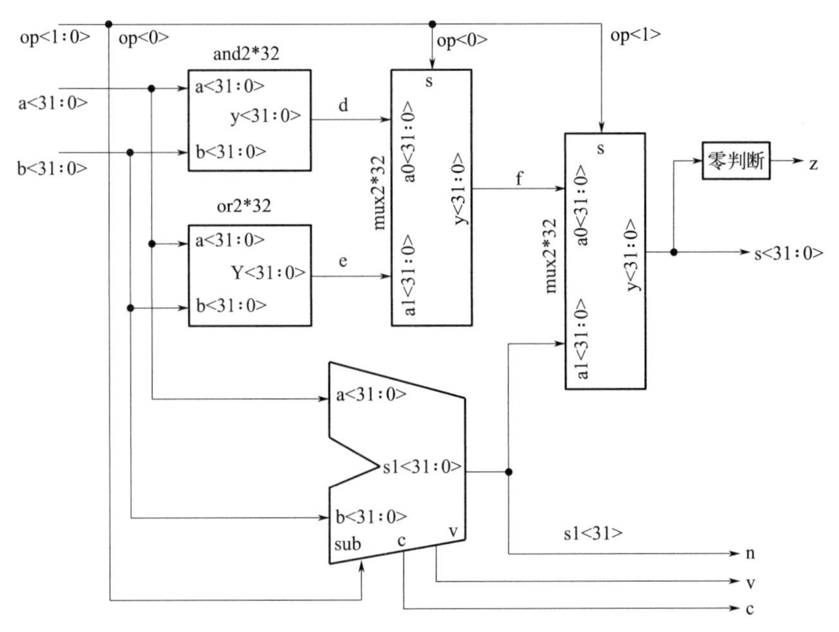

图 2-31 ALU 的电路结构图

建立的 ALU 的 Verilog HDL 模型如下：

```
module  ALU(op,a,b,s,n,v,c,z);
  input [1：0] op;
  input [31：0] a,b;
  output [31：0] s;
  output n,v,c,z;
  wire [31：0] d,e,f,s1;
  assign d=a&b;
  assign e=a|b;
  mux21_32 u0(f,d,e,op[0]);
  add u2(a,b,op[0],s1,c,v,n);
  mux21_32 u1(s,f,s1,op[1]);
  assign z=~(|s);
endmodule
```

建立的 ALU 的测试文件如下：

```
timescale 1ns/1ns
module ALUtest;
  reg clk;
  reg [1：0]op;
  reg [31：0]a,b;
  wire [31：0]s;
  wire n,v,c,z;  //op=00 AND;op=01 OR;op=10 ADD;op=11 SUB;
  ALU A(op,a,b,s,n,v,c,z);
  initial clk=1;//clock generation
  always #50 clk=~clk;
  initial
       begin
       #20   a=32'b0100_0101_0100_0000_0010_0010_0101_0001;
```

```
          b=32'b1010_0101_0010_0000_0100_0010_0011_0010;
          op=2'b00;
      #100 a=32'b0100_0101_0100_0000_0010_0010_0101_0001;
          b=32'b1010_0101_0010_0000_0100_0010_0011_0010;
          op=2'b01;
      #100 a=32'b0100_0101_0100_0000_0010_0010_0101_0001;
          b=32'b1010_0101_0010_0000_0100_0010_0011_0010;
          op=2'b10;
      #100 a=32'b0100_0101_0100_0000_0010_0010_0101_0001;
          b=32'b1010_0101_0010_0000_0100_0010_0011_0010;
          op=2'b11;
      #100 a=32'b0111_1011_1101_1110_1111_1111_1111_1111;
          b=32'b0111_1011_1101_1110_1111_1111_1111_1111;
          op=2'b11;
      #100 a=32'd15;
          b=32'd9;
          op=2'b11;
      #100 a=32'd9;
          b=32'd15;
          op=2'b11;
      #100 $stop;
      end
endmodule
```

ALU 的仿真波形如图 2-32 所示。

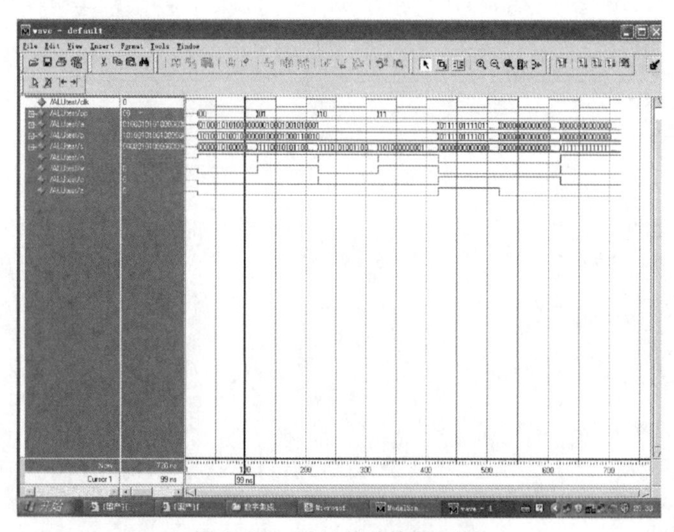

图 2-32　ALU 的仿真波形图

2.5　综合优化

RTL 综合（或逻辑综合）是通过 EDA 工具将 RTL 代码映射到由标准单元库中的元件构成的门级电路的过程。

常用的综合工具：Synopsys 公司的 Design Compiler，Cadence 公司的 Encounter RTL

Compiler，Magma 公司的 RTL Blaster 等。

典型的 RTL 综合分为两个阶段。

① 逻辑表达和优化阶段：分析 RTL 电路描述，并使用布尔方程化简得到最优的逻辑电路表达，这一阶段使用 EDA 工具自带的通用元件库。

② 工艺标准单元库映射阶段：将通用元件库网表映射为工艺标准单元库网表，这个阶段会根据标准单元库各元件的面积、延时、功耗信息和设计所需达到的目标来优化电路。

RTL 综合是由各种约束条件驱动的，包括工作环境、时序要求、面积、功耗等。综合实际上是指在所有约束条件下折中产生一个最优网表。约束条件中最重要的是时间约束，满足时间约束达到时序收敛是综合最重要的目标。

RTL 综合通常包括下列步骤。

① 确定综合工具和综合策略：是自顶向下综合还是自底向上综合。

② 确定制造厂家工艺库文件：工艺库文件中包含了标准元件的面积、延时、输入/输出、功耗、工作环境、设计规则等信息，通常制造厂家会按照常用 EDA 综合工具要求的格式产生库文件。对于工艺库文件中的延时信息，通常会根据不同的工作环境和工艺极限参数提供最大、最小和典型三种延时信息。综合工具以及后续的各种时序分析工具都会分别用最大、最小两组延时信息分析 set up（装配）时间和 hold（保持）时间，以保证芯片在各种工作环境和工艺偏差下都能正常工作。

③ 分析 RTL 设计：首先输入 RTL 设计文件，一般是采用 HDL 描述的文件；其次综合工具会分析 RTL 设计的正确性，包括 HDL 描述的语法正确性，RTL 设计的完整性，以及 RTL 设计的可综合性和代码质量；最后综合工具会将所有的子模块连接成一个大的、完整的模块，并将多次例化的子模块按例化环境复制成唯一的子模块，这样做是因为同一子模块的不同例化在综合时会有不同的约束要求。

④ 确定综合环境：综合环境包括芯片的目标工作环境、线负载模型和元件的接口特征。厂家工艺库中对综合环境做出了各种设定，包括温度、电压、工艺变化范围、预估的走线长度等。综合时需要根据芯片设计的具体情况从工艺库中选择综合工具，这样就能保证综合的结果尽可能地接近预期目标。

⑤ 确定设计目标约束：最常用的设计目标约束是时钟约束、边界约束和面积约束。时钟约束和边界约束实际是给同步电路中的每一条信号路径设定 set up 时间和 hold 时间约束，包括芯片或模块内部的路径，端口的输入/输出路径，以及多时钟系统中的跨时钟域路径。面积约束和时间约束互相矛盾，EDA 工具通常采用的策略是在满足时间约束的前提下尽可能满足面积约束。例如，RTL 代码中的加法可以被综合转换为超前进位加法器或串行进位加法器，前者的电路比后者延时短，但面积会大很多，所以综合时在串行进位加法器能满足时间约束的情况下，就不会采用超前进位加法器。

⑥ 确定设计规则约束：设计规则约束保证了综合结果的可靠性和后端布局布线的质量。设计规则约束通常包括信号最大翻转时间、节点最大负载电容和节点最大驱动扇出。最大翻转时间约束和节点最大负载电容约束保证了芯片内部信号驱动的可靠性，同时保证了芯片功耗不会因信号质量问题而增加。节点最大负载电容约束和节点最大驱动扇出约束保证了芯片内部连线不会过长，不会出现一点到多点的拥塞，这在很大程度上减少了后端布局布线的难度。

⑦ 综合优化和结果分析：EDA 工具根据前面设定好的各种环境和约束，综合优化得到最终的网表。实际上综合优化可以看成是在设定的边界约束下反复迭代求 NP 问题最优解的

过程，因此当边界约束过于苛刻时，优化最终产生的网表并不一定能满足所有设定的约束条件。综合结束后，根据 EDA 工具产生的报告分析约束满足和约束不满足的原因是 RTL 综合最重要的工作，根据分析的结果往往需要修改 RTL 代码甚至电路结构。

⑧ 形式验证：形式验证（formal verification）用于检查综合的结果和 RTL 代码在逻辑功能上是否一致。形式验证是一种等效性检查，它不是通过仿真，而是通过直接分析电路的逻辑关系来进行验证的。RTL 综合转换的正确性和 RTL 编码的质量有很大关系，形式验证能及时检查出综合转换过程中的错误，保证综合的正确性。数字 IC 设计中，形式验证还用于多种场合，如不同版本的 RTL 代码比较，以找出版本间的差别，以及比较布局布线前后的网表，以保证布局布线的正确性。

RTL 综合在数字 IC 设计中起着重要的承前启后的作用。好的综合结果能及时发现并反映 RTL 编码中时序结构的不合理性，指导 RTL 代码修改；同时 RTL 综合的质量对后端布局布线影响很大，后端布局布线后时序不收敛，往往是因为 RTL 综合时约束不完备或不准确。

【例 2-4】 对可重构密码协处理器进行综合并分析其性能和电路规模。

解：可重构密码协处理器的最终实现形式是 ASIC 芯片，其性能和规模与生产工艺和厂家库有关。我们选用业界权威的综合优化工具——Synopsys 公司的 Design Compiler，基于 TSMC 0.25μ 工艺库在最坏情况下对可重构密码协处理器进行了综合，并对其性能和规模进行了评估，结果如下：

① 性能。根据上述综合结果，可重构密码协处理器的时钟周期为 9ns 就可以满足时序要求，即时钟频率可以达到 111MHz。

在上述时钟频率下，可重构密码协处理器完成各种基本密码运算所需要的时钟周期数见表 2-33。

表 2-33 可重构密码协处理器完成各种基本密码运算所需要的时钟周期数

序号	基本密码运算名称	所需时钟周期数	序号	基本密码运算名称	所需时钟周期数
1	16 位异或运算	1	13	模 $2^{16}+1$ 乘法逆运算	不确定，≤400
2	32 位移位运算	1	14	模 2^{32} 乘法运算	2
3	128 位移位运算	1	15	8 位模多项式乘法运算	1
4	32×32 置换运算	1	16	16×16 寄存器堆写操作	1
5	64×32 置换运算	1	17	16×16 寄存器堆读操作	1
6	64×64 置换运算	1	18	128 位数据/密钥寄存器写操作	1
7	8×8 S 盒代替运算	1	19	128 位数据/密钥寄存器读操作	1
8	32 位线性反馈移位运算	1	20	128 位结果寄存器写操作	1
9	16 位逻辑运算	1	21	128 位结果寄存器读操作	1
10	16 位比较运算	1	22	208×256 指令存储器写操作	1
11	模 2^{16} 加法运算	1	23	208×256 指令存储器读操作	1
12	模 $2^{16}+1$ 乘法运算	2			

根据上述结果，我们可以估算出在可重构密码协处理器上实现的 DES、IDEA、AES、Gifford、Geffe 算法的加密/解密速度，详见表 2-34。

表 2-34 在可重构密码协处理器上实现的几种典型密码算法的加密/解密速度

密码算法	加密速度/bps	解密速度/bps	密码算法	加密速度/bps	解密速度/bps
DES	8.36×10^7	8.36×10^7	Gifford	1.71×10^8	1.71×10^8
IDEA	8.36×10^7	8.36×10^7	Geffe	1.1×10^8	1.1×10^8
AES	7.21×10^7	6.73×10^7			

② 规模。为了减小可重构密码协处理器的规模，我们可以将可重构密码处理单元中的 8 个 S 盒模块用生产厂家提供的 8×256 标准 RAM 模块代替，大约可以减小（425439－186149）×8＝1914320μm^2 的面积，从而可重构密码处理单元的面积可以减小为 6326438－1914320＝4412118μm^2。

由此，我们可以计算出可重构密码协处理器的面积约为

4412118＋53861＋1393＋2534＋22561＋3565536＝8058003μm^2＝8mm^2。

由于 TSMC 0.25μm 工艺库中的一个两输入的与非门的面积约为 28.8μm^2，因此，若将可重构密码协处理器的规模折合为门数，大约相当于 279792 门。

2.6 可测性设计

在芯片的生产制造过程中，各种原因会产生一定的制造缺陷，导致少量芯片不可用。制造测试要求检查出制造缺陷，保证每个逻辑门和寄存器都可运行，从而保证芯片所有的功能都正确。对于大规模的数字 IC 设计，仅仅依靠功能测试向量是不足以高效地测试出所有的制造缺陷的。数字 IC 设计中插入的专为提高测试效率的电路，称为可测性设计（design for test，DFT）电路。

可测性设计的目的是实现电路的可测量性、可控制性和可观察性。良好的可观察性和可控制性能提高测试效率，在相对较少的测试向量下能够得到高的故障覆盖率。常用的可测性设计方法包括基于扫描链（scan chain）的测试方法和内建自测试电路（built-in self-test，BIST）方法。

基于扫描链的测试方法是通过建立专门的扫描链电路为每个寄存器提供可观察性和可控制性，它通过对寄存器的控制将复杂的时序逻辑设计划分为完全隔离的组合逻辑块，从而简化了测试过程。基于扫描链的测试方法又分为两种：一种是芯片内部寄存器的扫描链，用于测试芯片内部制造缺陷；另一种是芯片 I/O 端口的扫描链，又称为边界扫描设计（boundary scan design），用于测试系统电路板级的制造缺陷。

内建自测试电路方法是通过芯片内部专门设计的测试逻辑电路（区别于扫描电路）的运行来检查设计功能正常的电路的制造缺陷，它相当于把一个小型专用的测试仪器集成到芯片内部。BIST 方法常用于片内存储器的测试，如数据缓存、FIFO、Cache 等。在实际应用中，BIST 和 BSD 经常与 JTAG 结合起来使用。JTAG 接口提供了一种简单通用的通过有限 I/O 访问芯片内部信号的方法。

可测性设计实际上分布在数字 IC 设计的多个阶段，各种 BIST 在系统体系结构设计阶段就要规划，然后在 RTL 编码阶段实现，在 RTL 功能仿真阶段还要验证其正确性；而 DFT 扫描链、BSD 和 JTAG 主要在 RTL 综合完成之后，直接由 EDA 工具插入。

2.7 后端布局布线

后端布局布线是数字 IC 设计的物理实现过程，即把 RTL 综合和插入可测性设计后的网

表文件转换为可生产的版图的过程。布局布线阶段是数字 IC 设计难度较高的阶段，特别是随着芯片规模的增大和工作频率的提高，深亚微米设计的布局布线的设计风险也在加大。

后端布局布线主要由 EDA 工具自动完成，但输入给 EDA 工具的各种约束条件以及在后端设计中各阶段的分析、优化、判断和设置，决定了布局布线的质量。实际中发现，布局布线产生的版图达不到最终的设计时序要求往往和后端工作输入的约束条件不完备或不准确有关。

后端输入的约束主要包括芯片的布局（floor-plan）要求和芯片的时序要求。布局要求包括：芯片面积大小的设定，各 I/O 单元的摆放位置，内部电源网络设计要求，各模块的摆放位置、大小和相互之间的关系等。时序要求包括：各时钟树布线要求，各时钟树间的关系，输入/输出约束等。

后端布局布线一般包括下列基本步骤。

① 设计输入：标准单元库、标准 I/O 库、综合后网表、各种约束文件等。

② 芯片布局（floor-plan）：设定芯片面积，确定各模块位置，确定预留出来不能被占用的空间（如 SRAM 块），设定电源网络，设定各 I/O 信号出口位置等。

③ 标准单元布局（placement）：根据芯片布局来摆放网表中调用的所有标准单元，EDA 工具通过对时序约束、布线面积、布线拥塞等因素综合分析决定标准单元的摆放。芯片布局和标准单元布局的质量比实际的布线还要关键。好的布局，不仅可以提高最后布线的速度，还可以得到比较理想的延时效果，并减少布线拥塞的可能性。

④ 时钟树综合：按照时钟树约束，插入 buffer（缓冲）产生均衡（balance）时钟树的最优布线，即尽量保证时钟根节点和各叶子节点延时基本一致。自动综合时钟树的能力是衡量后端布局布线 EDA 工具性能的一个重要指标，对于复杂的设计往往需要人工的直接干预。时钟树综合工具还能针对特殊的要求在不同的时钟树间做均衡，或者在版图设计上对时钟信号做出更多保护等。

⑤ 自动布线：EDA 工具自动布线的过程包含多个阶段，首先是全局布线，然后在全局布线的基础上反复修改，直到修复所有的 violations（问题），包括连接上的问题和时序约束上的问题。

⑥ RC 参数提取：根据布线完成的版图提取 RC 参数文件。提取 RC 参数需要输入相应的工艺参数，如工艺各层的厚度、介电常数等，一般由工艺厂家提供。EDA 工具根据这些参数和版图实际几何形体的面积计算版图中 RC 值。提取出来的 RC 参数，可以直接用于静态时序分析，也可以在计算出对应的路径延时后用于反标功能后仿真。

⑦ 版图物理检查：版图物理检查包括 DRC（design rules check，设计规则检查）和 LVS（layout versus schematic，布局与示意图）。DRC 检查是否满足工艺厂家提供的版图设计规则，LVS 检查版图是否和网表设计完全一致。

2.8 时序仿真

时序仿真是在考虑了电路信号的传播延时之后，对电路的行为进行模拟。时序仿真不仅能够验证设计是否达到了预期的功能，而且能够验证设计是否达到了预期的性能。同功能仿真相比，时序仿真更加准确和全面，更加接近实际情况。

在经过后端布局布线之后，利用 EDA 工具就可以提取到所设计电路的准确而详细的延时信息，将此延时信息和设计文件以及测试文件一起输入到仿真器中就可以对电路进行时序仿真，从而验证其是否能够达到预期的功能和性能。

2.9 静态时序分析与时序收敛

2.9.1 静态时序分析

静态时序分析的功能是确定设计是否达到了设定的时序约束要求。

静态时序分析和动态的功能仿真不同，动态功能仿真是加激励在待验证的设计上，然后分析输出，从而确定设计的功能是否正确；而静态时序分析是对所有信号路径的延时信息直接进行计算比较，分析设计是否满足时序约束的要求。

静态时序分析相比动态功能仿真，执行速度很快，可以确定关键路径并提供详细的路径延时报告；同时，静态时序分析检查比动态功能仿真彻底，很容易保证检查的完备性。因此，从某种意义上来讲，静态时序分析是数字 IC 流片前最重要的一项检查。

但静态时序分析工具一般无法区分伪路径，即在正常的激励路径下芯片内部不可能出现的路径。

同时静态时序分析计算比较延时是基于分析对象为同步电路的假设，因此它对异步电路无法分析。

在这两方面，动态功能仿真（反标 RC 参数延时）是对静态时序分析的有力补充。

实际应用中，静态时序分析结果为最终时序收敛的判断依据，同时辅助后仿真以增大仿真的覆盖率和对比检查静态时序分析的时间约束是否正确。

2.9.2 时序收敛

时序收敛是指后端设计符合时序约束条件的要求。

但在深亚微米设计中，布局布线的延时可能远远超过综合时的估计值，导致最终布线后的电路时序无法收敛，这是因为在综合后得到的延时信息是基于虚拟的统计模型而非电路的实际 RC 参数。

如果时序不收敛，需要返回到布局布线阶段，通过修改设计和约束等手段来改进时序，这就是常说的后端的迭代。

有时迭代多次还不能解决问题，就需要返回到综合甚至 RTL 设计阶段重新设计，显然这种迭代对 IC 设计的进度影响很大。

目前，很多 EDA 工具厂商都推出了物理综合工具，以解决后端时序不收敛的问题。

所谓物理综合，是指通过将 RTL 综合阶段与布局阶段甚至布线阶段相结合来克服综合时对线延时估算严重不准的方法。

物理综合时可以根据布线之后真实的 RC 延时信息来优化关键路径，但也正由于它在综合阶段就引入了类似布局布线的计算，综合分析的计算量增加了很多，物理综合工具往往需要远大于普通综合的计算资源，同时运行速度也很慢，这些都限制了物理综合的广泛应用。

尽管存在问题，随着特征尺寸的减小，物理综合工具越来越多地应用到数字 IC 设计流程中，通常在特征尺寸为 0.13μm 以下的设计中都会考虑使用物理综合工具。

时序收敛除了依赖于 EDA 工具，更依赖于设计各个环节的质量。只有在前面设计的各个环节提前考虑后端问题，才能有效地减小后端时序收敛的难度。

2.10 CMOS 工艺选择

硅基 CMOS 工艺是目前和今后较长时间内的主流工艺。在选择 CMOS 工艺和制造厂家时要考虑以下问题。

① 特征尺寸：对于日益复杂的数字 IC 和 SoC，必须采用特征尺寸足够小的工艺，才能保证在适当尺寸的芯片上集成足够多的晶体管，以满足设计要求；通过缩小特征尺寸提高集成度也是提高产品性价比的最有效手段之一。

② 晶圆尺寸：晶圆尺寸增大可降低单个芯片的成本。

③ 功耗：当工艺特征尺寸缩小时，应保持芯片的功率密度基本不变。可通过降低工作电压、减小 MOS 器件漏电流等方法降低功耗。

④ 工艺能够达到的最高工作频率：一般来说，特征尺寸越小，速度越高，同一制造厂家的同一特征尺寸的工艺往往会提供多种不同速度供用户选择。

⑤ EDA 工具对工艺的支持：IC 设计的每个阶段都需要对应的 EDA 工具的支持，以保证设计高效可靠地进行。对于深亚微米工艺，如 90nm、65nm、45nm 工艺，EDA 工具的发展速度明显滞后于工艺的发展速度，很多 EDA 工具的功能还达不到最新工艺的要求，因此盲目追求采用最新工艺会带来很多工具开发的困难。

⑥ 工艺库和设计参数：目前大规模数字 IC 大都采用标准单元库的设计方法，所以制造厂家是否提供标准单元、标准 I/O，提供的标准单元、标准 I/O 是否准确，与通用 EDA 工具是否配合较好，都会成为影响设计的关键因素。另外，IC 设计过程中还往往需要厂家提供 SRAM、CPU 核、PLL 以及其他常用的 IP 模块。

⑦ 工艺 NRE 费用和生产成本：采用的工艺越先进，NRE 费用和单片生产成本就越高。另外，工艺的生产良率和生产周期也会对芯片的最终制造成本带来很大影响。

在 IC 制造领域，全球范围内主要存在两种服务模式：IDM（integrate design and manufacture，集成设计和制造）模式和晶圆代工（foundry）模式。

IDM 模式的特点是：业务覆盖芯片设计、生产制造、封装测试等各环节，甚至延伸至下游终端。美国和日本半导体产业主要采用这一模式，典型的 IDM 大厂有 IBM、Intel、TI、三星、东芝、NEC 等。

晶圆代工厂则只专注于 IC 制造环节，不涉及 IC 设计和封装测试，只为设计公司（Fabless）和 IDM 提供代工服务。目前全球最大的四家晶圆代工厂是台积电（TSMC）、台联电（UMC）、中芯国际（SMIC）和特许半导体（Chartered）。

2.11 IC 产业的变革及对设计方法的影响

微电子技术的迅速发展主要归功于产业的分工。自 1947 年晶体管发明以来，半导体产业共经历了三次变革，如图 2-33 所示。

第一次变革是在集成电路发展初期，随着微处理器与内存的诞生，IDM 从系统公司中分离出来，IDM 厂商掌握全面的技术，包括集成电路的设计、制造，甚至封装和计算机辅助设计（CAD）设备的制作，在集成电路发展初期傲立潮头，独领风骚。

第二次变革是在 20 世纪 80 年代，由于专用集成电路（application specific integrated circuit，ASIC）与专用标准产品（application specific standard product，ASSP）的出现，门阵列与标准单元设计技术的成熟，以及制造业投资需求的急剧增加，专业代工厂与 IC 设计公司出现，IC 厂家细分为代工厂（foundry）和无工厂（fabless）的设计厂家。

而 2000 年以后的 IC 产业迈入专业分工的时代，由以往的垂直整合形态转变成水平分工，变化为系统设计、IP 核设计、设计服务、晶圆代工、封装、测试等公司各司其职，形成了以系统芯片 SoC 技术为主的无芯片（chipless）设计方式。

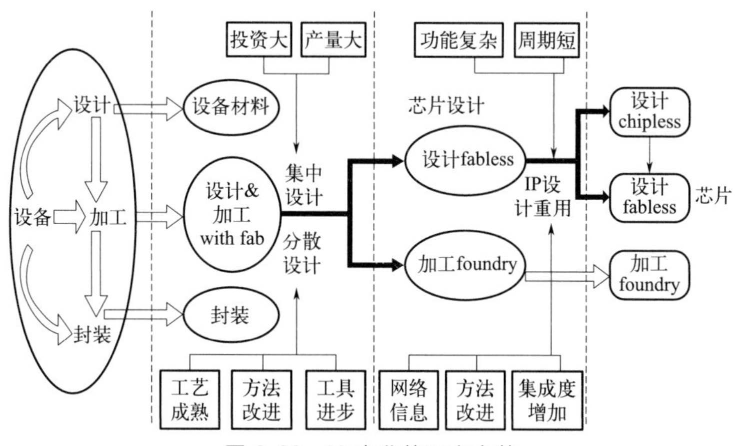

图 2-33　IC 产业的三次变革

随着专业分工的进一步细化，IP 核的取得不再困难，SoC 与产品周期加速的潮流逐渐形成，IC 设计公司的产出速度越来越赶不上制造技术的进步，加上 IP 核重复使用可使成本降低 1/3 以上，因此 IP 核逐渐由 IC 设计中独立出来，自成一局。

系统设计和 IP 核设计的分工，形成了以 SoC 技术为主导的 chipless 设计方式，对集成电路产业和信息技术发展产生较为深远影响，有望解决工艺和设计发展的“剪刀差”问题。

本章习题

1. 数字集成电路设计的基本流程包括哪些步骤？各步骤之间有何关系？
2. 高质量的 RTL 编码设计应该考虑哪些因素？
3. RTL 综合过程一般包括哪些基本步骤？
4. 简述静态时序分析与动态时序仿真的原理与区别。
5. 数字集成电路系统体系结构设计主要包括哪些内容？
6. 后端布局布线一般包括哪些基本步骤？
7. RTL 综合分为哪两个阶段？RTL 综合是由哪些约束条件驱动的？
8. 什么叫功能仿真？什么叫时序仿真？两者之间有什么区别？
9. 简述制造厂家工艺库文件包含哪些信息。
10. 常用的设计目标约束有哪几种？它们的作用及相互之间的关系如何？

第3章 Verilog硬件描述语言

本章学习目标

掌握 Verilog HDL（简称 Verilog）的基本结构、数据类型、运算符及表达式、赋值语句和块语句、条件语句、循环语句、结构说明语句、编译预处理语句等基本语法，能够应用 Verilog HDL 对简单数字集成电路进行建模。

本章内容思维导图

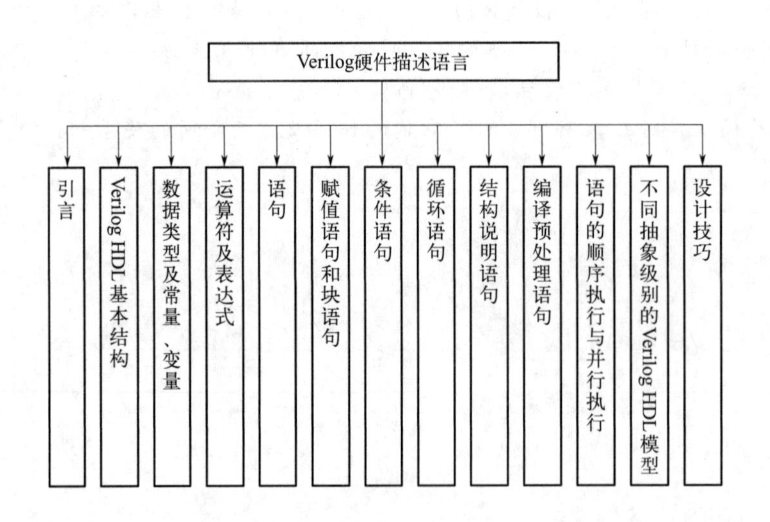

本章主要介绍 Verilog 硬件描述语言的基本语法，内容包括 Verilog HDL 基本结构、数据类型及常量和变量、运算符及表达式、语句、赋值语句和块语句、条件语句、循环语句、

结构说明语句、编译预处理语句、语句的顺序执行与并行执行、不同抽象级别的 Verilog HDL 模型、设计技巧等。

3.1 引言

Verilog HDL 是一种用于数字逻辑电路设计的硬件描述语言，可以用来进行数字电路的仿真验证、时序分析、逻辑综合。用 Verilog HDL 描述的电路设计就是该电路的 Verilog HDL 模型。Verilog HDL 既是一种行为描述语言，也是一种结构描述语言。也就是说，既可以用电路的功能描述，也可以用元器件及其之间的连接来建立 Verilog HDL 模型。

1983 年，由 GDA（Gateway Design Automation）公司的 Phil Moorby 首创了 Verilog HDL；1989 年，Cadence 公司收购了 GDA 公司；1990 年，Cadence 公司公开发表了 Verilog HDL；1995 年，IEEE 制定并公开发表了 Verilog HDL 1364—1995 标准；1999 年，模拟和数字电路都适用的 Verilog 标准公开发表。

Verilog HDL 模型可以是实际电路的不同级别的抽象。抽象级别可分为五级。

① 系统级（system level）：用高级语言结构（如 case 语句）实现的描述设计模块外部性能的模型。

② 算法级（algorithmic level）：用高级语言结构实现的描述设计算法的模型（写出逻辑表达式）。

③ 寄存器传输级（register transfer level，RTL）：描述数据在寄存器之间流动和如何处理这些数据的模型。

④ 门级（gate level）：描述逻辑门（如与门、非门、或门、与非门、三态门等）以及逻辑门之间连接关系的模型。

⑤ 开关级（switch level）：描述器件中三极管和储存节点及其之间连接关系的模型。

Verilog HDL 具有下列特点：

① 形式化地表示电路的行为和结构；

② 借用 C 语言的结构和语句；

③ 可在多个层次上对所设计的系统加以描述，语言对设计规模不加任何限制；

④ 具有混合建模能力，一个设计中的各子模块可用不同级别的抽象模型来描述；

⑤ 基本逻辑门、开关级结构模型均内置于语言中，可直接调用；

⑥ 易创建用户定义原语（user designed primitive，UDP）；

⑦ 易学易用，功能强。

3.2 Verilog HDL 基本结构

3.2.1 简单的 Verilog HDL 例子

【例 3-1】 8 位全加器。

```
module  adder8(cout,sum,a,b,cin);//模块定义开始、模块名称和端口定义
  output  cout;//输出端口 cout 声明
  output [7:0] sum;//输出端口 sum 声明
  input [7:0] a,b;//输入端口 a,b 声明
  input  cin;//输入端口 cin 声明
  assign {cout,sum}=a+b+cin;//用连续赋值语句描述输出与输入之间的逻辑关系
```

```
endmodule//模块定义结束
```

说明：① 整个 Verilog HDL 程序嵌套在 module 和 endmodule 声明语句中。

② 每条语句相对 module 和 endmodule 最好缩进 2 格或 4 格。

③ //… 表示注释部分，一般只占据一行。对编译不起作用。

④ assign 语句：无论右边表达式操作数何时发生变化，右边表达式都会重新计算，并且在指定的延迟后给左边表达式赋值。

【例 3-2】 8 位计数器。

```
module  counter8(out,cout,data,load,cin,clk);
  output [7:0] out;
  output  cout;
  input [7:0] data;
  input load,cin,clk;
  reg[7:0] out;//信号类型声明
    always @ (posedge clk)
      begin
        if(load)
           out <=data;//同步预置数
        else
           out <=out+1+cin;//加 1 计数
      end
    assign cout=&out & cin;//若 out 为 8'hFF,cin 为 1,则 cout 为 1
endmodule
```

说明：①“<=”非阻塞过程性赋值：将想要赋给左式的值安排在未来时刻。不等上一个赋值完成就执行下一条赋值语句。

②“=”阻塞过程性赋值：按照顺序执行，前一个赋值结束才执行下边的赋值语句。

【例 3-3】 2 位比较器。

```
module  compare2(equal,a,b);
  output equal;
  input [1:0] a,b;
  assign equal=(a==b)? 1:0;/* 如果 a 等于 b,则 equal 为 1,否则为 0 */
endmodule
```

说明：/* ……*/内表示注释部分，一般可占据多行。对编译不起作用。

【例 3-4】 三态驱动器（1）。

```
module  trist1(out,in,enable);
  output  out;
  input  in,enable;
   bufif1  mybuf(out,in,enable);//门元件例化
endmodule
```

说明：门元件例化是指程序通过调用一个在 Verilog 语言库中现存的实例门元件来实现某逻辑门功能。

【例 3-5】 三态驱动器（2）。

```
module  trist2(out,in,enable);
```

```
  output  out;
  input  in,enable;
    mytri  tri_inst(out,in,enable);//模块元件例化
endmodule

module mytri(out,in,enable);
  output  out;
  input  in,enable;
    assign out=enable? in:'bz;/*  如果 enable 为 1,则 out=in,否则为高阻态 */
endmodule
```

说明：模块元件例化是指顶层模块（trist2）调用由某子模块（mytri）定义的实例元件（tri_inst）来实现某功能。

3.2.2 Verilog HDL 的基本结构

① Verilog HDL 程序是由模块构成的。每个模块嵌套在 module 和 endmodule 声明语句中。模块是可以进行层次嵌套的。

② 每个 Verilog HDL 源文件中只能有一个顶层模块，其他为子模块。

③ Verilog 模块的结构由在 module 和 endmodule 关键词之间的 4 个主要部分组成：端口定义、I/O 说明、信号类型声明、功能描述。

④ 程序书写格式自由，一行可以写几条语句，一条语句也可以分多行写。

⑤ 除了 endmodule 语句、begin _ end 语句和 fork _ join 语句外，每条语句和数据定义的最后必须有分号。

⑥ 可用/* …*/和//…对程序的任何部分做注释。加上必要的注释，可以增强程序的可读性和可维护性。

3.2.3 逻辑功能定义

在 Verilog 模块中有 3 种方法可以描述电路的逻辑功能。

（1）用 assign 语句

assign x=(b & ~c);

（2）用元件例化（instantiate）

and myand3(f,a,b,c);

注 1：元件例化即调用 Verilog HDL 提供的元件。

注 2：元件例化包括门元件例化和模块元件例化。

注 3：每个实例元件的名字必须唯一，以避免与其他实例元件混淆。

注 4：例化元件名也可以省略。

（3）用 always 块语句

```
always @ (posedge clk)          //每当时钟上升沿到来时执行一遍块内语句
  begin
    if(load)
      out=data;                 //同步预置数
    else
      out=data+1+cin;           //加 1 计数
end
```

注 1：always 块语句常用于描述时序逻辑，也可用于描述组合逻辑。

注 2：always 块可用多种方法来表达逻辑关系，如用 if-else 语句或 case 语句。

注 3：always 块语句与 assign 语句是并发执行的，assign 语句一定要放在 always 块语句之外。

Verilog HDL 模块的模板（仅考虑用于逻辑综合的部分）：

```
module <顶层模块名>(< 输入/输出端口列表>);
   output 输出端口列表;
   input 输入端口列表;
//①使用 assign 语句定义逻辑功能
   wire 结果信号名;
   assign <结果信号名>=表达式;
//②使用 always 块语句定义逻辑功能
   always @ (<敏感信号表达式>)
      begin
          //过程赋值语句
          //if 语句
          //case 语句
          //while,repeat,for 循环语句
          //task,function 调用
      end
//③元件例化
      < module_name > < instance_name >(<port_list>);        //模块元件例化
      <gate_type_keyword> < instance_name >(<port_list>);    //门元件例化
endmodule
```

3.2.4 关键字

关键字是事先定义好的确认符，用来组织语言结构，或者用于定义 Verilog HDL 提供的门元件（如 and，not，or，buf）。关键字用小写字母定义。

Verilog HDL 关键字如下：

and always assign begin buf bufif0 bufif1 case casex casez cmos deassign default defparam disable edge else end endcase endfunction endprimitive endmodule endspecify endtable endtask event for force forever fork function highz0 highz1 if ifnone initial inout input integer join large macromodule medium module nand negedge nor not notif0 notif1 nmos or output parameter pmos posedge primitive pulldown pullup pull0 pull1 rcmos real realtime reg release repeat rnmos rpmos rtran rtranif0 rtranif1 scalared small specify specparam strength strong0 strong1 supply0 supply1 table task tran tranif0 tranif1 time tri triand trior trireg tri0 tri1 vectored wait wand weak0 weak1 while wire wor xnor xor

3.2.5 标识符

任何用 Verilog HDL 描述的“东西”都通过其名字来识别，这个名字被称为标识符。如源文件名、模块名、端口名、变量名、常量名、实例名等。

标识符可由字母、数字、下划线和 $ 符号构成，但第一个字符必须是字母或下划线，不

能是数字或＄符号。

在 Verilog HDL 中变量名是区分大小写的。

例如，以下是合法的名字：A_99_Z，Reset，_54MHz_Clock＄，Module。

以下是不合法的名字：123a，＄data，module，7seg.v。

3.2.6 编写 Verilog HDL 源代码的标准

编写 Verilog HDL 源代码的标准分为以下两类。

① 语汇代码的编写标准：规定了文本布局、命名和注释的约定，以提高源代码的可读性和可维护性。

② 综合代码的编写标准：规定了 Verilog 风格，尽量保证能够综合，以避免常见的不能综合及综合结果存在缺陷的问题，并在设计流程中及时发现综合中存在的错误。

注：综合是指将用 HDL 或图形方式描述的电路设计转换为实际门级电路（如触发器、逻辑门等），得到一个网表文件，用于进行适配（在实际器件中进行布局和布线）。

（1）语汇代码的编写标准

① 每个 Verilog HDL 源文件中只能编写一个顶层模块，不能把一个顶层模块分成几部分写在几个源文件中。

② 源文件名字应与文件内容有关，最好与顶层模块同名。源文件名字的第一个字符必须是字母或下划线，不能是数字或＄符号。

③ 每行只写一条声明语句或说明。

④ 源代码用层层缩进的格式来写。

⑤ 变量名的大小写应自始至终保持一致（如变量名第一个字母均大写）。

⑥ 变量名应该有意义，而且含有一定的有关信息。局部变量名（如循环变量）应简单扼要。

⑦ 通过注释对源代码做必要的说明，尤其是对接口（如模块参数、端口、任务、函数变量）做必要的注释很重要。

⑧ 常量尽可能使用参数定义和宏定义，而不要在语句中直接使用字母、数字和字符串。

参数定义（用一个标识符来代表一个常量）的格式：

```
parameter 参数名 1=表达式,参数名 2=表达式,…;
```

宏定义（用一个简单的宏名来代替一个复杂的表达式）的格式：

```
`define 标志符(即宏名)字符串(即宏内容)
```

（2）综合代码的编写标准

① 把设计分割成较小的功能块，每块用行为风格设计。除设计中对速度响应要求比较临界的部分外，都应避免门级描述。

② 建立一个好的时钟策略（如单时钟、多相位时钟、经过门产生的时钟、多时钟域等）。保证源代码中时钟和复位信号是干净的（即不是由组合逻辑或没有考虑到的门产生的）。

③ 建立一个好的测试策略，使所有触发器都是可复位的，使测试能通过外部引脚进行，又没有冗余的功能。

④ 所有源代码都必须遵守并符合在 always 块语句的 4 种可综合标准模板之一。

⑤ 描述组合和锁存逻辑的 always 块，必须在 always 块开头的控制事件列表中列出所有的输入信号。

⑥ 描述组合逻辑的 always 块，一定不能有不完全赋值，即所有输出变量必须被各输入值的组合值赋值，不能有例外。

⑦ 描述组合和锁存逻辑的 always 块一定不能包含反馈，即在 always 块中已被定义为输出的寄存器变量绝对不能再在该 always 块中读进来作为输入信号。

⑧ 时钟沿触发的 always 块必须是单时钟的，且任何异步控制输入（通常是复位或置位信号）必须在控制事件列表中列出。

例如：always @（posedge clk or negedge set or negedge reset）

⑨ 避免生成不想要的锁存器。在无时钟的 always 块中，若有的输出变量被赋予了某个信号变量值，而该信号变量并未在该 always 块的电平敏感控制事件中列出，则会在综合中生成不想要的锁存器。

⑩ 避免生成不想要的触发器。在时钟沿触发的 always 块中，如果用非阻塞赋值语句对 reg 型变量赋值，或者当 reg 型变量经过多次循环后其值仍保持不变，则会在综合中生成触发器。例如：

```
module  rw2(clk,d,out1);
  input clk,d;
  output out1;
  reg out1;
     always @ (posedge clk)//时钟沿触发
            out1 <=d;
endmodule
```

若不想生成触发器，而是希望用 reg 型变量生成组合逻辑，则应使用电平触发，例如：

```
module  rw2(clk,d,out1);
  input clk,d;
  output out1;
  reg out1;
    always @ (d)  //电平触发
           out1 <=d;
endmodule
```

⑪ 所有内部状态寄存器必须是可复位的，这是为了使 RTL 和门级描述能够被复位成同一个已知的状态，以便进行门级逻辑验证。

⑫ 对存在无效状态的有限状态机和其他时序电路（如 4 位十进制计数器有 6 个无效状态），必须明确描述所有（2^N）状态下的行为（包括无效状态），才能综合出安全可靠的状态机。

⑬ 一般地，在赋值语句中不能使用延迟，否则是不可综合的。

⑭ 不要使用 integer 型和 time 型寄存器，否则将分别综合成 32 位和 64 位的总线。

⑮ 仔细检查代码中使用的动态指针（如用指针或地址变量检索的位选择或存储单元）、循环声明或算术运算部分，因为这类代码在综合后会生成大量的门，且难以优化。

3.3 数据类型及常量、变量

（1）数据类型

数据类型用来表示数字电路中的数据存储和传送单元。

Verilog HDL 中共有 19 种数据类型。其中 4 个为最基本的数据类型：integer 型、parameter 型、reg 型、wire 型。其他数据类型：large 型、medium 型、real 型、scalared 型、small 型、time 型、tri 型、tri0 型、tri1 型、triand 型、trior 型、trireg 型、vectored 型、wand 型、wor 型。

（2）常量

在程序运行过程中其值不能被改变的量称为常量。有两种类型：数字（包括整常数、x 和 z 值、负数），parameter 常量（或称符号常量）。

① 整数型常量（即整常数）的 4 种进制表示形式：二进制整数（b 或 B）；十进制整数（d 或 D）；十六进制整数（h 或 H）；八进制整数（o 或 O）。

整常数的 3 种表达方式见表 3-1。

表 3-1　整常数的 3 种表达方式

表达方式	说明	举例
＜位宽＞′＜进制＞＜数字＞	完整的表达方式	8′b11000101 或 8′hc5
＜进制＞＜数字＞	位宽默认，由机器系统决定，至少 32 位	hc5
＜数字＞	进制默认为十进制，位宽默认为 32 位	197

注：这里位宽指对应二进制数的宽度。

② x 和 z 值。x 表示不定值，z 表示高阻值；每个字符代表的二进制数的宽度取决于所用的进制；当用二进制表示时，已标明位宽的数，若用 x 或 z 表示某些位，则只有在最左边的 x 或 z 具有扩展性。为清晰可见，最好直接写出每一位的值。例如：

```
8′bzx=8′bzzzz_zzzx,8′b1x=8′b0000_001x
```

"?"是 z 的另一种表示符号，建议在 case 语句中使用?，表示高阻态 z，例如：

```
casez(select)
      4′b???1:out=a;
      4′b??1?:out=b;
      4′b?1??:out=c;
      4′b1???:out=d;
endcase
```

③ 负数。在位宽前加一个减号即表示负数，如−8′d5 表示 5 的补数 8′b11111011，减号不能放在位宽与进制之间，也不能放在进制与数字之间，例如 8′d−5 就是非法格式。

为提高可读性，在较长的数字之间可用下划线_隔开；但下划线不可以用在＜进制＞和＜数字＞之间。例如 16′b1010_1011_1100_1111 是合法格式，而 8′b_0011_1010 是非法格式。当常量未指明位宽时，默认为 32 位，例如：

```
10=32′d10=32′b1010
−1=−32′d1=32′b1111…1111=32′hFFFFFFFF
```

④ parameter 常量（符号常量）。用 parameter 来定义一个标识符，代表一个常量，称之为符号常量。格式如下：

```
parameter 参数名 1=表达式,参数名 2=表达式,…;
```

其中，parameter 为参数型数据的确认符，后面为赋值语句表。每条赋值语句的右边必须为常数表达式，即只能包含数字或先前定义过的符号常量。例如 parameter addrwidth=16 是合法格式，parameter addrwidth=datawidth * 2 则是非法格式。常用参数来定义延迟时间和变量宽度。可用字符串表示的任何地方，都可以用定义的参数来代替。参数是本地的，其定义只在本模块内有效。在模块或实例引用时，可通过参数传递改变在被引用模块或实例中已定义的参数。

模块或实例引用时参数的传递方法之一：

利用 defparam 定义参数声明语句，格式如下：

```
defparam 例化模块名．参数名 1=常数表达式,例化模块名．参数名 2=常数表达式,…;
```

defparam 语句在编译时可重新定义参数值，一般情况下是不可综合的，因此要慎用 defparam 语句。在模块的实例引用时可用“#”号后跟参数的语法来重新定义参数。

【例 3-6】

```
module mod(out,ina,inb);
     …
      parameter cycle=8,real_constant=2.039,
                file="/user1/jmdong/design/mem_file.dat";
     …
endmodule

module test;
     …
      mod mk(out,ina,inb);                              //对模块 mod 的实例引用
      defparam  mk.cycle=6,mk.file="../my_mem.dat";    //参数的传递
     …
endmodule
```

模块或实例引用时参数的传递方法之二：

利用特殊符号“#”，格式如下：

```
被引用模块名 #(参数 1,参数 2,…)例化模块名(端口列表);
```

【例 3-7】

```
module mod(out,ina,inb);
     …
      parameter cycle=8,real_constant=2.039,
                file="/user1/jmdong/design/mem_file.dat";
     …
endmodule

module test;
     …
      mod #(5,3.20,"../my_mem.dat")  mk(out,ina,inb);//对模块 mod 的实例引用
     …
endmodule
```

（3）变量

在程序运行过程中其值可以改变的量称为变量，常用的有 3 类：网络（nets）型、寄存器（register）型、数组（memory）型。

① nets 型变量。定义：输出始终随输入的变化而变化的变量。nets 型变量表示结构实体（如门）之间的物理连接。注意：nets 型变量不能储存值。

常用 nets 型变量如下。

wire，tri：连线类型（两者功能一致）。

wor，trior：具有线或特性的连线（两者功能一致）。

wand，triand：具有线与特性的连线（两者功能一致）。

tri1，tri0：上拉电阻和下拉电阻。

supply1，supply0：电源（逻辑 1）和地（逻辑 0）。

wire 型变量是最常用的 nets 型变量，常用来表示以 assign 语句赋值的组合逻辑信号。模块中的输入/输出信号类型默认为 wire 型。可用作任何方程式的输入，或 assign 语句和实例元件的输出。

定义 wire 型变量的格式为：

```
wire 数据名 1,数据名 2,…,数据名n ;
```

定义 wire 型向量（总线）的格式为：

```
wire[n －1:0]数据名 1,数据名 2,…,数据名m ;
或 wire[n :1] 数据名 1,数据名 2,…,数据名m ;
```

② register 型变量。定义：对应具有状态保持作用的电路元件（如触发器、寄存器等），常用来表示过程块语句（如 initial，always，task，function）内的指定信号。

常用 register 型变量如下。

reg：常代表触发器；

integer：32 位带符号整数型变量；

real：64 位带符号实数型变量；

time：无符号时间变量。

register 型变量与 nets 型变量的根本区别是：register 型变量需要被明确地赋值，并且在被重新赋值前一直保持原值；register 型变量必须通过过程赋值语句赋值，不能通过 assign 语句赋值；在过程块内被赋值的每个信号必须定义成 register 型。

reg 型变量是在过程块中被赋值的信号，一般代表触发器，但不一定就是触发器（也可以是组合逻辑信号）。定义 reg 型变量的格式如下：

```
reg 数据名 1,数据名 2,…,数据名n ;
```

定义 reg 型向量（总线）的格式如下：

```
reg[n －1:0]数据名 1,数据名 2,…,数据名m ;
或 reg[n :1] 数据名 1,数据名 2,…,数据名m ;
```

【例 3-8】 reg [4：1] regc，regd；//regc，regd 为 4 位宽的 reg 型向量。

reg 型变量既可生成触发器，也可生成组合逻辑；wire 型变量只能生成组合逻辑。

用 reg 型变量生成组合逻辑：

```
module  rw1(a,b,out1,out2);
        input a,b;
        output out1,out2;
        reg out1;
        wire out2;
        assign out2＝a;
        always @ (b)
           out1 <＝~b;
```

```
endmodule
```

用 reg 型变量生成触发器：

```
module  rw2(clk,d,out1,out2);
        input clk,d;
        output out1,out2;
        reg out1;
        wire out2;
        assign out2=d& ~out1;
            always @ (posedge clk)
                begin
                   out1 <=d;
                end
endmodule
```

③ memory 型变量。由若干个相同宽度的 reg 型向量构成的。Verilog HDL 通过 reg 型变量建立数组来对存储器建模。memory 型变量可描述 RAM、ROM 和 reg 文件。memory 型变量通过扩展 reg 型变量的地址范围来生成：

```
reg[n -1:0]存储器名[m -1:0];
或 reg[n -1:0]存储器名[m :1];
```

Verilog HDL 中的变量名、参数名等标记符是对大小写字母敏感的。

memory 型变量与 reg 型变量的区别：

含义不同：例如，

```
reg[n -1:0] rega;     //一个n 位的寄存器
reg mema [n -1:0];    //由n 个 1 位寄存器组成的存储器
```

赋值方式不同：一个 n 位的寄存器可用一条赋值语句赋值；一个完整的存储器则不行。若要对某存储器中的存储单元进行读写操作，必须指明该单元在存储器中的地址。例如：

```
rega=0;               //合法赋值语句
mema=0;               //非法赋值语句
mema[8]=1;            //合法赋值语句
mema[1023:0]=0;       //合法赋值语句
```

3.4 运算符及表达式

运算符按功能分为 9 类：算术运算符、逻辑运算符、位运算符、关系运算符、等式运算符、缩减运算符、移位运算符、条件运算符、位拼接运算符。

运算符按操作数的个数分为 3 类：单目运算符——带一个操作数，如逻辑非!、按位取反~、缩减运算符、移位运算符；双目运算符——带两个操作数，如算术运算符、关系运算符、等式运算符，逻辑运算符、位运算符的大部分；三目运算符——带三个操作数，如条件运算符。

（1）算术运算符

算术运算符包括+、-、*、/、%，分别表示加法、减法、乘法、除法、求模操作。

进行整数除法运算时，结果值略去小数部分，只取整数部分；%称为求模（或求余）运算符，要求%两侧均为整型数据；求模运算结果值的符号位取第一个操作数的符号，例如－11%3 结果为－2；进行算术运算时，若某操作数为不定值 x，则整个结果也为 x。

（2）逻辑运算符

逻辑运算符包括 &&、‖、!，分别表示逻辑与操作、逻辑或操作、逻辑非操作。

逻辑运算符把它的操作数当作布尔变量：非零的操作数被认为是真（1′b1）；零被认为是假（1′b0）；不确定的操作数，如 4′bxx00，被认为是不确定的（可能为零，也可能为非零）（记为 1′bx），但 4′bxx11 被认为是真（记为 1′b1，因为它肯定是非零的）。逻辑运算后的结果为布尔值（为 1、0 或 x）。

“&&”和“‖”的优先级除高于条件运算符外，低于关系运算符、等式运算符等几乎所有运算符；逻辑非“!”优先级最高。例如：

(a＞b)&&(b＞c)　　　　　可简写为：a＞b && b＞c

(a＝＝b)‖(x＝＝y)　　　　可简写为：a＝＝b‖x＝＝y

(! a)‖(a＞b)　　　　　　可简写为：! a‖a＞b

为提高程序的可读性，明确表达各运算符之间的优先关系，建议使用括号。

（3）位运算符

位运算符包括～、&、|、^、^～，分别表示按位取反、按位与、按位或、按位异或、按位同或操作。

位运算的结果位数与操作数相同。位运算符中的双目运算符要求对两个操作数的相应位逐位进行运算。

两个不同长度的操作数进行位运算时，将自动按右端对齐，位数少的操作数会在高位用 0 补齐。例如：

若 A＝5′b11001，B＝3′b101，

则 A & B＝(5′b11001) & (5′b00101)＝5′b00001

注意 && 和 & 的区别，&& 运算的结果为 1 位的逻辑值，而 & 运算的结果为与操作数位数相同的逻辑值。

（4）关系运算符

关系运算符包括＜、＜＝、＞、＞＝，分别表示小于、小于或等于、大于、大于或等于操作。

关系运算的结果为 1 位的逻辑值（1、0 或 x）。关系运算时，若声明的关系为真，则返回值为 1；若声明的关系为假，则返回值为 0；若某操作数为不定值 x，则返回值为 x。

所有的关系运算符优先级别相同。关系运算符的优先级低于算术运算符。例如：

a＜size－1　　　　　等同于：a＜(size－1)

size－(1＜a)　　　　不等同于：size－1＜a

（5）等式运算符

等式运算符包括＝＝、!＝、＝＝＝、!＝＝，分别表示等于、不等于、全等、不全等操作。

等式运算的结果为 1 位的逻辑值（1、0 或 x）。

等于运算符（＝＝）和全等运算符（＝＝＝）的区别：

• 使用等于运算符时，两个操作数必须逐位相等，结果才为 1；若某些位为 x 或 z，则结果为 x。

• 使用全等运算符时，若两个操作数的相应位完全一致（如同是 1、同是 0、同是 x、

同是 z)，则结果为 1；否则为 0。

所有的等式运算符优先级别相同。

===和！==运算符常用于 case 表达式的判别，又称为“case 等式运算符”。“==”和“===”的真值表见表 3-2 和表 3-3。

表 3-2 “==”的真值表

==	0	1	x	z
0	1	0	x	x
1	0	1	x	x
x	x	x	x	x
z	x	x	x	x

表 3-3 “===”的真值表

===	0	1	x	z
0	1	0	0	0
1	0	1	0	0
x	0	0	1	0
z	0	0	0	1

if(A==1′bx) $display(“AisX”)；//当 A 为不定值时，式(A==1′bx) 的运算结果为 x，则该语句不执行

if(A===1′bx) $display(“AisX”)；//当 A 为不定值时，式(A===1′bx) 的运算结果为 1，则该语句执行。

（6）缩减运算符

缩减运算符包括 &、~&、|、~|、^、^~，分别表示缩减与运算、缩减与非运算、缩减或运算、缩减或非运算、缩减异或运算、缩减同或运算。

缩减运算符法则与位运算符类似，但运算过程不同。对单个操作数进行递推运算，即先将操作数的最低位与第二位进行与、或、非运算，再将运算结果与第三位进行相同的运算，依次类推，直至最高位。运算结果为 1 位二进制数。例如：

```
reg[3:0] a;
        b=|a;            //等效于 b=((a[0] | a[1])| a(2))| a[3]
```

（7）移位运算符

移位运算符包括>>、<<，分别表示右移、左移。

A>>n 或 A<<n 表示将操作数右移或左移 n 位，同时用 n 个 0 填补移出的空位。例如：

4′b1001>>3=4′b0001；4′b1001>>4=4′b0000；4′b1001<<1=5′b10010；

4′b1001<<2=6′b100100；1<<6=32′b1000000

注意：右移位数不变，但右移的数据会丢失；左移会扩充位数。将操作数右移或左移 n 位，相当于将操作数除以或乘以 2^n。

（8）条件运算符

条件运算符为?、:。

用法：信号=条件? 表达式 1 : 表达式 2；

表示：当条件为真，信号取表达式 1 的值；为假，则取表达式 2 的值。例如：

```
assign out=sel? in1 : in0;
```

表示当 sel=1 时，out=in1；当 sel=0 时，out=in0。

（9）位拼接运算符

位拼接运算符为 { }，用于将两个或多个信号的某些位拼接起来，表示一个整体信号。

用法：{信号 1 的某几位，信号 2 的某几位，…，信号 n 的某几位}

例如在进行加法运算时，可将进位输出与和拼接在一起使用。

例如：

```
output [3:0] sum;                    //和
output cout;                         //进位输出
input[3:0] ina,inb;
input cin;
assign {cout,sum}=ina+inb+cin;       //进位与和拼接在一起
```

再如：{a,b[3:0],w,3'b101}={a,b[3],b[2],b[1],b[0],w,1'b1,1'b0,1'b1};

可用重复法简化表达式，如 {4{w}} 等同于 {w,w,w,w}。注意，用于表示重复的表达式必须为常数表达式，如式中的“4”。

还可用嵌套方式简化书写，如 {b,{3{a,b}}} 等同于 {b,{a,b},{a,b},{a,b}}，也等同于 {b,a,b,a,b,a,b}。

在位拼接表达式中，不允许存在没有指明位数的信号，必须指明信号的位数；若未指明，则默认为 32 位的二进制数。例如：{1,0}=64'h00000001_00000000。注意，{1,0} 不等于 2'b10。

（10）运算符的优先级

运算符的优先级如表 3-4 所示。

表 3-4　运算符的优先级

类别	运算符	优先级
逻辑、位运算符	!、~	高 ↓ 低
算术运算符	*、/、%	
	+、-	
移位运算符	<<、>>	
关系运算符	<、<=、>、>=	
等式运算符	==、!=、===、!==	
缩减、位运算符	&、~&	
	^、^~	
	|、~|	
逻辑运算符	&&	
	||	
条件运算符	?、:	

注：为提高程序的可读性，建议使用括号来控制运算的优先级。

例如：(a>b)&&(b>c)，(a==b)||(x==y)，(!a)||(a>b)。

3.5　语句

Verilog HDL 的语句包括下列类型：赋值语句、块语句、条件语句、循环语句、结构说明语句、编译预处理语句等，如表 3-5 所示。

表 3-5　Verilog HDL 的语句

赋值语句	连续赋值语句	
	过程赋值语句	

块语句	begin-end 语句	
	fork-join 语句	QuartusⅡ不支持
条件语句	if-else 语句	
	case 语句	
循环语句	forever 语句	MAX+PLUS Ⅱ不支持
	repeat 语句	MAX+PLUS Ⅱ不支持
	while 语句	MAX+PLUS Ⅱ不支持
	for 语句	
结构说明语句	initial 语句	Quartus Ⅱ不支持
	always 语句	
	task 语句	MAX+PLUS Ⅱ不支持
	function 语句	
编译预处理语句	`define 语句	
	`include 语句	QuartusⅡ不支持
	`timescale 语句	Quartus Ⅱ不支持

注：1. Quartus Ⅱ不支持的语句是不可综合的，通常用在测试文件中；未注明“Quartus Ⅱ不支持”的语句均是可综合的。

2. repeat 语句和 task 语句，MAX+PLUS Ⅱ不支持，但 Quartus Ⅱ支持。

3. forever 语句、while 语句，MAX+PLUS Ⅱ不支持，Quartus Ⅱ支持，但通常用在测试模块中。

4. 表中只有 4 种语句（fork-join，initial，`include，`timescale）是 Quartus Ⅱ不支持的，它们通常用在测试模块中（ModelSim 软件支持）。

3.6 赋值语句和块语句

（1）赋值语句

分为两类：

① 连续赋值语句。assign 语句，用于对 wire 型变量赋值，是描述组合逻辑最常用的方法之一。例如：

```
assign c=a&b;    //a、b、c 均为 wire 型变量
```

② 过程赋值语句。用于对 reg 型变量赋值，有两种方式：

a. 非阻塞（non-blocking）赋值方式：赋值符号为<=，如

```
b <=a;
```

b. 阻塞（blocking）赋值方式：赋值符号为=，如

```
b=a;
```

（2）非阻塞赋值与阻塞赋值的区别

① 非阻塞赋值在块结束时才完成赋值操作。

例如：

```
always @ (posedge clk)
   begin
       b<=a;
       c<=b;
   end
```

注：c 的值比 b 的值落后一个时钟周期。

② 阻塞赋值在该语句结束时就完成了赋值操作。

例如：

```
always @ (posedge clk)
    begin
        b=a;
        c=b;
    end
```

注：在一段块语句中，如果有多条阻塞赋值语句，在前面的赋值语句没有完成之前，后面的语句就不能被执行，就像被阻塞了一样，因此称之为阻塞赋值方式。这里 c 的值与 b 的值一样。

③ 非阻塞赋值与阻塞赋值方式的主要区别。

非阻塞（non-blocking）赋值方式(b<=a)：b 的值被赋成新值 a 的操作，并不是立刻完成的，而是在块结束时才完成；块内的多条赋值语句在块结束时同时赋值；硬件有对应的电路。

阻塞（blocking）赋值方式(b=a)：b 的值立刻被赋成新值 a；完成该赋值语句后才能执行下一句的操作；硬件没有对应的电路，因而综合结果未知。

（3）块语句

用来将两条或多条语句组合在一起，使其在格式上更像一条语句，以增强程序的可读性。

块语句有两种：

begin-end 语句——标识顺序执行的语句。

fork-join 语句——标识并行执行的语句。

① 顺序块：用 begin-end 标识的块。

顺序块特点：块内的语句是顺序执行的；每条语句的延迟时间是相对于前一条语句的仿真时间而言的；直到最后一条语句执行完，程序流程控制才跳出该顺序块。

顺序块的格式：

```
begin
     语句 1;
     语句 2;
       …
     语句n ;
end
```

或：

```
begin :块名
       块内声明语句;
       语句 1;
```

```
        语句 2;
          …
        语句n ;
end
```

注：块内声明语句可以是参数声明语句、reg 型变量声明语句、integer 型变量声明语句、real 型变量声明语句。

举例：

【例 3-9】
```
begin
      b=a;
      c=b;                  //c 的值为 a 的值
end
```

【例 3-10】
```
begin
      b=a;
      #10 c=b;             //在两条赋值语句间延迟 10 个时间单位
end
```

注：这里标识符“#”表示延迟；在模块调用中“#”表示参数的传递。

【例 3-11】 用顺序块和延迟控制组合产生一个时序波形。

```
parameter d=50;
        reg[7:0] r;
          begin                              //由一系列延迟产生的波形
                # d  r='h35;
                # d  r='hE2;
                # d  r='h00;
                # d  r='hF7;
                # d  -> end_wave;       //触发事件 end_wave
        end
```

注：每条语句的延迟时间 d 是相对于前一条语句的仿真时间而言的。

② 并行块：用 fork-join 标识的块。

并行块的特点：块内的语句是同时执行的；块内每条语句的延迟时间是相对于程序流程控制进入到块内时的仿真时间而言的；延迟时间用于给赋值语句提供时序；当按时间排序执行完最后的语句或执行一条 disable 语句时，程序流程控制跳出该并行块。需要注意的是 fork-join 语句是不可综合的。

并行块的格式：

```
fork
     语句 1;
     语句 2;
       …
     语句n ;
join
```

或：

```
fork :块名
     块内声明语句;
     语句 1;
```

```
      语句 2;
        …
      语句n ;
join
```

注：块内声明语句可以是参数声明语句、reg 型变量声明语句、integer 型变量声明语句、real 型变量声明语句、time 型变量声明语句和事件（event）说明语句。

【例 3-12】 用并行块和延迟控制组合产生一个时序波形。

```
reg[7:0] r;
          fork                          //由一系列延迟产生的波形
              # 50   r='h35;
              # 100  r='hE2;
              # 150  r='h00;
              # 200  r='hF7;
              # 250  -> end_wave;//触发事件 end_wave
          join
```

例 3-12 产生的波形与例 3-11 完全相同。

注：在 fork-join 块内，各条语句不必按顺序给出；但为了增强可读性，最好按被执行的顺序书写。

3.7 条件语句

条件语句分为两种：if-else 语句和 case 语句。它们都是顺序语句，应放在“always”块内。

（1） if-else 语句

判定所给条件是否满足，根据判定的结果（真或假）决定执行给出的两种操作之一。

if-else 语句有 3 种形式：

```
形式 1:if(表达式)  语句 1;
形式 2:if(表达式 1)  语句 1;
      else  语句 2;
形式 3:if(表达式 1)语句 1;
      else if(表达式 2)  语句 2;
        …
      else if(表达式 n)  语句n ;
```

其中，“表达式”为逻辑表达式或关系表达式，或一位的变量。若表达式的值为 0 或 z，则判定的结果为“假”；若为 1，则结果为“真”。语句可为单句，也可为多句；多句时一定要用“begin-end”语句括起来，形成一段复合块语句。

允许一定形式的表达式简写方式，如：if(expression) 等同于 if(expression==1)；if(! expression) 等同于 if(expression ! =1)。

if 语句可以嵌套；若 if 与 else 的数目不一样，注意用“begin-end”语句来确定 if 与 else 的配对关系。

if 语句的嵌套举例 1：

```
if (表达式 1)
   if(表达式 2)     语句 1;
```

```
    else            语句 2;
  else
    if(表达式 3)    语句 3;
    else            语句 4;
```

if 语句的嵌套举例 2：

```
  if (表达式 1)
    begin
      if(表达式 2)语句 1;
    end
  else
    语句 2;
```

（2）case 语句

case 语句是多分支语句，当敏感表达式取不同的值时，执行不同的语句。对同一个控制信号取不同的值时，输出取不同的值。

case 语句的功能：当某个（控制）信号取不同的值时，对另一个（输出）信号赋予不同的值。常用于多条件译码电路（如译码器、数据选择器、状态机、微处理器的指令译码）。

case 语句有 3 种形式：case，casez，casex。

① case 语句。格式如下：

```
case (敏感表达式)
    值 1:语句 1;
    值 2:语句 2;
      …
    值n :语句n ;
    default:语句n +1;
endcase
```

说明：“敏感表达式”又称为“控制表达式”，通常表示为控制信号的某些位。值 1～值 n 称为分支表达式，用控制信号的具体状态值表示，因此又称之为常量表达式。default 项可有可无，一条 case 语句中只能有一个 default 项。值 1～值 n 必须互不相同，否则矛盾。值 1～值 n 的位宽必须相等，且与控制表达式的位宽相等。

② casez 与 casex 语句。casez 与 casex 语句是 case 语句的两种变体。在 case 语句中，分支表达式每一位的值都是确定的（或者为 0，或者为 1）；在 casez 语句中，若分支表达式某些位的值为高阻值 z，则不考虑对这些位的比较；在 casex 语句中，若分支表达式某些位的值为 z 或不定值 x，则不考虑对这些位的比较。在分支表达式中，可用“?”来标识 x 或 z。

【例 3-13】 用 casez 描述的数据选择器。

```
module mux_z(out,a,b,c,d,select);
        output out;
        input a,b,c,d;
        input[3:0] select;
        reg out;//必须声明
        always@ (select[3:0] or a or b or c or d)
        begin
              casez (select)
                    4'b???1:out=a;
                    4'b??1?:out=b;
```

```
                4'b?1??:out=c;
                4'b1???:out=d;
            endcase
        end
endmodule
```

（3）使用条件语句注意事项

应注意列出所有条件分支，否则当条件不满足时，编译器会生成一个锁存器，保持原值不变，这一点可用于设计时序电路，如计数器；条件满足时加 1。而在组合电路设计中，应避免生成隐含锁存器。有效的方法是在 if 语句最后写上 else 项；在 case 语句最后写上 default 项。

① 正确使用 if 语句。

下列代码生成了不想要的锁存器：

```
always@ (al or d)
  begin
       if(al)  q<=d;
  end
```

当 al 为 0 时，q 保持原值。

下列代码不会生成锁存器，而是生成一个数据选择器：

```
always@ (al or d)
   begin
        if(al)    q<=d;
        else      q<=0;
end
```

② 正确使用 case 语句。

下列代码生成了不想要的锁存器：

```
always@ (sel[1:0] or a or b)
    case(sel[1:0])
         2'b00:q<=a;
         2'b11:q<=b;
    endcase
```

当 sel 为 00 或 11 以外的值时，q 保持原值。

下列代码不会生成锁存器，而是生成一个数据选择器：

```
always@ (sel[1:0] or a or b)
    case(sel[1:0])
         2'b00:q<=a;
         2'b11:q<=b;
         default:q<='b0;
    endcase
```

避免生成锁存器的原则：如果用到 if 语句，最好写上 else 项；如果用到 case 语句，最好写上 default 项。

3.8 循环语句

循环语句分为 4 种：for 语句、repeat 语句、while 语句、forever 语句。

for 语句：通过 3 个步骤来决定语句的循环执行。

① 给控制循环次数的变量赋初值。

② 判定循环执行条件，若为假，则跳出循环；若为真，则执行指定的语句后，转到第③步。

③ 修改循环变量的值，返回第②步。

repeat 语句：连续执行一条或多条语句 n 次。

while 语句：执行一条语句，直到循环执行条件不满足；若一开始条件就不满足，则该语句一次也不执行。

forever 语句：无限连续地执行语句，可用 disable 语句中断。

（1） for 语句

一般形式：for（表达式 1；表达式 2；表达式 3）语句

简单应用形式：for（循环变量赋初值；循环执行条件；循环变量增值）执行语句

相当于采用 while 语句建立的循环结构：

```
begin
  循环变量赋初值;
  while(循环执行条件)
    begin
      <执行语句>
      循环变量增值;
    end
end
```

for 语句比 while 语句简洁。

【例 3-14】 用 for 语句描述的 7 人投票表决器：若超过 4 人（含 4 人）投赞成票，则表决通过。

```
module  vote7(pass,vote);
        output pass;
        input [6:0] vote;
        reg[2:0] sum;                          //sum 为 reg 型变量,用于统计赞成的人数
        integer i;
        reg pass;
        always @ (vote)
            begin
                sum=0;                         //sum 初值为 0
                for(i=0;i<=6;i=i+1)            //for 语句
                    if(vote[i])     sum=sum+1; //只要有人投赞成票,则 sum 加 1
                    if(sum[2])      pass=1;    //若超过 4 人赞成,则表决通过
                    else            pass=0;
            end
endmodule
```

【例 3-15】 用 for 语句初始化 memory。

```
begin:init_mem
      reg[7:0] tempi;        //存储器的地址变量
      for(tempi=0;tempi<memsize;tempi=tempi+1)
          memory[tempi]=0;
end
```

注：当执行语句有多条时，可用 begin-end 语句将其括起来。

（2）repeat 语句

repeat 语句连续执行一条或多条语句 n 次。格式如下：

```
repeat(循环次数表达式)语句
```

或：

```
repeat(循环次数表达式)
   begin
     语句 1;
     语句 2
       …
     语句n
   end
```

注意：只有部分综合工具可以综合此语句。

（3）while 和 forever 语句

① while 语句。while 语句有条件地执行一条或多条语句。首先判断循环执行条件表达式是否为真，若为真，则执行后面的语句或语句块；然后再判断循环执行条件表达式是否为真，若为真，再执行一次后面的语句；如此不断，直到条件表达式不为真。while 语句的格式如下：

```
while(循环执行条件表达式)语句
```

或：

```
while(循环执行条件表达式)
  begin
    …
  end
```

注 1：首先判断循环执行条件表达式是否为真，若不为真，则其后的语句一次也不被执行。

注 2：在执行语句中，必须有一条改变循环执行条件表达式的值的语句。

注 3：while 语句只有当循环块由事件控制［即@（posedge clock）］时才可综合。

【例 3-16】 用 while 语句对一个 8 位二进制数中值为 1 的位进行计数。

```
module  count1s_while(count,rega,clk);
        output[3:0] count;
        input [7:0] rega;
        input clk;
        reg[3:0] count;
        always @ (posedge clk)
           begin:count1
               reg[7:0] tempreg;              //用作循环执行条件表达式
               count=0;                       //count 初值为 0
               tempreg=rega;                  //tempreg 初值为 rega
               while(tempreg)                 //若 tempreg 非 0,则执行以下语句
                   begin
                       if(tempreg[0])  count=count+1;
                                              //只要 tempreg 最低位为 1,则 count 加 1
                       tempreg=tempreg >> 1; //右移 1 位
                   end
```

```
        end
endmodule
```

② forever 语句。forever 语句无条件连续执行 forever 后面的语句或语句块。一般情况下是不可综合的，常用在测试文件中。forever 语句的格式如下：

```
forever 语句
```

或：

```
forever
   begin
       …
   end
```

forever 语句常用在测试模块中产生周期性的波形，作为仿真激励信号。常用 disable 语句跳出循环。

注：不同于 always 语句，其不能独立写在程序中，一般用在 initial 语句块中。例如：

```
initial
    begin :Clocking
          clk=0;
          #10 forever #10 clk=! clk;
    end
initial
    begin:Stimulus
          …
          disable Clocking;//停止时钟
    end
```

3.9 结构说明语句

结构说明语句分为 4 种：initial 说明语句，只执行一次；always 说明语句，不断重复执行，直到仿真结束；task 说明语句，可在程序模块中的一处或多处调用；function 说明语句，可在程序模块中的一处或多处调用。

（1） always 块语句

包含一条或一条以上的声明语句（如过程赋值语句、任务调用语句、条件语句和循环语句等），在仿真运行的全过程中，在定时控制下被反复执行。

规则：在 always 块中被赋值的只能是 register 型变量（如 reg，integer，real，time）。每个 always 块在仿真一开始便开始执行，当执行完块中最后一条语句，继续从 always 块的开头执行。

格式：

```
always <时序控制> <语句>
```

注 1：如果 always 块中包含一条以上的语句，则这些语句必须放在 begin-end 或 fork-join 块中。例如：

```
always @ (posedge clk or negedge clear)
    begin
        if(!clear)  qout=0;  //异步清零
        else        qout=1;
    end
```

注 2：always 语句必须与一定的时序控制结合在一起才有用。如果没有时序控制，则易形成仿真死锁。

【例 3-17】 生成一个 0 延迟的无限循环跳变过程，形成仿真死锁。

```
always  areg=～areg;
```

always 块语句模板：

```
always@ (<敏感信号表达式>)
  begin
  //过程赋值语句
  //if 语句
  //case 语句
  //while,repeat,for 循环
  //task,function 调用
  end
```

敏感信号表达式又称事件表达式或敏感表，当其值改变时，则执行一遍块内语句；在敏感信号表达式中应列出影响块内取值的所有信号。敏感信号可以为单个信号，也可以为多个信号，中间需用关键字 or 连接。敏感信号不能为 x 或 z，否则会阻挡进程。

注意：一个变量不能在多个 always 块中被赋值。always 的时间控制可以为沿触发（常用于描述时序逻辑），也可以为电平触发（常用于描述组合逻辑）。关键字 posedge 表示上升沿；negedge 表示下降沿。

【例 3-18】 由两个沿触发的 always 块。

```
always@ (posedge clock or posedge reset)
   begin
     …
   end
```

【例 3-19】 由多个电平触发的 always 块。

```
always@ (a or b or c)
   begin
     …
   end
```

可综合性问题：always 块语句是用于综合过程的最有用的语句之一，但又常常是不可综合的。为得到最好的综合结果，always 块语句应严格按以下模板来编写：

模板 1：

```
always @ (Inputs)                        //所有输入信号必须列出,用 or 隔开
   begin
     …                                   //组合逻辑关系
   end
```

模板 2：

```
always @ (Inputs)                        //所有输入信号必须列出,用 or 隔开
   if(Enable)
      begin
         …                               //锁存动作
      end
```

模板 3：

```
always @ (posedge Clock)                     //Clock only
   begin
        …                                    //同步动作
   end
```

模板 4：

```
always @ (posedge Clock or negedge Reset)    //Clock and Reset only
   begin
      if(! Reset)                            //测试异步复位电平是否有效
          …                                  //异步动作
      else
          …                                  //同步动作
   end                                       //可产生触发器和组合逻辑
```

注意事项：

① 当 always 块有多个敏感信号时，一定要采用 if-else if 语句，而不能采用并列的 if 语句，否则会造成一个寄存器由多个时钟驱动，出现编译错误。例如：

```
always @  (posedge min_clk or negedge reset)
   begin
      if(reset)
         min<=0;
      else if(min=8'h59)//当 reset 无效且 min=8'h59 时
         begin
              min<=0;h_clk<=1;
         end
   end
```

② 通常采用异步清零。只有在时钟周期很小或清零信号为电平信号时（容易捕捉到清零信号）采用同步清零。

（2） initial 语句

格式：

```
initial
  begin
    语句 1;
    语句 2;
      …
    语句 n;
  end
```

用途：在仿真的初始状态对各变量进行初始化；在测试文件中生成激励波形作为电路的仿真信号。

【例 3-20】 利用 initial 语句生成激励波形。

```
initial
    begin
          inputs='b000000;
          #10 inputs='b011001;
```

```
        #10 inputs='b011011;
        #10 inputs='b011000;
        #10 inputs='b001000;
    end
```

【例 3-21】 对各变量进行初始化。

```
parameter size=16;
reg[3:0]addr;
reg reg1;
reg[7:0] memory[0:15];
initial
    begin
        reg1=0;
        for(addr=0;addr<size;addr=addr+1);
            memory[addr]=0;
    end
```

注意：initial 语句不可综合，只能用在测试文件中。

（3）task 和 function 语句

task 和 function 语句分别用来由用户定义任务和函数。任务和函数往往是大的程序模块中在不同地点多次用到的、相同的程序段。利用任务和函数可将一个很大的程序模块分解为许多较小的任务和函数，以便于理解和调试。输入、输出和总线信号的值可以传入、传出任务和函数。

① 任务（task）。当希望能够对一些信号进行运算并输出多个结果（即有多个输出变量）时，宜采用任务结构。

常常利用任务来帮助实现结构化的模块设计，将批量的操作以任务的形式独立出来，使设计简单明了。

注意：包含定时控制语句的任务是不可综合的。

任务定义格式：

```
task <任务名>;
  端口及数据类型声明语句;
  其他语句;
endtask
```

任务调用格式：

```
<任务名>(端口 1,端口 2,…);
```

注 1：任务的定义与调用必须在一个 module 模块内。

注 2：任务被调用时，需列出端口名列表，且必须与任务定义中的 I/O 变量一一对应。

注 3：一个任务可以调用其他任务和函数。

【例 3-22】 任务的定义与调用。

任务定义：

```
task my_task;
     input a,b;
     inout c;
     output d,e;
       …
     <语句>        //执行任务工作相应的语句
       …
```

```
    c=foo1;
    d=foo2;       //对任务的输出变量赋值
    e=foo3;
endtask
```

任务调用：

```
my_task(v,w,x,y,z);
```

当任务启动时，由 v、w 和 x 传入的变量赋给了 a、b 和 c；当任务完成后，输出通过 c、d 和 e 赋给了 x、y 和 z。

② 函数（function）。函数的目的是通过返回一个用于某表达式的值，来响应输入信号。适于对不同变量采取同一运算的操作。函数通常是可以综合的。

函数在模块内部定义，通常在本模块中调用，也能根据按模块层次分级命名的函数名在其他模块调用。而任务只能在同一模块内定义与调用。

函数定义格式：

```
function <返回值位宽或类型说明> 函数名;
  端口声明;
  局部变量定义;
  其他语句;
endfunction
```

注 1：如默认返回值位宽或类型说明，则返回 1 位 reg 型数据。

函数调用格式：

```
<函数名>(<表达式> <表达式>)
```

注 2：上式中的表达式与函数定义中的输入变量对应。

注 3：函数的调用是通过将函数作为调用函数的表达式中的操作数来实现的。

```
function[7:0] gefun;               //函数的定义
     input [7:0] x;
         …
     <语句>                         //进行运算
     gefun=count;                  //赋值语句
endfunction
assign number=gefun(rega);         //对函数的调用
```

注 4：函数在综合时被理解成具有独立运算功能的电路，每调用一次函数，相当于改变此电路的输入，以得到相应的计算结果。

函数的使用规则：函数的定义不能包含任何时间控制语句——用延迟＃、事件控制@或等待 wait 标识的语句。函数不能启动（即调用）任务。定义函数时至少要有一个输入参量，且不能有任何输出或输入/输出双向变量。在函数的定义中必须有一条赋值语句，对函数中的一个内部寄存器赋以函数的结果值，该内部寄存器与函数同名。函数名被赋予的值就是函数的返回值。任务与函数的区别见表 3-6。

表 3-6　任务与函数的区别

项目	任务(task)	函数(function)
目的或用途	可计算多个结果值	通过返回一个值来响应输入信号

续表

项目	任务(task)	函数(function)
输入与输出	可为各种类型(包括 inout 型)	至少有一个输入变量,但不能有任何 output 或 inout 型变量
被调用	只能在过程赋值语句中调用,不能在连续赋值语句中调用	可作为表达式中的一个操作数来调用,在过程赋值语句和连续赋值语句中均可调用
调用其他任务和函数	任务可调用其他任务和函数	函数可调用其他函数,但不可调用任务
返回值	不向表达式返回值	向调用它的表达式返回一个值

3.10 编译预处理语句

"编译预处理"是 Verilog HDL 编译系统的一个组成部分。编译预处理语句以西文符号"\`"开头(注意,不是单引号"'")。

在编译时,编译系统先对编译预处理语句进行预处理,然后将处理结果和源程序一起进行编译。

(1) \`define 语句

宏定义语句:用一个指定的标志符(即宏名)来代表一个字符串(即宏内容)。

格式:

```
`define 标志符(即宏名)字符串(即宏内容)
```

如 \`define IN ina+inb+inc+ind

宏展开:在编译预处理时将宏名替换为字符串的过程。

宏定义的作用:以一个简单的名字代替一个长的字符串或复杂表达式;以一个有含义的名字代替没有含义的数字和符号。

关于宏定义的说明:宏名可以用大写字母,也可以用小写字母表示,但建议用大写字母,以与变量名区别。\`define 语句可以写在模块定义的外面或里面。宏名的有效范围为定义命令之后,到源文件结束。在引用已定义的宏名时,必须在其前面加上符号"\`"。使用宏名代替一个字符串,可简化书写,便于记忆,易于修改。预处理时只是将程序中的宏名替换为字符串,不管含义是否正确,只有在编译宏展开后的源程序时才会报错。宏名和宏内容必须在同一行中进行声明。

注意:宏定义语句不是 Verilog HDL 语句,不必在行末加分号;如果加了分号,会连分号一起置换。

【例 3-23】 module test;

```
reg  a,b,c,d,e,out;
`define expression a+b+c+d;
assign out= `expression+e;
```

经过宏展开后,assign 语句为:

```
assign out=a+b+c+d;+e;     //出现语法错误。
```

在进行宏定义时,可引用已定义的宏名,实现层层置换。

【例 3-24】 module test;

```
reg a,b,c;
wire out;
`define aa a+b
```

```
`define cc c+ `aa        //引用已定义的宏名 `aa 来定义宏 cc
assign out= `cc;
```

经过宏展开后，assign 语句为：

```
assign out=c+a+b;
```

（2）`include 语句

文件包含语句：一个源文件可将另一个源文件的全部内容包含进来。

格式：

```
`include "文件名"
```

含义：将文件名所代表的文件中的全部内容复制插入该命令出现的地方。

使用 `include 语句的好处：避免程序设计人员的重复劳动，不必将源代码复制到自己的另一个源文件中，使源文件显得简洁。①可以将一些常用的宏定义命令或任务（task）组成一个文件，然后用 `include 语句将该文件包含到自己的另一个源文件中，相当于将工业上的标准元件拿来使用。②当某几个源文件经常需要被其他源文件调用时，则在其他源文件中用 `include 语句将所需源文件包含进来。

关于文件包含的说明：一条 `include 语句只能指定一个被包含的文件；若要包含 $n$ 个文件，需用 $n$ 条 `include 语句；`include 语句可出现在源程序的任何地方；若被包含的文件与包含文件不在同一子目录下，必须指明其路径；可将多条 `include 语句写在一行，在该行中，只可出现空格和注释行；文件包含允许嵌套。

例如：

```
`include "aaa.v" "bbb.v"//非法!
`include "aaa.v"
`include "bbb.v"//合法!
`include "parts/count.v"//合法!
`include "aaa.v" `include "bbb.v"//合法!
```

（3）`timescale 语句

时间尺度语句：用于定义跟在该命令后模块的时间单位和时间精度。

格式：

```
`timescale <时间单位>/<时间精度>
```

时间单位：用于定义模块中仿真时间和延迟时间的基准单位。

时间精度：用来声明该模块的仿真时间和延迟时间的精确程度。

在同一程序设计中，可以包含采用不同时间单位的模块，此时用最小的时间精度值决定仿真的时间单位。

时间精度至少要和时间单位一样精确，时间精度值不能大于时间单位值。

```
`timescale 1ps/1ns        //非法!
`timescale 1ns/1ps        //合法!
```

在 `timescale 语句中，用来说明时间单位和时间精度参量值的数字必须是整数。其有效数字为 1、10、100；单位为秒（s）、毫秒（ms）、微秒（μs）、纳秒（ns）、皮秒（ps）、飞秒（fs）。

【例 3-25】 `timescale 语句应用举例。

```
`timescale 10ns/1ns  //时间单位为 10ns,时间精度为 1ns
```

```
reg  sel;
   initial
     begin
           #10 sel=0;  //在 10ns ×10 时刻,sel 变量被赋值为 0
           #10 sel=1;  //在 10ns ×20 时刻,sel 变量被赋值为 1
     end
```

3.11 语句的顺序执行与并行执行

（1）语句的顺序执行

在 always 模块内，按书写的顺序执行语句。顺序语句——always 模块内的语句。

在 always 模块内，若随意颠倒赋值语句的书写顺序，可能导致不同的结果（见例 3-26 和例 3-27）。注意阻塞赋值语句，当本语句结束时即完成了赋值操作。

【例 3-26】 顺序执行模块 1。

```
module serial1(q,a,clk);
     output q,a;
     input clk;
     reg q,a;
     always @ (posedge clk)
        begin
              q=~q;//阻塞赋值语句
              a=~q;
        end
endmodule
```

a 和 q 的波形反相。

【例 3-27】 顺序执行模块 2。

```
module serial2(q,a,clk);
     output q,a;
     input clk;
     reg q,a;
     always @ (posedge clk)
        begin
              a=~q;
              q=~q;
        end
endmodule
```

a 和 q 的波形完全相同。

（2）语句的并行执行

always 模块、assign 语句、实例元件都是同时（即并行）执行的，它们在程序中的先后顺序对结果并没有影响。

例 3-28 和例 3-29 将两条赋值语句分别放在两个 always 模块中，尽管两个 always 模块顺序相反，但仿真波形完全相同。

【例 3-28】 并行执行模块 1。

```
module parall1(q,a,clk);
```

```
    output q,a;
    input clk;
    reg q,a;
    always @ (posedge clk)
       begin
           q=~q;
       end
    always @ (posedge clk)
       begin
           a=~q;
       end
endmodule
```

【例 3-29】 并行执行模块 2。

```
module paral12(q,a,clk);
    output q,a;
    input clk;
    reg q,a;
    always @ (posedge clk)
       begin
           a=~q;
       end
    always @ (posedge clk)
       begin
           q=~q;
       end
endmodule
```

3.12 不同抽象级别的 Verilog HDL 模型

一个复杂电路的完整 Verilog HDL 模型由若干个 Verilog HDL 模块构成，每个模块由若干个子模块构成，可分别用不同抽象级别的 Verilog HDL 描述。

在同一个 Verilog HDL 模块中可有系统级、算法级、RTL、门级、开关级五种级别的描述。

（1） Verilog HDL 的门级描述

门级描述即直接调用门原语进行逻辑的结构描述。

以门级为基础的结构描述所建立的硬件模型不仅是可仿真的，也是可综合的。

一个逻辑网络由许多逻辑门和开关组成，用逻辑门的模型来描述逻辑网络最直观。

门类型的关键字有 26 个，常用的有：not，and，nand，or，nor，xor，xnor，buf，bufif1，bufif0，notif1，notif0（各种三态门）等。

调用门原语的句法：

```
门类型关键字 <例化的门名称>(<端口列表>);
```

注 1：在端口列表中输出信号列在最前面。

注 2：门级描述不适于描述复杂的系统。

【例 3-30】 调用门原语实现 4 选 1 数据选择器。

首先根据逻辑功能画出电路结构图，如图 3-1 所示。

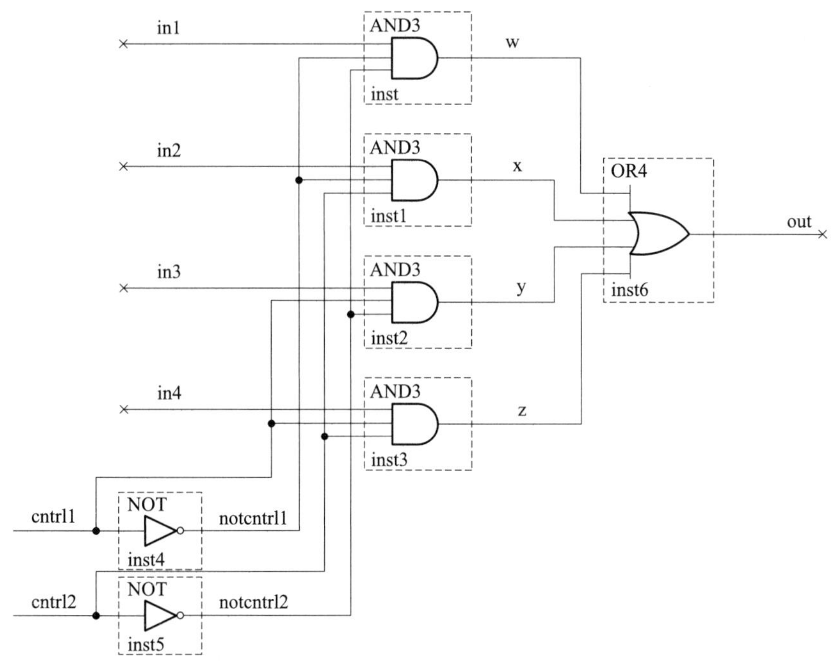

图 3-1　4 选 1 数据选择器电路结构图

然后根据电路结构图调用门原语实现 4 选 1 数据选择器，如图 3-2 所示。

```
//4_1 multiplexer using gate primitive.
module mymux (out, in1, in2, in3, in4, cntrl1, cntrl2);
        output  out;
        input   in1, in2, in3, in4, cntrl1, cntrl2;
        wire    notctrl1,notcntrl2,w,x,y,z;
        not(notcntrl1,cntrl1);
        not(notcntrl2,cntrl2);
        and(w,in1,notcntrl1,notcntrl2);
        and(x,in2,notcntrl1,cntrl2);
        and(y,in3,cntrl1,notcntrl2);
        and(z,in4,cntrl1,cntrl2);
        or(out,w,x,y,z);
endmodule
```

图 3-2　调用门原语实现 4 选 1 数据选择器

注意：上述代码中省略了所有的例化门元件名称。

（2） Verilog HDL 的行为级描述（包括系统级、算法级、RTL）

① 逻辑功能描述——算法级。

【例 3-31】 用逻辑表达式实现 4 选 1 数据选择器。

```
module mux4_1(out,in1,in2,in3,in4,cntrl1,cntrl2);
     output out;
     input in1,in2,in3,in4,cntrl1,cntrl2;
     assign out=(in1 & ~cntrl1 & ~cntrl2)|
                (in2 & ~cntrl1 & cntrl2)|
                (in3 & cntrl1 & ~cntrl2)|
                (in4 & cntrl1 & cntrl2);
endmodule
```

注：必须首先根据逻辑功能写出逻辑表达式。

② case 语句描述——系统级。只需知道输入与输出间的真值表，比调用门原语和采用逻辑功能描述都简洁。

【例 3-32】 用 case 语句描述 4 选 1 数据选择器。

```
module mux4_1(out,in1,in2,in3,in4,cntrl1,cntrl2);
      output out;
      input in1,in2,in3,in4,cntrl1,cntrl2;
      reg out;
      always @ (in1 or in2 or in3 or in4 or cntrl1 or cntrl2)
          case({cntrl1,cntrl2})
                2'b00:out=in1;
                2'b01:out=in2;
                2'b10:out=in3;
                2'b11:out=in4;
                default:out=1'bx;
          endcase
endmodule
```

注意：case 语句应放在 always 块内。

③ 条件运算符描述——算法级。只需知道输入与输出间的真值表。

【例 3-33】 用条件运算符描述 4 选 1 数据选择器。

```
module mux4_1(out,in1,in2,in3,in4,cntrl1,cntrl2);
      output out;
      input in1,in2,in3,in4,cntrl1,cntrl2;
      assign out=cntrl1? (cntrl2? in4:in3):(cntrl2? in2:in1);
endmodule
```

注：比调用门原语、采用逻辑表达式或 case 语句描述代码更简单，但也更抽象，且耗用器件资源更多。

综上所述，采用的描述级别越高，设计越容易，程序代码越简单，但耗用器件资源更多。对特定综合器，可能无法将某些抽象级别高的描述转化为电路。基于门级描述的硬件模型，不仅可以仿真，而且可综合，且系统速度快。所有 Verilog HDL 编译软件只是支持该语言的一个子集。尽量采用编译软件支持的语句来描述设计，或多个软件配合使用。一般用算法级（写出逻辑表达式）或 RTL 来描述逻辑功能，尽量避免使用门级描述，除非对系统速度要求比较高的场合。

① 采用什么描述级别更合适？

系统级描述太抽象，有时无法综合成具体的物理电路；门级描述要求根据逻辑功能画出逻辑电路图，对于复杂的数字系统很难做到；而算法级和 RTL 适中，代码不是很复杂，且一般容易综合成具体的物理电路，故建议尽量采用算法级和 RTL 来描述。

② 怎样减少器件逻辑资源的耗用？

当器件容量有限时，为减少器件逻辑资源的耗用，建议少用 if-else 语句和 case 语句，尽量直接使用逻辑表达式来描述系统的逻辑功能，或者用 case 语句取代 if-else 语句。

3.13 设计技巧

① 在进行设计前，一定要仔细分析并熟悉所需设计电路或系统的整个工作过程，合理

划分功能模块，并弄清每个模块输入和输出间的逻辑关系。

② 在调试过程中，仔细阅读并理解错误信息，随时查阅教材和课件上有关语法，纠正语法错误。

③ 一个变量不能在多个 always 块中被赋值，否则编译不能通过。当某个变量有多个触发条件时，最好将它们放在一个 always 块中，并用 if-else 语句描述在不同触发条件下应执行的操作。

④ 在 always 块语句中，当敏感信号为两个以上的时钟边沿触发信号时，应注意不要使用多个 if 语句，以免因逻辑关系描述不清晰而导致编译错误。

【例 3-34】 在数码管扫描显示电路中，设计一个中间变量，将脉冲信号 start 转变为电平信号 enable。

```
always@ (posedge start or posedge reset)
    if(reset)enable <=0;
    if(start)enable<=1;
```

编译后出现了多条警告信息，指明在语句“always @ （posedge start or posedge reset）”中，变量 enable 不能被分配新的值。

正确的写法：

```
always@ (posedge start or posedge reset)
    if(reset)enable <=0;
    else enable<=1;
```

语句“else enable<=1;”隐含了 reset 无效且 start 有效的意思，因此与“else if （start） enable<=1;”效果一样。

⑤ 当输出信号为总线信号时，一定要在 I/O 说明中指明其位宽，否则在生成逻辑符号时，输出信号会被误认为是单个信号。没有标明位宽，就不会将输出信号当成总线信号。

【例 3-35】 声明一个位宽为 5 的输出信号 run _ cnt，其类型为 reg 型变量。

错误的写法：

```
output run_cnt;
reg[4:0]run_cnt;
```

正确的写法：

```
output[4:0] run_cnt;  //这里一定要指明位宽!
reg[4:0]run_cnt;
```

⑥ 当要用到计数器时，一定要根据计数最大值事先计算好所需的位宽。若位宽不够，则计数器不能计数到设定的最大值；若将该计数器用作分频，则输出时钟始终为 0，所设计电路不能按预定功能正常工作。

【例 3-36】 某同学在做乐曲演奏电路实验时，对乐曲演奏子模块的仿真完全正确，high ［3：0］、mid ［3：0］、low ［3：0］ 都有输出，但下载时音名显示数码管始终为 000。

这主要是因为在分频子模块中 clk_4Hz 的分频用计数器 count_4 位宽设置不够，则 clk_4Hz 输出为 0，故音名显示数码管 high ［3：0］、mid ［3：0］、low ［3：0］ 输出始终为 0，电路不能正常工作。

错误的写法：

```
module f20MHz_to_6MHz_4Hz(clkin,clr,clk_6M,clk_4);
```

```
        input  clkin,clr;
        output  clk_6M,clk_4;
        reg  clk_6M,clk_4;
        reg[2:0]  count_6M;
        reg[15:0]  count_4;
        parameter  count_6M_width=3;
        parameter  count_4_width=5000000;
        always@ (posedge clkin or posedge clr)
            begin
                   if(clr)begin count_4=0;clk_4=0;end
                   else  begin
                           if(count_4==count_4_width-1)//此条件不可能满足!
                              begin count_4=0;clk_4=1;end
                           else begin count_4=count_4+1;clk_4=0;end
                         end
            end
endmodule
```

注意：$2^{23}=8388608$，故计数器位宽应为 23，应写为 [22：0]。若写成 [15：0]，则 clk_4 一直为 0，下载后数码管显示一直为 0，扬声器一直是一个音调。

⑦ 注意程序书写规范：语句应注意缩进，if-else 语句注意对齐，应添加必要的注释。

⑧ 注意区分阻塞赋值和非阻塞赋值。

在一个源程序中，要么都采用阻塞赋值语句，要么都采用非阻塞赋值语句，最好不要混合使用，否则可能导致逻辑关系出错。为易于综合，建议均采用非阻塞赋值语句。

本章习题

1. Verilog HDL 模型的抽象级别可分为哪五级？
2. Verilog HDL 具有哪些特点？
3. 简述 Verilog HDL 模块的基本结构。
4. Verilog HDL 有哪些运算符？简述每种运算符的定义。
5. 简述非阻塞赋值与阻塞赋值的区别。
6. 简述 begin-end 语句和 fork-join 语句的特点。
7. 简述 if-else 语句的定义及格式。
8. 简述 case 语句的定义及格式。
9. 简述 for 语句的定义及格式。
10. 简述 repeat 语句的定义及格式。
11. 简述 while 语句的定义及格式。
12. 简述 forever 语句的定义及格式。
13. 简述 always 语句的定义、格式、适用场合及注意事项。
14. 简述 initial 语句的定义、格式、适用场合及注意事项。
15. 简述 task 语句的定义、格式、适用场合及注意事项。
16. 简述 function 语句的定义、格式、适用场合及注意事项。
17. 简述 `define 语句的作用及格式。
18. 简述 `include 语句的作用及格式。
19. 简述 `timescale 语句的作用及格式。

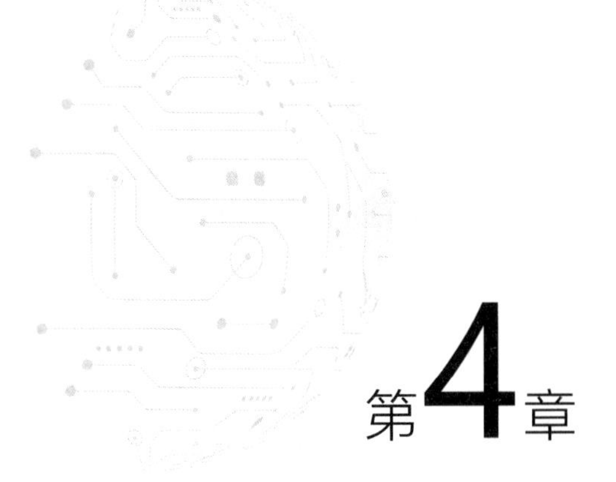

第4章 基于Verilog HDL的逻辑设计方法

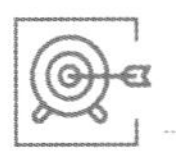

本章学习目标

熟练掌握利用 Verilog HDL 对基本组合电路、基本时序电路、同步状态机进行设计的方法；掌握复杂数字集成电路系统的设计方法，能够基于 Verilog HDL 设计复杂数字集成电路的可综合的 RTL 模型。

本章内容思维导图

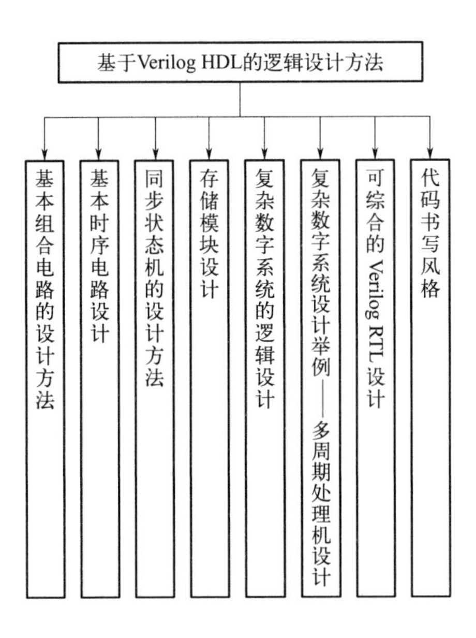

本章介绍利用 Verilog HDL 进行逻辑电路设计的方法，主要内容包括基本组合电路的设计方法、基本时序电路的设计方法、同步状态机的设计方法、存储模块的设计方法、复杂数字系统的逻辑设计方法、设计实例——多周期处理机设计、可综合的 Verilog RTL 设计方法、Verilog 代码书写风格等。

4.1 基本组合电路的设计方法

组合电路的输出可以表达为瞬间输入信号的布尔函数形式，组合电路不包含反馈结构。通常，布尔函数可表示为“积之和”或“和之积”的形式，可以用两级与-或逻辑电路实现。常用的组合逻辑电路优化方法包括：卡诺图法、代数化简法、EDA 工具自动优化法。利用 Verilog HDL 进行组合逻辑建模的方法包括以下几种。

① 结构化建模：实例化基本逻辑门。

② 数据流建模：使用 assign 连续赋值语句。

③ 行为建模：使用电平敏感控制的 always 结构。

下面给出常用的几种组合逻辑电路的 Verilog HDL 建模方法。

（1）多路选择器

多路选择器的功能是根据选择信号从多个输入信号中选择一个送到输出端。

【例 4-1】 试建立 4 选 1 多路选择器的 Verilog HDL 模型。

解：4 选 1 多路选择器的外框图如图 4-1 所示。

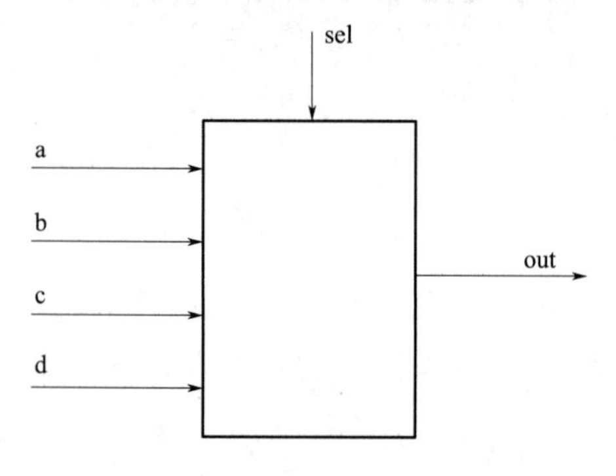

图 4-1　4 选 1 多路选择器的外框图

该 4 选 1 多路选择器的数据流模型如下：

```
module mux4_1(out,a,b,c,d,sel);
       output [7:0] out;
       input [7:0] a,b,c,d;
       input [1:0] sel;
       assign  out=(sel==0)? a:
                   (sel==1)? b:
                   (sel==2)? c:
                   (sel==3)? d:
                   8'bx;
endmodule
```

该 4 选 1 多路选择器的行为模型如下：

```
module mux4_1(out,a,b,c,d,sel);
       output [7:0] out;
       input [7:0] a,b,c,d;
       input [1:0] sel;
       reg[7:0] out;
       always @ (a or b or c or d or sel)
               case(sel)
                   0:out=a;
                   1:out=b;
```

```
                    2:out=c;
                    3:out=d;
                    deful t:out=8'bx;
                endcase
endmodule
```

带三态输出控制的 4 选 1 多路选择器的行为模型如下：

```
module mux4_1(out,a,b,c,d,sel,enable);
      output [7:0] out;
      input [7:0] a,b,c,d;
      input [1:0] sel;
      input enable;
      reg [7:0] temp;
      assign out=enable ? temp:8'bz;
      always @ (a or b or c or d or sel)
                case(sel)
                    0:temp=a;
                    1:temp=b;
                    2:temp=c;
                    3:temp=d;
                    deful t:out=8'bx;
                endcase
endmodule
```

（2）译码器

译码器功能：译码器有 n 个输入变量，2^n 个（或少于 2^n 个）输出，每个输出对应一种输入变量状态。当输入为某一组合时，对应的输出中仅有一个输出为“0”（或为“1”），其余输出均为“1”（或为“0”）。译码器的作用是把输入代码翻译成相应的控制电位，以实现代码所要求的操作。

图 4-2 给出了二输入四输出译码器的逻辑电路图和功能表。译码器中常设置“使能”控制端（$\overline{E}$），当该端为“1”时，译码器功能被禁止，此时所有输出均为“1”。使能端的一个主要功能是扩充输入变量数。图 4-3 所示是用两个三输入八输出译码器扩展成一个四输入十六输出译码器的实例。

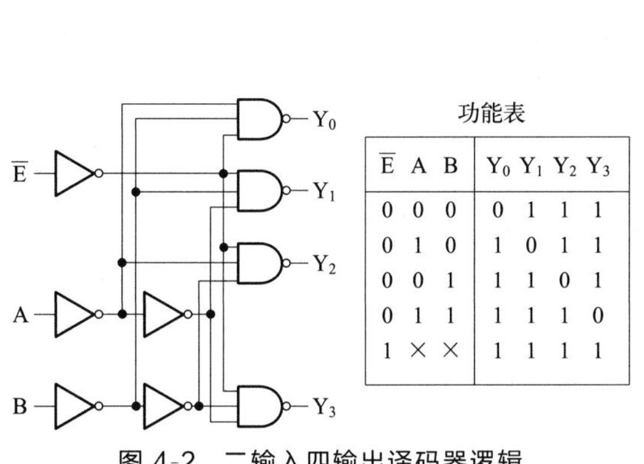

$\overline{E}$	A	B	Y_0	Y_1	Y_2	Y_3
0	0	0	0	1	1	1
0	1	0	1	0	1	1
0	0	1	1	1	0	1
0	1	1	1	1	1	0
1	×	×	1	1	1	1

图 4-2　二输入四输出译码器逻辑电路图及其功能表

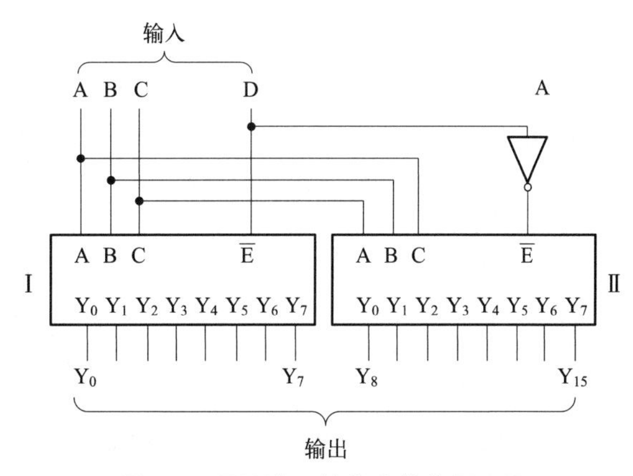

图 4-3　用两个三输入八输出译码器扩展成一个四输入十六输出译码器

【例 4-2】 试建立三输入八输出译码器的 Verilog HDL 行为模型。

解：

```
module  decoder3_8(data,code);
        output [7:0] data;
        input [2:0] code;
        always @ (code)
                case(code)
                        0:data=8'b0000_0001;
                        1:data=8'b0000_0010;
                        2:data=8'b0000_0100;
                        3:data=8'b0000_1000;
                        4:data=8'b0001_0000;
                        5:data=8'b0010_0000;
                        6:data=8'b0100_0000;
                        7:data=8'b1000_0000;
                        defult:data=8'bx;
                endcase
endmodule
```

（3）加法器

① 一位全加器设计。一位全加器的真值表、逻辑表达式和电路图如图 4-4 所示。

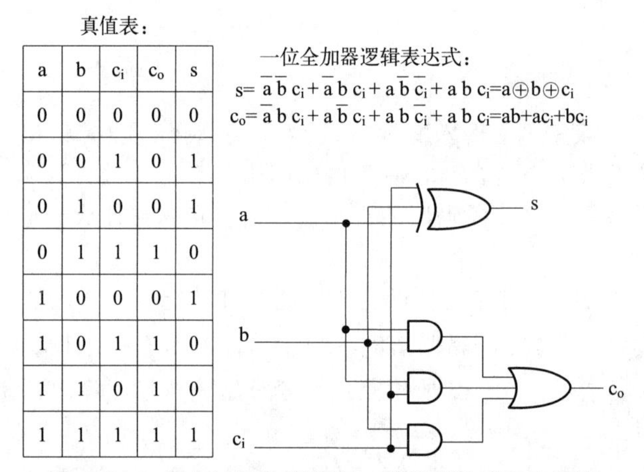

a	b	c_i	c_o	s
0	0	0	0	0
0	0	1	0	1
0	1	0	0	1
0	1	1	1	0
1	0	0	0	1
1	0	1	1	0
1	1	0	1	0
1	1	1	1	1

图 4-4 一位全加器的真值表、逻辑表达式和电路图

根据一位全加器的真值表，可以用 case 语句建立它的行为级模型；根据一位全加器的逻辑表达式，可以用 assign 语句建立其数据流模型；根据一位全加器的电路图，可以用实例化门元件的方法建立其结构化模型。上述三种一位全加器的 Verilog HDL 模型都是可以综合的。

② 多位串行加法器设计。将多个一位全加器的进位信号串行连接，就可以构成多位串行加法器，如图 4-5 所示。多位串行加法器中的每个全加器都有 2 级门的延迟时间，而高位加法运算要等到低位向高位的进位产生以后才能开始，故这种 n 位加法器有 $2n$ 级门的延迟时间。

③ 超前进位加法器。串行加法器完成一次加法所需时间较长，这是因为其位间进位是串行传送的，本位全加和必须等低位进位来到后才能进行，加法所需时间与位数有关。只有改变进位逐位传送的路径，才能提高加法器的工作速度。解决办法之一是采用“超前进位产

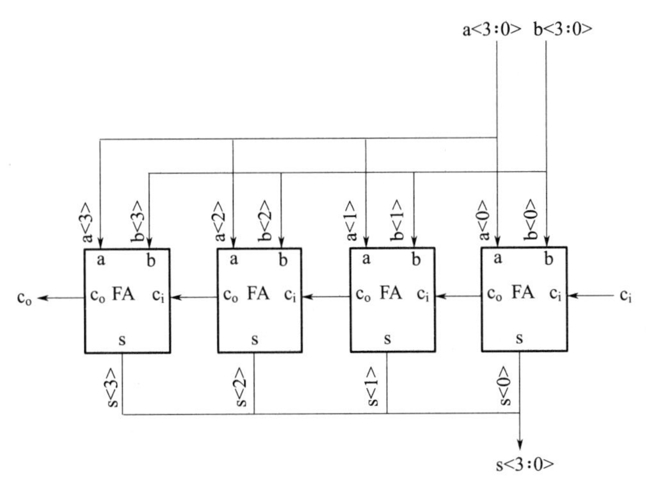

图 4-5　多位串行加法器电路图

生电路”来同时形成各位进位，从而实现快速加法。我们称这种加法器为超前进位加法器。

假设 X_i、Y_i 是第 i 位的被加数和加数，F_i 是第 i 位的和，C_i 是第 i 位产生的进位，C_{i-1} 是第 $i-1$ 位产生的进位。超前进位产生电路是根据各位进位的形成条件来实现的，只要满足下述两个条件中的任一个，就可形成 C_i：

① X_i、Y_i 均为“1”；

② X_i、Y_i 任一个为“1”，且进位 C_{i-1} 为“1”。

由此，可写得 C_i 的表达式为

$$C_i=X_iY_i+(X_i+Y_i)C_{i-1} \tag{4-1}$$

引入进位传递函数 P_i 和进位产生函数 G_i 的概念，定义为

$$P_i=X_i+Y_i \tag{4-2}$$

$$G_i=X_i\cdot Y_i \tag{4-3}$$

P_i 的意义是：当 X_i、Y_i 中有一个为“1”时，若有进位输入，则本位向高位传送进位，这个进位可看成是低位进位越过本位直接向高位传递的。G_i 的意义是：当 X_i、Y_i 均为“1”时，不管有无进位输入，定会产生向高位的进位。

将 P_i、G_i 代入式(4-1)，便可得

$$C_i=G_i+P_iC_{i-1} \tag{4-4}$$

反复应用式(4-4)，便可得

$$C_1=G_1+P_1C_0 \tag{4-5}$$

$$C_2=G_2+P_2G_1+P_2P_1C_0 \tag{4-6}$$

$$C_3=G_3+P_3G_2+P_3P_2G_1+P_3P_2P_1C_0 \tag{4-7}$$

$$C_4=G_4+P_4G_3+P_4P_3G_2+P_4P_3P_2G_1+P_4P_3P_2P_1C_0 \tag{4-8}$$

经过恒等变换可得

$$C_1=\overline{\overline{P_1}+\overline{G_1}\,\overline{C_0}} \tag{4-9}$$

$$C_2=\overline{\overline{P_2}+\overline{G_2}\,\overline{P_1}+\overline{G_2}\,\overline{G_1}\,\overline{C_0}} \tag{4-10}$$

$$C_3=\overline{\overline{P_3}+\overline{G_3}\,\overline{P_2}+\overline{G_3}\,\overline{G_2}\,\overline{P_1}+\overline{G_3}\,\overline{G_2}\,\overline{G_1}\,\overline{C_0}} \tag{4-11}$$

$$C_4=\overline{\overline{P_4}+\overline{G_4}\,\overline{P_3}+\overline{G_4}\,\overline{G_3}\,\overline{P_2}+\overline{G_4}\,\overline{G_3}\,\overline{G_2}\,\overline{P_1}+\overline{G_4}\,\overline{G_3}\,\overline{G_2}\,\overline{G_1}\,\overline{C_0}} \tag{4-12}$$

根据式(4-9)～式(4-12)，我们可以画出 4 位超前进位加法器的逻辑电路图，如图 4-6 所示。

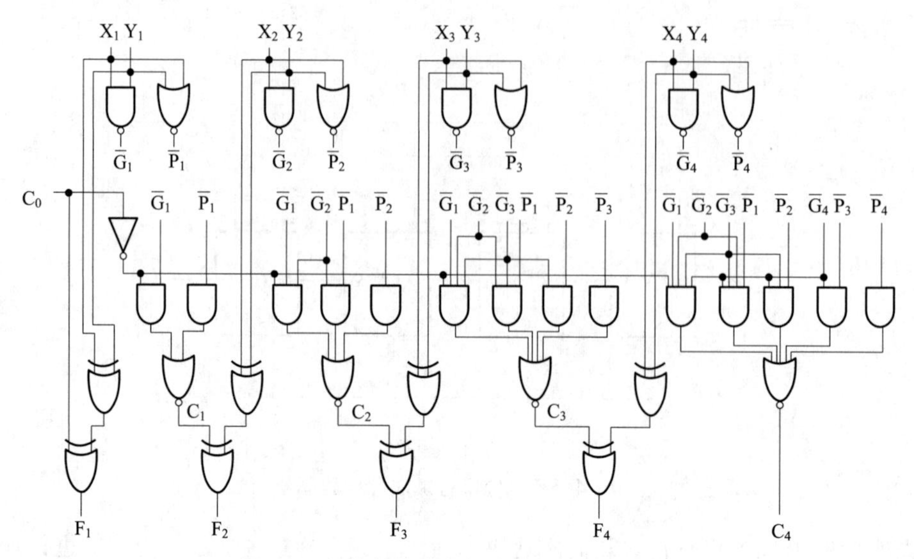

图 4-6 4 位超前进位加法器的逻辑电路图

根据式(4-9)～式(4-12) 或上述逻辑电路图，我们可以建立 4 位超前进位加法器的 Verilog HDL 模型。

```
module  adder_4(sum,c_out,a,b,c_in);
    output [3:0] sum;
    output c_out;
    input [3:0] a,b;
    input c_in;
    wire p0,g0,p1,g1,p2,g2,p3,g3;
    wire c1,c2,c3,c4;
    assign p0=a[0] | b[0];
    assign p1=a[1] | b[1];
    assign p2=a[2] | b[2];
    assign p3=a[3] | b[3];
    assign g0=a[0] & b[0];
    assign g1=a[1] & b[1];
    assign g2=a[2] & b[2];
    assign g3=a[3] & b[3];
    assign c1=g0 |(p0 & c_in);
    assign c2=g1 |(p1 & g0)|(p1 & p0 & c_in);
    assign c3=g2 |(p2 & g1)|(p2 & p1 & g0)|(p2 & p1 & p0 & c_in);
    assign c4=g3 |(p3 & g2)|(p3 & p2 & g1)|(p3 & p2 & p1 & g0)|
                     (p3 & p2 & p1 & p0 & c_in);
    assign sum[0]=a[0] ^ b[0] ^ c_in;
    assign sum[1]=a[1] ^ b[1] ^ c1;
    assign sum[2]=a[2] ^ b[2] ^ c2;
    assign sum[3]=a[3] ^ b[3] ^ c3;
    assign c_out=c4;
endmodule
```

4.2 基本时序电路设计

时序电路的输出不仅与当前的输入有关，而且与电路内部状态有关。在时序电路中，大部分应用系统是同步的，即电路工作时由一个公共的时钟信号有节奏地推进，每当时钟信号到来时（上升沿或下降沿），电路状态发生一次更新。同步系统在两次时钟脉冲之间保持状态的稳定，使得系统更具稳定性，便于设计、调试，所以占据系统的大部分。与同步系统相对应的是异步系统，在任何时刻多个信号到来时，状态都有可能发生变化。常见的时序电路有锁存器、D触发器、移位器、计数器等。

（1）锁存器

锁存器的功能：当使能信号有效时，锁存器输出完全跟随输入的变化而变化；无效时，输出信号保持原来的状态。

锁存器的数据流模型：

```
module latch(out,in,enable);
     output out;
     input in,enable;
     assign out=enable ? in:out;
endmodule
```

锁存器的行为模型：

```
module latch(out,in,enable);
    output out;
    input in,enable;
    reg out;
    always @ (in or enable)
            if(enable)out=in;
endmodule
```

带异步置位与复位逻辑的锁存器的行为模型：

```
module latch(q,enable,set,clr,d);
     input enable,d,set,clr;
     output q;
     reg q;
     always @ (enable or set or clr or d)
        begin
            if (set)
              q <=1;
            else if(clr)
              q <=0;
            else if(enable)
              q <=d;
        end
endmodule
```

（2） D触发器

D触发器是由信号边沿触发的器件，是最基本的同步时序电路。

D触发器的功能：当规定的时钟沿到达时，D触发器的输出等于输入；否则，输出信号保持原来状态不变。

上升沿触发的D触发器模型：

```
module dff(q,data,clk);
     output q;
     input data,clk;
     reg q;
     always @ (posedge clk);
             q<=data;
endmodule
```

带异步复位的D触发器模型：

```
module asyn_ff(d,clk,rst,out);
     input d,clk,rst;
     output q;
     reg q;
     always @ (posedge clk or negedge rst)
        begin
            if (rst==0)
              q <=0;
            else
              q <=d;
        end
endmodule
```

带同步复位的D触发器模型：

```
module sync_set(d,clk,rst,out);
     input d,clk,rst;
     output q;
     reg q;
     always @ (posedge clk)
        begin
            if(rst==0)
              q <=0;
            else
              q <=d;
        end
endmodule
```

（3）计数器

计数器的功能：用于对脉冲信号计数，定时、分频等。

带计数使能端和异步复位端的8位计数器的行为模型：

```
module  counter(out,clk,en,rst_n);
     parameter  SIZE=8;
     output  [SIZE-1:0] out;
     input  clk,en,rst_n;
     reg [SIZE-1:0] out;
     always @ (posedge clk or negedge rst_n);
             if(~rst_n)
```

```
            out<=8'b0;
        else if(en)
            out<=out+1;
endmodule
```

4.3 同步状态机的设计方法

有限状态机（finite-state machine，FSM）又称有限状态自动机，简称状态机，是表示有限个状态以及在这些状态之间进行转移和动作等行为的数学模型。

在数字电路系统中，有限状态机是一种非常重要的时序逻辑电路模块，用于实现电路内部状态的存储和转移，以及产生相应的输出信号。有限状态机常用作数字电路系统的控制模块，产生数据处理电路所需要的控制信号，它对数字系统的设计具有十分重要的作用。

根据有限状态机的输出是否与输入信号有关，可将其分为 Moore 型有限状态机和 Mealy 型有限状态机两种类型。

① Moore 型有限状态机：其输出信号仅与当前状态有关，即可以把 Moore 型有限状态的输出看成是当前状态的函数。

② Mealy 型有限状态机：其输出信号不仅与当前状态有关，而且还与当前的输入信号有关，即可以把 Mealy 型有限状态机的输出看成是当前状态和当前输入信号的函数。

如果有限状态机的状态转移都发生在同一个时钟信号边沿，则称该有限状态机为同步状态机。本章主要讨论同步状态机的设计方法。

一般来讲，同步状态机的电路结构包括三部分：状态寄存器、下一状态产生模块、输出信号产生模块。其中，状态寄存器用于存储有限状态机的当前状态，下一状态产生模块用于产生有限状态机的下一个状态，输出信号产生模块用于产生在当前状态和当前输入条件下所对应的输出信号。其中下一状态产生模块和输出信号产生模块都是组合逻辑电路。

图 4-7 为多周期处理机控制部件的电路结构图。

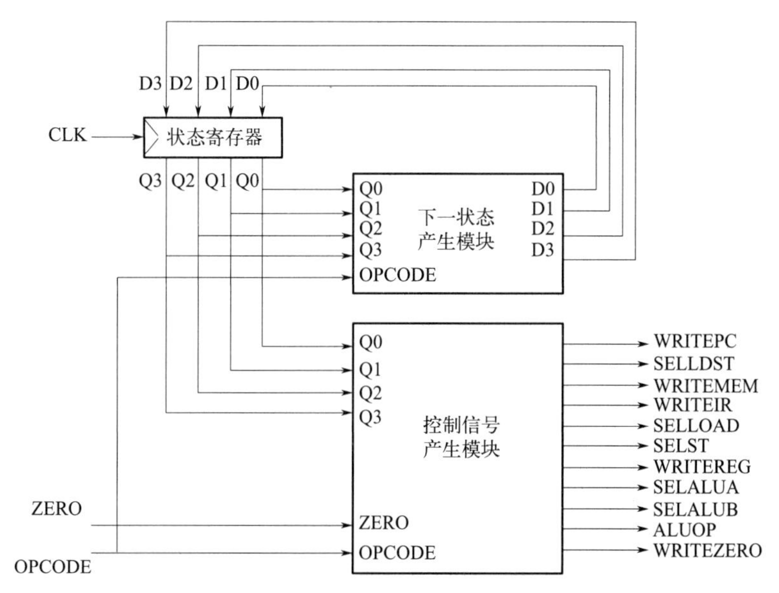

图 4-7　多周期处理机控制部件的电路结构

（1）有限状态机的设计方法

通常，有限状态机的设计分为以下几个步骤。

① 状态的划分与定义。根据有限状态机要实现的功能，划分其内部状态，并严格定义每个状态下电路的行为，为每个状态分配唯一的代码。应该注意，实现同样功能的状态划分方案不是唯一的，多种不同的状态划分方案可以实现同样的功能。状态划分应该遵循的一个主要原则是状态划分完毕后，每个状态下的电路行为比较容易确定。

② 画出状态转移图。根据前一步的状态划分方案画出状态转移图，每个状态用一个小圆圈表示，圆圈内为表明状态的符号或编码。状态的转移用有向线段表示，转移发生的条件和当前状态、当前输入条件下的输出信号值在有向线段的上方进行标注，二者之间用斜杠隔开。

③ 建立下一状态及输出信号真值表。根据前一步得到的状态转移图建立下一状态真值表以及输出信号真值表，两个真值表也可以合二为一。如果方便，也可以根据上述真值表建立下一状态的逻辑表达式以及输出信号的逻辑表达式，并进行化简。

④ 建立 Verilog RTL 模型。根据上一步得到的下一状态及输出信号真值表或逻辑表达式，利用 Verilog 的各种建模方法，可以很方便地建立有限状态机的 Verilog RTL 模型。

（2）有限状态机的 Verilog HDL 描述方法

有限状态机是通过现态、次态、输入和输出之间的相互作用工作的。有限状态机需要有复位处理。有限状态机的状态转换应在同一个时钟信号的同一个边沿发生。有限状态机可以有两种描述方式：隐式描述和显式描述。显式描述是指在代码中明确说明状态寄存器和状态赋值，否则称为隐式描述。多数逻辑综合器不支持隐式描述，因此本章只介绍显式描述方式。

有限状态机的显式描述具有下列优点：结构化程度更高，可以比较容易地控制默认状态，可以处理复杂的状态转换，所有综合器都支持。

有限状态机的显式描述可以有如下几种方式：

① 一个 procedure：在一个 procedure 中处理所有的状态转换、次态产生和输出逻辑。

② 两个 procedure：将处理状态转换的时序逻辑和处理次态与输出的组合逻辑分开。

③ 三个 procedure：一个处理状态转换的时序逻辑，一个处理次态的组合逻辑，一个处理输出的组合逻辑。

通常的描述方式如下：

① 指定保存状态的寄存器。

② 在一个过程块中使用 case 语句描述各个状态的次态和输出。

③ case 分支内部的条件分支使用 if 描述。

【例 4-3】 显式 FSM 举例——Moore 型。

```
`timescale 1ns/100ps
module state4(clock,reset,out);
    input reset,clock;
    output [1:0] out;
    reg [1:0] out;
    parameter [1:0]  stateA=2'b00,stateB=2'b01,
                     stateC=2'b10,stateD=2'b11;
    reg [1:0] state;
    reg[1:0] nextstate;
    always @ (posedge clock)
```

```
        begin
            if(reset)  state <= stateA;
            else       state <= nextstate;
        end
    always @ (state)
        begin:machine
            case (state)
                stateA:begin
                           nextstate=stateB;out=2'b00;
                       end
                stateB:begin
                           nextstate=stateC;out=2'b01;
                       end
                stateC:begin
                           nextstate=stateD;out=2'b10;
                       end
                stateD:begin
                           nextstate=stateA;out=2'b11;
                       end
            endcase
        end
endmodule
```

【例 4-4】 显式 FSM 举例——Mealy 型。

```
`timescale 1ns/100ps
module state4(clock,reset,out,condition1,condition2);
    input reset,clock,condition1,condition2;
    output [1:0] out;
    reg[1:0] out;
    parameter [1:0]  stateA=2'b00,stateB=2'b01,
                     stateC=2'b10,stateD=2'b11;
    reg[1:0] state;
    reg[1:0] nextstate;
    always @ (posedge clock)
      begin
        if(reset)  state <= stateA;
        else       state <= nextstate;
      end
    always @ (state or condition1 or conditiona2)
      begin:machine
        case(state)
            stateA:begin
                      if(condition1==1)
                        begin nextstate=stateB;out=2'b00;end
                      else
                        begin nextstate=stateA;out=2'b01;end
                   end
            stateB:begin
                      if(condition2==1)
                        begin nextstate=stateC;out=2'b01;end
```

```
                        else
                           begin nextstate=stateB;out=2'b00;end
                        end
              default:begin
                          nextstate=stateA;out=2'b00;
                        end
        endcase
     end
endmodule
```

【例 4-5】 三个过程块的 FSM 举例。

```
//现态:
   always @ (posedge clock)
      begin
          if(reset)
             state <=stateA;
          else
             state <=nextstate;
      end
//次态:
   always @ (state or condition1 or condition2)
      begin:machine
          case (state)
              stateA:begin
                        if(condition1==1)  nextstate=stateB;
                        else               nextstate=stateA;
                      end
              stateB:begin
                        if(condition2==1)  nextstate=stateC;
                        else               nextstate=stateB;
                      end
              default:nextstate=stateA;
          endcase
      end
//输出:
   always @ (state or condition1 or condition2)
      begin:otpt
          case(state)
              stateA:begin
                        if(condition1==1)  out=2'b00;
                        else               out=2'b01;
                      end
              stateB:begin
                        if(condition2==1)  out=2'b01;
                        else               out=2'b00;
                      end
              default:out=2'b00;
          endcase
      end
```

【例 4-6】 状态机设计举例 1——多周期处理机的控制器设计。

多周期处理机是指执行一条指令需要用多个时钟周期的处理机，依据指令类型的不同，所用的时钟周期的数量也不相同。本例要求利用 Verilog HDL 设计一个多周期处理机的控制器，已知该处理机的数据路径如图 4-8 所示，要求该处理机的控制器能够和数据路径配合实现表 4-1 所示的指令系统。要求把指令的执行过程分为以下 5 个步骤，每个步骤用一个时钟周期完成：①取指令及 PC+1 周期；②指令译码、读寄存器及转移周期；③ALU 执行或者存储器地址计算周期；④ALU 指令结束周期或者存储器访问周期；⑤写回周期。该多周期处理机的控制器的功能是产生数据路径所需要的控制信号，参见图 4-8，所有控制信号的定义如下。WRITEPC：PC 写使能信号，为 1 时，CLK 上升沿将 PC 输入端的数据写入 PC。SELLDST：存储器地址输入选择，为 1 时，选 ALU 计算出的地址，为 0 选 PC 地址。WRITEMEM：写存储器使能信号，由 store 指令产生。WRITEIR：IR 写使能信号，为 1 时，CLK 上升沿将由 PC 访问到的指令写入 IR。SELLOAD：寄存器堆数据输入选择，为 1 时选存储器输出，为 0 选 ALU 输出。SELST：执行 store 指令时，从寄存器堆 Q2 端口读出寄存器 rd 的内容。WRITEREG：写寄存器堆使能信号。SELALUA：ALU A 输入端选择，为 0 选寄存器 rs1，为 1 选 PC。SELALUB：ALU B 输入端选择，00 选寄存器 rs2，01 选立即数 IM，10 选 1，11 选偏移量。ALUOP：ALU 操作控制码。WRITEZERO：写标志寄存器 ZERO 的使能信号。

表 4-1　多周期处理机实现的指令系统

31～26 位	25～21 位	20～16 位	15～5 位	4～0 位	指令
00 0000	rd	rs1		rs2	and rd,rs1,rs2
00 0001	rd	rs1	imme		andi rd,rs1,imme
00 0010	rd	rs1		rs2	or rd,rs1,rs2
00 0011	rd	rs1	imme		ori rd,rs1,imme
00 0100	rd	rs1		rs2	add rd,rs1,rs2
00 0101	rd	rs1	imme		addi rd,rs1,imme
00 0110	rd	rs1		rs2	sub rd,rs1,rs2
00 0111	rd	rs1	imme		subi rd,rs1,imme
00 1000	rd	rs1	imme		load rd,rs1,imme
00 1001	rd	rs1	imme		store rd,rs1,imme
001010	disp				bne disp
00 1011	disp				beq disp
00 1100	disp				branch disp

解：该多周期处理机控制器是一个有限状态机，其电路结构如图 4-7 所示。首先对该有限状态机的状态进行划分和定义，根据该控制器的功能，将该电路划分为 11 个状态，定义如下：

S0：取指令状态，编码为 4'b0000。在该状态下，处理机完成取指令和 PC+1 操作，即从存储器中取出指令并将其保存到指令寄存器中，同时将 PC 的当前值+1 再写回 PC，以产生下一条顺序指令的地址。

S1：指令译码状态，编码为 4'b0001。在该状态下，处理机完成指令译码、读取寄存器操作数操作，若当前指令是转移指令并且转移确实发生了，则将转移目标指令的地址写入程序计数器 PC。

S2：寄存器-寄存器类型的 ALU 类指令的执行状态，编码为 4'b0010。在该状态下，处

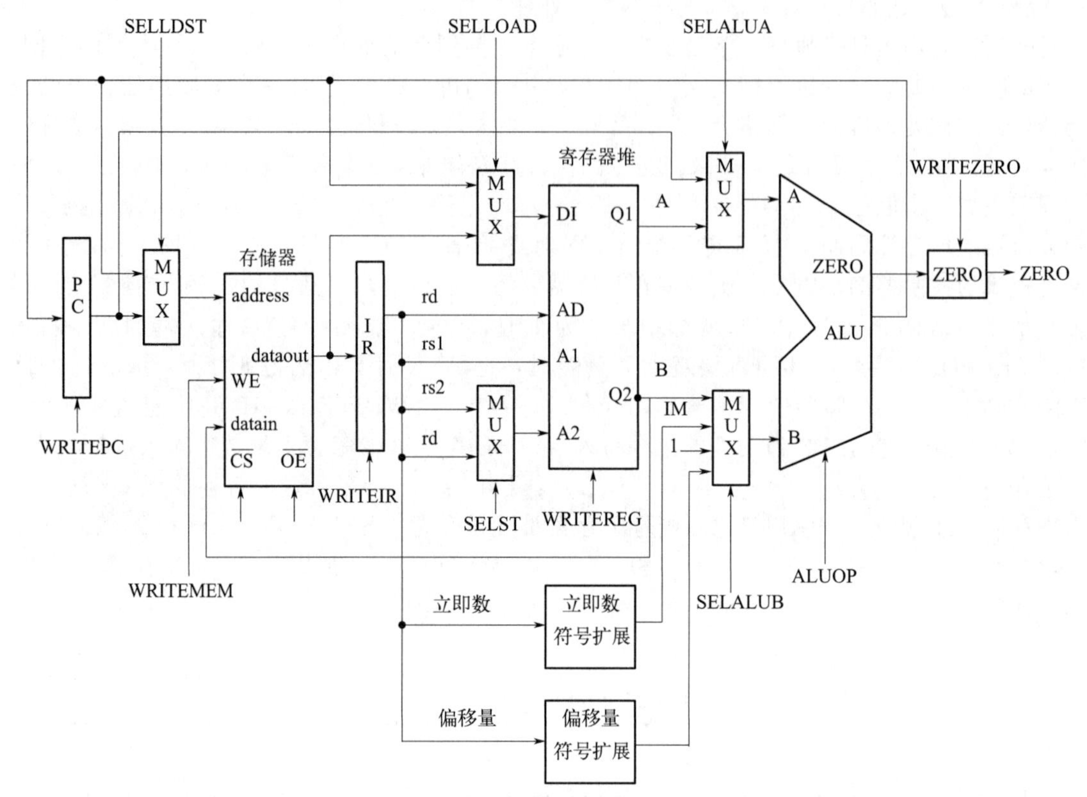

图 4-8 多周期处理机的数据路径

理机完成两个源操作数均为寄存器操作数的 ALU 类指令的执行过程，得到运算结果和状态标志位。

S3：寄存器-立即数类型的 ALU 类指令的执行状态，编码为 4'b0011。在该状态下，处理机完成第一个源操作数为寄存器操作数、第二个源操作数为立即数的 ALU 类指令的执行过程，得到运算结果和状态标志位。

S4：load 指令的存储器地址计算状态，编码为 4'b0100。在该状态下，处理机完成 load 指令的存储器地址计算过程，得到 load 指令的存储器地址。

S5：store 指令的存储器地址计算状态，编码为 4'b0101。在该状态下，处理机完成 store 指令的存储器地址计算过程，得到 store 指令的存储器地址，同时读取 store 指令的源操作数。

S6：寄存器-寄存器类型的 ALU 类指令的写回状态，编码为 4'b0110。在该状态下，处理机完成两个源操作数均为寄存器操作数的 ALU 类指令的运算结果和状态标志位的保存。

S7：寄存器-立即数类型的 ALU 类指令的写回状态，编码为 4'b0111。在该状态下，处理机完成第一个源操作数为寄存器操作数、第二个源操作数为立即数的 ALU 类指令的运算结果和状态标志位的保存。

S8：load 指令的存储器访问状态，编码为 4'b1000。在该状态下，处理机完成 load 指令的存储器访问操作，即从存储器中读取数据。

S9：store 指令的存储器访问状态，编码为 4'b1001。在该状态下，处理机完成 store 指令的存储器访问操作，即向存储器写入数据。

S10：load 指令的写回状态，编码为 4'b1010。在该状态下，处理机完成 load 指令的结果保存，即将从存储器中读取的数据写入到寄存器堆中。

根据上述状态划分方案和多周期处理机的功能，我们画出了多周期处理机控制器的状态转移图，如图 4-9 所示。

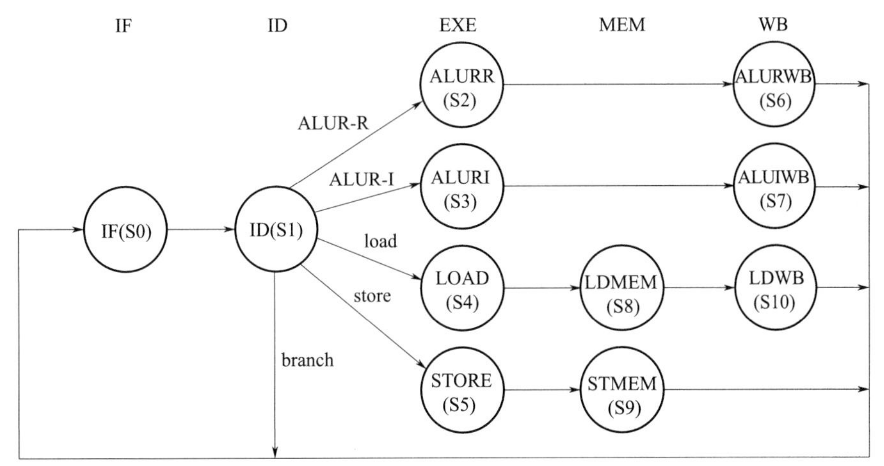

图 4-9　多周期处理机控制器的状态转移图

根据上述状态转移图，我们可以很方便地列出多周期处理机控制器的状态转移表，如表 4-2 所示。

表 4-2　多周期处理机控制器的状态转移表

当前状态 Q3Q2Q1Q0	当前输入	下个状态 D3D2D1D0	当前状态 Q3Q2Q1Q0	当前输入	下个状态 D3D2D1D0
0000(S0)	X	0001(S1)	0100(S4)	X	1000(S8)
0001(S1)	BR	0000(S0)	0101(S5)	X	1001(S9)
0001(S1)	RR	0010(S2)	0110(S6)	X	0000(S0)
0001(S1)	RI	0011(S3)	0111(S7)	X	0000(S0)
0001(S1)	load	0100(S4)	1000(S8)	X	1010(S10)
0001(S1)	store	0101(S5)	1001(S9)	X	0000(S0)
0010(S2)	X	0110(S6)	1010(S10)	X	0000(S0)
0011(S3)	X	0111(S7)			

其中，RR＝and＋or＋add＋sub（寄存器-寄存器操作）；RI＝andi＋ori＋addi＋subi（寄存器-立即数操作）；BR＝branch＋bne＋beq（转移指令）；X＝任意。

根据上述状态转移表，可以很方便地写出多周期处理机的下一状态表达式：

$$D0=S0+S1\times RI+S1\times store+S3+S5 \tag{4-13}$$

$$D1=S1\times RR+S1\times RI+S2+S3+S8 \tag{4-14}$$

$$D2=S1\times load+S1\times store+S2+S3 \tag{4-15}$$

$$D3=S4+S5+S8 \tag{4-16}$$

将上述表达式化简，画出逻辑图，即可得到多周期处理机的状态转移电路结构。

同样地，根据上述状态划分方案和多周期处理机的功能，我们可以列出多周期处理机控制器所产生的控制信号真值表，如表 4-3 所示。

表 4-3　多周期处理机控制器所产生的控制信号真值表

控制信号	S0	S1	S2	S3	S4	S5	S6	S7	S8	S9	S10
WRITEPC	1	BT	0	0	0	0	0	0	0	0	0
SELLDST	0	X	X	X	1*	1*	X	X	1	1	1
WRITEMEM	0	0	0	0	0	0	0	0	0	1	0
WRITEIR	1	0	0	0	0	0	0	0	0	0	0
SELLOAD	X	X	X	X	1*	X	0	0	1*	X	1
SELST	X	0	0	X	X	1	0	X	X	1	X
WRITEREG	0	0	0	0	0	0	1	1	0	0	1
SELALUA	1	1	0	0	0	0	0	0	0	0	0
SELALUB1	1	1	0	0	0	0	0	0	0	0	0
SELALUB0	0	1	0	1	1	1	0	1	1	1	1
WRITEZERO	0	0	0	0	0	0	1	1	0	0	0
ALUOP1	1	1	OP1	OP1	1	1	OP1	OP1	1	1	1
ALUOP0	0	0	OP0	OP0	0	0	OP0	OP0	0	0	0

其中，BT＝branch＋bne×ZERO＋beq×ZERO（转移发生）；

OP0＝or＋ori＋sub＋subi；

OP1＝add＋addi＋sub＋subi。

根据上述真值表，写出多周期处理机控制器所产生的控制信号的表达式如下：

$$WRITEPC = S0 + S1 \times BT \tag{4-17}$$

$$SELLDST = S4 + S5 + S8 + S9 + S10 \tag{4-18}$$

$$WRITEMEM = S9 \tag{4-19}$$

$$WRITEIR = S0 \tag{4-20}$$

$$SELLOAD = S4 + S8 + S10 \tag{4-21}$$

$$SELST = S5 + S9 \tag{4-22}$$

$$WRITEREG = S6 + S7 + S10 \tag{4-23}$$

$$SELALUA = S0 + S1 \tag{4-24}$$

$$SELALUB1 = S0 + S1 \tag{4-25}$$

$$SELALUB0 = S1 + S3 + S4 + S5 + S7 + S8 + S9 + S10 \tag{4-26}$$

$$WRITEZERO = S6 + S7 \tag{4-27}$$

$$ALUOP1 = S0 + S1 + S2 \times OP1 + S3 \times OP1 + S4 + S5 + S6 \times OP1 + S7 \times OP1 + S8 + S9 + S10 \tag{4-28}$$

$$ALUOP0 = S2 \times OP0 + S3 \times OP0 + S6 \times OP0 + S7 \times OP0 \tag{4-29}$$

将上述表达式化简，画出逻辑图，即可得到多周期处理机的控制信号产生电路的结构。

根据上述分析，我们可以建立多周期处理机控制器的 Verilog HDL 模型，如下所示：

```
module  control(clk,start,zero,opcode,writepc,selldst,writemem,writeir,
                selload,selst,writereg,selalua,selalub,aluop,writezero);
   input  clk,start,zero;
   input [5:0]  opcode;
   output  writepc,selldst,writemem,writeir,selload,selst,writereg,selalua,writezero;
   output [1:0]  selalub,aluop;
   reg  [3:0] q;
   wire [3:0] d;
```

```
wire  zero;
always @ (posedge clk)
  begin
    if(start)
       q<=4'd0;
    else
       q<=d;
  end
assign d[0]=(~q[3]&~q[2]&~q[1]&~q[0])
            |((~q[3]&~q[2]&~q[1]&q[0])&(~opcode[3]&opcode[0]))
            |((~q[3]&~q[2]&~q[1]&q[0])
            &(opcode[3]&~opcode[2]&~opcode[1]&opcode[0]))
            |(~q[3]&~q[2]&q[1]&q[0])|(~q[3]&q[2]&~q[1]&q[0]);
assign d[1]=((~q[3]&~q[2]&~q[1]&q[0])&(~opcode[3]&~opcode[0]))
            |((~q[3]&~q[2]&~q[1]&q[0])&(~opcode[3]&opcode[0]))
            |(~q[3]&~q[2]&q[1]&~q[0])|(~q[3]&~q[2]&q[1]&q[0])
            |(q[3]&~q[2]&~q[1]&~q[0]);
assign d[2]=((~q[3]&~q[2]&~q[1]&q[0])
            &(opcode[3]&~opcode[2]&~opcode[1]&~opcode[0]))
            |((~q[3]&~q[2]&~q[1]&q[0])
            &(opcode[3]&~opcode[2]&~opcode[1]&opcode[0]))
            |(~q[3]&~q[2]&q[1]&~q[0])|(~q[3]&~q[2]&q[1]&q[0]);
assign d[3]=(~q[3]&q[2]&~q[1]&~q[0])
            |(~q[3]&q[2]&~q[1]&q[0])|(q[3]&~q[2]&~q[1]&~q[0]);
assign writepc=(~q[3]&~q[2]&~q[1]&~q[0])
               |((~q[3]&~q[2]&~q[1]&q[0])
               &((opcode[3]&opcode[2]&~opcode[1]&~opcode[0])
               |(opcode[3]&~opcode[2]&opcode[1]&~opcode[0]&~zero)
               |(opcode[3]&~opcode[2]&opcode[1]&opcode[0]&zero)));
assign selldst=(~q[3]&q[2]&~q[1]&~q[0])
               |(~q[3]&q[2]&~q[1]&q[0])|(q[3]&~q[2]&~q[1]&~q[0])
               |(q[3]&~q[2]&~q[1]&q[0])|(q[3]&~q[2]&q[1]&~q[0]);
assign writemem=q[3]&~q[2]&~q[1]&q[0];
assign writeir=~q[3]&~q[2]&~q[1]&~q[0];
assign selload=(~q[3]&q[2]&~q[1]&~q[0])
               |(q[3]&~q[2]&~q[1]&~q[0])|(q[3]&~q[2]&q[1]&~q[0]);
assign selst=(~q[3]&q[2]&~q[1]&q[0])|(q[3]&~q[2]&~q[1]&q[0]);
assign writereg=(~q[3]&q[2]&q[1]&~q[0])
               |(~q[3]&q[2]&q[1]&q[0])|(q[3]&~q[2]&q[1]&~q[0]);
assign selalua=(~q[3]&~q[2]&~q[1]&~q[0])|(~q[3]&~q[2]&~q[1]&q[0]);
assign selalub[1]=(~q[3]&~q[2]&~q[1]&~q[0])|(~q[3]&~q[2]&~q[1]&q[0]);
assign selalub[0]=(~q[3]&~q[2]&~q[1]&q[0])
                  |(~q[3]&~q[2]&q[1]&q[0])|(~q[3]&q[2]&~q[1]&~q[0])
                  |(~q[3]&q[2]&~q[1]&q[0])|(~q[3]&q[2]&q[1]&q[0])
                  |(q[3]&~q[2]&~q[1]&~q[0])|(q[3]&~q[2]&~q[1]&q[0])
                  |(q[3]&~q[2]&q[1]&~q[0]);
assign writezero=(~q[3]&q[2]&q[1]&~q[0])|(~q[3]&q[2]&q[1]&q[0]);
assign aluop[1]=(~q[3]&~q[2]&~q[1]&~q[0])|(~q[3]&~q[2]&~q[1]&q[0])
                |((~q[3]&~q[2]&q[1]&~q[0])&(~opcode[3]&opcode[2]))
                |((~q[3]&~q[2]&q[1]&q[0])&(~opcode[3]&opcode[2]))
```

```
                |(~q[3]&q[2]&~q[1]&~q[0])|(~q[3]&q[2]&~q[1]&q[0])
                |((~q[3]&q[2]&q[1]&~q[0])&(~opcode[3]&opcode[2]))
                |((~q[3]&q[2]&q[1]&q[0])&(~opcode[3]&opcode[2]))
                |(q[3]&~q[2]&~q[1]&~q[0])|(q[3]&~q[2]&~q[1]&q[0])
                |(q[3]&~q[2]&q[1]&~q[0]);
   assign aluop[0]=((~q[3]&~q[2]&q[1]&~q[0])&(~opcode[3]&opcode[2]))
                |((~q[3]&~q[2]&q[1]&q[0])&(~opcode[3]&opcode[2]))
                |((~q[3]&q[2]&q[1]&~q[0])&(~opcode[3]&opcode[2]))
                |((~q[3]&q[2]&q[1]&q[0])&(~opcode[3]&opcode[2]));
endmodule
```

我们利用 ModelSim 仿真工具对上述多周期处理机控制器的 Verilog HDL 模型进行了功能仿真，结果证明其功能是正确的。图 4-10 为多周期处理机控制器功能仿真波形的截图。

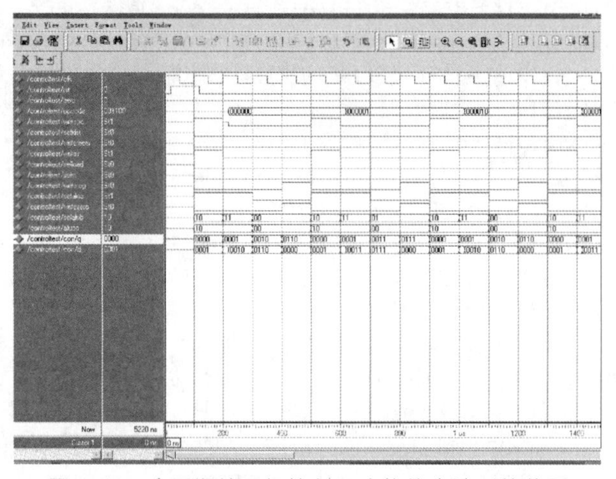

图 4-10　多周期处理机控制器功能仿真波形的截图

【例 4-7】 状态机设计举例 2——可移动高性能电脑加密机中的 USB 与 AES 接口模块的设计。

可移动高性能电脑加密机是一款便携式的电脑加密设备，可用于对存储在电脑中的信息进行加/解密处理或数字签名。其具体工作流程为：将可移动高性能电脑加密机插入电脑的 USB 接口，在加密机控制软件的控制下，将存储在电脑上的各种信息文件传输至电脑加密机进行加/解密处理或数字签名，并将加/解密或数字签名后的结果文件传输回电脑保存。可移动高性能电脑加密机的硬件主要由加密芯片、USB 接口芯片以及晶体振荡器等元器件构成，其中加密芯片又包括 AES 加/解密模块、RSA 加/解密模块和控制模块。可移动高性能电脑加密机的软件主要包括加密机控制软件和 USB 驱动软件等。其样机见图 4-11，其系统结构见图 4-12。

FPGA（加密芯片）中的控制模块负责 USB 接口芯片和加/解密模块之间的通信，用于接收从 USB 接口芯片传送过来的控制命令和待加/解密的数据，并将其发送给加/解密模块，然后把加/解密的结果从加/解密模块中接收过来并发送到 USB 接口芯片中保存。进一步细分，该控制模块又包括两个子模块：一个是 USB 与 AES 加/解密模块之间的接口模块；另一个是 USB 与 RSA 加/解密模块之间的接口模块。本例介绍 USB 与 AES 加/解密模块之间的接口模块的设计方法。

解：USB 与 AES 加/解密模块之间的接口模块实际上就是一个典型的有限状态机，完

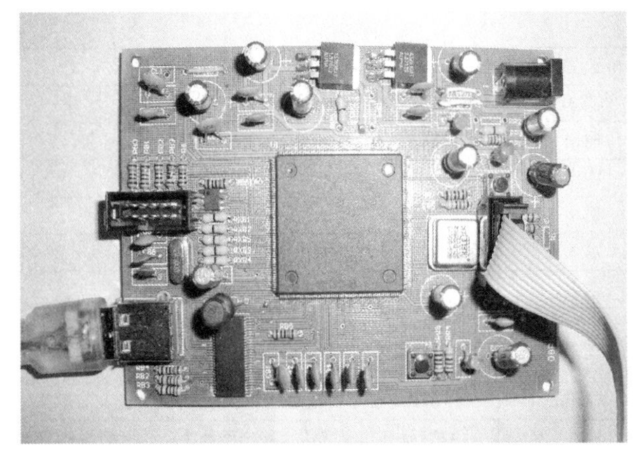

图 4-11　可移动高性能电脑加密机样机实物照片

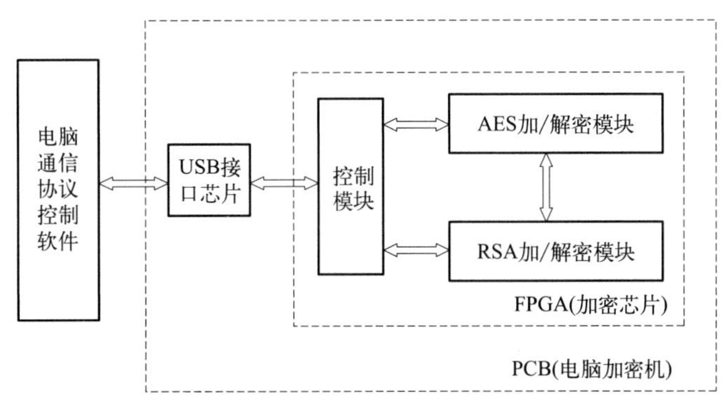

图 4-12　可移动高性能电脑加密机系统结构

全可以按照前面介绍的有限状态机的设计方法进行设计。首先要明确该状态机的功能和外部端口信号，然后据此对其进行状态定义和划分。该状态机的功能为：接收从 USB 接口芯片传送过来的控制命令和待加/解密的数据，并将其发送给 AES 加/解密模块，然后把加/解密的结果从 AES 加/解密模块中接收过来并发送到 USB 接口芯片中保存。其外框图和端口信号详细定义见图 4-13 和表 4-4。

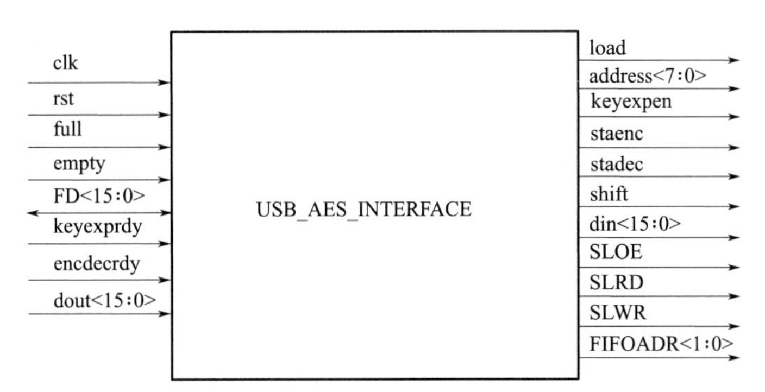

图 4-13　USB 与 AES 接口模块的外框图

表 4-4　USB 与 AES 接口模块外部信号说明

信号名称	传输方向	信号含义
clk	输入	时钟信号

续表

信号名称	传输方向	信号含义
rst	输入	复位信号，1有效
load	输出	数据装载使能信号，用于控制输入明/密文、密钥、S盒配置数据等，1有效
address<7：0>	输出	寄存器或RAM地址，用于表示明文/密文/密钥寄存器、S盒RAM单元
keyexpen	输出	密钥扩展使能信号，1有效
keyexprdy	输入	密钥扩展完成标识信号，1有效
staenc	输出	开始加密使能信号，1有效
stadec	输出	开始解密使能信号，1有效
encdecrdy	输入	加/解密运算完成标识信号，1有效
din<15：0>	输出	接AES输入数据总线，用于输入明/密文、密钥、配置数据等
dout<15：0>	输入	AES输出数据总线，用于输出加/解密结果到接口模块
shift	输出	结果移位输出使能信号，1有效。有效时，每个时钟周期移位输出16位结果
SLOE	输出	USB FIFO输出使能信号，0有效
SLRD	输出	读USB FIFO输出使能信号，0有效
SLWR	输出	写USB FIFO输出使能信号，0有效
FIFOADR<1：0>	输出	USB FIFO地址
full	输入	USB FIFO满标志信号，0有效
empty	输入	USB FIFO空标志信号，0有效
FD<15：0>	输入/输出	USB FIFO读写数据总线

通过对USB与AES接口模块的功能和端口信号进行深入、详细的分析，我们将其划分为11个状态，每个状态定义如下：

S0：初始状态。从USB SLAVE FIFO中读出一个控制字，根据控制字内容转到相应状态。需要控制的信号：SLOE、SLRD、FIFOADR<1：0>。复位后处于初始状态。

S1：密钥装载状态。需要控制的信号：load、address、din、SLOE、SLRD、FIFOADR<1：0>。

S2：密钥扩展状态。需要控制的信号：keyexpen。

S3：加密S盒配置状态。需要控制的信号：load、address、din、SLOE、SLRD、FIFOADR<1：0>。

S4：明文装载状态。需要控制的信号：load、address、din、SLOE、SLRD、FIFOADR<1：0>。

S5：加密状态。需要控制的信号：staenc。

S6：加密结果输出状态。需要控制的信号：shift、FD<15：0>、SLWR、FIFOADR<1：0>。

S7：解密S盒配置状态。需要控制的信号：load、address、din、SLOE、SLRD、FIFOADR<1：0>。

S8：密文装载状态。需要控制的信号：load、address、din、SLOE、SLRD、FIFOADR<1：0>。

S9：解密状态：需要控制的信号：stadec。

S10：解密结果输出状态。需要控制的信号：shift、FD<15：0>、SLWR、FIFOADR<1：0>。

根据上述状态划分方案，我们画出USB与AES接口模块的状态转移图，如图4-14所示。

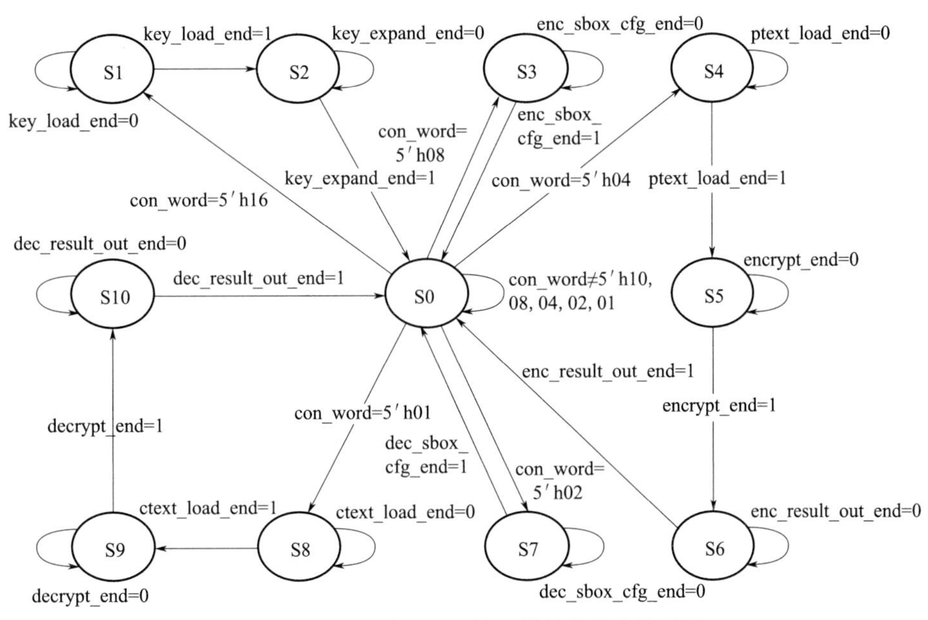

图 4-14　USB 与 AES 接口模块的状态转移图

根据上述状态转移图我们列出了 USB 与 AES 接口模块的状态转移及控制信号取值表，见表 4-5。

表 4-5　USB 与 AES 接口模块的状态转移及控制信号取值表

当前状态	当前输入	下一状态	当前输出
S0	con_word≠下述 5 个值	S0	SLOE、SLRD、FIFOADR<1：0>
S0	con_word＝5′b10000	S1	SLOE、SLRD、FIFOADR<1：0>
S0	con_word＝5′b01000	S3	SLOE、SLRD、FIFOADR<1：0>
S0	con_word＝5′b00100	S4	SLOE、SLRD、FIFOADR<1：0>
S0	con_word＝5′b00010	S7	SLOE、SLRD、FIFOADR<1：0>
S0	con_word＝5′b00001	S8	SLOE、SLRD、FIFOADR<1：0>
S1	密钥装载结束，即 key_load_end＝1	S2	load、address、din、SLOE、SLRD、FIFOADR <1：0>
S1	密钥装载没结束，即 key_load_end＝0	S1	load、address、din、SLOE、SLRD、FIFOADR <1：0>
S2	密钥扩展结束，即 key_expand_end＝1	S0	keyexpen
S2	密钥扩展没结束，即 key_expand_end＝0	S2	keyexpen
S3	加密 S 盒配置结束 enc_sbox_cfg_end＝1	S0	load、address、din、SLOE、SLRD、FIFOADR <1：0>
S3	加密 S 盒配置没结束 enc_sbox_cfg_end＝0	S3	load、address、din、SLOE、SLRD、FIFOADR <1：0>
S4	明文装载结束 ptext_load_end＝1	S5	load、address、din、SLOE、SLRD、FIFOADR <1：0>
S4	明文装载没结束 ptext_load_end＝0	S4	load、address、din、SLOE、SLRD、FIFOADR <1：0>
S5	加密结束 encrypt_end＝1	S6	staenc
S5	加密没结束 encrypt_end＝0	S5	staenc
S6	加密结果输出结束 enc_result_out_end＝1	S0	shift、FD <15：0>、SLWR、FIFOADR <1：0>

续表

当前状态	当前输入	下一状态	当前输出
S6	加密结果输出没结束 enc_result_out_end=0	S6	shift、FD<15 : 0>、SLWR、FIFOADR<1 : 0>
S7	解密 S 盒配置结束 dec_sbox_cfg_end=1	S0	load、address、din、SLOE、SLRD、FIFOADR<1 : 0>
S7	解密 S 盒配置没结束 dec_sbox_cfg_end=0	S7	load、address、din、SLOE、SLRD、FIFOADR<1 : 0>
S8	密文装载结束 ctext_load_end=1	S9	load、address、din、SLOE、SLRD、FIFOADR<1 : 0>
S8	密文装载没结束 ctext_load_end=0	S8	load、address、din、SLOE、SLRD、FIFOADR<1 : 0>
S9	解密结束 decrypt_end=1	S10	stadec
S9	解密没结束 decrypt_end=0	S9	stadec
S10	解密结果输出结束 dec_result_out_end=1	S0	shift、FD<15 : 0>、SLWR、FIFOADR<1 : 0>
S10	解密结果输出没结束 dec_result_out_end=0	S10	shift、FD<15 : 0>、SLWR、FIFOADR<1 : 0>

根据上述状态转移及控制信号取值表，我们建立了 USB 与 AES 接口模块的 Verilog RTL 模型：

```
module usb_aes_intf (clk,rst,full,empty,fd,keyexprdy,encdecrdy,dout,load,address,
                    keyexpen,staenc,stadec,din,shift,sloe,slrd,slwr,fifoadr);
   input clk,rst,full,empty,keyexprdy,encdecrdy;
   inout [15:0] fd;
   input [15:0] dout;
   output  load,keyexpen,staenc,stadec,shift,sloe,slrd,slwr;
   output [7:0] address;
   output [15:0] din;
   output [1:0] fifoadr;
   reg [10:0] cur_state,nxt_state,state_delay;
   reg [4:0] con_word;//con_word=5'b10000,goto KEY_LOAD state,
                      //con_word=5'b01000,goto ENC_SBOX_CFG state,
                      //con_word=5'b00100,goto PTEXT_LOAD state,
                      //con_word=5'b00010,goto DEC_SBOX_CFG state,
                      //con_word=5'b00001,goto CTEXT_LOAD state.
   reg [15:0]  usb_in_data,aes_in_data;
   wire  aes_in_reg_en,data_to_usb_en,key_load_end,
         key_expand_end,enc_sbox_cfg_end,ptext_load_end;
   wire  encrypt_end,enc_result_out_end,dec_sbox_cfg_end;
   wire  ctext_load_end,decrypt_end,dec_result_out_end;
   reg  slrd,load,slwr;
   reg [6:0]  wordcount;
   wire  con_reg_en,writefifo,sloe;
   wire [1:0]  fifoadr;
   reg [7:0]  address1,address;
   parameter INITIAL=11'b100_0000_0000,
             KEY_LOAD=11'b000_0000_0001,
             KEY_EXPAND=11'b000_0000_0010,
```

```
            ENC_SBOX_CFG=11'b000_0000_0100,
            PTEXT_LOAD=11'b000_0000_1000,
            ENCRYPT=11'b000_0001_0000,
            ENC_RESULT_OUT=11'b000_0010_0000,
            DEC_SBOX_CFG=11'b000_0100_0000,
            CTEXT_LOAD=11'b000_1000_0000,
            DECRYPT=11'b001_0000_0000,
            DEC_RESULT_OUT=11'b010_0000_0000;
//control word register
always @ (posedge clk)
    if(rst)
         con_word <=5'd0;
    elseif(con_reg_en)
         con_word <=fd[4:0];
    else if(con_word ! =5'd0)
         con_word <=5'd0;
    else
         con_word <=con_word;
//usb in data register
always @ (posedge clk)
    if(rst)
         usb_in_data <=16'd0;
    else if(slrd==0)
         usb_in_data <=fd;
    else
         usb_in_data <=usb_in_data;
//aes in data register
always @ (posedge clk)
    if(rst)
         aes_in_data <=16'd0;
    else if(aes_in_reg_en)
         aes_in_data <=dout;
    else
         aes_in_data <=aes_in_data;
assign aes_in_reg_en=encdecrdy|shift;
//fd is bidirection databus
assign fd=data_to_usb_en? aes_in_data:16'bzzzz_zzzz_zzzz_zzzz;
assign data_to_usb_en=(cur_state==ENC_RESULT_OUT)|
                      (cur_state==DEC_RESULT_OUT);
//main FSM
always @ (posedge clk)
    if(rst)
         cur_state <=INITIAL;
    else
         cur_state <=nxt_state;
always @ (cur_state or con_word or key_load_end
         or key_expand_end or enc_sbox_cfg_end
         or ptext_load_end or encrypt_end
         or enc_result_out_end or dec_sbox_cfg_end
         or ctext_load_endor decrypt_end or dec_result_out_end)
```

```
case(cur_state)
    INITIAL:
            case(con_word)
                5'b10000:  nxt_state=KEY_LOAD;
                5'b01000:  nxt_state=ENC_SBOX_CFG;
                5'b00100:  nxt_state=PTEXT_LOAD;
                5'b00010:  nxt_state=DEC_SBOX_CFG;
                5'b00001:  nxt_state=CTEXT_LOAD;
                default:    nxt_state=INITIAL;
            endcase
    KEY_LOAD:
            if(key_load_end)
                nxt_state=KEY_EXPAND;
            else
                nxt_state=KEY_LOAD;
    KEY_EXPAND:
            if(key_expand_end)
                nxt_state=INITIAL;
            else
                nxt_state=KEY_EXPAND;
    ENC_SBOX_CFG:
            if(enc_sbox_cfg_end)
                nxt_state=INITIAL;
            else
                nxt_state=ENC_SBOX_CFG;
    PTEXT_LOAD:
            if(ptext_load_end)
                nxt_state=ENCRYPT;
            else
                nxt_state=PTEXT_LOAD;
    ENCRYPT:
            if(encrypt_end)
                nxt_state=ENC_RESULT_OUT;
            else
                nxt_state=ENCRYPT;
    ENC_RESULT_OUT:
            if(enc_result_out_end)
                nxt_state=INITIAL;
            else
                nxt_state=ENC_RESULT_OUT;
    DEC_SBOX_CFG:
            if(dec_sbox_cfg_end)
                nxt_state=INITIAL;
            else
                nxt_state=DEC_SBOX_CFG;
    CTEXT_LOAD:
            if(ctext_load_end)
                nxt_state=DECRYPT;
            else
                nxt_state=CTEXT_LOAD;
```

```
        DECRYPT:
                if(decrypt_end)
                    nxt_state=DEC_RESULT_OUT;
                else
                    nxt_state=DECRYPT;
        DEC_RESULT_OUT:
                if(dec_result_out_end)
                    nxt_state=INITIAL;
                else
                    nxt_state=DEC_RESULT_OUT;
        default:
                nxt_state=INITIAL;
    endcase
assign key_load_end=(wordcount==7'd7);
assign key_expand_end=keyexprdy;
assign enc_sbox_cfg_end=(wordcount==7'd127);
assign ptext_load_end=(wordcount==7'd7);
assign encrypt_end=encdecrdy;
assign enc_result_out_end=(wordcount==7'd7);
assign dec_sbox_cfg_end=(wordcount==7'd127);
assign ctext_load_end=(wordcount==7'd7);
assign decrypt_end=encdecrdy;
assign dec_result_out_end=(wordcount==7'd7);
//produce slrd
always @ (cur_state or rst or empty or wordcount)
    case(cur_state)
        INITIAL:
                if((empty==1)&(wordcount==0)&(rst==0))
                    slrd=1'b0;
                else
                    slrd=1'b1;
        KEY_LOAD:
                if((empty==1)&(wordcount<=7'd7))
                    slrd=1'b0;
                else
                    slrd=1'b1;
        ENC_SBOX_CFG:
                if((empty==1)&(wordcount<=7'd127))
                    slrd=1'b0;
                else
                    slrd=1'b1;
        PTEXT_LOAD:
                if((empty==1)&(wordcount<=7'd7))
                    slrd=1'b0;
                else
                    slrd=1'b1;
        DEC_SBOX_CFG:
                if((empty==1)&(wordcount<=7'd127))
                    slrd=1'b0;
                else
```

```
                        slrd=1'b1;
            CTEXT_LOAD:
                    if((empty==1)&(wordcount<=7'd7))
                        slrd=1'b0;
                    else
                        slrd=1'b1;
            default:
                    slrd=1'b1;
        endcase
    //wordcount register
    always @ (posedge clk)
        if(rst)
            wordcount <=7'd0;
        else if(cur_state ! =nxt_state)
            wordcount <=7'd0;
        else if((slrd==0)|(slwr==0))
            wordcount <=wordcount+7'b1;
        else
            wordcount <=wordcount;
    assign con_reg_en=(cur_state==INITIAL)&(slrd==0);
    assign fifoadr=(writefifo==1)? 2'b10:2'b0;
    assign writefifo=(cur_state==ENC_RESULT_OUT)|
                                    (cur_state==DEC_RESULT_OUT);
    assign sloe=(writefifo==1)? 1'b1:1'b0;
    //produce load,address,din
    assign din=usb_in_data;
    always@ (posedge clk)
        if(rst)
            load <=1'b0;
        else
            load <=(~slrd)&(cur_state! =INITIAL);
    always @ (cur_state or wordcount)
        case(cur_state)
            KEY _LOAD:
                address1=8'd128;
            ENC _SBOX_CFG:
                address1=wordcount;
            PTEXT_LOAD:
                address1=8'd128;
            DEC _SBOX_CFG:
                address1=wordcount;
            CTEXT_LOAD:
                address1=8'd128;
            default:
                address1=8'd128;
        endcase
    always@ (posedge clk)
        address <=address1;
    //delay state 1 cycle.
    always @ (posedge clk)
```

```
        begin
            if(rst)
                state_delay<=11'd0;
            else
                state_delay<=cur_state;
        end
    assign keyexpen=((cur_state==KEY_EXPAND)&
                    (state_delay!==KEY_EXPAND))? 1'b1:1'b0;
    assign staenc=((cur_state==ENCRYPT)&
                  (state_delay!==ENCRYPT))? 1'b1:1'b0;
    assign stadec=((cur_state==DECRYPT)&
                  (state_delay!==DECRYPT))? 1'b1:1'b0;
    always @ (cur_state or full or wordcount)
        case(cur_state)
            ENC_RESULT_OUT:
                    if((full==1)&(wordcount<=7'd7))
                        slwr=1'b0;
                    else
                        slwr=1'b1;
            DEC_RESULT_OUT:
                    if((full==1)&(wordcount<=7'd7))
                        slwr=1'b0;
                    else
                        slwr=1'b1;
            default:
                    slwr=1'b1;
    endcase
    assign shift=(~slwr&(wordcount<=7'd6))|encdecrdy;
endmodule
```

4.4 存储模块设计

数字电路系统中的存储模块包括多种类型：寄存器、寄存器堆、ROM、RAM等。其中寄存器通常由多个D触发器搭建而成；ROM和RAM通常采用生产厂家或第三方提供的标准单元，有时也可以利用EDA工具自动产生；寄存器堆是由多个寄存器单元构成的具有一个或多个读写端口的存储模块，在微处理器等数字电路系统中具有非常广泛的应用。本节将重点介绍寄存器堆的设计方法。

通常，寄存器堆的电路结构包括三部分：存储体、地址译码器、多路选通器。下面通过一个实例说明寄存器堆的设计方法。

【例4-8】 寄存器堆设计举例：利用Verilog HDL设计一个寄存器堆，要求该寄存器堆具有32个32位的寄存器，并具有2个读端口和1个写端口。

解：该寄存器堆的外框图如图4-15所示。

该寄存器堆的外部信号定义见表4-6。

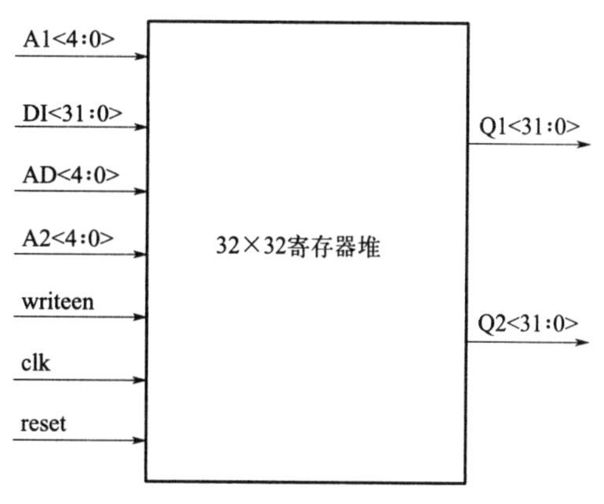

图4-15　32×32寄存器堆外框图

表 4-6　32×32 寄存器堆外部信号说明

信号名称及位宽	传输方向	信号含义
clk	输入	时钟信号
reset	输入	复位信号，1 有效。复位后所有寄存器清零
writeen	输入	寄存器堆写操作使能信号，1 有效
DI＜31：0＞	输入	寄存器堆写端口的输入数据
AD＜4：0＞	输入	寄存器堆写端口的输入地址
A1＜4：0＞	输入	寄存器堆第一个读端口的输入地址
Q1＜31：0＞	输出	寄存器堆第一个读端口的输出数据
A2＜4：0＞	输入	寄存器堆第二个读端口的输入地址
Q2＜31：0＞	输出	寄存器堆第二个读端口的输出数据

该寄存器堆的详细功能定义为：当时钟信号 clk 处于上升沿且复位信号 reset＝1 时，所有寄存器同时清零；当时钟信号 clk 处于上升沿且寄存器堆写操作使能信号 writeen＝1 时，将写端口输入数据总线 DI＜31：0＞上的数据写入由写端口输入地址总线 AD＜4：0＞上的地址所指向的寄存器单元；当寄存器堆第一个读端口的输入地址总线 A1＜4：0＞给出一个地址时，立即在第一个读端口的输出数据总线 Q1＜31：0＞上输出该地址所指向的寄存器单元所保存的数据；当寄存器堆第二个读端口的输入地址总线 A2＜4：0＞给出一个地址时，立即在第二个读端口的输出数据总线 Q2＜31：0＞上输出该地址所指向的寄存器单元所保存的数据。

根据上述对寄存器堆功能的详细描述，我们画出了该寄存器堆的内部电路结构，如图 4-16 所示。

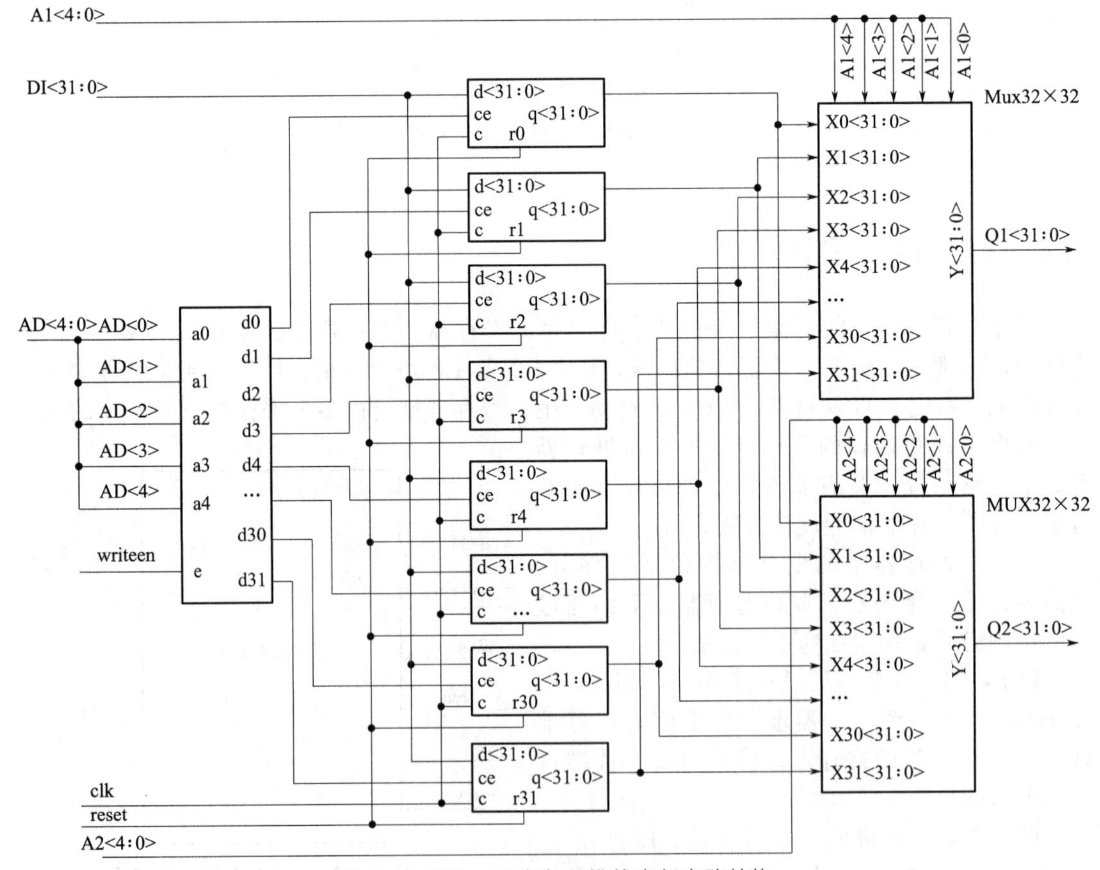

图 4-16　32×32 寄存器堆的内部电路结构

根据上述电路结构图，建立的该寄存器堆的 Verilog HDL 模型如下：

```
module registerfile(Q1,Q2,DI,clk,reset,writeen,AD,A1,A2);
    output[31:0] Q1,Q2;
    input[31:0] DI;
    input clk,reset,writeen;
    input[4:0] AD,A1,A2;
    wire[31:0] decoderout;
    wire[31:0] regen;
    wire[31:0] q0,q1,q2,q3,q4,q5,q6,q7,q8,q9,q10,q11,q12,
               q13,q14,q15,q16,q17,q18,q19,q20,q21,q22,
               q23,q24,q25,q26,q27,q28,q29,q30,q31;
    decoder dec0(decoderout,AD);
    assign  regen=decoderout & {32{writeen}};
    register reg0(q0,DI,clk,reset,regen[0]);
    register reg1(q1,DI,clk,reset,regen[1]);
    register reg2(q2,DI,clk,reset,regen[2]);
    register reg3(q3,DI,clk,reset,regen[3]);
    register reg4(q4,DI,clk,reset,regen[4]);
    register reg5(q5,DI,clk,reset,regen[5]);
    register reg6(q6,DI,clk,reset,regen[6]);
    register reg7(q7,DI,clk,reset,regen[7]);
    register reg8(q8,DI,clk,reset,regen[8]);
    register reg9(q9,DI,clk,reset,regen[9]);
    register reg10(q10,DI,clk,reset,regen[10]);
    register reg11(q11,DI,clk,reset,regen[11]);
    register reg12(q12,DI,clk,reset,regen[12]);
    register reg13(q13,DI,clk,reset,regen[13]);
    register reg14(q14,DI,clk,reset,regen[14]);
    register reg15(q15,DI,clk,reset,regen[15]);
    register reg16(q16,DI,clk,reset,regen[16]);
    register reg17(q17,DI,clk,reset,regen[17]);
    register reg18(q18,DI,clk,reset,regen[18]);
    register reg19(q19,DI,clk,reset,regen[19]);
    register reg20(q20,DI,clk,reset,regen[20]);
    register reg21(q21,DI,clk,reset,regen[21]);
    register reg22(q22,DI,clk,reset,regen[22]);
    register reg23(q23,DI,clk,reset,regen[23]);
    register reg24(q24,DI,clk,reset,regen[24]);
    register reg25(q25,DI,clk,reset,regen[25]);
    register reg26(q26,DI,clk,reset,regen[26]);
    register reg27(q27,DI,clk,reset,regen[27]);
    register reg28(q28,DI,clk,reset,regen[28]);
    register reg29(q29,DI,clk,reset,regen[29]);
    register reg30(q30,DI,clk,reset,regen[30]);
    register reg31(q31,DI,clk,reset,regen[31]);
    mux_32 mux0(Q1,q0,q1,q2,q3,q4,q5,q6,q7,q8,q9,q10,q11,q12,
               q13,q14,q15,q16,q17,q18,q19,q20,q21,q22,q23,
               q24,q25,q26,q27,q28,q29,q30,q31,A1);
    mux_32 mux1(Q2,q0,q1,q2,q3,q4,q5,q6,q7,q8,q9,q10,q11,q12,
               q13,q14,q15,q16,q17,q18,q19,q20,q21,q22,q23,
```

```
              q24,q25,q26,q27,q28,q29,q30,q31,A2);
endmodule
module decoder(decoderout,waddr);
    output[31:0] decoderout;
    input[4:0] waddr;
    reg [31:0] decoderout;
    always @ (waddr)
        case(waddr)
            5'd0:decoderout=32'b0000_0000_0000_0000_0000_0000_0000_0001;
            5'd1:decoderout=32'b0000_0000_0000_0000_0000_0000_0000_0010;
            5'd2:decoderout=32'b0000_0000_0000_0000_0000_0000_0000_0100;
            5'd3:decoderout=32'b0000_0000_0000_0000_0000_0000_0000_1000;
            5'd4:decoderout=32'b0000_0000_0000_0000_0000_0000_0001_0000;
            5'd5:decoderout=32'b0000_0000_0000_0000_0000_0000_0010_0000;
            5'd6:decoderout=32'b0000_0000_0000_0000_0000_0000_0100_0000;
            5'd7:decoderout=32'b0000_0000_0000_0000_0000_0000_1000_0000;
            5'd8:decoderout=32'b0000_0000_0000_0000_0000_0001_0000_0000;
            … … … … … … …
            5'd31:decoderout=32'b1000_0000_0000_0000_0000_0000_0000_0000;
        endcase
endmodule
module register(q,data,clk,reset,en);
    output[31:0] q;
    input[31:0] data;
    input clk,reset,en;
    dff u0(q[0],data[0],clk,reset,en);
    dff u1(q[1],data[1],clk,reset,en);
    dff u2(q[2],data[2],clk,reset,en);
    dff u3(q[3],data[3],clk,reset,en);
    dff u4(q[4],data[4],clk,reset,en);
    dff u5(q[5],data[5],clk,reset,en);
    dff u6(q[6],data[6],clk,reset,en);
    dff u7(q[7],data[7],clk,reset,en);
    dff u8(q[8],data[8],clk,reset,en);
    dff u9(q[9],data[9],clk,reset,en);
    … … … … … … …
    dff u29(q[29],data[29],clk,reset,en);
    dff u30(q[30],data[30],clk,reset,en);
    dff u31(q[31],data[31],clk,reset,en);
endmodule
module dff(q,data,clk,reset,en);
    output q;
    input data,clk,reset,en;
    reg q;
    always @ (posedge clk)
        begin
            if(reset)
                q<=0;
            else if(en)
                q<=data;
```

```
            else
                q<=q;
        end
endmodule
module mux_32(q,q0,q1,q2,q3,q4,q5,q6,q7,q8,q9,q10,q11,q12,
              q13,q14,q15,q16,q17,q18,q19,q20,q21,q22,q23,
              q24,q25,q26,q27,q28,q29,q30,q31,raddr);
output[31:0] q;
input[31:0] q0,q1,q2,q3,q4,q5,q6,q7,q8,q9,q10,q11,q12,
            q13,q14,q15,q16,q17,q18,q19,q20,q21,q22,q23,
            q24,q25,q26,q27,q28,q29,q30,q31;
input[4:0] raddr;
reg [31:0] q;
always @ (raddr or q0 or q1 or q2 or q3 or q4 or q5 or q6 or q7 or q8 or q9 or q10
       or q11 or q12 or q13 or q14 or q15 or q16 or q17 or q18 or q19 or q20
       or q21 or q22 or q23 or q24 or q25 or q26 or q27 or q28 or q29 or q30 or q31)
    case(raddr)
            5'd0:q=q0;
            5'd1:q=q1;
            5'd2:q=q2;
            … … …
            5'd31:q=q31;
    endcase
endmodule
```

4.5 复杂数字系统的逻辑设计

复杂数字系统的逻辑设计并不是简单地由一些基本组合逻辑和时序逻辑常用构件堆叠而成，而需要使用自顶向下的系统设计方法，在该过程中设计被逐步求精。设计的步骤包括从自然语言说明到系统规格的描述、系统分解、Verilog 建模和 RTL 代码详细设计，再由综合工具综合成门级网表。数字系统的设计不仅包括功能的设计，还包括非功能性的约束和实现，如性能、功耗、成本等。

4.5.1 算法状态机图

将自然语言描述转换为系统化、精确化的描述需要借助一些描述工具。大多数数字系统都很复杂，传统的状态表以及由此导出的布尔表达式在描述这样的系统时会变得十分烦琐。状态转换图（STG）虽然能够描述状态转移，但不显示详细的状态演变过程。复杂的时序状态机可以用算法的层次来描述，我们称之为算法状态机（ASM）。

图 4-17 是利用算法状态机描述火车道口交通信号控制器的 ASM 图。该火车道口的交通信号分红灯和绿灯两种信号，通常的默认状态是绿灯，提示行人可以穿越铁路道口；当有火车驶来时，信号变为红灯，

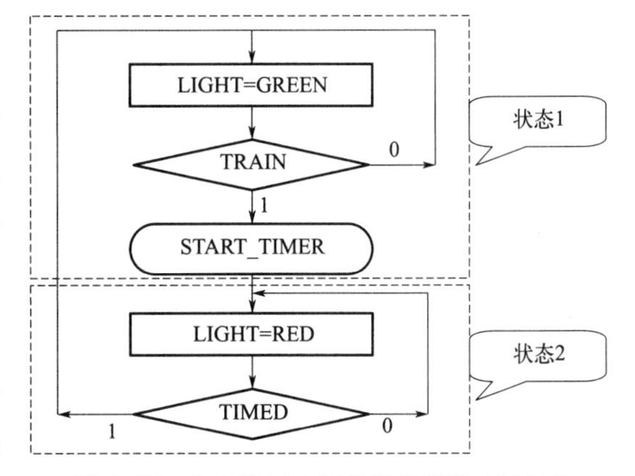

图 4-17　火车道口交通信号控制器 ASM 图

提示行人禁止穿越铁路道口；道口封闭时间由定时器控制，当信号灯变化后，定时器开始工作，到达某个时间后（TIMED），信号灯恢复默认状态。

ASM图是时序状态机功能的一种抽象，是模拟其行为特性的工具。ASM图显示了计算动作的时间顺序，以及在状态机输入影响下发生的时序步骤，或者说状态级的行为动作。

在ASM图中包括三种元件：状态框、判断框和条件输出框。状态框内任务必须在同一时钟周期内完成；在状态框中列出了输出信号，这些信号在时钟周期内保持所示的值；状态框左上角符号表示状态。从判断框流出两个分支，判断根据一个输入信号决定。判断框必须跟随在一个状态框之后，判断框内的任务与状态框内的其他任务在同一时钟周期内完成。条件输出框的输出行为与它所属的状态框的输出信号在同一周期内被触发。

在ASM图中，一个状态或时钟周期不仅由状态框构成，判断框和条件输出框也成为了状态的一部分，参见图4-17。

虽然任何同步的时序系统都可以用ASM图来描述，但当状态数很多时，ASM图就会变得十分庞大和复杂。可以将一个状态机划分成两个或多个状态机，状态机之间通过交互协同工作。这样，可以有效降低状态机的设计复杂度。

例如，可以将火车道口交通信号控制器划分为两个状态机，如图4-18所示。

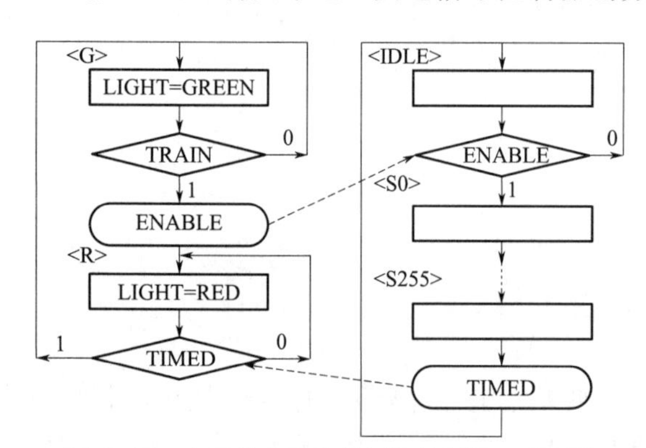

图4-18　交互状态机的信号灯控制器ASM图

其中，左边的状态机是信号灯控制器，在火车到来时，ENABLE作为输出条件被置位；同时，该信号作为右边状态机的输入，允许状态机从IDLE状态进入计数状态；当右边状态机计数完成时，TIMED信号被置位，它又作为左边状态机的输入，使得第一个状态机从状态R进入状态G，同时第二个状态机回到IDLE状态。

尽管两个状态机的行为和单个状态机的行为并没有实际区别，但这样的划分使得复杂系统被分割成比较小的子系统，从而有利于系统的分析、开发及查错。

在实际进行数字电路系统设计时，经常采用上述状态机划分方法。比如前述的可移动高性能电脑加密机的控制状态机就可以划分为USB与AES模块接口控制状态机和AES模块内部控制状态机两个状态机，而AES模块内部控制状态机又可以进一步划分为密钥扩展状态机、加密状态机和解密状态机三个状态机。这种划分方法有效地降低了可移动高性能电脑加密机的控制状态机的设计复杂性，从而降低了设计难度，提高了设计的效率和正确性。

4.5.2　数据通道/控制器划分

数字系统结构可以划分为数据通道和控制器两部分。图4-19为多周期处理机的总体结构电路图。

将控制器产生的控制信号施加于数据通道，控制数据通道对数据进行处理；反之，数据通道产生的有关状态信号作用于控制器，参与控制状态的转换。

数据通道用于对数据进行具体的运算和处理，通常包括寄存器和各种功能部件。

数据通道和控制器的划分是层次式的，即在数据通道和控制器实现时，又可以划分为更低层次的数据通道和控制器，比如在可移动高性能电脑加密机的设计过程中就采用了上述层次式的划分方法。

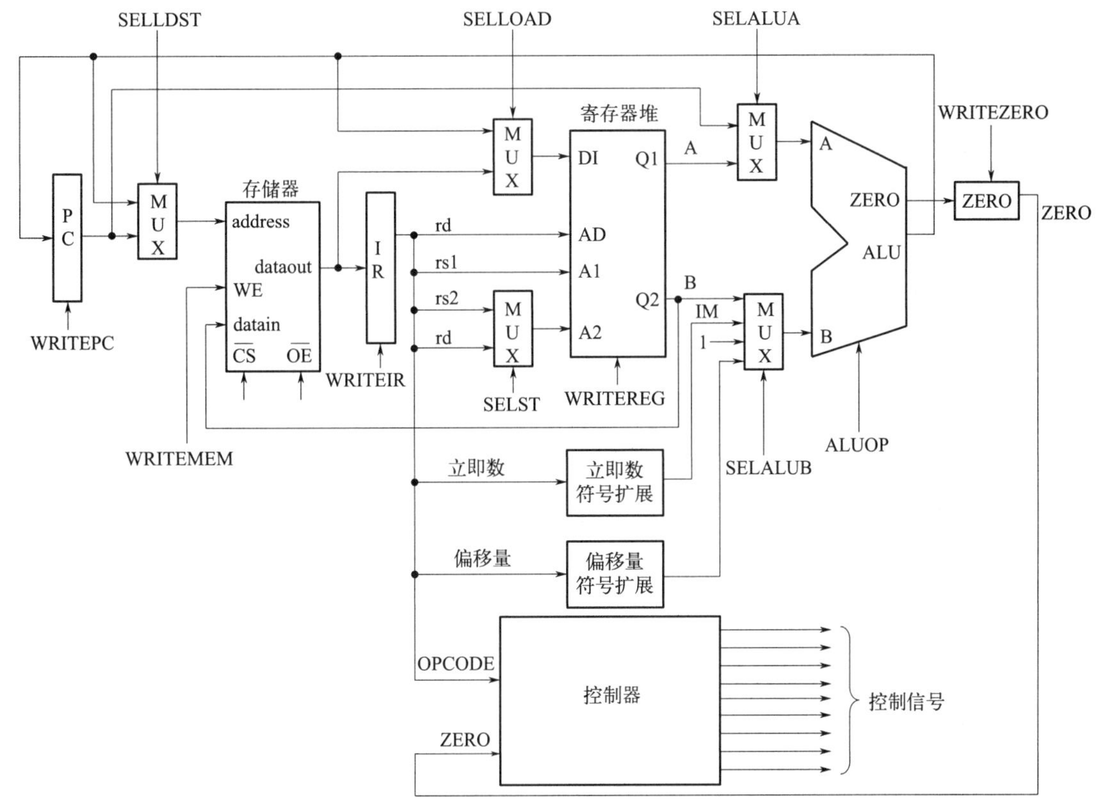

图 4-19　多周期处理机的总体结构电路图

4.5.3　复杂数字系统的设计方法

把数字系统划分为控制器和数据通道，有利于体系结构的清晰描述，简化系统的设计。

控制器用于组织、协调、同步数据通道的操作。例如：控制 ALU 和其他一些数据处理单元的操作，以及装载、读取、移动存储器或寄存器中的内容，产生多路复用器的控制信号和三态器件的控制信号等；数据通道则用于对数据进行具体的处理，如加法、减法、乘法、除法、移位和逻辑运算等。

面向特定应用的复杂数字系统的设计步骤如下：

① 分析应用，确定系统的体系结构，包括软件和硬件、控制器和数据通道等；

② 结合功能和硬件体系结构，设计面向功能的操作集，并标记出支持该操作集的数据通道操作顺序（控制状态）；

③ 编排上述操作顺序，从而规整出产生这些控制信号以及控制状态转换的状态机，即控制器状态机；

④ 数据通道组件与控制器状态机详细设计；

⑤ 集成上述组件并验证。

4.6　复杂数字系统设计举例——多周期处理机设计

4.6.1　多周期处理机 Verilog RTL 代码

```
module cpu(clk,rst,start,memwe,memin,memaddr,zero,n,v,c,dataout);//顶层模块
```

```
    input clk,rst,start,memwe;
    input [31:0] memin;
    input [4:0] memaddr;
    output [31:0] dataout;
    output n,v,c,zero;
    wire writepc,selldst,writemem,writeir,selload,selst,writereg,selalua,writezero;
    wire [5:0] opcode;
    wire [1:0] aluop,selalub;
    datapath u0(writepc,selldst,writemem,writeir,selload,selst,//数据路径
                writereg,selalua,selalub,aluop,writezero,clk,rst,
                memin,memaddr,memwe,zero,n,v,c,opcode,dataout);
    control u1(clk,start,zero,opcode,writepc,selldst,writemem,writeir,
                selload,selst,writereg,selalua,selalub,aluop,writezero);
                      //控制部件,具体模型参见例 4-6
endmodule
module datapath(writepc,selldst,writemem,writeir,selload,selst,//数据路径模型
                writereg,selalua,selalub,aluop,writezero,clk,rst,
                memin,memaddr,memwe,zero,n,v,c,opcode,dataout);
    input  writepc,selldst,writemem,writeir,selload,
           selst,writereg,selalua,writezero,clk,rst,memwe;
    input [1:0] selalub,aluop;
    input [4:0] memaddr;
    input [31:0] memin;
    output zero,n,v,c;
    output [5:0] opcode;
    output [31:0] dataout;
    wire [4:0]pcout,address,memaddr,mux3out;
    wire [31:0]memin,mux4out,mux5out,imme,disp;
    wire memwe,zero1;
    wire [31:0]dataout,Q1,datain,irout,f,aluout;
    pc pc1(pcout,aluout[4:0],writepc,clk,rst);
    mux21_5 mux1(address,pcout,aluout[4:0],selldst);
    memory mem(dataout,datain,address,writemem,memin,memaddr,memwe,clk,rst);
    ir ir1(irout,dataout,clk,rst,writeir);
    mux21_32 mux2(f,aluout,dataout,selload);
    mux21_5  mux3(mux3out,irout[4:0],irout[25:21],selst);
    registerfile registerfile(Q1,datain,f,clk,rst,writereg,irout[25:21],irout[20:
16],mux3out);
    mux21_32 mux4(mux4out,Q1,{27'b0,pcout},selalua);
    assign imme={16{irout[15]},irout[15:0]};
    assign disp={6{irout[25]},irout[25:0]};
    mux41_32 mux5(mux5out,datain,imme,32'd1,disp,selalub);
    ALU alu1(aluop,mux4out,mux5out,aluout,n,v,c,zero1);
    dff  zeroflag(zero,zero1,clk,rst,writezero);
    assign opcode=irout[31:26];
endmodule
module memory(dataout,datain,address,we,memin,memaddr,memwe,clk,reset);//存储器模型
    output [31:0] dataout;
    input [31:0] datain,memin;
    input [4:0] address,memaddr;
```

```
    input clk,reset,we,memwe;
    wire we1;
    wire [4:0] address1;
    wire [31:0] decoderout;
    wire [31:0] regen;
    wire [31:0] datain1;
    wire [31:0] q0,q1,q2,q3,q4,q5,q6,q7,q8,q9,q10,q11,q12,q13,q14,q15,
                q16,q17,q18,q19,q20,q21,q22,q23,q24,q25,q26,q27,q28,q29,q30,q31;
    assign address1=memwe? memaddr:address;
    assign datain1=memwe? memin:datain;
    decoder dec0(decoderout,address1);
    assign we1=we | memwe;
    assign  regen=decoderout & {32{we1}};
    register reg0(q0,datain1,clk,reset,regen[0]);
    register reg1(q1,datain1,clk,reset,regen[1]);
    register reg2(q2,datain1,clk,reset,regen[2]);
    register reg3(q3,datain1,clk,reset,regen[3]);
    register reg4(q4,datain1,clk,reset,regen[4]);
    register reg5(q5,datain1,clk,reset,regen[5]);
    register reg6(q6,datain1,clk,reset,regen[6]);
    register reg7(q7,datain1,clk,reset,regen[7]);
    register reg8(q8,datain1,clk,reset,regen[8]);
    register reg9(q9,datain1,clk,reset,regen[9]);
    ... ... ... ...
    register reg30(q30,datain1,clk,reset,regen[30]);
    register reg31(q31,datain1,clk,reset,regen[31]);
    mux_32 mux0(dataout,q0,q1,q2,q3,q4,q5,q6,q7,q8,q9,q10,
               q11,q12,q13,q14,q15,q16,q17,q18,q19,q20,q21,
               q22,q23,q24,q25,q26,q27,q28,q29,q30,q31,address);
endmodule
module ALU(op,a,b,s,n,v,c,z);//ALU 模型
    input [1:0]op;
    input [31:0]a,b;
    output[31:0]s;
    output n,v,c,z;
    wire [31:0]d,e,f,s1;
    assign d=a&b;
    assign e=a|b;
    mux21_32 u0(f,d,e,op[0]);
    add u2(a,b,op[0],s1,c,v,n);
    mux21_32 u1(s,f,s1,op[1]);
    assign z=~(|s);
endmodule
module add(a,b,sub,s,c,v,n);//加法器模型
    input [31:0]a;
    input [31:0]b;
    input sub;
    output [31:0]s;
    output c,v,n;
    wire [31:0]a;
```

```
    wire [31:0]b;
    wire c1,c2,c3,c4,c5,c6,c7,c8,c9,c10,c11,c12,c13,c14,c15,c16,
         c17,c18,c19,c20,c21,c22,c23,c24,c25,c26,c27,c28,c29,c30,c31;
    fadd f0(a[0],b[0]^sub,s[0],sub,c1);
    fadd f1(a[1],b[1]^sub,s[1],c1,c2);
    fadd f2(a[2],b[2]^sub,s[2],c2,c3);
    … … … …
    fadd f31(a[31],b[31]^sub,s[31],c31,c);
    assign n=s[31];
    assign v=c^c31;
endmodule
module fadd(a,b,s,ci,co);//全加器模型
    input a,b,ci;
    output s,co;
    reg s,co;
    always @ (a or b or ci)
       begin
           s<=(a&~b&~ci)|(~a&b&~ci)|(~a&~b&ci)|(a&b&ci);
           co<=(a&b)|(a&ci)|(b&ci);
       end
endmodule
module decoder(decoderout,waddr);//译码器模型
    output[31:0] decoderout;
    input[4:0] waddr;
    reg [31:0] decoderout;
    always @ (waddr)
       case(waddr)
           5'd0:decoderout=32'b0000_0000_0000_0000_0000_0000_0000_0001;
           5'd1:decoderout=32'b0000_0000_0000_0000_0000_0000_0000_0010;
           5'd2:decoderout=32'b0000_0000_0000_0000_0000_0000_0000_0100;
           5'd3:decoderout=32'b0000_0000_0000_0000_0000_0000_0000_1000;
           5'd4:decoderout=32'b0000_0000_0000_0000_0000_0000_0001_0000;
           5'd5:decoderout=32'b0000_0000_0000_0000_0000_0000_0010_0000;
           … … … …
           5'd29:decoderout=32'b0010_0000_0000_0000_0000_0000_0000_0000;
           5'd30:decoderout=32'b0100_0000_0000_0000_0000_0000_0000_0000;
           5'd31:decoderout=32'b1000_0000_0000_0000_0000_0000_0000_0000;
       endcase
endmodule
module dff(q,data,clk,reset,en);//触发器模型
       output q;
       input data,clk,reset,en;
       reg q;
       always @ (posedge clk)
           begin
              if(reset)
                   q<=0;
              else if(en)
                   q<=data;
              else
```

```
                        q<=q;
        end
endmodule
module ir(irout,irin,clk,reset,writeir);//指令寄存器模型
    output[31:0] irout;
    input[31:0] irin;
    input clk,reset,writeir;
    register  u(irout,irin,clk,reset,writeir);
endmodule
module pc(pcout,pcin,writepc,clk,rst);
    output [4:0] pcout;
    input  [4:0] pcin;
    input writepc,clk,rst;
    reg [4:0] pcout;
    always @ (posedge clk)
       begin
           if(rst)
              pcout<=5'b00000;
           else if(writepc)
              pcout<=pcin;
           else
              pcout<=pcout;
       end
endmodule
module register(q,data,clk,reset,en);//寄存器模型
    output[31:0] q;
    input[31:0] data;
    input clk,reset,en;
    dff u0(q[0],data[0],clk,reset,en);
    dff u1(q[1],data[1],clk,reset,en);
    dff u2(q[2],data[2],clk,reset,en);
    dff u3(q[3],data[3],clk,reset,en);
    dff u4(q[4],data[4],clk,reset,en);
    dff u5(q[5],data[5],clk,reset,en);
    dff u6(q[6],data[6],clk,reset,en);
    ... ... ... ...
    dff u28(q[28],data[28],clk,reset,en);
    dff u29(q[29],data[29],clk,reset,en);
    dff u30(q[30],data[30],clk,reset,en);
    dff u31(q[31],data[31],clk,reset,en);
endmodule
module mux21_5(address,pcout,aluout,selldst);//5位2选1选通器模型
    output[4:0] address;
    input[4:0] pcout,aluout;
    input selldst;
    reg [4:0] address;
    always @ (selldst or pcout or aluout)
       case(selldst)
           1'd0:address=pcout;
           1'd1:address=aluout;
```

```
        endcase
endmodule
module mux41_32(e,a,b,c,d,s);//32位4选1选通器模型
    output[31:0] e;
    input[31:0] a,b,c,d;
    input [1:0] s;
    reg [31:0] e;
    always @ (s or a or b or c or d)
       case(s)
           2'd0:e=a;
           2'd1:e=b;
           2'd2:e=c;
           2'd3:e=d;
       endcase
endmodule
```

4.6.2 多周期处理机测试代码

```
`timescale 1ns/1ns
module cpu_test;
    reg clk,rst,start,memwe;
    reg [31:0] memin;
    reg [4:0] memaddr;
    wire zero,n,v,c;
    wire [31:0] dataout;
    cpu u(clk,rst,start,memwe,memin,memaddr,zero,n,v,c,dataout);
    always #50 clk=~clk;
    initial
         begin
             clk=1;
             rst=0;
             start=0;
             #20 rst=1;
             //load instruction and data to memory.
             #100 rst=0;
                  memwe=1;
                  memin=32'b001000_00000_11111_0000000000010000;//load r0,r31,16
                  memaddr=5'd0;
             #100 memwe=1;
                  memin=32'b001001_00000_11111_0000000000010001;//store r0,r31,17
                  memaddr=5'd1;
             #100 memwe=1;
                  memin=32'b001000_00001_11111_0000000000010001;//load r1,r31,17
                  memaddr=5'd2;
             #100 memwe=1;
                  memin=32'b000001_00010_00000_0101010101010101;
                                                  //andi r2,r0,16'b0101010101010101
                  memaddr=5'd3;
             #100 memwe=1;
                  memin=32'b000101_00011_00010_0000000000001011;
```

```
                                          //addi r3,r2,16'b0000000000001011
          memaddr=5'd4;
      #100 memwe=1;
          memin=32'b001100_11111111111111111111111011;//branch-5
          memaddr=5'd5;
      #100 memwe=1;
          memin=32'hFFFF_FFFF;//load data to memory
          memaddr=5'd16;
      //start to execuit instructions.
      #100 memwe=0;
          start=1;
      #100 start=0;
      #10000 $stop;
   end
endmodule
```

4.6.3 多周期处理机功能仿真

将上述多周期处理机的 Verilog RTL 模型和测试代码一起输入 ModelSim 仿真工具进行编译和功能仿真，结果证明该多周期处理机的 Verilog RTL 模型的功能是正确的，图 4-20 是该多周期处理机的功能仿真波形的截图。

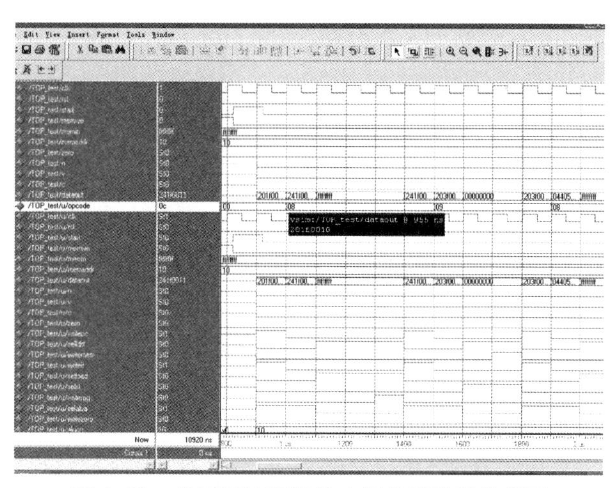

图 4-20 多周期处理机的功能仿真波形的截图

4.7 可综合的 Verilog RTL 设计

逻辑综合是在特定的设计约束条件下，把高层次描述的设计转换为优化的门级网表的过程。目前，这一过程都是由 EDA 工具基于预先定义的标准单元库自动处理完成的。除了直接的门级描述外，可综合的 Verilog 语言子集一般称为 RTL 集合，通常包括连续赋值语句和行为描述的一部分。

常用的 RTL 语法结构包括：

① 模块声明。

② 端口信号声明。

③ 变量类型。
④ 参数定义。
⑤ 运算符：算术、逻辑、移位等。
⑥ 条件与分支语句。
⑦ 连续赋值语句。
⑧ 块语句。
⑨ 进程语句：always 语句。
⑩ 任务与函数。
⑪ for 循环语句。

4.7.1 可综合的组合电路设计

Verilog 中可综合的组合逻辑主要有以下表达方式：
① 结构化的基本门网表；
② 连续赋值语句；
③ 电平敏感的周期性行为。
基本门网表显然是可综合的，在逻辑综合过程中，可以对原始网表进行化简、优化。
连续或条件赋值语句是可综合的，例如：

```
assign out=(s)? I0:i1
```

可以综合为 2 选 1 选通器。

电平敏感的周期性行为由 always 语句实现，但敏感列表中的信号不能是边沿信号，且所有触发信号都必须列举在敏感表中。例如，一位数据比较器：

```
module comparator(gt,lt,eq,a,b);
    output  gt,lt,eq;
    input  a,b;
    reg gt,lt,eq;
    always @ (a or b)
        if(a! =b)begin gt=a;lt=b;eq=0;end
        else  begin  gt=0;lt=0;eq=1;end
endmodule
```

可综合的组合逻辑电路要求无反馈结构。在 always 语句中，不支持内嵌的时间控制（如＃、@、wait）。在 always 语句中被赋值的变量必须被说明为 reg 类型。用 always 语句描述组合逻辑时，应该使用阻塞型赋值语句。组合逻辑必须针对所有可能的输入值组合给出输出赋值，否则综合工具可能导出锁存器。在赋值表达式右端参与赋值的信号都必须在敏感电平列表中列出，否则综合工具可能导出锁存器。

举例：带锁存输出的 2 路选择器。

```
module mux_latch(d_out,a,b,sel_a,sel_b);
    output  d_out;
    input a,b;
    reg sel_a,sel_b;
    always @ (a or b or sel_a or sel_b)
           case ({sel_a,sel_b})
               2'b10:d_out=a;
```

```
            2'b01:d_out=b;
        endcase
endmodule
```

4.7.2 可综合的时序电路设计

时序逻辑可分为电平控制的锁存器类型和时钟边沿控制的触发器类型。

锁存器类型的时序逻辑设计，可用带反馈和条件操作符的连续赋值语句实现，例如，SRAM 存储器单元可建模成：

```
assign dataout=(cs==0)? (we==0)? datain:dataout:1'bz;
```

锁存器也可以由行为描述建模，例如：

```
always @ (latchenable or datain)
      if(latchenable)
            dataout=datain
```

不完全的 case 语句也会产生相同的效果。

触发器类型的时序逻辑仅由边沿触发的行为描述综合而来，通常所说的同步时序电路是指时钟的上升沿或下降沿同步。一般不建议双边沿触发。另外，触发器通常还具有同步复位/置位或异步复位/置位功能。

在 always 语句中，所有的左端变量都需要定义为 reg 类型，但并非所有 reg 型变量都会综合成触发器，只有满足下列条件的寄存器变量才被综合为触发器：

① 该 reg 型变量在 always 语句之外被使用；

② 该 reg 型变量未被赋值前已经在 always 语句中使用；

③ 该 reg 型变量仅在描述行为的某些条件分支上被赋值。

例如：

```
module  empty_circuit(d_in,clk);
    input d_in;
    input clk;
    reg dout;
    always @ (posedge clk)
            dout<=d_in;
endmodule
```

上例中 dout 将会被删除，若它被定义为输出，则被综合为触发器。

同步时序逻辑电路中的赋值是无阻塞的。

举例：寄存器输出的多路选择器。

```
module mux_reg(d_out,i0,i1,s,clk);
    output d_out;
    input  i0,i1,s;
    input clk;
    reg d_out;
    always @ (posedge clk)
            if(s)d_out<=a;
            else d_out<=b;
endmodule
```

该电路是寄存器输出电路，在复杂设计中能有效抑制毛刺，降低功耗。

4.8 代码书写风格

提倡良好代码书写风格的目的是：提高代码的可读性、可调试性和可维护性。

良好代码书写风格包含下列要素。

① 文件头与注释。

② 可移植性。

③ 模块化与分割。

④ 命名惯例。

⑤ 语句书写：采用缩进格式，体现层次，增强可读性。

⑥ 模块声明：模块端口排列顺序建议为双向端口、输出、输入，相同功能的端口放在一起。

⑦ 某些特殊结构：建议组合逻辑和时序逻辑放在不同的 always 块中，建议使用独热码和格雷码作状态编码。

⑧ 错误避免：无意识锁存器、不完整的敏感列表。

⑨ 阻塞与非阻塞赋值。

本章习题

1. 利用 Verilog HDL 进行组合逻辑建模的方法有哪几种？
2. 试用三种不同的方法建立 4 选 1 多路选择器的 Verilog HDL 模型。
3. 试建立 3-8 译码器的 Verilog HDL 模型。
4. 试用 case 语句建立 1 位全加器的 Verilog HDL 模型。
5. 试用 assign 语句建立 1 位全加器的 Verilog HDL 模型。
6. 试用实例化门元件的方法建立 1 位全加器的 Verilog HDL 模型。
7. 试用实例化 1 位全加器的方法建立 4 位串行进位加法器的 Verilog HDL 模型。
8. 试建立 4 位超前进位加法器的 Verilog HDL 模型。
9. 试建立锁存器的 Verilog HDL 模型。
10. 试建立 D 触发器的 Verilog HDL 模型。
11. 利用 Verilog HDL 设计一个带计数使能端和异步复位端的 8 位计数器。
12. 同步有限状态机的电路结构包括哪三个部分？各部分的作用是什么？
13. 有限状态机的设计分为哪几个步骤？
14. 简述有限状态机的 Verilog HDL 描述方法。
15. 简述寄存器堆的电路结构及其 Verilog HDL 描述方法。
16. 简述算法状态机图的结构及原理。
17. 为什么要将数字系统划分为控制器和数据通道？如何划分控制器和数据通道？

第5章
数字集成电路设计的验证方法

本章学习目标

理解并掌握数字集成电路验证的定义和验证方法的分类，理解并掌握基于仿真的验证和形式化验证的原理与方法，知道软件仿真、硬件加速、硬件仿真的优缺点，掌握验证平台的设计方法，能够设计对复杂数字集成电路进行验证的验证平台。

本章内容思维导图

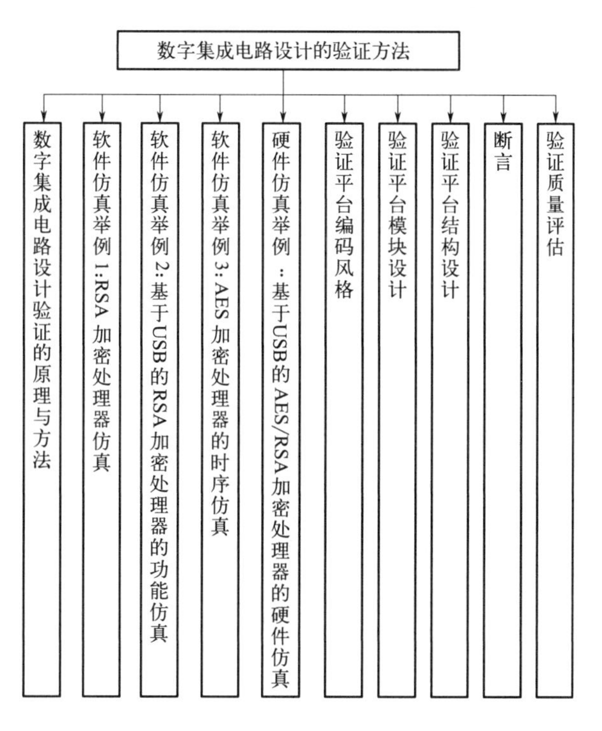

本章的主要内容包括数字集成电路设计验证的概念、原理、方法、实例，验证平台的编码风格、模块设计、结构设计，以及验证质量评估等。

5.1 数字集成电路设计验证的原理与方法

验证（verification）是检查设计实现的结果是否达到了设计规范的要求的过程。这里所指的设计实现的结果包括功能、性能、规模、功耗等方面的实现结果。验证是 IC 设计过程中必不可少的关键步骤，对于保证设计的正确性、提高设计效率具有重要意义。随着 IC 规模和设计复杂度的增加，验证工作量也迅速增加，甚至超过设计本身的工作量，因此研究快速而有效的验证方法对于缩短设计周期，降低设计成本具有重要意义。

设计过程是将设计规范转换为设计实现的过程。规范指明了设计所要实现的功能，但并不涉及如何去实现；而实现方案则给出了如何实现功能的细节。从规范到实现是一个从抽象到具体的不断细化的过程，如最初设计描述采用自然语言方式，然后是系统结构级描述、算法级描述、RTL 代码、门级网表、晶体管级描述，最终到物理版图。

验证过程是一个与设计过程相反的过程。它从实现方案开始，验证其是否符合设计规范。在设计的每一步骤都有验证步骤与之相对应。例如综合前的 RTL 模型和综合后网表的功能等效性验证。

设计验证包括许多方面，例如功能验证、时序验证、版图验证等。

（1）验证方法

首先要建立验证方案，详细列出需要验证的功能等项目。其次还需要有一种度量验证质量的尺度，通常以功能覆盖率和代码覆盖率等作为评价验证质量的指标。功能覆盖率是指已验证的功能占所有功能的百分比，代码覆盖率是指已验证过的代码占所有代码的百分比。

一般地，我们把验证方法分为两种类型：基于仿真的验证和形式化验证。

基于仿真的验证依赖于测试向量，验证者利用仿真工具在设计模型的输入端口施加测试激励，并由仿真工具模拟设计模型的工作过程得到响应输出，然后评估输出是否符合规范要求，以此判断设计模型是否有错误。

形式化验证不依赖于测试向量，它通过分析和推理的方法验证设计的正确性。形式化验证又分为两种类型：等价性验证和模型验证。

（2）基于仿真的验证

基于仿真（simulation）的验证可分为软件仿真、硬件加速、硬件仿真三种方式。

软件仿真是最常用的验证方法，可以基于很多层次，如系统级、算法级、RTL 等。

软件仿真通过仿真器（simulator）对设计模型的行为进行模拟，以此来检查设计模型是否有错误。仿真器的输入包括两部分：设计模块和验证平台（testbench）。其中设计模块是用硬件描述语言（通常是 Verilog 或 VHDL）建立的设计模型，而验证平台则是为设计模块建立的一个验证环境，用于为设计模块产生输入信号（称为测试激励），采集设计模块的响应输出，并判断响应输出是否正确。验证平台也可以使用硬件描述语言编写，由于验证平台只用于验证而不用于实现，因此不要求其可综合，可以使用行为级描述语法来提高其仿真效率。

随着设计复杂度的提高，验证工作量急剧增加，为了进一步提高验证效率，产生了面向验证的高层次语言 HVL。它们把高级语言中面向对象的方法及算法级描述同 HDL 中的并行性和时序结构结合在一起，可以大大提高验证代码的效率。

硬件加速用于加速软件仿真，缩短仿真时间。仿真系统被分为两部分，其一为软件仿真器，仿真不可综合的 HDL 代码和验证平台；其二为硬件加速器，仿真所有可综合的代码。

硬件加速器通常为 FPGA 或处理器阵列，可以将仿真速度提高两三个数量级。

硬件仿真又称为电路仿真或在线仿真，是使用可配置硬件实现设计，并在真实的应用环境中对设计进行验证的方法。

硬件仿真的优点：仿真方法更加接近设计实现的实际情况，因此仿真的真实性更强，发现错误的可能性更大，对设计正确性的保障更加有力；软硬件的集成可以在实际流片之前进行，能够及时发现系统级的设计错误，提高了流片成功率；仿真速度快，缩短了开发周期。

硬件仿真的缺点：调试比较困难，通常需要借助专用仪器，如逻辑分析仪和示波器，来监控信号。

软件仿真和硬件仿真是互为补充的两种验证方法。

（3）形式化验证

① 等价性验证。等价性验证是指通过分析、对比两个设计，论证两个设计实现的功能是否一致。等价性验证不需要生成测试向量，但必须有一个功能完全正确的参考设计。

等价性验证可用于验证综合后网表与原始 RTL 描述的功能是否一致，也可用于比较两个网表功能是否等价，如综合后网表插入测试扫描链之后功能是否改变等，还可用于检查两个 RTL 设计在逻辑上是否一致。

② 模型验证。模型验证是在一定的约束条件下，遍历设计的状态空间，以数学建模的方式从理论上推导、论证方案实现的正确性。

模型验证把设计规范体现的属性和设计作为输入，证明或反驳该设计具有这种属性。

模型验证的思想是在设计的整个状态空间中搜索不符合属性的点。如果发现这种点，则属性不满足，该点就成为一个反例，接着生成一个从反例中导出的路径，引导设计者排除这个缺陷。

5.2 软件仿真举例 1：RSA 加密处理器仿真

RSA 加密处理器是采用 RSA 密码算法实现加/解密功能的集成电路，可广泛应用于信息加密、数字签名、身份认证、密钥管理与分配等信息安全领域。

（1） RSA 密码算法简介

RSA 密码算法是目前应用最为广泛的非对称密码算法，其算法描述包括两部分：密钥生成算法、加/解密算法。

① 密钥生成算法。

a. 随机选取两个不同且大小相近的大素数 p 和 q（保密）。

b. 计算 $n=p \cdot q$（公开），$\phi(n)=(p-1)(q-1)$，其中 $\phi(n)$ 是 n 的欧拉函数值（保密）。

c. 随机选取整数 e，使得 $1<e<\phi(n)$，满足 $\gcd(e,\phi(n))=1$（公开）。

d. 使用扩展的欧几里得算法计算 d，满足 $de\equiv 1(\bmod \phi(n))$ 的唯一整数 d，且 $1<d<\phi(n)$（保密）。

② 加/解密算法。

a. 加密算法：$c=E(m)\equiv m^e \bmod n$

b. 解密算法：$m=D(c)\equiv c^d \bmod n$

上述公式中，m 是明文，c 是密文，n 是模数，e 是加密指数，(e, n) 对是公钥，d 是解密指数，(d, n) 对是私钥。因为 $c=m^e \bmod n$ 的逆运算 $m=(kn+c)^{1/e}$ 十分复杂，且存在多义性（不定），所以它是一个单向陷门函数。同时，仅由公钥 e 和 n 是无法求出 d 的，除非能将 n 分解求出 p 和 q，这是大素数分解（NP）难题，难以实现，从而保证了 RSA 密码算法的安全性。

（2） RSA加密处理器的外框图及端口信号说明

RSA 加密处理器的外框图见图 5-1，其端口信号说明见表 5-1。

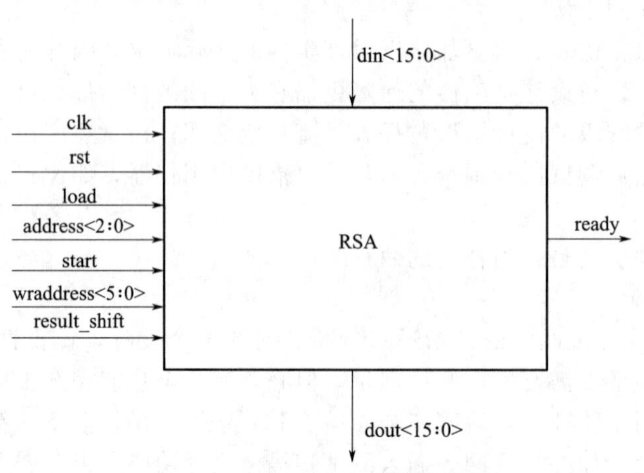

图 5-1 RSA 加密处理器外框图

表 5-1 RSA 加密处理器端口信号说明

信号名称	信号宽度	传输方向	信号含义
clk	1 位	输入	时钟信号
rst	1 位	输入	复位信号，1 有效
load	1 位	输入	数据装载使能信号，用于控制输入明/密文、密钥、模数以及某些参数，1 有效
address	3 位	输入	寄存器地址，用于表示明/密文寄存器、密钥寄存器、模数寄存器以及某些参数寄存器
start	1 位	输入	加/解密运算开始使能信号，1 有效
din	16 位	输入	输入数据总线，用于输入明/密文、密钥、模数以及某些参数
wraddress	6 位	输入	将 1024 位数据分成 64 个 16 位数据，每次写入 1 个 16 位数据，该地址指明 16 位数据的地址
result_shift	1 位	输入	结果移位使能信号，1 有效。有效时，将 1024 位加/解密结果右移 16 位，并将最低 16 位输出
ready	1 位	输出	加/解密运算完成标识信号，1 有效
dout	16 位	输出	输出数据总线，用于输出加/解密结果

（3） RSA加密处理器功能仿真方案

对 RSA 加密处理器的 RTL Verilog 模型进行加密功能的测试，采用的测试数据如下：

① 输入数据（测试激励）：

```
n=1024'h0ac66f597f338ca1;                          //模数
PT=1024'h0072418cccccccc3;                         //明文
KEY=1024'h0000000000000007;                        //密钥
```

$A = 2^{2k} \bmod n = 2^{2048} \bmod 776430415944846497$
$= (726986989413441796)_{10} = (A16C6D0AC51A104)_{16}$;　　//常数 A

$C = 2^{k} \bmod n = 2^{1024} \bmod 776430415944846497$
$= (686167533972011608)_{10} = (985C1BC96CEBA58)_{16}$;　　//常数 C

② 正确的响应输出（用于与仿真结果进行比对）：

```
CT=1024'h052dc2c78533d116;//密文
```

（4）RSA加密处理器功能仿真的验证平台设计

```
`timescale 1ns/1ns
module RSA_tb;
    reg clk,rst,load,start,result_shift;//变量声明
    reg [2:0] address;
    reg [15:0] din;
    reg [5:0] wraddress;
    wire [15:0] dout;
    wire ready;
    RSA  rsa(clk,rst,load,address,din,start,dout,ready,wraddress,result_shift);
    //实例化RSA加密
    //处理器的RTL Verilog模型
    initial clk=1;//初始化时钟信号
    always #50 clk=~clk;//生成周期为100ns的时钟信号
    initial
          begin
              #20  rst=1;
                   result_shift=0;
              #200 rst=0;
                   start=0;
                   load=1;//load 1024 bits modulus.
                   address=3'd0;
                   wraddress=6'd0;
                   din=16'h8ca1;
              #100 wraddress=6'd1;
                   din=16'h7f33;
              #100 wraddress=6'd2;
                   din=16'h6f59;
              #100 wraddress=6'd3;
                   din=16'h0ac6;
              #100 wraddress=6'd4;
                   din=16'h0000;
              ......
              #100 wraddress=6'd63;
                   din=16'h0000;
              #100 load=1;//load 1024 bits plaintext.
                   address=3'd1;
                   wraddress=6'd0;
                   din=16'hccc3;
              #100 wraddress=6'd1;
                   din=16'hcccc;
              #100 wraddress=6'd2;
                   din=16'h418c;
              #100 wraddress=6'd3;
                   din=16'h0072;
              #100 wraddress=6'd4;
                   din=16'h0000;
              ......
              #100 wraddress=6'd63;
                   din=16'h0000;
              #100 load=1;//load 1024 bits key.
```

```
        address=3'd2;
        wraddress=6'd0;
        din=16'h0007;
#100 wraddress=6'd1;
        din=16'h0000;
#100 wraddress=6'd2;
        din=16'h0000;
#100 wraddress=6'd3;
        din=16'h0000;
#100 wraddress=6'd4;
        din=16'h0000;
......
#100 wraddress=6'd63;
        din=16'h0000;
#100 load=1;//load 1024 bits parameter A.
        address=3'd3;
        wraddress=6'd0;
        din=16'hA104;
#100 wraddress=6'd1;
        din=16'hAC51;
#100 wraddress=6'd2;
        din=16'hC6D0;
#100 wraddress=6'd3;
        din=16'h0A16;
#100 wraddress=6'd4;
        din=16'h0000;
......
#100 wraddress=6'd63;
        din=16'h0000;
#100 load=1;//load 1024 bits parameter C.
        address=3'd4;
        wraddress=6'd0;
        din=16'hBA58;
#100 wraddress=6'd1;
        din=16'h96CE;
#100 wraddress=6'd2;
        din=16'hC1BC;
#100 wraddress=6'd3;
        din=16'h0985;
#100 wraddress=6'd4;
        din=16'h0000;
......
#100 wraddress=6'd63;
        din=16'h0000;
#100 load=0;
        start=1;//开始加密
#100 start=0;
#106000000 result_shift=1;//加密结束,移位输出加密结果
#6300 result_shift=0;
#200 $finish;
```

```
        end
endmodule
```

(5) RSA 加密处理器功能仿真结果

将上述 RSA 加密处理器的验证平台文件和 RTL Verilog 模型文件一起输入 ModelSim 仿真工具执行仿真，得到的输出结果如图 5-2 和图 5-3 所示，其中图 5-3 是图 5-2 中的输出结果 dout 的局部放大图。注意加密结果是 1024 位的，通过 16 位的输出端口 dout 分 16 次输出，输出顺序是先低位后高位。通过与正确的密文 CT=1024'h052dc2c78533d116 进行对比，我们发现仿真结果是正确的。

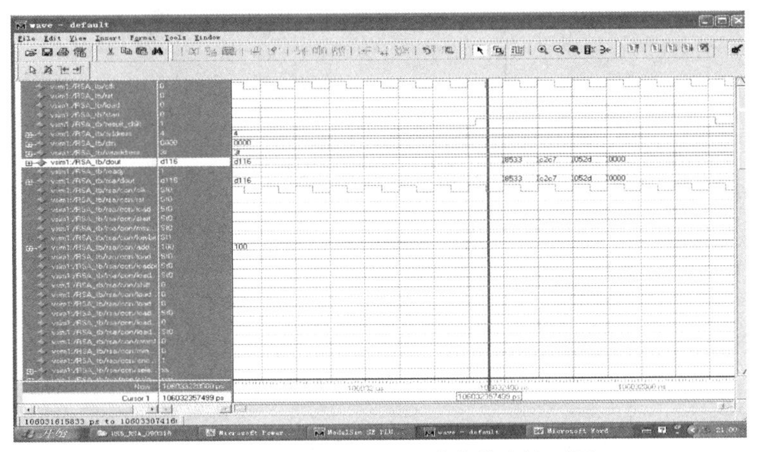

图 5-2 RSA 加密处理器功能仿真波形图

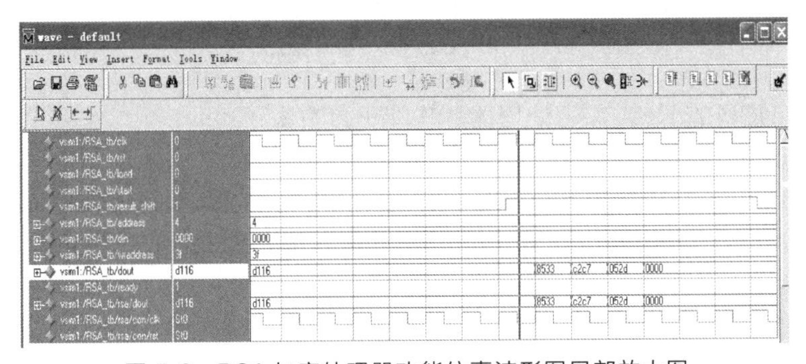

图 5-3 RSA 加密处理器功能仿真波形图局部放大图

5.3 软件仿真举例 2：基于 USB 的 RSA 加密处理器的功能仿真

在上述 RSA 加密处理器与 USB 接口芯片之间配置一个接口模块，就构成了基于 USB 的 RSA 加密处理器，该加密处理器可以通过 USB 接口芯片实现与电脑之间的通信，从而可以将存储在电脑中的文件读入并进行加/解密处理，然后将加/解密处理的结果输出到电脑保存。具体实现过程如下：电脑将需要进行加/解密处理的数据和相关的控制命令先发送到 USB 接口芯片中的一个 FIFO（称为读 FIFO），随后基于 USB 的 RSA 加密处理器从 USB 接口芯片中的读 FIFO 中读取这些数据和相关的控制命令，并进行相应的处理，然后将加/解密处理的结果输出到 USB 接口芯片中的另一个 FIFO（称为写 FIFO），最后由电脑从 USB 接口芯片中的写 FIFO 读入加/解密处理的结果并保存在电脑中。

（1）基于 USB 的 RSA 加密处理器的外框图和端口信号说明

基于 USB 的 RSA 加密处理器的外框图和端口信号说明如图 5-4 和表 5-2 所示。

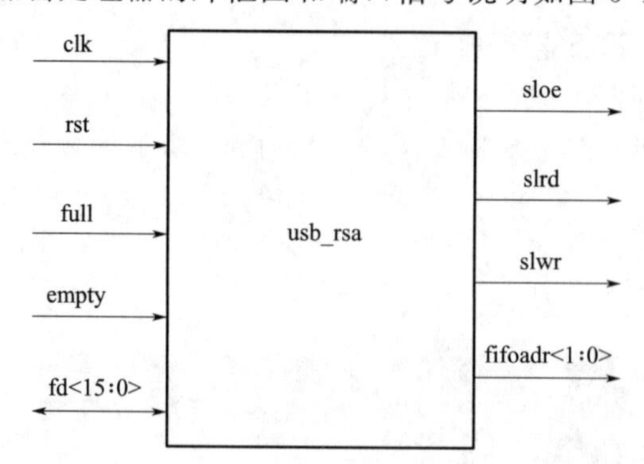

图 5-4 基于 USB 的 RSA 加密处理器的外框图

表 5-2 基于 USB 的 RSA 加密处理器的端口信号说明

信号名称	信号宽度	传输方向	信号含义
clk	1 位	输入	时钟信号
rst	1 位	输入	复位信号，1 有效
sloe	1 位	输出	USB FIFO 输出使能信号，0 有效
slrd	1 位	输出	USB FIFO 读使能信号，0 有效
slwr	1 位	输出	USB FIFO 写使能信号，0 有效
fifoadr	2 位	输出	USB FIFO 地址
full	1 位	输入	USB FIFO 满标志信号，0 有效
empty	1 位	输入	USB FIFO 空标志信号，0 有效
fd	16 位	输入/输出	USB FIFO 读写数据总线

（2）基于 USB 的 RSA 加密处理器的功能仿真方案

基于 USB 的 RSA 加密处理器 usb _ rsa 直接面对的外部环境就是 USB 接口芯片中的读 FIFO 和写 FIFO，usb_rsa 通过 16 位双向总线 fd 从 USB 接口芯片中的读 FIFO 中读取数据和相关控制命令，经过内部加/解密处理之后将结果再通过 16 位双向总线 fd 写入 USB 接口芯片中的写 FIFO 中保存。

基于 USB 的 RSA 加密处理器的功能仿真将模拟上述工作过程，为此，我们使用 Verilog HDL 建立 USB 接口芯片中的读/写 FIFO 的模型，用来模拟真实的 USB 接口芯片中的读/写 FIFO 的行为，为基于 USB 的 RSA 加密处理器 usb_rsa 建立一个测试环境，为其产生测试激励并保存响应输出。测试激励仍然采用上一节 RSA 加密处理器的功能仿真中所使用的数据。

（3）基于 USB 的 RSA 加密处理器的功能仿真验证平台设计

```
`timescale 1ns/1ns
module fifo_usb_rsa_tb;//基于 USB 的 RSA 加密处理器的验证平台
    reg clk,rst;
    wire full,empty;
    wire [15:0] fd;
    wire sloe,slrd,slwr;
    wire [1:0] fifoadr;
    fifo_rsa  fifo_rsa(clk,rst,full,empty,fd,sloe,slrd,slwr,fifoadr);//实例化 USB FIFO 模块
    usb_rsa  usb_rsa(clk,rst,full,empty,fd,sloe,slrd,slwr,fifoadr);
    //实例化基于 USB 的 RSA 加密
```

```
                                                    //处理器 usb_rsa
    initial clk=1;
    always #50 clk=~clk;//clock generation
    initial
          begin
              #20          rst=1;//通过复位给 USB FIFO 赋初值,即测试激励
              #200         rst=0;
              #318000000   $finish;
              //经过 318000000 个时钟周期,加密结果保存到 USB 写 FIFO 中,仿真完成
          end
endmodule
module fifo_rsa(clk,rst,full,empty,fd,sloe,slrd,slwr,fifoadr);
//USB 接口芯片中的读/写 FIFO 模型
    input clk,rst,sloe,slrd,slwr;
    input [1:0] fifoadr;
    inout [15:0] fd;
    output full,empty;
    reg [5231:0]  readfifo;//读 FIFO
    reg [1023:0]  writefifo;//写 FIFO
    reg [8:0] read_wordcount;
    reg [6:0] write_wordcount;
    always @ (posedge clk)
        begin
          if(rst)
             readfifo={16'h0001,16'h0002,
              16'h0000,16'h0000,16'h0000,16'h0000,16'h0000,16'h0000,16'h0000,16'h0000,
              16'h0000,16'h0000,16'h0000,16'h0000,16'h0000,16'h0000,16'h0000,16'h0000,
              16'h0000,16'h0000,16'h0000,16'h0000,16'h0000,16'h0000,16'h0000,16'h0000,
              16'h0000,16'h0000,16'h0000,16'h0000,16'h0000,16'h0000,16'h0000,16'h0000,
              16'h0000,16'h0000,16'h0000,16'h0000,16'h0000,16'h0000,16'h0000,16'h0000,
              16'h0000,16'h0000,16'h0000,16'h0000,16'h0000,16'h0000,16'h0000,16'h0000,
              16'h0000,16'h0000,16'h0000,16'h0000,16'h0000,16'h0000,16'h0000,16'h0000,
              16'h0000,16'h0000,16'h0000,16'h0000,16'h0072,16'h418c,16'hcccc,16'hccc3,
              16'h0004,
              16'h0000,16'h0000,16'h0000,16'h0000,16'h0000,16'h0000,16'h0000,16'h0000,
              16'h0000,16'h0000,16'h0000,16'h0000,16'h0000,16'h0000,16'h0000,16'h0000,
              16'h0000,16'h0000,16'h0000,16'h0000,16'h0000,16'h0000,16'h0000,16'h0000,
              16'h0000,16'h0000,16'h0000,16'h0000,16'h0000,16'h0000,16'h0000,16'h0000,
              16'h0000,16'h0000,16'h0000,16'h0000,16'h0000,16'h0000,16'h0000,16'h0000,
              16'h0000,16'h0000,16'h0000,16'h0000,16'h0000,16'h0000,16'h0000,16'h0000,
              16'h0000,16'h0000,16'h0000,16'h0000,16'h0000,16'h0000,16'h0000,16'h0000,
              16'h0000,16'h0000,16'h0000,16'h0000,16'h0985,16'hC1BC,16'h96CE,16'hBA58,
              16'h0008,
              16'h0000,16'h0000,16'h0000,16'h0000,16'h0000,16'h0000,16'h0000,16'h0000,
              16'h0000,16'h0000,16'h0000,16'h0000,16'h0000,16'h0000,16'h0000,16'h0000,
              16'h0000,16'h0000,16'h0000,16'h0000,16'h0000,16'h0000,16'h0000,16'h0000,
              16'h0000,16'h0000,16'h0000,16'h0000,16'h0000,16'h0000,16'h0000,16'h0000,
              16'h0000,16'h0000,16'h0000,16'h0000,16'h0000,16'h0000,16'h0000,16'h0000,
              16'h0000,16'h0000,16'h0000,16'h0000,16'h0000,16'h0000,16'h0000,16'h0000,
```

```
            16'h0000,16'h0000,16'h0000,16'h0000,16'h0000,16'h0000,16'h0000,16'h0000,
            16'h0000,16'h0000,16'h0000,16'h0000,16'h0A16,16'hC6D0,16'hAC51,16'hA104,
            16'h0010,
            16'h0000,16'h0000,16'h0000,16'h0000,16'h0000,16'h0000,16'h0000,16'h0000,
            16'h0000,16'h0000,16'h0000,16'h0000,16'h0000,16'h0000,16'h0000,16'h0000,
            16'h0000,16'h0000,16'h0000,16'h0000,16'h0000,16'h0000,16'h0000,16'h0000,
            16'h0000,16'h0000,16'h0000,16'h0000,16'h0000,16'h0000,16'h0000,16'h0000,
            16'h0000,16'h0000,16'h0000,16'h0000,16'h0000,16'h0000,16'h0000,16'h0000,
            16'h0000,16'h0000,16'h0000,16'h0000,16'h0000,16'h0000,16'h0000,16'h0000,
            16'h0000,16'h0000,16'h0000,16'h0000,16'h0000,16'h0000,16'h0000,16'h0000,
            16'h0000,16'h0000,16'h0000,16'h0000,16'h0000,16'h0000,16'h0000,16'h0007,
            16'h0020,
            16'h0000,16'h0000,16'h0000,16'h0000,16'h0000,16'h0000,16'h0000,16'h0000,
            16'h0000,16'h0000,16'h0000,16'h0000,16'h0000,16'h0000,16'h0000,16'h0000,
            16'h0000,16'h0000,16'h0000,16'h0000,16'h0000,16'h0000,16'h0000,16'h0000,
            16'h0000,16'h0000,16'h0000,16'h0000,16'h0000,16'h0000,16'h0000,16'h0000,
            16'h0000,16'h0000,16'h0000,16'h0000,16'h0000,16'h0000,16'h0000,16'h0000,
            16'h0000,16'h0000,16'h0000,16'h0000,16'h0000,16'h0000,16'h0000,16'h0000,
            16'h0000,16'h0000,16'h0000,16'h0000,16'h0000,16'h0000,16'h0000,16'h0000,
            16'h0000,16'h0000,16'h0000,16'h0000,16'h0ac6,16'h6f59,16'h7f33,16'h8ca1,
            16'h0040};//复位后读 FIFO 的初始值,包括待加密数据、算法参数和控制命令
        else if((~slrd)&(fifoadr==2'b00))
           readfifo<=(readfifo>> 16);
        else
           readfifo<=readfifo;
      end
  assign fd=(sloe==0)? readfifo[15:0]:16'bz;
  always @ (posedge clk)  //read_wordcount register
      if(rst)
           read_wordcount <=9'd0;
      else if(slrd==0)
           read_wordcount <=read_wordcount+1;
      else
           read_wordcount <=read_wordcount;
  assign empty=~(read_wordcount==9'd327);
  always @ (posedge clk)  //write_wordcount register
      if(rst)
           write_wordcount <=7'd0;
      else if(slwr==0)
           write_wordcount <=write_wordcount+1;
      else
           write_wordcount <=write_wordcount;
  assign full=~(write_wordcount==7'd64);
  always @ (posedge clk)
      begin
           if(rst)
                writefifo<=1024'd0;
           else if((~slwr)&(fifoadr==2'b10))
                writefifo<={fd,writefifo[1023:16]};
           else
```

```
                writefifo<=writefifo;
        end
endmodule
module usb_rsa(clk,rst,full,empty,fd,sloe,slrd,slwr,fifoadr);
//基于 USB 的 RSA 加密处理器模型
    input clk,rst,full,empty;
    inout [15:0] fd;
    output sloe,slrd,slwr;
    output [1:0] fifoadr;
    wire load,start,result_shift,ready;
    wire [2:0] address;
    wire [5:0] wraddress;
    wire [15:0] din,dout;
    usb_rsa_intf  u0(clk,rst,full,empty,fd,ready,dout,load,address,wraddress,
              din,start,result_shift,sloe,slrd,slwr,fifoadr);
              //RSA 模块与 USB 芯片之间的接口模块
    RSA  u1(clk,rst,load,address,din,start,dout,ready,wraddress,result_shift);
                                                    //RSA 模块
endmodule
```

（4）基于 USB 的 RSA 加密处理器功能仿真结果

将上述基于 USB 的 RSA 加密处理器的验证平台文件和 RTL Verilog 模型文件一起输入 ModelSim 仿真工具执行仿真，得到的输出结果如图 5-5 所示，图中 writefifo 的值是 1024 位的加密结果，通过与正确的密文 CT＝1024'h052dc2c78533d116 进行对比，我们发现仿真结果是正确的。

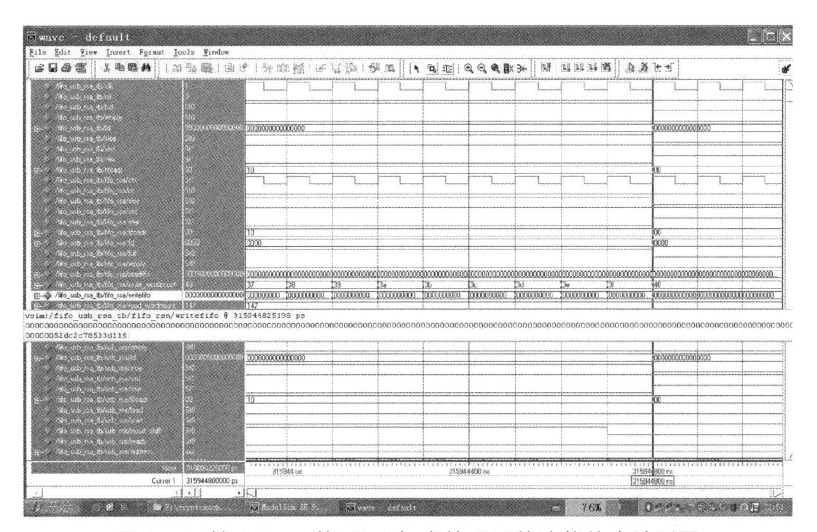

图 5-5　基于 USB 的 RSA 加密处理器的功能仿真波形图

5.4　软件仿真举例 3：AES 加密处理器的时序仿真

上述功能仿真不考虑电路信号的传播延时，只验证功能，与实际电路的工作情况有较大差距。时序仿真则是在考虑了电路信号的传播延时之后，对电路的行为进行模拟。时序仿真不仅能够验证设计是否实现了预期的功能，而且能够验证设计是否达到了预期的性能。同功能仿真相比，时序仿真更加准确和全面，更加接近实际情况。

同RSA加密处理器类似，AES加密处理器是采用AES密码算法实现加/解密功能的集成电路，AES密码算法是目前最先进的对称密码算法标准，因此AES加密处理器具有广泛的应用。

我们首先建立了AES加密处理器的RTL Verilog模型，并对其进行了功能仿真，然后基于EP1C12Q240C8 FPGA利用Quartus Ⅱ工具软件对其进行了综合、优化、布局布线和静态时序分析，提取了AES加密处理器的准确而详细的延时信息，将此延时信息和设计文件以及测试文件一起输入ModelSim仿真器进行时序仿真，仿真结果表明AES加密处理器达到了预期的功能和性能。图5-6～图5-10是AES加密处理器时序仿真波形图。

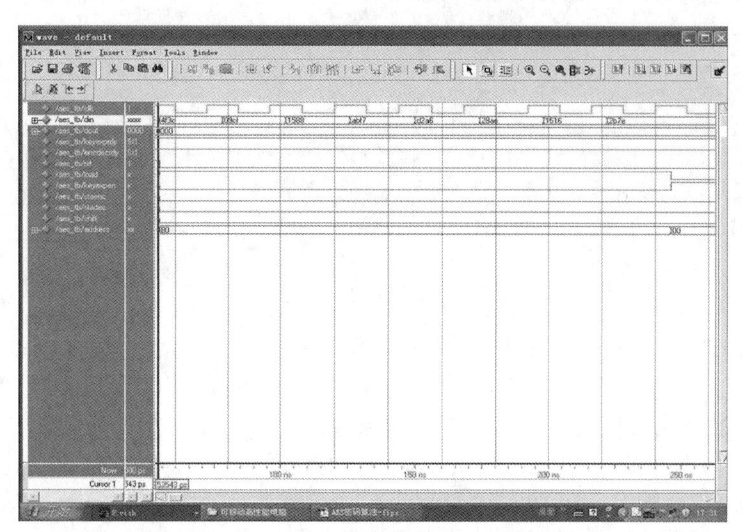

图5-6　AES时序仿真波形图——输入密钥

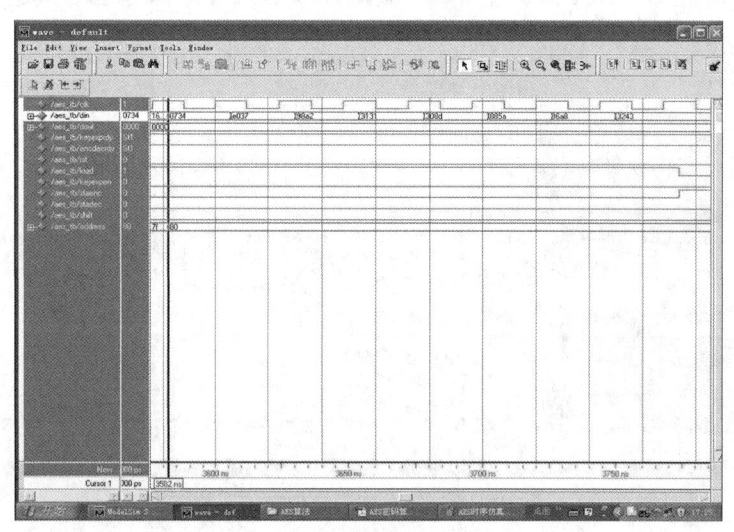

图5-7　AES时序仿真波形图——输入明文

从图5-8中可以看出，加密结果输出（即密文）dout经过了一段时间的抖动才趋于稳定，这是时序仿真区别于功能仿真的显著特征。

从图5-10中可以看出，解密结果输出（即明文）dout经过了一段时间的抖动才趋于稳定，这是时序仿真区别于功能仿真的显著特征。

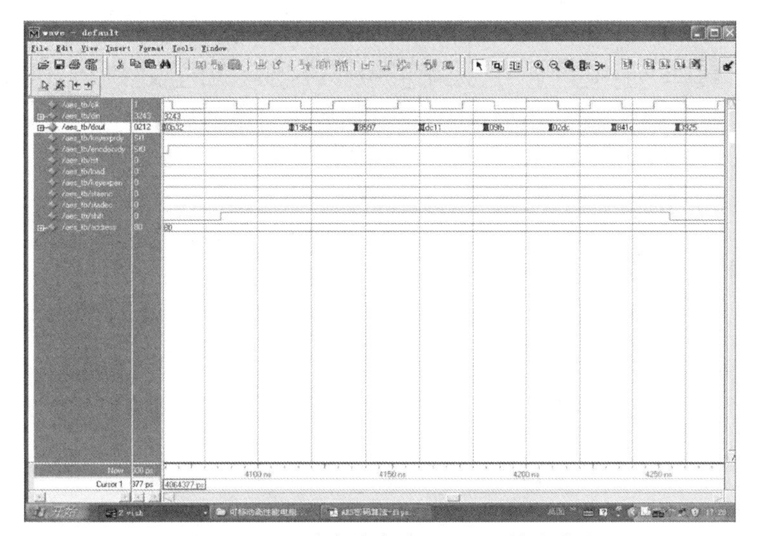

图 5-8　AES 时序仿真波形图——输出密文

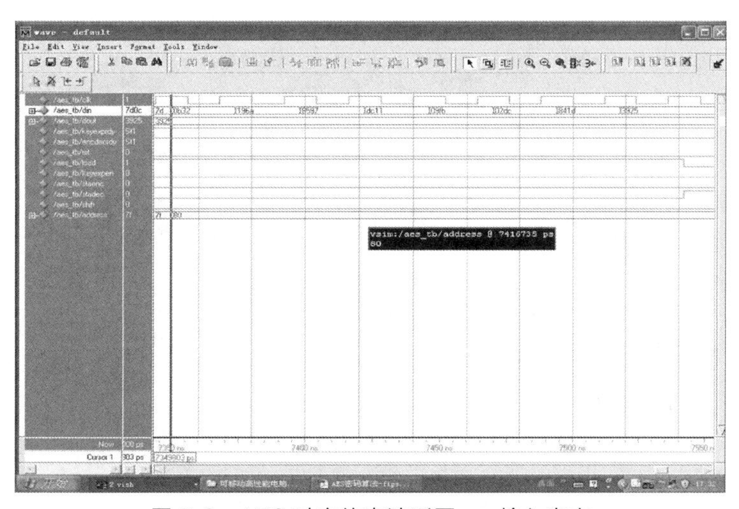

图 5-9　AES 时序仿真波形图——输入密文

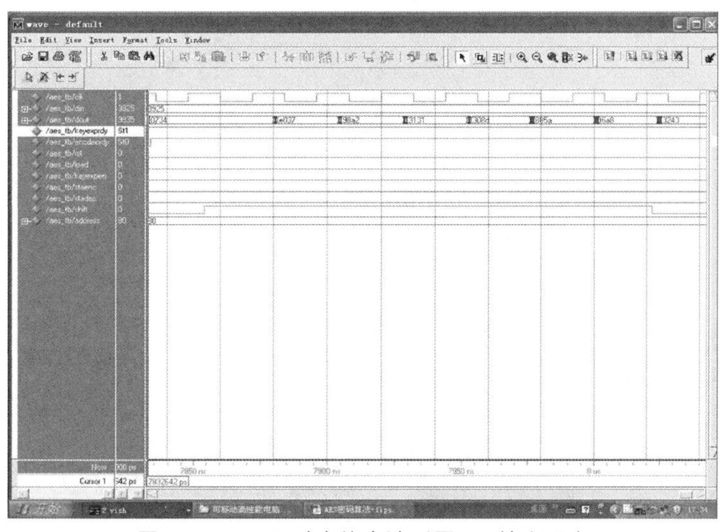

图 5-10　AES 时序仿真波形图——输出明文

5.5 硬件仿真举例：基于 USB 的 AES/RSA 加密处理器的硬件仿真

将前述基于 USB 的 AES/RSA 加密处理器用 ALTERA 公司的 EP1C12Q240C8 FPGA 加以实现，并为其建立一个真实的应用环境，包括集成了实现 AES/RSA 加密处理器的 FPGA 芯片和 USB 接口芯片的仿真板、与仿真板通信的计算机以及相关的软件等。其中 FPGA 仿真板的实物如图 5-11 所示。

我们在上述真实的应用环境中对用 FPGA 实现的基于 USB 的 AES/RSA 加密处理器芯片进行了较为全面的测试。测试分两步进行，第一步对单组数据进行加/解密测试，即利用 USB 接口芯片的调试软件从计算机向仿真板上的 USB 接口芯片发送单组待加/解密数据和相关算法参数及控制命令，然后 AES/RSA 加密处理器芯片从 USB 接口芯片读入单组待加/解密数据和相关算法参数及控制命令，并执行加/解密过程，最后把加/解密完成后得到的单组数据读入计算机显示。单组数据加/解密测试便于判断加密处理器的功能是否正确，相关测试过程参见图 5-12～图 5-17。第二步，对整个数据文件进行加/解密测试，即利用部署在

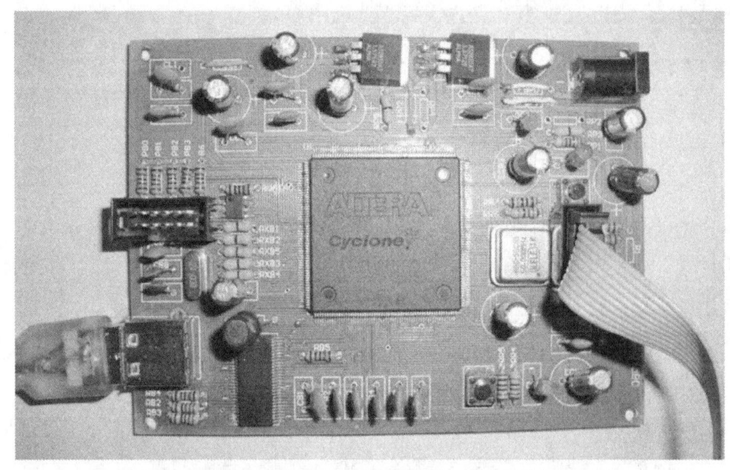

图 5-11 AES/RSA 加密处理器的仿真板实物照片

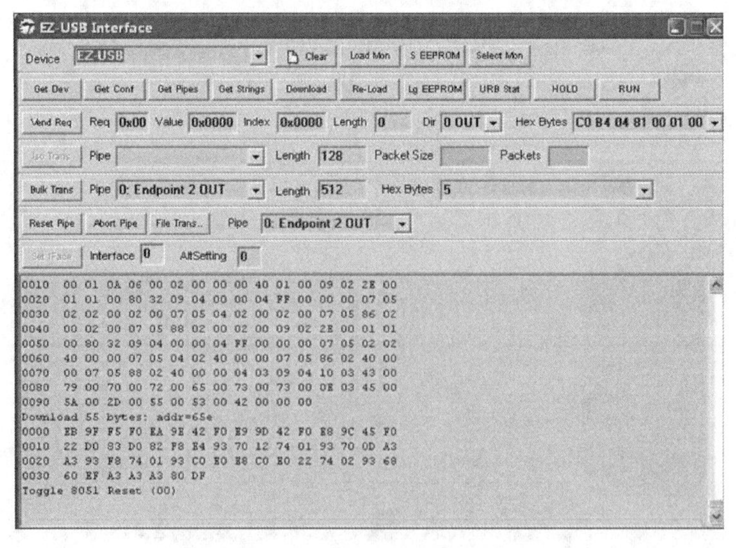

图 5-12 USB 固件下载界面

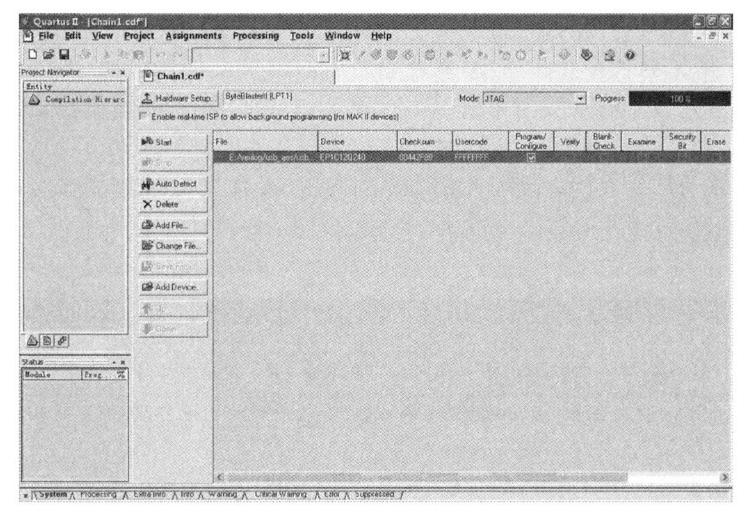

图 5-13　FPGA 配置文件下载界面

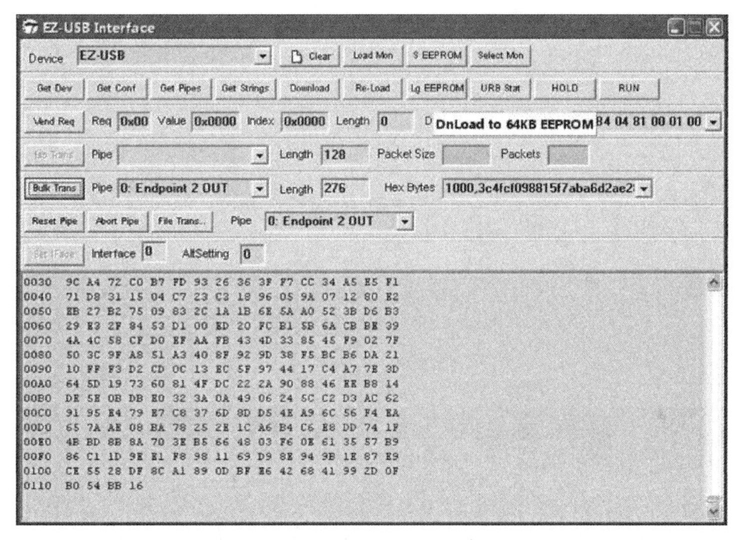

图 5-14　发送密钥和 S 盒数据

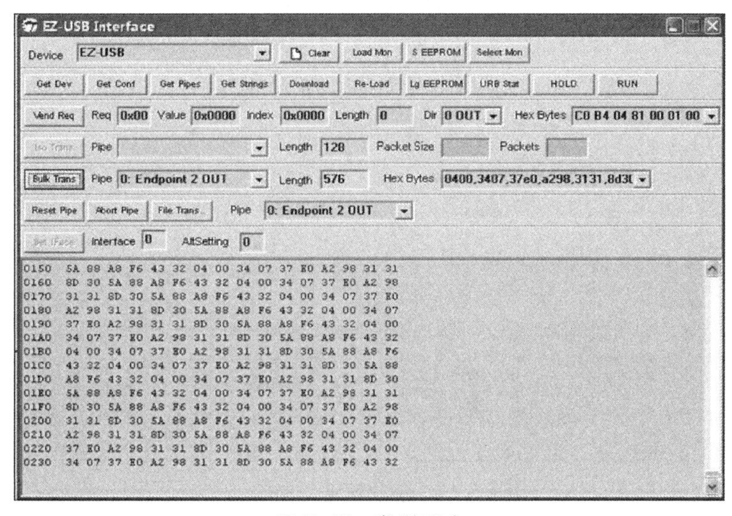

图 5-15　发送明文

计算机上的加密处理器控制软件，打开一个任意格式的文件，将其发送给 AES/RSA 加密处理器芯片进行加/解密处理，并将加/解密处理之后的结果文件传输回计算机保存。文件加/解密测试符合加密处理器的真实工作情况，且便于测试加/解密的性能，相关测试过程参见图 5-18～图 5-20。

上述硬件仿真的结果表明，基于 USB 的 AES/RSA 加密处理器能够实现预期的功能和性能。

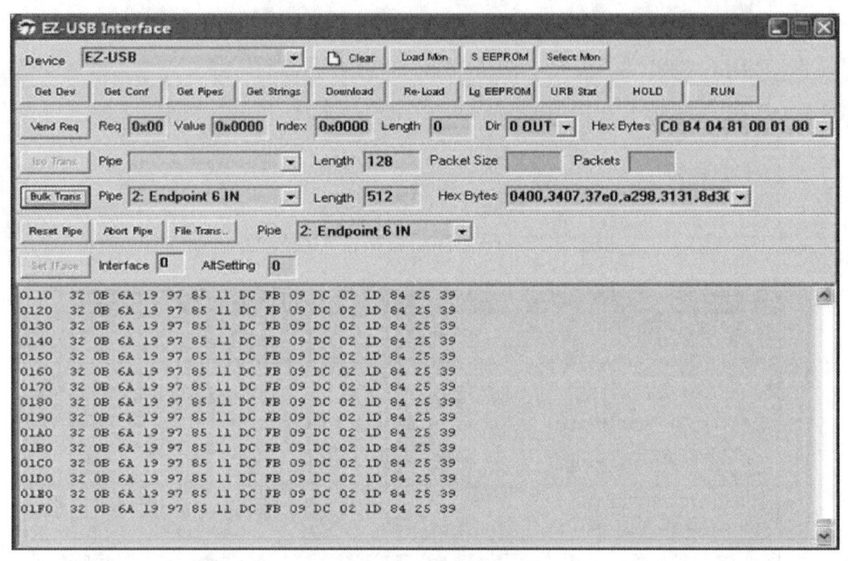

图 5-16 接收密文

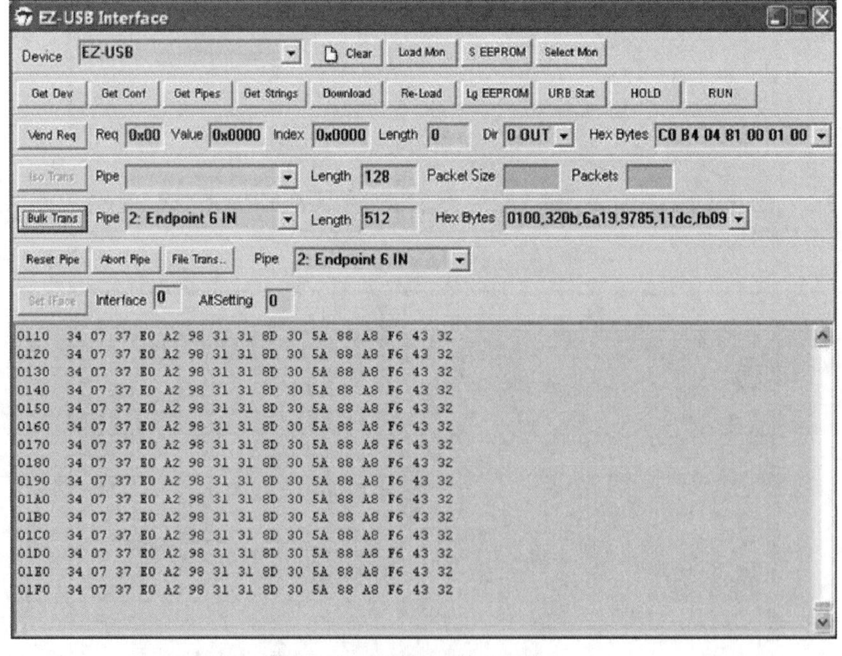

图 5-17 接收解密后的明文

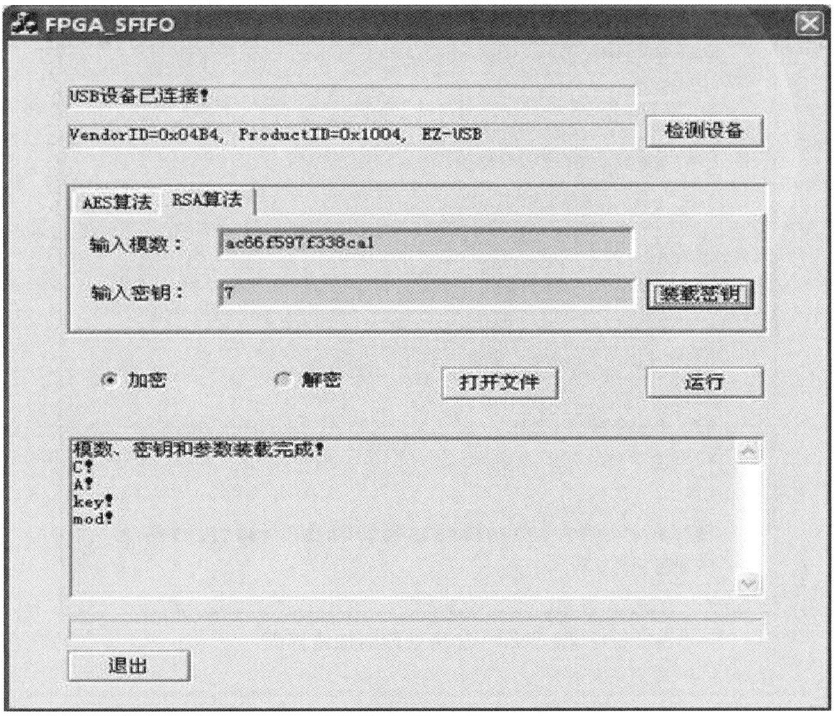

FPGA_SFIFO

USB设备已连接!

VendorID=0x04B4, ProductID=0x1004, EZ-USB

检测设备

AES算法 RSA算法

输入模数： ac66f597f338ca1

输入密钥： 7

装载密钥

加密 解密 打开文件 运行

模数、密钥和参数装载完成!
C!
A!
key!
mod!

退出

图 5-18　加密处理器控制软件用户界面

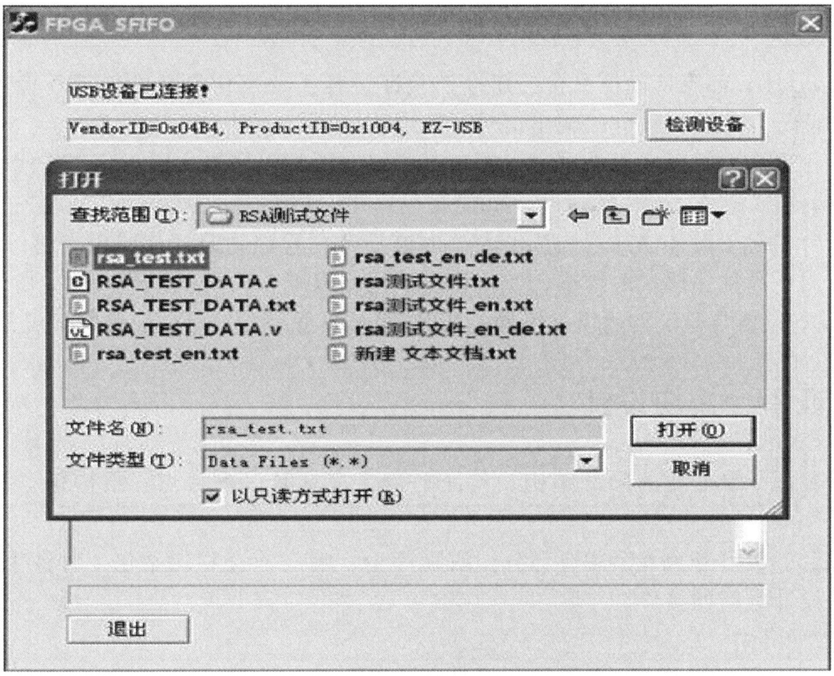

FPGA_SFIFO

USB设备已连接!

VendorID=0x04B4, ProductID=0x1004, EZ-USB

检测设备

打开

查找范围(I): RSA测试文件

rsa_test.txt
RSA_TEST_DATA.c
RSA_TEST_DATA.txt
RSA_TEST_DATA.v
rsa_test_en.txt
rsa_test_en_de.txt
rsa测试文件.txt
rsa测试文件_en.txt
rsa测试文件_en_de.txt
新建 文本文档.txt

文件名(N): rsa_test.txt

打开(O)

文件类型(T): Data Files (*.*)

取消

以只读方式打开(R)

退出

图 5-19　加密处理器加载文件界面

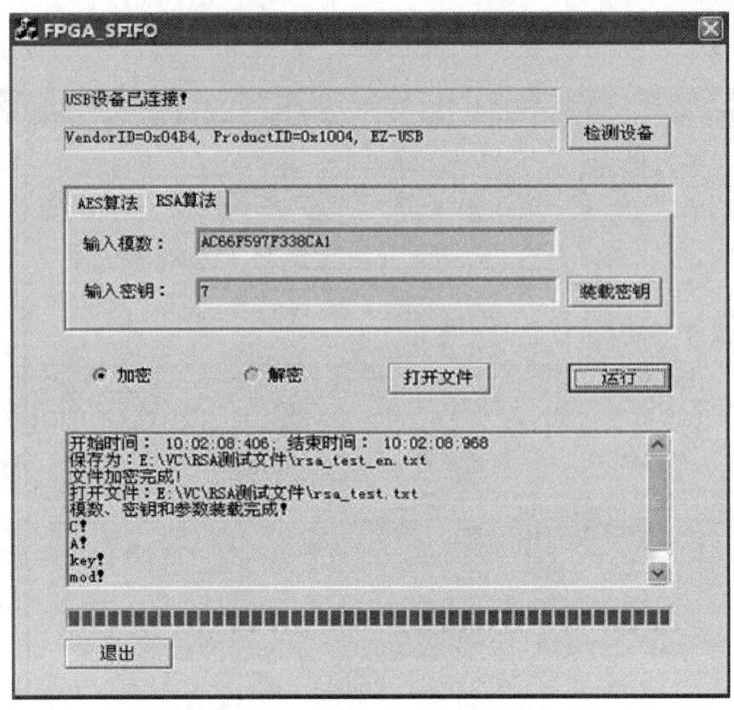

图 5-20　加密处理器加密界面

5.6　验证平台编码风格

验证平台通常指一段仿真代码，用来为设计产生特定的输入向量序列，也用来观测设计输出的响应。

一般地，HDL 都支持验证平台的建模。验证过程需要模仿设计的外部环境，为设计提供输入激励信号，并监视设计的输出信号。

验证平台不需要综合成硬件网表，相对于可综合的编码风格，用于验证的代码对编码风格限制较少。

验证平台相对于设计往往代码量更大，也更复杂，且因为验证代码没有可综合的要求，所以提倡采用更高抽象层次的描述，如行为级描述，以减少代码工作量，提高仿真速度。

RTL 编码风格与验证编码风格不同。RTL 编码要可综合，而验证编码仅仅关注行为。

5.7　验证平台模块设计

复杂的验证平台需要清晰的结构。验证平台要求具有以下特点：结构化、易维护、可重用。

验证平台一般可分为五个主要部分：激励产生、响应检查和初始化、时钟生成与同步、验证平台和设计之间的接口。

（1）激励产生

激励是赋给电路输入信号的数据。信号赋值需要遵循一定的时序规则。

为了使信号赋值简洁、高效、整齐，建议采用建立信号赋值任务和调用信号赋值任务的方式实现信号赋值。

信号赋值任务建立举例：

```
task write_data_mode8;
    input A0;
    input [7:0] send_data;
    begin
        RS=A0;
        RW=1'b0;
        #40;
        E=1'b1;
        #150;
        MPU_DB[7:0]=send_data[7:0];
        data_set=1;
        #80;
        E=1'b0;
        #10;
        data_set=0;
        RS=1'b1;
        RW=1'b1;
        #260;
    end
endtask
```

信号赋值任务调用举例：

```
initial
    begin
        ......
        write_data_mode8(1,8'hab);
        ......
        write_data_mode8(0,8'h38);
        #2000;
        $finish;
    end
```

对于大数据量验证的情况，可预先生成一个测试向量文件，仿真时读入内存，并按照时序加载到端口上作为仿真激励。举例如下：

```
task apply_vector;
        input index,vector;
        output [N:1] primary_input;
        reg [N:1] vector;
        begin
            generate_vector(index,vector);
            primary_input<=vector;
        end
endtask
initial
    begin
        $ load_memory(input_vectors,"stimuli_file");
    end
```

```
always @ (start)
     begin
          #10;
          apply_vector(i,input_vectors);
          i=i+1;
     end
```

目前在验证领域实现激励产生的一个趋势是采用有约束的随机生成方式，可以提高工作效率和验证质量。

（2）响应检查

响应检查（response checking）包括两个内容：一是在仿真时对设计节点的监视；二是把节点的响应值与预期的值相比较。

如果响应值与预期值有差异，则需要分析原因，可能是由于设计缺陷引起的，也可能是由于规范的缺陷引起的。没有差异，也不一定没有缺陷，可能是错误的节点没有被采样，也可能是错误没有被激发。

波形观察是最常见的响应检查手段。波形按时间连续显示，能够得到完整的信号轨迹。但是，对信号波形连续采样会耗费大量的仿真资源，可通过减少采样信号的数量或持续时间提高仿真速度。这需要对采样信号的数量、采样持续时间和仿真速度进行折中。

一般来讲，仿真前期应采样所有信号，当代码逐步稳定后，或者进入更高层次的集成仿真时，逐步减少采样信号。

节点监视方式：固定时间间隔采样、当数据发生变化时采样。使用的系统函数：$strobe、$display、$monitor 等。

仿真结果输出或者屏幕打印，或者写文件，都会占用机器时间，特别对于大数据量的输出，不仅会降低仿真速度，而且会导致观察者因数据量过大而忽略重要信息。所以应尽量减少输出数据量，某些系统函数可以利用，如 $monitoron、$monitoroff 等。

人工检查只适合处理较少数量的信号，不适合大型设计。

将采样信息与已知的正确信息（称为黄金向量）相比较，比较由软件工具自动完成（文本比较、波形比较），这样的方式适合大数据量的响应检查。

黄金向量可以直接由规范生成，也可以由不同的设计模型（如不可综合的高层模型或者C/C++模型）生成。

黄金向量文件的存储占用大量的存储资源，维护困难，可以通过在验证平台中增加自检代码的方法解决。

在验证平台中对信号采样并与预期的行为进行比较，这种技术称为自检。自检代码由两部分构成：自检和警告。预期的行为可以离线先期完成或者即时生成。

如果被检测的信号与所预期的行为不匹配，则检测错误，并将其分类为不同严重等级。根据错误的严重程度，可以在发出错误信息后继续仿真，或者可以退出仿真状态，也可以转储信号跟踪信息。

自检代码应该与设计代码相分离，因为自检代码不是最终代码的构成部分。分离的方法：给自检代码加条件编译指令，把自检代码单独写到一个任务中，在调用处加编译开关。

举例：乘法器自检验证。

```
multiplier instance(.in1(mult1),in2(mult2),.prod(product));
     assign expected=mult1* mult2;
     always @ (product)
```

```
begin
    if(expected != product)
        $display("ERROR:incorrect product.result=%d,
                multiplicant1=%d,multiplicant2=%d",product,mult1,mult2);
        $finish;
end
```

自检代码也可利用C/C++编写，然后利用PLI接口与HDL验证环境相连。

参考模型验证技术：参考模型通常采用高级语言或行为级HDL编写，实现设计的规范并将其响应和RTL模型的响应进行比较。

参考模型可以和RTL模型一起或单独运行。对于独立运行，参考模型取得一组RTL模型上仿真的激励，并把响应写入文件，然后RTL模型用同一组激励仿真，将响应与参考模型的响应进行比较。如果参考模型与RTL模型并发运行，称为协同仿真。

随着仿真工具的发展，协同仿真逐渐成为主流，可以将C/C++、System C、MATLAB等工具和仿真工具联合起来进行协同仿真。这种协同仿真的优点是在完成系统级和RTL设计后，可以将RTL设计和系统级设计结合进行结果比对，从而保证设计结果的一致性。

（3）初始化

初始化（initialization）是把系统正常工作所需要的一些值赋给某些输入信号和存储器等变量。

初始化使用HDL代码或编程语言接口实现。HDL代码初始化通常封装在initial语句块中，例如：

```
initial
    begin
        #20  rst=1;
             result_shift=0;
        #200 rst=0;
             start=0;
             load=1;//load 1024 bits modulus.
             address=3'd0;
             wraddress=6'd0;
             din=16'h8ca1;
        ......
        #100 load=1;//load 1024 bits plaintext.
             address=3'd1;
             wraddress=6'd0;
             din=16'hccc3;
        ......
        #100 load=1;//load 1024 bits key.
             address=3'd2;
             wraddress=6'd0;
             din=16'h0007;
        ......
        #100 load=1;//load 1024 bits parameter A.
             address=3'd3;
             wraddress=6'd0;
             din=16'hA104;
        ......
```

```
    #100 load=1;//load 1024 bits parameter C.
        address=3'd4;
        wraddress=6'd0;
        din=16'hBA58;
    ……
    #100 load=0;
        start=1;//开始加密
    #100 start=0;
    #106000000 result_shift=1;//加密结束,移位输出加密结果。
    #6300 result_shift=0;
    #200 $finish;
end
```

初始化的代码描述了一个过程，它不能综合，不应把它们放在任何库单元内部。

（4）时钟生成与同步

时钟信号是主要的同步（synchronization）信号。时钟波形是周期性的，只要写出一个时钟周期的 HDL 代码，就可以循环产生完整的波形。生成单周期波形可以使用过程赋值，也可以利用逻辑取反操作。

时钟生成代码举例：

```
initial clk=1;
always #50 clk=~clk;//生成一个周期为 100 个时间单位的时钟信号。
```

还可以利用 HDL 代码描述时钟的分频和倍频、无关时钟、移相时钟等。

无关时钟：对于相对独立的时钟，为了强调它们的独立性，在其中一个时钟引入抖动的概念，使得两个无关时钟具有不确定的相对移位。可以利用随机数使时钟抖动。

移相时钟：两个时钟信号之间存在确定的相位差。

（5）验证平台和设计之间的接口

验证平台和设计之间的接口负责它们之间的数据交换，这包括 4 个方面和渠道：设计的 I/O 端口、分层访问、文件 I/O 以及 PLI 接口。

设计的 I/O 端口是设计功能体现的基本界面，也是与验证平台连通的基本接口。验证平台通过这些 I/O 端口输入激励信号，也从中获取响应信号。

分层访问是验证平台快速访问设计内部的通道，因为通过 I/O 访问或改变设计内部状态需要长的控制序列。分层访问是验证平台提供的虚拟接口，可以直接访问设计的内部信息，最终在物理上是无法实现的。

文件 I/O 是设计和验证平台交流信息的媒介。验证平台把激励信号写入文件，设计读出后相当于获得相应的输入信号；设计把响应写入文件供验证平台读出分析。

PLI 接口。HDL 通过任务调用用户 C/C++程序，这些程序提供算法级的参考模型，同时参考模型通过 PLI 接口可以反向访问设计的内部资源。扩展利用 PLI 接口可以实现设计与参考模型的协同仿真。

5.8 验证平台结构设计

良好的验证平台结构应该由多个可复用的验证模块组成，利用这些可复用的验证模块可以很方便地构造出验证功能所需要的多个测试用例。

通常，整个验证平台用一个分层模块结构实现，将一些固定的序列激励用 task 封装。

在保证 task 赋值序列的时序没有问题的情况下，不同的测试用例调用相同的 task 和使用不同的参数。

从外部来看设计，通常设计可以看作有多个接口的黑盒子。并且，很多接口为标准接口，如 PCI 接口、MCU 接口、USB 接口等。这些接口在很多设计中使用，接口驱动任务也可以在很多设计的验证平台中重用。

基于总线的验证平台包括总线功能模型（BFM）、设计和测试用例。所有的测试用例都通过总线功能模型与待验证设计连接起来，这样就可以把待验证设计和总线功能模型封装在一起，作为所有验证平台共用的、更高层次的验证对象，称为验证平台的外壳（harness）。每个测试用例加上外壳形成各自的验证平台。采用外壳结构将大大简化验证平台，降低验证的工作量。

5.9 断言

（1）断言简介

断言是由一组语句组成的结构，用于对信号或变量是否满足某个条件进行检测。如果不符合条件，则发出错误信息。

实际上，断言技术已经在软件验证中使用，assert() 函数就属于 ANSI C 标准。

可以在设计的任意位置插入断言，以增强对错误的可观测性和可调试性。

断言是传统的仿真验证和形式化模型检验都要用的技术，只是它们的使用途径和方法不尽相同。

通过对断言的标准化，断言也可以实现重用。

断言举例：一个递增计数器状态机，要求在初始化完成之后，每个时钟周期信号值的递增不超过 1。如果不满足此要求，则断言失败并发出一个出错信息。

代码如下：

```
`ifdef ASSERTION
always@ (posedge clock)begin
    if(init_done)begin                                    //触发表达式
           old_s=new_s;                                   //信号文档
           new_s=s;
           if(new_s>old_s+1'b1)                           //断言表达式
               $display(ERROR:S is incremented by more than 1); //动作
           end
    end
`endif
```

断言并非设计的一部分，所以常包含在条件 ifdef 中，可以用不定义 ASSERTION 的方法剥离。

断言主要由 4 部分组成：触发表达式、信号文档、断言表达式、动作。

（2）断言编写举例

① 信号范围。最简单的断言是检测一个信号的值是否在预定的范围内。这可以通过将信号值与最小界限和最大界限比较来完成。如果该值处于界外，则发出错误信息。

例：

```
always@ (posedge clock)begin
```

```
    if((ready_to_check==1)&&(( `LOWER>S)||(S> `UPPER)))
        $display("signal S=%b is out of bound",S);
end
```

② 奇偶校验。检验信号中1的个数是奇数或偶数。可以利用缩减的异或运算计算校验值，给出奇偶校验断言。

③ 信号成员。确保一组信号等于期望的值，或者与不需要的值相异。预期的值可以是有效的操作码。

④ 独热码/独冷码信号。独热码指一个信号在任意时刻恰好只有一位是1，独冷码指一个信号在任意时刻恰好只有一位是0。

⑤ 时序断言。时序断言包括变量过去和当前的值，需要建立一个能够保存变量过去值的信号文档。简单的文档是为每个变量建立一个移位寄存器，使得在每个时钟边沿将当前信号移入。在对断言求值时，从移位寄存器恢复变量的过去值。

5.10 验证质量评估

因为无法使用穷举法检验设计所有的输入和状态，所以验证的质量必须通过一定的量化指标来表征。

验证覆盖率是表示所有验证条目中已经得到验证的百分比。通常作为覆盖评估的度量有代码覆盖、参数覆盖和功能覆盖。以下只介绍代码覆盖和功能覆盖。

（1）代码覆盖

代码覆盖观察系统的设计代码是否被仿真程序所执行。

代码体包括语句、语句块、路径、表达式、状态、转移、序列以及倒换。不同的实体可以具有不同的验证覆盖率。

语句覆盖：收集在仿真中执行的有关语句的统计结果。

语句块覆盖：语句块是指不带控制的顺序语句序列。

路径覆盖：条件语句建立不同的执行路径，每条条件语句就是一个执行分叉点。路径覆盖的度量是对运行路径百分比的度量。

表达式覆盖：某些语句的执行并不一定表明语句中的表达式全部被计算。

状态覆盖：在一个有限状态机中计算已经访问的状态数与状态总数之比，状态抽取自RTL代码。

转移覆盖：记录已经经历的状态转移的百分数。

序列覆盖：计算用户定义的已经经历的状态序列的百分数。用户定义的状态序列能够代表系统设计的关键功能或边缘情况。

为了计算上述代码覆盖率，RTL代码必须首先设计一种机制来检测语句的执行并收集覆盖数据。

目前大多数商业仿真器可以提供内建的代码覆盖率统计和分析工具。

（2）功能覆盖

规范定义了需要实现的功能的集合，而功能覆盖测量该功能集合实现的完整性与正确性。

进行功能覆盖分析的关键是从规范中获得尽可能完整的功能集合。功能覆盖率是已经验证的功能占全部功能的百分比。

本章习题

1. 什么叫验证？它有什么意义？
2. 数字集成电路的验证方法分为哪几种类型？
3. 简述基于仿真的验证方法的基本原理。
4. 简述形式化验证方法的基本原理。
5. 基于仿真的验证方法和形式化验证方法有什么不同？
6. 基于仿真的验证可分为哪三种方法？
7. 简述软件仿真的基本原理。
8. 简述硬件加速仿真的基本原理。
9. 简述硬件仿真的基本原理。
10. 简述硬件仿真的优缺点。
11. 简述软件仿真的优缺点。
12. 简述等价性验证的基本原理及应用场合。
13. 简述模型验证的基本原理。
14. 简述验证平台的结构及编码风格。
15. 常用的激励产生方法有哪些？简述每种方法的基本原理。
16. 常用的响应检查方法有哪些？简述每种方法的基本原理。
17. 验证平台和设计之间的接口有哪些？
18. 简述基于总线的验证平台的基本原理。
19. 什么叫断言？断言由哪些内容组成？
20. 什么叫代码覆盖？代码覆盖包括哪些方面？
21. 什么叫功能覆盖率？其作用是什么？

第6章 EDA工具的原理及使用方法

本章学习目标

理解并掌握ModelSim仿真软件的基本原理和使用方法，能够熟练使用ModelSim软件对复杂数字集成电路进行仿真；理解并掌握Quartus Ⅱ软件的基本原理和使用方法，能够熟练使用Quartus Ⅱ软件基于FPGA实现复杂数字集成电路并进行测试。

本章内容思维导图

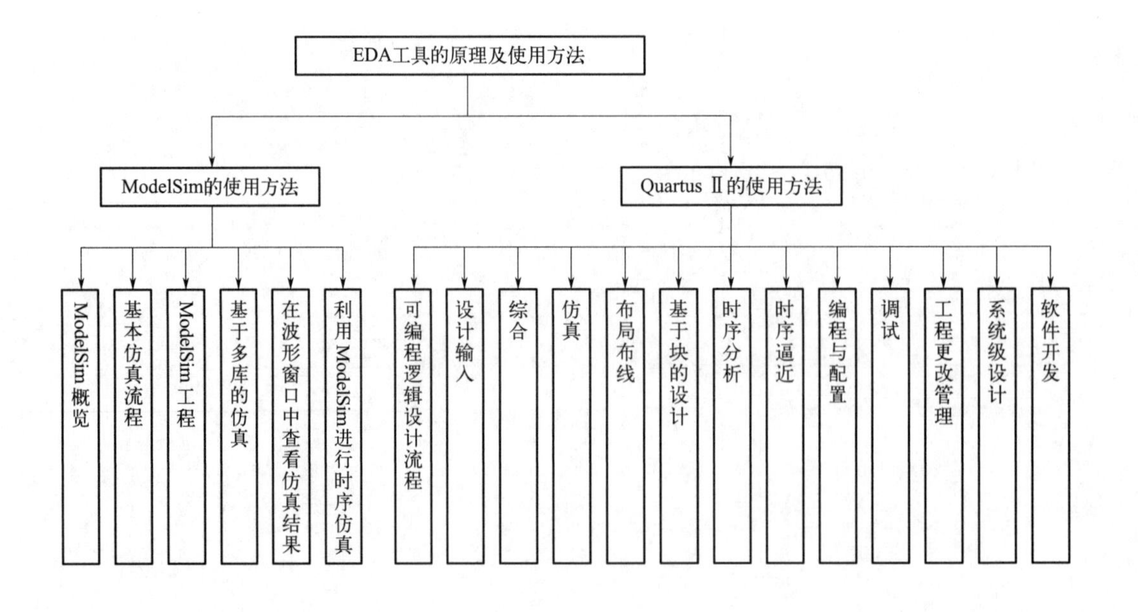

本章介绍两种常用的EDA工具的原理及使用方法：一种是模拟/仿真软件ModelSim；另一种是集成的FPGA开发平台Quartus Ⅱ。

6.1 ModelSim的使用方法

本节主要以ModelSim SE 6.0c为例介绍ModelSim的使用方法，其他版本的ModelSim的使用方法大同小异，不同之处请读者查阅相应版本的教程和用户手册等资料。

6.1.1 ModelSim概览

ModelSim是一款用于模拟/仿真和调试（查错）的软件，适用于用VHDL、Verilog、System Verilog、System C和混合语言描述的设计模型。

本节对ModelSim仿真环境做一个简单概述，分以下4个方面进行介绍：基本模拟/仿真流程、基于工程（项目）的模拟/仿真流程、基于多库的仿真流程、调试工具。

（1）基本模拟/仿真流程

在ModelSim中模拟/仿真一个设计需要经历的基本步骤如图6-1所示。

① 创建工作库。在ModelSim中，所有的设计，包括用VHDL、Verilog、System Verilog、System C和混合语言描述的设计模型，都被编译到一个库里。一般来讲，在利用ModelSim开始一个新的仿真之前，首先要创建一个名为“work”的工作库，该库作为默认的目的地被编译器用来存放编译后的设计模块。

② 编译设计。在建立工作库之后，就可以编译用户的设计并将编译后的设计模块保存到工作库。ModelSim的库格式在所有的支撑平台上都是兼容的，因此，可以在任何一个支撑平台上仿真一个已经编译过的设计而不必重新编译。

③ 执行仿真。当设计被编译以后，就可以在顶层模块启动仿真器。当设计被成功装入仿真器后，仿真时间被设为零，这时输入一个运行命令就可以开始仿真了。

④ 检查仿真结果、查错、纠错。如果仿真结果不正确，可以利用ModelSim强大的调试功能去跟踪错误的根源，发现错误，改正错误，然后重新仿真，直到得到正确的仿真结果。

（2）基于工程（项目）的模拟/仿真流程

工程（或者称为项目）是指组织并管理一个待描述或测试的HDL设计的机制。尽管在ModelSim中，并不是必须使用工程进行仿真，但工程确实能够使用户与仿真工具的交互变得容易、方便，且对文件的组织和仿真属性的设置非常有用。

利用ModelSim仿真一个设计的基本步骤如图6-2所示。

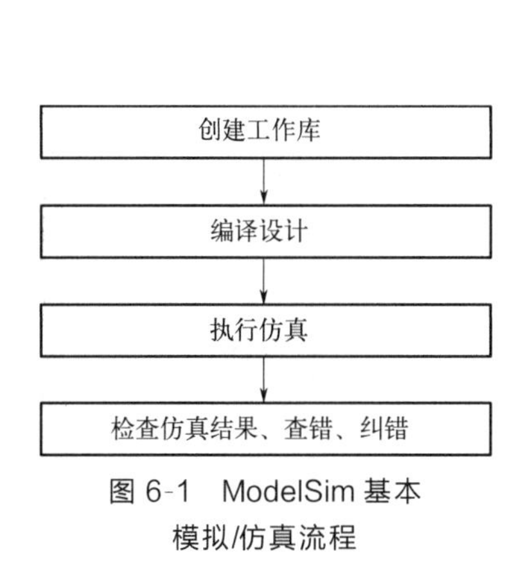

图6-1 ModelSim基本模拟/仿真流程

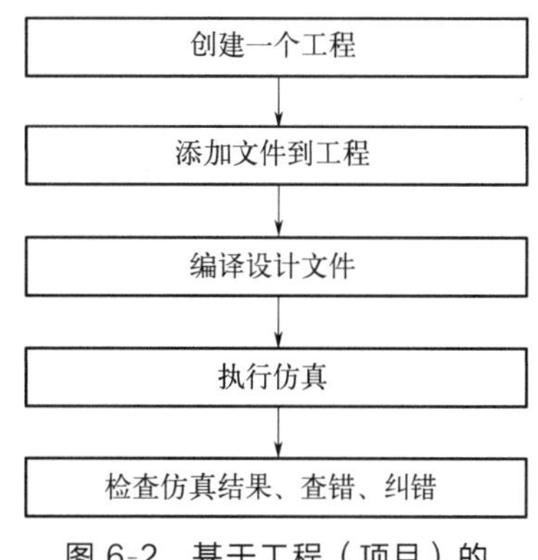

图6-2 基于工程（项目）的模拟/仿真流程

基于工程（项目）的模拟/仿真流程与前述 ModelSim 基本模拟/仿真流程相似，但二者有两个重要的不同之处：不必在基于工程（项目）的模拟/仿真流程中创建工作库，它会被自动创建；工程（项目）是永久性的，换句话讲，每次启动工程时，工程（项目）都会自动打开，除非关闭它们。

（3）基于多库的仿真流程

ModelSim 有两种工作库：①一种是保存已经编译过的设计模块的本地工作库；②另一种是资源库。当更新设计并重新编译时，本地工作库的内容会改变；而资源库通常是静态的，并且作为设计所调用的部分原始资源。用户可以创建自己的资源库，也可以采用其他设计团队或第三方（如芯片制造商）提供的资源库。

在编译设计时，用户需要指明将要用到哪些库，利用一些规则来说明以什么顺序搜索这些库。一个既使用本地工作库又使用资源库的例子是：门级设计和相应的测试台（testbench）被编译到本地工作库中，而门级设计中所调用（或称实例化）的门级模型则保存在一个独立的资源库中。

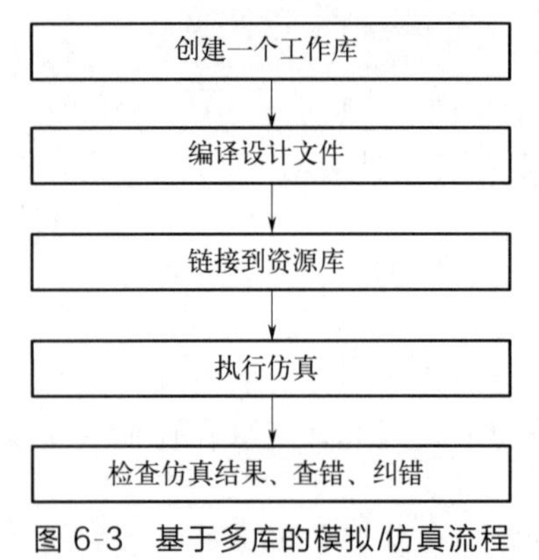

图 6-3 基于多库的模拟/仿真流程

基于多库的模拟/仿真流程如图 6-3 所示。

可以从一个工程内部链接到资源库。如果使用了基于工程的模拟/仿真，那么将用以下两个步骤代替上述第一个步骤：创建工程（项目），添加设计文件和测试文件到工程（项目）。

（4）调试工具

ModelSim 提供了大量的工具用于调试和分析设计，包括：设置断点并单步执行源代码，观察波形图并计算时间，查看设计中的“物理”连接，观察并初始化存储器，分析仿真性能，测试代码覆盖率，比较波形等。

6.1.2 基本仿真流程

在本节中我们将详细介绍创建工作库、编译设计文件、将编译后的设计装载到模拟/仿真器、执行仿真、在源文件中设置断点与单步执行。为便于讲解，我们假设本节中使用的设计文件是一个描述二进制 8 位计数器的 Verilog 文件，名称为 counter. v，其对应的测试文件为 tcounter. v。

6.1.2.1 创建工作库

仿真一个设计之前，用户必须首先建立一个库，并将描述设计的硬件描述语言源代码编译到这个库里。建库步骤如下：

① 建立一个新的目录，并将设计文件（如 counter. v）和测试文件（如 tcounter. v）复制到该目录下。

② 启动 ModelSim 仿真软件。

a. 通过在 Unix shell 提示符下键入“vsim”或者在 Windows 操作系统下双击 ModelSim 图标来启动 ModelSim 仿真软件。

当第一次打开 ModelSim 软件时，用户会看到“Welcome to ModelSim”对话框，如图 6-4 所示，单击“Close”关闭该对话框。

b. 在菜单栏中选择“File”→“Change Directory”，将当前目录改变到用户在第①步中建立的目录。

③ 创建工作库。

a. 在菜单栏中选择“File”→“New”→“Library”。这将打开“Create a New Library”对

话框，在该对话框中，需要为用户创建的工作库指定物理和逻辑名称，见图 6-5。用户可以选择创建一个新的库，或者映射一个已经存在的库，在此我们选择前者。

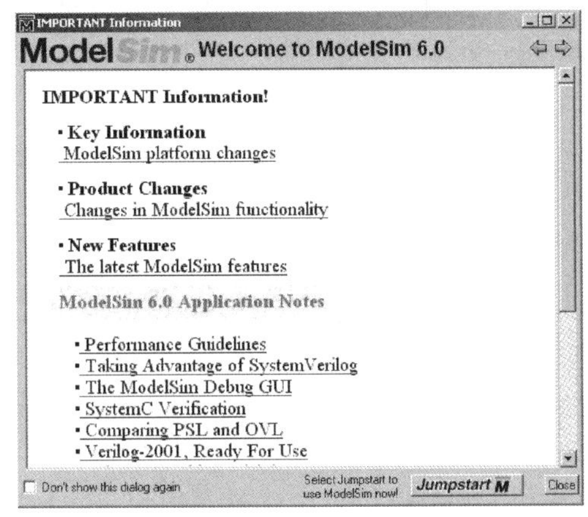

图 6-4 “Welcome to ModelSim”对话框

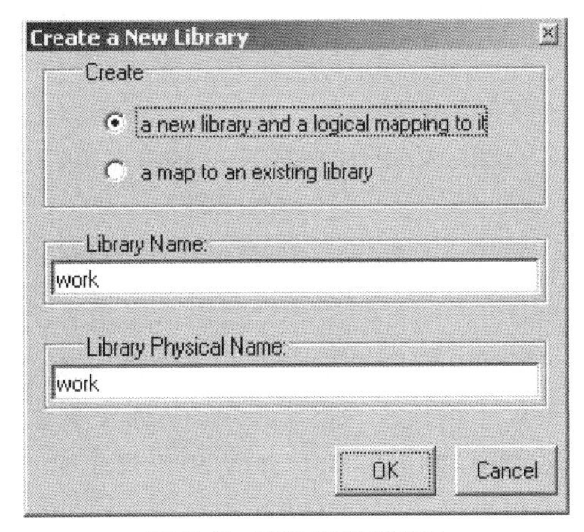

图 6-5 创建新库对话框

b. 如果在“Library Name”域中没有自动键入“work”，则键入“work”。

c. 单击“OK”。

完成上述步骤后，ModelSim 就会创建一个名为“work”的目录，并将一个具有特殊格式、名为_info 的文件写入该目录。_info 文件必须位于该目录下，以表明它是一个 ModelSim 库。不要从操作系统界面改变该目录下的内容，所有的改变均应来自 ModelSim 内部。

ModelSim 还将该库加入“Workspace”（工作区）的列表中，见图 6-6，并将用于将来引用的库映射记录在 ModelSim 的初始化文件（ModelSim. ini）中。

6.1.2.2 编译设计文件

工作库创建以后，就可以编译设计文件了。

可以通过 ModelSim 图形界面中的菜单和对话框进行编译，也可以通过在“ModelSim>”提示符后键入编译命令的方式编译设计文件，在此，我们介绍前者。

① 编译设计文件和相应的测试文件。在此假设设计文件为 counter. v，相应的测试文件为 tcounter. v。

a. 在菜单栏中选择“Compile”→“Compile”。这将打开“编译源文件”对话框，如图 6-7 所示。

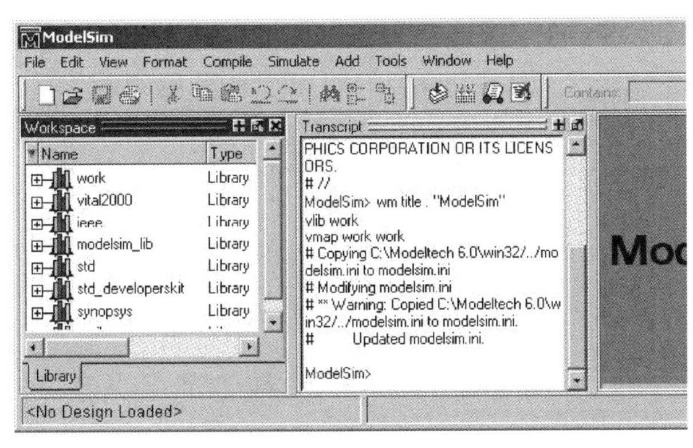

图 6-6 新创建的工作库

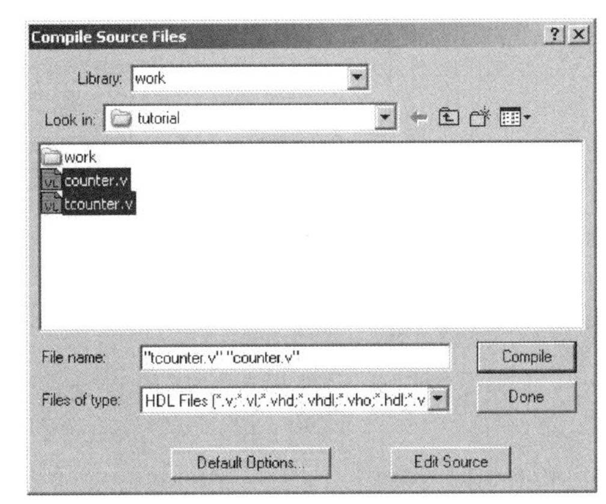

图 6-7 “编译源文件”对话框

如果编译菜单选项不可用，用户可能已经打开了一个工程，在这种情况下，需要先关闭这个工程，关闭的方法是在工作区窗口已被选择的情况下，选择“File”→“Close”菜单项。

b. 在“编译源文件”对话框中选中需要编译的源文件，比如 counter. v 和 tcounter. v。

c. 单击“编译源文件”对话框中的“Compile”按钮，选中的源文件将被编译到“work”库中。

d. 单击“编译源文件”对话框中的“Done”按钮。

② 查看编译后的设计文件。

选中“Library”标签，单击“work”库旁边的“+”，就会看到经过编译的设计文件，如图 6-8 所示。同时还能看到这些设计文件的类型和指向相应源文件的路径。

6.1.2.3 将编译后的设计装载到模拟/仿真器

在主窗口工作区中的 work 库中双击顶层模块（即测试文件编译后得到的 Verilog 模块，在本例中是 test_counter)，就可以将设计装入模拟/仿真器。

也可以通过在菜单栏中选择“Simulate”→“Start Simulation”将设计装入模拟/仿真器，这将打开“开始仿真”对话框，如图 6-9 所示。

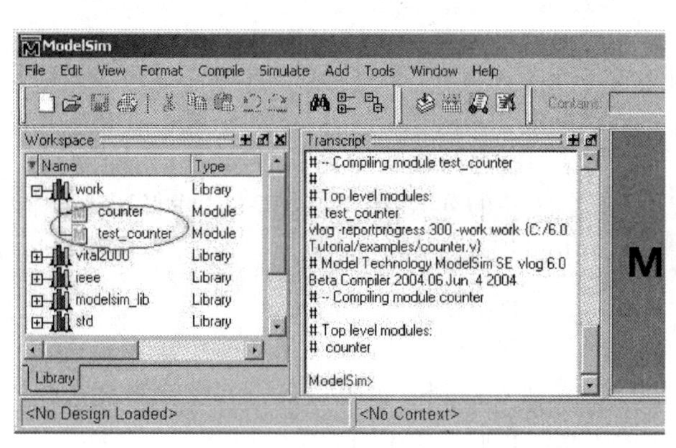

图 6-8 编译进“work”库中的 Verilog 模块

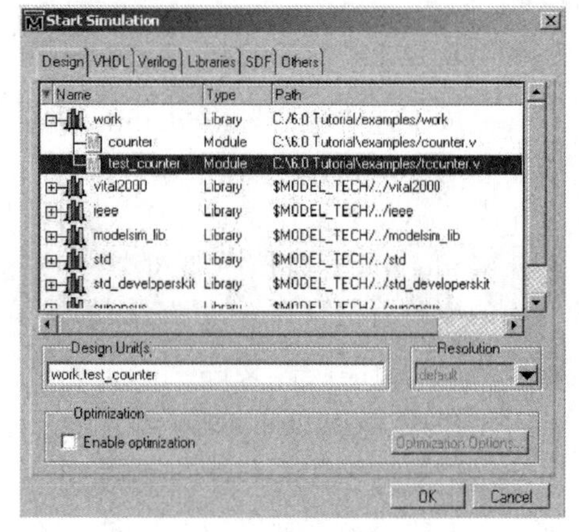

图 6-9 “开始仿真”对话框

在“开始仿真”对话框中选中“Design”标签，单击“work”库旁边的“+”号，就可以看见 counter 和 test_counter 模块。选择 test_counter 模块并单击“OK”按钮，就可以将设计装入模拟/仿真器。

当设计被装入模拟/仿真器后，就会看到一个名为“sim”的新的标签出现在工作区中，它显示出待仿真设计的层次化结构，如图 6-10 所示。

可以通过单击“sim”标签中的“+”号来展开某一层次的结构，也可以通过单击“—”号来关闭某一层次的结构，从而可以方便地浏览整个设计的任何层次结构。同时，用户还将看到一个名为“Files”的新标签出现在工作区中，该标签显示了设计所包含的所有文件。

6.1.2.4 执行仿真

下面就可以执行仿真了。

① 设置图形用户界面，以便看到所有的调试窗口。

选择“View”→“Debug Windows”→“All Windows”，这将打开所有的 ModelSim 窗口，以提供用于观察设计的不同的视图和多种多样的调试工具。大多数窗口将作为子窗口在主窗口内部打开，“Dataflow”和“List”窗口将单独打开。可以根据个人喜好移动窗口或者调

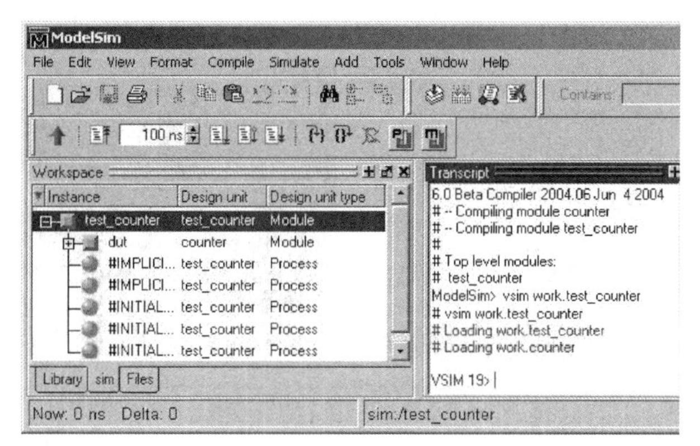

图 6-10 “sim”标签

整窗口的尺寸。主窗口内的子窗口也可以从主窗口弹出，单独显示。

② 添加信号到波形窗口。

a. 在工作区窗口，选择“sim”标签。

b. 在 test_counter 模块上单击鼠标右键，打开弹出式菜单。

c. 选择“Add”→“Add to Wave”，test_counter 模块的所有信号将被添加到波形窗口，如图 6-11 所示。

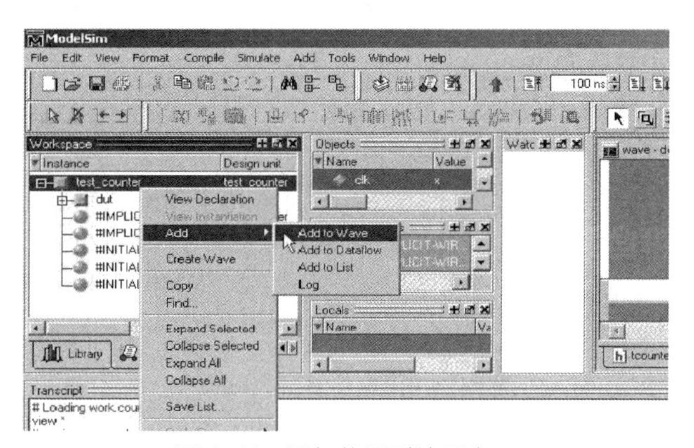

图 6-11 添加信号到波形窗口

③ 执行仿真。

a. 单击主窗口或波形窗口工具栏中的“运行”图标 [图标]，这将执行仿真 100ns（默认的仿真时间长度），相应的仿真波形将被显示在波形窗口中。

b. 在主窗口中的“VSIM>”提示符下键入“run 500”命令，仿真会继续执行 500ns，这样总的仿真时间达到了 600ns，相应的仿真波形如图 6-12 所示。

c. 单击主窗口或波形窗口工具栏中的“Run-All”图标 [图标]，仿真将继续执行，直到执行一条中断仿真命令或者遇到了代码中的一条停止仿真的语句。

d. 单击“Break”图标 [图标]，将停止仿真。

6.1.2.5 在源文件中设置断点与单步执行

下面我们将简单介绍 ModelSim 环境中的一个交互式的调试功能。用户可以在源文件窗口中设置断点，通过单步执行的方式仿真待测试设计。注意，断点只能设置在具有红色行号的代码行上。

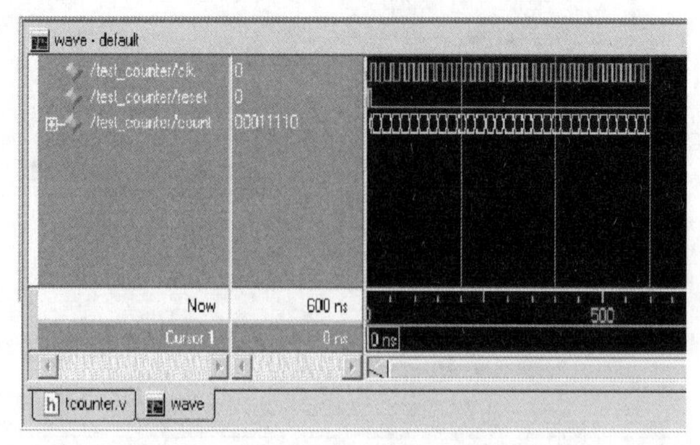

图 6-12　在波形窗口中显示的仿真波形

① 在源文件窗口中打开 counter. v 文件。

a. 在主窗口工作区中选择“Files”标签。

b. 双击 counter. v，将其在源文件窗口中打开。

② 在 counter. v 文件中的第 36 行设置一个断点。单击 36 行的行号，一个红色的小球会显示在行号的旁边，表明一个断点已经被设置。如图 6-13 所示。

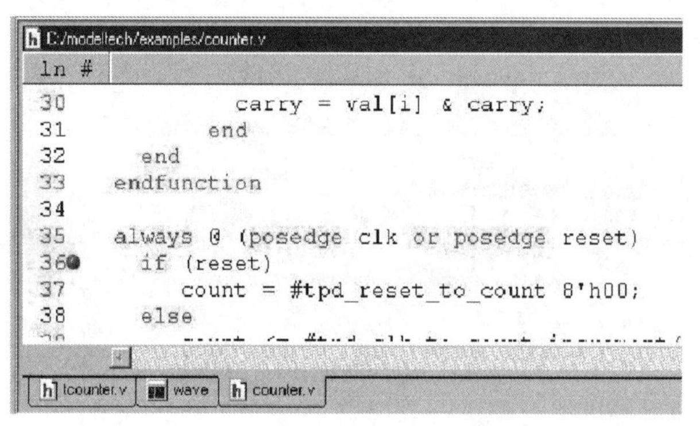

图 6-13　源文件窗口中的断点

③ 禁用、使能、删除断点。

a. 单击红色小球将禁用断点，此时红色小球将变为黑色圆圈。

b. 单击黑色圆圈将重新使能断点，此时黑色圆圈将变为红色小球。

c. 用鼠标右键单击红色小球，在弹出式菜单中选择“Remove Breakpoint 36”，将删除该断点。

d. 再次单击行号 36，将重新产生断点。

④ 重新开始仿真。

a. 单击“重新开始仿真”图标，将会重新装载设计元素并将仿真时间复位为 0，同时会弹出“重新开始仿真”对话框，其中包括一些选项需要确定，这些选项用于指出在重新开始仿真的过程中保留哪些属性，如图 6-14 所示。

b. 单击“重新开始仿真”对话框中的“Restart”按钮，就会启动重新仿真过程。

c. 单击全部运行（Run-All）图标。

仿真将一直运行直到遇到断点。当遇到断点时，仿真停止运行，并在源文件视图中用蓝色箭头表示出设置了断点的代码行，如图 6-15 所示，同时在“Transcript”窗口中发出一个中断信息。

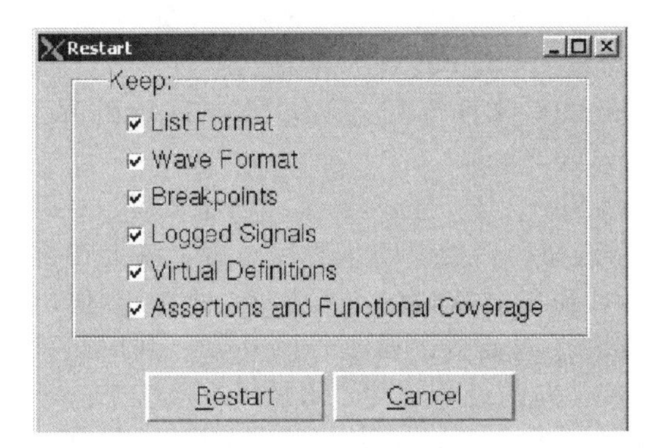

图 6-14 “重新开始仿真”对话框

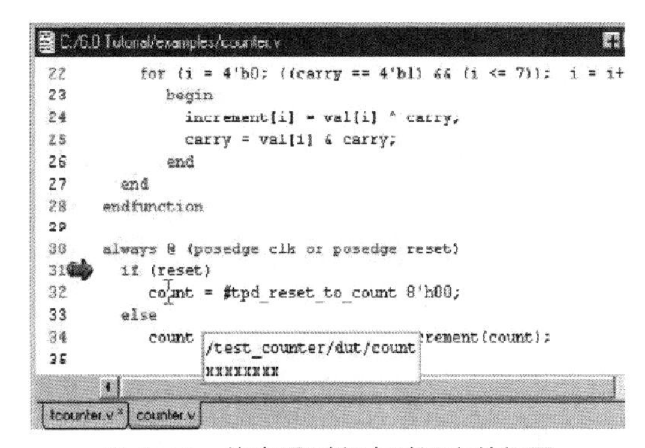

图 6-15 仿真遇到断点时源文件视图

当仿真到达一个断点时，可以选择下列方法查看一个或多个信号的值：

• 查看显示在“Objects”窗口中的信号值，如图 6-16 所示。

• 在源文件窗口中，将鼠标指针放置在 count 变量的上面，一个包含该变量值的文本框将会弹出，参见图 6-15。

• 用鼠标在源文件窗口中选中 count 变量，单击右键，从弹出式菜单中选择“examine”。

• 利用“examine”命令将信号值输出到“Transcript”窗口中（如 examine count）。

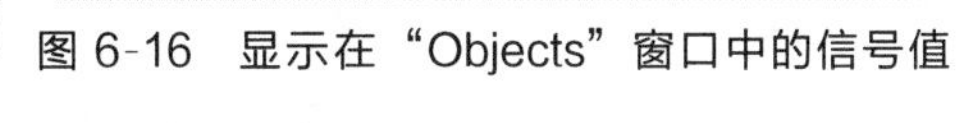

图 6-16 显示在“Objects”窗口中的信号值

⑤ 尝试使用 Step 命令。

单击主窗口工具栏中的“Step”图标，将启动单步执行模式。

6.1.3 ModelSim 工程

本节我们介绍如何创建一个工程。一个工程中至少拥有一个工作库和一个 .mpf 格式的文件，该文件保存与工程相关的状态信息。一个工程还可以包含下列文件或信息：

① HDL 源文件，或者是指向源文件的链接。

② 诸如 README 或者其他项目文档的文件。

③ 本地工作库。

④ 指向全局库的链接。

本节仍然使用 tcounter. v 和 counter. v 两个文件作为例子。

6.1.3.1 创建一个新工程

① 启动 ModelSim。

② 创建一个新工程。

a. 从 ModelSim 欢迎对话框中选择“Create a Project”，或者从 ModelSim 主窗口的菜单栏中选择“File”→“New”→“Project”。这将打开“Create Project”对话框，在该对话框中，将被要求键入工程名称、工程位置（即目录）和默认库名称，如图 6-17 所示。默认库是保存编译后的设计文件的地方。

b. 在工程名称域中键入“test”。

c. 单击“Browse”按钮选择一个用于保存工程文件的目录。

d. 将默认库的名称设置为“work”。

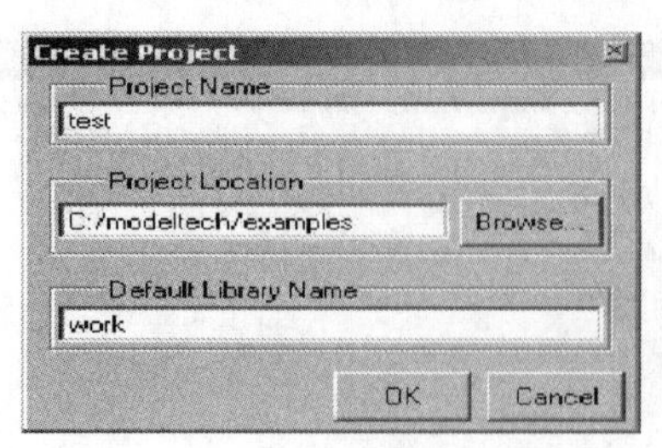

图 6-17 “创建项目”对话框

e. 单击“OK”按钮即可完成库的创建。

如果看到“Select Initial Ini”对话框，询问让工程从哪个 ModelSim. ini 文件产生，单击“Use Default Ini”按钮。

③ 添加对象到工程。一旦单击了“创建工程”对话框中的“OK”按钮，接受了新工程的设置，就会在主窗口工作区中看到一个空白的工程标签，同时会弹出“添加项目到工程”对话框，如图 6-18 所示。利用此对话框可以创建一个新的设计文件，添加一个或多个已经存在的设计文件到工程，添加一个文件夹到工程以便于组织管理文件，或者创建一个仿真配置文件。

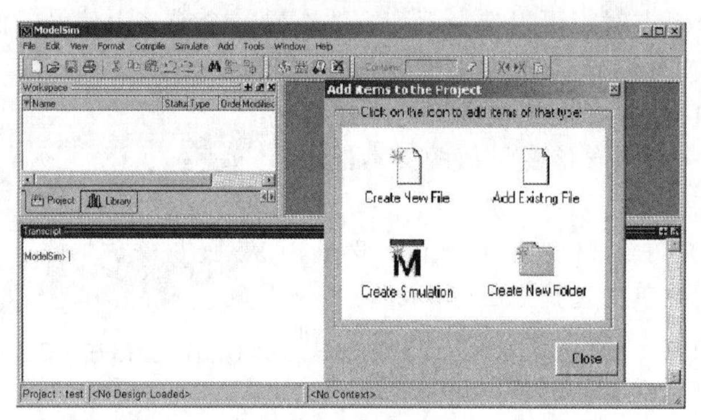

图 6-18 “添加项目到工程”对话框

下面以添加两个已经存在的文件 tcounter. v 和 counter. v 到工程为例，说明添加对象到工程的操作方法：

a. 在“添加项目到工程”对话框单击“Add Existing File”按钮，这将打开“添加文件到工程”对话框，如图 6-19 所示。该对话框允许浏览目录以寻找文件、指定文件的类型、指定将文件添加到哪个文件夹，并确定是将文件复制到工程目录下还是留在当前位置。

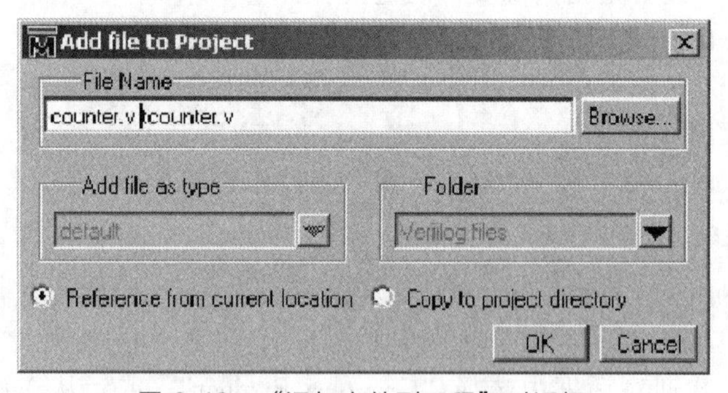

图 6-19 “添加文件到工程”对话框

b. 单击“Browse”按钮。

c. 在的 ModelSim 安装树中打开“examples”目录。

d. 选择“counter. v”，按下 Ctrl 键，然后再选择“tcounter. v”。

e. 单击“Open”按钮，然后再单击“OK”按钮。

f. 单击“Close”按钮关闭“添加项目到工程”对话框。

下面就可以在工作区的工程标签中看到“counter. v”和“tcounter. v”这两个文件，如图 6-20 所示。图中状态列中的“?”是指文件没有被编译或者从上次成功编译后源文件被改动过，其他列则标识了文件类型、编译顺序和修改时间等。

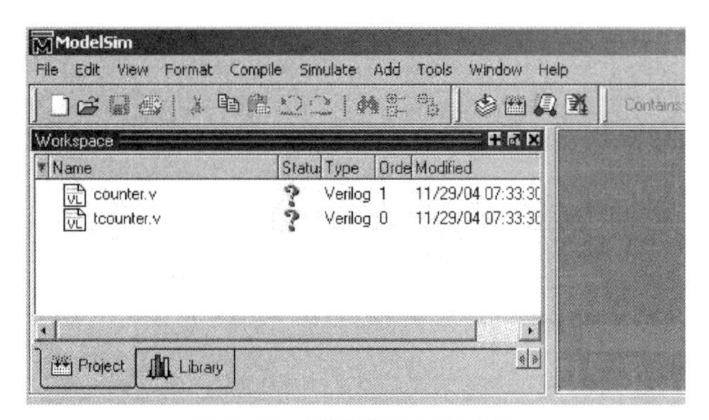

图 6-20 新添加的工程文件

6.1.3.2 编译并装载设计

（1）编译文件

在工程标签中的任何地方单击鼠标右键，并在弹出式菜单中选择“Compile”→“Compile All”，ModelSim 将编译工程中的所有文件，并将状态列中的“?”改成“√”。“√”意味着编译成功。如果编译失败，状态列的符号会变为红色的“×”，并且会在“Transcript”窗口中看到一个出错信息。

（2）查看设计单元

① 在工作区中单击“Library”标签。

② 单击“work”库旁边的“+”图标。

用户将看到两个已经编译好的设计单元、它们的类型，以及指向相应源文件的路径，如图 6-21 所示。

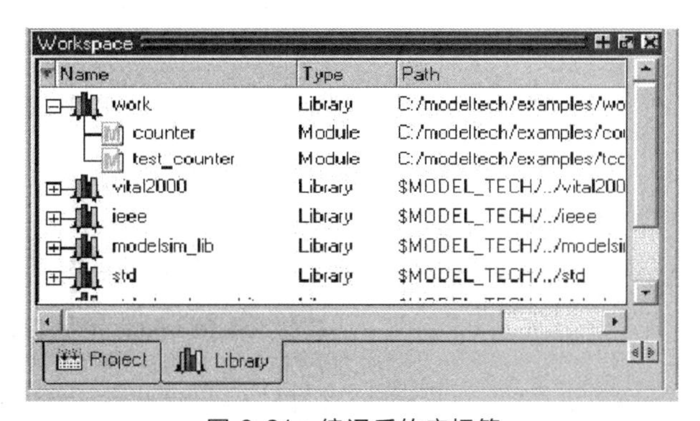

图 6-21 编译后的库标签

（3）装载“test_counter”设计单元

在“work”库中双击“test_counter”设计单元，就可以将“test_counter”及其调用的设计模块装入仿真器。

这时将看到一个名为“sim”、显示“test_counter”设计单元层次结构的新的标签出现在工作区中，如图 6-22 所示。同时，名为“Files”、包含相应源文件信息的标签也出现在工作区中。

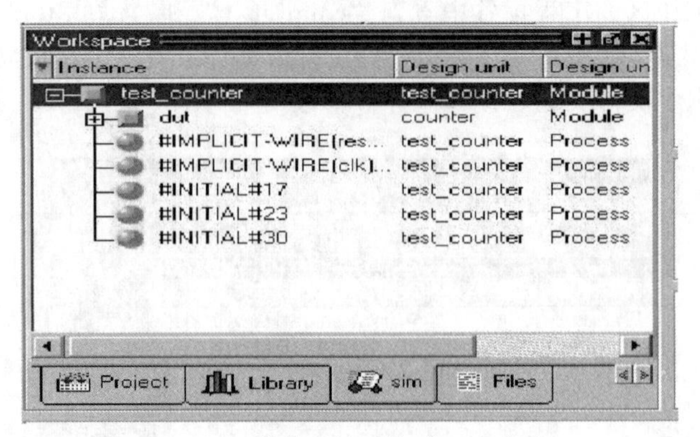

图 6-22　装载设计后的“sim”标签

（4）执行仿真

到此可以按照前面介绍过的方法进行仿真，并分析仿真结果，查找错误，改正错误，然后再重新仿真，直至得到正确结果。

（5）结束仿真

在菜单栏中选择“Simulate”→“End Simulation”，然后在弹出的对话框中单击“Yes”，即可结束仿真。

6.1.3.3　利用文件夹组织工程

如果要将很多文件添加到一个工程中，则需要用文件夹来组织它们。可以在添加文件到工程之前或之后创建文件夹。如果在添加文件到工程之前创建了文件夹，那么在将一个文件添加到工程中时，可以选择将其放入某个文件夹（参见图 6-19 中的“Folder”域）。如果在将文件添加到工程之后创建文件夹，那么可以通过编辑一个文件的属性将其移到某个文件夹中。

（1）添加文件夹

如图 6-18 所示，“添加项目到工程”对话框中有一个创建文件夹的选项，可以选择该选项从而在工程中创建一个文件夹。如果已经关闭了此对话框，那么可以利用菜单命令添加一个文件夹到工程中。

① 添加一个新文件夹。

a. 选择“File”→“Add to Project”→“Folder”菜单命令。

b. 在弹出的“添加文件夹”对话框中的“Folder Name”域中键入文件夹的名称（如“Design Files”），如图 6-23 所示。

c. 单击“OK”按钮，一个文件夹出现在工程标签中，如图 6-24 所示。

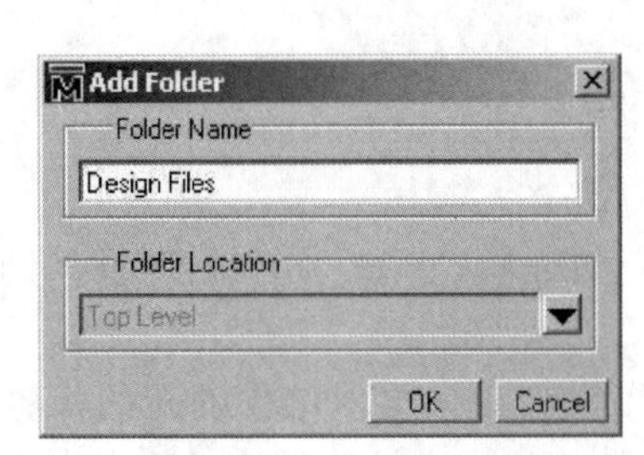

图 6-23　“添加文件夹”对话框

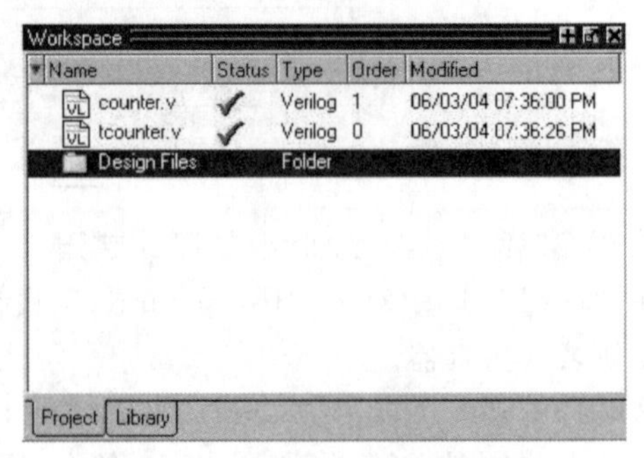

图 6-24　添加到工程中的文件夹

② 添加一个子文件夹。

a. 鼠标右键单击工程标签中的任何地方，在弹出的菜单中选择“Add to Project”→“Folder”命令。

b. 在弹出的“添加文件夹”对话框中的“Folder Name”域中键入文件夹的名称（如“HDL”），如图 6-25 所示。

c. 单击“Folder Location”下拉式菜单箭头，选择子文件夹所属的文件夹的名称（如“Design Files”）。

d. 单击“OK”按钮，一个“+”图标出现在工程标签中的“Design Files”文件夹旁边。

e. 单击“+”图标，一个名为“HDL”的子文件夹出现在“Design Files”文件夹中，如图 6-26 所示。

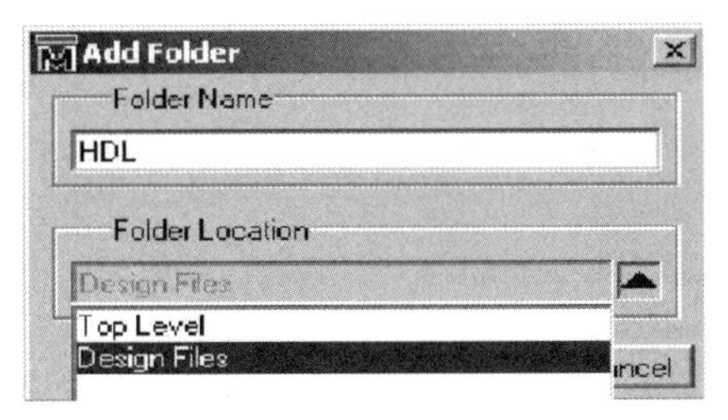

图 6-25 创建子文件夹

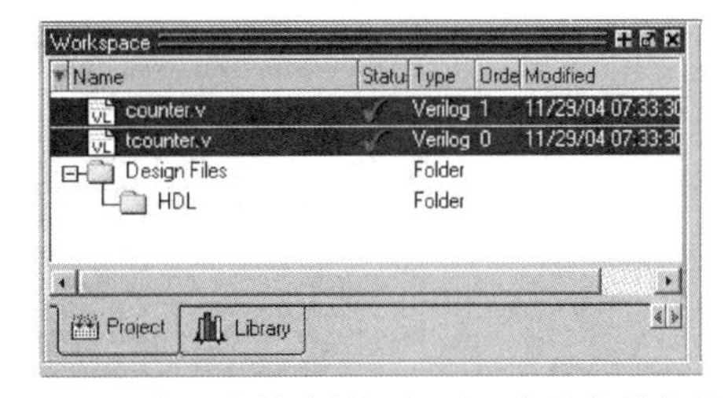

图 6-26 一个子文件夹被添加到一个已有的文件夹中

（2）将文件移动到某个文件夹中

如果在首次将文件添加到工程中时没有将其放入某个文件夹中，可以利用属性对话框将其移入某个文件夹。下面以将文件“tcounter. v”和“counter. v”移入“HDL”文件夹为例说明其步骤：

a. 单击“tcounter. v”，按下 Ctrl 键，然后再单击“counter. v”。

b. 右击上述文件中的任何一个，在弹出的菜单中选择“Properties”。这将打开“工程编译器设置”对话框，允许针对设计文件设置多种选项，如图 6-27 所示。

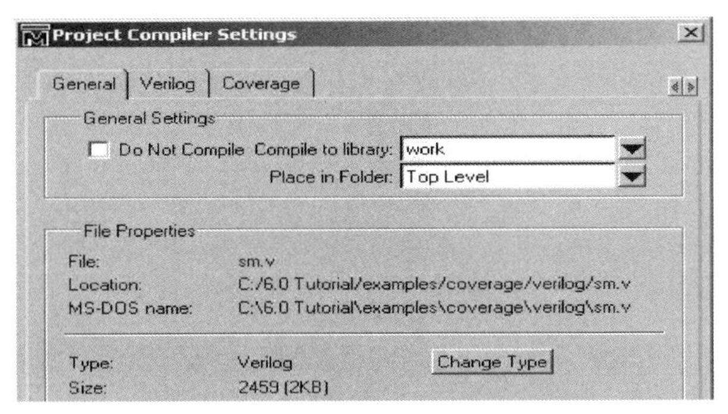

图 6-27 “工程编译器设置”对话框

c. 单击“Place in Folder”下拉箭头，在弹出的下拉式菜单中选择“HDL”。

d. 单击“OK”按钮，上述两个文件被移入“HDL”文件夹，单击文件夹旁边的“+”图标就会看到这两个文件。这两个文件被标上了“?”，这是因为已经移动了文件，工程不知道以前的编译结果是否仍然有效。

6.1.3.4 仿真配置

仿真配置将设计单元和它的仿真选项联系起来。举个例子，假如每次将“tcounter. v”

装入仿真器时，都将仿真器的时间分辨率设为 1ps，并且使能“时间顺序冒险检测”功能。通常情况下，在每次将设计装入仿真器时，都需要重新指定这些选项。利用仿真配置这个功能，可以为一个设计指定某些选项，然后保存为一个将设计和它的选项联系起来的配置文件。这个配置文件将会出现在工程标签中，可以通过双击将设计和它所对应的选项一起装入仿真器。

（1）创建一个新的仿真配置

① 在菜单栏中选择“File”→“Add to Project”→“Simulation Configuration”。这将打开“添加仿真配置”对话框，如图 6-28 所示。该对话框中的标签展示出各式各样的仿真选项。可以仔细探查这些标签，查看有哪些选项可用。也可以查阅 ModelSim 用户手册得到每个选项的详细描述。

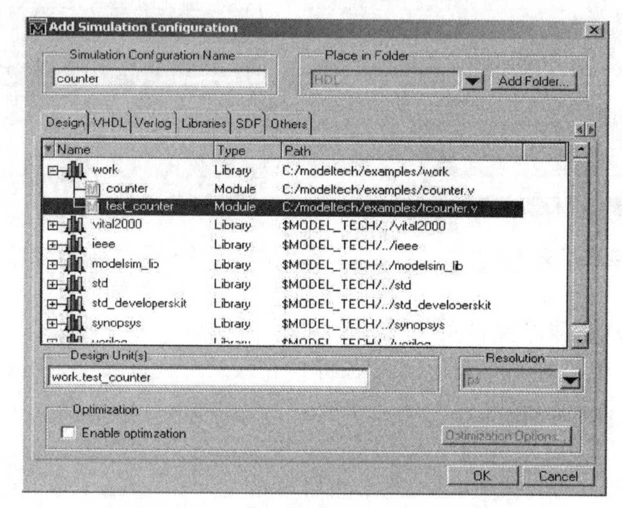

图 6-28　“添加仿真配置”对话框

② 在“Simulation Configuration Name”域中键入“counter”。

③ 在“Place in Folder”下拉式菜单中选择“HDL”。

④ 单击“work”库旁边的“+”图标，然后选择“test_counter”。

⑤ 单击“Resolution”下拉式菜单，选择“ps”。

⑥ 对于 Verilog 仿真来说，单击 Verilog 标签，勾选“Enable Hazard Checking”。

⑦ 单击“OK”按钮，这时工程标签会显示一个名为“counter. v”的仿真配置，如图 6-29 所示。

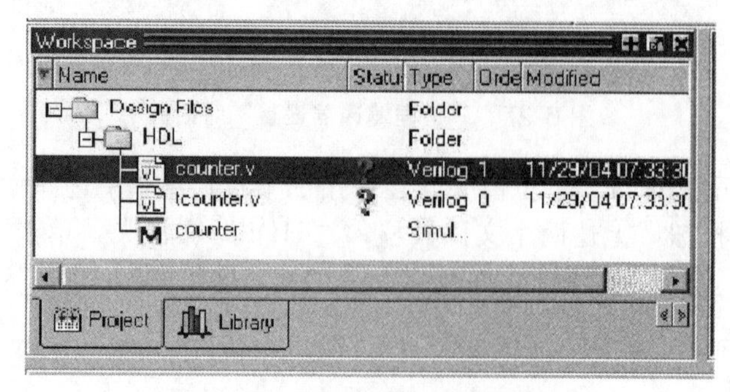

图 6-29　工程标签中的仿真配置

(2) 装载仿真配置

在工程标签中双击仿真配置文件“counter. v”。在主窗口的 Transcript 子窗口中，将会显示启动 ModelSim 仿真器的带有-hazards 和-t ps 开关的 vsim 命令，如图 6-30 所示。这是与在上述“添加仿真配置”对话框中设置的选项等价的命令行形式。

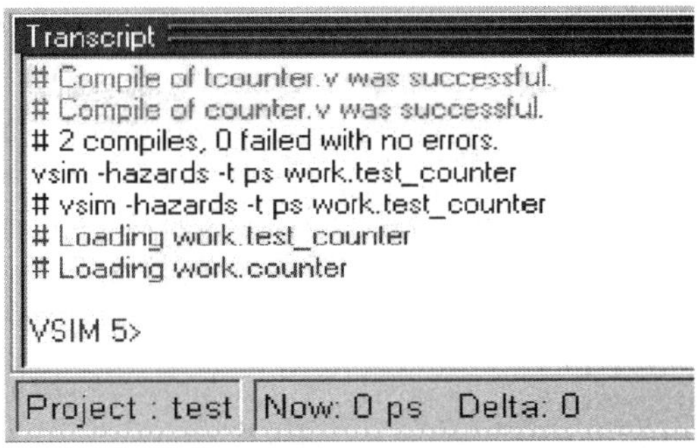

图 6-30 显示仿真配置选项的 Transcript 窗口

6.1.4 基于多库的仿真

如前文所述，可以用多个库来组织设计，从第三方获取 IP 核，或者在不同的仿真之间共享公共资源。在本节首先会创建一个包含设计单元“counter”的资源库，接着会创建一个工程并将测试文件编译进去，最后会将测试文件链接到包含设计单元“counter”的资源库并执行仿真。在本节中，仍然以 8 位二进制计数器的设计文件 counter. v 和相应的测试文件 tcounter. v 为例进行介绍。

6.1.4.1 创建资源库

① 为资源库创建一个目录。创建一个叫作“resource_library”的新目录，将 counter. v 文件从“＜install_dir＞/modeltech/examples”目录下复制到该新目录下。

② 为测试文件创建一个目录。创建一个叫作“testbench”的新目录，用于保存测试文件和其他工程文件。将 tcounter. v 文件从“＜install_dir＞/modeltech/examples”目录下复制到该新目录下。

在本节中创建了两个目录用来模仿从第三方接收一个资源库的情形。正如前面提到的那样，我们将在后面将测试文件链接到位于第一个目录下的资源库。

③ 启动 ModelSim 并将其目录改变到资源库目录。

a. 在 Unix shell 提示符下键入“vsim”或者在 Windows 系统中双击 ModelSim 图标。如果出现“Welcome to ModelSim”对话框，单击“Close”。

b. 选择“File”→“Change Directory”菜单命令，将目录改变到在第①步创建的“resource_library”目录。

④ 创建资源库。

a. 选择“File”→“New”→“Library”菜单命令。

b. 在弹出的“Library Name”域中键入“parts_lib”，如图 6-31 所示。“Library Physical Name”域将被自动填写。

一旦单击了“OK”按钮，ModelSim 将为该库创建目录，目录在工作区中的 Library 标签中显示出来，并修改 ModelSim. ini 文件记录，这个新库以备将来使用。

⑤ 将设计文件 counter. v 编译到资源库。

a. 单击主窗口工具条中的编译图标。

b. 从库列表中选择“parts_lib”库，如图 6-32 所示。

c. 双击“counter. v”文件以编译它。

d. 单击“Done”按钮。

这时就拥有了一个包含经过编译的 counter 设计单元的资源库。

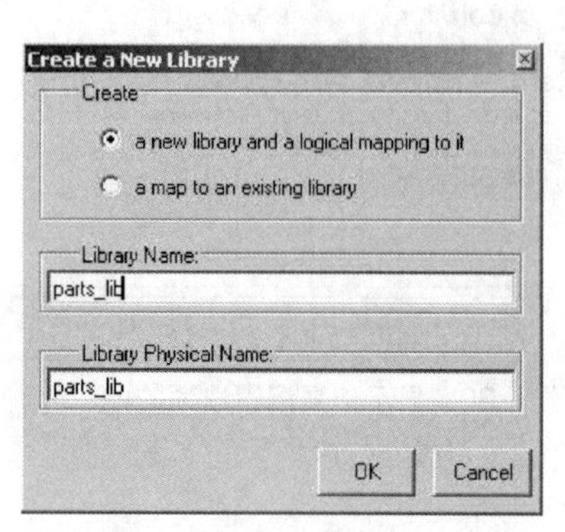

图 6-31 “创建一个新库”对话框

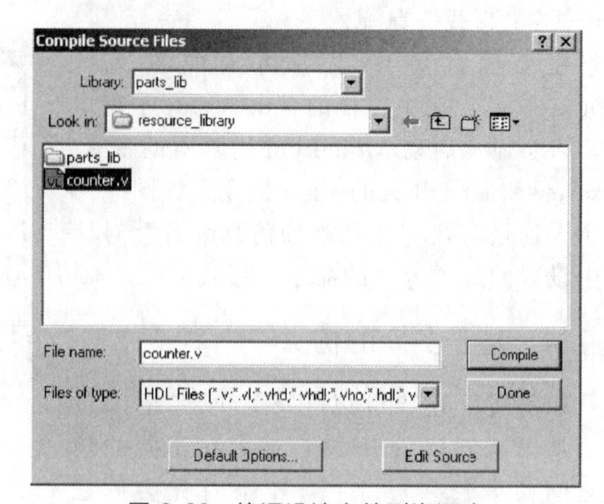

图 6-32 编译设计文件到资源库

⑥ 改变到 testbench 路径。选择“File”→“Change Directory”菜单命令，将目录改变到在第②步创建的“testbench”目录。

6.1.4.2 创建工程

下面将创建一个包含 counter 设计单元的测试文件 tcounter.v 的工程。

① 创建工程。

a. 选择“File”→“New”→“Project”菜单命令。

b. 在“Project Name”域中键入“counter”。

c. 单击“OK”。

d. 如果显示一个对话框询问使用哪个 ModelSim.ini 文件，单击“Use Default Ini”。

② 添加测试文件到工程。

a. 在“添加项目到工程”对话框中单击“Add Existing File”图标。

b. 单击“Browse”按钮并选择“tcounter.v”。

c. 单击“Open”按钮，然后单击“OK”按钮。

d. 单击“Close”按钮关闭“添加项目到工程”对话框。

tcounter.v 文件会出现在主窗口的工程标签中。

③ 编译测试文件。右击“tcounter.v”文件，然后选择“Compile”→“Compile Selected”菜单命令。

6.1.4.3 链接资源库

按照正常的做法，下面应该将测试文件链接在前面创建的“parts_lib”资源库了，但为了更好地理解链接资源库的作用，首先尝试在没有链接资源库的情况下仿真测试文件，查看会出现什么情况。在这种情况下，ModelSim 对于 Verilog 和 VHDL 的反应是不同的，在此我们仅讨论 Verilog 仿真。

① 在没有链接资源库的情况下仿真 Verilog 设计。

a. 在“Library”标签中，单击“work”库旁边的“+”图标，并双击“test_counter”。

此时，在主窗口的 Transcript 子窗口会报告一个错误，如图 6-33 所示。当看到包含错误代码的消息，比如“Error：(vsim-3033)”，则可以利用“verror”命令去查看更多关于这个错误的细节。

b. 在“ModelSim>”提示符下键入“verror 3033”。

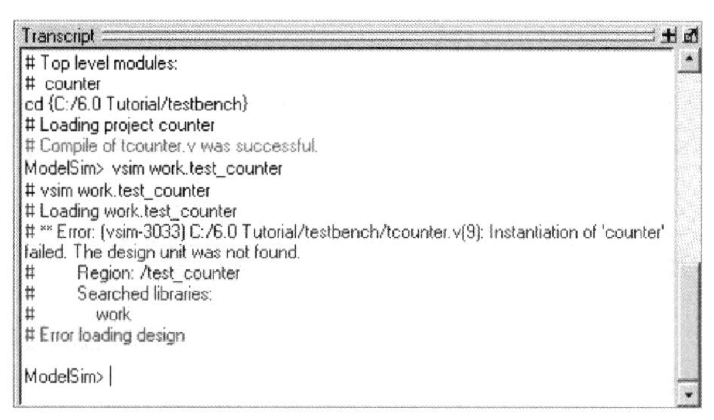

图 6-33 Transcript 窗口报告的仿真错误

扩展的错误信息提示，在需要实例化一个设计单元时，找不到该设计单元。它还提示原始错误信息应该列出 ModelSim 搜索了哪些库。在本例中，原始错误信息提示 ModelSim 只搜索了 work 库。

② 在 Verilog 仿真中链接资源库。在 Verilog 仿真中链接资源库需要在启动仿真器时指定一个搜索库。步骤如下：

a. 在主窗口工具栏中单击仿真图标。

b. 单击 work 库旁边的“+”图标，并选择“test_counter”。

c. 单击库标签。

d. 单击“Search Libraries”域旁边的“Add”按钮，在前面创建的第一个目录下找到“parts_lib”。

e. 单击“OK”。“parts_lib”会出现在链接资源库对话框中的“Search Libraries”域中，如图 6-34 所示。

f. 单击“OK”。

设计装载成功，没有错误。

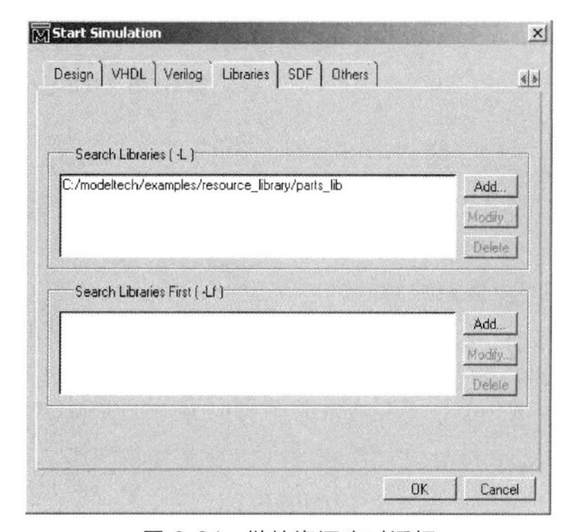

图 6-34 链接资源库对话框

6.1.4.4 永久性映射资源库

如果每个工程或者在每次仿真时都要调用某个特定的资源库，则可能希望永久性地映射这个库。做到这一点需要修改位于安装目录下的主 ModelSim.ini 文件，具体步骤如下：

① 在 ModelSim 安装目录（＜install_dir＞/modeltech/ModelSim.ini）下查找 ModelSim.ini 文件。

② 为 ModelSim.ini 文件制作一个备份文件（这一点很重要，以便将来在出错的情况下能够恢复原来的文件）。

③ 改变 ModelSim.ini 文件的属性，使它不再是“只读文件”。

④ 打开 ModelSim.ini 文件，在其“Library”部分写入用户的库映射，如 parts_lib=C:/libraries/parts_lib。

⑤ 保存 ModelSim.ini 文件。

⑥ 改变 ModelSim.ini 文件的属性，使它重新成为“只读文件”。

6.1.5 在波形窗口中查看仿真结果

波形窗口允许以波形图和信号值的形式查看仿真结果。波形窗口被划分为多个窗格，如图 6-35 所示。波形窗口中所有的窗格都可以通过单击并拖拉任意两个窗格的边界条来调整大小。

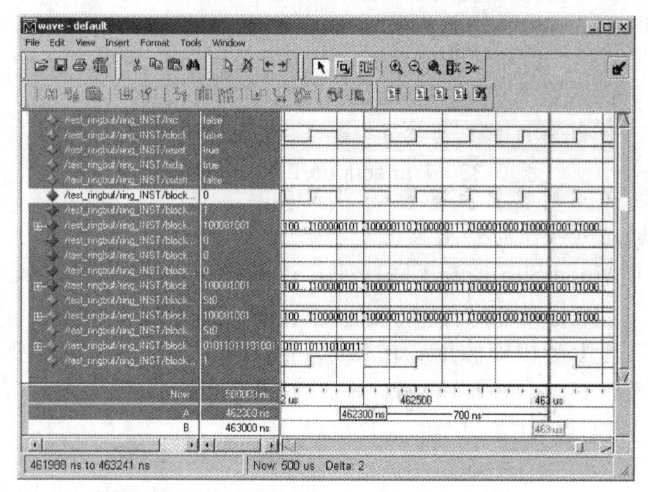

图 6-35 波形窗口和它的多个窗格

6.1.5.1 装载一个设计

本节以 6.1.2 节仿真过的设计为例进行讲解。

① 启动 ModelSim。

② 装载设计。

a. 选择 “File”→“Change Directory” 菜单命令，打开在 6.1.2 节创建的目录。work 库应该已经存在。

b. 单击 “work” 库旁边的 “+” 图标，双击 “test_counter” 模块，ModelSim 就会将 test_counter 设计模块装入仿真器，并添加 “sim” 和 “Files” 标签到工作区中。

6.1.5.2 添加对象到波形窗口

ModelSim 提供了多种方法用于将对象添加到波形窗口中。在本节中，尝试多种不同的方法。

① 从 “Objects” 子窗口中添加对象。在主窗口的 “Objects” 子窗口中选择一个项目，右击鼠标，在弹出的菜单中选择 “Add to Wave”→“Signals in Region” 命令，然后会看到 ModelSim 将一些信号添加到了波形窗口。

② 从主窗口中弹出波形窗口。在默认情况下，ModelSim 在主窗口中以 MDI 窗口标签的形式打开波形窗口。单击波形标签中的 “弹出” 图标，如图 6-36 所示，将会看到波形标签弹出了主窗口，成为了一个独立的窗口，但可能需要重新调整窗口的大小。

③ 通过拖放添加对象。可以利用鼠标将对象从其他窗口（如 Workspace、Objects 等）中拖到波形窗口中。

a. 在波形窗口中，选择 “Edit”→“Select All” 菜单命令，然后选择 “Edit”→“Delete” 菜单命令，就可以将波形图中的全部信号清除。

b. 在主窗口的 “sim” 标签中用鼠标单击一个实例，并将其拖到波形窗口中，Model-

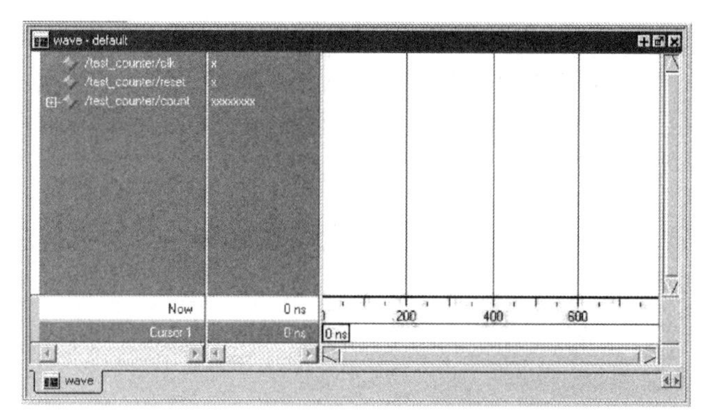

图 6-36　从主窗口中弹出的波形窗口

Sim 会将该实例的所有信号添加到波形窗口中。

c. 在“Objects”窗口中用鼠标单击一个信号并将其拖到波形窗口中，放开鼠标，ModelSim 会将该信号添加到波形窗口中。

④ 利用命令添加对象。在“Transcript”窗口中的“VSIM＞”提示符下键入“add wave *”命令，然后按回车，ModelSim 会将当前范围内的所有信号添加到波形窗口中。

运行仿真一段时间，就可以在波形窗口中看到相关信号的波形图了。

6.1.5.3　波形图的缩放

利用缩放功能可以改变波形图的显示范围，有多种方法可以对波形图进行缩放。

① 单击波形窗口工具条上的“缩放模式”图标 。

② 在波形窗口中按下鼠标左键并向下向右拖动鼠标，这时会看到两根垂直的直线以及定义被放大区域范围的数字，如图 6-37 所示。然后放开鼠标左键，上述被定义区域就会被放大在整个波形窗口中显示。

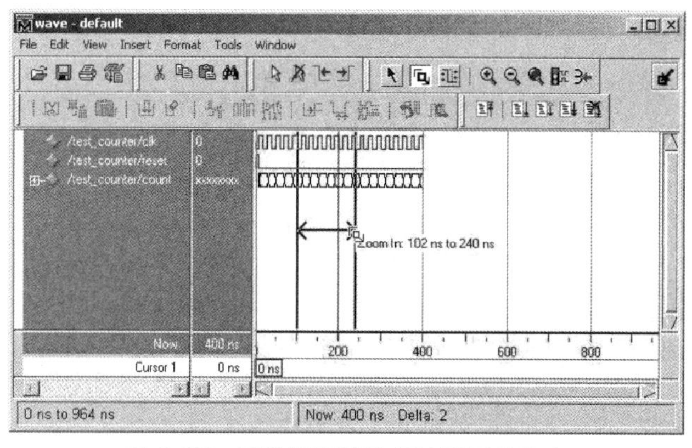

图 6-37　用鼠标指针进行波形图的放大

③ 选择“View”→“Zoom”→“Zoom Last”菜单命令，波形窗口恢复到上一次的显示范围。

④ 单击“放大”图标 可以将波形图放大，单击该图标数次，将波形图放大到适当大小。

⑤ 在波形窗口中按下鼠标左键并向上向右拖动鼠标，会看到一根斜线以及定义被缩小区域范围的数字，如图 6-38 所示。然后放开鼠标左键，上述被定义区域就会被缩小到可以

在波形窗口中全部显示。

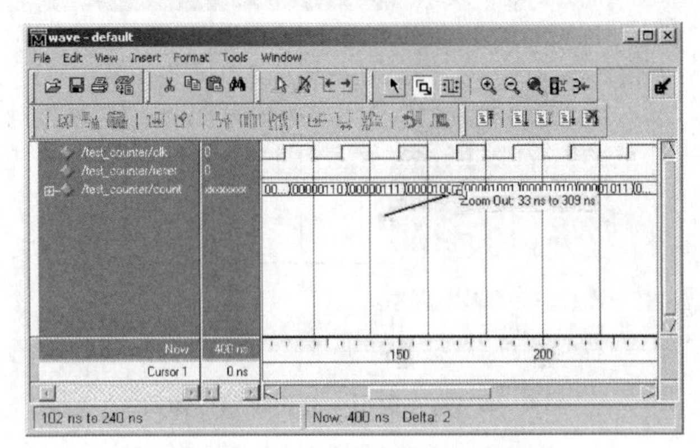

图 6-38 用鼠标指针进行波形图的缩小

⑥ 选择“View”→“Zoom”→“Zoom Full”菜单命令，ModelSim 会将波形图全屏显示。

6.1.5.4 在波形窗口中使用游标

游标用于在波形窗口中标记仿真时间。当 ModelSim 开始在波形窗口中画波形图时，它在零仿真时刻处放置了一个游标。在波形窗口中的任何地方单击鼠标左键，都会将该游标带到鼠标所在处。

也可以增加新的游标；命名、锁定、删除游标；使用游标测量时间区间长度；使用游标发现信号跳变等。

（1）使用单一游标工作

① 通过单击和拖动鼠标定位游标。

a. 在波形窗口工具条中单击“选择模式”图标 。

b. 在波形窗口中单击任何地方，一个游标会被插入刚才单击的时刻处，如图 6-39 所示。

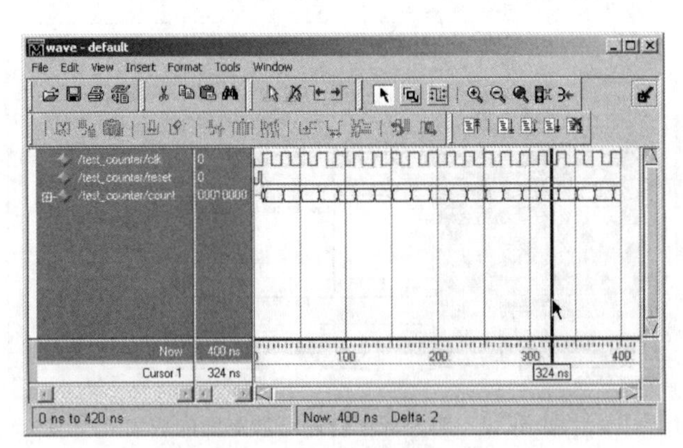

图 6-39 单击鼠标插入游标

c. 拖动游标并在波形窗口的信号值窗格中观察信号值。当拖动游标时信号值会发生变化，这也许是检查某一个信号在特定时间里信号值变化情况的最方便的方法。

d. 在波形图窗格中，当用鼠标拖动游标到一个信号跳变的右边邻近区域时，游标会“咬住”信号跳变沿。严格一点说，如果在一个波形图边沿右边 10 个像素点的范围内单击或者拖动游标，该游标会“咬住”该波形图边沿不动。可以在“Window Preferences”对话框中设置“咬住”距离（通过选择“Tools”→“Window Preferences”菜单命令）。

e. 在游标窗格中单击鼠标，将游标移动到一个信号跳变沿的右边邻近区域时，游标不会“咬住”信号跳变沿，参见图 6-39。

② 重命名游标。

a. 在游标名窗格中右击“Cursor 1”，选中并删除“Cursor 1”，如图 6-40 所示。

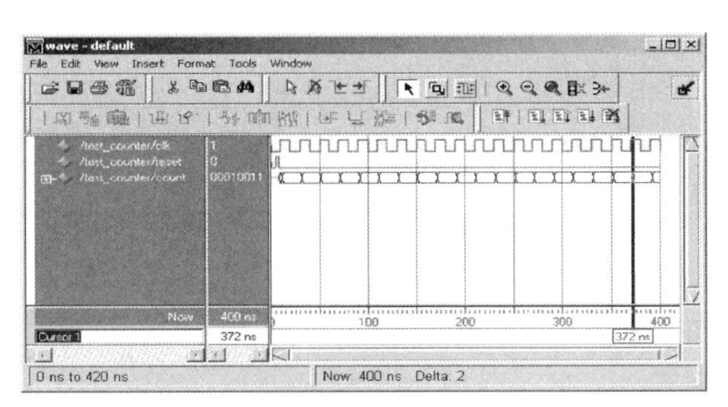

图 6-40 重命名游标

b. 在游标名窗格中键入“A”并按回车键，游标名字就会改变为“A”。

③ 将游标快速移动到下一个或前一个跳变沿。

a. 在路径名窗格中单击选择一个信号，比如“count”。

b. 在波形窗口工具条中单击“寻找下一个跳变沿”图标 ，游标会跳跃到目前选择的信号的下一个跳变沿。

c. 在波形窗口工具条中单击“寻找上一个跳变沿”图标 ，游标会跳跃到目前选择的信号的上一个跳变沿。

（2）使用多个游标工作

① 添加第二个游标。

a. 在波形窗口工具条中单击“添加游标”图标 。

b. 右击新游标的名字并删除。

c. 键入“B”并按下回车键。

d. 拖拽游标 B，发现测量到的游标 A 和 B 之间时间区间长度在动态变化，如图 6-41 所示。

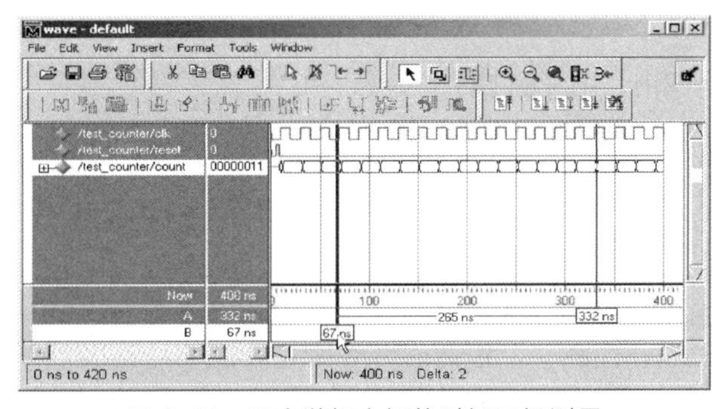

图 6-41 两个游标之间的时间区间测量

② 锁定游标 B。在游标窗格中右击游标 B 并选择“Lock B”，游标 B 的颜色将变为红色，而且不能再被拖动，如图 6-42 所示。

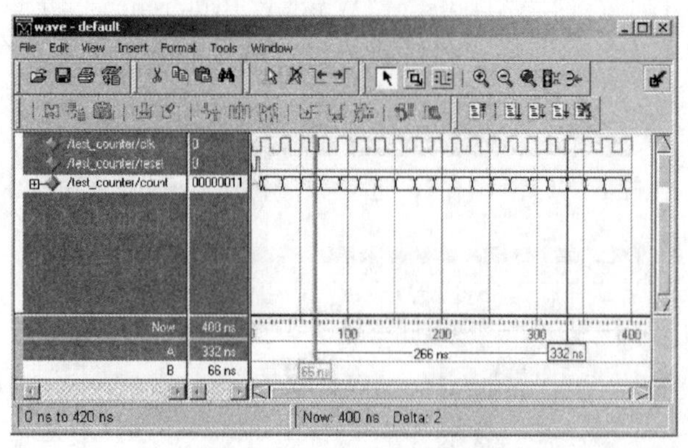

图 6-42 被锁定的游标

③ 删除游标 B。在游标窗格中右击游标 B 并选择“Delete B”，游标 B 将被删除。

6.1.5.5 保存窗口格式

如果关闭了波形窗口，那么对该波形窗口所做的配置（比如添加的信号、游标设置等）都会丢失。然而，可以使用“Save”→“Format”命令来提取当前波形窗口中的显示和信号配置，并将其保存到一个“DO”格式的文件中。这样，可以在关闭波形窗口之后，通过打开“DO”格式文件来重新产生以前的波形窗口。

“DO”格式文件是依赖于某个特定设计的，它只能用于产生该文件时正在被仿真的设计。

① 保存 DO 格式文件。

a. 在波形窗口选择“File”→“Save”→“Format”菜单命令。

b. 将文件名设置为“wave. do”并单击“OK ”按钮。

c. 关闭波形窗口。

② 装载 DO 格式文件。

a. 在主窗口选择“View”→“Debug Windows”→“Wave”菜单命令，打开波形窗口。

b. 将波形窗口弹出主窗口，则原来设置的信号和游标全部没有了。

c. 在波形窗口选择“File”→“Load”菜单命令。

d. 在弹出的对话框中选择“wave. do”文件，并单击“Open”按钮，ModelSim 将会恢复波形窗口到它以前的状态。

e. 完成上述操作后，选择“File”→“Close”关闭波形窗口。

6.1.6 利用 ModelSim 进行时序仿真

6.1.6.1 时序仿真的概念

ModelSim 的仿真分为功能仿真和时序仿真，下面先具体介绍一下两者的区别。

功能仿真也称为前仿真或者布局布线前仿真，主旨在于验证电路的功能是否符合设计要求，其特点是不考虑电路门延迟与线延迟，主要是验证电路与理想情况是否一致。功能仿真的输入为 RTL 代码与 testbench。本章前面内容涉及的仿真都是指功能仿真。

时序仿真也称为后仿真或者布局布线后仿真，是指电路已经映射到特定的工艺环境后，综合考虑电路的路径延迟与门延迟的影响，验证电路能否在一定时序条件下满足设计构想，是否存在时序违规。时序仿真的输入文件为从布局布线结果中抽象出来的门级网表、testbench 和扩展名为 SDO 或 SDF 的标准延时文件。SDO 或 SDF 的标准延时文件不仅包含门延迟，还包括实际布线延迟，能较好地反映芯片的实际工作情况。一般来说，时序仿真是必须要做的，以检查设计时序与实际的电路运行情况是否一致，确保设计的可靠性和稳定性。

6.1.6.2 利用ModelSim进行时序仿真的方法

时序仿真与功能仿真的步骤大体相同，只不过中间需要增加添加仿真库、网表和延时文件的步骤。时序仿真需要在做完综合优化或者布局布线之后才能进行，下面以基于FPGA的设计流程为例讨论进行时序仿真的方法，且假定使用Quartus Ⅱ集成开发工具对设计进行综合优化和布局布线。

进行时序仿真的前提是Quartus Ⅱ已经对要仿真的目标文件进行了编译，并生成了ModelSim仿真所需要的.vo文件（网表文件）和.sdo文件（延时文件）。具体操作有两种：一种是通过Quartus Ⅱ调用ModelSim，Quartus Ⅱ在编译之后自动把仿真需要的.vo文件以及需要的仿真库添加到ModelSim中，操作简单；另一种是手动将需要的文件和库加入ModelSim进行仿真，这种方法可以增强主观能动性，充分发挥ModelSim的强大仿真功能。

（1）通过Quartus Ⅱ调用ModelSim进行时序仿真

使用这种方法时首先要对Quartus Ⅱ进行设置。

先运行Quartus Ⅱ，打开要仿真的工程，单击菜单栏的“Assignments”，然后单击“EDA Tool Settings”，选中左边“Category”中的“Simulation”，在右边的“Tool name”中选“ModelSim-Altera（Verilog）”，选中下面的“Run this tool automatically after compilcation”，如图6-43所示。

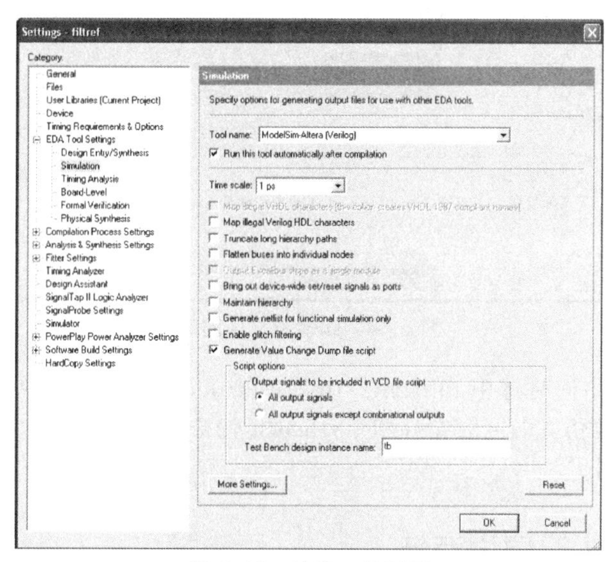

图6-43 仿真工具设置

在Quartus Ⅱ中的工程准备好之后单击“Start Compilcation”按钮启动设计编译过程，等编译完成后，ModelSim会自动启动，而Quartus Ⅱ处于等待状态（前提是系统环境变量的用户变量的PATH要设置好ModelSim安装路径，如D:\Modeltech_6.0\win32）。在打开的ModelSim的Workspace窗口中多了工作库和资源库，而且work库中出现了需要仿真的文件。ModelSim自动将Quartus Ⅱ生成的.vo文件编译到work库，并建立相应的资源库。

编写测试平台程序fulladder_tb.v，最好将其放在生成的.vo文件所在的目录，以方便在需要手动仿真时使用。单击“Compile”，在出现的对话框中选中“fulladder_tb.v”文件，然后单击“Compile”按钮，编译结束后单击“Done”，这时在 work 库中会出现测试平台文件。单击“Simulate”→“Start Simulation”或快捷按钮，会出现“start simulate”对话框。单击“Design”标签，选择 work 库中的“fulladder_tb. v”文件，然后单击“Libraries”标签，在“Search Library”中单击“Add”按钮，选择仿真所需要的资源库（如果不知道选择哪个库，可以先直接单击“Compile”，看出现的错误提示中所说的需要的库名，然后再重复上述步骤）。再单击“Start Simulate”对话框的“SDF”标签，在出现的对话框的“SDF File”框内加入 . sdo 延时文件路径。在“Apply To Region”框内有一个“/”，在“/”的前面输入测试平台文件名，即“fulladder_tb”，在它的后面输入测试平台程序中调用被测试模块时给被测试模块起的名称，然后单击“OK”。后面步骤与功能仿真步骤相同。

（2）利用 ModelSim 手动进行时序仿真

手动时序仿真需要用户自己添加文件和编译库，但可以充分发挥 ModelSim 强大的仿真功能。操作时也要先对 Quartus Ⅱ进行设置，设置与前面相同只是不用选中“Run this tool automatically after compilcation”。然后启动 ModelSim，将当前路径改到新建文件夹下。新建一个库，此处默认库名为“work”。编写 testbench 并放在 . vo 所在的目录，这时单击“Compile”下的“Compile”将会出现一个对话框，如图 6-44 所示。

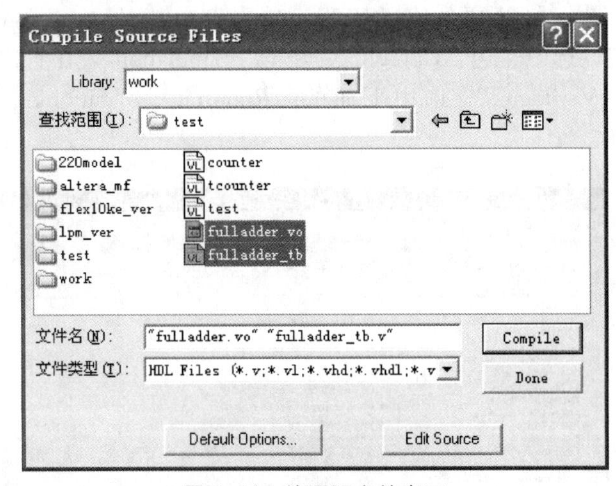

图 6-44　编译源文件窗口

在出现的对话框中同时选中 fulladder_tb 和 fulladder. vo 文件，单击“Compile”，然后单击“Done”，这样要仿真的网表文件和 testbench 就被编译到工作库里了。后面的操作就与（1）中的步骤相同了。

6.2　Quartus Ⅱ的使用方法

Quartus Ⅱ是 Altera 公司开发的专门用于基于可编程逻辑器件的集成电路的设计与实现的集成开发环境，包括设计输入、仿真、综合优化、布局布线、时序分析、器件编程等众多功能，应用广泛。本节将介绍 Quartus Ⅱ软件的使用方法。

6.2.1　可编程逻辑设计流程

6.2.1.1　简介

Quartus Ⅱ设计软件提供了完整的多平台设计环境，它可以轻松满足特定设计的需要。

它是单芯片可编程系统（SOPC）设计的综合性开发环境。Quartus Ⅱ软件拥有用于FPGA和CPLD设计的所有阶段的解决方案。利用Quartus Ⅱ进行可编程逻辑设计的流程如图6-45所示。

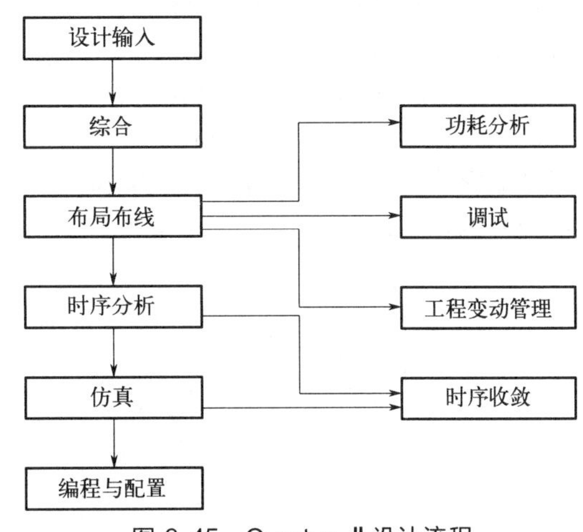

图6-45 Quartus Ⅱ设计流程

此外，Quartus Ⅱ软件允许用户在设计流程的每个阶段使用Quartus Ⅱ图形用户界面(GUI)、EDA工具界面或命令行界面。可以在整个流程中只使用这些界面中的一个，也可以在设计流程的不同阶段使用不同的界面。

6.2.1.2 图形用户界面设计流程

用户可以使用Quartus Ⅱ软件的图形用户界面完成设计流程的所有阶段，它是完整且易用的独立解决方案。图6-46所示为首次启动Quartus Ⅱ软件时出现的Quartus Ⅱ图形用户界面。

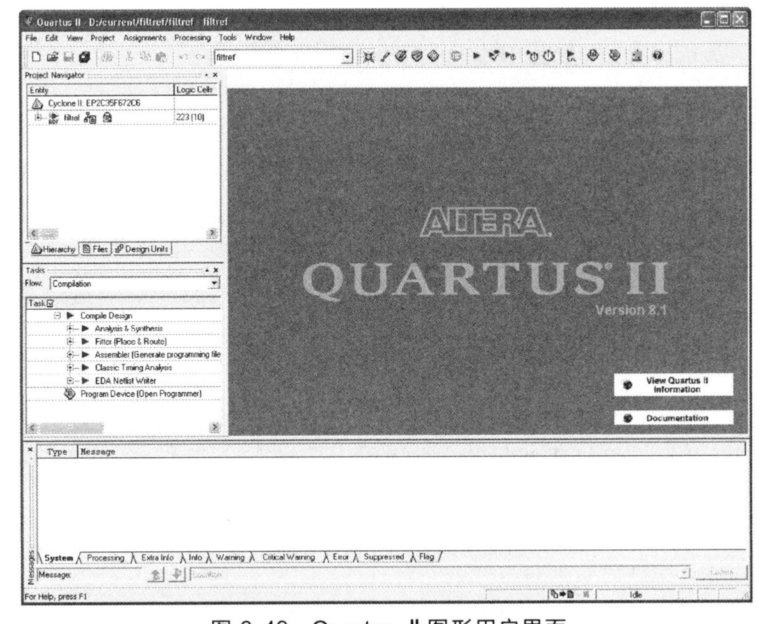

图6-46 Quartus Ⅱ图形用户界面

Quartus Ⅱ软件包括模块化编译器。模块化编译器包括以下模块（标有星号的模块表示在编译期间可选，具体要视用户的设置而定）：

- Analysis & Synthesis
- Fitter
- Assembler
- Timing Analyzer
- Design Assistant*
- EDA Netlist Writer*
- Compiler Database Interface*

可以在全编译过程中通过选择“Start Compilation”（“Processing”菜单）来运行所有的编译器模块。若要单独运行各个模块，可以选择“Start”（“Processing”菜单），然后从“Start”子菜单中为模块选择相应的指令。

此外，还可以选择“Compiler Tool”（“Tools”菜单）并在“Compiler Tool”窗口中启动编译器模块。在“Compiler Tool”窗口中，可以打开模块的配置文件或报告文件，还可以打开其他相关窗口，如图6-47所示。

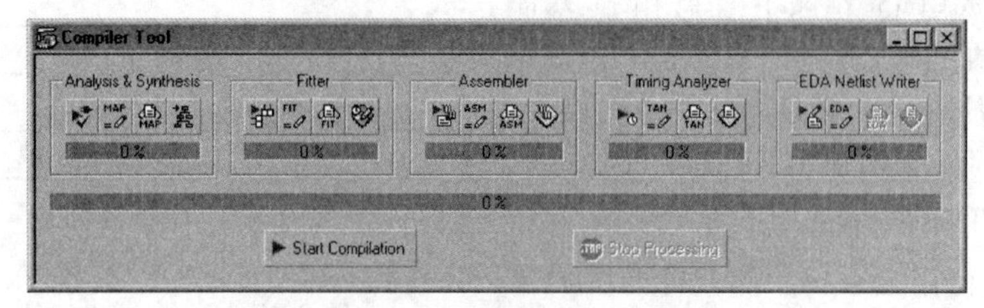

图6-47 “Compiler Tool”窗口

以下步骤描述了Quartus Ⅱ图形用户界面的基本设计流程。

① 使用“New Project Wizard”（“File”菜单）建立新工程并指定目标器件或器件系列。

② 使用“Text Editor”（文本编辑器）建立Verilog HDL、VHDL或Altera硬件描述语言（AHDL）设计。也可以使用Block Editor（原理图编辑器）建立流程图或原理图，流程图中可以包含代表其他设计文件的符号。还可以使用MegaWizard Plug-In Manager生成宏功能模块和IP内核，并在设计中将它们实例化。

③（可选）使用Assignment Editor、“Settings”对话框（“Assignments”菜单）、Floorplan Editor和/或LogicLock功能指定初始设计的约束条件。

④（可选）使用SOPC Builder或DSP Builder建立系统级设计。

⑤（可选）使用Software Builder为Excalibur器件处理器或Nios嵌入式处理器建立软件和编程文件。

⑥ 使用Analysis & Synthesis对设计进行综合。

⑦（可选）使用仿真器对设计进行功能仿真。

⑧ 使用Fitter对设计进行布局布线。在对源代码进行少量更改之后，还可以使用增量布局布线。

⑨ 使用Timing Analyzer对设计进行时序分析。

⑩ 使用仿真器对设计进行时序仿真。

⑪（可选）使用物理综合、时序底层布局图、LogicLock功能、“Settings”对话框和Assignment Editor进行设计优化，实现时序收敛。

⑫ 使用Assembler为设计建立编程文件。

⑬ 使用编程文件、Programmer和Altera硬件编程器对器件进行编程，或将编程文件转换为其他文件格式以供嵌入式处理器等其他系统使用。

⑭（可选）使用SignalTap Ⅱ Logic Analyzer、SignalProbe功能或Chip Editor对设计进行调试。

⑮（可选）使用Chip Editor、Resource Property Editor和Change Manager进行工程更改管理。

6.2.1.3 EDA工具设计流程

Quartus Ⅱ软件使用户能够在设计流程的不同阶段使用熟悉的EDA工具。可以将这些工具与 Quartus Ⅱ图形用户界面或 Quartus Ⅱ命令行可执行文件一起使用。

表 6-1 显示了 Quartus Ⅱ软件支持的 EDA 工具，并指出哪个 EDA 工具可支持 NativeLink。利用 NativeLink 技术在 Quartus Ⅱ软件和其他 EDA 工具之间无缝地传送信息，并允许在 Quartus Ⅱ软件中自动运行 EDA 工具。

表 6-1 Quartus Ⅱ软件支持的 EDA 工具

功能	支持的 EDA 工具	NativeLink 支持
综合	Mentor Graphics Design Architect	
	Mentor Graphics Leonardo Spectrum	√
	Mentor Graphics Precision RTL Synthesis	√
	Mentor Graphics ViewDraw	
	Synopsys Design Compiler	
	Synopsys FPGA Express	
	Synopsys FPGA Compiler Ⅱ	√
	Synplicity Synplify	√
	Synplicity Synplify Pro	
仿真	Cadence NC-Verilog	√
	Cadence NC-VHDL	√
	Cadence Verilog-XL	
	Model Technology ModelSim	√
	Model Technology ModelSim-Altera	√
	Synopsys Scirocco	√
	Synopsys VSS	
	Synopsys VCS	
时序分析	Mentor Graphics Blast(通过标签)	
	Mentor Graphics Tau(通过标签)	
	Synopsys Prime Time	√
板级验证	Hyperlynx(通过 Signal Integrity IBIS)	
	XTK(通过 Signal Integrity IBIS)	
	ICX(通过 Signal Integrity IBIS)	
	SpectraQuest(通过 Signal Integrity IBIS)	
	Mentor Graphics Symbol Generation(ViewDraw)	
形式验证	Verplex Conformal LEC	
再综合	Aplus Design Technologies(ADT) PALACE	√
	Synplicity Amplify	

以下步骤描述其他 EDA 工具与 Quartus Ⅱ软件配合使用时的基本设计流程。

① 建立新工程并指定目标器件或器件系列。

② 使用标准文本编辑程序建立 VHDL 或 Verilog HDL 设计文件。若需要，可以对库函数进行实例化或使用 MegaWizard Plug-In Manager（“Tools”菜单）建立宏功能模块。

③ 使用一款 Quartus Ⅱ支持的 EDA 综合工具综合用户的设计，并生成 EDIF 网表文件

(. edf) 或 VQM 文件 (. vqm)。

④ (可选) 使用一款 Quartus Ⅱ 支持的仿真工具对用户的设计执行功能仿真。

⑤ 在 Quartus Ⅱ "Settings" 对话框 ("Assignments" 菜单) 中，指定选项和库映射文件，以处理使用其他设计输入/综合工具或通过 MegaWizard Plug-In Manager 生成的 EDIF 网表文件 (. edf)、VHDL 设计文件 (. vhd)、Verilog 设计文件 (. v)、VQM 文件 (. vqm) 和 AHDL 文本设计文件 (. tdf)。

⑥ (可选) 在 Quartus Ⅱ "Settings" 对话框中，为生成 VHDL 输出文件 (. vhd)、Verilog 输出文件 (. vo)、标准延时格式输出文件 (. sdo)、标记模型文件、PartMiner XML 格式文件 (. xml) 和 IBIS 输出文件 (. ibs) 指定选项。

⑦ 使用 Quartus Ⅱ 软件编译设计并进行布局布线。可以执行全编译，或者分别运行编译器模块。

a. 运行 Analysis & Synthesis，对设计进行综合，并将设计中的功能映射到正确的库模块上。

b. 运行 Fitter，对设计进行布局布线。

c. 运行 Timing Analyzer，对设计进行时序分析。

d. 运行 EDA Netlist Writer，生成与其他 EDA 工具配合使用的输出文件。

e. 运行 Assembler，为用户的设计建立编程文件。

⑧ (可选) 使用一个 Quartus Ⅱ 支持的 EDA 时序分析工具对设计进行时序分析。

⑨ (可选) 使用一个 Quartus Ⅱ 支持的 EDA 仿真工具对设计进行时序仿真。

⑩ (可选) 使用一个 Quartus Ⅱ 支持的 EDA 板级验证工具对设计进行板级验证。

⑪ (可选) 使用一个 Quartus Ⅱ 支持的 EDA 形式验证工具对设计进行形式验证，确保 Quartus Ⅱ 布线后网表与综合网表等同。

⑫ (可选) 使用一个 Quartus Ⅱ 支持的 EDA 再综合工具对设计进行再综合。

⑬ 使用编程文件、Programmer 和 Altera 硬件编程器对器件进行编程；或将编程文件转换为其他文件格式以供嵌入式处理器等其他系统使用。

6.2.1.4 命令行设计流程

Quartus Ⅱ 软件提供了完整的命令行界面解决方案。它允许用户使用命令行可执行文件和选项完成设计流程的每个阶段。使用命令行设计流程可以降低内存要求，并可使用脚本或标准的命令行选项和命令 (包括 Tcl 命令) 控制 Quartus Ⅱ 软件和建立 Makefile。

(1) 命令行可执行文件

Quartus Ⅱ 软件包括用于设计流程每个阶段的单独可执行文件。每个可执行文件仅在运行时才占用内存。这些可执行文件可以与标准的命令行命令和脚本配合使用，也可以与 Tcl 脚本配合使用，还可以在 Makefile 脚本中使用。命令行可执行文件请参阅表 6-2。

Quartus Ⅱ 软件还提供了一些独立的图形用户界面 (GUI) 可执行文件。qmegawiz 可执行文件提供独立的 MegaWizard Plug-In Manager GUI 版本。quartus_pgmw 可执行文件为 Programmer 提供独立的 GUI 界面。

表 6-2 命令行可执行文件

可执行文件名称	标题	功能
quartus_map	Analysis & Synthesis	建立工程(如果尚未建立)，然后建立工程数据库、综合设计，并对工程的设计文件执行技术映射
quartus_fit	Fitter	对设计进行布局布线。在运行 Fitter 之前必须成功运行 Analysis & Synthesis

续表

可执行文件名称	标题	功能
quartus_drc	Design Assistant	根据一组设计规则检查设计的可靠性。在运行 Design Assistant 之前必须成功运行 Analysis & Synthesis 或 Fitter
quartus_tan	Timing Analyzer	分析已实现电路的速度性能。在运行 Timing Analyzer 之前必须成功运行 Fitter
quartus_asm	Assembler	为编程或配置目标器件建立一个或多个编程文件。在运行 Assembler 之前必须成功运行 Fitter
quartus_eda	EDA Netlist Writer	生成与其他 EDA 工具配合使用的网表文件和其他输出文件。视所用的选项而定，在运行 EDA Netlist Writer 之前，必须成功运行 Analysis & Synthesis、Fitter 或 Timing Analyzer
quartus_cdb	Compiler Database Interface（包括 VQM Writer）	生成内部网表文件，包括用于 Quartus Ⅱ Compiler Database Interface 的 VQM 文件，使它们可以用于反标和 LogicLock 功能。在运行 Compiler Database Interface 之前必须成功运行 Fitter 或 Analysis & Synthesis
quartus_sim	Simulator	对设计进行功能或时序仿真。在进行功能仿真之前必须运行 Analysis & Synthesis。在进行时序仿真之前，必须运行 Timing Analyzer
quartus_pgm	Programmer	对 Altera 器件进行编程
quartus_cpf	Programming File Converter	将编程文件转换为辅助编程文件格式
quartus_swb	Software Builder	为 Excalibur 嵌入式处理器设计软件
quartus_sh	Tcl Shell	为 Quartus Ⅱ 软件提供 Tcl 脚本外壳
quartus_pow	Power Analyzer	分析并估计一个设计总的动态和静态功耗。计算输出信号的翻转率和静态概率。在运行 Power Analyzer 之前必须成功运行 Fitter
quartus_stp	SignalTap Ⅱ Logic Analyzer	设置 SignalTap Ⅱ File(.stp)。当 SignalTap Ⅱ Logic Analyzer 在 Assembler 之后运行时，它从高速运行的器件内部的电路节点中捕获信号

若要获取有关每个 Quartus Ⅱ 可执行文件的命令行选项的帮助信息。请在命令提示符下键入以下命令之一：

<可执行文件名称>-h，按下回车键；
<可执行文件名称>--help=<主题或选项名称>，按下回车键。

还可以使用 Quartus Ⅱ 命令行可执行文件和 Tcl API 帮助浏览器获取有关命令行可执行文件的帮助信息。Tcl API 帮助浏览器是基于 Tcl 和 Tk 的 GUI，可以用它浏览命令行和 Tcl API 帮助信息。要使用此帮助信息，请在命令提示符下键入以下命令：

quartus_sh--qhelp，按下回车键。

既可以单独运行每个可执行文件，也可以使用以下命令一次运行所有编译器可执行文件：

quartus_sh--flow compile <工程名称> [-c <编译器设置文件名称>]，按下回车键。

此命令将在全编译过程中运行 quartus_map、quartus_fit、quartus_asm 和 quartus_tan 可执行文件。视设置而定，它还能运行可选的 quartus_drc、quartus_eda 和 quartus_cdb 可执行文件。

若在 Quartus Ⅱ 软件的以前版本中使用 quartus_cmd 可执行文件进行工程编译，由于现有版本具有向后兼容性，因此仍可支持该执行文件。但是，Altera 建议在所有新设计中，不要使用 quartus_cmd 可执行文件，而使用表 6-2 中列出的可执行文件。如果使用 quartus _ cmd 可执行文件编译设计，应键入以下命令和选项：

```
quartus_cmd <工程名称>-c <编译器设置文件名称>.csf,按下回车键。
```

有些可执行文件可建立单独的文本型报告文件，用户可以使用任何文本编辑器查看这个文件。每个报告文件的名称使用以下格式：

```
<工程名称或设置名称>.<可执行文件缩略名称>.rpt
```

例如，如果要为 chiptrip 工程运行 quartus_map 可执行文件，可以在命令提示符下键入以下命令：

```
quartus_map chiptrip,按下回车键。
```

运行 quartus_map 可执行文件将进行设计和综合，并生成名为 chiptrip. map. rpt 的报告文件。

Altera 建议在使用 Quartus Ⅱ可执行文件时将设置文件命名为与工程相同的名称。

如果文件名称与工程名称设置得不同，可以使用-c 选项指定要使用的设置文件名称。例如，如果要为具有 speed_ch 设置的 chiptrip 工程运行 quartus_map 可执行文件，可以在命令提示符下键入以下命令：

```
quartus_map chiptrip-c speed_ch,按下回车键。
```

运行 quartus_map 可执行文件将进行设计和综合，并生成名为 speed_ch. map. rpt 的报告文件。

（2）使用标准命令行命令和脚本

可以将 Quartus Ⅱ可执行文件与任何命令行脚本方法（例如 Perl 脚本、批处理文件和 Tcl 脚本）配合使用。可以对这些脚本进行设计，用以建立新工程或编译现有工程。还可以从命令提示符或控制平台上运行可执行文件。例 6-1 是一个标准命令行脚本的示例，该示例说明了建立工程、进行设计和综合、进行布局布线、进行时序分析以及为 Quartus Ⅱ 软件中的 filtref 教程设计生成编程文件的方法。如果已安装教程设计，则它位于/<Quartus Ⅱ系统目录>/qdesigns/tutorial 目录中。Altera 建议用户建立新目录，并将所有设计文件（*.v，*.bsf，*.bdf）从/<Quartus Ⅱ系统目录>/qdesigns/tutorial 目录复制到新目录下，以便编译设计流程示例。可以从新工程目录中的命令提示符下运行例 6-1 中的四条命令，也可以将这些命令存储在批处理文件或 shell 脚本中。这些示例假定在用户的 PATH 环境变量中，包括/<Quartus Ⅱ系统目录>/bin 目录（或 Unix 或 Linux 工作站上的/<Quartus Ⅱ系统目录>/<平台>目录，其中<平台>可以为 solaris、linux 或 hp _ Ⅱ）。

【例 6-1】 命令行脚本示例。

```
quartus_map filtref--family=Stratix/* 建立针对 Stratix 器件系列的新 Quartus Ⅱ工程* /
quartus_fit filtref--part=EP1S10F780C5--fmax=80MHz--tsu=8ns/* 为 EP1S10F780C5 器件执行布局布线并制定全局时序要求* /
quartus_tan filtref/* 进行时序分析* /
quartus_asm filtref/* 生成编程文件* /
```

例 6-2 是用于 Unix 工作站的 quartus_sh 命令行脚本样本的摘录。此脚本假定当前目录中存在名为 fir_filter 的 Quartus Ⅱ教程工程。此脚本分析 fir_filter 工程中的每个设计文件，并报告任何含语法错误的文件。

【例 6-2】 命令行脚本示例。

```
#! /bin/sh
FILES_WITH_ERRORS=""
for filename in `ls *.bdf *.v`
do
      quartus_map fir_filter--analyze_file=$filename
      if [$? -ne 0 ]
      then
                FILES_WITH_ERRORS="$FILES_WITH_ERRORS $filename"
      fi
done
if [-z "$FILES_WITH_ERRORS" ]
then
      echo "All files passed the syntax check"
      exit 0
else
      echo "There were syntax errors in the following file(s)"
      echo $FILES_WITH_ERRORS
      exit 1
fi
```

（3）使用 Tcl 命令

在 Quartus Ⅱ软件中，可以使用 Quartus Ⅱ可执行文件运行 Tcl 命令或建立和运行 Tcl 脚本，执行 Quartus Ⅱ工程中的任务。Tcl API 函数包括以下类别：

a. 工程与分配功能；
b. 器件功能；
c. 高级器件功能；
d. 流程功能；
e. 时序功能；
f. 高级时序功能；
g. 仿真器功能；
h. 报告功能；
i. 时序报告功能；
j. 反标功能；
k. LogicLock 功能；
l. Chip Editor 功能；
m. 其他功能。

可以采用多种方法在 Quartus Ⅱ软件中使用 Tcl 脚本。可以使用 Quartus Ⅱ API for Tcl 中的命令建立 Tcl 脚本。应将 Tcl 脚本另存为 Tcl 脚本文件（.tcl）。

可以使用 Quartus Ⅱ Text Editor 中的“Templates”命令（“Edit”菜单）在文本文件中插入 Tcl 模板和 Quartus Ⅱ Tcl 模板（对于 Quartus Ⅱ命令），建立 Tcl 脚本。Quartus Ⅱ Tcl 模板中使用的命令与 Tcl API 命令使用相同的语法。若要将某现有工程用作另一个工程的基础，可以使用“Generate Tcl File for Project”命令（“Project”菜单）为该工程生成 Tcl 脚本文件。

可以在“Quartus Ⅱ Tcl Console”窗口中或在“Tcl Scripts”对话框（“Tools”菜单）

中使用 quartus _ sh 可执行文件，在命令行模式下运行 Tcl 脚本。

【例 6-3】 Tcl 脚本示例。

```
# Since::quartus::report is not pre-loaded
# by quartus_sh,load this package now
# before using the report Tcl API
package require::quartus::report
# Since::quartus::flow is not pre-loaded
# by quartus_sh,load this package now
# before using the flow Tcl API
# Type "help-pkg flow" to view information
# about the package
package require::quartus::flow
#------Get Actual Fmax data from the Report File------#
proc get_fmax_from_report {} {
#----------------------------------------------------#
global project_name
# Load the project report database
load_report $project_name
# Find the "Timing Analyzer Summary" panel name containing
# the Actual Fmax data by traversing the panel names
# Then set the panel row containing the Actual Fmax
# information
set fmax_panel_name "Timing Analyzer Summary"
foreach panel_name [get_report_panel_names] {
if { [string match "* $fmax_panel_name* " "$panel_name"] } {
# Fmax is sorted so we just need to go to Row 1
set fmax_row [get_report_panel_row "$panel_name"-row 1]
}
# Actual Fmax is found on the fourth column
# Index starts at 0
set actual_fmax [lindex $fmax_row 3]
# Now unload the project report database
unload_report $project_name
return $actual_fmax
}
#------Set the project name to chiptrip------#
set project_name chiptrip
#------Create or open project------#
if{project_exists $project_name} {
#------Project already exists--open project-------#
project_open $project_name} {
}else {
#------Project does not exist--create new project------#
project_new $project_name
}
#------Fmax requirement:155. 55MHz------#
set required_fmax 155. 55MHz
#------Make global assignments------#
set_global_assignment-name family STRATIX
```

```
set_global_assignment-name device EP1S10F484C5
set_global_assignment-name fmax_requirement $required_fmax
set_global_assignment-name tsu_requirement 7.55ns
#------Make instance assignments------#
# The following is the same as doing:
# "set_instance_assignment-name location-to clock Pin_M20"
set_location-to clock Pin_M20
#------Compile using::quartus::flow------#
execute_flow-compile
#------Report Fmax from report------#
set actual_fmax [get_fmax_from_report]
puts ""
puts "---------------------------------------------------"
puts "Required Fmax: $required_fmax Actual Fmax: $actual_fmax"
puts "---------------------------------------------------"
```

（4）建立 Makefile 脚本

Quartus Ⅱ软件支持使用 Quartus Ⅱ可执行文件的 Makefile 脚本，此脚本用于将用户的脚本与各种脚本语言相融合。例 6-4 是标准 Makefile 脚本的摘录。

【例 6-4】 Makefile 脚本摘录。

```
###################################################################
# Project Configuration:
#
# Specify the name of the design(project)and Compiler Settings
# File(.csf)and the list of source files used.
###################################################################
PROJECT=chiptrip
SOURCE_FILES=auto_max.v chiptrip.v speed_ch.v tick_cnt.v time_cnt.v
ASSIGNMENT_FILES=chiptrip.quartus chiptrip.psf chiptrip.csf
###################################################################
# Main Targets
#
# all:build everything
# clean:remove output files and database
# clean_all:removes settings files as well as clean.
###################################################################
all:smart.log $(PROJECT).asm.rpt $(PROJECT).tan.rpt
clean:
rm-rf *.rpt *.chg smart.log *.htm *.eqn *.pin *.sof *.pof db
clean_all:clean
rm-rf *.ssf *.csf *.esf *.fsf *.psf *.quartus *.qws
map:smart.log $(PROJECT).map.rpt
fit:smart.log $(PROJECT).fit.rpt
asm:smart.log $(PROJECT).asm.rpt
tan:smart.log $(PROJECT).tan.rpt
smart:smart.log
###################################################################
# Executable Configuration
###################################################################
```

```
MAP_ARGS=--family=Stratix
FIT_ARGS=--part=EP1S20F484C6
ASM_ARGS=
TAN_ARGS=
###################################################################
# Target implementations
###################################################################
STAMP=echo done >
$(PROJECT).map.rpt:map.chg $(SOURCE_FILES)
quartus_map $(MAP_ARGS) $(PROJECT)
$(STAMP)fit.chg
$(PROJECT).fit.rpt:fit.chg $(PROJECT).map.rpt
quartus_fit $(FIT_ARGS) $(PROJECT)
$(STAMP)asm.chg
$(STAMP)tan.chg
$(PROJECT).asm.rpt:asm.chg $(PROJECT).fit.rpt
quartus_asm $(ASM_ARGS) $(PROJECT)
$(PROJECT).tan.rpt:tan.chg $(PROJECT).fit.rpt
quartus_tan $(TAN_ARGS) $(PROJECT)
smart.log: $(ASSIGNMENT_FILES)
quartus_sh--determine_smart_action $(PROJECT)> smart.log
###################################################################
# Project initialization
###################################################################
$(ASSIGNMENT_FILES):
quartus_sh--tcl_eval project_new $(PROJECT)-overwrite
map.chg:
$(STAMP)map.chg
fit.chg:
$(STAMP)fit.chg
tan.chg:
$(STAMP)tan.chg
asm.chg:
$(STAMP)asm.chg
```

使用命令行可执行文件请参阅 Quartus Ⅱ Help 中的“Overview：Using Command-Line Executables”或 Altera 网站上的 Application Note 309（Command-Line Scripting in the Quartus Ⅱ Software）。

使用 Tcl 命令和 Tcl 脚本请参阅 Quartus Ⅱ Help 中的“Overview：Using Tcl from the User Interface”“Overview：Using Tcl Scripting”和“API Functions for Tcl”或 Altera 网站上的 Application Note 195（Scripting with Tcl in the Quartus Ⅱ Software）。

6.2.2 设计输入

Quartus Ⅱ软件中的工程由所有设计文件和与设计有关的配置组成。用户可以使用 Quartus Ⅱ Block Editor、Text Editor、MegaWizard Plug-In Manager（“Tools”菜单）和 EDA 设计输入工具建立包括 Altera 宏功能模块、参数化模块库（LPM）模块和知识产权（IP）模块在内的设计。可以使用“Settings”对话框（“Assignments”菜单）和 Assignment Editor 设定初始设计约束条件。

6.2.2.1 建立工程

Quartus Ⅱ软件将工程信息存储在 Quartus Ⅱ工程配置文件（.quartus）中。它包含有关 Quartus Ⅱ工程的所有信息，即设计文件、波形文件、SignalTap Ⅱ文件、内存初始化文件以及构成工程的编译器、仿真器和软件构建设置。可以使用 New Project Wizard（“File”菜单）或 quartus_map 可执行文件建立新工程。

使用 New Project Wizard 可以为工程指定工作目录、工程名称以及最高层设计实体的名称。还可以指定要在工程中使用的设计文件、其他源文件、用户库和 EDA 工具，以及目标器件系列和器件（也可以让 Quartus Ⅱ软件自动选择器件）。

建立工程后，可以使用“Settings”对话框（“Assignments”菜单）的“Add/Remove”页在工程中添加和删除设计和其他文件。在执行 Quartus Ⅱ Analysis & Synthesis 期间，Quartus Ⅱ软件将按“Add/Remove”页中显示的顺序处理文件。

6.2.2.2 建立设计

可以使用 Quartus Ⅱ Block Editor 建立原理图设计文件，或使用 Quartus Ⅱ Text Editor 通过 AHDL、Verilog 或 VHDL 设计语言建立 HDL 设计文件。

Quartus Ⅱ软件还支持采用 EDA 设计输入和综合工具生成的 EDIF 输入文件（.edf）或 VQM 文件（.vqm）建立的设计。可以在 EDA 设计输入工具中建立 Verilog HDL 或 VHDL 设计，以及生成 EDIF 输入文件和 VQM 文件，或在 Quartus Ⅱ工程中直接使用 Verilog HDL 或 VHDL 设计文件。

可以使用表 6-3 所示设计文件类型在 Quartus Ⅱ软件或 EDA 设计输入工具中建立设计。

表 6-3 Quartus Ⅱ支持的设计文件类型

设计文件类型	描述	扩展名
原理图设计文件	使用 Quartus Ⅱ Block Editor 建立的原理图设计文件	.bdf
EDIF 网表文件	使用任何标准 EDIF 网表编写程序生成的 200 版 EDIF 网表文件	.edf、.edif
图形设计文件	使用 MAX+PLUS Ⅱ Graphic Editor 建立的原理图设计文件	.gdf
文本设计文件	以 Altera 硬件描述语言(AHDL)编写的设计文件	.tdf
Verilog 设计文件	使用 Verilog HDL 建立的设计文件	.v、.vlg .verilog
VHDL 设计文件	使用 VHDL 建立的设计文件	.vh、.vhd .vhdl
VQM 文件	通过 Synplicity Synplify 软件或 Quartus Ⅱ软件生成的 Verilog HDL 格式的网表文件	.vqm

（1）使用 Quartus Ⅱ Block Editor

Block Editor 用于以原理图和流程图的形式输入和编辑图形设计信息。Quartus Ⅱ Block Editor 读取并编辑原理图设计文件和 MAX+PLUS Ⅱ图形设计文件。可以在 Quartus Ⅱ 软件中打开图形设计文件并将其另存为原理图设计文件。

每个原理图设计文件包含块和符号，这些块和符号代表设计中的逻辑，Block Editor 将每个流程图、原理图或符号代表的设计逻辑融合到工程中。

可以用原理图设计文件中的块建立新的设计文件，可以在修改块和符号时更新设计文件，也可以在原理图设计文件的基础上生成块符号文件（.bsf）、AHDL 包含文件（.inc）和 HDL 文件。还可以在编译之前分析原理图设计文件是否出错。Block Editor 还提供有助于用户在原理图设计文件中连接块和基本单元（包括总线和节点连接以及信号名称映射）的一组工具。

可以更改 Block Editor 的显示选项，例如根据用户的偏好更改导向线和网格间距、橡皮带式生成线、颜色和屏幕元素、缩放以及不同的块和基本单元属性。

Block Editor 的以下功能可以帮助用户在 Quartus Ⅱ软件中建立原理图设计文件。

① 对 Altera 提供的宏功能模块进行实例化：MegaWizard Plug-In Manager（“Tools”菜单）用于建立或修改包含宏功能模块的设计文件。这些宏功能模块是基于 Altera 提供的包括 LPM 在内的宏功能模块库而创建的。宏功能模块以原理图设计文件中的块表示。

② 插入块和基本单元符号：流程图使用称为块的矩形符号代表设计实体以及相应的已分配信号，在自顶向下的设计中很有用。块是用代表相应信号流程的管道连接起来的。可以将流程图专用于代表用户的设计，也可以将流程图与图形单元相结合。Quartus Ⅱ软件提供可在 Block Editor 中使用的各种逻辑功能符号，包括基本单元、参数化模块库（LPM）函数和其他宏功能模块。

③ 从块或原理图设计文件建立文件：若要层次化设计工程，可以在 Block Editor 中使用“Create/Update”命令（“File”菜单）从原理图设计文件中的块开始建立其他原理图设计文件、AHDL 包含文件、Verilog HDL 和 VHDL 设计文件以及 Quartus Ⅱ块符号文件。还可以从原理图设计文件本身建立 Verilog 设计文件、VHDL 设计文件和块符号文件。

（2）使用 Quartus Ⅱ Text Editor

Quartus Ⅱ Text Editor 是一个灵活的工具，用于以 AHDL、VHDL 和 Verilog HDL 语言以及 Tcl 脚本语言输入文本型设计。还可以使用 Text Editor 输入、编辑和查看其他 ASC-II 文本文件，包括为 Quartus Ⅱ软件或由 Quartus Ⅱ软件建立的那些文本文件。

还可以用 Text Editor 将任何 AHDL 语句或节段模板、Tcl 命令或任何支持的 VHDL 和 Verilog HDL 构造模板插入当前文件中。AHDL、VHDL 和 Verilog HDL 模板为用户输入 HDL 代码提供了一个简便的方法，可以提高设计输入的速度和准确度，还可以获取有关所有 AHDL 元素、关键字和语句以及宏功能模块和基本单元的上下文相关帮助信息。

（3）使用 Quartus Ⅱ Symbol Editor

Symbol Editor 用于查看和编辑代表宏功能模块、基本单元或设计文件的预定义符号。每个 Symbol Editor 文件代表一个符号。对于每个符号文件，均可以从包含 Altera 宏功能模块和 LPM 函数的库中选择。可以自定义这些块符号文件，然后将这些符号添加到使用 Block Editor 建立的原理图中。Symbol Editor 读取并编辑块符号文件和 MAX＋PLUS Ⅱ符号文件（.sym），并将它们转存为块符号文件。

（4）使用 Verilog HDL、VHDL 与 AHDL

可以使用 Quartus Ⅱ Text Editor 或其他文本编辑器建立文本设计文件、Verilog 设计文件和 VHDL 设计文件，并在分级设计中将这些文件与其他类型的设计文件相结合。

Verilog 设计文件和 VHDL 设计文件可以包含由 Quartus Ⅱ支持构造的任意组合。它们还可以包含 Altera 提供的逻辑函数（包括基本单元和宏功能模块以及用户自定义的逻辑函数）。

在 Text Editor 中，使用“Create/Update”命令（“File”菜单）从当前的 Verilog HDL 或 VHDL 设计文件建立块符号文件，然后将其合并到原理图设计文件中。同样，可以建立代表 Verilog HDL 或 VHDL 设计文件的 AHDL 包含文件，并将其合并到文本设计文件中或另一个 Verilog HDL 或 VHDL 设计文件中。

AHDL 是一种完全集成到 Quartus Ⅱ系统中的高级模块化语言。AHDL 支持布尔等式、状态机、条件逻辑和解码逻辑。AHDL 还可用于建立和使用参数化函数，并完全支持 LPM 函数。AHDL 特别适合设计复杂的组合逻辑、批处理、状态机、真值表和参数化逻辑。

6.2.2.3 使用 Altera 宏功能模块

Altera 宏功能模块是复杂或高级构建模块，可以在 Quartus Ⅱ设计文件中与门和触发器基本单元一起使用。Altera 提供的可参数化宏功能模块和 LPM 函数均为 Altera 器件结构做了优化。必须使用宏功能模块才可以使用一些 Altera 特定器件的功能，例如存储器、DSP 块、LVDS 驱动器、PLL 以及 SERDES 和 DDIO 电路。

可以使用 MegaWizard Plug-In Manager（“Tools”菜单）建立 Altera 宏功能模块、LPM 函数和 IP 函数，用于 Quartus Ⅱ软件和 EDA 设计输入与综合工具中的设计。

表 6-4 列出了 Altera 提供的宏功能模块与 LPM 函数。

表 6-4 Altera 提供的宏功能模块与 LPM 函数

类型	描述
算术组件	包括累加器、加法器、乘法器和 LPM 算术函数
门	包括多路复用器和 LPM 门函数
I/O 组件	包括时钟数据恢复(CDR)、锁相环(PLL)、双数据速率(DDR)、千兆位收发器块(GXB)、LVDS 接收器和发送器、PLL 重新配置和远程更新宏功能模块
存储器编译器	包括 FIFO Partitioner、RAM 和 ROM 宏功能模块
存储组件	存储器、移位寄存器宏模块和 LPM 存储器函数

为节省宝贵的设计时间，Altera 建议使用宏功能模块，而不是对用户自己的逻辑进行编码。此外，这些函数可以提供更有效的逻辑综合和器件实现。只需通过设置参数便可方便地将宏功能模块伸缩为不同的大小。Altera 还为宏功能模块和 LPM 函数提供 AHDL 包含文件和 VHDL 组件申明。

（1）使用知识产权（IP）函数

Altera 提供多种方法来获取 Altera Megafunction Partners Program（AMPP）和 MegaCore 宏功能模块，这些模块经严格的测试和优化，可以在 Altera 特定器件结构中发挥出最佳性能。可以使用这些知识产权的参数化模块减少设计和测试时间。MegaCore 和 AMPP 宏功能模块包括应用于通信、数字信号处理（DSP）、PCI 和其他总线界面以及存储器控制器中的宏功能模块。

使用 OpenCore 和 OpenCore Plus 功能，可以在获得使用许可和购买之前免费下载和评估 AMPP 和 MegaCore 模块。

Altera 提供以下程序、功能和函数，协助用户在 Quartus Ⅱ软件和 EDA 设计输入工具中使用 IP 函数。

① AMPP 程序：AMPP 程序可以支持第三方供应商，以便建立和分布与 Quartus Ⅱ软件配合使用的宏功能模块。AMPP 合作伙伴提供了一系列对 Altera 器件实行优化的现成宏功能模块。AMPP 函数的评估期由各供应商决定。可以从 Altera 网站 www.altera.com/ip-megastore 上的 IP MegaStore 下载和评估 AMPP 函数。

② MegaCore 函数：MegaCore 函数是用于复杂系统级设计的预验证 HDL 设计文件，并且可以使用 MegaWizard Plug-In Manager 进行完全参数化。MegaCore 函数由多个不同的设计文件组成：用于实施设计的综合后 AHDL 包含文件和为使用 EDA 仿真工具进行设计和调试而提供的 VHDL 或 Verilog HDL 功能仿真模型。MegaCore 函数通过 Altera 网站上的 IP MegaStore 提供，或通过将 MegaWizard Portal Extension 用于 MegaWizard Plug-In Manager 来提供。评估 MegaCore 函数无需许可，而且对评估没有时间限制。

③ OpenCore 评估功能：OpenCore 宏功能模块是通过 OpenCore 评估功能获取的 Mega-

Core 函数。Altera OpenCore 功能允许用户在采购之前评估 AMPP 和 MegaCore 函数。可以使用 OpenCore 功能编译、仿真设计并验证设计的功能和性能，但不支持编程文件的生成。

④ OpenCore Plus 硬件评估功能：OpenCore Plus 评估功能是指通过支持免费 RTL 仿真和硬件评估来增强 OpenCore 评估功能。RTL 仿真支持用于在设计中仿真 MegaCore 函数的 RTL 模型。硬件评估支持用于为包括 Altera MegaCore 函数的设计生成时限编程文件。可以在决定购买 MegaCore 函数的许可之前使用这些文件，进行板级设计验证。OpenCore Plus 功能支持的 MegaCore 函数包括标准 OpenCore 版本和 OpenCore Plus 版本。OpenCore Plus 许可用于生成时限编程文件，但不生成输出网表文件。

（2）使用 MegaWizard Plug-In Manager

MegaWizard Plug-In Manager 可以帮助用户建立或修改包含自定义宏功能模块变量的设计文件，然后可以在设计文件中对这些文件进行实例化。这些自定义宏功能模块变量基于 Altera 提供的宏功能模块，包括 LPM、MegaCore 和 AMPP 函数。MegaWizard Plug-In Manager 运行一个向导，帮助用户轻松地为自定义宏功能模块变量指定选项。该向导用于为参数和可选端口设置数值。可以从“Tools”菜单或从原理图设计文件中打开 MegaWizard Plug-In Manager，也可以将它作为独立实用程序来运行。表 6-5 列出了 MegaWizard Plug-In Manager 为用户的每个自定义宏功能模块变量而生成的文件。

表 6-5　MegaWizard Plug-In Manager 生成的文件

文件名称	描述
＜输出文件＞. bsf	Block Editor 中使用的宏功能模块的符号
＜输出文件＞. cmp	组件申明文件
＜输出文件＞. inc	宏功能模块包装文件中模块的 AHDL 包含文件
＜输出文件＞. tdf	要在 AHDL 设计中实例化的宏功能模块包装文件
＜输出文件＞. vhd	要在 VHDL 设计中实例化的宏功能模块包装文件
＜输出文件＞. v	要在 Verilog HDL 设计中实例化的宏功能模块包装文件
＜输出文件＞_bb. v	Verilog HDL 设计所用宏功能模块包装文件中模块的空体或 black-box 申明，用于在使用 EDA 综合工具时指定端口方向
＜输出文件＞_inst. tdf	宏功能模块包装文件中子设计的 AHDL 实例化示例
＜输出文件＞_inst. vhd	宏功能模块包装文件中实体的 VHDL 实例化示例
＜输出文件＞_inst. v	宏功能模块包装文件中模块的 Verilog HDL 实例化示例

可以在命令提示符下键入“qmegawiz”命令并回车，实现在 Quartus Ⅱ 软件之外使用 MegaWizard Plug-In Manager。

（3）在 Quartus Ⅱ 软件中对宏功能模块进行实例化

可以在 Block Editor 中直接实例化、在 HDL 代码中实例化（通过端口和参数定义实例化或使用 MegaWizard Plug-In Manager 对宏功能模块进行参数化并建立包装文件），也可以通过界面，在 Quartus Ⅱ 软件中对 Altera 宏功能模块和 LPM 函数进行实例化。

Altera 建议用户使用 MegaWizard Plug-In Manager 对宏功能模块进行实例化以及建立自定义宏功能模块变量。向导将提供一个供自定义和参数化宏功能模块使用的图形界面，并确保用户正确设置所有宏功能模块的参数。

① 在 Verilog HDL 和 VHDL 中实例化。可以使用 MegaWizard Plug-In Manager 建立宏功能模块或自定义宏功能模块变量。使用 MegaWizard Plug-In Manager 建立包含宏功能模块实例的 Verilog HDL 或 VHDL 包装文件，然后可以在设计中使用此文件。对于 VHDL

宏功能模块，MegaWizard Plug-In Manager 还建立了组件申明文件。

② 使用端口和参数定义。可以采用与调用任何其他模块或组件相类似的方法调用函数，直接在 Verilog HDL 或 VHDL 设计中对宏功能模块进行实例化。在 VHDL 中，还需要使用组件申明。

③ 推断宏功能模块。Quartus Ⅱ Analysis & Synthesis 可以自动识别某些类型的 HDL 代码和推断相应的宏功能模块。由于 Altera 宏功能模块已对 Altera 器件实行优化，并且性能要好于标准的 HDL 代码，因此 Quartus Ⅱ 软件可以使用宏功能模块。对于一些体系结构特定的功能，例如 RAM 和 DSP 块，必须使用 Altera 宏功能模块。

Quartus Ⅱ 软件在综合期间将以下逻辑映射到宏功能模块：计数器、加法/减法器、乘法器、乘-累加器和乘-加法器、RAM、移位寄存器。

（4）在 EDA 工具中实例化宏功能模块

可以在 EDA 设计输入和综合工具中使用 Altera 提供的宏功能模块、LPM 函数和 IP 函数。可以通过为函数建立 black-box 方法、通过推断或通过使用 clear-box 方法在 EDA 工具中实例化宏功能模块。

① 使用 black-box 方法。可以使用 MegaWizard Plug-In Manager 为宏功能模块生成 Verilog HDL 或 VHDL 包装文件。对于 Verilog HDL 设计，MegaWizard Plug-In Manager 还生成包含模块空体申明的 Verilog 设计文件，用于指定端口方向。

Verilog HDL 或 VHDL 包装文件包含参数化函数的端口和参数，可以将其用在最高层设计文件中实例化宏功能模块，并指示 EDA 工具在综合期间将宏功能模块作为 black-box 处理。

以下步骤描述使用 MegaWizard Plug-In Manager 在 EDA 设计输入和综合工具中为 Altera 宏功能模块或 LPM 函数建立 black-box 的基本流程。

a. 使用 MegaWizard Plug-In Manager 建立和参数化宏功能模块或 LPM 函数。

b. 使用 MegaWizard Plug-In Manager 生成的 black-box 文件在 EDA 综合工具中实例化函数。

c. 在 EDA 综合工具中进行设计的综合和优化。EDA 综合工具在综合期间将宏功能模块作为 black-box 处理。

② 按推断进行实例化。EDA 综合工具可自动识别某些类型的 HDL 代码和推断相应的宏功能模块。可以在 Verilog HDL 或 VHDL 代码中直接对存储器块（RAM 和 ROM）、DSP 块、移位寄存器和一些算术组件进行实例化。然后，EDA 工具在综合期间将逻辑映射到相应的 Altera 宏功能模块。

③ 使用 clear-box 方法。在 black-box 方法中，EDA 综合工具将 Altera 宏功能模块和 LPM 函数作为 black-box 处理。因此，EDA 综合工具不能使用 Altera 宏功能模块完全综合和优化设计，原因是此工具没有该函数的完整模型或时序信息。使用 clear-box 方法，用户可以使用 MegaWizard Plug-In Manager 建立用于 EDA 综合工具的完全可综合 Altera 宏功能模块或 LPM 函数。

以下步骤描述在 EDA 综合工具中使用 clear-box 宏功能模块的基本流程：

a. 使用 MegaWizard Plug-In Manager 建立和参数化宏功能模块或 LPM 函数。检查是否已经在 MegaWizard Plug-In Manager 中打开 Generate a Clearbox body。

b. 使用 MegaWizard Plug-In Manager 生成的 Verilog 或 VHDL 设计文件在 EDA 综合工具中对函数进行实例化。

c. 在 EDA 综合工具中进行设计的综合和优化。

由于 clear-box 宏功能模块或 LPM 函数包括较详细的信息（使用时序信息和器件资源），使用 clear-box 方法时，在 EDA 仿真工具中的仿真速度通常较慢（但对 Quartus Ⅱ仿真器没有影响）。此外，clear-box 宏功能模块或 LPM 函数中包括特定的器件详细信息，因此要为设计使用不同的器件，需要为新器件重新生成 clear-box 函数。

6.2.2.4 指定初始设计的约束条件

建立工程和设计之后，可以使用 Quartus Ⅱ软件中的“Settings”对话框、Assignment Editor 和 Floorplan Editor 指定初始设计约束条件，如引脚分配、器件选项、逻辑选项和时序约束条件。Quartus Ⅱ软件还提供 Compiler Settings 向导（“Assignments”菜单）和定时设置向导（“Assignments”菜单），协助用户指定初始设计的约束条件。

（1）使用 Assignment Editor

Assignment Editor 是用于在 Quartus Ⅱ软件中建立和编辑分配的界面。分配用于在设计中为逻辑指定各种选项和设置，包括位置、I/O 标准、时序、逻辑选项、参数、仿真和引脚分配。

可以使用 Assignment Editor 选择分配类别；使用 Quartus Ⅱ Node Finder 选择要分配的特定节点和实体；显示有关特定分配的信息；添加、编辑或删除选定节点的分配。还可以向分配添加备注，查看出现分配的设置和配置文件。

以下步骤描述使用 Assignment Editor 进行分配的基本流程：

① 打开 Assignment Editor。

② 在“Category”栏中选择相应的类别分配。

③ 在“Node Filter”栏中指定相应的节点或实体，或使用“Node Finder”对话框查找特定的节点或实体。

④ 在显示当前设计分配的电子表格中，添加相应的分配信息。

Assignment Editor 中的电子表格提供适用的下拉列表，或允许用户键入分配信息。当用户添加、编辑和删除分配时，消息窗口中将出现相应的 Tcl 命令。还可以将数据从 Assignment Editor 导出到 Tcl 脚本文件（.tcl）或与电子表格兼容的文件中。

建立和编辑分配时，Quartus Ⅱ软件对适用的分配信息进行动态验证。如果分配或分配值无效，Quartus Ⅱ软件不会添加或更新数值，改为转换为当前值或不接受该值。当用户查看所有分配时，Assignment Editor 将显示为当前工程建立的所有分配；但当用户分别查看各个分配类别时，Assignment Editor 将仅显示与所选特定类别相关的分配（图 6-48）。

（2）使用“Settings”对话框

可以使用“Settings”对话框（“Assignments”菜单）进行编译器、仿真器和软件的构件设置、时序设置以及修改工程设置。

使用“Settings”对话框可以执行以下类型的任务：

① 修改工程设置：在工程中添加和删除文件，指定自定义用户库、工具集目录、EDA 工具设置、默认逻辑选项和参数设置。

② 指定 HDL 设置：指定 Verilog HDL 和 VHDL 语言版本以及库映射文件（.lmf）。

③ 指定时序设置：为工程设置默认频率或定义各时钟的设置、延时要求和路径切割选项以及时序分析报告选项。

④ 指定编译器设置：引脚分配（通过“Assign Pins”对话框）、器件选项（封装、引脚计数、速度等级）、迁移器件、编译器注意项、模式、布局布线和综合选项、SignalTap Ⅱ设置、Design Assistant 设置和网表优化选项。

⑤ 指定仿真器设置：仿真注意项、模式(功能或时序）以及时间和波形文件选项。

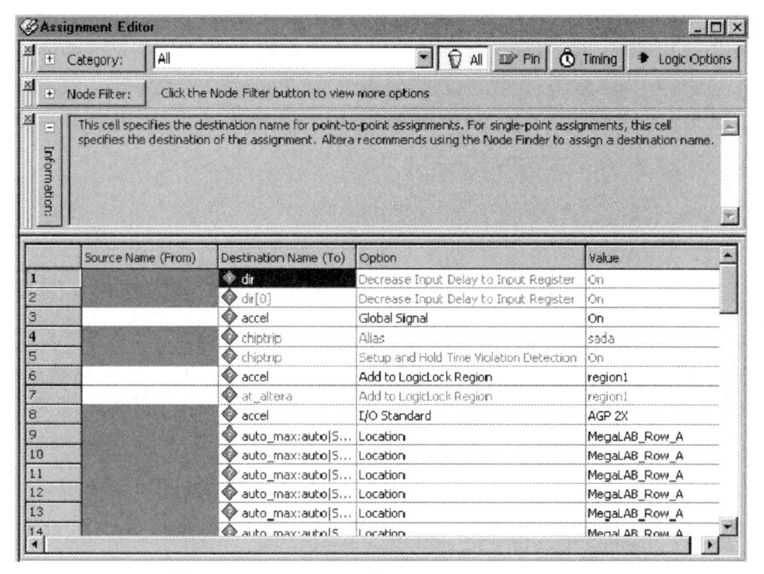

图 6-48　Quartus Ⅱ Assignment Editor

⑥ 指定软件构建设置：处理器体系结构和软件工具集、编译器、汇编器、连接器设置。

⑦ 指定 HardCopy 时序设置：指定 HardCopy 时序选项并生成 HardCopy 文件。

（3）验证引脚分配

Quartus Ⅱ软件允许用户使用“Start”→“Start I/O Assignment Analysis”命令（Processing 菜单）验证引脚分配-位置、I/O 库和 I/O 标准分配。可以在设计过程的任何阶段使用此命令来验证分配的准确性，实现更快建立最终引出脚。无需设计文件便可使用此命令，并且可以在设计编译完成之前验证引出脚。

6.2.2.5　设计方法与设计规划

在建立新设计时，必须考虑 Quartus Ⅱ软件提供的设计方法。例如，LogicLock 功能提供从上到下或从下到上的设计方法，以及基于块的设计流程。不管用户有没有使用 EDA 设计输入和综合工具，都可以使用这些设计流程。

（1）从上到下与从下到上的设计方法比较

在从上到下的设计方法中，整个设计只有一个输出网表，用户可以对整个设计进行跨设计边界和等级结构的优化处理，而且管理起来也比较容易。

在从下到上的设计方法中，每个设计模块都具有单独的网表。此功能允许用户单独编译每个模块，并在每个模块上应用不同的优化技巧。对单个模块的修改不会影响其他模块的优化。从下到上的设计还有助于在其他设计中重新使用设计模块。

（2）基于块的设计流程

在基于块的从下到上 LogicLock 设计流程中，可以独立设计和优化每个模块，在最高层设计中集成所有已优化的模块，然后验证总体设计。每个模块具有单独的网表，在综合和优化之后可以将它们整合在最高层设计中。在最高层设计中，每个模块都不影响其他模块的性能。一般基于块的设计流程可以在模块化、分级、递增和协作式设计流程中使用。

可以在基于块的设计流程中使用 EDA 设计输入和综合工具，分别设计和综合各个模块，然后将各模块整合到 Quartus Ⅱ软件的最高层设计中，也可以在 EDA 设计输入和综合工具中完整设计和综合基于块的设计。

（3）设计分割

在 Quartus Ⅱ软件或其他 EDA 工具中建立分级设计时，设计被分割为单独的模块。在设计规划期间，分割设计时需做以下考虑：分割设计的位置、分割模块之间的时钟数和 I/O 连接、状态机的放置、非关键函数与时序关键函数的分离、在分级模块中限制关键路径、登记各个模块的输入和输出。

6.2.3 综合

可以使用 Compiler 的 Quartus Ⅱ Analysis & Synthesis 模块分析设计文件和建立工程数据库。Analysis & Synthesis 使用 Quartus Ⅱ Integrated Synthesis 综合 VHDL 设计文件（.vhd）或 Verilog 设计文件（.v）。还可以使用其他 EDA 综合工具综合 VHDL 或 Verilog HDL 设计文件，然后再生成可以与 Quartus Ⅱ软件配合使用的 EDIF 网表文件（.edf）或 VQM 文件（.vqm）。

可以在包含 Analysis & Synthesis 模块的 Quartus Ⅱ软件中启动全编译，也可以单独启动 Analysis & Synthesis。Quartus Ⅱ软件还允许在不运行 Integrated Synthesis 的情况下执行 Analysis & Elaboration。

6.2.3.1 使用 Quartus Ⅱ VHDL 及 Verilog HDL 集成综合

可以使用 Analysis & Synthesis 分析并综合 VHDL 和 Verilog HDL 设计。Analysis & Synthesis 包括 Quartus Ⅱ Integrated Synthesis，它完全支持 VHDL 和 Verilog HDL 语言，并提供控制综合过程的选项。

Analysis & Synthesis 支持 Verilog—1995 标准（IEEE 1364—1995）和 Verilog—2001 标准（IEEE 1364—2001），还支持 VHDL 1987（IEEE 1076—1987）和 VHDL 1993（IEEE 1076—1993）标准，可以选择要使用的标准。在默认情况下，Analysis & Synthesis 使用 Verilog—2001 和 VHDL 1993。如果使用其他 EDA 综合工具，还可以指定一个库映射文件（.lmf），以便 Quartus Ⅱ将非 Quartus Ⅱ函数映射到 Quartus Ⅱ函数。可以在“Settings”对话框（“Assignments”菜单）的“Verilog HDL Input”和“VHDL Input”页中指定选项，如图 6-49 所示。

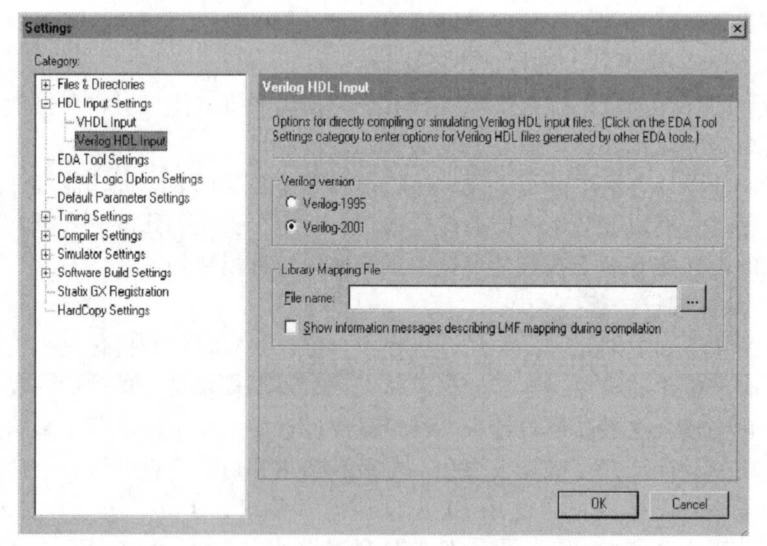

图 6-49 “Settings”对话框的“Verilog HDL Input”页

尽管大多数的 VHDL 和 Verilog HDL 设计可以在 Quartus Ⅱ Integrated Synthesis 和其他 EDA 综合工具中成功编译，但如果使用另一个 EDA 工具对这些函数进行实例化，则 Altera 宏功能模块、参数化模块库（LPM）函数和知识产权（IP）宏功能模块需要使用空体或 black-box 文件。但是，在为 Quartus Ⅱ Integrated Synthesis 实例化宏功能模块时，可以不使用 black-box 文件而直接实例化宏功能模块。

当建立 VHDL 或 Verilog HDL 设计时，应该将它们添加至工程中。当使用“New Project Wizard”（“File”菜单）或使用“Settings”对话框的“Add/Remove”页建立工程时，可以添加设计文件；或者如果在 Quartus Ⅱ Text Editor 中编辑文件，在保存文件时，系统将提示将其添加至当前工程中。在将文件添加至工程中时，应按希望 Integrated Synthesis 处理这些文件的顺序来添加。

Analysis & Synthesis 构建单个工程数据库，将所有设计文件集成在设计实体或工程层次结构中。Quartus Ⅱ软件用此数据库进行其余工程处理。其他 Compiler 模块对该数据库进行更新，直到它包含完全优化的工程。开始时，该数据库仅包含原始网表；最后，它包含完全优化且合适的工程，工程将用于为时序仿真、时序分析、器件编程等建立一个或多个文件。

当建立数据库时，Analysis & Synthesis 的分析阶段将检查工程的逻辑完整性和一致性，并检查边界连接和语法错误。

Analysis & Synthesis 还在设计实体或工程文件的逻辑上进行综合和技术映射。它从 Verilog HDL 和 VHDL 中推断触发器、锁存器和状态机。它为状态机建立状态分配，并作出能减少所用资源的选择。此外，它还用 Altera 参数化模块库（LPM）函数中的模块替换运算符，例如＋或－，而该函数已为 Altera 器件做了优化。

Analysis & Synthesis 使用多种算法来减少门的数量，删除冗余逻辑以及尽可能有效地利用器件体系结构。可以使用逻辑选项分配自定义综合。Analysis & Synthesis 还应用逻辑综合技术，以协助实施工程时序要求，并优化设计以满足这些要求。

消息窗口和 Report 窗口的消息区域显示 Analysis & Synthesis 生成的任何消息。Status 窗口记录工程编译期间在 Analysis & Synthesis 中所花的时间。

6.2.3.2 使用其他 EDA 综合工具

可以使用其他 EDA 综合工具综合 VHDL 或 Verilog HDL 设计，然后生成可以与 Quartus Ⅱ软件配合使用的 EDIF 网表文件或 VQM 文件。

Altera 提供与许多 EDA 综合工具配合使用的库。Altera 还为许多工具提供 NativeLink 支持。NativeLink 技术有助于在 Quartus Ⅱ软件和其他 EDA 工具之间无缝传送信息，并允许从 Quartus Ⅱ图形用户界面中自动运行 EDA 工具。

如果已使用其他 EDA 工具建立了分配或约束条件，可以使用 Tcl 命令或脚本将这些约束条件导入包含用户的设计文件的 Quartus Ⅱ软件中。许多 EDA 工具可自动生成分配 Tcl 脚本。Quartus Ⅱ支持的 EDA 综合软件可参见表 6-1。

可以在“Settings”对话框（“Assignments”菜单）的“EDA Tool Settings”页中指定是否应在 Quartus Ⅱ软件中自动运行提供 NativeLink 支持的 EDA 工具，并使它成为综合设计全编译的一部分。“EDA Tools Settings”页还允许用户为 EDA 工具指定其他选项，参见图 6-50。

许多 EDA 工具还允许用户从该 EDA 工具的图形用户界面内运行 Quartus Ⅱ软件。有关详细信息请参阅 EDA 工具文档。

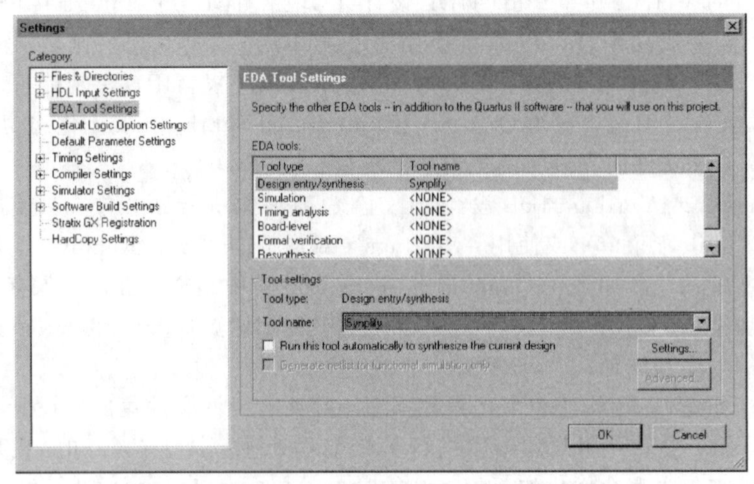

图 6-50 “Settings”对话框的“EDA Tool Settings”页

6.2.3.3 控制 Analysis & Synthesis

可以使用以下选项和功能来控制 Quartus Ⅱ Analysis & Synthesis：编译器指令和属性、Quartus Ⅱ逻辑选项、Quartus Ⅱ综合网表优化选项。

（1）使用编译器指令和属性

Quartus Ⅱ软件支持编译器指令，这些指令也称为编译指示。可以在 Verilog HDL 或 VHDL 代码中将 translate_on 和 translate_off 等编译器指令作为备注。这些指令不是 Verilog HDL 或 VHDL 命令，但是综合工具使用它们以特定方式推动综合过程。仿真器等其他工具则忽略这些指令并将它们作为备注处理。

编译器还可以指定属性，这些属性有时称为编译指示或指令，用于推动特定设计元素的综合过程。它还提供一些属性，作为 Quartus Ⅱ逻辑选项。

若要使用编译器的指令和属性，请参阅 Quartus Ⅱ Help 中的“VHDL Language Directives & Attributes”和“Verilog HDL Language Directives & Attributes”；若要结合 Quartus Ⅱ Integrated Synthesis 使用编译器指令和属性，请参阅 Altera 网站上的 Application Note 238（Using Quartus Ⅱ Verilog HDL & VHDL Integrated Synthesis）。

（2）使用 Quartus Ⅱ逻辑选项

Quartus Ⅱ逻辑选项允许用户在不编辑源代码的情况下设置属性。可以在 Assignment Editor 中指定 Quartus Ⅱ逻辑选项。Quartus Ⅱ逻辑选项用于保留寄存器、指定通电时的逻辑电平、删除重复或冗余的逻辑、优化速度或区域、控制扇出、设置状态机的编码级别以及控制其他许多选项。

若要使用 Quartus Ⅱ逻辑选项控制综合，请参阅 Quartus Ⅱ Help 中的“Logic Options”“Creating, Editing, and Deleting Assignments”和“Specifying Settings for Default Logic Options”；若要建立逻辑选项分配，请参阅 Quartus Ⅱ Tutorial 中的编译模块；若要使用会影响综合的 Quartus Ⅱ综合选项和逻辑选项，请参阅 Altera 网站上的 Application Note 238（Using Quartus Ⅱ Verilog HDL & VHDL Integrated Synthesis）。

（3）使用 Quartus Ⅱ综合网表优化选项

Quartus Ⅱ综合网表优化选项用于设置选项，在许多 Altera 器件系列的综合期间优化网表。这些优化选项对标准编译期间出现的优化进行补充，并且是在全编译的 Analysis & Synthesis 阶段出现。这些优化对综合网表进行更改，通常有利于区域和速度的改善。

“Settings”对话框（“Assignments”菜单）的“Netlist Optimizations”页用于指定网表优化选项，其中包括以下综合优化选项：进行 WYSIWYG 基本单元再综合，进行逻辑门级寄存器重新定时，允许寄存器重新定时，在 T_{su}/T_{co} 和 F_{max} 之间进行取舍。

“Netlist Optimizations”页还包括“Fitter 网表优化”和“物理综合”选项。还可以在“Settings”对话框的“Synthesis”页中指定是否利用 Analysis & Synthesis 将综合结果保存至 VQM 文件。

若要使用 Quartus Ⅱ综合和网表优化选项，请参阅 Altera 网站上的 Application Note 198（Timing Closure with the Quartus Ⅱ Software）和 Altera 网站上的 Application Note 297（Optimizing FPGA Performance Using the Quartus Ⅱ Software）。

6.2.3.4 使用 Design Assistant 检查设计可靠性

Quartus Ⅱ Design Assistant 允许用户依据一组设计规则检查设计的可靠性。在为 HardCopy 器件进行迁移设计之前，在检查设计的可靠性时，Design Assistant 非常有用。“Settings”对话框（“Assignments”菜单）的“Design Assistant”页用于指定检查设计时要使用的设计可靠性准则，请参阅图 6-51。

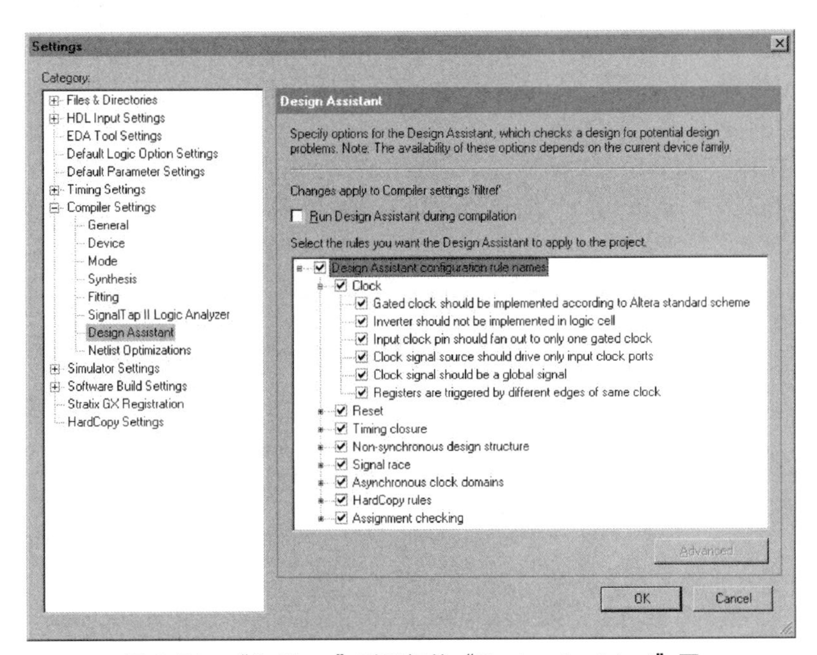

图 6-51 “Settings”对话框的“Design Assistant”页

还可以在命令提示符下或在脚本中通过使用 quartus_drc 可执行文件单独运行 Design Assistant。在运行 Design Assistant 之前，必须先运行 Quartus Ⅱ Fitter 可执行文件 quartus_fit。quartus_drc 可执行文件建立可以使用任何文本编辑器查看的、单独的文本型报告文件。

若要获取有关 quartus_drc 可执行文件的帮助信息，请在命令提示符下键入以下命令之一：

```
quartus_drc-h,回车。
quartus_drc-help,回车。
quartus_drc--help=<主题名称> ,回车。
```

6.2.4 仿真

可以使用 EDA 仿真工具或使用 Quartus Ⅱ仿真器进行设计的功能与时序仿真。Quartus Ⅱ软件提供以下功能，用于在 EDA 仿真工具中进行设计仿真：

① NativeLink 集成 EDA 仿真工具；

② 生成输出网表文件；

③ 功能与时序仿真库；

④ PowerGauge 功耗估算；

⑤ 生成测试平台模板和内存初始化文件。

6.2.4.1 使用 EDA 工具进行设计仿真

Quartus Ⅱ软件的 EDA Netlist Writer 模块生成用于功能或时序仿真的 VHDL 输出文件（.vho）和 Verilog 输出文件（.vo），以及使用 EDA 仿真工具进行时序仿真所需的标准延时格式输出文件（.sdo）。Quartus Ⅱ软件在 Standard Delay Format 2.1 版中生成 SDF 输出文件。EDA Netlist Writer 将仿真输出文件放在当前工程目录下的工具特定目录中。

此外，Quartus Ⅱ软件通过 NativeLink 功能使时序仿真与 EDA 仿真工具完美集成。NativeLink 功能允许 Quartus Ⅱ软件将信息传递给 EDA 仿真工具，并具有从 Quartus Ⅱ软件中启动 EDA 仿真工具的功能。NativeLink 功能支持的 EDA 仿真工具请参阅表 6-1。

（1）指定 EDA 仿真工具设置

建立新工程时，可以从“New Project Wizard”（“File”菜单）中或者从“Settings”对话框（“Assignments”菜单）的“EDA Tool Settings”页中选择 EDA 仿真工具，如图 6-52 所示。

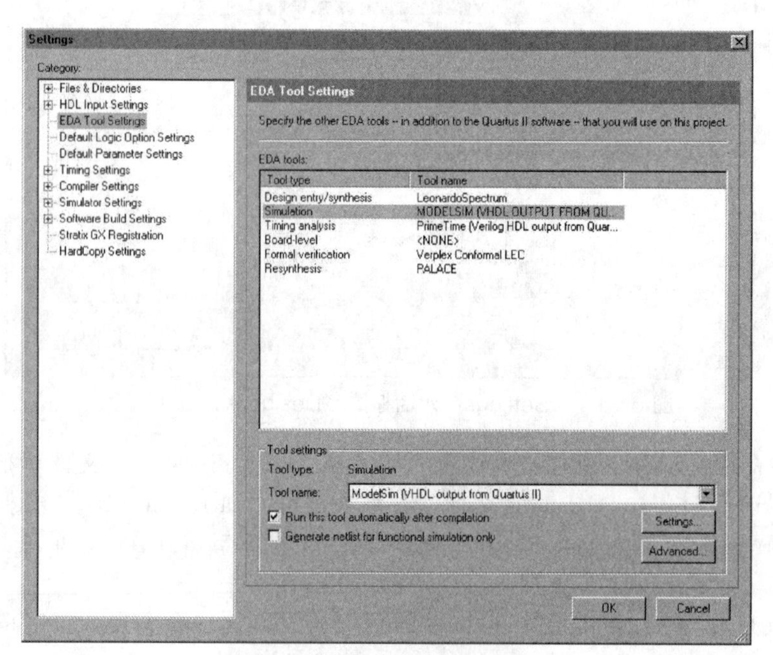

图 6-52 EDA 仿真工具设置

可以在“Verilog HDL/VHDL Output Settings”对话框（通过“EDA Tool Settings”页进入）中指定用于生成 Verilog 和 VHDL 输出文件和相应 SDF 输出文件的其他选项。图 6-53 所示为“Verilog HDL Output Settings”对话框。

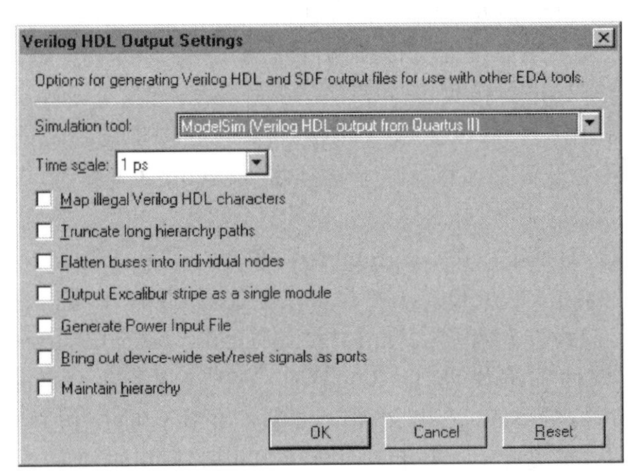

图 6-53 “Verilog HDL Output Settings”对话框

（2）生成仿真输出文件

可以运行 EDA Netlist Writer 模块，并通过指定 EDA 工具设置和编译设计，生成 Verilog 输出文件和 VHDL 输出文件。如果已在 Quartus Ⅱ软件中编译设计，可以在 Quartus Ⅱ软件中指定不同的仿真输出设置（例如不同的仿真工具），然后使用“Start”→“Start EDA Netlist Writer”命令（“Processing”菜单）重新生成 Verilog 输出文件或 VHDL 输出文件。在使用 NativeLink 功能时，还可以通过使用“Run EDA Simulation Tool”和“Run EDA Timing Analysis Tool”命令（“Tools”菜单）在初始编译之后运行仿真或时序分析工具。

Quartus Ⅱ软件还可以生成以下类型的输出文件，在 EDA 仿真工具中执行功能和时序仿真时使用：

① 功耗估算数据：可以使用 ModelSim 或 ModelSim-Altera 软件进行包括功耗估算数据在内的仿真。可以指示 Quartus Ⅱ软件将 Verilog HDL 或 VHDL 输出文件中设计的功耗估算数据包括在内。ModelSim 软件生成功率输入文件（.pwf），此文件用于在 Quartus Ⅱ软件中估计设计功耗。

② 测试激励文件：可以从 Quartus Ⅱ Waveform Editor 的矢量波形文件（.vwf）中建立 Verilog HDL 测试激励文件（.vt）和 VHDL 测试激励文件（.vht）。Verilog HDL 和 VHDL 测试激励文件是测试平台模板文件，其中包含最高层设计文件的实例化和来自矢量波形文件的测试矢量。如果在矢量波形文件中指定预期值，还可以生成自检测试激励文件。

③ 存储器初始化文件：可以使用 Quartus Ⅱ Memory Editor 输入存储器模块的初始内容，例如，在存储器初始化文件（.mif）或十六进制（Intel 格式）文件（.hex）中输入可寻址内容存储器（CAM）、RAM 或 ROM 的初始内容。然后，可以将存储器内容导出为 RAM 初始化文件（.rif），与 EDA 仿真工具一起用于功能仿真。

（3）仿真流程

使用 NativeLink 功能可以指示 Quartus Ⅱ软件编译设计，生成相应的输出文件，然后使用 EDA 仿真工具自动进行仿真。此外，还可以在编译之前（功能仿真）或编译之后（时序仿真），在 Quartus Ⅱ软件中手动运行 EDA 仿真工具。

① 功能仿真流程。可以在设计流程的任何位置上进行功能或行为仿真。以下描述使用 EDA 仿真工具进行设计的功能仿真时的基本流程。

a. 在 EDA 仿真工具中设置工程。

b. 建立工作库。

c. 使用 EDA 仿真工具编译相应的功能仿真库。

d. 使用 EDA 仿真工具编译设计文件和测试激励文件。

e. 使用 EDA 仿真工具进行仿真。

② NativeLink 仿真流程。可以使用 NativeLink 进行步骤设置，使 EDA 仿真工具可以在 Quartus Ⅱ软件中自动设置和运行。以下描述将 EDA 仿真工具与 NativeLink 功能配合使用的基本流程。

a. 通过“Settings”对话框（“Assignments”菜单）或在工程设置期间使用“New Project Wizard”（“File”菜单），在 Quartus Ⅱ软件中进行 EDA 工具设置。

b. 在进行 EDA 工具设置时开启“Run this tool automatically after compilation”。

c. 在 Quartus Ⅱ软件中编译设计。Quartus Ⅱ软件执行编译，生成 Verilog HDL 或 VHDL 输出文件以及相应的 SDF 输出文件（如果正在执行时序仿真），并启动仿真工具。Quartus Ⅱ软件指示仿真工具建立工作目录，编译或映射到相应的库，编译设计文件和测试激励文件，设置仿真环境，运行仿真。

③ 手动时序仿真流程。如果要加强对仿真的控制，可以在 Quartus Ⅱ软件中生成 Verilog HDL 或 VHDL 输出文件以及相应的 SDF 输出文件，然后手动启动仿真工具，进行仿真。以下描述使用 EDA 仿真工具执行 Quartus Ⅱ设计时序仿真的基本流程：

a. 通过“Settings”对话框（“Assignments”菜单）或在工程建立期间使用“New Project Wizard”（“File”菜单），在 Quartus Ⅱ软件中进行 EDA 工具设置。

b. 在 Quartus Ⅱ软件中编译设计，生成输出网表文件。Quartus Ⅱ软件将该文件放置在工具特定的目录中。

c. 启动 EDA 仿真工具。

d. 使用 EDA 仿真工具建立工程和工作目录。

e. 编译并映射到时序仿真目录，使用 EDA 仿真工具编译设计文件和测试激励文件。

f. 使用 EDA 仿真工具进行仿真。

④ 仿真库。Altera 为包含 Altera 特定组件的设计提供功能仿真库，并为在 Quartus Ⅱ软件中编译的设计提供基于原子的时序仿真库。可以使用这些库在 Quartus Ⅱ软件支持的 EDA 仿真工具中对含有 Altera 特定组件的任何设计进行功能或时序仿真。此外，Altera 为 ModelSim-Altera 软件中的仿真提供编译前功能与时序仿真库。

Altera 为使用 Altera 宏功能模块以及标准参数化模块库（LPM）函数的设计提供功能仿真库。Altera 还为 ModelSim 软件中的仿真提供 altera_mf 和 220model 库的编译前版本。表 6-6 显示了与 EDA 仿真工具配合使用的功能仿真库。

表 6-6　Altera 提供的与 EDA 仿真工具配合使用的功能仿真库

库名称	描述	库名称	描述
220model. v	LPM 函数的仿真模型（220 版）	altera_mf. v	Altera 特定宏功能模块的仿真模型和 VHDL 组件申明
220model. vhd		altera_mf. vhd	
220model_87. vhd		altera_mf_87. vhd	
220pack. vhd	220model. vhd 的 VHDL 组件申明	altera_mf_components. vhd	

在 Quartus Ⅱ软件中，特定器件体系结构实体和宏功能模块的时序信息位于布线后基于原子的时序仿真库中。视器件系列以及是否使用 Verilog 输出文件或 VHDL 输出文件而定，时序仿真库文件可能有所不同。

6.2.4.2 使用 Quartus Ⅱ 仿真器进行仿真设计

可以使用 Quartus Ⅱ 仿真器在工程中仿真任何设计。视所需的信息类型而定，可以进行功能仿真，以测试设计的逻辑运算；也可以进行时序仿真，以在目标器件中测试设计的逻辑运算和最差时序。

Quartus Ⅱ 软件可以仿真整个设计，或仿真设计的任何部分。可以在工程中将任何设计实体指定为仿真焦点。在仿真设计时，仿真器仿真焦点实体及其所有附属设计实体。

（1）指定仿真器设置

通过建立仿真器设置，指定要仿真的类型、仿真涵盖的时间段、激励向量以及其他仿真选项。可以使用“Settings”对话框（“Assignments”菜单）或仿真器 Settings Wizard（“Processing”菜单）建立仿真器设置，也可以使用每次建立新工程时自动生成的默认仿真器设置。

（2）进行仿真

以下步骤描述在 Quartus Ⅱ 软件中进行功能或时序仿真的基本流程。

a. 指定仿真器设置。

b. 建立并指定矢量源文件。

c. 使用“Start”→“Start Simulation”命令（“Processing”菜单）或使用 quartus_sim 可执行文件运行仿真。

“Status”窗口显示仿真进度和处理时间。“Report”窗口的“Summary Section”区域显示仿真结果。

① 建立波形文件。Quartus Ⅱ Waveform Editor 可以建立和编辑用于波形格式仿真的输入矢量。使用 Waveform Editor，可以将输入矢量添加到波形文件中，此文件描述设计中的逻辑行为，请参见图 6-54。

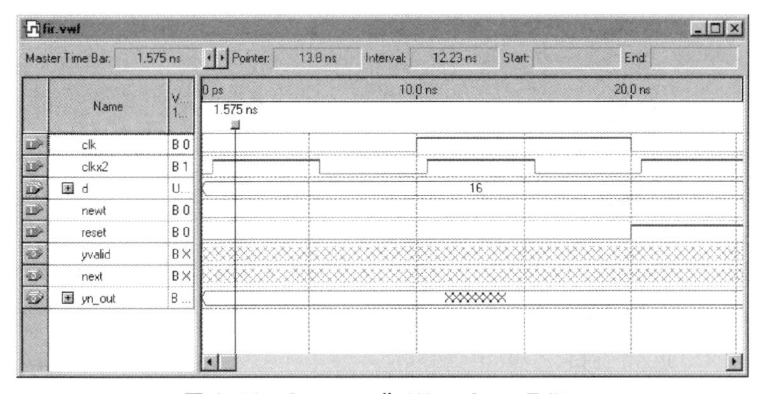

图 6-54 Quartus Ⅱ Waveform Editor

Quartus Ⅱ 软件支持矢量波形文件（.vwf）、表文件（.tbl）、矢量文件（.vec）和矢量表输出文件（.tbl）格式的波形文件。

② 进行 PowerGauge 功耗估算。Quartus Ⅱ 软件可以估计在时序仿真期间当前设计所消耗的功率。可以指示仿真器以毫瓦（mW）为单位计算和报告设计仿真期间所消耗的内功率、I/O 引脚功率和总功率。可以在“Report”窗口中查看 PowerGauge 功耗估算的结果。

6.2.5 布局布线

6.2.5.1 简介

Quartus Ⅱ Fitter 用于对设计进行布局布线，这在 Quartus Ⅱ 软件中也称为“适配”。

Fitter 使用由 Analysis & Synthesis 建立的数据库，将工程的逻辑和时序要求与器件的可用资源相匹配。它将每个逻辑功能分配给最好的逻辑单元，以便于布线和时序收敛，并选择合适的互连路径和引脚分配。

如果在设计中执行了资源分配，Fitter 则试图将这些资源分配与器件上的资源相匹配，并努力满足已设置的任何其他约束条件，然后试图优化设计中的其余逻辑。如果尚未对设计设置任何约束条件，则 Fitter 自动优化设计。如果找不到布局布线，Fitter 会终止编译。

在“Settings”对话框（“Assignments”菜单）“Compiler Settings”项下的“Mode”页中，可以指定是使用正常编译还是智能编译。如果使用“智能”编译，Compiler 将建立详细的数据库，有助于将来更快地运行编译，但可能会消耗额外的磁盘空间。在智能编译之后的重新编译期间，Compiler 将评估自上次编译以来对当前设计所做的更改，然后只运行处理这些更改所需的 Compiler 模块。如果对设计的逻辑做任何更改，则 Compiler 在处理期间使用所有模块。

可以在包括 Fitter 模块的 Quartus Ⅱ 软件中启动全编译，也可以单独启动 Fitter。在单独启动 Fitter 之前，必须成功运行 Analysis & Synthesis。

“Status”窗口记录工程编译期间在 Fitter 中所花费的时间，以及可能运行任何其他模块的时间，请参阅图 6-55。

6.2.5.2 分析布局布线结果

Quartus Ⅱ软件提供多个工具帮助分析编译和布局布线的结果。“消息”（Messages）窗口和“Report”窗口提供布局布线结果信息。Floorplan Editor 和 Chip Editor 还允许查看布局布线结果和进行必要的调整。此外，Design Assistant 可以根据一组设计规则检查设计的可靠性。

（1）使用“消息”窗口查看布局布线结果

“消息”窗口的“Processing”选项卡以及“Report”窗口消息部分或报告文件将显示 Fitter 生成的消息，请参阅图 6-56。

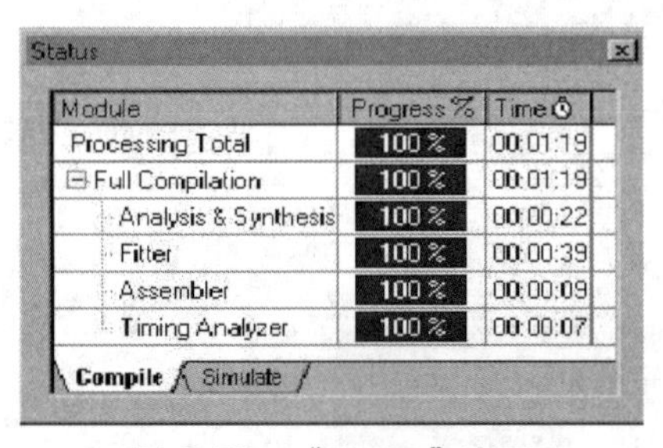

图 6-55 “Status”窗口

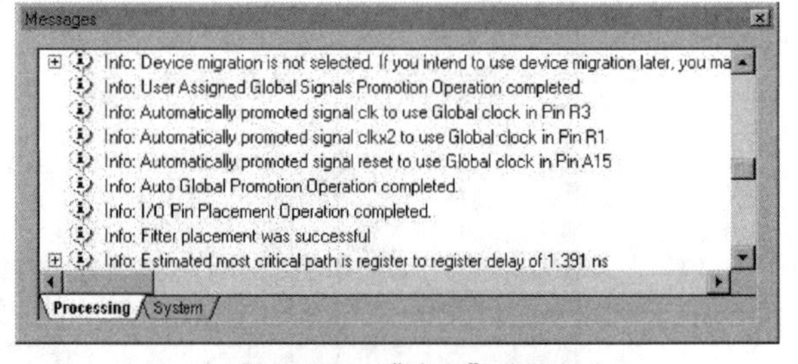

图 6-56 “消息”窗口

可以从“消息”窗口的右键弹出菜单中选择“Help”来获取特定的消息。

如果要过滤“消息”窗口中出现的消息，可以在“Options”对话框（“Tools”菜单）的“Processing”选项卡中设置用于控制消息和/或警告消息显示的选项。“消息”窗口的右键弹出菜单还提供用于控制警告消息、关键消息、信息性消息和额外信息性消息显示的命令。

如果有一个源文件在设计中而且该源文件的位置可以找到，则可以在消息上单击鼠标右键，然后选择“Locate”（右键弹出菜单）。“Utility Windows”→“Message Locations”命令（“View”菜单）也显示消息的源文件。

（2）使用“报告”（Report）窗口或报告文件查看布局布线结果

“Report”窗口包含许多部分，可以对 Fitter 为设计执行布局布线的方式进行分析。它包括好几个部分，用于显示资源使用情况。它还列出了 Fitter 生成的错误消息，以及正在运行的任何其他模块的消息。

在运行 Fitter 或任何其他编译或仿真模块时，“Report”窗口将自动打开；然而，如果“Compiler Tool”窗口已打开，则“Report”窗口不会自动打开，但单击每个模块的报告文件图标会显示该模块的报告。当 Fitter 正在处理设计时，“Report”窗口中的消息将不断更新。如果停止使用 Fitter，则“Report”窗口仅显示停止使用 Fitter 之前所建立的消息，请参阅图 6-57。

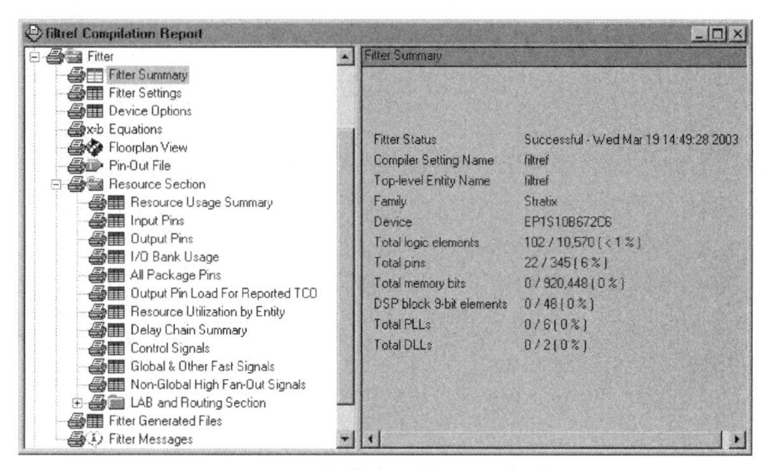

图 6-57 报告窗口的 Fitter 部分

根据在“Options”对话框（“Tools”菜单）“Processing”选项卡中指定的选项，Quartus Ⅱ软件自动生成文本格式和 HTML 格式的“Report”窗口。

（3）使用 Floorplan Editor 分析结果

运行 Fitter 之后，Floorplan Editor 将显示布局布线的结果。可以查看不可编辑的（只读）上一个编译布局图，显示上一次编译期间执行的资源分配和布线。此外，可以反标布局布线结果，以保留上次编译期间执行的资源分配。允许查看可编辑的时序逼近布局图中 Fitter 和/或用户分配执行的逻辑分配，执行的 LogicLock 区域分配以及布线拥塞情况，请参阅图 6-58。

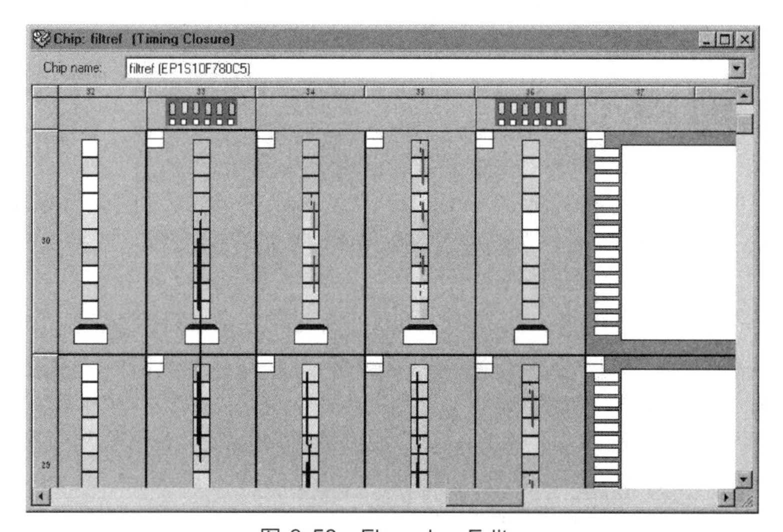

图 6-58 Floorplan Editor

如果编译用于 Excalibur 器件的设计，还可以在 Floorplan Editor 中查看 Excalibur 嵌入式处理器带区。该带区位于逻辑单元和引脚之间，并包含与微处理器的嵌入式逻辑以及与双端口 RAM 的接口。

Floorplan Editor 中的资源使用情况用不同的色彩显示。不同的颜色代表不同的资源，例如未分配和已分配的引脚和逻辑单元、未布线项、MegaLAB 结构、列和行 FastTrack 扇出等资源。Floorplan Editor 还提供了不同的平面布局视图、显示器件的引脚和内部结构。

要在 Floorplan Editor 中编辑分配，可以单击资源分配并将其拖放到新位置。在 Floorplan Editor 中拖放资源时，可以使用橡皮带式生成线显示位置移动所影响的布线资源数变化。

可以查看设计中的布线拥塞情况、路径的布线延时信息以及与特定节点的连接的计数。Floorplan Editor 还允许查看特定结构的节点扇出和节点扇入，或查看特定节点之间的路径。如有必要，还可以更改或删除资源分配。

如果要查看更详细的布局布线细节，以及进行另外的布局布线调整，Chip Editor 将显示 Floorplan Editor 中没有显示的有关设计布局布线的其他详细信息，并允许使用 Resource Property Editor 和更改管理器进行更改。

（4）使用 Design Assistant 检查设计的可靠性

Quartus Ⅱ Design Assistant 用于根据一组设计规则检查设计的可靠性，确定是否存在可能影响布局布线或设计优化的任何问题。“Settings”对话框（“Assignments”菜单）的“Design Assistant”页用于指定检查设计时要使用的可靠性准则。有关详细信息请参阅 6.2.3 节。

6.2.5.3 优化布局布线

运行 Fitter 并分析结果之后，可以使用多种选项来优化布局布线：使用位置分配、设置用于控制布局布线的选项、使用设计空间管理器（design space explorer，DSE）。

（1）使用位置分配

可以通过使用 Floorplan Editor 或 Assignment Editor 将逻辑分配给器件上的物理资源，例如引脚、逻辑单元或逻辑阵列块（LAB），以便控制布局布线。可以使用 Floorplan Editor 编辑分配，因为它提供器件及其功能的图形视图。如果要建立新的位置分配，可以使用 Assignment Editor，因为它允许同时建立多个节点特定的分配。除了使用 Floorplan Editor 或 Assignment Editor 建立分配外，还可以使用 Tcl 命令。如果要为工程指定全局分配，可以使用“Settings”对话框（“Assignments”菜单）。有关指定初始设计约束的详细信息，请参阅 6.2.2.4 节。

建立分配之后，可以在 Assignment Editor 或 Floorplan Editor 中进行编辑。编译之后，可以使用 Floorplan Editor 将逻辑分配给引脚、逻辑单元、行、列、区域、MegaLAB 结构和 LAB 的现有资源。可以使用 Floorplan Editor、“LogicLock Region”窗口或“LogicLock Region Properties”对话框（“Assignments”菜单）将节点或实体分配给 LogicLock 区域。

Floorplan Editor 提供器件的不同视图，有助于对特定位置执行精确的分配。还可以查看等式和路由信息，并可以将分配拖放至“Regions”窗口中的不同区域使分配降级。如果用户的设计有太多的约束条件，阻碍了在器件中执行布局布线，还可以通过删除一些位置分配并让 Fitter 对逻辑进行布局来优化布局布线。

（2）设置用于控制布局布线的选项

可以设置用于控制 Fitter 并可能影响布局布线的多个选项：Fitter 选项、布局布线优化与物理综合选项、影响布局布线的逻辑选项。

① 设置 Fitter 选项。“Settings”对话框（“Assignments”菜单）的“Fitting”页用于指定控制时序驱动编译和编译速度的选项。可以指定 Fitter 是否应尽量使用 I/O 单元中的寄存器（而不是使用普通逻辑单元中的寄存器）来满足与 I/O 引脚相关的时序要求和分配。可以指定 Fitter 是使用标准布局布线功能（它会尽力满足 f_{MAX} 时序约束条件）还是使用快速布局布线功能（它可以提高编译速度，但可能降低 f_{MAX}）或是限制仅进行一次布局布线尝试（它也可能降低 f_{MAX}）。

② 设置布局布线优化与物理综合选项。Quartus Ⅱ允许设置布局布线优化与物理综合选项，用以在布局布线期间执行物理综合，优化网表。可以在“Settings”对话框（“Assignments”菜单）的“Netlist Optimizations”页中指定 Quartus Ⅱ Fitter 优化选项。

Fitter 优化选项包括以下选项：进行组合逻辑的物理综合；进行寄存器的物理综合，包括寄存器复制和寄存器重新定时。

③ 设置影响布局布线的逻辑选项。Quartus Ⅱ逻辑选项允许在不编辑源代码的情况下设置属性。可以在 Assignment Editor（“Assignments”菜单）中为各个节点和实体指定 Quartus Ⅱ逻辑选项，并可以在“Settings”对话框（“Assignments”菜单）中指定全局默认逻辑选项。例如，可以使用逻辑选项指定应在全局路由路径上的整个器件上提供信号，指定 Fitter 应自动建立并行扩展器链，指定 Fitter 应自动将寄存器与同一逻辑单元中的组合功能相结合，即所谓的“寄存器封装”，或者限制进位链、串联链和并行扩展器链的长度。

（3）使用设计空间管理器（Design Space Explorer）

控制 Quartus Ⅱ布局布线的另一种方法是使用设计空间管理器（DSE），它是一个 Tcl 脚本 dse. tcl，可以使用 quartus _ sh 可执行文件从命令行运行它，以优化设计。DSE 界面允许自动探究一系列的 Quartus Ⅱ选项和设置，从而确定要使工程获得最好的结果应使用哪个设置。

可以指定允许 DSE 进行更改的程度、优化目标、目标器件以及允许的编译时间，请参阅图 6-59。

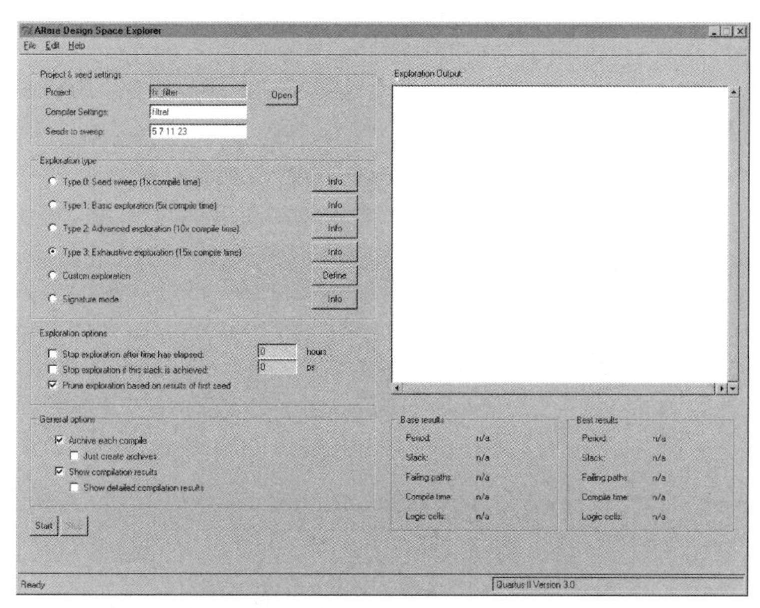

图 6-59　Design Space Explorer 界面

DSE 提供多个探究模式，这些模式列在 DSE 窗口中的“Exploration type”项中：

① 类型 0：种子扫描；

② 类型 1：基本探究；

③ 类型 2：高级探究；

④ 类型 3：详尽探究；

⑤ 自定义模式；

⑥ 签名模式。

类型 0、类型 1、类型 2、类型 3 和自定义模式是参数扫描模式。这些模式允许指定必须达到的工程目标，例如一组时序要求，用于改进时序。不同的模式均允许指定 DSE 为实现目标而在布局布线设计上所做的努力；但是，提高努力程度通常会增加编译时间。自定义探究模式允许指定各种参数、选项和模式，然后探究它们对设计的影响。如果不指定目标，DSE 将查找最好的 f_{MAX} 结果。

签名模式允许探究单个参数对设计的影响，以及在 f_{MAX}、停滞、编译时间和区域之间进行取舍。在签名模式下，DSE 测试单个参数对多个种子的影响，然后报告平均值，这样可以评估该参数如何在设计的空间内进行交互。

6.2.5.4 执行增量布局布线

如果所做的更改仅影响少数节点，则可以通过使用增量布局布线避免运行全编译。增量布局布线允许以尽量保留以前编译的布局布线结果的模式运行 Compiler 的 Fitter 模块。增量布局布线试图尽可能地再现以前编译的结果，这可以防止时序结果中出现不必要的变化，并且由于它重新使用以前编译的结果，因此所需的编译时间通常比标准布局布线要少。

可以通过选择“Start”→“Start Incremental Fitting”命令（“Processing”菜单）开启增量布局布线功能。

6.2.5.5 通过反标保留分配

可以通过反标对任何器件保留上次编译的资源分配。可以在工程中反标所有资源分配；还可以反标 LogicLock 区域的大小和位置。可以在“Back-Annotate Assignments”对话框（“Assignments”菜单）中指定要反标的分配。

“Back-Annotate Assignments”对话框允许选择反标的类型：默认型或高级型，请参阅图 6-60 和图 6-61。

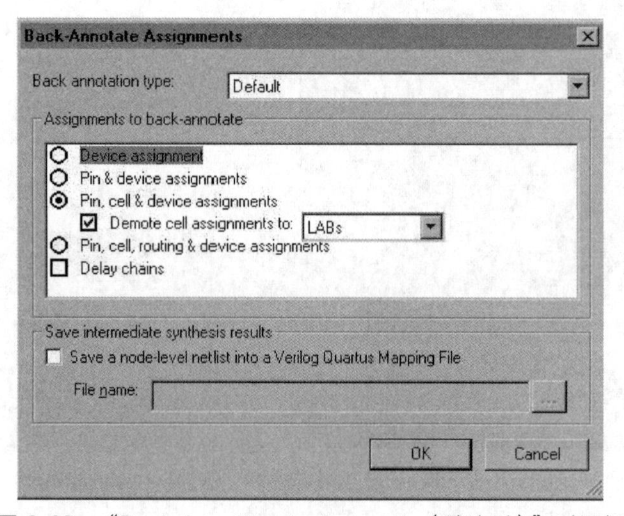

图 6-60 “Back-Annotate Assignments（默认型）”对话框

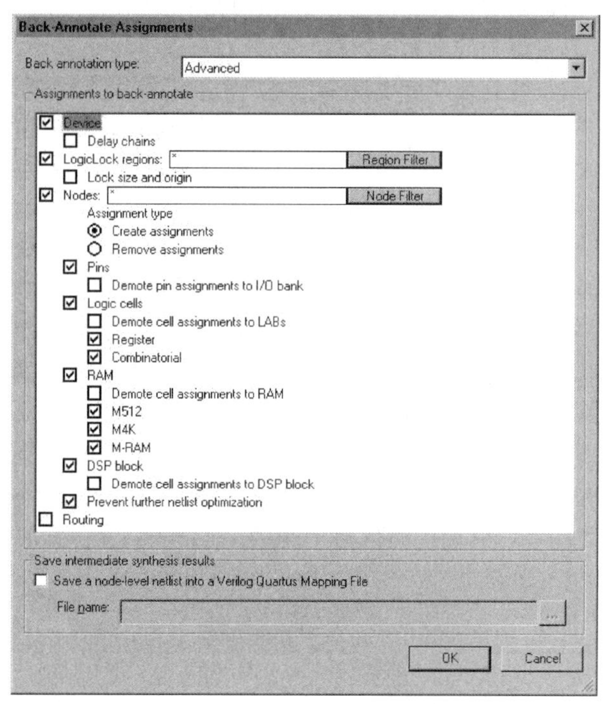

图 6-61 “Back-Annotate Assignments（高级型）”对话框

“Back-Annotate Assignments（默认型）”对话框允许将引脚和/或逻辑单元分配“降级”为具有较少限制的位置分配，从而使 Fitter 在重新安排分配中具有更多的自由。“Back-Annotate Assignments（高级型）”对话框可以执行默认型反标允许的任何操作，并允许反标 LogicLock 区域以及其中的节点和布线（可选）。高级型反标还提供许多用于根据区域、路径、资源类型等进行过滤的选项，并允许使用通配符。只能使用一种类型的反标，不能两者都使用。如果不能确定要使用哪种类型，Altera 建议大多数情况下使用高级型反标，因为它提供更多的选项，尤其在使用 LogicLock 区域时更是如此。

6.2.6 基于块的设计

6.2.6.1 简介

Quartus Ⅱ LogicLock 功能支持基于块的设计流程，允许建立模块化设计、单独设计和优化每个模块，然后将每个模块融合到最高层设计中。

LogicLock 区域是灵活且可重复使用的约束条件，能够提高引导 Fitter 在目标器件上进行逻辑布局的能力。可以将目标器件上物理资源的任何矩形区域定义为一个 LogicLock 区域。将节点或实体分配给 LogicLock 区域就是指示 Fitter 在布局布线期间将这些节点或实体放置在该区域内。

LogicLock 区域支持面向团队、基于块的设计，能够单独优化逻辑块，然后将它们及其布局约束条件导入更大的设计中。LogicLock 方法还能够促进模块的重复使用，因为可以单独开发模块，然后将其约束在 LogicLock 区域之内，可供其他设计使用，不会出现性能损失，使用户能够充分利用资源和缩短设计周期。

6.2.6.2 Quartus Ⅱ基于块的设计流程

在传统的从上到下的设计流程中，设计只有一个网表。在从上到下的设计流程中，各个设计模块在总体设计中可能具有不同的性能，这与模块的自我实现不同。在从下到上基于块的设计流程中，每个模块具有单独的网表。这样，设计人员能够建立基于块的设计，其中的每个模块可以独立优化，然后整合到最高层设计中。可以在以下设计流程中使用基于块的设计。

① 模块化设计流程：在模块化设计流程中，将设计划分为对单独子模块进行实例化的最高层设计。可以单独开发每个模块，然后将每个模块整合到最高层设计中。布局可以由用户手动决定，也可以由 Quartus Ⅱ 软件决定。

② 递增设计流程：在递增设计流程中，用户建立并优化系统，然后添加对原始系统的性能影响较小或没有影响的未来模块。

③ 团队型设计流程：在团队型设计流程中，用户将设计分割为单独的模块，然后在最高层设计中对模块进行实例化和连接。然后，其他团队成员单独开发低层模块，为每个模块建立单独的工程，并使用为最高层设计而制定的分配。低层模块完成后，将它们导入最高层设计中，最高层设计将进行最终编译和验证。

在以上三个设计流程中，均可以通过将设计分割为功能块保留所有开发层上的性能，这些功能块按照电路的物理结构或关键路径组织起来。

6.2.6.3 使用 LogicLock 区域

LogicLock 区域按大小（高度和宽度）及其在器件上的位置来定义。可以指定区域的大小和位置，或指示 Quartus Ⅱ 软件自动建立大小和位置。表 6-7 列出了可以在 Quartus Ⅱ 软件中指定的 LogicLock 区域的主要属性。

表 6-7　LogicLock 区域属性

属性	值	行为
状态	浮动或锁定	对于浮动区域，Quartus Ⅱ 软件可以决定其在器件上的位置。锁定区域的位置由用户定义。在布局图中，锁定区域用实线边界线显示，浮动区域的边界线为虚线。锁定区域必须具有固定大小
大小	自动或固定	允许 Quartus Ⅱ 软件按给定内容决定区域的大小。固定区域的形状和大小由用户定义
保留	开或关	保留属性用于规定 Quartus Ⅱ 软件是否可以让未分配给区域的实体使用区域中的资源。如果保留属性为开启，则只有分配给区域的项才可以放置在区域的边界内
强制	硬或软	软区域较遵循时序约束条件，并允许一些实体离开某个区域，这种离开可以提高总体设计性能。硬区域不允许 Quartus Ⅱ 软件将内容放置在区域的边界之外
原点	任意布局图位置	原点定义 LogicLock 区域在布局图中的位置

采用 LogicLock 设计流程，可以通过申报母区域和子区域来定义一组区域的层次结构。Quartus Ⅱ 软件将子区域完全放置在母区域的边界内。可以锁定子模块相对于母区域的位置，而无须将母区域限定在器件的某锁定位置上。

可以使用 Floorplan Editor、“LogicLock Region Properties” 对话框（鼠标右键弹出菜单）、Project Navigator 的 “Hierarchy” 选项卡或使用 Tcl 脚本建立和修改 LogicLock 区域。建立 LogicLock 区域之后，还可以使用 Assignment Editor 将逻辑放置在该区域中。所有 LogicLock 属性和约束条件信息（时钟设置、引脚分配和相对布局信息）均存储在该特定工程的实体设置文件（.esf）中。

可以使用 Floorplan Editor 建立和编辑 LogicLock 区域分配。可以使用 “Create New Region” 按钮在时序逼近布局图中绘制 LogicLock 区域，然后在布局图视图、Node Finder 或 “Project Navigator” 的 “Hierarchy” 选项卡中拖放节点。

建立 LogicLock 区域之后，可以使用 “LogicLock Regions” 窗口查看设计中的所有

LogicLock 区域，包括大小、状态、宽度、高度和原点。还可以编辑和添加新的 LogicLock 区域，请参见图 6-62。

LogicLock Regions

Region name	Size	State	Width	Height	Origin
LogicLock Regions					
Root_region	Fixed	Locked	34	13	LAB_1_A1
<<new>>					
Region_0	Auto	Floating	1	1	LAB_5_I1
Region_1	Auto	Floating	17	1	LAB_1_A1
Region_2	Auto	Floating	17	1	LAB_1_A1
Region_3	Auto	Floating	17	1	LAB_1_A1

图 6-62　“LogicLock Regions”窗口

还可以使用“LogicLock Regions Properties”对话框编辑现有 LogicLock 区域，打开“Back-Annotate Assignments”对话框，在 LogicLock 区域中对所有节点进行反标，查看设计中 LogicLock 区域的信息，以及确定包含非法分配的区域。

此外，还可以将基于路径的分配（依据源节点和目标节点）、通配符分配以及基于路径的分配和通配符分配的 Fitter 优先级添加到 LogicLock 区域中。设置优先级用于指定 Quartus Ⅱ软件解决基于路径的分配和通配符分配的冲突的顺序。可以从“LogicLock Region Properties”对话框中打开“Priority”对话框，请参见图 6-63。

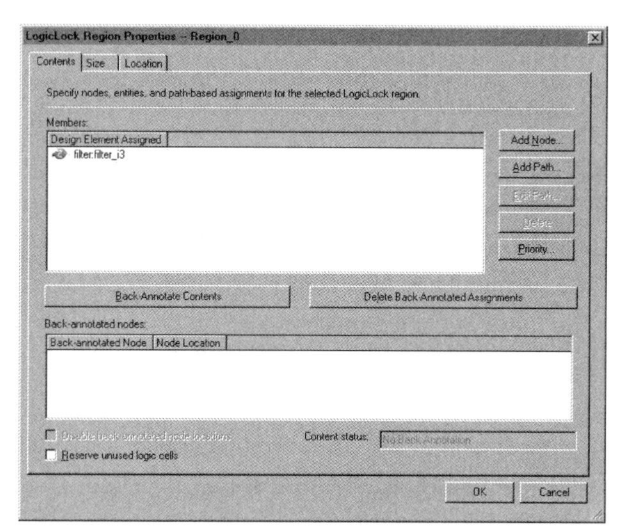

图 6-63　“LogicLock Region Properties”对话框

在分析和综合或全编译之后，Quartus Ⅱ软件在“Project Navigator”的“Hierarchy”选项卡中显示设计的层次结构。可以在此视图中单击任何设计实体，并从这些实体中建立新的 LogicLock 区域，或将它们拖放到 Floorplan Editor 中的现有 LogicLock 区域内。

Altera 还通过命令行或 Quartus Ⅱ“Tcl Console”窗口提供 LogicLock Tcl 命令，用以分配 LogicLock 区域内容。可以使用提供的 Tcl 命令建立浮动和自动大小的 LogicLock 区域、在区域中添加节点或层次结构、保留层次结构边界、反标布局结果、导入和导出区域以及保存中间综合结果。

6.2.6.4　保存中间综合结果

可以通过为设计中的实体建立 VQM 文件（.vqm），将各实体的综合结果与基于块的

LogicLock 设计流程一起保存，同时保存的相应实体设置文件包含实体 LogicLock 约束条件信息。

可以设计自定义逻辑块或实例化预验证知识产权（IP）块，使该块实现分配、验证功能和性能，锁定该块以保持布局和性能，然后将要导入的块导出至另一个设计中。这样，就可以单独设计、测试和优化块，并可以在将块集成为更大的设计时保持块的性能。

此外，通过将中间综合结果保存至 VQM 文件以及用导入分配的工程中的 VQM 文件替换实体，可以确保新工程中综合的节点名称与导入的分配中的节点名称相对应。

以下步骤描述包含 LogicLock 区域的设计保存中间综合结果、反标分配以及导出和导入实体设置文件的基本流程。

① 通过在“Settings”对话框（“Assignments”菜单）的“Synthesis”页中或在“Back-Annotate Assignments（高级型）”对话框（“Assignments”菜单）中指定 VQM 文件的名称，指定 Quartus Ⅱ软件将当前编译注意项的中间综合结果转存为 VQM 文件。

② 建立 LogicLock 区域。

③ 编译设计，生成 VQM 文件，或者使用“Start”→“Start VQM Writer”命令（“Processing”菜单），在初始编译之后生成 VQM 文件。

④ 使用“Back-Annotate Assignments（高级型）”对话框将逻辑布局锁定在 LogicLock 区域中。

⑤ 通过使用 Export LogicLock Regions 命令（“Assignments”菜单）将 LogicLock 区域分配导出至实体设置文件中。

⑥ 将 VQM 文件中的模块实例化为最高层设计，并使用 Import LogicLock Regions 命令（“Assignments”菜单）导入 LogicLock 区域分配。

（1）反标 LogicLock Region Assignments

可以在导出分配用于最高层设计之前，使用“Back-Annotate Assignments（高级型）”命令将逻辑布局锁定在一个设计的 LogicLock 区域中。在将区域及其分配导入到最高层设计中时，使用反标可以保持 LogicLock 区域的性能。

必须使用“Back-Annotate Assignments（高级型）”命令反标 LogicLock 区域分配，还可以使用它反标不包含 LogicLock 区域分配的设计。

（2）导出与导入 LogicLock 分配

在“Export LogicLock Regions”和“Import LogicLock Regions”对话框（“Assignments”菜单）中，可以使用 LogicLock 区域分配单独优化实体，并在最高层设计中对这些实体进行实例化时保留优化结果。

在导出 LogicLock 区域分配时，Quartus Ⅱ软件写入所有 LogicLock 区域分配、其他实体设置文件分配和 I/O 标准分配，这些分配应用于在“Export LogicLock Regions”对话框中指定的实体设置文件的特定实体实例。默认情况下，Quartus Ⅱ软件为整个设计导出 LogicLock 区域分配。可以指定要在“Export focus full hierarchy path”栏中导出的子设计实体，请参见图 6-64。

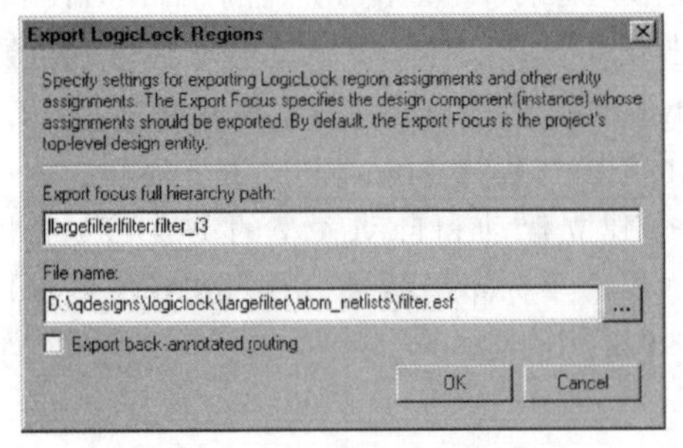

图 6-64 “Export LogicLock Regions”对话框

在导入 LogicLock 区域分配时，Quartus Ⅱ软件从当前编译注意项开始跨越编译层次结构。如果当前工程包含低层实体的多个实例，Quartus Ⅱ软件将对为该低层实体导入的分配进行实例化，每个实例进行一次实例化。

为防止布局冲突，Quartus Ⅱ软件将导入的最高层 LogicLock 区域分配在浮动位置上。但是，它保留了导入的子区域相对于母区域的位置。导入 LogicLock 区域时，可以指定分配类别，以指定是否建立新 LogicLock 区域和（或）更新当前所选的 LogicLock 区域，请参阅图 6-65。

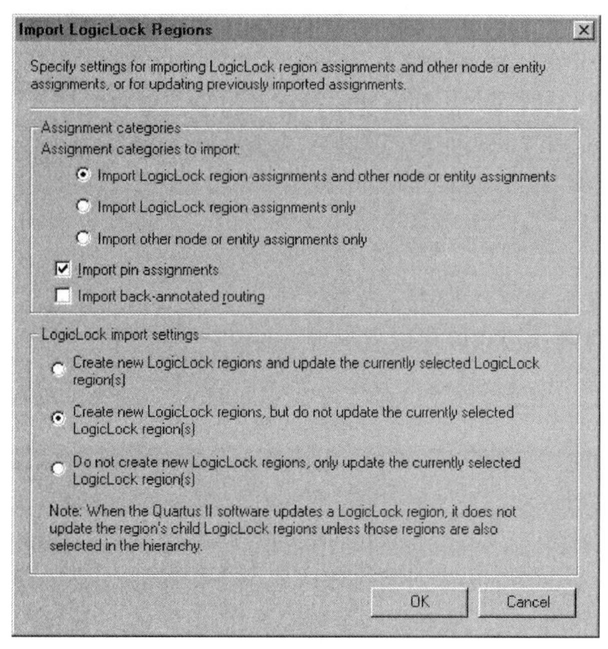

图 6-65 “Import LogicLock Regions”对话框

6.2.6.5 LogicLock 与 EDA 工具结合使用

基于块的 LogicLock 设计流程支持在 EDA 设计输入和综合工具中建立、优化，然后作为单独模块被导入到 Quartus Ⅱ软件中的模块。使用 EDA 设计输入和综合工具为设计层次结构中的模块建立单独的网表文件［EDIF 输入文件（.edf）或 VQM 文件］。然后，可以使用 Quartus Ⅱ软件将每个网表文件放入最高层设计中的单独 LogicLock 区域中。一旦进入了 Quartus Ⅱ软件中，就可以使用 EDA 工具更改、优化、再综合设计中的某特定模块，更新相应的网表文件，而不影响设计中的其他模块。

Mentor Graphics LeonardoSpectrum、Synplicity Synplify、Synopsys FPGA Compiler Ⅱ和 Mentor Graphics Precision RTL Synthesis 软件具有自定义功能，可以在基于块的 LogicLock 设计流程中使用这些工具。

6.2.7 时序分析

6.2.7.1 简介

Quartus Ⅱ Timing Analyzer 允许用户分析设计中所有逻辑的性能，并协助引导 Fitter 满足设计中的时序要求。默认情况下，Timing Analyzer 作为全编译的一部分自动运行，它观察和报告时序信息，如建立时间（t_{SU}）、保持时间（t_H）、时钟至输出延时（t_{CO}）、引脚至引脚延时（t_{PD}）、最大时钟频率（f_{MAX}）、延缓时间以及设计的其他时序特性。可以使用 Timing Analyzer 生成的信息分析、调试和验证设计的时序性能。还可以使用 Quartus Ⅱ Timing Analyzer 进行最少的时序分析，它报告最佳情况时序结果，验证驱动芯片外信号的时钟至引脚延时。

6.2.7.2 在 Quartus Ⅱ软件中进行时序分析

Timing Analyzer 在全编译期间对设计自动进行时序分析。以下准则描述了使用 Quartus Ⅱ Timing Analyzer 可以完成的一些任务：

① 使用时序设置向导（“Assignments”菜单）、“Settings”对话框（“Assignments”菜单）和 Assignment Editor，指定初始工程范围的时序要求和个别时序要求。

② 在全编译期间进行时序分析或在初始编译之后单独进行时序分析。

③ 使用报告窗口、时序逼近布局图和 list_paths Tcl 命令查看时序结果。

（1）指定时序要求

时序要求允许为整个工程、特定的设计实体或个别实体、节点和引脚指定所需的速度性能。

可以使用定时设置向导（“Assignments”菜单）建立初始工程范围时序设置。指定初始时序设置之后，可以再次使用时序设置向导或使用“Settings”对话框（“Assignments”菜单）修改设置。

可以使用 Assignment Editor（“Assignments”菜单）进行个别时序设置。指定工程范围时序分配和/或单个时序分配之后，通过编译设计或在初始编译之后通过单独运行 Timing Analyzer 来运行时序分析。

如果未指定时序要求设置或选项，Quartus Ⅱ Timing Analyzer 将使用默认设置运行分析。默认情况下，Timing Analyzer 计算并报告每个寄存器的 f_{MAX}、每个输入寄存器的 t_{SU} 和 t_H、每个输出寄存器的 t_{CO}、所有引脚至引脚路径间的 t_{PD}、延缓时间、保持时间、最小 t_{CO} 以及当前设计实体的最小 t_{PD}。

使用“Settings”对话框或定时设置向导，可以指定以下时序要求和其他选项。

- 工程的总频率要求或各个时钟信号的设置。
- 延时要求、最短延时要求和路径切割选项。
- 报告选项，包括数字或源以及目标寄存器，且不包括路径。
- 时序驱动编译选项。

① 指定工程范围的时序设置。工程范围的时序设置包括最大频率、建立时间、保持时间、时钟至输出延时和引脚至引脚延时以及最低时序要求。还可以设置工程范围的时钟设置和多个时钟域、路径切割选项和默认外部延时，请参阅表 6-8。

表 6-8 工程范围的时序设置

要求	描述
f_{MAX}(最大频率)	在满足内部建立时间(t_{SU})和保持时间(t_H)要求下可以达到的最大时钟频率
t_{SU}(时钟建立时间)	在触发寄存器计时的时钟信号已经在时钟引脚确立之前，经由数据输入或使能端输入而进入寄存器的数据必须在输入引脚处出现的时间长度
t_H(时钟保持时间)	在触发寄存器计时的时钟信号已经在时钟引脚确立之后，经由数据输入或使能端输入而进入寄存器的数据必须在输入引脚处保持的时间长度
t_{CO}(时钟至输出延时)	时钟信号在触发寄存器的输入引脚上发生转换之后，在由寄存器馈送信号的输出引脚上取得有效输出所需的时间
t_{PD}(引脚至引脚延时)	输入引脚处信号通过组合逻辑进行传输并出现在外部输出引脚上所需的时间
最小 t_{CO}(时钟至输出延时)	时钟信号在触发寄存器的输入引脚上发生转换之后，在由寄存器馈送信号的输出引脚上取得有效输出所需的最短时间
最小 t_{PD}(引脚至引脚延时)	指定可接受的最短的引脚至引脚延时，即输入引脚信号通过组合逻辑传输并出现在外部输出引脚上所需的时间

② 指定个别时序分配。可以使用 Assignment Editor 对个别实体、节点和引脚进行个别时序分配。个别时序分配超越工程范围要求（如果它们比工程范围要求更加严格）。Assignment Editor 支持点到点时序分配和通配符，用于在做分配时标识特定节点。

输入的引脚和节点时序要求保存在当前层次结构中最高层实体的实体设置文件（.esf）中。

可以在 Timing Analyzer 中进行以下类型的个别时序分配：

a. 个别时钟设置：允许通过定义时序要求和设计中所有时钟信号之间的关系，进行精确的多时钟时序分析。

b. 多周期路径：需要一个以上时钟周期才能稳定下来的寄存器之间的路径。可以设置多周期路径，指示 Timing Analyzer 调整其度量，并避免不当地违反建立或保持时间。

c. 剪切路径：默认情况下，如果没有设置时序要求或只使用默认的 f_{MAX} 时钟设置，Quartus Ⅱ软件将切断不相关时钟域之间的路径。如果设置了各个时钟分配，但没有定义时钟分配之间的关系，Quartus Ⅱ也将切断不相关时钟域之间的路径。还可以定义设计中特定路径的剪切路径。

d. 最小延时要求：特定节点或组的个别 t_H、最小 t_{CO} 和最小 t_{PD} 时序要求。可以对特定节点或组进行这些分配，以超越工程范围最小时序要求。

e. 外部延时：指定信号从外部寄存器（器件之外）到达输入引脚的延时。

f. 设计中特定节点的个别 t_{SU}、t_{PD} 和 t_{CO} 要求。

（2）进行时序分析

指定时序设置和分配之后，就可以通过全编译运行 Timing Analyzer。

完成编译之后，可以使用“Start”→“Start Timing Analyzer”命令（“Processing”菜单）重新单独运行时序分析，或通过选择“Start”→“Start Minimum Timing Analysis”（“Processing”菜单）运行最小时序分析。

6.2.7.3 查看时序分析结果

运行时序分析之后，可以在编译报告的“Timing Analyzer”文件夹中查看时序分析结果。然后，可以列出时序路径以验证电路性能，确定关键速度路径以及限制设计性能的路径，并进行另外的时序分配。此外，还可以使用 list _ paths Tcl 命令查找并查看设计中任何延时路径的信息。

（1）使用“报告”窗口

“报告”窗口的时序分析部分列出报告的时钟建立和保持的时序信息；t_{SU}、t_H、t_{PD}、t_{CO}；最小脉冲宽度要求；在时序分析期间忽略的任何时序分配；Timing Analyzer 生成的任何消息。默认情况下，“Timing Analyzer”还报告最佳情况下最小时钟至输出时间和最佳情况下最小点到点延时。

“报告”窗口包括以下类型的时序分析信息：

① 时序要求的设置；

② 停滞和最小停滞；

③ 源和目标时钟名称；

④ 源和目标节点名称；

⑤ 所需的和实际的点到点时间；

⑥ 所需的保持关系；

⑦ 实际 f_{MAX}。

参见图 6-66。

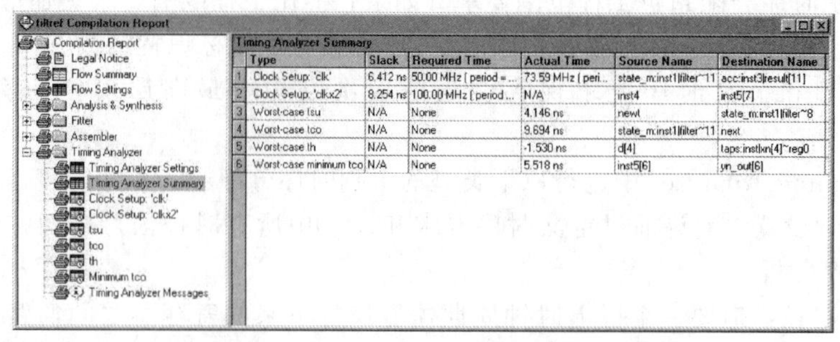

图 6-66 “Report”窗口中的时序分析结果

（2）进行分配与查看延时路径

可以从“Report”窗口的“Timing Analyzer”部分直接查看 Assignment Editor、List Paths 和 Locate in Timing Closure Floorplan 命令，从而可以进行个别时序分配和查看延时路径信息。此外，还可以使用 list_paths Tcl 命令列出延时路径信息。

可以使用 Assignment Editor 在“Timing Analyzer”报告中对任何路径进行个别时序分配。此功能还可以用来方便地对路径进行点到点分配。

以下步骤描述在 Assignment Editor 中进行个别时序分配的基本流程：

① 在“Category”栏中，单击“Timing”，以指示用户要做的分配的类别。

② 在电子表格中单击“Destination Name（To）”单元格并使用“Node Finder”查找节点，或键入标识要分配目标节点的节点名称和/或通配符。

③ 在电子表格中单击“Source Name（From）”单元格并使用“Node Finder”查找节点，或键入标识要分配源节点的节点名称和/或通配符。

④ 在电子表格中双击“Option”单元格并选择您要做的时序分配。对于要求赋值的分配，可以双击“Value”单元格并键入或选择相应的分配值。

还可以使用 Locate in Timing Closure Floorplan 命令（“Project”菜单）在时序逼近布局图中查找路径，允许利用时序逼近布局图功能对特定路径做分配。

可以使用 List Paths 命令（右边按钮弹出菜单），在“消息”窗口的 Timing Analyzer 报告小窗口中显示任何路径的中间延时。它允许用户查找引脚至引脚、寄存器至寄存器和时钟至输出引脚延时路径，并显示在“Report”窗口中出现的设计的任何延时路径的信息，请参见图 6-67。

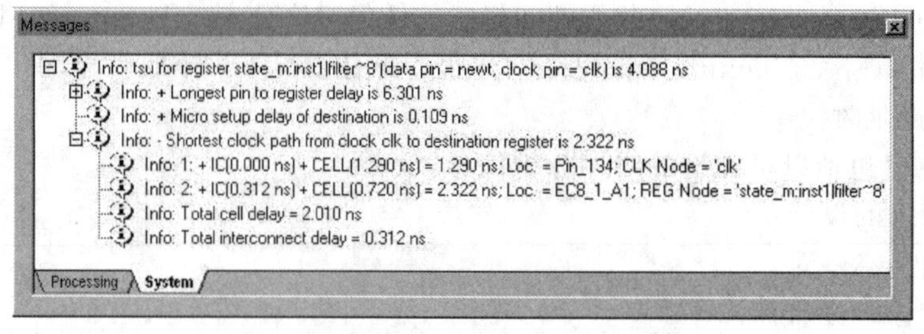

图 6-67 Output from List Paths 命令

list_paths Tcl 命令可以在 quartus_tan API 和 Quartus Ⅱ Tcl 控制台中使用，用于指定任何点到点路径和查看延时信息。可以指定要报告的路径数、路径类型（包括最小时序路径）和使用通配符标识源和目标节点。此选项报告信息的方式与 List Paths 命令相同，请参见图 6-68。

```
-----------------------------------------------------------------------------------------
Path Number: 1
tco from clock clock to destination pin gt1 through register auto_max:auto|street_map[0] is 8.869 ns
-----------------------------------------------------------------------------------------
    + Longest clock path from clock clock to source register is 2.799 ns^M
        1: + IC(0.000 ns) + CELL(0.619 ns) = 0.619 ns; Loc. = Pin_M2; CLK Node = 'clock'
        2: + IC(1.638 ns) + CELL(0.542 ns) = 2.799 ns; Loc. = LC_X31_Y1_N9; REG Node = 'auto_max:auto|street_map[0]'
        Total cell delay = 1.161 ns
        Total interconnect delay = 1.638 ns
    + Micro clock to output delay of source is 0.156 ns
    + Longest register to pin delay is 5.914 ns
        1: + IC(0.000 ns) + CELL(0.000 ns) = 0.000 ns; Loc. = LC_X31_Y1_N9; REG Node = 'auto_max:auto|street_map[0]'
        2: + IC(0.716 ns) + CELL(0.075 ns) = 0.791 ns; Loc. = LC_X30_Y1_N9; COMB Node = 'rtl~261'
        3: + IC(0.518 ns) + CELL(0.366 ns) = 1.675 ns; Loc. = LC_X30_Y1_N8; COMB Node = 'rtl~17'
        4: + IC(1.350 ns) + CELL(2.889 ns) = 5.914 ns; Loc. = Pin_AA13; PIN Node = 'gt1'
        Total cell delay = 3.330 ns
        Total interconnect delay = 2.584 ns
-----------------------------------------------------------------------------------------
```

图 6-68 Sample Output from list_ paths 命令

6.2.7.4 使用 EDA 工具进行时序分析

Quartus Ⅱ软件支持在 Unix 工作站上使用 Synopsys PrimeTime 软件进行时序分析和最小时序分析，并支持使用 Mentor Graphics BLAST 或 Tau 板级验证工具进行板级时序分析。

在建立新工程时，可以通过在“Settings”对话框（“Assignments”菜单）或“New Project Wizard”（“File”菜单）中指定相应的时序分析工具，生成要在 EDA 时序分析工具中做时序分析所必需的输出文件，然后进行全编译。还可以在初始编译之后，使用“Start”→“Start EDA Netlist Writer”命令（“Processing”菜单）中的“Makefile”。

（1）使用 PrimeTime 软件

Quartus Ⅱ软件生成 Verilog 输出文件或 VHDL 输出文件、包含时序延时信息的标准延时格式输出文件（.sdo）以及设置 PrimeTime 环境的 Tcl 脚本文件。如果正在进行最小时序分析，Quartus Ⅱ软件将使用由 Timing Analyzer 在该设计的 SDF 输出文件中生成的最小延时信息。

使用 NativeLink 功能，可以指定 Quartus Ⅱ软件从命令行或 GUI 模式启动 PrimeTime 软件。还可以指定 Synopsys 设计约束（SDC）文件，此文件包含供 PrimeTime 软件使用的时序分配。

以下步骤描述在 Quartus Ⅱ软件中编译之后手动使用 PrimeTime 软件对设计进行时序分析的基本流程：

① 通过“Settings”对话框（“Assignments”菜单）或在工程建立期间使用“New Project Wizard”（“File”菜单）指定 EDA 工具设置。

② 在 Quartus Ⅱ软件中编译设计，生成输出网表文件。Quartus Ⅱ软件将该文件放置在特定工具的目录中。

③ 运行 Quartus Ⅱ生成的 Tcl 脚本文件（.tcl），用以设置 PrimeTime 环境。

④ 在 PrimeTime 软件中做时序分析。

（2）使用 BLAST 和 Tau 软件

Quartus Ⅱ软件生成 Stamp 模型文件，此文件可以被导入 BLAST 或 Tau 软件中，进行板级时序验证。

以下步骤描述生成 Stamp 模型文件的基本流程：

① 通过“Settings”对话框（“Assignments”菜单）或在工程建立期间使用“New Project Wizard”（“File”菜单）指定 EDA 工具设置。

② 在 Quartus Ⅱ软件中编译设计，生成 Stamp 模型文件。Quartus Ⅱ软件将该文件放置在特定工具的目录中。

③ 在 BLAST 或 Tau 软件中使用 Stamp 模型文件进行板级时序验证。

6.2.8 时序逼近

6.2.8.1 简介

Quartus Ⅱ软件提供完全集成的时序逼近流程，可以通过控制综合和设计的布局布线来达到时序目标。使用时序逼近流程可以对复杂的设计进行更快的时序逼近，减少优化迭代次数并自动平衡多个设计约束。

时序逼近流程可以执行初始编译、查看设计结果以及有效地对设计进行进一步的优化。在综合之后以及在布局布线期间，可以在设计上使用网表优化，使用时序逼近布局图分析设计并执行分配，以及使用 LogicLock 区域分配进一步优化设计。

6.2.8.2 使用时序逼近布局图

可以使用时序逼近布局图查看 Fitter 生成的逻辑布局，查看用户分配和 LogicLock 区域分配以及设计的布线信息。可以使用此信息在设计中标识关键路径，并执行时序分配、位置分配和 LogicLock 区域分配，实现时序逼近。

可以使用“View”菜单中提供的选项自定义时序逼近布局图显示信息的方式。可以按照封装引脚及其功能显示器件；可以按内部 MegaLAB 结构、LAB 和单元格显示器件；可以按芯片的区域显示器件；可以按所选信号的名称和位置显示器件；还可以使用 Field View 命令（“View”菜单）显示器件。

Field View 命令在 Floorplan Editor 的高级总体视图中显示器件资源的主要分类。在 Field 视图中用彩色区域表示分配，这些彩色区域显示已分配用户量、已布置的 Fitter 以及器件中每个结构未分配的逻辑。可以使用 Field 视图中的信息进行分配，实现设计的时序逼近。

(1) 查看分配与布线

时序逼近布局图可以同时显示用户分配和 Fitter 位置分配。用户分配是用户在设计中所做的所有位置与 LogicLock 区域分配。Fitter 分配是 Quartus Ⅱ软件在最后编译之后布置所有节点的位置。可以使用“Assignments”命令（“View”菜单）显示用户分配和 Fitter 分配。

时序逼近布局图允许显示器件资源以及所有设计逻辑的相应布线信息。使用 Routing 命令（“View”菜单），可以选择器件资源和查看以下布线信息类型：

① 节点之间的路径：显示所选逻辑单元之间的路径、I/O 单元、嵌入式单元和相互馈电的引脚。

② 节点扇入和扇出：显示所选嵌入式单元、逻辑单元、I/O 单元和引脚的节点扇入和扇出布线信息。

③ 布线延时：显示所选特定逻辑单元之间、引至或源自特定逻辑单元、I/O 单元之间、引至或源自 I/O 单元、嵌入式单元之间、引至或源自嵌入式单元、引脚之间、引至或源自引脚的布线延时，或显示一个或多个关键路径的布线延时。

④ 连接计数：显示或隐藏接至选定对象、接自选定对象或选定对象之间的连接数量。

⑤ 布线统计：显示一个或多个选定引脚、逻辑单元、嵌入式单元、I/O 单元、LAB 或 MegaLAB 结构的布线统计。

⑥ 物理时序估计：显示到达器件上任何其他节点或实体的近似延时。如果选择了一个节点或实体，则用潜在目标资源的阴影表示延时（资源的阴影越深，延时越长），可以将鼠

标放置在可能的目标节点之上来显示到达目标节点的延时。

⑦ 布线拥塞：显示用图形表示的设计中的布线拥塞。阴影越深，布线资源利用率越大。可以选择布线资源，然后指定该资源的拥塞阈值（在器件中以红色区域显示）。

⑧ 关键路径：显示设计中的关键路径，包括路径边缘和布线延时。默认关键路径视图显示寄存器至寄存器路径。还可以查看源节点和目标节点之间最短路径的所有组合节点。可以使用延时或停滞指标来指定是否要查看关键路径，并可以指定时钟域、源节点名称和目标节点名称以及要显示的关键路径数。

还可以查看设计中 LogicLock 区域的布线信息，包括连接和区域内延时。LogicLock 区域连接显示分配给设计中 LogicLock 区域的实体之间的连接，区域内延时显示 LogicLock 区域（包括其子区域）中源路径和目标路径之间的最大时间延时。

“Equations”（等式）窗口显示引脚、I/O 单元、逻辑单元和嵌入式单元分配的布线和等式信息。打开“Equations”（“View”菜单）后，在“Floorplan Editor”窗口的底部显示“Equations”窗口，请参阅图 6-69。

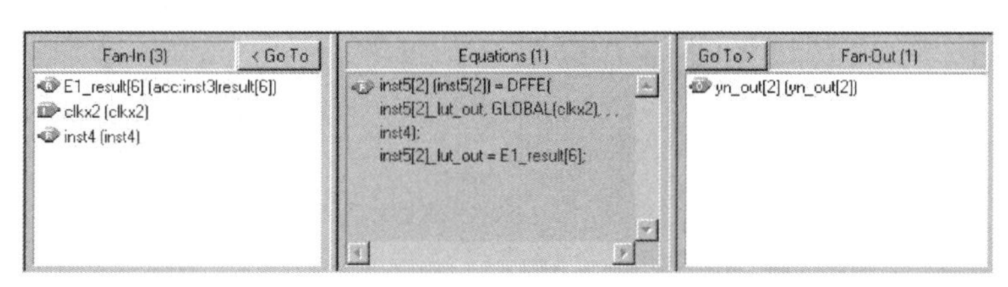

图 6-69 “等式”窗口

通过在布局图中选择一个或多个逻辑单元、嵌入式单元和/或引脚分配，可以在“Equations”列表中显示其等式、扇入和扇出，并可以扩展或收敛条件。“Fan-In”列表显示馈送选定逻辑单元、嵌入式单元和/或引脚分配的所有节点。“Fan-Out”列表显示由选定逻辑单元、嵌入式单元和/或引脚分配馈送的所有节点。

（2）执行分配

为便于实现时序逼近，时序逼近布局图允许直接从布局图进行位置和时序分配。可以在时序逼近布局图的自定义区域和 LogicLock 区域中建立和分配节点或实体，还可以编辑对引脚、逻辑单元、行、列、区域、MegaLAB 结构和 LAB 的现有分配。

可以使用以下方法在时序逼近布局图中编辑分配：

① 剪切、复制和粘贴节点和引脚分配；

② 启动 Assignment Editor 进行分配；

③ 使用 Node Finder 协助分配工作；

④ 在 LogicLock 区域中建立和分配逻辑；

⑤ 用鼠标从“Project Navigator”的“Hierarchy”选项卡、“LogicLock”区域和时序逼近布局图中拖出节点和实体，放到布局图的其他区域中。

在做分配之前，可以使用 Back-Annotate Assignments 命令（“Assignments”菜单）对引脚、逻辑单元、行、列、区域、LAB、MegaLAB 结构和 LogicLock 区域进行反标分配，从而保留来自当前编译的资源分配。

6.2.8.3 使用网表优化实现时序逼近

Quartus Ⅱ软件包括网表优化选项，用于在综合以及布局布线期间进一步优化设计。网表优化是下压按钮功能，它通过修改网表提高性能来改进 f_{MAX} 结果。不管使用何种综合工具，均可应用这些选项。视设计而定，有些选项可能比其他选项具有更多的效果。

可以在“Settings”对话框（“Assignments”菜单）的“Netlist Optimizations”页中指定 Analysis & Synthesis 和 Fitter 网表优化选项，请参阅图 6-70。

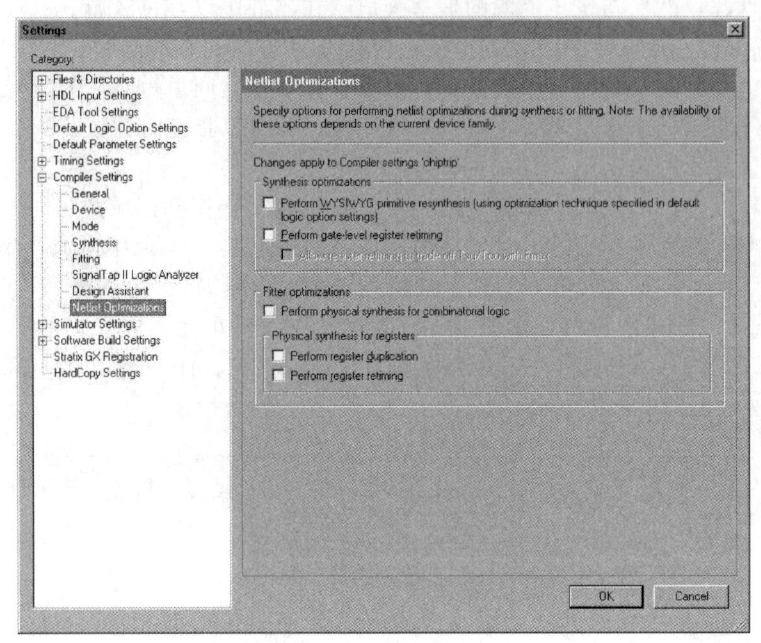

图 6-70 网表优化

综合的网表优化包括以下选项：

① 执行 WYSIWYG 基本单元再综合：指示 Quartus Ⅱ 软件在综合期间取消映射 WYSIWYG 基本单元。打开此选项后，Quartus Ⅱ 软件将取消原子网表中逻辑元素对门的映射，并将该门重新映射回 Altera LCELL 基本单元。使用此选项，Quartus Ⅱ 软件能够在重新映射过程中使用特定器件体系架构的不同技术。

② 执行门级寄存器重定时：允许在组合逻辑间移动寄存器以平衡时序，但不更改当前的设计功能。此选项仅在组合门间移动寄存器，不在用户实例化的逻辑单元、存储器块、DSP 块或者进位链间移动寄存器，并能够将寄存器从组合逻辑块的输入移到输出，从而可能将寄存器结合在一起。它还可以用组合逻辑块输出端的寄存器在组合逻辑块的输入端建立多个寄存器。

③ 允许寄存器重新定时，在 f_{MAX} 和 t_{SU}/t_{CO} 之间进行取舍：指示 Quartus Ⅱ 软件在寄存器重新定时，实现对 t_{CO} 和 t_{SU} 与 f_{MAX} 的取舍时，在与 I/O 引脚相关的寄存器间移动逻辑。此选项开启之后，寄存器重新定时可能对馈送 I/O 引脚以及由 I/O 引脚馈送的寄存器产生影响。如果未开启此选项，寄存器重新定时不会改动与 I/O 引脚相连的任何寄存器。

布局布线和物理综合的网表优化包括以下选项：

① 进行组合逻辑的物理综合：指示 Quartus Ⅱ 软件在布局布线期间对组合逻辑进行物理综合优化，以提高性能。

② 进行寄存器复制：指示 Quartus Ⅱ 软件在布局布线期间进行寄存器复制以对寄存器进行物理综合优化，以提高性能。

③ 进行寄存器重新定时：指示 Quartus Ⅱ 软件在布局布线期间使用寄存器重新定时对寄存器进行物理综合优化，以提高性能。

Quartus Ⅱ 软件不能为反标设计上的布局布线和物理综合进行这些网表优化。此外，如果在设计上使用这些网表优化中的一个或多个，要对设计进行反标。如果要保存结果，则必须生成 VQM 文件（.vqm）。在将来编译中，必须用 VQM 文件代替原始设计源代码。

6.2.8.4 使用 LogicLock 区域实现时序逼近

可以使用 LogicLock 区域实现时序逼近，方法是：在时序逼近布局图中分析设计，然后将关键逻辑约束在 LogicLock 区域中。LogicLock 区域通常为分层结构，使用户对模块或模块组的布局和性能有更多的控制。可以在个别节点上使用 LogicLock 功能，例如，将沿着关键路径的节点分配给 LogicLock 区域。

要在设计中使用 LogicLock 区域成功地改进性能，需要对设计的关键路径有详细的了解。一旦实现了 LogicLock 区域并达到所要的性能，就可以对该区域的内容进行反标，以锁定逻辑布局。

（1）软 LogicLock 区域

LogicLock 区域具有预定义边界和节点，这些边界和节点分配给始终驻留在边界或 LogicLock 区域范围之内的特定区域。软 LogicLock 区域可以通过删除 LogicLock 区域的固定矩形边界来增强设计性能。启用软区域属性后，Fitter 试图在区域中尽量多布置一些已分配节点并尽各种可能将它们紧邻布局，并通过提高软区域外移动节点的灵活性来满足设计的性能要求。

（2）基于路径的分配

Quartus Ⅱ 软件可以将特定的源路径和目标路径分配给 LogicLock 区域，从而可以方便地将关键设计节点组合进一个 LogicLock 区域。可以使用“Paths”对话框（从“LogicLock Region Properties”对话框进入）建立基于路径的分配，方法是从“Report”窗口的“Timing Analyzer”区域中拖放路径，以及从时序逼近布局图（通过右键单击时序逼近布局图中的关键路径并选择“Properties”而进入）中拖放关键路径。

“Paths”对话框允许通过标识源节点和目标节点指定路径，在标识节点时使用通配符，以及单击“List Nodes”以确定将要分配给“LogicLock”区域的节点数，请参见图 6-71。

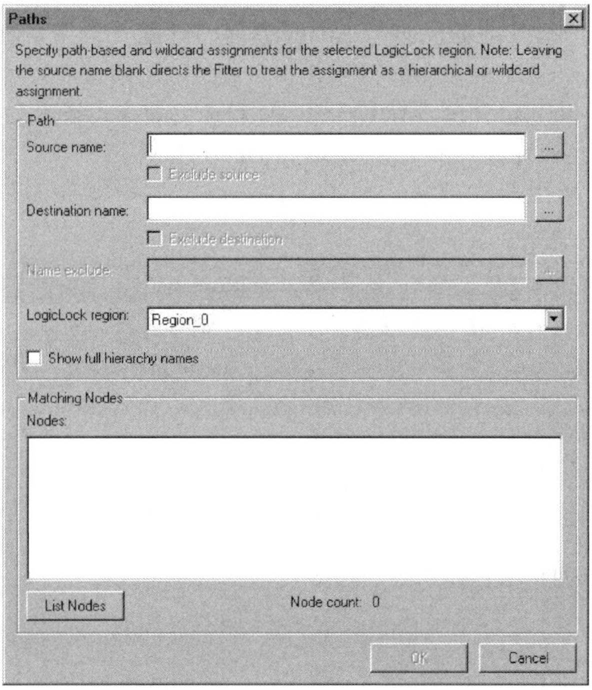

图 6-71 “Paths”对话框

6.2.9 编程与配置

6.2.9.1 简介

使用 Quartus Ⅱ软件成功编译工程之后，就可以对 Altera 器件进行编程或配置。Quartus Ⅱ Compiler 的 Assembler 模块生成编程文件，Quartus Ⅱ Programmer 可以用它与 Altera 编程硬件一起对器件进行编程或配置。还可以使用 Quartus Ⅱ Programmer 的独立版本对器件进行编程和配置。

Assembler 自动将 Fitter 的器件、逻辑单元和引脚分配转换为该器件的编程映像，这些映像以目标器件的一个或多个 Programmer 对象文件（.pof）或 SRAM 对象文件（.sof）的形式存在。

可以在包括 Assembler 模块的 Quartus Ⅱ软件中启动全编译，也可以单独运行 Assembler。

还可以指示 Assembler 通过以下方法之一以其他格式生成编程文件：

①“Device & Pin Options”对话框可以从“Settings”对话框（“Assignments”菜单）的“Device”页进入，允许指定可选编程文件格式，例如，十六进制（Intel 格式）输出文件（.hexout）、表格文本文件（.ttf）、原二进制文件（.rbf）、Jam 文件（.jam）、Jam 字节代码文件（.jbc）、串行矢量格式文件（.svf）和系统内配置文件（.isc）。

②“Create/Update”→“Create JAM，SVF，or ISC File”命令（“File”菜单）生成 Jam 文件、Jam 字节代码文件、串行矢量格式文件或系统内配置文件。

③ Convert Programming Files 命令（“File”菜单）将一个或多个设计的 SOF 和 POF 组合并转换为其他辅助编程文件格式，例如，原编程数据文件（.rpd）、EPC16 或 SRAM 的 HEXOUT 文件、POF、局域更新或远程更新的 POF、原二进制文件和表格文本文件。

这些辅助编程文件可以用于嵌入式处理器类型的编程环境，而且对于一些 Altera 器件而言，它们还可以由其他编程硬件使用。

Programmer 使用 Assembler 生成的 POF 和 SOF 对 Quartus Ⅱ软件支持的所有 Altera 器件进行编程或配置。可以将 Programmer 与 Altera 编程硬件配合使用，如 MasterBlaster、ByteBlasterMV、ByteBlaster Ⅱ或 USB-Blaster 下载电缆，或 Altera 编程单元（APU）。

Programmer 允许建立包含设计所用器件名称和选项的链式描述文件（.cdf）。对于允许对多个器件进行编程或配置的一些编程模式，CDF 还指定了 SOF、POF、Jam 文件、Jam 字节代码文件和设计所用器件的从上到下顺序，以及链中器件的顺序。图 6-72 所示为“Programmer”窗口。

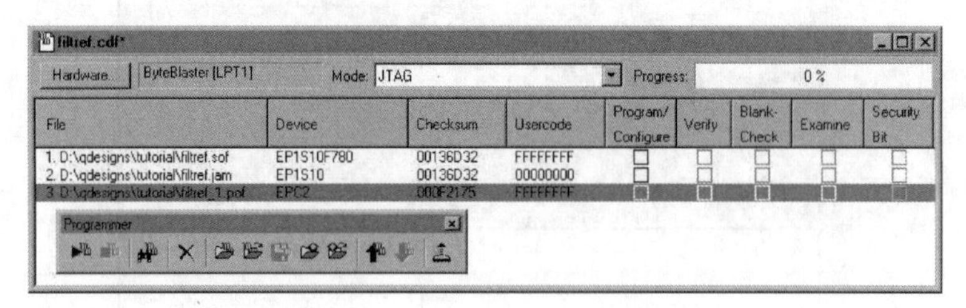

图 6-72 “Programmer”窗口

Programmer 具有四种编程模式：

① 被动串行模式；

② JTAG 模式；

③ 主动串行编程模式；

④ 套接字内编程模式。

被动串行和JTAG编程模式允许使用CDF和Altera编程硬件对单个或多个器件进行编程。可以使用主动串行编程模式和Altera编程硬件对单个EPCS1或EPCS4串行配置器件进行编程。可以配合使用套接字内编程模式与CDF和Altera编程硬件对单个CPLD或配置器件进行编程。

若要使用计算机上没有提供但可通过JTAG服务器获得的编程硬件，可以使用Programmer指定和连接至远程JTAG服务器。

6.2.9.2 使用Programmer对一个或多个器件进行编程

Quartus Ⅱ Programmer允许编辑CDF，如CDF存储器件名称、器件顺序和设计的可选编程文件名称信息。可以使用CDF通过一个或多个SOF、POF或通过单个Jam文件或Jam字节代码文件对器件进行编程或配置。

以下步骤描述使用Programmer对一个或多个器件进行编程的基本流程：

① 将Altera编程硬件与您的系统相连，并安装任何必要的启动程序。

② 进行设计的全编译，或至少运行Compiler的Analysis & Synthesis、Fitter和Assembler模块。Assembler自动为设计建立SOF和POF。

③ 打开Programmer，建立新CDF。每个打开的Programmer窗口代表一个CDF；可以打开多个CDF，但每次只能使用一个CDF进行编程。

④ 选择编程硬件设置。选择的编程硬件设置将影响Programmer中可用的编程模式类型。

⑤ 选择相应的编程模式，如被动串行模式、JTAG模式、主动串行编程模式或套接字内编程模式。

⑥ 视编程模式而定，可以在CDF中添加、删除或更改编程文件与器件的顺序。可以指示Programmer在JTAG链中自动检测Altera支持的器件，并将其添加至CDF器件列表中。还可以添加用户自定义的器件。

⑦ 对于非SRAM稳定器件，例如配置器件、MAX 3000和MAX 7000器件，可以指定额外编程选项来查询器件，如Verify、Blank-Check、Examine和Security Bit。

⑧ 启动Programmer。

6.2.9.3 建立辅助编程文件

还可以使用其他格式(例如Jam文件、Jam字节代码文件、串行矢量格式文件、系统内配置文件、原二进制文件或表格文本文件）建立辅助编程文件，供嵌入式处理器等其他系统使用。此外，可以将SOF或POF转换为其他编程文件格式，例如远程更新的POF、局域更新的POF、EPC16的HEXOUT文件、SRAM的HEXOUT文件或原编程数据文件。可以使用“Create/Update”→“Create JAM，SVF，or ISC File”命令（“File”菜单）和Convert Programming Files命令（“File”菜单）建立这些辅助编程文件。还可以使用“Device & Pin Options”对话框［可以从“Settings”对话框（“Assignments”菜单）的“Device”页进入］的“Programming Files”选项卡，指定在编译期间Assembler生成的可选编程文件格式。

（1）建立其他编程文件格式

可以使用“Create/Update”→“Create JAM，SVF，or ISC File”命令（“File”菜单）建立Jam文件、Jam字节代码文件、串行矢量格式文件或系统内配置文件（图6-73)。然后，这些文件可以与Altera编程硬件或智能主机配合使用，用以配置Quartus Ⅱ软件支持的任何 Altera 器件。还可以将 Jam 文件和 Jam 字节代码文件添加至 CDF。

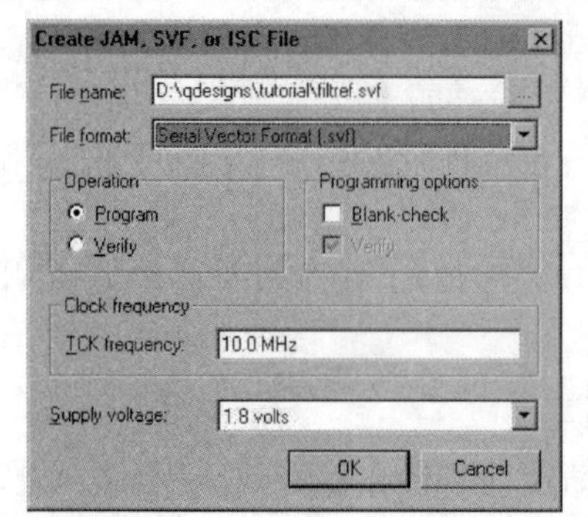

图 6-73 “Create JAM, SVF, or ISC File”对话框

以下步骤描述建立 Jam 文件、Jam 字节代码文件、串行矢量格式文件或系统内配置文件的流程：

① 进行设计的全编译，或至少运行 Compiler 的 Analysis & Synthesis、Fitter 和 Assembler 模块。Assembler 自动为设计建立 SOF 和 POF。

② 打开“Programmer”窗口，建立新 CDF。

③ 指定 JTAG 模式。

④ 在 CDF 中添加、删除或更改编程文件和器件的顺序。可以指示 Programmer 在 JTAG 链中自动检测 Altera 支持的器件，并将其添加至 CDF 器件列表中。还可以添加用户自定义的器件。

⑤ 选择“Create/Update”→“Create Jam，SVF，or ISC File”（“File”菜单）并指定要建立文件的名称和文件格式。

（2）转换编程文件

可以使用“Convert Programming Files”对话框（“File”菜单）将一个或多个设计的 SOF 或 POF 组合起来并转换为与不同配置方案一起使用的其他编程文件格式。例如，可以将具有远程更新能力的 SOF 添加至远程更新的 POF，此 POF 用于在远程更新配置模式下对配置器件进行编程，或者可以将 Programmer 对象文件转换为供外部主机使用的 EPC16 的 HEXOUT 文件；也可以将 POF 转换为与某些配置器件一起使用的原编程数据文件，请参阅图 6-74。

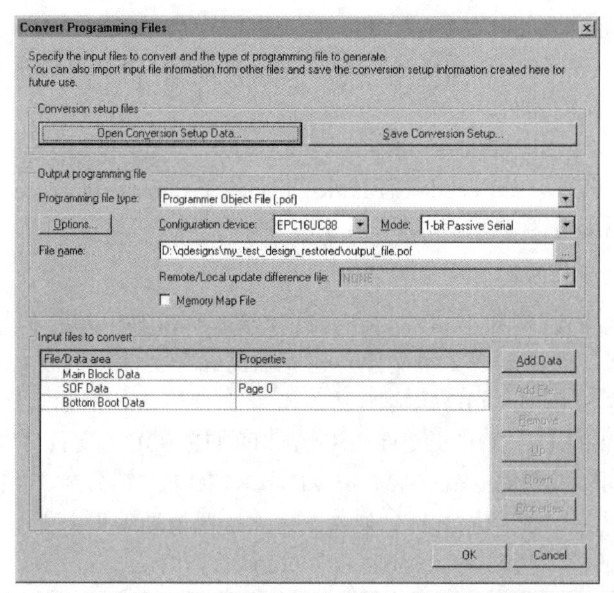

图 6-74 “Convert Programming Files”对话框

可以使用“Convert Programming Files”对话框对 SRAM 的 HEXOUT 文件、POF、原二进制文件或表格文本文件中存储的 SOF 链进行排列，或指定要在 EPC16 的 HEXOUT 文件中存储的 POF，来设置输出编程文件。在“Convert Programming Files”对话框中指定的设置将保存到转换设置文件（.cof）中，此文件包含器件和文件名称、器件顺序、器件

属性和文件选项等信息。

对于EPC4、EPC8或EPC16配置器件的Programmer对象文件，还可以指定以下信息：

① 建立不同的配置比特流，这些比特流存储在配置存储器空间页面中。

② 在每个页面中建立SOF的并行链。

③ 排列闪存中存储的SOF和十六进制（Intel格式）文件（.hex）的顺序。

④ 指定SOF Data项和HEX文件的属性。

⑤ 在配置存储器空间中添加或删除SOF Data项。

⑥ 若用户希望，也可以建立存储器映射文件（.map）。

对于局域更新的POF和远程更新的POF，可以指定以下信息：

① 在配置存储器空间中添加或删除具有远程更新能力的POF和SOF。

② 指定SOF Data项的属性。

③ 添加或删除SOF Data项。

④ 用户希望的话，可以建立存储器映射文件，并生成远程更新差异文件和局域更新差异文件。

还可以使用“Convert Programming Files”对话框将多个SOF排列和组合为主动串行配置模式下的单个POF。POF可用于对EPCS1或EPCS4串行配置器件进行编程，然后，可以利用该配置器件通过Cyclone器件配置多个器件。

以下步骤描述转换编程文件的基本流程：

① 运行Compiler的Assembler模块。Assembler自动为设计建立SOF和POF。

② 使用“Convert Programming Files”对话框（“File”菜单）建立转换设置文件，并指定所要建立编程文件的格式和名称。

③ 指定与编程文件的配置存储器空间相兼容的配置模式。

④ 为编程文件类型和目标器件指定相应的编程选项。

⑤（可选）通过选择差异文件的类型，为远程更新的Programmer对象文件或局域更新的Programmer对象文件生成远程更新差异文件或本地更新差异文件。

⑥ 添加或删除SOF Data项并将它们分配给页面。

⑦（可选）添加、删除或更改要为一个或多个SOF Data项或POF Data项而转换的SOF和POF的顺序。

⑧（可选）为EPC4、EPC8或EPC16配置器件，添加HEX文件至POF的Bottom Boot Data或Main Block Data项中，并指定SOF数据、POF数据和HEX文件的附加属性。

⑨ 转换文件。用户希望的话，还可以指定要建立的存储器映射文件。

6.2.9.4 使用Quartus Ⅱ软件通过远程JTAG服务器进行编程

在“Hardware Setup”对话框（可从“Programmer”窗口的“Hardware”按钮或从“Edit”菜单进入）中，还可以添加联机访问的远程JTAG服务器，这样，就可以使用局域计算机未提供的编程硬件，以及配置局域JTAG服务器设置等，让远程用户可以连接到局域JTAG服务器。

可以在“Configure Local JTAG Server”对话框（从“Hardware Setup”对话框的“JTAG Settings”选项卡进入）中指定远程客户端先启用，才可以连接到JTAG服务器。

可以在“Add Server”对话框（可以从“Hardware Setup”对话框的“JTAG Settings”选项卡进入）中指定要连接的远程服务器。连接到远程服务器之后，与远程服务器相连的编程硬件将显示在“Hardware Settings”选项卡中。

6.2.10 调试

6.2.10.1 简介

Quartus Ⅱ SignalTap Ⅱ逻辑分析器和 SignalProbe 功能可以分析内部器件节点和 I/O 引脚，同时在系统内以系统速度在运行。SignalTap Ⅱ逻辑分析器使用嵌入式逻辑分析器将信号数据通过 JTAG 端口送往 SignalTap Ⅱ逻辑分析器或者外部逻辑分析器或示波器。SignalProbe 功能使用未用器件路由资源上的递增式路由，将选定信号送往外部逻辑分析器或示波器。

6.2.10.2 使用 SignalTap Ⅱ逻辑分析器

SignalTap Ⅱ逻辑分析器是第二代系统级调试工具，可以捕获和显示实时信号行为，允许观察系统设计中硬件和软件之间的交互作用。Quartus Ⅱ软件允许选择要捕获的信号、开始捕获信号的时间以及要捕获多少数据样；还可以选择是将数据从器件的存储器块通过 JTAG 端口路由至 SignalTap Ⅱ逻辑分析器，或是至 I/O 引脚以供外部逻辑分析器或示波器使用。

可以使用 MasterBlaster、ByteBlasterMV、ByteBlaster Ⅱ或 USB-Blaster 通信电缆下载配置数据到器件上。这些电缆还用于将捕获的信号数据从器件的 RAM 资源上载至 Quartus Ⅱ软件。然后，Quartus Ⅱ软件将 SignalTap Ⅱ逻辑分析器采集的数据以波形显示。

（1）设置和运行 SignalTap Ⅱ逻辑分析器

若要使用 SignalTap Ⅱ逻辑分析器，必须先建立 SignalTap Ⅱ文件（.stp），此文件包括所有配置设置并以波形显示捕获到的信号。一旦设置了 SignalTap Ⅱ文件，就可以编译工程，对器件进行编程并使用逻辑分析器采集和分析数据。

每个逻辑分析器实例均嵌入器件上的逻辑之中。SignalTap Ⅱ逻辑分析器在单个器件上支持多达 1024 个通道和 128K 数据样。

编译之后，可以使用 Run Analysis 命令（“Processing”菜单）运行 SignalTap Ⅱ逻辑分析器，请参阅图 6-75。

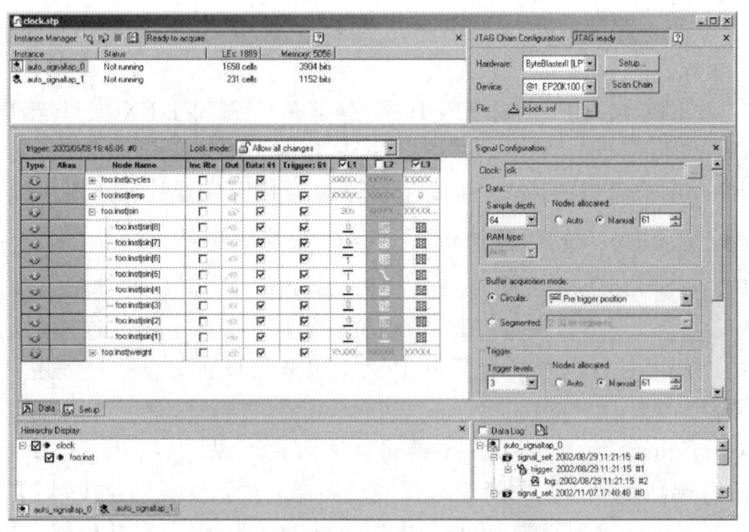

图 6-75 SignalTap Ⅱ逻辑分析器

以下步骤描述设置 SignalTap Ⅱ文件和采集信号数据的基本流程：

① 建立新的 SignalTap Ⅱ文件。

② 向 SignalTap Ⅱ文件添加实例，并向每个实例添加节点。可以使用 Node Finder 中的 SignalTap Ⅱ滤波器查找所有预综合和布局布线后的 SignalTap Ⅱ节点。

③ 给每个实例分配一个时钟。

④ 设置其他选项，例如采样深度和触发级别，并将信号分配给数据/触发输入和调试端口。

⑤ 编译设计。

⑥ 对器件进行编程。

⑦ 在 Quartus Ⅱ软件中或使用外部逻辑分析器或示波器采集和分析信号数据。

可以使用以下功能设置 SignalTap Ⅱ逻辑分析器：

① 多个逻辑分析器：SignalTap Ⅱ逻辑分析器在每个器件中支持逻辑分析器的多个嵌入式实例。可以使用此功能为器件中的每个时钟域建立单独且唯一的逻辑分析器，并在多个嵌入式逻辑分析器中应用不同的设置。

② 实例管理器：实例管理器允许在多个实例上建立并执行 SignalTap Ⅱ逻辑分析。可以使用它在 SignalTap Ⅱ文件中建立、删除和重命名实例。实例管理器显示当前 SignalTap Ⅱ文件中的所有实例、每个相关实例的当前状态以及相关实例中使用的逻辑元素和存储器比特的数量。实例管理器可以协助检查每个逻辑分析器在器件上要求的资源使用量。可以选择多个逻辑分析器以及选择 Run Analysis（“Processing”菜单）来同时启动多个逻辑分析器。

③ 触发器：触发器是逻辑级别和/或逻辑边缘方面的逻辑事件模式。SignalTap Ⅱ逻辑分析器支持多级触发、多个触发位置、多个段以及外部触发事件。可以使用 SignalTap Ⅱ逻辑分析器窗口中的“Signal Configuration”面板设置触发器选项。

可以给逻辑分析器配置最多十个触发器级别，使您可以只查看最重要的数据。可以指定四个单独的触发位置：前、中、后和连续。触发位置允许指定在选定实例中在触发器之前和触发器之后应采集的数据量。分段的模式允许通过将存储器分为周密的时间段，为定期事件捕获数据，而无须分配大采样深度。

④ 递增路由：递增路由功能允许在不执行完全重新编译的情况下分析布局布线后节点，从而有利于缩短调试过程。

在使用 SignalTap Ⅱ递增路由功能之前，必须打开“Settings”对话框（“Assignments”菜单）“SignalTap Ⅱ逻辑分析器”页中的“若在使用递增路由的 SignalTap Ⅱ中具备了条件，则自动开启智能编译来执行智能编译”开关。此外，在编译设计之前，必须使用已分配触发节点（Trigger Nodes allocated）和已分配数据节点（Data Nodes allocated）框保留 SignalTap Ⅱ递增路由的触发或数据节点。可以在 Node Finder 的 Fitter 列表中选择“SignalTap Ⅱ：post-fitting”，查找 SignalTap Ⅱ递增路由源的节点。

（2）分析 SignalTap Ⅱ数据

在使用 SignalTap Ⅱ逻辑分析器查看逻辑分析的结果时，数据是存储在器件的内部存储器中，然后通过 JTAG 端口导入逻辑分析器的波形视图中。

在波形视图中，可以插入时间栏，对齐节点名称，复制节点；建立总线、重命名总线和取消总线组合；指定总线值的数据格式；打印波形数据。使用数据日志建立波形，此波形显示使用 SignalTap Ⅱ逻辑分析器采集的数据历史记录。数据以分层方式组织；使用相同触发器捕获的数据日志将组成一组，放在 Trigger Sets 中。图 6-76 显示了波形视图。

Waveform Export 实用程序允许将捕获的数据导出为 EDA 工具可以使用的以下工业标准格式：

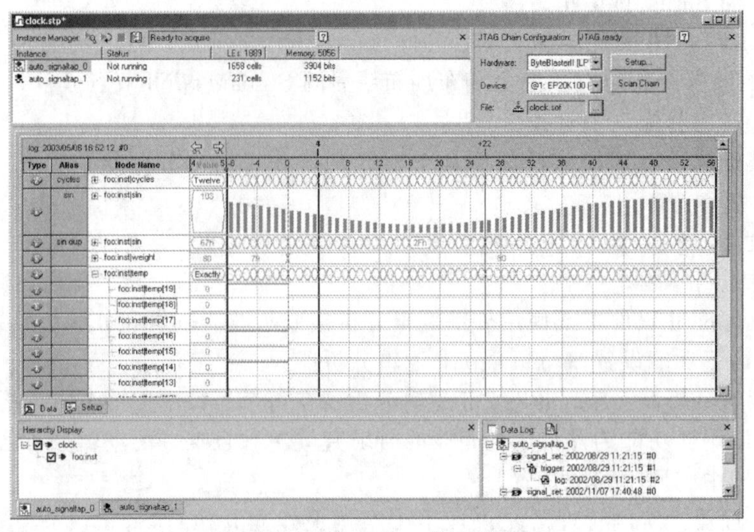

图 6-76　SignalTap Ⅱ波形视图

① 逗号分隔值文件（.csv）；

② 表文件（.tbl）；

③ 值更改转储文件（.vcd）；

④ 矢量波形文件（.vwf）。

还可以配置 SignalTap Ⅱ逻辑分析器，为一组信号建立助记表。助记表功能允许将预定名称分配给一组位模式，使捕获的数据更有意义，请参阅图 6-77。

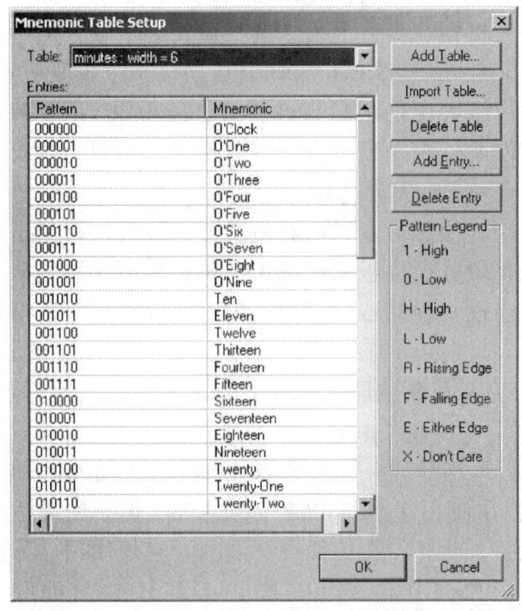

图 6-77　“Mnemonic Table Setup”对话框

6.2.10.3　使用 SignalProbe

SignalProbe 功能允许在不影响设计中现有布局布线的情况下将用户特定的信号路由至输出引脚，从而无须另做一次全编译，就可以调试信号。从完全路由设计开始，可以选择路由信号，通过以前保留或当前未使用的 I/O 引脚进行调试。

SignalProbe 功能允许指定设计中要调试的信号，然后执行一次 SignalProbe 编译，使那些信号与未使用或保留的输出引脚相连，再发送信号至外部逻辑分析器。在分配引脚、查找可用 SignalProbe 源时，可以使用 Node Finder。SignalProbe 编译通常大约花费正常编译所需时间的 10%。

若要使用 SignalProbe 功能中的保留引脚和对设计执行 SignalProbe 编译，请执行以下操作：

① 进行设计的全编译。

② 选择要调试的信号以及信号要通过的 I/O 引脚，然后打开“Assign Pins”对话框［可从“Settings”对话框（“Assignments”菜单）的“Device”页访问］中的 SignalProbe 功能，请参阅图 6-78。

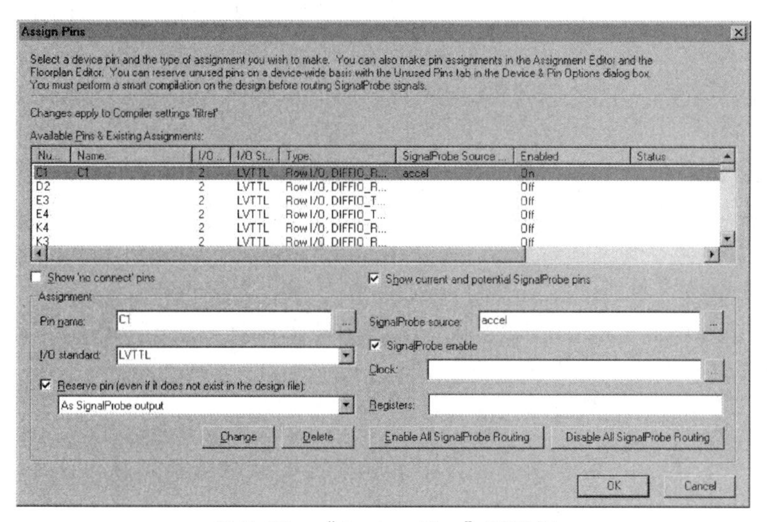

图 6-78 “Assign Pins”对话框

③ 执行 SignalProbe 编译。另一种方法是打开“Settings”对话框“Mode”页中的“编译期间自动路由 SignalProbe 信号（Automatically route SignalProbe signals during compilation）”开关，然后选择“Start Compilation”（“Processing”菜单），使全编译中包含 SignalProbe 连接。

④ 给器件配置新编程数据，检查信号。

在保留 SignalProbe 引脚时，还可以使用寄存器流水线功能使调试信号与时钟信号同步，从而消除从源信号到输出引脚的路由延时。

可以在调试之后保持或删除所有或部分 SignalProbe 路由。如果在设计中保持 SignalProbe 路由，可以在全编译期间自动进行 SignalProbe 路由选择。

还可以将 SignalProbe 功能与 Tcl 配合使用。可以使用 Tcl 命令，添加和删除 SignalProbe 分配和源，对设计执行 SignalProbe 编译，在全编译中编译已有路由的 SignalProbe 信号。

6.2.10.4 使用 Chip Editor

可以将 Chip Editor 与 SignalTap Ⅱ 和 SignalProbe 调试工具一起使用，加快设计验证以及递增修复在设计验证期间未解决的错误。运行 SignalTap Ⅱ 逻辑分析器或使用 SignalProbe 功能验证信号之后，就可以使用 Chip Editor 查看编译后布局布线的详细信息。还可以使用 Resource Property Editor 对逻辑单元、I/O 元素或 PLL 原子的属性和参数执行编译后编辑，而无须执行完全的重新编译。

有关使用 Chip Editor 的详细信息，请参阅“工程更改管理”。

6.2.11 工程更改管理

6.2.11.1 简介

Quartus® Ⅱ 软件允许在全编译之后对设计进行少量修改，通常称为工程更改记录（ECO）。可以直接在设计数据库上做这些 ECO 更改，而不是在源代码或设置和配置文件上做，这样就无须运行全编译来实施这些更改。

以下步骤概述了 Quartus Ⅱ 软件中工程更改管理的设计流程。

① 全编译之后，使用 Chip Editor 查看设计布局布线详细信息，并确定要更改的资源。如果需要，可以使用 Netlist Explorer 过滤和高亮显示资源。

② 使用 Resource Property Editor 编辑资源的内部属性。

③ 使用 Check Resource Properties 命令（“Edit”菜单）检查资源更改的合法性。

④ 在更改管理器中查看更改的摘要和状态，并控制要实现和/或保存对资源属性的那些更改。还可以添加备注，帮助您引用每个更改。

⑤ 使用检查和保存所有网表更改（Check and Save All Netlist Changes）命令（“Edit”菜单）检查网表中所有其他资源更改的合法性。

⑥ 运行 Assembler，生成新的编程文件，或再次运行 EDA Netlist Writer，生成新网表。如果要验证时序更改，可以运行 Timing Analyzer。

6.2.11.2 使用 Chip Editor 识别延时与关键路径

可以使用 Chip Editor 查看布局布线的详细信息。Chip Editor 可以显示 Quartus Ⅱ Floorplan Editor 中不显示的设计布局布线的其他详细信息。它显示完整的路由信息，显示每个器件资源之间的所有可能和使用的路由路径，请参阅图 6-79。

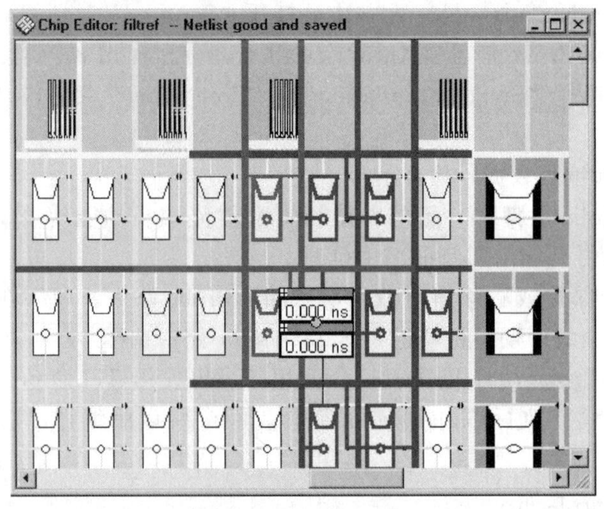

图 6-79 Chip Editor

Chip Editor 显示器件的所有资源，例如互连和路由线路、逻辑阵列块（LAB）、RAM 块、DSP 块、I/O、行、列以及块、互连和其他路由线路之间的接口。

可以通过放大或缩小、选择要显示的特定路径以及显示独立的鹰眼视图窗口（显示器件视图的缩放比例），控制 Chip Editor 显示的信息的详尽水平。还可以设置控制不同资源显示、扇入和扇出、关键路径和信号延时估计的选项。然后，可以使用此信息确定可能要在 Resource Property Editor 中编辑的属性和设置。可以在 Chip Editor 中选择资源，并选择“Locate in Resource Property Editor”（右键弹出菜单），打开“Resource Property Editor”和编辑该资源。

Chip Editor 还包括可以在 Chip Editor 中高亮显示和选择网表元素的“Netlist Explorer”窗口，请参阅图 6-80。

如果在 Chip Editor 中选择元素，它们将显示在“Netlist Explorer”的列表中。然后，可以应用不同的过滤和命令，例如，那些用于查找扇出或路由元素的命令，或用于根据停滞、名称等特定条件过滤列表的选项。此列表将根据所选的选项进行更新和过滤。可以通过重复这些步骤和应用不同的命令来继续对此网表进行“研究”。

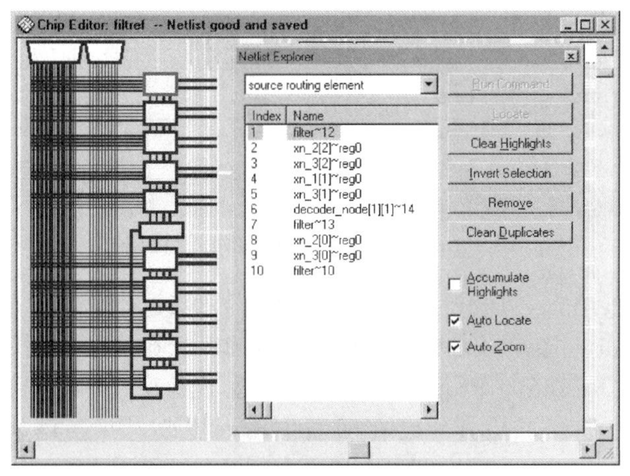

图 6-80 “Netlist Explorer”窗口

6.2.11.3 使用 Resource Property Editor 修改资源属性

Resource Property Editor 用于对逻辑单元、I/O 元素或 PLL 资源的属性和参数执行编译后编辑。可以使用工具栏按钮在资源中前后移动。还可以同时选择和更改多个资源。可以跟踪资源的扇入和扇出，并可以在 Resource Property Editor 中查看资源。

“Resource Property Editor”窗口包含一个阅读器和一个属性表，阅读器显示正在修改的资源的原理图，属性表显示该资源的可用属性和参数，请参阅图 6-81。

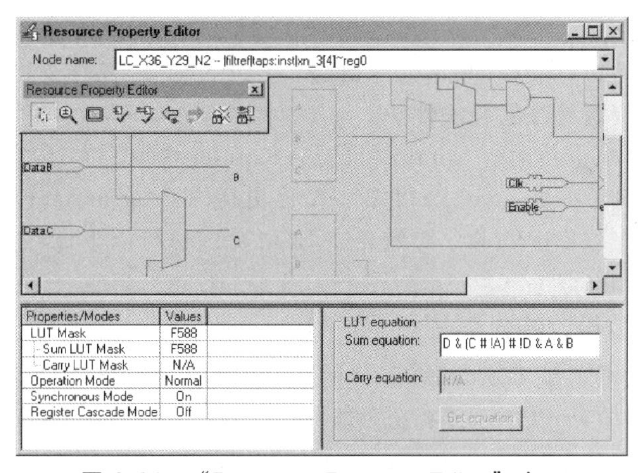

图 6-81 “Resource Property Editor”窗口

可以在原理图中或属性表中更改资源。如果在属性表中做更改，该更改将自动反映在原理图中。一旦做了更改，就可以使用 Check Resource Properties 命令（“Edit”菜单）对资源进行简单的设计规则检查。还可以在更改管理器中查看所做更改的摘要。

6.2.11.4 使用 Change Manager 查看和管理更改

“Change Manager”窗口列出所做的所有 ECO 更改。它允许在列表中选择每个 ECO 更改，并指定是否要应用或删除更改。它还允许添加备注，以便参考，请参阅图 6-82。

Change Manager 的日志视图显示每个 ECO 更改的信息，包括更改编号、节点名称、更改类型、旧值、新值、当前值、您添加的有关 ECO 更改的备注、状态。其中状态可以为以下指示符之一：

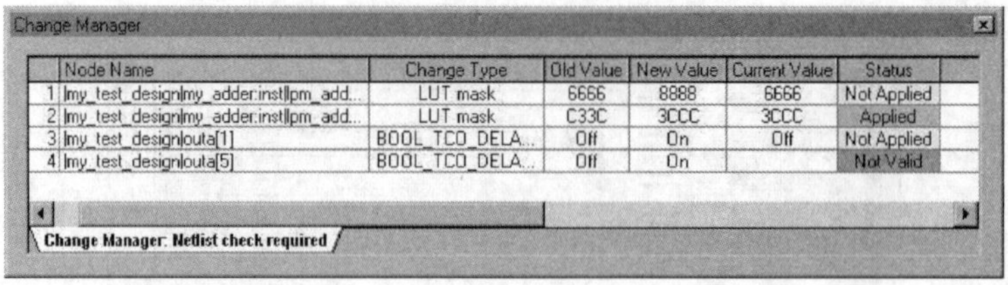
Change Manager
Node Name
Change Type
Old Value
New Value
Current Value
Status
1 |my_test_design|my_adder:inst|lpm_add...
LUT mask
6666
8888
6666
Not Applied
2 |my_test_design|my_adder:inst|lpm_add...
LUT mask
C33C
3CCC
3CCC
Applied
3 |my_test_design|outa[1]
BOOL_TCO_DELA...
Off
On
Off
Not Applied
4 |my_test_design|outa[5]
BOOL_TCO_DELA...
Off
On
Not Valid
Change Manager: Netlist check required

图 6-82 “Change Manager”窗口

① 待定：已在 Resource Property Editor 中做了更改，但尚未使用 Check Resource Properties 命令（“Edit”菜单）对它进行检查，以确保它在单一资源环境中为合法的。

② 已应用：已在 Resource Property Editor 中做了更改，并且已使用 Check Resource Properties 命令成功地进行了检查。已在网表中输入更改，并且已在编译器数据库文件（.cdb）中保存了数值。

③ 无效：已在 Resource Property Editor 中做了更改，并且已使用 Check Resource Properties 命令进行检查，但更改管理器认为更改不再有效，并且无法安全地或不能应用在设计上（例如，如果资源不再存在）。编译器数据库文件中的值与“Old Value”和“New Value”栏中显示的值不匹配。

④ 未应用：已在 Resource Property Editor 中做了更改，并且已经使用 Check Resource Properties 命令对更改进行了检查，但设计是在 Quartus Ⅱ软件之外重新编译或修改。编译器数据库文件中的值与“Old Value”栏显示的值相匹配，但与“New Value”栏显示的值不匹配。如果更改的状态为未应用，仍可以使用 Apply New Value 命令（右键弹出菜单）手动应用更改。

应用所需更改之后，应选择“Check and Save All Netlist Changes”（“Edit”菜单）以检查网表中所有其他资源更改的合法性。

如果 ECO 更改要求重新运行 Compiler 的 Assembler 模块，它还将显示消息“POF not up-to-date”，表示必须使用 Assembler 生成一个已更新的 Programmer 对象文件（.pof）。

可以使用右键弹出菜单中的命令对列表中 ECO 更改执行以下操作：应用新值、全部应用新值、还原旧值、删除。

6.2.11.5 验证 ECO 更改的效果

进行 ECO 更改之后，就不必再次运行全编译，尽管您可能需要运行 Compiler 的 Assembler 模块，以便建立新 POF，或者您可能需要再次运行 EDA Netlist Writer，以便生成新网表。您还可能想再次运行 Timing Analyzer 以验证所做的更改是否产生相应的时序改进。可以使用“Compiler Flow”窗口，或在命令行或脚本中使用 quartus_asm 或 quartus_eda 以及 quartus_tan 可执行文件，单独运行每个模块。

6.2.12 系统级设计

6.2.12.1 简介

Quartus Ⅱ软件支持 SOPC Builder 和 DSP Builder 的系统级设计流程。系统级设计流程使工程师能够以更高水平的抽象概念快速地设计和评估单芯片可编程系统（SOPC）体系结构和设计。

SOPC Builder 是自动化系统开发工具，可以有效简化建立高性能 SOPC 设计的任务。此工具能够完全在 Quartus Ⅱ软件中使系统定义和 SOPC 开发的集成阶段实现自动化。

SOPC Builder 允许选择系统组件，定义和自定义系统，并在集成之前生成和验证系统。图 6-83 所示为 SOPC Builder 设计流程。

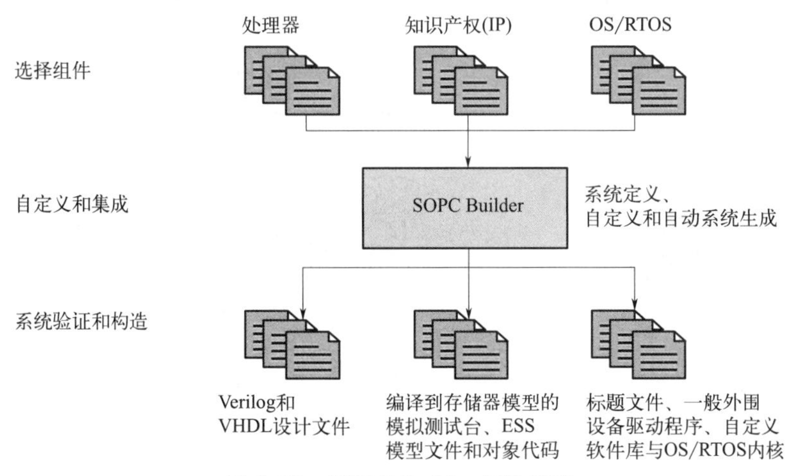

图 6-83　SOPC Builder 设计流程

Altera DSP Builder 通过将 MathWorks MATLAB 和 Simulink 系统级设计工具的算法开发、仿真和验证功能与 VHDL 综合和仿真工具以及 Quartus Ⅱ 软件相结合，将高级算法和 HDL 开发工具集成在一起。图 6-84 所示为 DSP Builder 设计流程。

6.2.12.2　使用 SOPC Builder 建立 SOPC 设计

SOPC Builder 与 Quartus Ⅱ 软件一起为建立 SOPC 设计提供标准化的图形环境，其中，SOPC 由 CPU、存储器接口、标准外围设备和用户自定义的外围设备等组件组成。SOPC Builder 允许选择和自定义系统模块的各个组件和接口。SOPC Builder 将这些组件组合起来，生成对这些组件进行实例化的单个系统模块，并自动生成必要的总线逻辑，以将这些组件连接到一起。

SOPC Builder 库组件包括：

① 处理器核；

② 知识产权（IP）核和外围设备；

③ 存储器接口；

④ 通信外设；

⑤ 总线和接口，包括 Avalon 总线和 AMBA 高性能总线（AHB）；

⑥ 数字信号处理（DSP）内核；

⑦ 软件；

⑧ 标题文件；

⑨ 一般 C 驱动器；

⑩ 操作系统（OS）内核。

可以使用 SOPC Builder 构建包括 CPU、存储器接口和 I/O 外设的嵌入式微处理器系统；但是，还可以生成不包括 CPU 的数据流系统。它允许指定具有多个主连接和从连接的总线拓扑结构。SOPC Builder 还可以导入或提供到达用户自定义逻辑块的接口，其中，逻辑块作为自定义外设连接到系统上。

（1）建立系统

在 SOPC Builder 中构建系统时，可以选择用户自定义模块或模块集组件库中提供的模块。

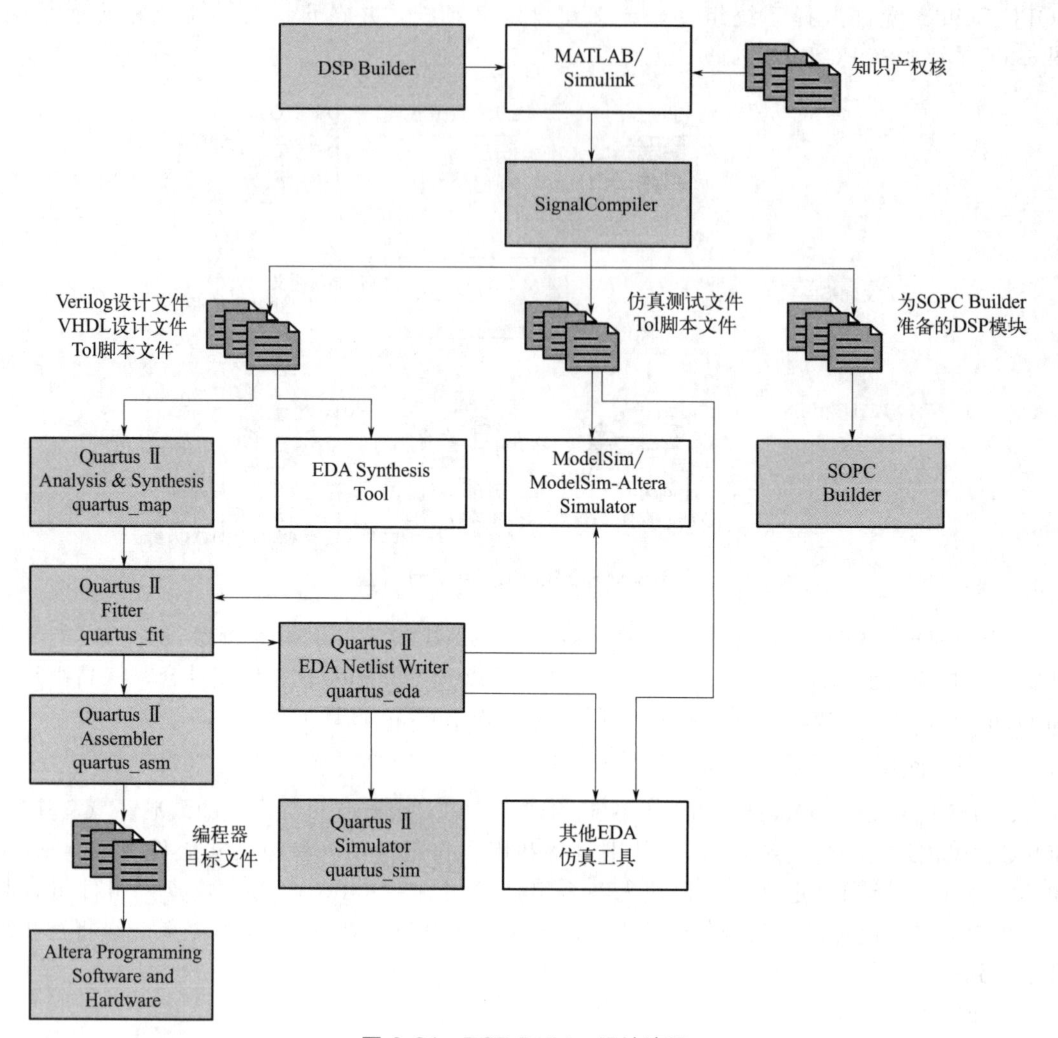

图 6-84　DSP Builder 设计流程

SOPC Builder 可以导入或提供到达用户自定义逻辑块的接口。SOPC Builder 系统与用户定义逻辑配合使用时具有以下四种机制：简单的 PIO 连接、系统模块内实例化、到达外部逻辑的总线接口以及发布局域 SOPC Builder 组件。

SOPC Builder 提供用于下载的库组件（模块），包括 Excalibur 嵌入式处理器带区和 NIOS 处理器等处理器、UART、定时器、PIO、Avalon 三态桥接器、多个简单的存储器接口和 OS/RTOS 内核。此外，还可以从一系列的 MegaCore、OpenCore 和 OpenCore Plus 宏功能模块中进行选择。

可以使用“SOPC Builder”的“System Contents”页定义系统。可以在模块集中选择库组件，并在模块表中显示添加的组件。可以使用模块表或单独向导中的信息定义以下组件选项：

① 系统组件和接口；

② 主连接和从连接；

③ 系统地址映射；

④ 系统 IRQ 分配；

⑤ 共享从连接的仲裁优先级；

⑥ 系统时钟频率。

（2）生成系统

SOPC Builder 中的每个工程包含系统描述文件（PTF 文件），它包含在 SOPC Builder 中输入的所有设置、选项和参数。此外，每个模块具有相应的 PTF 文件。在生成系统期间，SOPC Builder 使用这些文件为系统生成源代码、软件组件和仿真文件。

完成系统设计之后，可以使用“SOPC Builder”的“System Generation”页或使用命令行生成系统。

SOPC Builder 软件自动生成所有必要逻辑，用以将处理器、外围设备、内存、总线、仲裁器、IP 内核及到达系统外逻辑和存储器的接口集成在一起，并建立将组件捆绑在一起的 HDL 源代码。

SOPC Builder 还可以建立软件开发工具包（SDK）软件组件，例如标题文件、一般外围设备驱动程序、自定义软件库和 OS/实时操作系统（RTOS 内核），以便在生成系统时提供完整的设计环境。

为了仿真，SOPC Builder 建立了 Model Technology ModelSim 仿真目录，它包含 ModelSim 工程文件、所有存储器组件的仿真数据文件、提供设置信息的宏文件、别名和最初的一组总线接口波形。它还建立仿真测试台，可以实例化系统模块、驱动时钟和复位输入，并可以实例化和连接仿真模型。

还生成 Tcl 脚本，用于在 Quartus Ⅱ 软件中设置系统编译所需的所有文件。

6.2.12.3 使用 DSP Builder 建立 DSP 设计

DSP Builder 通过帮助您在易于算法应用的开发环境中建立 DSP 设计的硬件表示，缩短了 DSP 设计周期。DSP Builder 允许系统、算法和硬件设计者共享公共开发平台。DSP Builder 是由 Altera 提供的一个可选软件包，并且 DSP 开发工具包中也包含它。

DSP Builder 还使用 SignalTap Ⅱ Logic Analyzer 对系统级调试提供支持。可以完全通过 MATLAB/Simulink 接口综合、编译和下载设计，然后执行调试。

（1）实例化功能

可以将现有的 MATLAB 功能和 Simulink 块与 Altera DSP Builder 块和 MegaCore、OpenCore 及 OpenCore Plus 功能相结合，将系统级设计和实现与 DSP 算法开发相连。

要在设计中使用 MegaCore、OpenCore 和 OpenCore Plus 功能，必须在运行 MATLAB/Simulink 环境之前，下载这些功能。

（2）生成仿真文件

可以使用 Simulink 软件仿真设计，或使用 Simulink 软件中的 SignalCompiler makefile，用于在 EDA 仿真工具中仿真设计。

SignalCompiler 生成 Tcl 脚本和 VHDL 测试激励文件，其中，Tcl 脚本用于在 ModelSim 软件中进行 RTL 仿真，VHDL 测试激励文件用于导入 Simulink 输入激励源。可以在 ModelSim 软件中使用 Tcl 脚本进行自动仿真，或在另一个 EDA 仿真工具中使用 VHDL 测试激励文件进行仿真。

（3）生成综合文件

仿真之后，可以在 Quartus Ⅱ、Mentor Graphics LeonardoSpectrum 或 Synplicity Synplify 软件中使用自动流程或在其他综合工具中使用手动流程，对 SOPC 设计进行综合。如果 DSP Builder 设计是最高层设计，可以使用自动或手动综合流程。如果 DSP Builder 设计不是最高层设计，必须使用手动综合流程。

可以使用自动流程从 MATLAB/Simulink 设计环境内控制整个综合和编译流程。SignalCompiler 块可以建立 VHDL 设计文件和 Tcl 脚本，在 Quartus Ⅱ、LeonardoSpectrum 或 Synplicity Synplify 软件中进行综合，在 Quartus Ⅱ软件中编译设计，还可以选择下载设计到 DSP 开发板上。可以从 Simulink 软件内指定用于设计的综合工具。

在手动流程中，SignalCompiler 生成 VHDL 设计文件和 Tcl 脚本，然后，可以用它们在 EDA 综合工具或 Quartus Ⅱ软件中进行手动综合，Quartus Ⅱ软件还允许指定您自己的综合或编译设置。生成输出文件时，SignalCompiler 将每个 Altera DSP Builder 块映射至 VHDL 库，将 MegaCore 功能作为 black-box 处理。

6.2.13 软件开发

6.2.13.1 简介

Quartus Ⅱ Software Builder 是集成编程工具，可以将软件源文件转换为用于配置 Excalibur™ 器件的闪存编程文件或无源编程文件，或包含 Excalibur 器件的嵌入式处理器带区的存储器初始化数据的文件。可以使用 Software Builder 处理 Excalibur 设计的软件源文件，包括使用 SOPC Builder 和 DSP Builder 系统级设计工具建立的设计。

6.2.13.2 在 Quartus Ⅱ软件中使用 Software Builder

Software Builder 使用 ADS Standard Tools 或 GNUPro for ARM 软件成套工具处理 Quartus Ⅱ Text Editor 或其他汇编或 C/C++语言开发工具建立的软件源文件。可以使用 Software Builder 处理以下软件源文件：汇编文件（.s，.asm）、C/C++包含文件（.h）、C 源文件（.c）、C++源文件（.cpp）、库文件（.a）。

Software Builder 可以在极少的帮助下在软件源文件上进行软件构建，并允许自定义对特定设计的处理。还可以使用 Software Builder 在软件构建期间或之后运行命令行命令，从 Quartus Ⅱ软件内为 Excalibur 器件运行程序或进程。

一旦指定软件构建设置，就可以使用 Start Software Build 命令（“Processing”菜单）运行 Software Builder。

还可以使用 Software Builder 在软件构建期间或之后运行命令行命令，从 Quartus Ⅱ软件内为 Excalibur 器件运行程序或进程。

6.2.13.3 指定软件构建设置

在执行软件构建之前，可以使用“Software Build Settings”向导或“Settings”对话框（“Assignments”菜单）的“Software Build Settings”页，指定软件构建设置。

可以使用“Software Build Settings”向导或“Settings”对话框指定以下设置：

① 工程的软件构建设置名称。

② CPU 选项：体系结构和软件工具集、字节顺序、输出文件名称、自定义构建和构建后命令行命令以及编程文件生成选项。

③ C/C++编译器选项：优化级别、预处理器定义和包含目录以及命令行命令。

④ 汇编器选项：预处理器定义、额外包含目录和命令行命令。

⑤ 连接器选项：对象文件、库文件、库目录、链接类型和命令行命令。

在指定工具集之前，必须使用“Settings”对话框的“Toolset Directories”页指定 Software Builder 在软件构建期间使用的工具集目录。

6.2.13.4 生成软件输出文件

可以通过在 Quartus Ⅱ软件中进行软件构建，来处理设计和生成包含存储器初始化数据、无源编程文件和闪存编程文件的文件。还可以使用 makeprogfile 实用程序（也由 Quartus Ⅱ软件在软件构建期间使用）和独立的 MegaWizard Plug-In Manager 在 Quartus Ⅱ软件之外生成无源编程文件和闪存编程文件。

每当使用 Software Builder 生成闪存编程文件，或者使用 Compiler 或 Software Builder 生成无源编程文件时，Software Builder 将自动建立仿真器初始化文件。仿真器初始化文件为 Excalibur 嵌入式处理器带区内的存储器区域中的每个地址指定初始化数据。

（1）生成闪存编程文件

闪存编程文件是十六进制（Intel 格式）文件（.hex），它对闪存进行编程，Excalibur 器件就是从此闪存中加载配置和存储器初始化数据。以下步骤描述使用 Software Builder 建立闪存编程文件的基本流程：

① 建立软件源文件并将其添加至工程中。

② 运行 ARM-based Excalibur MegaWizard Plug-In，生成系统构建描述文件（.sbd）。

③ 若要闪存编程文件包含 Excalibur 器件的可编程逻辑器件（PLD）部分的配置数据，请编译设计，生成从二进制图像文件（.sbi）。

④ 指定工具集目录和软件构建设置。若要生成闪存编程文件，必须指定输出文件类型和文件名称，开启 Flash memory configuration，并且如果正在使用从二进制图像文件，也请在“Settings”对话框（“Assignments”菜单）的“CPU”页中指定可选的从二进制图像文件。

⑤ 启动软件构建。

若要生成闪存编程文件，Software Builder 执行以下步骤：

① 汇编器、C/C++编译器、连接器和代码转换器将软件源文件转换为 HEX（.hex）文件，它包含 Excalibur 器件的 Excalibur 嵌入式处理器带区的存储器初始化数据。

② 从 HEX 文件、系统构建描述文件和从二进制图像文件上建立启动数据对象文件。

③ 连接器将启动数据文件与二进制启动载入文件相连，建立可执行和可链接格式文件（.elf）。

④ 代码转换器将可执行和可链接格式文件转换为名为<project name> _ flash.hex 的闪存编程文件。

然后可以使用 exc _ flash _ programmer 实用程序通过扩展总线 0 接口（EBI0）将闪存编程文件中的信息编程至 Excalibur 器件的闪存中。

（2）生成无源编程文件

无源编程文件用于使用被动并行异步配置模式(PPA)、无源并行同步（PPS）或被动串行（PS）配置方案对 Excalibur 器件进行配置。可以使用 Software Builder、makeprogfile 实用程序或 Compiler 生成以下无源编程文件：

① 十六进制（Intel 格式）输出文件（.hexout）；

② Programmer 对象文件（.pof）；

③ 原二进制文件（.rbf）；

④ SRAM 对象文件（.sof）；

⑤ 表格文本文件（.ttf）。

以下步骤描述使用 Software Builder 建立无源编程文件的基本流程：

① 建立软件源文件并将其添加至工程中。

② 运行 ARM-based Excalibur MegaWizard Plug-In，生成系统构建描述文件。

③ 编译设计，生成可编程逻辑部分 SRAM 对象文件（.psof）。

④ 指定软件工具集目录和软件构建设置。要生成闪存编程文件，必须指定输出文件类型和文件名称，开启 Passive configuration，并在“Settings”对话框（“Assignments”菜单）的“CPU”页中指定 PSOF。

⑤ 启动 Software Builder。

要生成无源编程文件，Software Builder 执行以下步骤：

① 汇编器、C/C++编译器、连接器和代码转换器将软件源文件转换为 HEX 文件，它包含 Excalibur 器件的 Excalibur 嵌入式处理器带区的存储器初始化数据。

② makeprogfile 实用程序处理 HEX 文件、系统构建描述文件和 PSOF，建立一个或多个无源编程文件。

（3）生成存储器初始化数据文件

二进制文件（.bin）、HEX 文件和库文件（.a）包含 Excalibur 嵌入式处理器带区的存储器初始化数据。以下步骤描述使用 Software Builder 建立 BIN 文件、HEX 文件和库文件的基本流程：

① 建立软件源文件并将其添加至工程中。

② 指定软件工具集目录和软件构建设置。使用“Settings”对话框（“Assignments”菜单）的“CPU”页指定输出文件类型和文件名称。如果在“Output file format”列表中选择了 HEX 文件，并且不想生成闪存编程文件或无源编程文件，请选择“Programming file generation”项下的“None”。

③ 开始软件构建。

要生成存储器初始化文件，Software Builder 执行以下步骤：

① 汇编器和 C/C++编译器根据设计的软件源文件生成中间对象文件。

② 如果正在生成 BIN 文件或 HEX 文件，则连接器连接对象文件并生成中间 ELF 文件，而且代码转换器将 ELF 文件转换为 BIN 文件或 HEX 文件。

③ 如果正在生成库文件，则 Software Builder 使用 Software Builder Archiver 处理对象文件，使之进入库文件中。

本章习题

1. 简述 ModelSim 基本仿真流程，即包括哪些步骤，每个步骤需要完成哪些工作。
2. 简述 ModelSim 基于工程的仿真流程，并说明它与基本仿真流程有什么不同。
3. 如何创建一个 ModelSim 工程？
4. 简述利用 ModelSim 进行时序仿真的方法。
5. 简述利用 Quartus Ⅱ进行可编程逻辑设计的流程。
6. 详细描述基于 Quartus Ⅱ图形用户界面的基本设计流程，即包括哪些步骤，每个步骤的工作内容是什么。
7. 如何指定初始设计的约束条件？
8. 简述利用 Quartus Ⅱ对设计进行综合的方法。
9. 简述利用 Quartus Ⅱ对设计进行仿真的方法。
10. 简述利用 Quartus Ⅱ对设计进行布局布线的方法。
11. 简述利用 Quartus Ⅱ对设计进行时序分析的方法。
12. 简述利用 Quartus Ⅱ对 FPGA 进行编程的方法。
13. 简述利用 Quartus Ⅱ对基于 FPGA 实现的设计进行调试的方法。

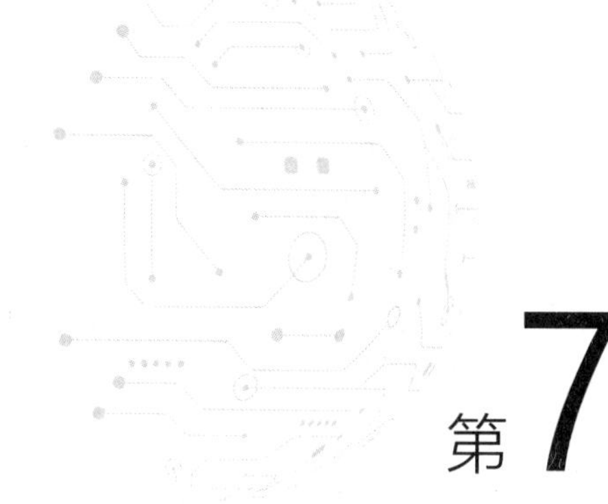

第7章 基于FPGA的集成电路设计方法

本章学习目标

理解并掌握FPGA的基本结构、内部资源和工作原理，理解并掌握基于FPGA的集成电路的设计流程以及流程中各环节的原理和方法，能够基于FPGA完成复杂数字集成电路的设计、优化、实现、分析及测试。

本章内容思维导图

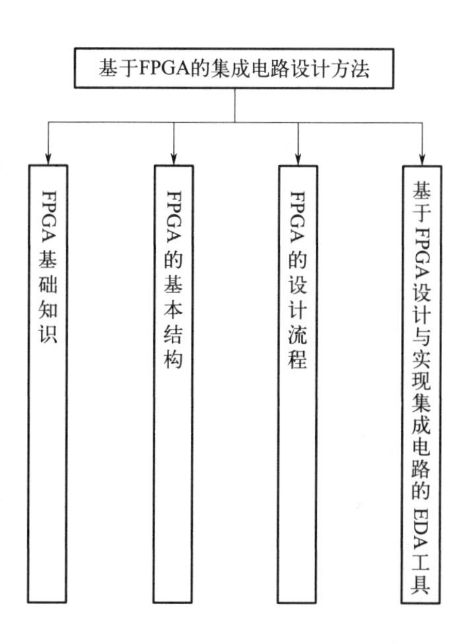

7.1 FPGA基础知识

可编程逻辑器件（programmable logic device，PLD）属于半定制集成电路的一种，它可以由用户根据自身需求进行配置以实现特定功能。PLD的成本较低，使用灵活，设计周期短，设计难度低，设计风险小，因此从其诞生以来很快得到普遍应用，发展迅速。PLD从20世纪70年代发展至今，经历了PROM、EPROM、PLA、PAL、GAL、EPLD、CPLD、FPGA等多个发展阶段，在器件的结构、工艺、集成度、性能等各方面都有很大提升，其中现场可编程门阵列（field programmable gate array，FPGA）是目前功能最强、应用最广的可编程逻辑器件。随着FPGA器件集成度的不断提高、性能的不断提升以及功能的不断丰富，其应用领域也越来越广泛，不仅用于设计各种各样的专用集成电路，也用于ASIC流片前的验证或者作为计算密集型应用的加速模块。

FPGA是Xilinx公司在1984年发明的，至今已有40年的历史。它采用CMOS-SRAM工艺制造，从最初的350nm工艺，逐渐发展为180nm、130nm、90nm、65nm工艺，直至目前的7nm工艺。FPGA的内部通常包含可编程逻辑块、可编程存储块、可编程I/O以及可编程互连线。所有的编程信息存放在FPGA内部的SRAM中，它决定了FPGA实现的功能。由于SRAM中的信息在断电后会丢失，因此在产品定型以后，需要将FPGA的编程信息保存在FPGA芯片外部的FPROM或者Flash上，在FPGA上电后自动完成配置信息加载，然后FPGA器件就具有了特定的功能。

FPGA可以看作是目前最为复杂的芯片之一，它不但在器件工艺上始终处于业界的领先地位，而且在器件的功能、性能、集成度、功耗、成本上，都越来越接近传统的全定制ASIC，甚至有人预言，未来的FPGA将逐步侵占ASIC的市场并最终取代ASIC的大部分应用。

按照器件工艺结构的不同，FPGA可以分为反熔丝型、SRAM型和Flash型。反熔丝型的FPGA器件采用反熔丝开关器件，具有体积小、防复制、抗辐射等优点，但只能编程一次，通常用于军用产品及大批量定型产品，Actel公司的FPGA产品多属此类。大多数的FPGA产品属于SRAM型FPGA，它基于SRAM工艺，可重复编程，应用更为灵活，不过需要外加FPROM或者Flash，以保存编程信息，Altera、Xilinx等主流FPGA厂商的产品多属此类。Flash型FPGA产品的主要特点是利用非易失性存储器Flash保存编程信息，具有上电启动快、保密性高、设计简单等优点。

目前的FPGA市场份额主要集中于Xilinx、Altera、Actel、Lattice等几家厂商。Xilinx公司是FPGA的发明者，也是目前FPGA市场的领导者，占据超过一半的市场份额，其著名产品有Virtex系列、Spartan系列等。Altera公司是目前全球第二大FPGA厂商，其著名产品有Stratix系列、Cyclone系列等。

7.2 FPGA的基本结构

本节将以Altera公司的Cyclone Ⅳ系列FPGA器件为例介绍FPGA的基本结构。

7.2.1 Cyclone Ⅳ系列FPGA器件概述

Altera的Cyclone Ⅳ系列FPGA器件巩固了Cyclone系列在低成本、低功耗FPGA市场中的领导地位，并且目前提供有集成收发器功能的型号。Cyclone Ⅳ器件旨在用于大批量、对成本敏感的应用，使系统设计师在降低设计成本的同时又能够满足不断增长的带宽要求。

Cyclone Ⅳ器件建立在优化的低功耗工艺基础之上，并提供以下两种型号：

Cyclone Ⅳ E：最低的功耗，通过最低的成本实现较高的功能性。

Cyclone Ⅳ GX：最低的功耗，集成了最低成本的3.125Gbps收发器的FPGA。

Cyclone Ⅳ器件集成了一个可选择的低成本收发器，在未影响性能的情况下，节省了功耗及成本。针对无线、有线、广播、工业以及通信等行业中的低成本的小型应用，Cyclone Ⅳ器件无疑是最理想的选择。

（1）Cyclone Ⅳ系列器件特性

Cyclone Ⅳ系列器件具有以下特性：

① 低成本、低功耗的FPGA架构：6～150KB的逻辑单元；高达6.3MB的嵌入式存储器；高达360个18×18乘法器，实现DSP处理密集型应用；协议桥接应用，实现小于1.5W的总功耗。

② Cyclone Ⅳ GX器件提供多达8个高速收发器以支持：高达3.125Gbps的数据速率；8B/10B编码器/解码器；8bit或者10bit物理介质附加子层（PMA）到物理编码子层（PCS）接口；字节串化器/解串器（SERDES）；字对齐器；速率匹配FIFO；公共无线电接口（CPRI）的TX位滑块；电路空闲；动态通道重配置，以实现数据速率及协议的即时修改；静态均衡及预加重以实现最佳的信号完整性；每通道150mW的功耗；灵活的时钟结构，从而支持单一收发器模块中的多种协议。

③ Cyclone Ⅳ GX器件对PCI Express（PIPE）（PCIe）Gen 1提供了专用的硬核IP：×1、×2和×4通道配置；终点和根端口配置；高达256B的有效负载；一个虚拟通道；2KB重试缓存；4KB接收（Rx）缓存。

④ Cyclone Ⅳ GX器件提供多种协议支持：PCIe（PIPE）Gen 1×1，PCIe（PIPE）Gen 1×2和PCIe（PIPE）Gen 1×4（2.5Gbps）；千兆以太网（1.25Gbps）；CPRI（高达3.072Gbps）；XAUI（3.125Gbps）；三倍速率串行数字接口（SDI）（高达2.97Gbps）；串行RapidIO（3.125Gbps）；Basic模式(高达3.125Gbps）；V-by-One（高达3.0Gbps）；DisplayPort（2.7Gbps）；串行高级技术附件（serial advanced technology attachment，SATA）（高达3.0Gbps）；OBSAI（高达3.072Gbps）。

⑤ 高达532个用户I/O：高达840Mbps发送器（Tx）、875Mbps Rx的LVDS接口；支持高达200 MHz的DDR2 SDRAM接口；支持高达167 MHz的QDR Ⅱ SRAM和DDR SDRAM。

⑥ 每个器件中有多达8个锁相环（PLL）。

⑦ 支持商业与工业温度等级。

（2）器件资源

表7-1列出了Cyclone Ⅳ E系列器件的资源。

表7-1 Cyclone Ⅳ E系列器件的资源

资源	EP4CE6	EP4CE10	EP4CE15	EP4CE22	EP4CE30	EP4CE40	EP4CE55	EP4CE75	EP4CE115
逻辑单元(LE)	6272	10320	15408	22320	28848	39600	55856	75408	114480
嵌入式存储器/KB	270	414	504	594	594	1134	2340	2745	3888
嵌入式18×18乘法器	15	23	56	66	66	116	154	200	266
通用PLL	2	2	4	4	4	4	4	4	4
全局时钟网络	10	10	20	20	20	20	20	20	20
用户I/O块	8	8	8	8	8	8	8	8	8
最大用户I/O①	179	179	343	153	532	532	374	426	528

① 用户I/O引脚包括所有的通用I/O引脚、专用时钟引脚以及两用配置引脚，收发器引脚和专用配置引脚不包括在这一引脚列表中。

表 7-2 列出了 Cyclone Ⅳ GX 系列器件的资源。

表 7-2 Cyclone Ⅳ GX 系列器件的资源

资源	EP4CGX15	EP4CGX22	EP4CGX30①	EP4CGX30②	EP4CGX50③	EP4CGX75③	EP4CGX110③	EP4CGX150③
逻辑单元(LE)	14400	21280	29440	29440	49888	73920	109424	149760
嵌入式存储器/KB	540	756	1080	1080	2502	4158	5490	6480
嵌入式 18×18 乘法器	0	40	80	80	140	198	280	360
通用 PLL④	1	2	2	4④	4	4	4	4
多用 PLL⑤	2	2	2	2	4	4	4	4
全局时钟网络	20	20	20	30	30	30	30	30
高速收发器⑥	2	4	4	4	8	8	8	8
收发器最大数据速率/Gbps	2.5	2.5	2.5	3.125	3.125	3.125	3.125	3.125
PCIe(PIPE)硬核 IP 模块	1	1	1	1	1	1	1	1
用户 I/O 块	9⑦	9⑦	9⑦	11⑧	11⑧	11⑧	11⑧	11⑧
最大用户 I/O⑨	72	150	150	290	310	310	475	475

① 应用于 F169 和 F324 封装。

② 应用于 F484 封装。

③ 仅有两个多用途 PLL，可应用于 F484 封装。

④ 其中两个通用 PLL 可以支持收发器时钟。

⑤ 当多个 PLL 未用于同步收发器时，可将它们用于通用时钟。

⑥ 如果 PCIe×1，可以将该象限中其他收发器用于相同或者不同的数据速率下的其他协议。

⑦ 包括用于 HSSI 参考时钟输入的一个配置 I/O 块和两个专用的时钟输入 I/O 块。

⑧ 包括用于 HSSI 参考时钟输入的一个配置 I/O 块和四个专用的时钟输入 I/O 块。

⑨ 引脚列表文件中的用户 I/O 引脚包括所有的通用 I/O 引脚、专用时钟引脚以及两用配置引脚，收发器引脚和专用配置引脚不包括在这一引脚列表中。

(3) FPGA 核心架构

Cyclone Ⅳ器件采用了与成功的 Cyclone 系列器件相同的核心架构。这一架构包括由四输入查找表（LUT）构成的 LE、存储器模块以及乘法器。

每一个 Cyclone Ⅳ器件的 M9K 存储器模块都具有 9 kbit 的嵌入式 SRAM 存储器。可以把 M9K 模块配置成单端口、简单双端口、真双端口 RAM 以及 FIFO 缓冲器或者 ROM，通过配置也可以实现表 7-3 中的数据宽度。

表 7-3 Cyclone Ⅳ系列器件的 M9K 模块数据宽度

模式	数据宽度配置
单端口或简单双端口	×1,×2,×4,×8/9,×16/18 和×32/36
真双端口	×1,×2,×4,×8/9 和×16/18

Cyclone Ⅳ器件中的乘法器体系结构与现有的 Cyclone 系列器件是相同的。嵌入式乘法器模块可以在单一模块中实现一个 18×18 或两个 9×9 乘法器。Altera 针对乘法器模块的使用提供了一整套的 DSP IP，其中包括有限脉冲响应（FIR）、快速傅里叶变换（FFT）和数

字控制振荡器（NCO）功能。Quartus Ⅱ设计软件中的DSP Builder工具集成了MathWorks Simulink与MATLAB设计环境，从而实现了一体化的DSP设计流程。

（4）I/O特性

Cyclone Ⅳ器件I/O支持可编程总线保持、可编程上拉电阻、可编程延迟、可编程驱动能力以及可编程slew-rate控制，从而实现了信号的完整性以及热插拔的优化。

Cyclone Ⅳ器件支持符合单端I/O标准的校准后片上串行匹配（Rs OCT）或者驱动阻抗匹配（Rs）。在Cyclone Ⅳ GX器件中，高速收发器I/O位于器件的左侧。器件的顶部、底部及右侧可以实现通用用户I/O。

（5）时钟管理

Cyclone Ⅳ器件包含了多达30个全局时钟（GCLK）网络以及多达8个PLL（每个PLL上均有五个输出端），以提供可靠的时钟管理与综合。用户可以在用户模式中对Cyclone Ⅳ器件的PLL进行动态重配置来改变时钟频率或者相位。

Cyclone Ⅳ GX器件支持两种类型的PLL：多用PLL和通用PLL。

将多用PLL用于同步收发器模块。当没有用于收发器时钟时，多用PLL也可用于通用时钟。将通用PLL用于架构及外设中的通用应用，例如外部存储器接口。一些通用PLL可以支持收发器时钟。

（6）外部存储器接口

Cyclone Ⅳ器件支持位于器件顶部、底部和右侧的SDR SDRAM、DDR SDRAM、DDR2 SDRAM和QDR-Ⅱ SRAM接口。Cyclone Ⅳ E器件也支持这些接口位于器件左侧。接口可能位于器件的两个或多个侧面，以实现更灵活的电路板设计。Altera DDR SDRAM存储器接口解决方案由一个PHY接口和一个存储控制器组成。Altera提供了PHY IP，用户可以将它与自己定制的存储控制器或Altera提供的存储控制器一起使用。Cyclone Ⅳ器件支持在DDR SDRAM和DDR2 SDRAM接口上使用纠错编码（ECC）位。

（7）配置

Cyclone Ⅳ器件使用SRAM单元存储配置数据。每次器件上电后，配置数据会被下载到Cyclone Ⅳ器件中。低成本配置选项包括Altera EPCS系列串行闪存器件以及商用并行闪存配置选项。这些选项实现了通用应用程序的灵活性，并提供了满足特定配置以及应用程序唤醒时间要求的能力。

表7-4列出了Cyclone Ⅳ器件所支持的配置方案，其中FPP配置方案仅被EP4CGX30F484和EP4CGX50/75/110/150器件支持。

表7-4　Cyclone Ⅳ器件所支持的配置方案

器件	支持的配置方案
Cyclone Ⅳ GX	AS,PS,JTAG,FPP
Cyclone Ⅳ E	AS,AP,PS,FPP,JTAG

所有的收发器I/O引脚均支持IEEE 1149.6（AC JTAG），而所有其他引脚均支持用于边界扫描测试的IEEE 1149.1（JTAG）。

（8）高速收发器（仅适用于Cyclone Ⅳ GX器件）

Cyclone Ⅳ GX器件包含多达8个可以独立操作的全双工高速收发器。这些模块支持多个业界标准的通信协议以及Basic模式，用户可以使用这些模块实现自己专有的协议。每个收发器通道都具有各自的预加重和均衡电路，用户可以设置编译时间以优化信号的完整性并减少误码率。收发器模块也支持动态重配置，允许用户即时更改数据速率和协议。

(9) PCI Express 的硬核 IP（仅适用于 Cyclone Ⅳ GX 器件）

每个 Cyclone Ⅳ GX 器件中的单一硬核 IP 模块都集成了×1、×2 或×4 的 PCIe（PIPE）通道配置。这一硬核 IP 模块是一个完整的 PCIe（PIPE）协议解决方案，用于实现 PHY-MAC 层、数据链路层以及传输层的功能性。PCIe（PIPE）模块的硬核 IP 支持根端口与端点配置。这个预验证的硬核 IP 模块能够降低风险、缩短设计时间、减少时序收敛及验证时间。用户可以通过 Quartus Ⅱ 的 PCI Express Compiler 对模块进行配置，在整个过程中 Quartus Ⅱ 的 PCI Express Compiler 将逐步指导用户完成模块的配置。

7.2.2 Cyclone Ⅳ器件的逻辑单元和逻辑阵列模块

(1) 逻辑单元

逻辑单元（LE）在 Cyclone Ⅳ器件结构中是最小的逻辑单位。LE 紧密且有效地提供了高级功能的逻辑使用。每个 LE 具有以下资源和功能：一个四输入的查找表（LUT），以实现四种变量的任何功能；一个可编程的寄存器；一个进位链连接；一个寄存器链连接；可驱动本地、行、列、寄存器链、直联的相互连接；寄存器套包支持；寄存器反馈支持。

图 7-1 显示了在 Cyclone Ⅳ器件中的 LE。

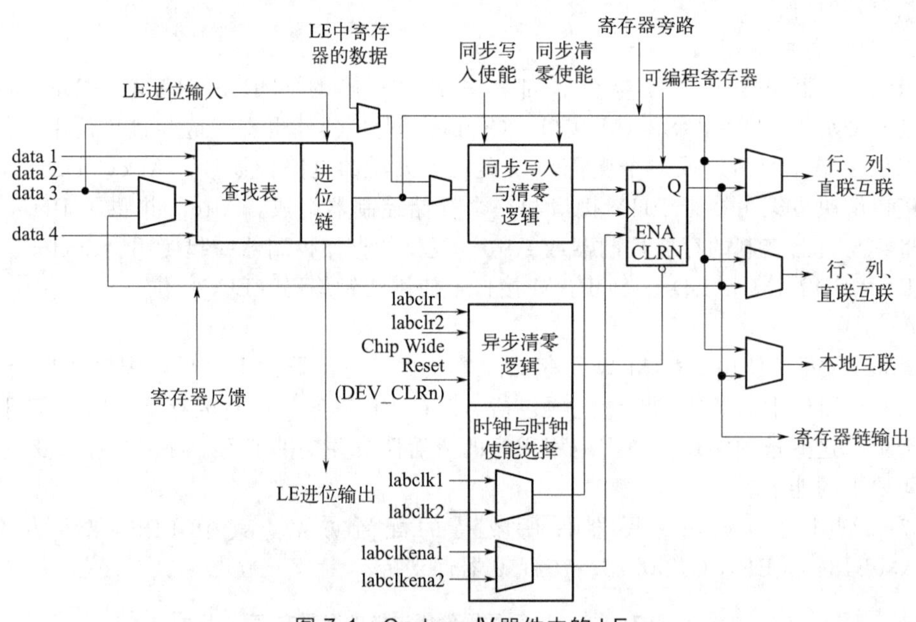

图 7-1 Cyclone Ⅳ器件中的 LE

每个 LE 中的可编程寄存器都可被配置为 D、T、JK 或 SR 触发器。每个寄存器上有数据、时钟、时钟使能和清零输入引脚。全局时钟网络、通用 I/O 引脚、任何内部逻辑都可以驱动时钟和清零寄存器控制信号。通用 I/O 引脚或内部逻辑都可以使能时钟。对于组合功能，LUT 输出端旁路寄存器直接驱动 LE 输出端。

每个 LE 有三个输出端，分别驱动本地、行和列的布线资源。LUT 或寄存器输出独立地驱动这三个输出端。两个 LE 输出端驱动列或行以及直联布线连接，而另一个 LE 输出端则驱动本地互联资源。这允许 LUT 驱动一个输出端，而寄存器驱动另一个输出端，这个特性称为寄存器套包，由于器件可以使用寄存器和 LUT 不相关的功能，增加了器件的利用率。LAB Wide 同步加载控制信号在使用寄存器套包时是不可用的。

寄存器反馈模式允许寄存器输出反馈到相同 LE 的 LUT 中，以确保寄存器与自己的扇出配套，提供了另一种机制以改进布局布线。LE 也可以驱动 LUT 输出存储或未存储的版本。

除了三个通用布线输出之外，在一个 LAB 上的 LE 有寄存器链输出，使得同一个 LAB 中的寄存器能够串联在一起。寄存器链输出使 LUT 能够被用作组合功能，实现寄存器被用作不相关的移位寄存器。这些资源加速了 LAB 之间的连接，同时节省了本地互联资源。

（2）LE 操作模式

Cyclone Ⅳ LE 在以下模式下操作：正常模式、算术模式。

Quartus Ⅱ 软件自动为普通功能选择适用的模式，例如计数器、加法器、减法器和算术功能与参数化功能如参数化模块库（LPM）功能一起。如果需要，用户也可以创建指定的特用功能用于 LE 操作模式的性能优化。

正常模式适用于一般的逻辑运用和组合功能。在正常模式中，来自 LAB 本地互联的四个数据输入到一个四输入的 LUT 中（图 7-2）。Quartus Ⅱ 编译器自动选择 carry-in（cin）或 data3 信号其中一个输入到 LUT。LE 在正常模式中支持套包寄存器和寄存器的反馈。

图 7-2 所示为在正常模式中的 LE。

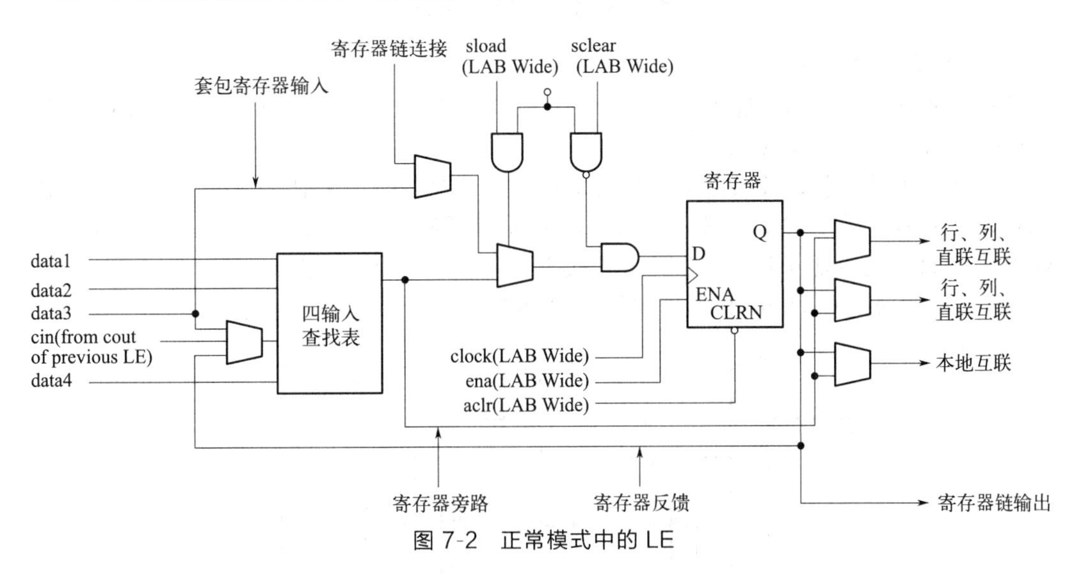

图 7-2　正常模式中的 LE

算术模式对于加法器、计数器、蓄能器和比较器的实现是理想的。一个 LE 在算术模式中实现一个 2 位全加器和基本的进位链。LE 在算术模式中可以驱动 LUT 输出存储或未存储的版本。寄存器反馈和寄存器套包都支持 LE 用于算术模式。

图 7-3 所示为在算术模式中的 LE。

Quartus Ⅱ 编译器在设计处理期间自动创建进位链逻辑。用户也可以在设计输入期间手动创建进位链逻辑。参数化功能如 LPM 功能，自动优化进位链于合适的功能中。

Quartus Ⅱ 编译器通过同一列中自动链接 LAB 创建长过 16 个 LE 的进位链。为了增强布局，一条长进位链纵向运行，通过直联互联实现迅速横向连接到 M9K 存储器模块或嵌入式乘法器。例如，如果一个设计有一条长进位链在一 LAB 列中与一列 M9K 存储器模块紧挨着，那么任何 LE 输出通过直联互联都可以连到相邻的 M9K 存储器模块上。如果进位链横向运行，任何不与 M9K 存储器模块列紧挨的 LAB 都可以使用其他的行和列互联以驱动一个 M9K 存储器模块。

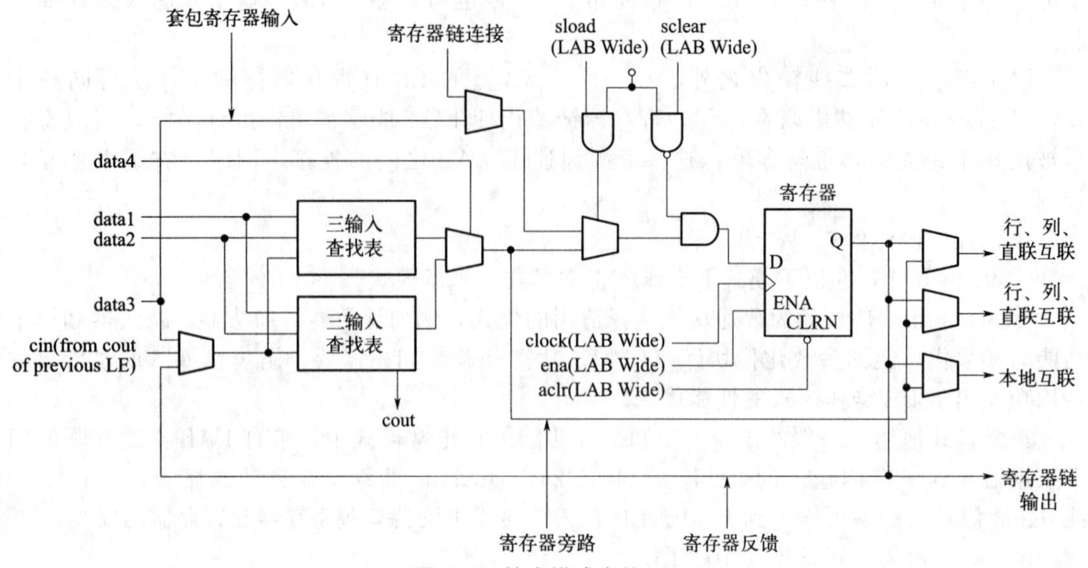

图 7-3　算术模式中的 LE

（3）逻辑阵列模块

逻辑阵列模块（LAB）包含 LE 组。每个 LAB 包括以下特性：16 个 LE；LAB 控制信号；LE 进位链；寄存器链；本地互联。

本地互联在同一个 LAB 的 LE 之间传输信号。寄存器链连接把一个 LE 寄存器的输出传输到相邻的 LAB 中的 LE 寄存器上。Quartus Ⅱ 编译器放置相关的逻辑在 LAB 或相邻的 LAB 中，允许使用本地互联和寄存器链连接以实现高的性能和面积效率。

图 7-4 所示为在 Cyclone Ⅳ 器件中的 LAB 结构。

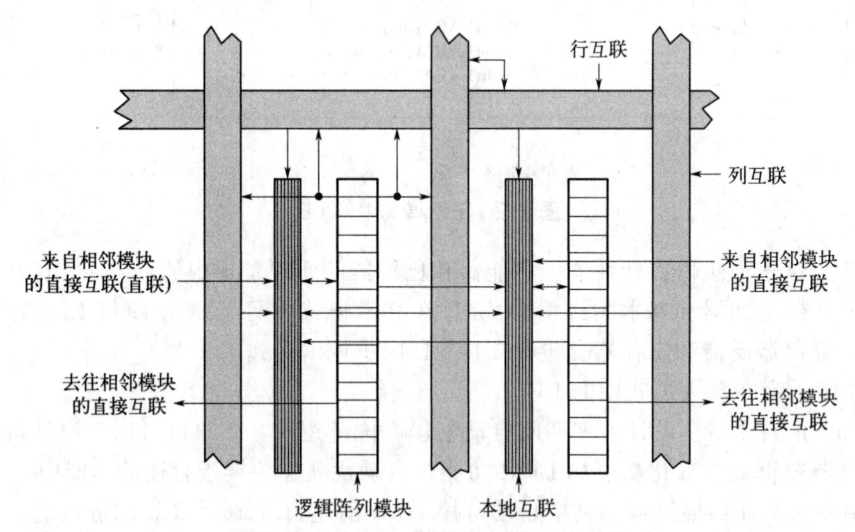

图 7-4　Cyclone Ⅳ 器件中的 LAB 结构

LAB 本地互联是由列和行互联以及 LE 在相同的 LAB 中的输出端驱动的。邻近的 LAB、锁相环（PLL）、M9K RAM 模块和嵌入式乘法器由左到右通过直接互联也可以驱动 LAB 的本地互联。直接互联功能最小化行和列互联的使用，以提供更高的性能和灵活性。每个 LE 通过加速本地互联和直接互联可以驱动多达 48 个的 LE。

图 7-5 所示为 Cyclone Ⅳ 器件中的直接链接连接方式。

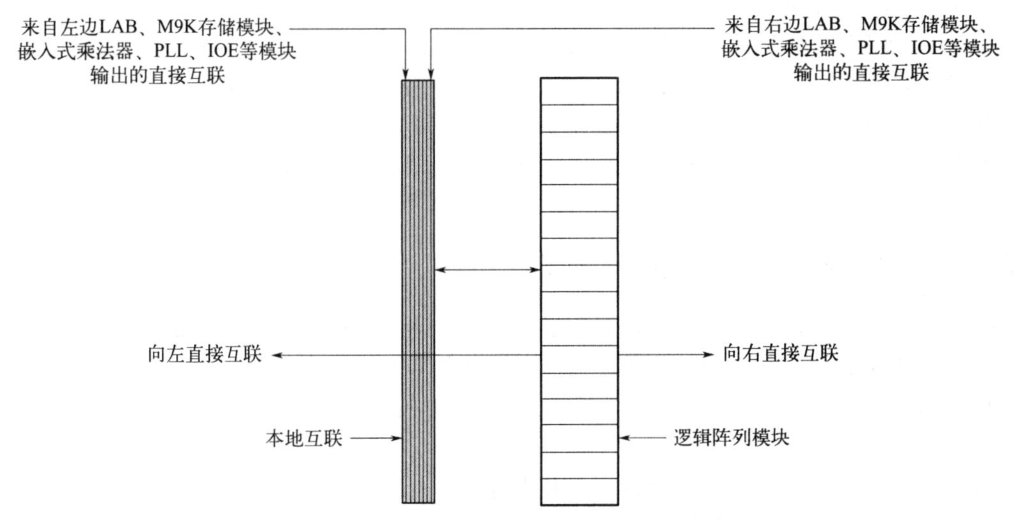

图 7-5 Cyclone Ⅳ 器件中的直接互联方式

（4）LAB 控制信号

每个 LAB 都包含专用的逻辑以驱动控制信号和各个 LE。控制信号包括：2 个时钟、2 个时钟使能、2 个异步清零、1 个同步清零、1 个同步加载。

用户可以一次使用多达 8 个控制信号，寄存器套包和同步加载不能被同时使用。每个 LAB 可以有多达 4 个非全局控制信号，用户可以使用其他的 LAB 控制信号，只要这些信号是全局信号。同步清零和同步加载对于实现计数和其他功能是很有用的。同步清零和同步加载是 LAB Wide 信号，它影响 LAB 中的所有寄存器。每个 LAB 可以使用 2 个时钟和 2 个时钟使能信号。时钟和时钟使能信号在各个 LAB 上是被同时使用的。例如，在一特定的 LAB 上的任何一个 LE 中使用时钟信号 1 时也在使用时钟使能信号 1。如果 LAB 同时使用上升沿和下降沿时钟，也使用 LAB Wide 时钟信号。释放时钟使能信号关闭 LAB Wide 时钟。LAB 行时钟［5..0］和 LAB 本地的互联生成 LAB Wide 控制信号。MultiTrack 互联固有的低偏移除数据分配之外还可以实现时钟和控制信号分配。

图 7-6 所示为 Cyclone Ⅳ 器件 LAB Wide 控制信号。

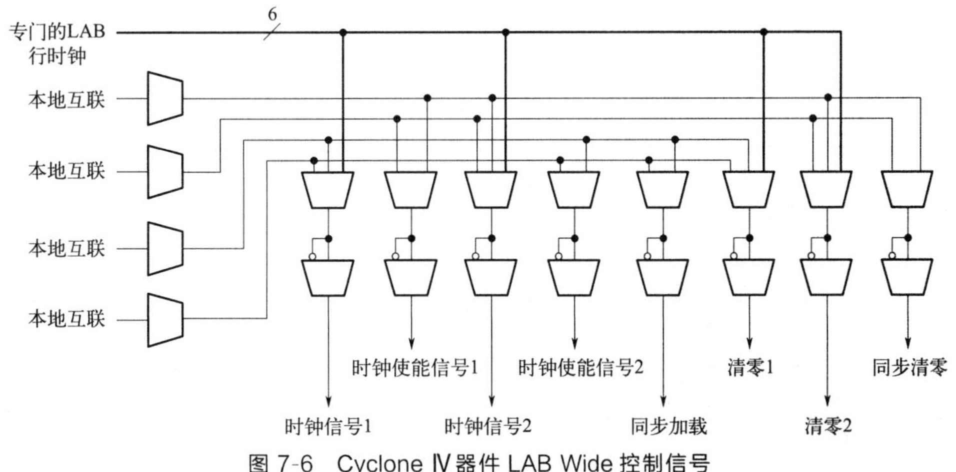

图 7-6 Cyclone Ⅳ 器件 LAB Wide 控制信号

LAB Wide 信号控制寄存器上清零信号的逻辑。LE 直接支持一个异步清零功能。每个 LAB 支持多达 2 个异步清零信号（labclr1 和 labclr2）。

一个 LAB Wide 异步加载信号不可被用为寄存器的预置信号控制逻辑。寄存器预置是用 NOT 门推回（push-back）的技术完成的。Cyclone Ⅳ器件仅支持预置或异步清零信号。

除了清零端口外，Cyclone Ⅳ器件提供一个芯片级重置引脚（DEV_CLRn）对器件中所有的寄存器重置。在运行 Quartus Ⅱ软件之前设置一个选项以控制这个引脚。这个芯片级重置覆盖了其他所有的控制信号。

7.2.3 Cyclone Ⅳ器件中的存储器模块

Cyclone Ⅳ器件具有嵌入式存储器结构，满足了设计对片上存储器的需求。嵌入式存储器结构由一列列 M9K 存储器模块组成，通过对这些 M9K 存储器模块进行配置，可以实现各种存储器功能，例如 RAM、移位寄存器、ROM 以及 FIFO 缓冲器。

（1）概述

M9K 存储器模块支持以下特性：每模块有 8192 个存储器位（包括奇偶校验位，共 9216 位）；用于每一个端口的独立读使能（rden）与写使能（wren）信号；Packed 模式，该模式下 M9K 存储器模块被分成两个 4.5KB 单端口 RAM；可变端口配置；单端口与简单双端口模式，支持所有端口宽度；真双端口（一个读和一个写，两个读或者两个写）操作；字节使能，实现写入期间的数据输入屏蔽；用于每一个端口（端口 A 和 B）的时钟使能控制信号；初始化文件，在 RAM 和 ROM 模式下预加载存储器中的数据。

表 7-5 给出了 M9K 存储器所支持的特性。

表 7-5　M9K 存储器特性汇总

特性	M9K 模块
配置(深度×宽度)	8192×1 4096×2 2048×4 1024×8 1024×9 512×16 512×18 256×32 256×36
奇偶校验位	√
字节使能	√
Packed 模式	√
地址时钟使能	√
单端口模式	√
简单双端口模式	√
真双端口模式	√
嵌入式移位寄存器模式①	√
ROM 模式	√
FIFO 缓冲器①	√
简单双端口混合位宽支持	√
真双端口混合位宽支持②	√
存储器初始化文件(.mif)	√

续表

特性	M9K 模块
混合时钟模式	√
上电条件	输出端清零
寄存器异步清零	仅限读地址寄存器和输出寄存器
锁存器异步清零	仅限输出锁存器
读或写操作触发	读写：时钟上升沿
相同端口 read-during-write	输出端设置为 Old Data 或者 New Data
混合端口 read-during-write	输出端设置为 Old Data 或者 Don't Care

① 需要外部逻辑单元（LE）的 FIFO 缓冲器和嵌入式移位寄存器，以实现控制逻辑。
② ×32 和×36 的位宽模式不可用。

时钟使能控制信号对进入输入与输出寄存器的时钟以及整个 M9K 存储器模块进行控制。该信号将时钟禁用，使 M9K 存储器模块侦测不到任何的时钟边沿，从而不会执行任何操作。rden 与 wren 控制信号控制 M9K 存储器模块的每一个端口上的读/写操作。当不需要操作时，可以分别将 rden 或者 wren 信号禁用，从而降低功耗。

Cyclone Ⅳ器件仅支持读地址寄存器、输出寄存器以及输出锁存器的异步清零操作，输入寄存器（除了读地址寄存器）不支持异步清零。当对输出寄存器进行异步清零操作时，异步清零信号即刻对输出寄存器清零，效果立马可见。如果用户的 RAM 不使用输出寄存器，那么通过使用输出锁存器异步清零特性，仍然能够对 RAM 输出端进行清零。

（2）存储器模式

Cyclone Ⅳ器件 M9K 存储器模块使用户能够在多种操作模式下实现完全同步 SRAM 存储器。Cyclone Ⅳ器件 M9K 存储器模块不支持异步（未寄存的）存储器输入。

M9K 存储器模块支持下列模式：单端口、简单双端口、真双端口、移位寄存器、ROM、FIFO。

① 单端口模式。单端口模式支持从单一地址上的异时读写操作。图 7-7 显示了 Cyclone Ⅳ器件 M9K 存储器模块的单端口存储器配置。

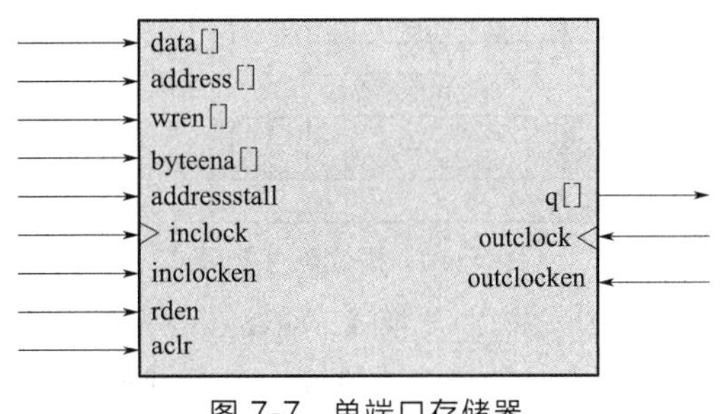

图 7-7　单端口存储器

写操作期间，RAM 输出行为是可以配置的。如果在写操作期间激活 rden 信号，则 RAM 输出端会显示相应地址上正在写入的新数据，或者原有的旧数据。如果在 rden 信号未激活的情况下执行写操作，那么 RAM 输出端将保留它们在最近的 rden 信号有效期间所保持的值。要选择所需的行为，需要在 Quartus Ⅱ的 RAM MegaWizard Plug-In Manager 中，将 read-during-write 选项设置成 New Data 或者 Old Data。

单端口模式下，M9K 模块的端口位宽配置如下：8192×1，4096×2，2048×4，1024×8，1024×9，512×16，512×18，256×32，256×36。

② 简单双端口模式。简单双端口模式支持在不同位置的同时读写操作。图 7-8 显示了简单双端口存储器配置。

③ 真双端口模式。真双端口模式支持两端口操作的任何组合：在两个不同时钟频率上的两个读操作、两个写操作，或者一个读操作和一个写操作。图 7-9 显示了 Cyclone Ⅳ器件真双端口存储器配置。

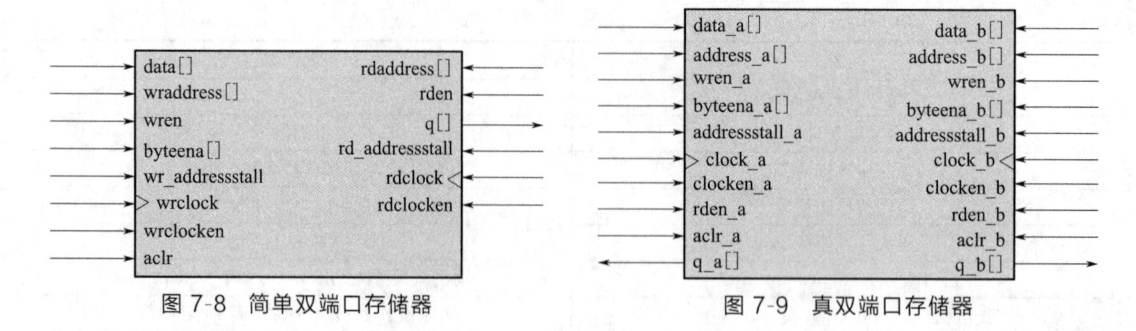

图 7-8 简单双端口存储器

图 7-9 真双端口存储器

④ 移位寄存器模式。Cyclone Ⅳ器件 M9K 存储器模块能够实现数字信号处理（DSP）应用使用的移位寄存器，例如有限脉冲响应（FIR）滤波器、伪随机数生成器、多通道滤波，以及自相关和互相关函数。这些以及其他 DSP 应用都要求本地数据存储，通常通过标准触发器来实现，这些标准触发器迅速消耗大型移位寄存器的很多逻辑单元。更有效的方法是将嵌入式存储器用作移位寄存器模块，这样可以节省很多逻辑单元以及布线资源。

一个 $w \times m \times n$ 移位寄存器的容量是由输入数据宽度（w）、移位寄存器的位数（m）以及抽头的数量（n）来决定，并且必须小于或等于最大存储器位数，也就是 9216 位。另外，$w \times n$ 的容量必须小于或等于模块的最大宽度，也就是 36 位。如果需要一个容量更大的移位寄存器，则需要将 M9K 存储器模块串联起来使用。

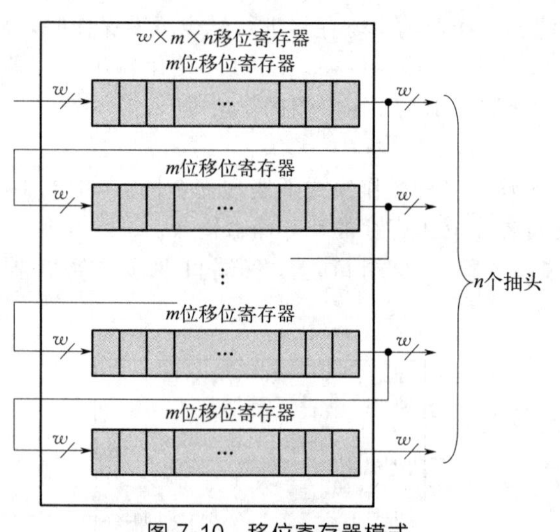

图 7-10 移位寄存器模式

图 7-10 显示了移位寄存器模式中的 Cyclone Ⅳ器件 M9K 存储器模块。

⑤ ROM 模式。Cyclone Ⅳ器件 M9K 存储器模块支持 ROM 模式。“.mif”文件对这些模块的 ROM 中的数据进行初始化。ROM 的地址线是寄存的，输出端可以被寄存，也可以不被寄存。ROM 的读操作与单端口 RAM 配置中的读操作相同。

⑥ FIFO 缓冲器模式。Cyclone Ⅳ器件 M9K 存储器模块支持单时钟或者双时钟 FIFO 缓冲器。当从一个时钟域到另一个时钟域传输数据时，会用到双时钟 FIFO 缓冲器。Cyclone Ⅳ器件 M9K 存储器模块不支持在一个空白 FIFO 缓冲器中同时进行读写操作。

（3）时钟模式

Cyclone Ⅳ器件 M9K 存储器模块支持下列时钟模式：Independent（独立）、Input or output（I/O，输入或输出）、Read or write（读或写）、Single-clock（单时钟）。

当使用输入或输出时钟模式时，如果在同一地址位置同时执行读或写操作，则输出读数据将是未知的。如果要求输出数据是一个可预测值，则需要使用单时钟模式或者 I/O 时钟模式，并且在 MegaWizard Plug-In Manager 中选择相应的 read-during-write 行为。

① 独立时钟模式。Cyclone Ⅳ器件 M9K 存储器模块能够实现真双端口存储器的独立时钟模式。在这一模式中，独立的时钟可用于每一个不同的端口（端口 A 与端口 B）。clock A 控制端口 A 侧上的所有寄存器，而 clock B 则控制端口 B 侧上的所有寄存器。另外，每个端口均支持端口 A 和端口 B 寄存器的独立时钟使能。

② 输入或输出时钟模式。Cyclone Ⅳ器件 M9K 存储器模块支持输入或输出时钟模式，以用于 FIFO、单端口、真双端口以及简单双端口存储器。在这一模式中，输入时钟控制存储器模块的所有输入寄存器，其中包括数据、地址、byteena、wren 以及 rden 寄存器。输出时钟控制数据输出寄存器。另外，每一个存储器模块端口均支持用于输入与输出寄存器的独立时钟使能。

③ 读或写时钟模式。Cyclone Ⅳ器件 M9K 存储器模块能够实现用于 FIFO 以及简单双端口存储器的读或写时钟模式。在这一模式中，写时钟控制数据输入、写地址和 wren 寄存器。同样地，读时钟控制数据输出、读地址和 rden 寄存器。M9K 存储器模块支持独立的时钟使能，以用于读时钟以及写时钟。

当使用读或写时钟模式时，如果在同一地址同时执行读或写操作，则输出读数据是未知的。如果要求输出数据是一个可预测值，则需要使用单时钟模式、输入时钟模式或者输出时钟模式，并且在 MegaWizard Plug-In Manager 中选择相应的 read-during-write 行为。

④ 单时钟模式。Cyclone Ⅳ器件 M9K 存储器模块能够实现单时钟模式，以用于 FIFO、ROM、真双端口，简单双端口以及单端口存储器。在这一模式中，用户可以通过单时钟以及时钟使能来控制 M9K 存储器模块中的所有寄存器。

7.2.4 Cyclone Ⅳ器件中的嵌入式乘法器

Cyclone Ⅳ器件结合了片上资源与外部接口，这有助于提高性能，减少系统成本，以及降低数字信号处理（DSP）系统的功耗。Cyclone Ⅳ器件本身或者作为 DSP 器件的协处理器，都可用于提高 DSP 系统的性价比。Cyclone Ⅳ器件的优化已成为重中之重，主要针对那些受益于大量丰富的并行处理资源的应用，其中包括视频与图像处理，应用在无线通信系统中的中频（IF）调制解调器，以及多通道通信与视频系统。

（1）嵌入式乘法器模块概述

图 7-11 显示了一个嵌入式乘法器列以及相邻的逻辑阵列模块（LAB）。嵌入式乘法器可以配置成一个 18×18 乘法器，或者配置成两个 9×9 乘法器。对于那些大于 18×18 的乘法运算，Quartus Ⅱ软件会将多个嵌入式乘法器模块级联在一起。虽然没有乘法器数据位宽的限制，但数据位宽越大，乘法运算就会越慢。

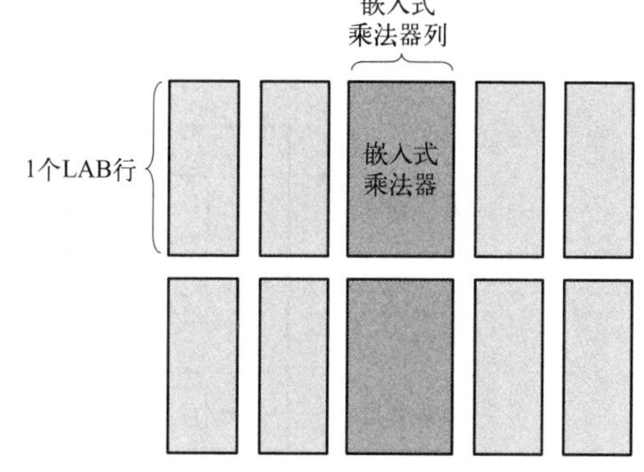

图 7-11　与 LAB 相邻的按列排列的嵌入式乘法器

表 7-6 列出了 Cyclone Ⅳ器件所支持的嵌入式乘法器的数量以及乘法器模式。

表 7-6　Cyclone Ⅳ器件中嵌入式乘法器的数量及模式

器件系列	器件型号	嵌入式乘法器	9×9 乘法器	18×18 乘法器
Cyclone Ⅳ GX	EP4CGX15	0	0	0
	EP4CGX22	40	80	40
	EP4CGX30	80	160	80
	EP4CGX50	140	280	140
	EP4CGX75	198	396	198
	EP4CGX110	280	560	280
	EP4CGX150	360	720	360

续表

器件系列	器件型号	嵌入式乘法器	9×9 乘法器	18×18 乘法器
Cyclone Ⅳ E	EP4CE6	15	30	15
	EP4CE10	23	46	23
	EP4CE15	56	112	56
	EP4CE22	66	132	66
	EP4CE30	66	132	66
	EP4CE40	116	232	116
	EP4CE55	154	308	154
	EP4CE75	200	400	200
	EP4CE115	266	532	266

除了 Cyclone Ⅳ器件中的嵌入式乘法器，通过将 M9K 存储器模块用作查找表（LUT）可以实现软乘法器。LUT 中存储了输入数据同系数乘积的部分结果，针对低成本、高性能的 DSP 应用，实现了可变深度与宽度的高性能软乘法器。软乘法器的可用性增加了器件中可用乘法器的数量。

（2）体系结构

每个嵌入式乘法器均由以下几个单元组成：乘法器级、输入与输出寄存器、输入与输出接口。图 7-12 显示了乘法器模块的体系结构。

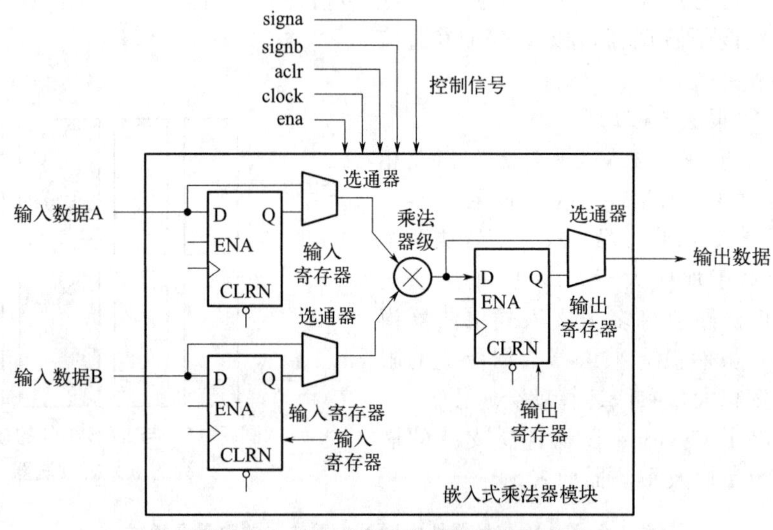

图 7-12　嵌入式乘法器模块的体系结构

① 输入寄存器。根据乘法器的操作模式，用户可以将每个乘法器输入信号连接到输入寄存器，或直接以 9bit 或 18bit 的形式连接到内部乘法器。用户可以单独地设置乘法器的每个输入是否使用输入寄存器。例如，将乘法器 Data A（输入数据 A）信号连接到输入寄存器，并且将 Data B（输入数据 B）信号直接连接到内部乘法器。

下列控制信号可用于嵌入式乘法器中的每一个输入寄存器：时钟、时钟使能、异步清零。同一个嵌入式乘法器中的所有输入与输出寄存器均由同一时钟信号、时钟使能信号以及异步清零信号驱动。

② 乘法器级。嵌入式乘法器模块的乘法器级支持 9×9 或者 18×18 乘法器，并支持这

些配置之间的其他乘法器。根据乘法器的数据宽度或者操作模式，单一嵌入式乘法器能够同时执行一个或者两个乘法运算。

乘法器的每一个操作数都是一个唯一的有符号或者无符号数。signa 与 signb 信号控制乘法器的输入，并决定值是有符号的还是无符号的。如果 signa 信号为高电平，则 Data A 操作数是一个有符号数值；反之，Data A 操作数便是一个无符号数值。

每一个嵌入式乘法器模块只有一个 signa 信号和一个 signb 信号，用于控制模块输入数据的符号表示。如果嵌入式乘法器有两个 9×9 乘法器，那么这两个乘法器的 Data A 输入与 Data B 输入将分别共享同一个 signa 信号和同一个 signb 信号。可以在运行时动态改变 signa 和 signb 信号，以修改输入操作数的符号表示。可以通过专用的输入寄存器发送 signa 以及 signb。不管符号表示如何，乘法器都会支持全精度。

③ 输出寄存器。根据乘法器的操作模式，可以用 18bit 或 36bit 的形式来使用输出寄存器对嵌入式乘法器的输出进行寄存。下面的控制信号可用于嵌入式乘法器中的每一个输出寄存器：时钟、时钟使能、异步清零。同一个嵌入式乘法器中的所有输入与输出寄存器均由同一时钟信号、时钟使能信号以及异步清零信号驱动。

（3）操作模式

根据不同的应用需要，可以选择如下两种乘法器工作模式中的一种：一个 18×18 乘法器、最多两个 9×9 独立的乘法器。

通过使用 Cyclone Ⅳ 器件的嵌入式乘法器，可以实现乘法加法器和乘法累加器功能，这一功能的乘法器部分由嵌入式乘法器来实现，而加法器或者累加器功能则在逻辑单元（LE）中实现。

① 18 位乘法器。通过配置每一个嵌入式乘法器来支持 10～18 位输入位宽的单一 18×18 乘法器。图 7-13 显示了配置后的嵌入式乘法器，以支持一个 18 位乘法器。

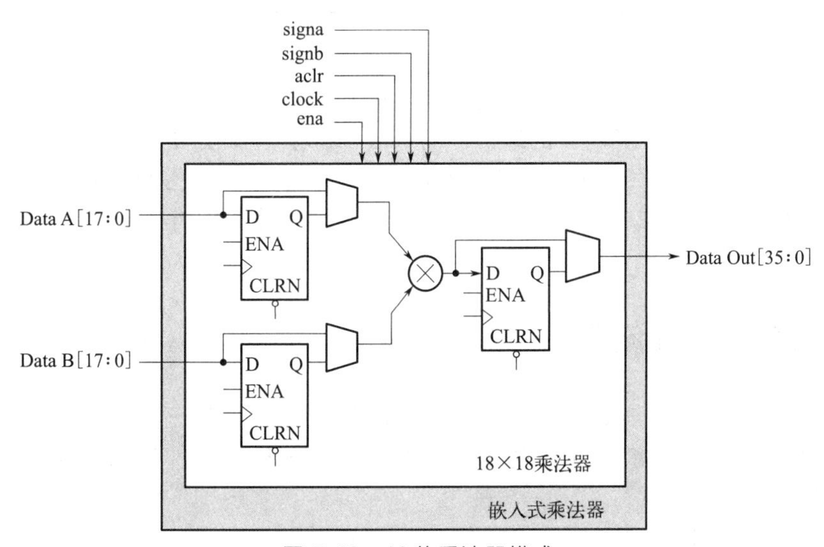

图 7-13 18 位乘法器模式

所有的 18 位乘法器输入数据与结果均被独立地发送至寄存器。乘法器输入数据可以是有符号整数、无符号整数，或者两者的组合。另外，也可以动态修改 signa 与 signb 信号，并且通过专用的输入寄存器发送这些信号。

② 9 位乘法器。通过配置每一个嵌入式乘法器，以支持最多 9 位输入位宽的两个 9×9 乘法器。图 7-14 显示了配置后的嵌入式乘法器，以支持两个 9 位乘法器。

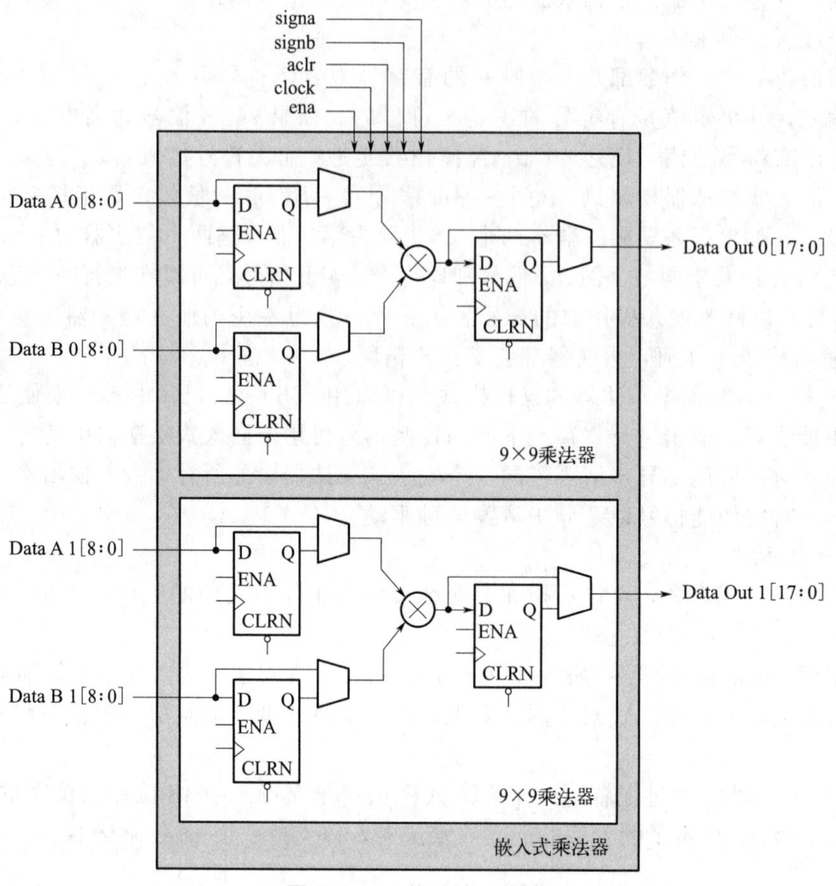

图 7-14　9 位乘法器模式

所有的 9 位乘法器输入数据与结果均被独立地发送至寄存器。乘法器输入数据可以是有符号整数、无符号整数，或者两者的组合。同一嵌入式乘法器模块中的两个 9×9 乘法器共享同一个 signa 和 signb 信号。因此，用于驱动同一嵌入式乘法器的所有 Data A 输入数据必须要有相同的符号表示。同样，用于驱动同一嵌入式乘法器的所有 Data B 输入数据也必须要有相同的符号表示。

7.3 FPGA 的设计流程

FPGA 的设计流程与 ASIC 的设计流程类似，主要包括以下几个步骤：系统体系结构设计、RTL 模型设计、RTL 模型功能仿真、综合优化、布局布线、静态时序分析与时序仿真、FPGA 配置加载及测试。

FPGA 设计流程如图 7-15 所示。

（1）系统体系结构设计

系统体系结构设计主要包括以下内容：

① 定义集成电路的功能和应用环境，划分整个电子系统（包括集成电路和其所处的应用环境）的软硬件功能，明确集成电路与外部环境的接口（包括信号流向、宽度、时序关系、通信协议等）。

② 将集成电路划分为多个功能较为简单的子模块，定义各个子模块的功能，画出集成

电路的模块结构图，定义各个模块间的接口信号，定义各个模块间的信号互联规范和信号流向；确定各个模块之间如何相互配合，从而实现整体功能的原理和机制。

③ 设计集成电路的系统时钟、系统复位方案，设计跨时钟域的信号握手方式并评估其对整个集成电路性能的影响。

④ 确定集成电路的关键性能指标，评估实现这些指标对系统体系结构的影响。

⑤ 分析和比较关键的算法，评估算法的硬件可实现性和硬件代价。

(2) RTL 模型设计

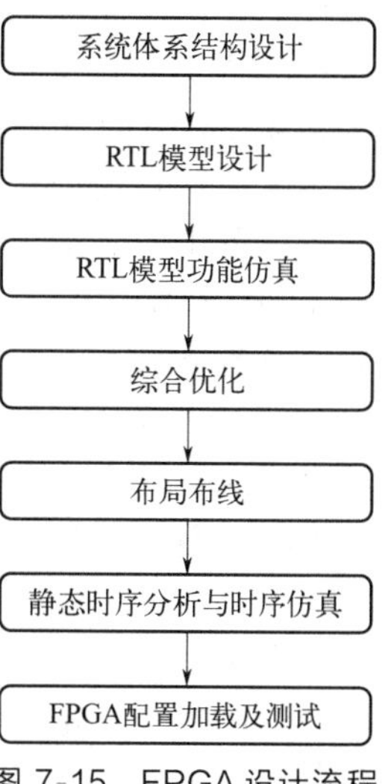

图 7-15 FPGA 设计流程

RTL 模型设计即利用 RTL 级的 Verilog HDL 描述所设计电路的功能和结构，建立其 RTL 模型，该模型可被 EDA 综合工具转换为可物理实现的门级电路。RTL 模型设计在很大程度上已经决定了电路的功能和性能，虽然可以通过此后的综合和布局布线来对设计做一定程度的优化，但优化的结果依赖于 RTL 模型的质量。RTL 模型设计者要在不依赖后端综合和布局布线 EDA 工具的情况下，尽可能多地解决延时、面积、功耗等问题。在 RTL 模型设计过程中，从一开始就要考虑到综合，以及到最终会生成的硅物理电路。

(3) RTL 模型功能仿真

RTL 模型功能仿真不考虑信号的传播延时，只验证电路的功能是否正确。在进行仿真之前，首先要为待验证的 RTL 模型建立一个仿真环境。仿真环境从待验证的 RTL 模型的输入端输入激励信号，仿真器会模拟信号在 RTL 模型内部传输到输出的过程，采集并保存最终结果和中间结果，用于分析设计功能是否正确。仿真环境模拟真实的应用环境，用 Verilog 可以建立仿真环境，称为 testbench。在进行功能仿真时要注意功能测试的完备性和代码的测试覆盖率。

(4) 综合优化

综合优化是利用 EDA 工具将 RTL 模型映射到由选定的 FPGA 芯片中的可编程逻辑和存储资源所构成的电路网表，并根据设计目标和约束条件对电路进行优化。它主要包括以下几步。

① 编译。编译即综合工具对 RTL 模型进行语法和设计规则检查，保证在 RTL 模型中不存在违反 RTL 语法规则或电路设计规则的错误。

② 优化。优化是在 RTL 级对逻辑电路进行的优化，包括电路规模的优化和速度的优化。比如，将一些 RTL 代码中重复出现的逻辑块优化为共享资源以减少逻辑资源的占用，或者是对一些时序紧张的路径通过逻辑复制或调整时序器件的位置以提高电路的性能。

③ 映射。在完成对 RTL 模型的优化之后，还需要将其映射到由选定的 FPGA 芯片中的可编程逻辑和存储资源所构成的电路网表，比如说，将一个组合逻辑函数映射到 FPGA 中的 LUT（查找表）来实现，或者将一个寄存器映射到 FPGA 中的 D 触发器来实现等。由于不同 FPGA 器件的资源和结构不尽相同，因此对于同一个 RTL 模型，其映射的结果也不会相同。

综合优化完成以后还要对所实现的电路的性能和规模进行分析，评估其能否达到设计预期的要求，如达不到设计预期，则需要修改约束条件或者 RTL 模型。综合优化是由各种约束条件驱动的，包括工作环境、时序、规模、功耗等。综合优化实际上是在所有约束条件之间进行平衡和折中，产生一个相对最优的实现方案。通常来讲，约束条件中最重要的是时间约束，满足时间约束达到时序收敛往往是综合最重要的目标。还可以通过仿真和形式验证等方法验证综合后的电路模型的功能是否正确，性能是否符合预期。

（5）布局布线

布局布线是将综合后得到的网表文件映射到指定的 FPGA 芯片上，并根据用户设置的约束条件进行实际的布局布线，即确定网表文件中的基本电路模块在 FPGA 芯片内的具体位置以及各个基本电路模块之间的具体连接方式。这些工作主要依赖 FPGA 厂商提供的 EDA 工具自动完成，用户输入时序约束和引脚位置约束条件，EDA 工具根据约束条件自动将综合后的网表映射到实际 FPGA 芯片中并完成布局布线过程。在布局布线完成以后，整个 FPGA 设计所占用的资源和性能也就确定了。

（6）静态时序分析与时序仿真

静态时序分析是指利用 EDA 工具对布局布线之后的电路进行时序分析，确定其是否满足时序约束条件。静态时序分析工具会根据布局布线后的结果计算每一条时序路径的延时，再将其与原始的时序约束条件进行比较，从而判断布局布线之后的电路是否满足时序要求。如果时序约束没有得到满足，可通过时序分析报告查找原因，有针对性地进行修改以满足时序约束。对于同步电路来说，静态时序分析的结果可以作为电路能否正常工作的判定依据。

时序仿真又称为后仿真，它是在布局布线结果的基础上，产生时序仿真模型及延时信息文件，并依此作为仿真器的输入而进行的仿真。由于在布局布线完成之后，电路的物理形态已经完全确定，因此提取的延时信息是非常精确的，从而时序仿真的结果也是非常精确的。时序仿真模拟电路的实际工作过程是根据输入信号值计算得到输出结果，它不仅能够验证电路的功能是否正确，而且能够验证电路的时序是否满足，即能否达到预期的性能。与静态时序分析不同，时序仿真需要测试向量作为仿真器的输入和结果正确性的判定依据。通常，时序仿真可以与功能仿真（或称为行为级仿真，不考虑时序，只验证功能）共用测试向量文件，这样不仅可以节省测试向量开发成本，也便于检查时序仿真结果是否与功能仿真结果一致。

静态时序分析速度快，不需要测试向量，但无法区分伪路径，也无法验证功能；时序仿真不仅能够验证功能，而且能够验证性能，还能够区分伪路径，但仿真速度慢，且需要测试向量。因此，静态时序分析和时序仿真优势互补，在实际工程中往往同时使用。

（7）FPGA 配置加载及测试

在上述步骤完成以后，就可以利用 EDA 工具生成 FPGA 的配置文件（或者称为编程文件），并将其下载到 FPGA 芯片内部，完成对 FPGA 芯片的配置（也可称之为编程）。通常的加载方式包括 JTAG 加载和 PROM/Flash 加载。所谓 JTAG 加载，就是通过 JTAG 链将配置文件下载到 FPGA 芯片内部，完成对 FPGA 芯片的编程；所谓 PROM/Flash 加载，是先把配置文件写入 PROM/Flash 芯片保存，然后在上电开机之后，再将 PROM/Flash 芯片内部保存的配置信息自动下载到 FPGA 芯片内部，完成对 FPGA 芯片的编程。JTAG 加载方式，断电之后配置信息将丢失；而 PROM/Flash 加载方式，断电之后，配置信息仍然保存在 PROM/Flash 芯片内，不会丢失。在 FPGA 芯片完成配置加载之后，该 FPGA 芯片就具有了用户设计的特定功能，然后就可以把这个 FPGA 芯片看作是普通的 ASIC 芯片进行 PCB 板级的测试与验证了。

由上面的设计流程可以看出，FPGA 的设计与 ASIC 的设计有很多共同之处（前端基本一样），但更为简单快捷。FPGA 也正是由于开发周期短、设计灵活简单、设计成本低、可测性高等优点而越来越多地应用于电子工程设计领域。

7.4 基于 FPGA 设计与实现集成电路的 EDA 工具

Quartus Prime 是 Altera 公司开发的一款专门用于 FPGA 设计与实现集成电路的 EDA 软件，它是一个集成的 FPGA 开发环境，包括设计输入、仿真、综合优化、布局布线、时序分析、器件编程等众多功能，具有广泛的应用场景。

7.4.1 基于 Quartus Prime 的 FPGA 设计流程

Quartus Prime 提供了完整的设计开发环境，使得基于 FPGA 设计实现专用集成电路乃至复杂的片上系统变得容易。典型的基于 Quartus Prime 的 FPGA 设计流程如图 7-16 所示。

基于 Quartus Prime 的 FPGA 设计流程包括以下步骤：

① 设计输入。被设计的电路可以采用以下任何一种方式进行描述：电路原理图、硬件描述语言（Verilog 或 VHDL）。

② 综合。输入的设计被综合转换为由特定 FPGA 芯片中的逻辑单元（LE）构成的电路网表。

③ 功能仿真。对综合之后的电路网表进行仿真以验证其功能是否正确。这个仿真不考虑时序，仅验证功能。

④ 适配。Quartus Prime 中的布局布线工具确定综合后电路网表中的逻辑单元（LE）在 FPGA 芯片中的具体位置，并选择 FPGA 中的连线资源，在逻辑单元（LE）之间建立需要的连接。

⑤ 时序分析。Quartus Prime 中的静态时序分析工具对适配之后的电路中的每一条时序路径计算传播延时，以评估电路性能。

⑥ 时序仿真。对适配之后的电路进行时序仿真，以验证其功能是否正确，性能是否符合要求。

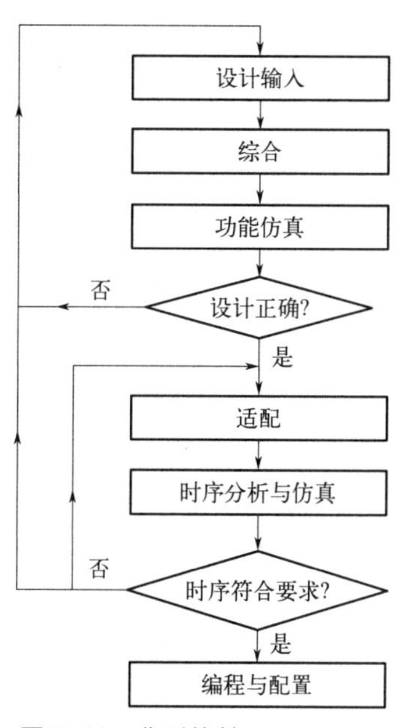

图 7-16 典型的基于 Quartus Prime 的 FPGA 设计流程

⑦ 编程与配置。利用 Quartus Prime 中的编程工具生成 FPGA 的配置文件（或者称为编程文件），并将其下载到 FPGA 芯片内部，完成对 FPGA 芯片的配置（也可称为编程），此时 FPGA 芯片就具有了用户设计的特定功能。

7.4.2 启动 Quartus Prime 软件

基于 Quartus Prime 软件设计的每一个逻辑电路或者子电路都被称为工程或者项目（project）。Quartus Prime 软件每次针对一个特定的工程工作，将与该工程相关的所有信息都保存在同一个目录下。要开始一个新的逻辑电路的设计，第一步就是要创建一个目录来保存与该工程相关的所有文件。

将 Quartus Prime 软件安装在电脑上之后，在电脑桌面上就会出现一个用于启动该软件的快捷图标，用鼠标双击该图标就会启动 Quartus Prime 软件，之后就会看到一个如图 7-17 所示的图形用户界面。

这个界面包含多个窗口，用户通过鼠标选择就可以方便地进入不同的功能模块。Quartus Prime 软件提供的大多数命令都可以通过位于标题栏之下的一组菜单进行访问。例

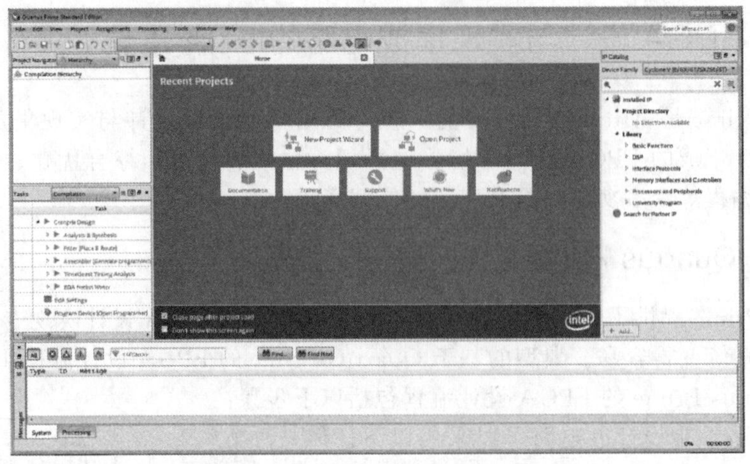

图 7-17　Quartus Prime 软件主窗口

如，用鼠标左键单击图 7-17 中的名为“File”的菜单图标，就会打开如图 7-18 所示的菜单，在这个菜单中用鼠标左键单击“Exit”就会退出 Quartus Prime 软件。

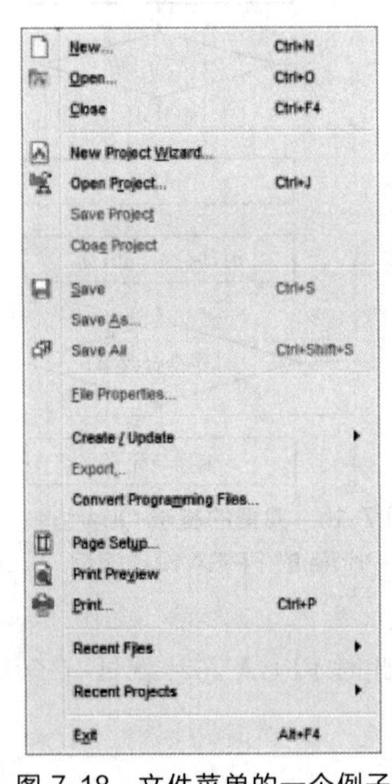

图 7-18　文件菜单的一个例子

许多命令可以通过鼠标单击工具条上的图标来启动，要想了解某个图标所表示的命令，可以将鼠标放在图标上，这样就会在图形用户界面底部的状态栏中显示图标所对应的命令。Quartus Prime 提供了丰富的在线文档用于回答用户使用软件过程中遇到的问题，这些在线文档通过“Help”菜单访问。

7.4.3　创建一个新的工程

要开始一个新的设计，首先需要创建一个新的设计工程。Quartus Prime 软件提供了一个工程创建向导（wizard），使得设计工程师能够很方便地创建新的工程。创建一个新的工程需要经过以下几个步骤：

① 选择“File”→“New Project Wizard”，单击“Next”进入如图 7-19 所示的窗口，在这个窗口中填写新建工程的工作目录、工程名称以及顶层模块的名称。

② 选择一个目录并将其设置为新建工程的工作目录，如图 7-20 所示，将工作目录设置为“D:/introtutorial”。还要为工程起一个名字，而且这个名字通常与顶层设计模块的名字相同。将“light”作为新建工程和顶层设计模块的名字。单击“Next”，因为还没有创建“D:/introtutorial”目录，Quartus Prime 软件会弹出如图 7-20 所示的对话框，询问是否创建“D:/introtutorial”目录，单击“Yes”，弹出如图 7-21 所示的窗口。

③ 如图 7-21 所示，允许从“空工程”和“工程模板”中选择其一。在这里，我们准备从零开始创建一个新的工程，因此选择“空工程”，单击“Next”，弹出如图 7-22 所示的窗口。

④ 在图 7-22 所示的窗口中，可以通过搜索找到已经存在的文件并将其加入到工程中。如果没有已经存在的文件需要加入工程，单击“Next”，弹出如图 7-23 所示的窗口。

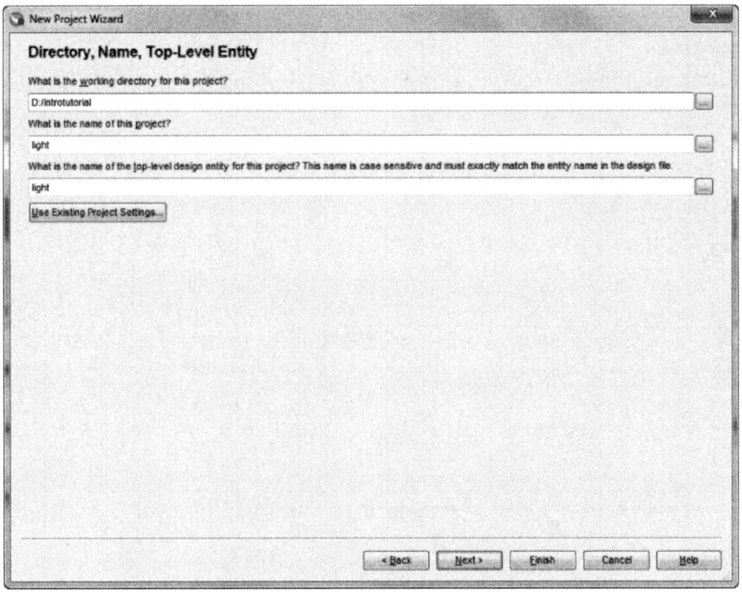

图 7-19　创建一个新的工程

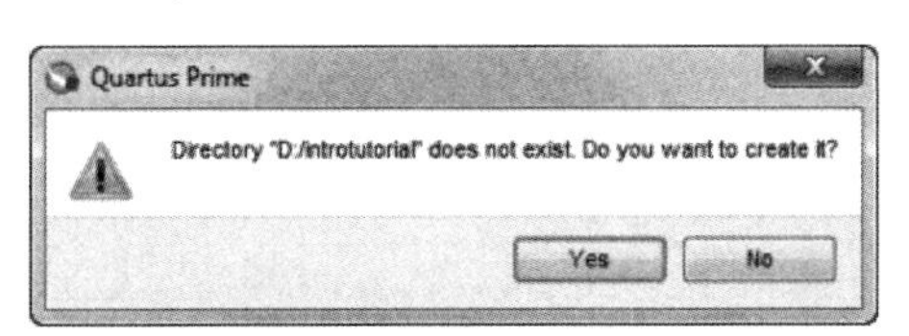

图 7-20　Quartus Prime 软件可以为工程创建一个新的目录

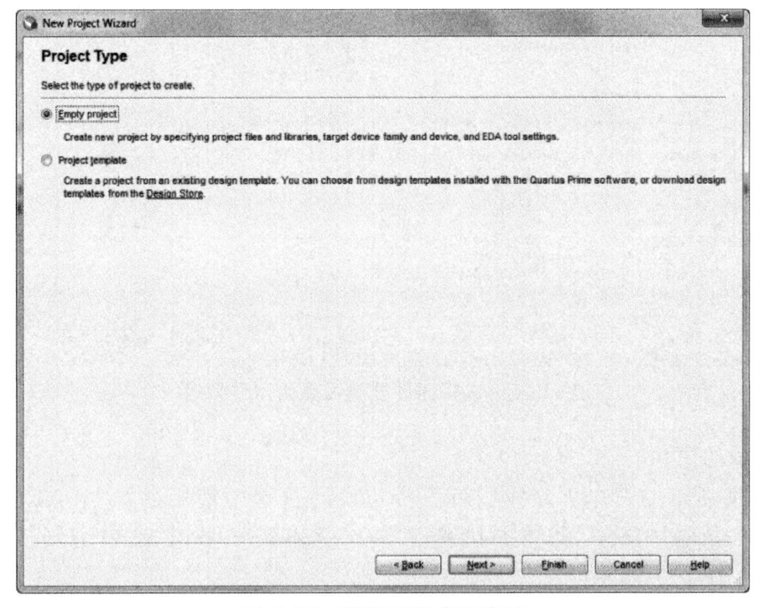

图 7-21　选择工程类型窗口

⑤ 在图 7-23 所示的窗口中，需要我们指定用于实现待设计电路的 FPGA 器件的类型和具体型号。从“Available devices”列表中选择合适的 FPGA 器件型号，单击“Next”，出

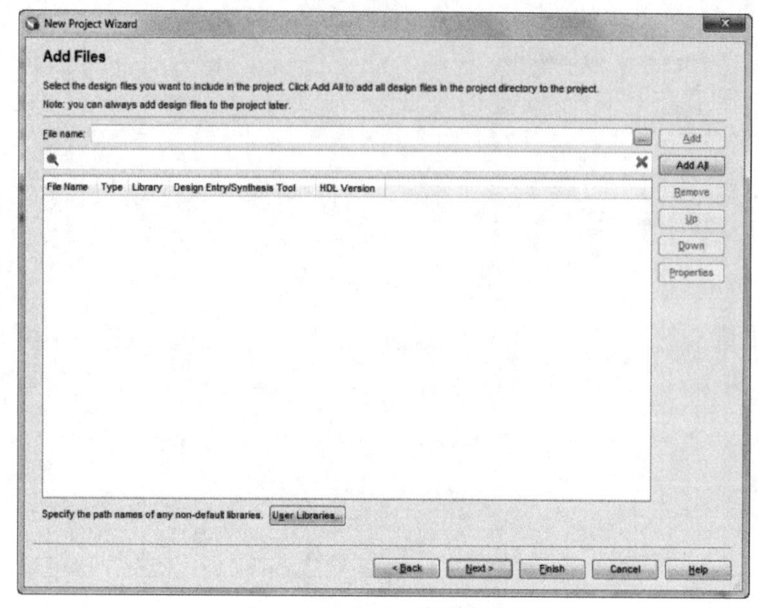

图 7-22 “添加文件”窗口

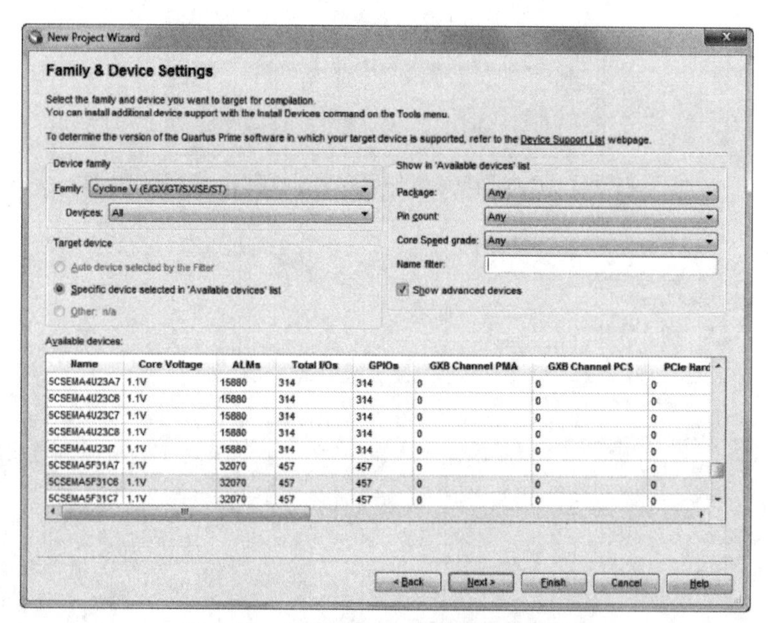

Name	Core Voltage	ALMs	Total I/Os	GPIOs	GXB Channel PMA	GXB Channel PCS	PCIe Harc
5CSEMA4U23A7	1.1V	15880	314	314	0	0	0
5CSEMA4U23C6	1.1V	15880	314	314	0	0	0
5CSEMA4U23C7	1.1V	15880	314	314	0	0	0
5CSEMA4U23C8	1.1V	15880	314	314	0	0	0
5CSEMA4U23I7	1.1V	15880	314	314	0	0	0
5CSEMA5F31A7	1.1V	32070	457	457	0	0	0
5CSEMA5F31C6	1.1V	32070	457	457	0	0	0
5CSEMA5F31C7	1.1V	32070	457	457	0	0	0

图 7-23 选择器件种类和具体器件型号

现如图 7-24 所示的窗口。

⑥ 在图 7-24 所示的窗口中，我们可以指定设计过程中使用的第三方 EDA 工具。如果我们只使用 Quartus Prime 软件提供的工具，就不需要指定第三方 EDA 工具。单击“Next”，打开如图 7-25 所示的窗口。

⑦ 在图 7-25 所示的窗口中，给出了我们对新建工程所做的设置的一个汇总。单击“Finish”，将回到 Quartus Prime 软件的主界面窗口，但在标题栏中已经出现了一个名为“light”的新工程，如图 7-26 所示。

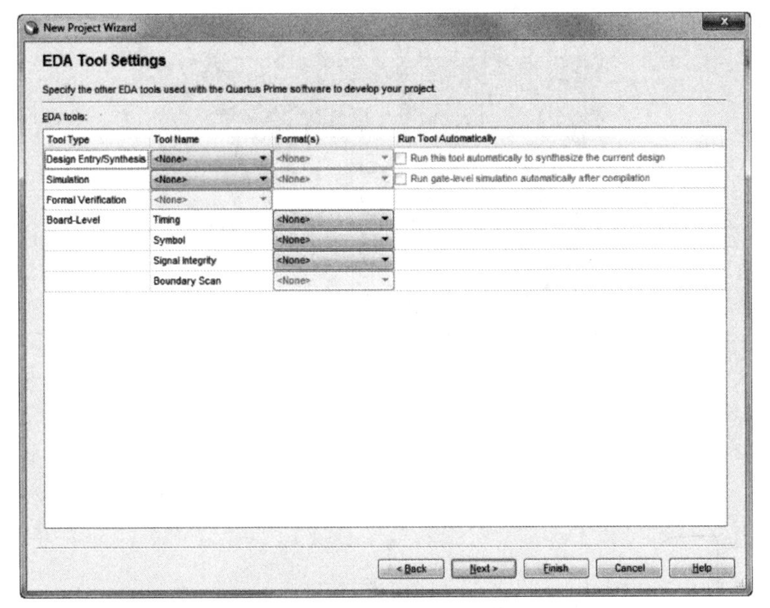

图 7-24　EDA 工具设置窗口

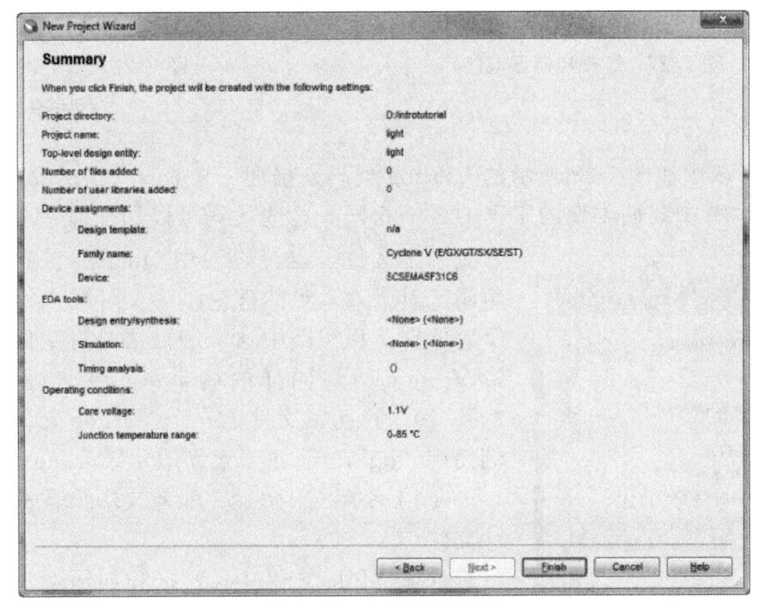

图 7-25　工程设置总结

7.4.4　输入用 Verilog 代码描述的设计模型

为了便于理解，我们用一个两路灯光控制器电路作为设计案例进行讲解，其电路图如图 7-27 所示。这个电路可通过两个开关 x1 和 x2 来控制一个电灯的亮灭，开关闭合代表其逻辑值为 1，否则为 0，输出信号 f=1 表示灯亮，f=0 表示灯灭。这个电路的真值表在图 7-27 的右侧给出，实际上 f 只是输入 x1 和 x2 的异或函数，但在图 7-27 所示的电路中，我们用基本的与、或、非门来实现该电路。

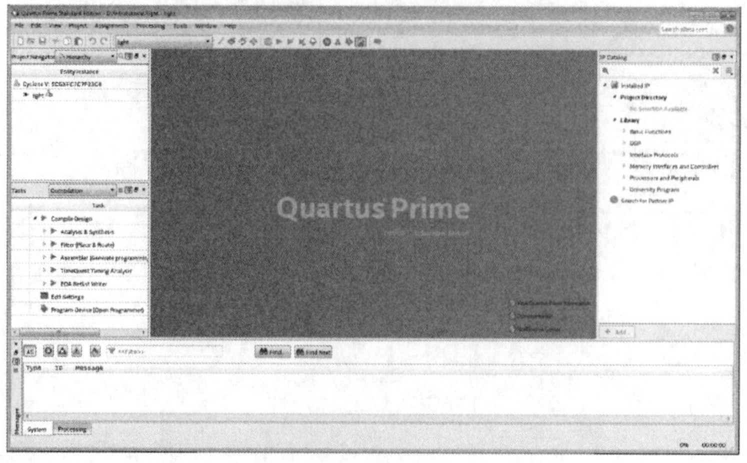

图 7-26　一个新创建工程的 Quartus Prime 窗口

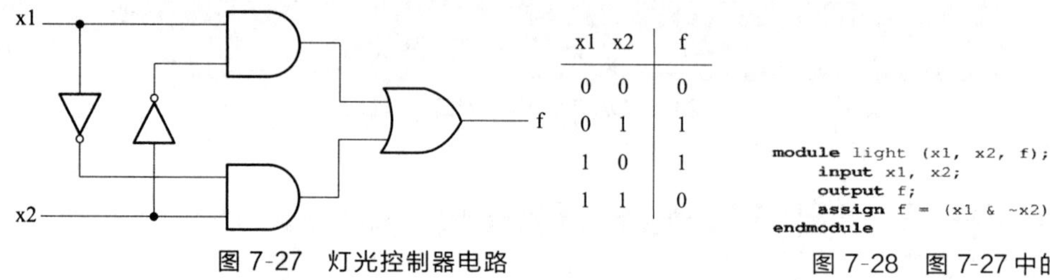

x1	x2	f
0	0	0
0	1	1
1	0	1
1	1	0

图 7-27　灯光控制器电路

```
module light (x1, x2, f);
    input x1, x2;
    output f;
    assign f = (x1 & ~x2)|(~x1 & x2);
endmodule
```

图 7-28　图 7-27 中的电路的 Verilog 代码

上述电路可以用如图 7-28 所示的 Verilog 代码来描述，注意这个 Verilog 模块的名字是“light”，与图 7-19 中我们创建的工程的名字相同。这些代码可以用任何一个文本编辑器输入到一个文件，也可以使用 Quartus Prime 自带的文本编辑工具录入。虽然理论上讲文件可以被命名为任何名字，但在工程实践中通常的做法是将文件命名为与其顶层 Verilog 模块同样的名字。文件名必须包含扩展名“v”，用于说明该文件是一个 Verilog 文件，在本例中我们使用“light. v”这个名字表示 Verilog 文件。

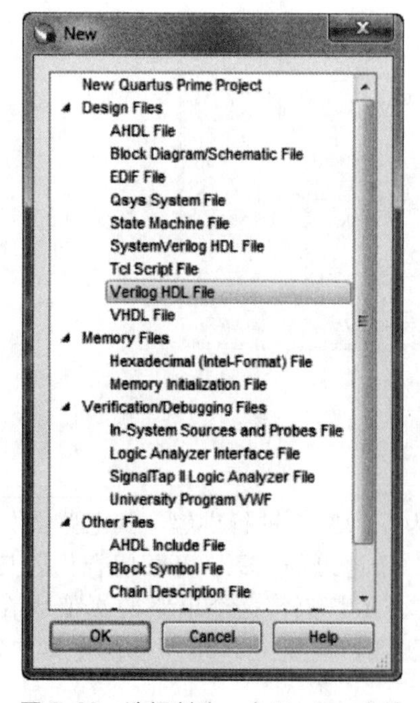

图 7-29　选择创建一个 Verilog 文件

（1）使用 Quartus Prime 文本编辑器编辑 Verilog 设计文件

选择“File”→“New”打开如图 7-29 所示的窗口，选择“Verilog HDL File”，单击“OK”打开文本编辑器窗口。第一步是为将要生成的文件指定一个名字，选择“File”→“Save As”打开如图 7-30 所示的弹出框，在标注为“Save as type”的文本框里选择“Verilog HDL Files”，在标注为“File name”的文本框里输入“light”，勾选“Add file to current project”复选框。单击“Save”按钮，将文件保存到工程目录，打开如图 7-31 所示的文本编辑器窗口。将图 7-28 所示的 Verilog 代码输入到文本编辑器中，然后单击“File”→“Save”保存文件，或者通过快捷键“Ctrl+S”保存文件。

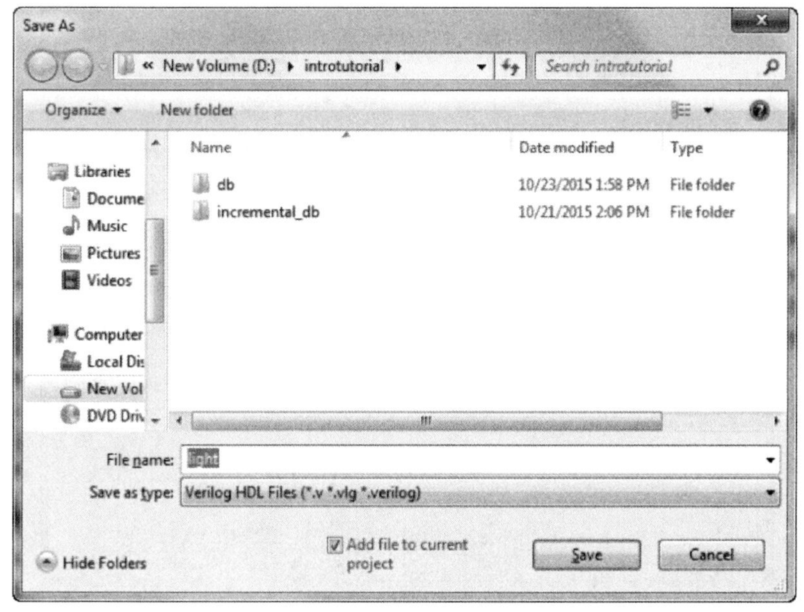

图 7-30　命名文件

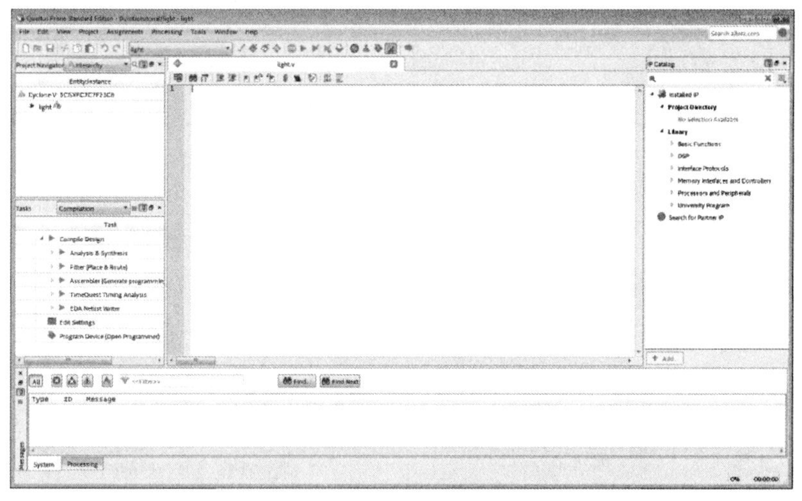

图 7-31　文本编辑器窗口

（2）添加设计文件到某个工程

为了了解当前工程中已经包括了哪些设计文件，选择“Assignments”→“Settings”打开如图 7-32 所示的窗口，单击位于该窗口左边的“Files”，当前工程中已经包括的那些设计文件就会在该图右边显示出来。也可以通过选择“Project”→“Add/Remove Files in Project”来查看当前工程中已经包括了哪些设计文件。

如果想将一个已经存在的文件添加到当前工程中，单击图 7-32 中标注为“File name”的文本框右边的“...”按钮，打开如图 7-33 所示的弹出窗口，找到并选中所需的设计文件，单击“Open”按钮，被选中的文件名就会出现在图 7-32 中的“File name”文本框中，单击“Add”按钮，然后单击“OK”按钮，就会将该文件添加到当前工程中了。

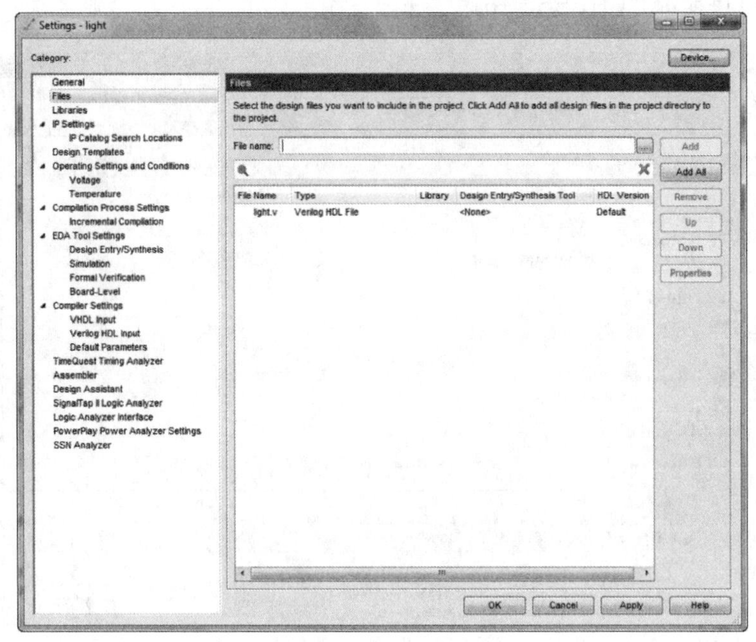

图 7-32 设置窗口

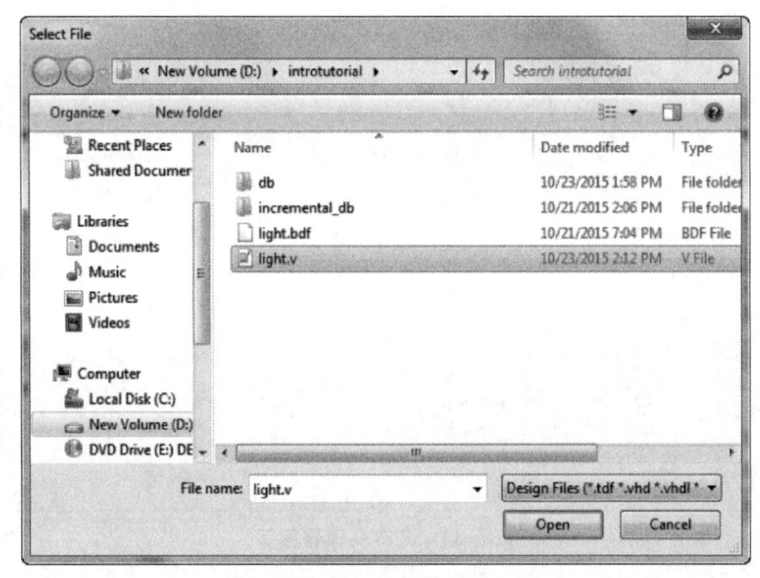

图 7-33 选择的文件

7.4.5 编译设计电路

工程中所有设计文件中的 Verilog 代码都会被 Quartus Prime 软件中的多个 EDA 工具处理，包括分析代码，综合电路，针对特定目标 FPGA 芯片生成一个实现方案等。这些 EDA 工具被一个称为“Compiler”（编译器）的应用程序控制。

我们可以通过选择“Processing”→“Start Compilation”来运行 Compiler（编译器），也可以通过单击工具条中的蓝色三角形图标来启动 Compiler（编译器）。在编译之前，工程必须被保存。当编译进行到不同阶段时，它的进度会在 Quartus Prime 显示界面左侧的窗口中显示出来。在编译过程中，自始至终都会在显示界面底部的消息窗口中显示消息。如果发生了错误，会给出合适的提示信息。

编译结束后会生成一个编译报告，一个显示编译报告的标签页会自动打开，如图 7-34 所示。这个标签页可以正常关掉，它可以在任何时间通过选择“Processing”→“Compilation Report”打开，或者通过单击标签栏里的报告图标打开。报告中包括了很多分类，这些分类在标签页的左侧列出。图 7-34 显示了“Compiler Flow Summary”部分的报告，报告中指出仅需要 FPGA 中的一个逻辑单元和三个引脚就可以实现本工程中的电路。

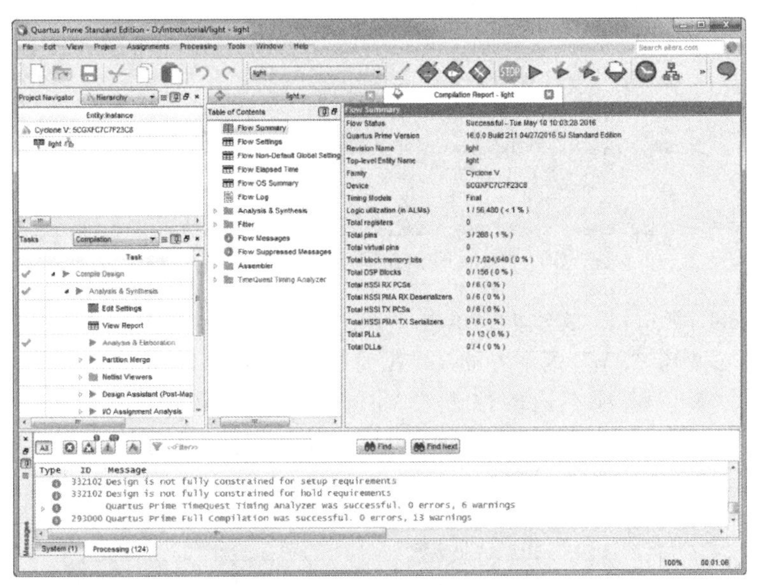

图 7-34　成功编译后的显示界面

7.4.6　引脚分配

引脚分配通过“Assignment Editor”完成。选择“Assignments”→“Assignment Editor”弹出如图 7-35 所示的窗口。在“Category”下拉菜单中选择“All”。单击位于左上角的“<<new>>”按钮生成一个新的表项。双击“To”列下方的文本框，会出现一个“Node Finder”按钮。鼠标单击这个按钮（而不是它旁边的箭头）弹出如图 7-36 所示的窗口。鼠标单击右上角的箭头状按钮，可以显示或者隐藏更多的搜索选项。

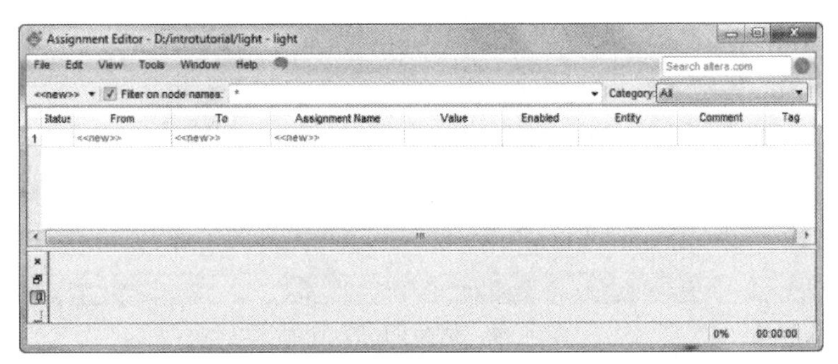

图 7-35　“Assignment Editor”窗口

在“Fitter”下拉菜单中选择“Pins：all”，然后单击“List”按钮显示需要被分配引脚的输入、输出信号：f、x1、x2。单击“x1”，其作为第一个被分配的引脚，并单击“>”按

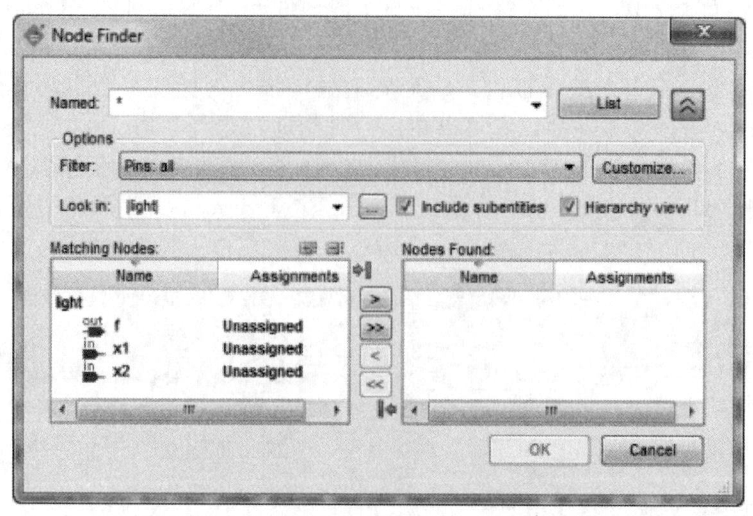

图 7-36 Node Finder 显示输入和输出的名称

钮将其写入“Nodes Found”文本框，单击“OK”，x1 将显示在“To”列下方的文本框中。另外，也可以通过双击“To”列下方的文本框直接输入引脚名称“x1”。

接下来双击“x1”表项右边的位于“Assignment Name”列下面的文本框，一个如图 7-37 所示的下拉菜单会出现，找到并选择“Location（Accepts wildcards/groups）”，然后双击“Value”列下方的文本框输入分配给“x1”的 FPGA 引脚名称。

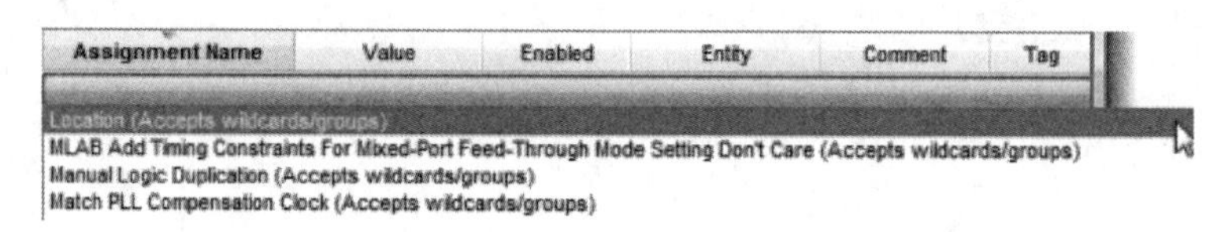

图 7-37 DE 系列开发板可用的 assignment 名称

采用同样的方法为输入信号“x2”和输出信号“f”分配合适的 FPGA 引脚，如图 7-38 所示。要想保存所做的引脚分配方案，选择“File”→“Save”。也可以直接关闭“Assignment Editor”窗口，在弹出的对话框中选择是否需要保存所做的引脚分配方案，单击“Yes”保存，然后重新编译电路，就会得到具有正确引脚分配的电路。

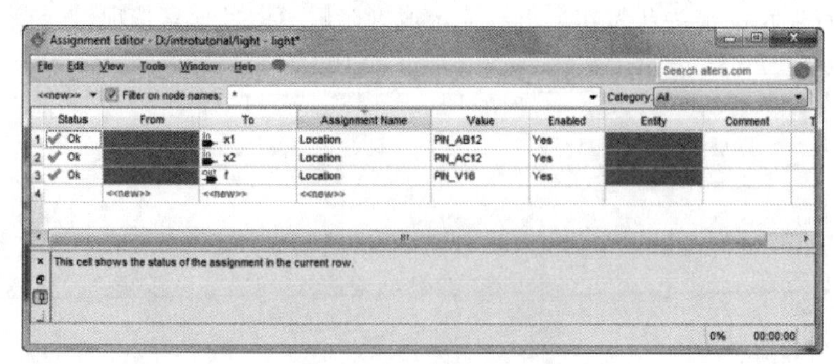

图 7-38 完全的引脚分配

7.4.7 FPGA 芯片的编程与配置

FPGA 芯片必须经过编程和配置才能实现所设计的电路功能，编程所需的配置文件由

Quartus Prime Compiler 的 Assembler 模块产生。可以采用两种模式对 FPGA 芯片进行配置，分别称为 JTAG 模式和 AS 模式。通过连接主计算机（运行 Quartus Prime 的计算机）USB 端口和 FPGA 开发板的 USB-Blaster 接口的电缆，我们可以将配置数据从主计算机传输到 FPGA 开发板。需要注意的是，在使用这个连接之前，必须安装 USB-Blaster 的驱动程序。在使用 FPGA 开发板之前，需确认 USB 电缆是否正确连接了计算机和开发板并打开了开发板上的电源开关。

在 JTAG 模式下，配置数据被直接下载到 FPGA 芯片内部。术语"JTAG"表示"joint test action group"，意思是"联合测试工作组"。这个工作组定义了一种简单的方法用于测试数字电路并向其内部装载数据，这一方法后来成为 IEEE 标准。如果 FPGA 芯片以 JTAG 模式被配置，则该配置将在上电期间一直有效，而断电后该配置将失效。在 AS（active serial，主动串行）模式下，用一个内含 Flash 存储器的配置芯片保存 FPGA 的配置数据。Quartus Prime 软件先将 FPGA 的配置数据保存到 FPGA 开发板上的配置芯片里，然后，在 FPGA 上电或被重新配置的时候将已经保存在配置芯片中的配置数据装载到 FPGA 芯片中，从而完成 FPGA 的配置。在 AS 配置模式下，当 FPGA 被断电后重新上电时，不再需要用 Quartus Prime 软件进行配置，而是由 FPGA 主动输出控制和同步信号给专用的串行配芯片（如 EPCS 系列芯片），在串行配置器件收到命令后，把配置数据发送到 FPGA，完成配置过程。在 AS 模式配置期间，FPGA 器件处于主动地位，配置器件处于从属地位。

下面我们以 DE10-Standard FPGA 开发板为例介绍其在 JTAG 模式下的编程配置方法。选择"Tools"→"Programmer"弹出如图 7-39 所示的窗口，在这里需要说明编程的硬件和将要采取的配置模式。在"Mode"文本框中选择"JTAG"，如果"DE-SoC"没有被设置为默认的编程硬件，单击"Hardware Setup..."按钮并在弹出的窗口中选择"DE-SoC"，如图 7-40 所示。

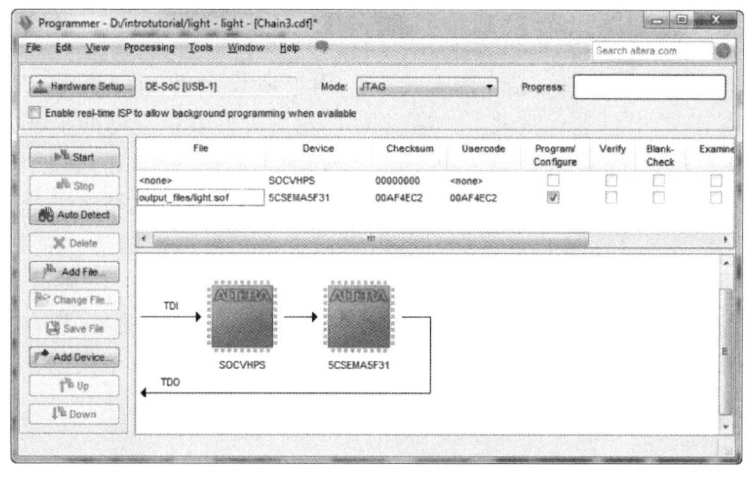

图 7-39 编程器窗口

在图 7-39 所示的窗口中，应该能够观察到配置文件 light. sof 已经显示出来了，如果这个配置文件还没有显示出来，则单击"Add File"找到并选择它。配置文件时由编译器的"Assembler"模块生成二进制文件，其中包含配置 FPGA 期间所需要的数据。配置文件的扩展名". sof"表示"SRAM object file"，即"SRAM 目标文件"。确认"Program/Configure"复选框被勾选，这一设置用于在"Cyclone V SoC"芯片中选择 FPGA 作为编程对象。如果"SOCVHPS"器件没有在图 7-39 所示的窗口中显示出来，单击"Add Device"→"SoC Se-

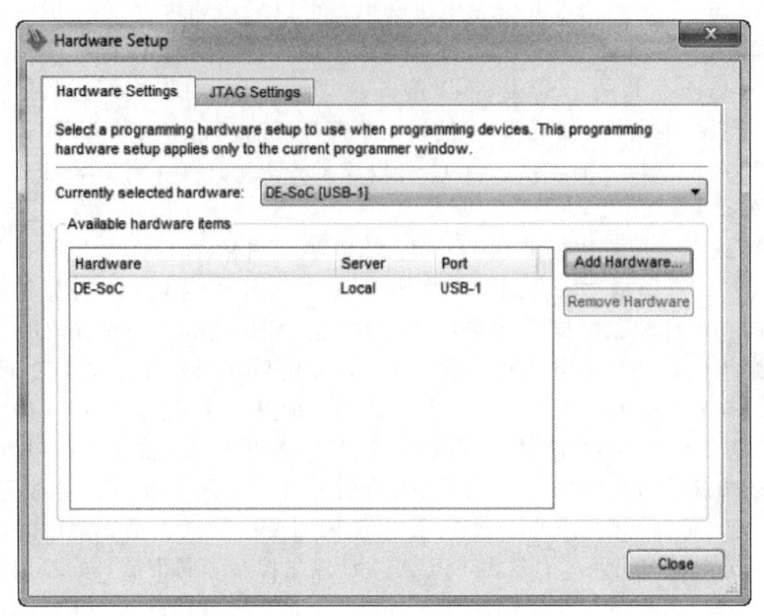

图 7-40　硬件设置窗口

ries V”→“SOCVHPS”，然后单击“OK”将其添加。确认器件的顺序与图 7-39 所示一致，否则需要单击器件根据提示进行调整。

然后，单击“Programmer”窗口中的“Start”按钮，启动 FPGA 器件的编程过程。在 FPGA 器件被编程的过程中，开发板上有一个 LED 灯会被点亮。如果发现 Quartus Prime 软件报错提示编程失败，那么应该检查一下开发板是否被正确上电了。

7.4.8　对所设计的电路进行测试

在将配置数据下载到 FPGA 芯片内部之后，用户所设计的电路就在 FPGA 上实现了，接下来就可以对实现的电路进行测试了。通过拨动 FPGA 开发板上的两个开关 SW1 和 SW0（分别连接待测电路的两个输入信号 x1 和 x2），给待测电路的两个信号赋值，通过连接到待测电路输出信号 f 的发光二极管，观察输出信号的值，从而验证待测电路的功能是否正确。对于如图 7-27 所示的简单电路而言，我们可以通过输入信号取值遍历（总共 4 种情况）实现对待测电路功能的完备测试。

如果用户想对所设计的电路进行修改，首先关闭编程器窗口，然后对 Verilog 设计文件进行修改，再重新编译电路，重新编程 FPGA 芯片即可。

本章习题

1. 简述 FPGA 器件的基本结构、原理和应用领域。

2. 按照器件工艺结构的不同，FPGA 可以分为哪些类型？各有什么特点？

3. 简述基于 FPGA 的集成电路的设计流程，即包括哪些步骤，每个步骤的工作内容是什么。

4. 简述基于 Quartus Prime 的 FPGA 设计流程，即包括哪些步骤，每个步骤的工作内容是什么。

第8章

低功耗设计技术

本章学习目标

了解低功耗设计的背景和意义，知道低功耗设计技术的发展趋势，理解并掌握常用的设计低功耗集成电路的原理、方法与技术，重点掌握系统体系结构级和RTL等高抽象层次的低功耗设计原理、方法与技术。

本章内容思维导图

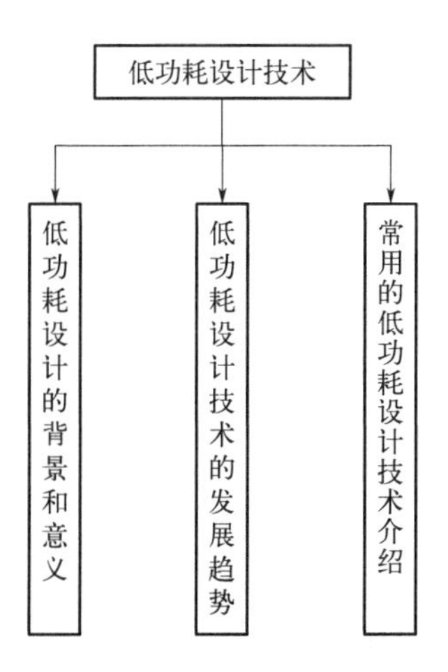

本章的主要内容包括低功耗设计的背景和意义、低功耗设计技术的发展趋势、常用的低功耗设计技术介绍等，重点介绍了系统体系结构级和RTL等高抽象层次的低功耗设计方法与技术。

8.1 低功耗设计的背景和意义

随着工艺水平的提高，IC的规模越来越大，处理能力越来越强，但同时功耗也明显增加。特别是随着移动设备的广泛应用，功耗问题已经成为了IC设计的一个主要障碍，这迫使设计者在各个设计层面开展低功耗设计方法的研究。

以处理器为例，处理器的应用大致可以分为两个方面：一方面是以专用设备和便携设备为代表的嵌入式应用；另一方面是以高性能运算为主要目标的高端应用。

在嵌入式领域，功耗是极其关键的设计问题，其重要性往往超过性能等其他设计因素，设计者们必须面对电池使用时间和系统成本的限制，尽最大可能利用特定的设计资源进行低功耗设计，以满足特定的应用需求。

在以工作站和服务器为代表的高端应用上，功耗也对处理器设计提出了严峻的挑战。伴随着工艺水平的提高，微结构的复杂性迅速增加，时钟频率得到快速提升，高性能处理器的功耗问题也变得极其严重，这就要求处理器设计者们要在设计的各个层面，都开展低功耗方案的研究。

（1）功耗问题的严重性

随着计算机在全世界的普及，其消耗的能量也越来越巨大。1992年，全世界大约有87M个CPU，功耗约为160MW，到了2001年，就有了500M个CPU，功耗大约为9000MW，而三门峡水利枢纽工程装机容量1160MW。服务器对能量的需求更大，例如，占地2500平方英尺（1平方英尺=0.093平方米）的由8000个服务器组成的巨型机可以消耗2MW电能，功耗费用占管理此设备总费用的25%。

由于处理器内部结构复杂程度迅速增加，单个处理器的功耗已经超过了100W。在人们熟悉的Intel处理器家族中，Intel486DX峰值消耗大约5W，而Pentium4 1.4GHz的处理器却达到了55W，依靠主板供电变得非常困难，而且要用大功率风扇来解决散热问题，需要注意的是，Pentium4系列处理器从设计的一开始就在各个阶段进行了低功耗设计，这更说明了功耗问题的严峻性。

在IC设计中，功耗和性能常常是不能兼顾的。在PC和工作站领域，性能的提升是受冷却能力限制的，通常采用封装、风扇和水槽等方法来解决。而在便携产品中，关键因素是电池，所以挑战就是给定电源限制后，最大化IC的性能。这就确定了IC的发展目标是在功耗和性能之间找到平衡点，而且这个平衡点必须满足广阔的应用领域。

（2）低功耗设计的好处

① 节省能源。低功耗设计带来的一个最直接的好处就是节省能源。IC对能源的消耗是巨大的，而低功耗设计恰恰能减少电能的消耗，节省能源对环境和资源的保护大有裨益。另外，对于移动和便携设备，主要的能源供应方式是电池，而电池的蓄电能力是有限的，应用低功耗技术，减少能量消耗，延长电池供电时间，无疑可以提高移动设备的便携能力，扩大设备的应用范围。

② 降低成本。使用低功耗设计还可以降低芯片的制造成本和系统的集成成本。首先，在芯片设计时，如果功耗高，就要考虑增加电源网络，并避免热点的出现，这无疑提高了设计的复杂度，增加了设计的成本。其次，在芯片制造的时候，功耗高就会增加封装的成本，不同的封装形式，价格相差很大。最后，在系统集成的时候，使用功耗较高的芯片，就要采用较好的散热方法，会提高系统的成本。

③ 提高系统稳定性。低功耗设计可以提高系统的稳定性。由于功耗增加会导致芯片温

度升高，温度升高后会导致信号完整性和电迁移等问题，并会进一步加大漏电功耗，从而影响芯片的正常工作，由于功耗过高导致系统死机的情况在当今随处可见。

④ 提高系统性能。功耗是制约系统性能的一个重要因素，由于顾及到功耗，很多高性能芯片的设计都被迫放弃，或者精简设计方案。比如，在2004年，Intel公司就是因为功耗过高而被迫放弃了Tejas和Jayhawk处理器的研发计划，其中Tejas样片的功耗超过了150W。而且，在系统集成过程中，常常为了避免功耗增加带来的系统不稳定性，以及为了延长电池的使用时间，不得不以牺牲系统的性能为代价，使系统工作在相对低频的情况以控制功耗。因此，低功耗设计技术能够缓解功耗对性能的制约，有利于提高集成电路系统的性能。

8.2 低功耗设计技术的发展趋势

（1）降低动态功耗技术趋势

在以降低动态功耗为目标的低功耗设计技术上，减少IC内部逻辑的跳变活动，降低IC的工作电压和工作频率依然是低功耗设计的最主要内容。但由于工艺水平提高以后，供电电压已经降得很低了，电压的可变范围逐渐缩小，所以同动态调整工作电压相关的技术将越来越受到限制，但根据任务负载调整工作频率和控制空闲部件的跳变依然会持续有效。由于工艺技术的提高，动态功耗在处理器整体功耗中的占比已经下降，但从图8-1中可以看出，动态功耗依然占据着相当重要的地位，所以在未来的低功耗研究工作中，动态功耗会持续成为研究的对象，而动态功耗控制技术也必将在IC设计中得到广泛应用。

（2）降低静态功耗技术趋势

随着工艺水平的提高，静态功耗呈指数级增加，从功耗分布比例（图8-1）以及Intel公司系列处理器中漏电功耗占总功耗的比例（图8-2），都可以明显看出这个趋势，所以对静态功耗控制技术的研究成为了新的热点。

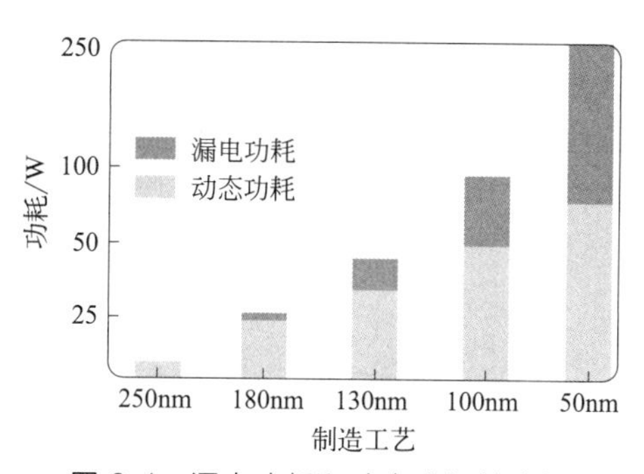

图8-1 漏电功耗和动态功耗的比例

在静态功耗控制技术中，主要有三种技术：一是以调整阈值电压来控制漏电功耗，比如使用多阈值电压CMOS器件，以及使用在运行时改变阈值电压的技术；二是通过切断休闲部件的电源来降低功耗的门控供电电源技术，这样在没有电源供应的情况下，也不会有漏电功耗的产生；三是利用电路的级联效应，对休闲部件使用输入向量控制技术，由于输入向量会对电路的漏电状态产生影响，选择好的输入向量会使与输入相连的电路处于低漏电状态。

在降低漏电功耗方面，还需要做很多研究工作来完善这些技术，并使其实用化。由于只要与电源相连，电路就会有漏电流产生，在体系结构级低功耗设计的研究中，几乎没有有效的控制漏电功耗的技术，对漏电功耗的控制技术主要集中在电路级。然而我们知道，在低功耗设计领域，越是高层的低功耗设计越能更大程度地降低功耗，而底层技术的功耗控制能力则较弱，所以我们还是要深入研究体系结构级的设计方法，找出可以有效控制漏电功耗的技术。

（3）低功耗体系结构设计的趋势

功耗的挑战已经对IC设计者提出了新的要求，需要将功耗作为一个重要指标重新对原来的设计思想进行评估。对低功耗的设计考虑可以包含在设计的所有层次中，包括系统级的

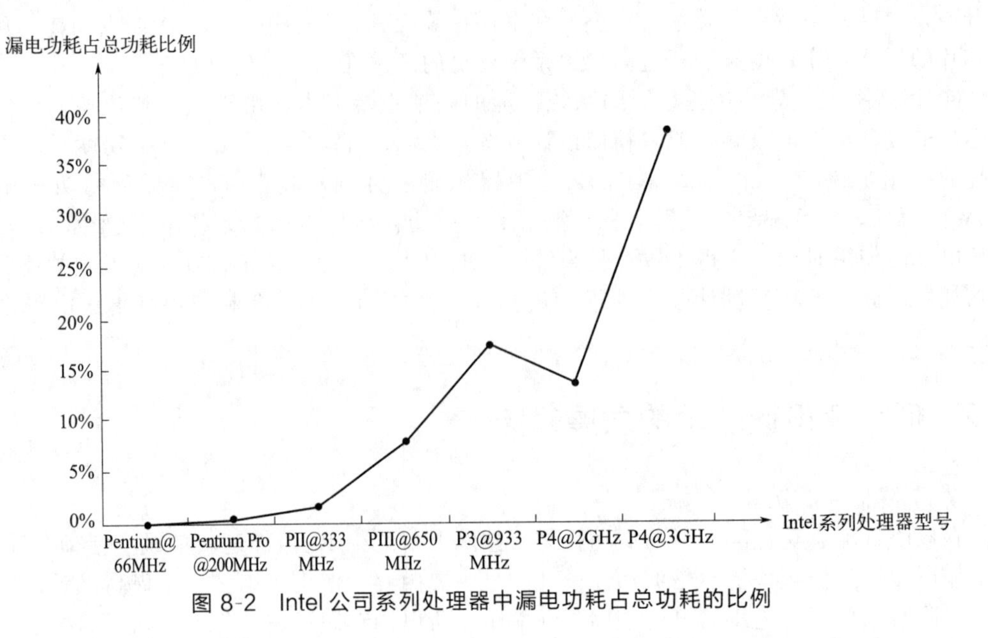

图 8-2 Intel 公司系列处理器中漏电功耗占总功耗的比例

电源管理，体系结构的选择，以及更底层的逻辑级和物理级的低功耗实现技术。

以处理器微结构设计层次为例来研究低功耗策略。当前主流的处理器仍采用越来越夸张的超标量方法来实现，尽管生产工艺不断提高，但功耗增加的速度仍然是惊人的。从图 8-3 中可以看到，处理器性能的提升是呈亚线性增长的，而能量的消耗却呈超线性增长，这就清楚地说明了为什么传统的超标量结构设计方法会导致设计出的处理器的能效越来越低。

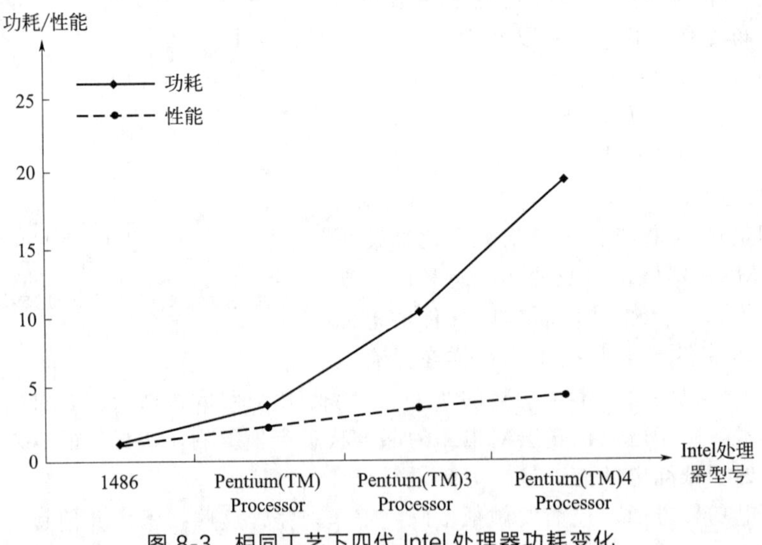

图 8-3 相同工艺下四代 Intel 处理器功耗变化

理论分析表明，并行处理器结构具有先天的低功耗特性。在动态功耗上，可以通过并行实现低压低频工作状态，从而降低动态功耗。在静态功耗上，由于并行意味着一种离散的组织结构，不像超标量设计那样紧密地耦合在一起，这样的离散的结构非常有利于根据任务负载动态地关闭各个相对独立的单元的电源，便于实现门控电源等降低漏电功耗的技术，再加上并行设计在性能上的优势，就决定了并行设计成为了处理器结构的发展趋势。工业届的发展也印证了这个趋势，无论是 IBM 和 Intel 等厂商的高性能处理器，还是 ARM 和 MIPS 公司的嵌入式处理器，都在加速开发并行芯片。

8.3 常用的低功耗设计技术介绍

低功耗设计是一个复杂的综合性课题。就流程而言，包括功耗建模、评估以及优化等；就设计抽象层次而言，包括自系统级至版图级的所有抽象层次。同时，功耗优化与系统速度和面积等指标的优化密切相关，需要折中考虑。

目前国内外常用的低功耗设计技术有如下几种。

（1）降低动态功耗技术

① 系统级功耗管理。主要做法是在没有操作的时候（也就是在IC处于空闲状态的时候），使IC运行于睡眠状态（只有少量必需的设备处于工作之中）；在预设时间来临或满足一定条件的时候，会产生一个中断，由这个中断唤醒设备。

② 动态电压调节。CMOS电路功耗主要由3部分组成：电路电容充放电引起的动态功耗，漏电流引起的功耗和短路电流引起的功耗。其中，到目前为止，动态功耗是大多数集成电路总功耗的最主要的来源，在180nm工艺之前动态功耗占了总功耗的90%以上，即使在50nm工艺之后，动态功耗仍然占到了总功耗的50%以上，动态功耗的表达式为

$$P=\alpha\times C_{\mathrm{L}}\times V_{\mathrm{dd}}^{2}\times f \tag{8-1}$$

式中，f为时钟频率；C_{L}为节点电容；α为节点的翻转概率；V_{dd}为工作电压。

由式(8-1)可知，动态功耗与工作电压的平方成正比，功耗将随着工作电压的降低以二次方的速度降低，因此降低工作电压是降低功耗的有力措施。

但是，降低工作电压会导致传播延迟加大，执行时间变长。然而，系统负载是随时间变化的，因此并不需要微处理器所有时刻都保持高性能。

动态电压调节（dynaymic voltage scaling，DVS）技术降低功耗的主要思路是根据芯片工作状态改变功耗管理模式，从而在满足性能的基础上降低功耗。在不同模式下，工作电压可以进行调整。

为了精确地控制DVS，需要采用电压调度模块来实时改变工作电压。电压调度模块通过分析当前和过去状态下系统工作情况的不同来预测电路的工作负荷。

③ 门控时钟和可变频率时钟。在微处理器中，很大一部分功耗来自时钟。时钟是唯一在所有时间都充放电的信号，而且很多情况下会引起不必要的门的翻转，因此降低时钟的开关活动性将对降低整个系统的功耗产生很大的影响。门控时钟包括门控逻辑模块时钟和门控寄存器时钟。门控逻辑模块时钟对时钟网络进行划分，如果在当前的时钟周期内，系统没有用到某些逻辑模块，则暂时切断这些模块的时钟信号，从而明显地降低开关功耗。门控寄存器时钟的原理是当寄存器保持数据时，关闭寄存器时钟，以降低功耗。然而，门控时钟易引起毛刺，必须对信号的时序加以严格限制，并对其进行仔细的时序验证。

另一种常用的时钟技术是可变频率时钟。它根据系统性能要求，配置适当的时钟频率以避免不必要的功耗。门控时钟实际上是可变频率时钟的一种极限情况（即只有零和最高频率两种值），因此，可变频率时钟技术比门控时钟技术更加有效，但需要系统内嵌时钟产生模块PLL，增加了设计复杂度。Intel公司推出的采用先进动态功耗控制技术的Montecito处理器，就利用了变频时钟系统。该芯片内嵌一个高精度数字电流表，利用封装上的微小电压降计算总电流；通过内嵌的一个32位微处理器来调整主频，达到64级动态功耗调整的目的，大大降低了功耗。

④ 并行结构与流水线技术。并行结构的原理是通过牺牲面积来降低功耗。将一个功能

模块复制为 n（$n \geqslant 2$）个相同的模块，这些模块并行计算。并行设计后，由于有多个模块同时工作，提高了吞吐能力，可以把每个模块的速度降低为原来的 $1/n$。根据延时和工作电压的线性关系，工作电压可以相应降低为原来的 $1/n$，电容增大为原来的 n 倍，工作频率降低为原来的 $1/n$，根据式(8-1)，功耗降低为原来的 $1/n^2$。并行设计的关键是算法设计，一般算法中并行计算的并行度往往比较低，并行度高的算法比较难开发。

流水线技术本质上也是一种并行。把某一功能模块分成 n 个阶段进行流水作业，每个阶段由一个子模块来完成，在子模块之间插入寄存器。若工作频率不变，对某个模块的速度要求仅为原来的 $1/n$，则工作电压可以降低为原来的 $1/n$，电容的变化不大（寄存器面积占的比例很小），功耗可降低为原来的 $1/n^2$，面积基本不变，但增加了控制的复杂度。

通过流水线技术和并行结构降低功耗的前提是电路工作电压可变。如果工作电压固定，则这两种方法只能提高电路的工作速度，并相应地增加了电路的功耗。在深亚微米工艺下，工作电压已经比较接近阈值电压，为了使工作电压有足够的下降空间，应该降低阈值电压；但是随着阈值电压的降低，亚阈值电流将呈指数增长，静态功耗迅速增加。因此，电压的下降空间有限。

⑤ 低功耗单元库。设计低功耗单元库是降低功耗的一个重要方法，包括调整单元尺寸、改进电路结构和版图设计。用户可以根据负载电容和电路延时的需要选择不同尺寸的电路来实现，这样会导致不同的功耗，因此可以根据需要设计不同尺寸的单元。同时，为常用的单元选择低功耗的实现结构，如触发器、锁存器和数据选择器等。

⑥ 低功耗状态机编码。状态机编码对信号的活动性具有重要影响，通过合理选择状态机状态的编码方法，减少状态切换时电路的翻转，可以降低状态机的功耗。其原则是：对于频繁切换的相邻状态，尽量采用相邻编码。例如：Gray 码在任何两个连续的编码之间只有一位的数值不同，在设计计数器时，使用 Gray 码取代二进制码，则计数器的改变次数几乎减少一半，显著降低了功耗；在访问相邻的地址空间时，其跳变次数显著减少，有效地降低了总线功耗。

⑦ Cache 的低功耗设计。作为现代微处理器中的重要部件，Cache 的功耗占整个芯片功耗的 30%～60%，因此设计高性能、低功耗的 Cache 结构，对降低微处理器的功耗有明显作用。Cache 低功耗设计的关键在于降低失效率，减少不必要的操作。通常用来降低 Cache 功耗的方法有以下两种：一种是从存储器的结构出发，设计低功耗的存储器，例如采用基于 CAM 的 Cache 结构；另一种是通过减少对 Cache 的访问次数来降低功耗。

⑧ 处理器指令集优化设计技术。在满足系统功能和性能要求的前提下，设计一个运行功耗最小的指令集。具体做法包括：选择合理的指令长度，提高程序的代码密度，以减少对存储器访问的功耗；根据对应用程序中指令相关性的统计，对指令进行编码优化，使得在读取和执行指令时，总线和功能部件的信号翻转最少，从而有效降低功耗。

⑨ 操作数隔离技术。通过在运算模块的输入端口增加操作数隔离电路，避免了模块在不工作时的无效翻转，节省了动态功耗。

以上主要是从硬件的角度来实现功耗的降低。除了硬件方法，通过软件方面的优化，也能显著地降低功耗。例如在 Crusoe 处理器中，采用高效的超长指令（VLIW）、代码融合(Code Morphing）技术、LongRun 电源管理技术和 RunCooler 工作温度自动调节等创新技术，获得了良好的低功耗效果。

（2）降低静态功耗技术

① 工艺控制法：主要通过控制晶体管的沟道长度、氧化层厚度等结构参数以及不同的沟道掺杂方式来减小漏电流的影响。

② 阈值电压控制法：晶体管的阈值电压决定性地影响着亚阈值电流的大小，因此通过阈值电压的控制来优化静态功耗是众多优化方法中行之有效的一种方法，也是目前工业界最为常见和应用最广的一种方法。该方法具体实施时有双阈值法、多阈值法、可变阈值法以及动态阈值法。需要指出的是，以上这些相关技术的应用都需要工艺上的相关支持。

③ 输入向量控制法：该方法利用电路漏电流大小易受输入状态影响的特性，对电路输入进行适当控制以减少漏电。输入向量控制法通过控制电路在不工作时的输入向量状态来最小化漏电功耗，或者对电路中的高漏电单元插入堆叠晶体管以减少漏电。这些方法利用的是电路拓扑结构的宏观特性，因此属于较高层的优化方式，不需要特别的工艺支持。但这些方法通常只对小规模的电路有较明显的优化效果。

④ 电路控制法：采用不同的电路形式，如采用 P 型多米诺电路减少漏电，以及其他的控制方法等，都会对电路的漏电控制产生一定的作用。另外，由于静态功耗大小与电源电压成正比，因此和动态功耗一样，降低电压也是降低静态功耗的一种有效方法。除此之外，目前还有很多相关的研究，但一些做法在实现方式上还不成熟，而另外一些方式的采用会对电路性能造成较大影响。

本章习题

1. 低功耗设计有哪些好处？
2. 简述系统级功耗管理技术降低功耗的基本原理。
3. 简述动态电压调节技术降低功耗的基本原理。
4. 简述门控时钟和可变频率时钟技术降低功耗的基本原理。
5. 简述并行结构与流水线技术降低功耗的基本原理。
6. 简述低功耗单元库技术降低功耗的基本原理。
7. 简述低功耗状态机编码技术降低功耗的基本原理。
8. 简述 Cache 的低功耗设计技术降低功耗的基本原理。
9. 简述处理器指令集优化设计技术降低功耗的基本原理。
10. 简述操作数隔离技术降低功耗的基本原理。
11. 常用的降低静态功耗技术有哪几种？

第9章 可测性设计方法

本章学习目标

了解可测性设计的背景及意义，理解并掌握可测性设计的基本概念、原理与方法，重点掌握扫描测试技术和内建自测试技术的基本原理和方法，掌握边界扫描电路的基本结构和工作原理。

本章内容思维导图

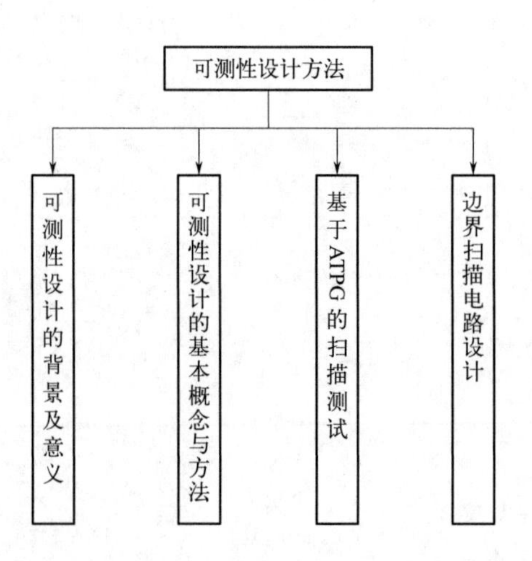

本章的主要内容包括可测性设计的背景及意义、可测性设计的基本概念与方法、基于ATPG的扫描测试、边界扫描电路设计等。

9.1 可测性设计的背景及意义

随着集成电路复杂程度的提高和特征尺寸日益缩小，测试已成为需要迫切解决的问题，特别是进入深亚微米以及超高集成度的发展阶段以来，VLSI（超大规模集成电路）的测试费用和难度大幅度提高。据报道，随着 VLSI 集成度的提高，测试费用可达到制造成本的 50%以上，Prime 研究集团报告称，2000 年半导体行业在数字集成电路与系统级芯片测试仪器上的花费是 49 亿美元，测试费用则更高。按照 ITRS（International Technology Roadmap for Semiconductors，国际半导体技术蓝图）的研究，2014 年晶体管的测试成本大于其制造成本。

随着技术的快速发展和市场竞争的加剧，产品的市场寿命相对于开发周期变得愈来愈短，测试对产品的上市时间和开发周期将会有越来越大的影响。

测试已成为制约 VLSI 特别是 SoC 的设计和应用的一个关键因素。随着 VLSI 电路规模的增大、复杂程度的提高，芯片的引脚相对门数减少，使得电路的可控性和可观测性系数降低，电路测试变得十分复杂和困难，测试的费用也呈指数增长，传统的测试方法已难以全面而有效地验证复杂集成电路设计与制造的正确性，从而使可测性设计方法出现。

可测性设计方法的核心思想是在设计一开始就要考虑测试问题，通过适当增加一些专门用于测试的电路，提高电路的可控制性和可观察性，从而降低电路的测试难度和复杂性，提高电路的测试效率，降低测试成本。

9.2 可测性设计的基本概念与方法

9.2.1 常用缩略语解释

可测性设计领域经常使用一些缩略语进行表达和交流，下面对一些常用缩略语进行解释。

ATPG：automatic test pattern generation，自动测试向量（序列）生成。

ATE：automatic test equipment，自动测试设备。

BIST：built-in self test，内建自测试。

BSC：boundary scan cell，边界扫描单元。

BSDC：boundary scan design compiler，边界扫描设计编译器。

CUT：chip/circuit under test，待测试芯片/电路。

DC：design compiler，设计编译器。

DFT：design for testability，可测性设计。

DRC：design rule checking，设计规则检查。

HDL：hardware description language，硬件描述语言。

JTAG：joint test action group，联合测试工作组。

LSSD：level-sensitive scan design，电平敏感扫描设计。

PI：primary input，原始输入。

PO：primary output，原始输出。

TC：test compiler，测试编译器。

9.2.2 DFT的常用方法

测试是通过控制和观察电路中的信号，以确定电路是否正常工作的过程。因此，电路的可测性涉及可控制性和可观察性两个最基本的概念。

可测性设计技术就是试图增加电路中信号的可控制性和可观察性，以便及时、经济地产生一个成功的测试程序。

在可测性设计技术发展的早期，大多采用特定（Ad Hoc）方法。Ad Hoc技术可用于特殊的电路和单元设计，对具体电路进行特定的测试设计十分有效，但它不能解决成品电路的测试生成问题。因此，从20世纪70年代中后期起，人们开始采用结构化的测试设计方法，即研究如何设计容易测试的电路，进而又考虑在芯片内部设计起测试作用的结构。这种方法的另外一个优点是能与EDA工具结合，以进行自动设计。

9.2.2.1 Ad Hoc技术

Ad Hoc技术是一种早期的DFT技术，它是针对已成型的电路设计中的测试问题而提出的。该技术有分块法、引入测试点、利用总线结构等几种主要方法。

分块法是基于测试生成和故障模拟的复杂程度正比于电路逻辑门数的三次方提出的，因此，如果将电路分成若干可分别独立进行测试向量生成和测试验证的子块，可以大大缩短测试向量生成和测试验证的时间，从而降低测试费用。

这种方法采用的技术有机械式分割、跳线和选通门等。机械式分割是将电路一分为二，这样虽然能使测试向量生成和故障模拟的工作量减少7/8，但却不利于系统的集成，费用也大幅增加；采用跳线的方法会引入大量的I/O端口；而选通门的方法需要大量的额外原始输入、原始输出以及完成选通所必需的模块。

引入测试点是引入电路可测性最直接的方法。其基本方法是将电路内部难以测试的节点引出，作为测试节点，在测试时由原始输入端直接控制并由原始输出端直接观察。如果测试点用作电路的原始输入，则可以提高电路的可控性；如果测试点用作电路的原始输出，则可以提高电路的可观察性。在某些情况下，一个测试点可以同时用作输入和输出。但由于引脚数的限制，所能引入的测试点是非常有限的。

利用总线结构类似于分块法，在专用IC可测性设计中十分有用，它将电路分成若干个功能块，并且与总线相连。可以通过总线测试各个功能块，改进各功能块的可测性。但这种方法不能检测总线自身的故障。

特定技术的一个主要困难在于它需要在电路中每个测试点附加可控的输入端和可观察的输出端，因此增加了附加的连线。

而后来的DFT技术、结构化设计方法则不同，它们对电路结构作总体上的考虑，可以访问电路内部节点；按照一定的设计规则进行电路设计，只增加了用于测试的内部逻辑电路，因而具有通用性。

9.2.2.2 结构化设计技术

结构化设计的目的是减少电路的时序复杂性，减轻测试生成和测试验证的困难程度。

结构化设计方法可以应用到所有的设计中去，并且通常具有一套设计规则，主要有扫描和内建自测试两种技术。

（1）扫描技术

“扫描”是指将电路中的任一状态移进或移出的能力，其特点是测试数据的串行化。

通过将系统内的寄存器等时序元件重新设计，使其具有扫描状态输入的功能，可使测试数据从系统一端经由移位寄存器等组成的数据通路串行移动，并在数据输出端对数据进行分析，以此提高电路内部节点的可控性和可观察性，达到测试芯片内部的目的。

① 全扫描（full scan）技术。全扫描技术就是将电路中的所有触发器用特殊设计的具有扫描功能的触发器代替，使其在测试时连接成一个或几个移位寄存器，这样，电路分成了可以分别进行测试的纯组合电路和移位寄存器，电路中的所有状态可以直接从原始输入和原始输出端得到控制和观察。

这样的设计将时序电路的测试向量生成简化成组合电路的测试向量生成，由于组合电路的测试向量生成算法目前已经比较完善，并且在测试向量自动生成方面比时序电路的测试向量生成容易得多，因此大大降低了测试向量生成的难度。

已有的全扫描技术包括：

a. 1975 年，由日本 NEC 公司开发的采用多路数据触发器结构的扫描通路法（scan path），其中的时序元件为可扫描的无竞争 D 型触发器。采用扫描通路法测试的芯片，必须采用同步时序。

b. 由 IBM 公司在 1977 年开发的电平敏感扫描双锁存器设计法（LSSD）。这是一种被广泛采用的扫描测试技术，主要优点是系统时钟和数据之间不存在冒险条件，这是由严格的 LSSD 设计规则所保证的。它用了比单个锁存器复杂很多的移位寄存锁存器（shift register latch，SRL），并需要附加多达 4 个输入/输出引脚，其中两个用于测试模式的时钟，一个用于扫描数据的输入，另一个用于扫描数据的输出。

c. 由日本富士通公司于 1980 年开发的随机存取扫描法（random access scan）。在随机存取扫描法中，SRL 和 RAM 阵列相类似，即用 X-Y 地址对每个锁存器进行编码，并直接通过地址选择变化的 SRL，加快了测试过程。但为了保证 X-Y 编码器的正确，在系统的集成度上要花更大的代价。

d. 由 Sperry Univac 公司在 1977 年开发的扫描置入法（scan/set）。移位寄位器不在数据通路上，因此不与所有系统触发器共享。从时序网络内部采样 n 点后，将采样值用一个时钟脉冲送到 n 位移位寄存器中。数据置入后就开始移位，数据通过扫描输出端扫描输出。同时，移位寄存器中的 n 位数据也可置入系统触发器中，用于控制不同的通路，以简化测试。这就要求系统中有适当的时钟结构。

虽然全扫描设计可以显著地减少测试向量生成的复杂度和测试费用，但这是以面积和速度为代价的。近年来，部分扫描（partial scan）技术因为只选择一部分触发器构成移位寄存器，降低了扫描设计的硬件消耗和测试响应时间而受到重视。

② 部分扫描技术。由于部分扫描技术只选择一部分触发器构成移位寄存器，因此其关键技术在于如何选取触发器。20 世纪 80 年代起，对部分扫描技术的研究主要集中在如何减小芯片面积、降低对电路性能的影响、提高电路的故障覆盖率和减小测试向量生成的复杂度等方面，大致可分为以下几类：

a. 利用可测性测量值选择扫描触发器（一种经验性可测性设计方法）。该方法利用触发器连入移位寄存器前后的电路的可测性差异（testability difference）来选取对电路的可测性影响大的触发器组成移位寄存器，从而获得较高的故障覆盖率和对难测故障的覆盖。

b. 根据要求的故障覆盖率选取触发器（针对目标故障的最少触发器的选取方法）。该方法将未被功能测试向量测试的电路组合部分中的故障定义为目标故障，以覆盖全部可测的目标故障为目的，采用频率方法和距离方法来选取最少的触发器。

c. 根据简化测试向量生成来选取触发器。部分扫描设计与全扫描设计的主要差异在于部分扫描设计只利用了电路的部分触发器构成移位寄存器，因此，移位寄存器之外的电路仍是时序的，这部分电路的测试可以采用时序电路的ATPG（自动测试向量生成）。但时序电路ATPG的难易程度与时序电路的时序深度和反馈回路有关，Rajesh Gupta Rajiv等提出一种时序电路的平衡结构——B结构的概念，并给出了如何选取触发器来构造B结构的算法。应用此算法后得到的剩余电路是一种平衡结构，可以用改进的组合电路的ATPG产生测试向量，减少了测试向量生成的复杂度，同时可获得较高的故障覆盖率。

③ 边界扫描（boundary scan）技术。边界扫描技术是各IC制造商支持和遵守的一种扫描设计标准，主要用于对印制电路板的测试，它通过提供一个标准的芯片/板测试接口简化了印制电路板的测试，如图9-1所示。

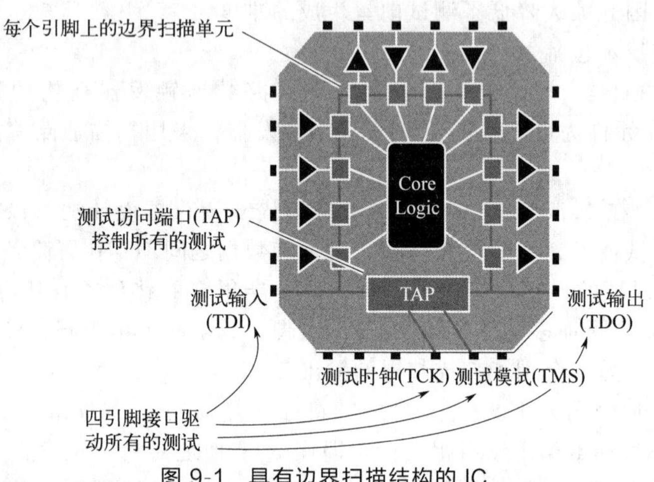

图9-1 具有边界扫描结构的IC

边界扫描结构的标准协议是1988年由IEEE和JTAG合作制定的，即1149.1标准。它是在IC的输入、输出引脚处放上边界扫描单元（BSC），并把这些扫描单元依次连成扫描链，然后运用扫描测试原理观察并控制元件边界的信号。

在正常工作状态下，通过边界扫描寄存器（BSR）的扫描单元并行地输入、输出信号。测试时，由BSR串行地存储和读出测试数据。扫描单元也可以串、并行混合地接收和输出数据。

边界扫描电路主要用于板级测试，检测印制电路板在加工时产生的短路、开路、虚焊、漏焊，以及芯片的错焊、漏焊等，并可对板上简单的组合逻辑电路部分的故障进行检测，如图9-2所示。

边界扫描电路也可用于对板上芯片进行故障检测，但由于这种测试方法要将所有的并行输入/输出数据串行化，测试向量将十分长，故此方法一般只用于在板级系统调试时对怀疑失效的集成电路的测试。

（2）内建自测试技术

虽然扫描技术可简化测试向量生成问题，但由于数据的串行操作，对电路进行初始化、读出内部状态时需要较长的时间（特别对于规模较大的电路），导致测试速度较电路正常工作速度慢，对电路的正常性能和芯片可靠性的影响较大。为了将每个测试序列加到被测电路上，取得并分析每个CUT响应，需要用复杂的ATE存储庞大的测试激励信号和电路响应，而且扫描技术仅提供静态测试，不能检测出电路中的时序信号；VLSI芯片行为的复杂和每个引脚上带有的众多门使得扫描技术的测试效率并不高。为了弥补扫描技术的不足，提出了内建自测试技术。

对数字电路进行测试的过程分为两个阶段：把测试信号发生器产生的测试序列加到

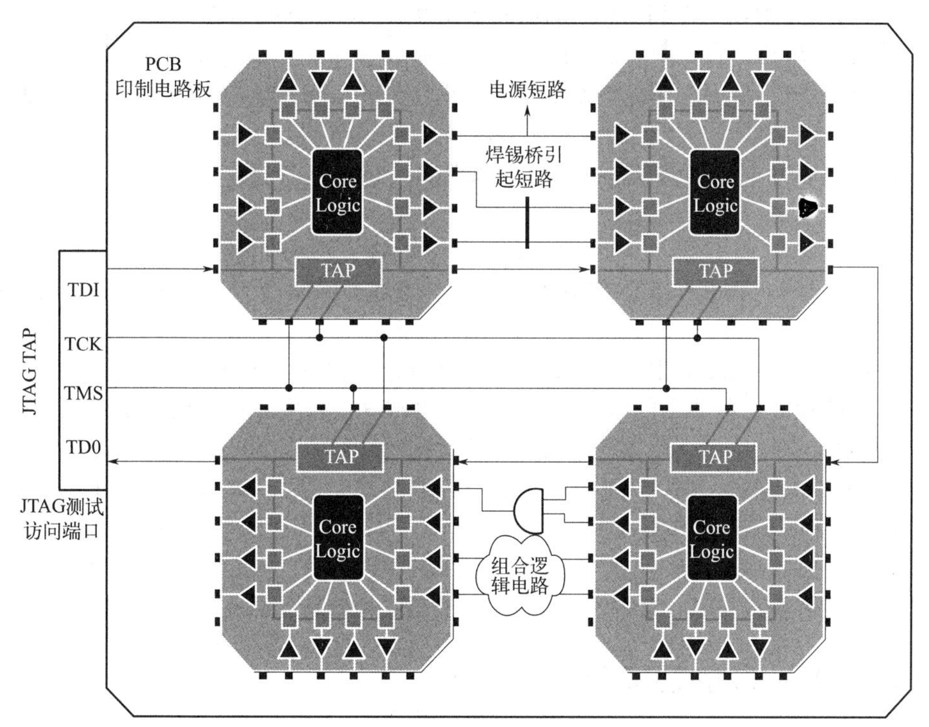

图 9-2　边界扫描电路用于板级测试

CUT，然后由输出响应分析器检查 CUT 的输出序列，以确定该电路有无故障。如果 CUT 具有自己产生测试信号、自己检查输出信号的能力，则称该电路具有内建自测试（BIST）功能，其一般结构如图 9-3 所示。

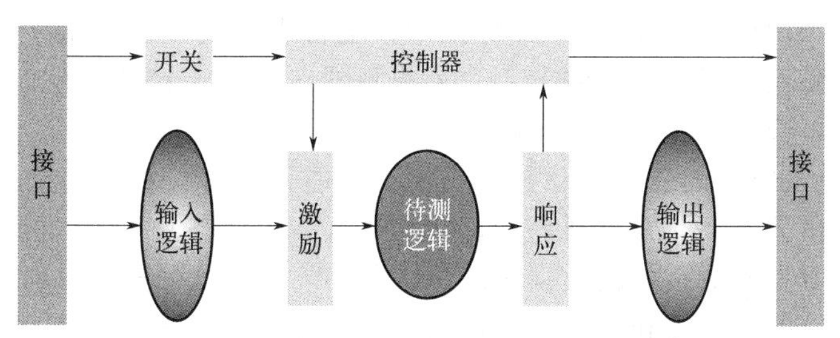

图 9-3　BIST 电路的一般结构

BIST 主要完成测试序列生成和输出响应分析两个任务，通过分析 CUT 的响应输出，判断 CUT 是否有故障。因此，对数字电路进行 BIST 测试，需要增加三个硬件部分：测试序列生成器、输出响应分析器和测试控制部分。

在测试序列生成中，有确定性测试生成、伪穷举测试生成和伪随机测试生成等几种方法。

确定性测试生成方法是一种 Ad Hoc（特定设计）方法，虽然可以得到高的故障覆盖率，但硬件开销较大，仅在测试码的个数较少时适用。

伪穷举测试生成方法是把所有可能的输入均加以分析计算的测试方法，它的最大特点是故障覆盖率可达 100%，但其计算量与输入端子数成幂次方关系，因此计算量很大。

如果将电路分为多个原始输入变量互相独立的块，则测试量将大大减少，伪穷举测试生成方法即是这样一种压缩测试量的方法。伪穷举测试生成方法也具有非常高的故障覆盖率

（只要不引起时序行为，将得到100%的故障覆盖率），但其对电路进行划分比较困难，而且由于引入了附加硬件，可能对电路性能产生负效应。

伪随机测试生成方法是一种广泛使用的、可对CUT施加大量测试码的方法，其最大的优点是测试电路的硬件开销小，同时仍具有较高的故障覆盖率。

实现输出响应分析的方法有ROM与比较逻辑、多输入特征寄存器（MISR）和跳变计数器等。

与确定性测试生成方法类似，ROM与比较逻辑方法将正确的响应存储在芯片上的ROM中，在测试时，将其与实际响应进行比较，但这种方法会因占用太多的硅面积而毫无实用价值。

MISR方法通过将CUT中各节点的响应序列输入，得到与响应序列等长的输出特征序列，然后与无故障电路各节点的响应序列的特征相比较，如果二者一致，说明电路正常，否则表明CUT中有故障存在。此方法主要有分析单个响应序列的串行输入特征分析器（serial input signature analyzer，SSA）和分析多个响应序列的并行输入特征分析器（parallel input signature analyzer，PSA）两种形式。

跳变计数器方法通过比较输出响应中的0到1和1到0的跳变总数，判断CUT是否正常。因此，其仅需要存储和比较跳变次数，使所需的存储量与测试时间得以大幅度减少。

9.3 基于ATPG的扫描测试

9.3.1 扫描测试的基本原理

当设计中的IC规模较大时，手工操作的测试时间会超过实际器件的设计时间。使用自动测试模式发生软件可消除（至少明显地降低）测试向量生成中所需的人工干预，从而增加对设计的可测性。

扫描链的合成及内建自测试（BIST）技术，配合以自动测试向量生成（ATPG）技术可生成简洁、高故障覆盖率的测试向量。简洁的测试向量意味着缩短生产测试的测试时间，而高故障覆盖率则可降低出厂芯片的故障率。

“扫描”是指将电路中的任一状态移进或移出的能力，其特点是测试数据的串行化。通过将系统内的寄存器等时序元件重新设计，使其具有扫描状态输入的功能，可使测试数据从系统一端经由移位寄存器等组成的数据通路串行移动，并在数据输出端对数据进行分析，以此提高电路内部节点的可控性和可观察性，实现测试芯片内部的目的。

扫描测试方法将电路中的触发器用特殊设计的具有扫描功能的触发器代替，使其在测试时连接成一个或几个移位寄存器链，电路就分成了可以分别进行测试的纯组合电路和移位寄存器，电路中的所有状态可以直接从原始输入和原始输出端得到控制和观察。这样就将时序电路的测试向量生成简化成组合电路的测试向量生成，由于组合电路的测试生成算法目前已经比较完善，并且在测试自动生成方面比时序电路的测试生成容易得多，可通过EDA工具的ATPG工具自动生成高覆盖率的测试向量（模式），因此大大降低了测试向量生成的难度。

图9-4为用具有扫描功能的触发器替换普通触发器之前的电路结构示意图，图9-5为用具有扫描功能的触发器替换普通触发器之后的电路结构示意图。

如图9-4和图9-5所示：对于Combination Logic1来说，在扫描设计之前其输入a不是原始输入，而是由触发器F1输出端控制，输出端c也不是原始输出端，此Block的可控性和可观察性都较差。

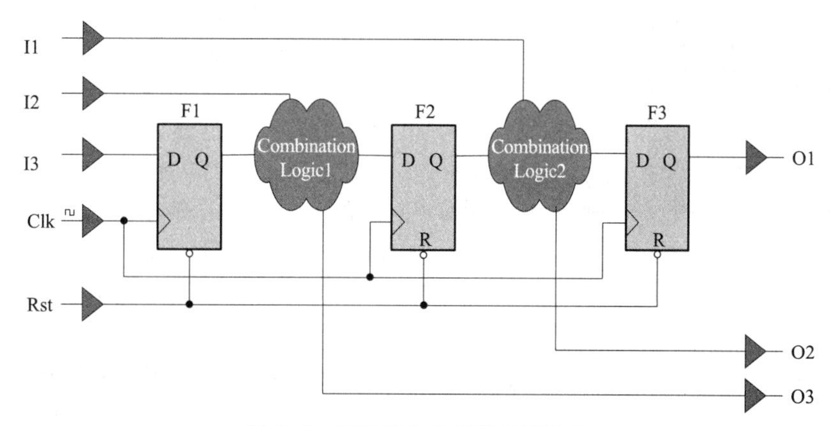

图 9-4　扫描插入之前的电路结构

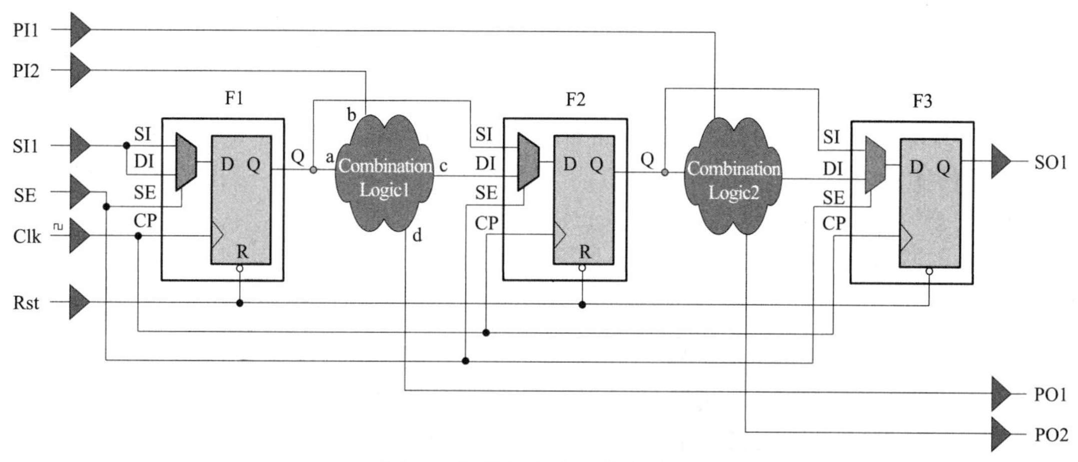

图 9-5　扫描插入之后的电路结构

在扫描替换之后，电路中的所有触发器都用具有扫描功能的触发器代替，此类型触发器与普通触发器的不同之处在于其数据输入端增加了一个 2 选 1 MUX，通过测试状态控制信号 SE 进行输入选择。当电路处于测试状态时，SE 选择扫描输入 SI 作为触发器的输入数据，触发器连接成一个移位寄存器链。这样，电路分成了可以进行分别测试的纯组合电路 Combination Logic1、Combination Logic2 和移位寄存器链 F1、F2、F3。

以图 9-5 为例，对于移位寄存器链 F1、F2、F3 的测试，只需从 SI1 端加入“0_1_0”这样十分简短的测试向量便可保证覆盖完全；对于纯组合电路 Combination Logic1 来说，其所有输入信号的状态可以直接由原始输入（PI2）和移位寄存器 F1 输出端（F1/Q）加以控制，其所有输出信号的状态可以直接从原始输出（PO1）和移位寄存器 F2 输入端（F2/DI）观察到。而其测试向量生成，则可用目前已经比较完善的组合电路测试向量生成算法，通过 EDA 工具的 ATPG 工具自动生成高覆盖率的测试向量。同样，可完成对组合电路 Combination Logic2 的测试。

9.3.2　扫描测试的主要阶段

在对上述纯组合电路部分进行扫描测试时，先将一个测试 Pattern（向量）的激励信号通过移位寄存器串行移入及通过原始输入端（PI2）并行加载，再将此组合电路部分的响应通过移位寄存器串行移出及通过原始输出端（PO1）并行输出。一个 Pattern 的测试步骤如图 9-6 所示。

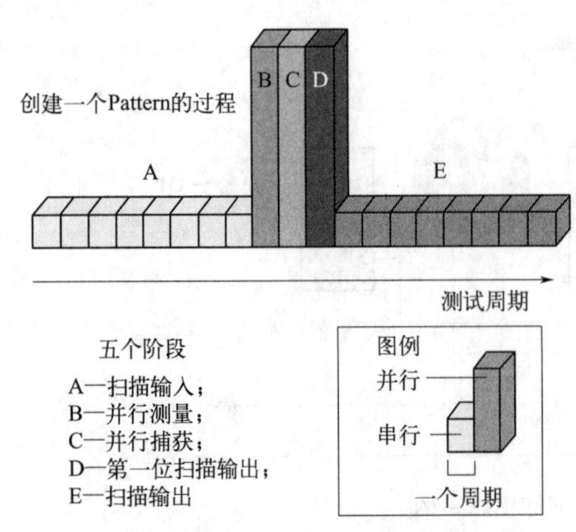

图 9-6 测试 Pattern 的执行步骤

各步骤的功能如下：

① 扫描输入：此阶段数据串行移入扫描链。

② 并行测量：此 Cycle（周期）的初始阶段通过原始输入端加入并行测试数据，此 Cycle 的末段检测原始输出端的并行输出数据。在此 Cycle 中时钟信号保持无效。

③ 并行捕获：扫描寄存器捕获组合逻辑部分的输出信号状态。

④ 第一位扫描输出：此阶段无时钟信号，测试机采样扫描链输出值，检测第一位 Scan-Out 数据。

⑤ 扫描输出：扫描寄存器捕获到的数据串行移出，测试机在每一 Cycle 检测扫描链输出值。

由图 9-6 可看出，在对 Pattern 的测试过程中，并行测量和并行捕获仅用了两个测试周期，而扫描移位占用了绝大多数测试时间，当扫描链较长时更是如此。因此，为提高测试效率必须尽量缩短扫描链的长度，采用多条扫描链同时扫描数据。

在实际的测试过程中，前一 Pattern 的 Scan-Out 阶段与后一 Pattern 的 Scan-In 阶段是相互交叠的，如图 9-7 所示。

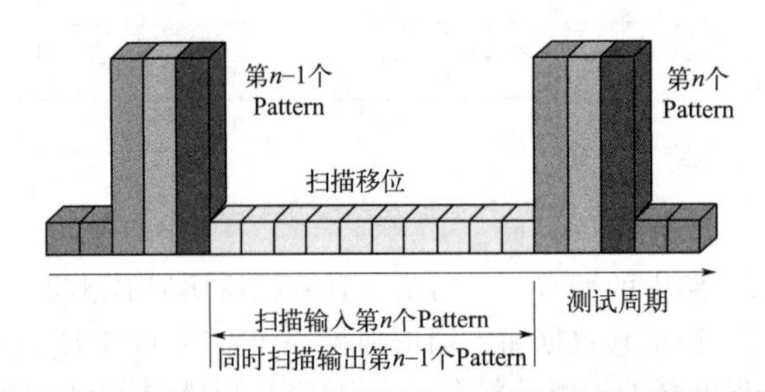

图 9-7 前后 Pattern 的扫描输出和扫描输入阶段相互交叠

9.3.3 扫描测试的基本时序

扫描测试基于 Cycle 的测试过程，典型的测试时序如图 9-8 所示。

扫描移位阶段扫描输入与上一 Pattern 的扫描输出相互交叠，待测芯片的测试状态控制信号 SE（scan enable）一直处于有效状态。第一个扫描输出阶段时钟信号保持无效，测试机采样串行输出端 SO 的状态；之后每一扫描移位 Cycle 都有一时钟信号，测试机也会采样一次 SO 的状态；在最后一个扫描移位 Cycle 产生的并行输出（PO）的有效数据被捕获到各触发器中。与此同时，扫描数据位串行地加载于相应的 SI 输入端口，当时钟信号有效时扫描数据位移入链中。

并行测量阶段待测芯片的测试状态控制信号 SE 处于无效状态，芯片处于正常工作模式。此时已通过扫描链完成相应组合逻辑模块一部分输入信号的加载，测试机再通过原始输入端并行加载其他部分输入信号。经过一段稳定时间后测试机采样（strobe）并行输出信号（PO），如图 9-9 所示。

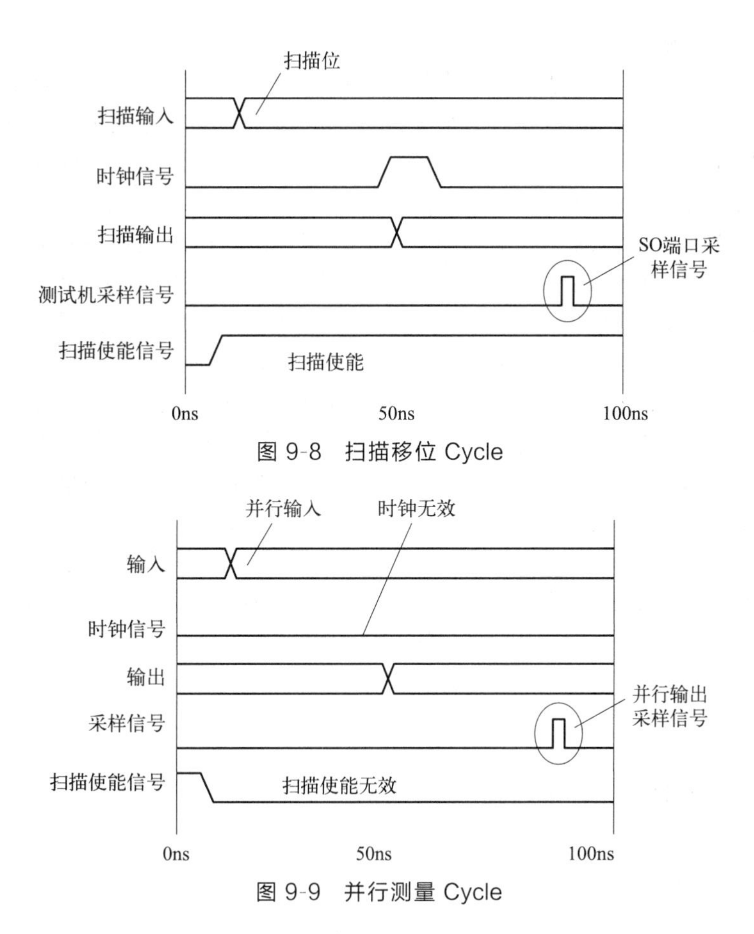

图 9-8　扫描移位 Cycle

图 9-9　并行测量 Cycle

并行捕获阶段待测芯片仍处于正常工作模式。当测试时钟有效时，组合逻辑的输出信号状态被捕获到相应的扫描触发器中，等待第一个扫描输出阶段到来后将捕获数据移出，如图 9-10 所示。

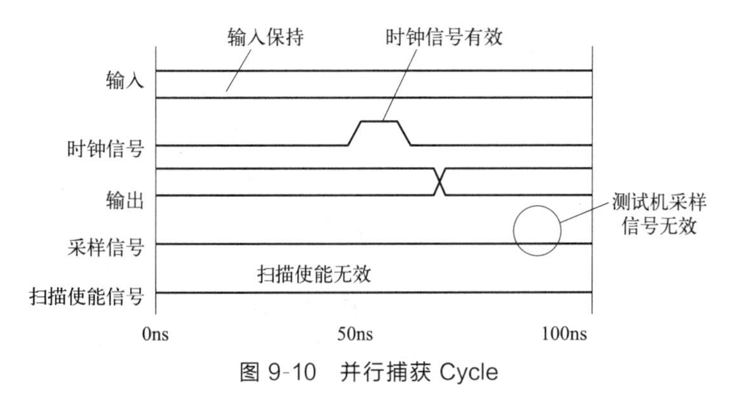

图 9-10　并行捕获 Cycle

9.3.4　扫描设计的注意事项

扫描设计技术大大增加了电路的可控制性和可观察性。然而，做任何事情都要付出代价，在扫描替换之后，电路中的所有触发器都用具有扫描功能的触发器代替，此类型触发器较普通触发器增加了一 2 选 1 MUX，这样就增加了设计的门数，并降低了电路的工作频率。这些问题促进了局部扫描技术的开发。局部扫描技术综合了全扫描的优点，同时又减小了对电路门数和性能的影响。

扫描设计中常遇到的问题是对电路中锁存器的处理。锁存器只有在转换成扫描锁存器时才可能进行扫描。但是这种转换会产生很大的开销。通用的解决方案是在测试模式中使锁存器透明化，这样做可减小通过锁存器造成的错误传输的影响，但锁存器使能逻辑中的错误就无法测出，从而降低了故障覆盖率。

扫描合成技术无法解决的另一个问题是组合反馈环。这些反馈环不停向组合逻辑电路发出连续动作，这样就很难使用组合 ATPG 工具。另外，组合反馈环可能会导致竞争和冒险，因而会产生无法预计的电路动作。环路通常是与延迟有关的，这样用任何的 ATPG 算法都无法进行测试，因此，在设计中应尽量避免组合反馈环。然而，在某些场合，这些环可能是无意中建立的。当多位设计者参与同一设计时，这种情况就可能出现。例如，当 IC 的总线很多时，可能有各种信号接到总线。每个设计者在其设计的部分都尽量避免产生组合反馈环，但即使如此，当两部分电路组合时还是有可能形成组合反馈环。如果组合反馈环无法避免，就应增加测试逻辑，在测试状态时强制性地阻断组合反馈环。

目前已有多种有效的用于基本组合电路的 ATPG 算法，通过扫描合成技术能较好地解决一些问题。但是，扫描合成技术无法自动处理所有电路的可测性问题，设计人员在电路设计之初便应考虑扫描测试及 ATPG 工具的要求和局限性，并按此要求进行设计以改善测试效果，即进行可测性设计。如果忽略了这一点，即使是最先进的 ATPG 算法也会有所不足。

9.4 边界扫描电路设计

9.4.1 边界扫描简介

随着集成电路的小型化发展，芯片功能不断增强，门数不断增大，引脚数也不断增多，芯片相邻引脚之间的距离和 PCB 上芯片之间的距离越来越小。另外，各种新型的小型化芯片封装技术（如 BGA、COB 等）的出现，也使得借助于探针夹具的在线测试因机械探针难以接触高密度的 PCB 引线而变得越来越困难。尽管电路板变得更加拥挤，元器件的复杂性也越来越高，但对电路的板级测试要求却越来越严格，这就迫切要求寻找一种方法解决上述矛盾。

一个名为 JTAG（Joint Test Action Group）的组织致力于解决上述问题，提出了一种边界扫描技术（boundary scan）标准，提供了解决上述矛盾的有效方法。该标准于 1990 年被 IEEE 正式采用，即 IEEE 1149.1 标准。该标准规定在 IC 的输入、输出引脚处放置边界扫描单元（boundray scan cell），并把这些扫描单元依次连成扫描链，然后运用扫描测试原理观察并控制元件边界的信号。在正常工作状态下，这些移位寄存器单元是“透明的”，通过边界扫描单元并行地输入、输出信号，不影响电路板的正常工作。在测试状态时，由 BSC 串行地存储和读出测试数据。扫描单元也可以串、并行混合地接收和输出数据。

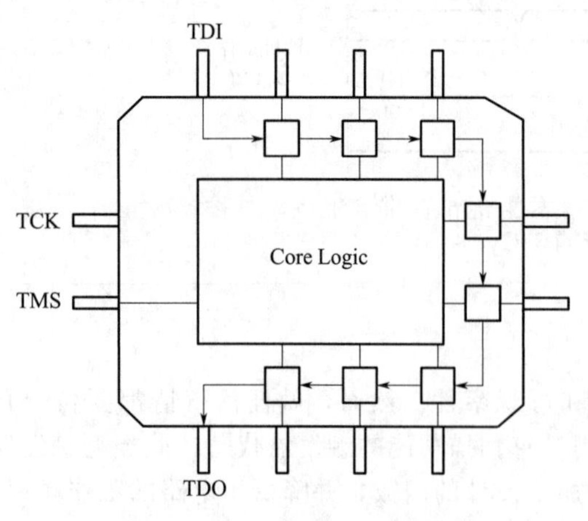

图 9-11 边界扫描通路示意图

图 9-11 为这种器件的扫描通路示意图。

通过不同的指令或外部引脚使能，JTAG 规范也可用于可编程器件加载。

9.4.2 边界扫描电路结构

边界扫描电路包括测试访问端口（test access port，TAP）、TAP 控制器（TAP controller）、指令及数据寄存器（instruction and data register）、边界扫描单元（BSC）。其结构如图 9-12 所示。

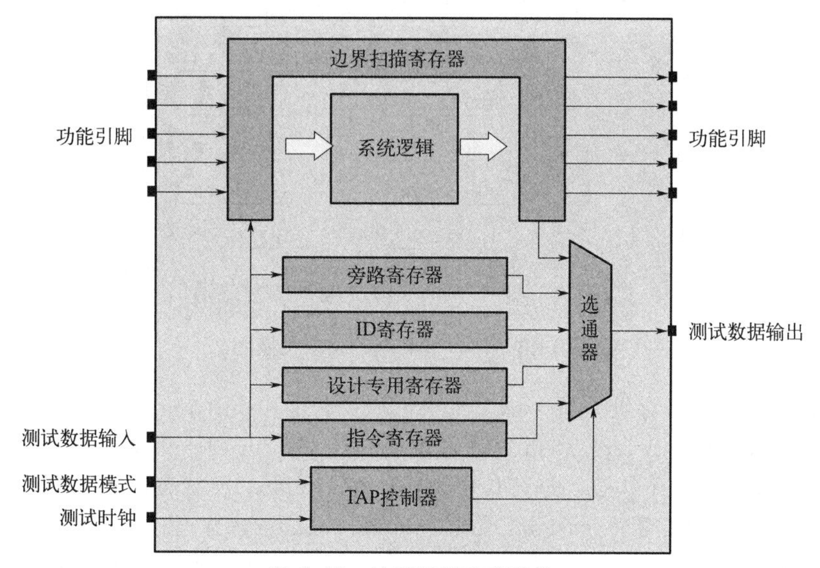

图 9-12 边界扫描电路结构

边界扫描逻辑是通过测试访问端口（TAP）存取的，它由 IEEE 标准规定的四个必需引脚和一个可选引脚组成。四个必需引脚包括测试状态选择（TMS）、测试时钟（TCK）、测试数据输入（TDI）和测试数据输出（TDO）。部分器件提供 TRST 用于复位 JTAG 规范的数据和指令寄存器。TCK 为低时测试逻辑中的存储单元保持不变，在 TCK 的上升沿采样 TMS 和 TDI，在 TCK 的下降沿后 TDO 变化。只有在扫描时（Shift-DR 或 Shift-IR）TDO 输出才有效。

9.4.3 TAP 控制器及指令集

TAP 控制器由一个包含 16 个状态的有限状态机构成，它控制了指令和数据寄存器的操作。TCK 为其时钟，TMS 用于决定状态机的跳转。TAP 控制器在芯片上电时复位，也可通过 TRST 端口施加复位脉冲，或使 TMS 保持高电平至少 5 个 TCK Cycle 的方法复位。

TAP 控制器的 Test-Logic-Reset 状态抑制测试逻辑，并使器件处于正常工作模式。由状态转换图可看出，无论 TAP 控制器处于何种状态，都可以通过将 TMS 保持高电平至少 5 个 TCK Cycle 的方法使其返回 Test-Logic-Reset 状态。Run-Test/Idle 主要用于执行 BIST 操作。

其他的 TAP 控制器状态转换可简化为三个基本操作：Capture、Shift、Update。当 TAP 处于 Capture 状态时，数据或指令在 TCK 上升沿并行地载入数据或指令寄存器的移位单元。在 Shift 状态，移位单元中的数据或指令由 TDO 端口串行移位输出，同时通过 TDI 端口移入新的数据，此过程一直持续到所有的新数据或指令位全部载入为止。在 Exit1 状态时进行最后一次移位操作。在 Update 状态 TCK 下降沿有效时，移位单元中新的数据或指令并行地锁存入所选的数据或指令寄存器的并行输出锁存器中，并作为当前的指令或数据。TAP 控制器的状态转换如图 9-13 所示。

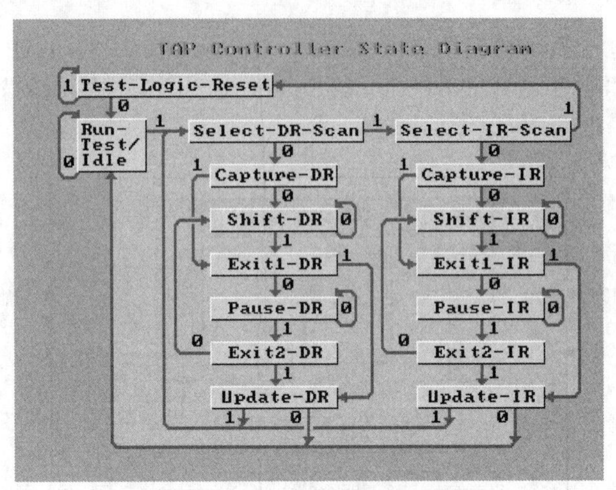

图 9-13　TAP 控制器的状态转换图

JTAG 规范的指令寄存器包括 $n(n \geqslant 2)$ 位移位单元（shift-register）、并行输出锁存器（parallel output latch/register）和指令译码逻辑。在 Capture-IR 状态，把“01”装入移位单元的最低两位；在 Shift 状态，进行移位操作；在 Update-IR 状态，TCK 的下降沿有效时把 shift-register 中的内容装入 parallel output latch/register，并通过指令译码逻辑进行指令译码。上电或在 TCK 作用下变迁到 Test-Logic-Reset 状态时，指令寄存器中装入 IDCODE 或 BYPASS 指令。TAP 控制器各阶段指令寄存器的操作如表 9-1 所示。

表 9-1　TAP 各阶段指令寄存器操作表

控制器状态	移位寄存器阶段	并行输出
Test-Logic-Reset	未定义	指令寄存器装入 IDCODE 或 BYPASS 指令
Capture-IR	将 01 装载到指令寄存器的低有效位，将专用设计数据或固定值装载到指令寄存器的高有效位	保持上一状态
Shift	进行移位操作	保持上一状态
Exit1-IR Exit2-IR Pause-IR	保持上一状态	保持上一状态
Update-IR	保持上一状态	将移位寄存器阶段的值装载到指令寄存器
其他状态	未定义	保持上一状态

JTAG 规范中规定了三个必需的指令：

① EXTEST（instrution all“0”）：EXTEST 指令主要用于芯片外围互连测试。测试数据可以通过扫描链移到芯片的输出引脚上作为 PCB 测试的激励信号，并通过将输入引脚信号状态置入扫描链的方法检测 PCB 待测部分响应。

当 EXTEST 指令有效时，指令译码逻辑使 boundary scan cell（BSC）连接于 TDI 和 TDO 之间。在 Capture-DR 状态 TCK 上升沿有效时，将芯片各输入引脚的信号状态锁存入 BSC 中的 boundary scan register（BSR）；在 Shift-DR 阶段，对 BSR 中的数据进行移位操作；Update-DR 阶段 TCK 下降沿有效时，BSR 中的数据锁存入 BSC 中的并行输出锁存器。

② BYPASS（instrution all“1”）：BYPASS 指令提供了 TDI 与 TDO 之间最短的数据

通道。这种方式不影响芯片的正常运行，用于板级测试时加快其他芯片的测试速度。当BYPASS指令有效时，指令译码逻辑使bypass register连接于TDI和TDO之间，bypass register由1位移位寄存器组成。在Capture-DR状态下，shift-register在TCK上升沿有效时置为“0”；在Shift-DR阶段，TDI输入数据经bypass register移位输出。

③ SAMPLE/PRELOAD（instrution user-defined）：SAMPLE指令可以在不影响芯片正常运行的情况下将芯片的输入/输出采样到边界扫描单元，并通过TDO输出。这种方式可用于调试和故障诊断。当SAMPLE/PRELOAD指令有效时，指令译码逻辑使BSC连接于TDI和TDO之间。在Capture-DR状态TCK上升沿有效时，将芯片各输入及输出引脚的信号状态锁存入BSC的BSR；在Shift-DR阶段，BSR中的数据通过TDO串行移位输出；Update阶段，BSR中的数据锁存入并行输出锁存器。

JTAG规范中还规定了其他可选的指令：IDCODE、INTEST、RUNBIST等。

① 当执行IDCODE指令时，指令译码逻辑选择device identification register（DIR）连接于TDI和TDO之间。在Capture-DR状态TCK上升沿有效时，DIR中置入该芯片的标识码（identification code）；在Shift-DR状态，该标识码通过TDO移位输出。

② INTEST指令可以控制芯片Core Logic的信号状态，并通过检测Core Logic输出引脚上信号的状态来测试该芯片本身逻辑功能的正确性。INTEST指令有效时，芯片所有输出引脚和非时钟输入引脚均由BSC控制，Core Logic可被控制于单步操作模式。在Capture-DR状态TCK上升沿有效时，将芯片各输出引脚的信号状态锁存入BSR；在Shift-DR阶段，BSR中的数据通过TDO移位输出；Update阶段，BSR中的数据锁存入并行输出锁存器。

③ RUNBIST指令译码逻辑选择用于存储BIST测试结果的数据寄存器（BIST_REG）连接于TDI和TDO之间。对BIST电路的测试仅在Run-Test/Idle状态进行，并且此测试过程需要一定的测试周期（Cycle of TCK），直到BIST测试结果有效为止。在Capture-DR状态TCK上升沿有效时，将BIST测试结果存入BIST_REG中；在Shift-DR阶段，BIST_-REG中的数据通过TDO移位输出。

BIST测试结果独立于板级互连和芯片Core Logic部分的输入引脚。当执行RUNBIST指令时，芯片输出引脚状态将由BSC决定，并且并行输出寄存器的状态保持不变。

JTAG规范中数据寄存器包括：

① bypass register：必需的，bypass register由1位移位寄存器组成。

② boundary scan register：必需的，在芯片每个数字信号引脚和Core Logic之间都必须有一个boundary scan register（BSR），可以检测或控制数字信号引脚的状态。BSR的串联顺序由芯片商自行决定。边界扫描单元（BSC）结构如图9-14所示。

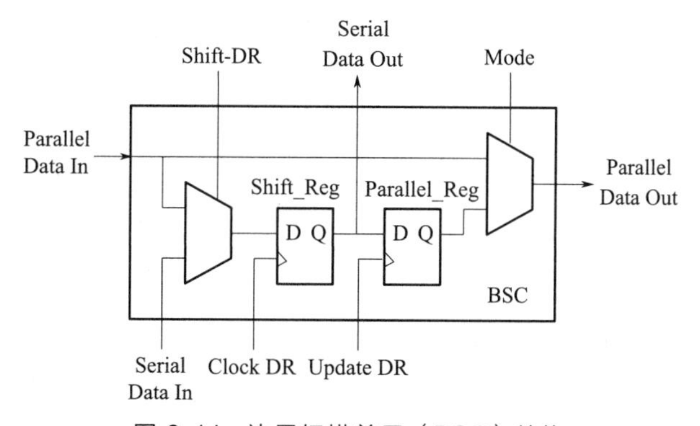

图9-14 边界扫描单元（BSC）结构

对单向信号输入引脚，BSC 必须能检测该输入引脚的状态，并控制对 Core Logic 的输入（此功能是可选的）。

对 2-state 和 open-collector 芯片输出引脚，BSC 必须能检测 Core Logic 的输出，并控制芯片输出引脚的状态。

对 3-state 芯片输出引脚，BSC 必须能控制芯片输出引脚的值和使能，并检测 Core Logic 的输出（值和使能）。

③ device identification register：可选的。device identification register 为移位寄存器格式，只有并行输入而无并行输出。一般的 IC 中应包含由 Vendor 定义的标识码，此标识码的格式为：4-Bit Version＋16-Bit Part Number＋11-Bit Manufacturer Identity＋ "1"（The Manufacturer Identity "00001111111" is reserved）。

④ design specific registers：可选的。

TAP 控制器是有 16 个状态的状态机，控制边界扫描电路按照 TMS 运行。这个状态机执行由 IEEE 规定的状态图，并由 TCK 定时。加电时或在芯片正常工作中不利用边界扫描逻辑，强迫 TAP 控制器处于 Test-Logic-Reset 状态。在配置之后，控制器保持禁止，除非在用户的设计中明确规定使用它。PROGRAM 为 EXTEST、CONFIGURE 和 READBACK 指令复位锁存的译码器。加载一个 3 位指令到指令寄存器（IR）决定相继运行的边界扫描逻辑，如表 9-2 所示。指令选择 TDO 引脚的源和器件输入及输出数据的源（边界扫描寄存器或输入引脚/用户逻辑）。

表 9-2　边界扫描指令

指令			测试选择	TDO 源	I/O 数据源
I2	I1	I0			
0	0	0	EXTEST	DR	DR
0	0	1	SAMPLE/PRELOAD	DR	Pin/Logic
0	1	0	USER1	TDO1	Pin/Logic
0	1	1	USER2	TDO2	Pin/Logic
1	0	0	READBACK	读回数据	Pin/Logic
1	0	1	CONFIGURE	DOUT	Disabled
1	1	0	RESERVED		
1	1	1	BYPASS	旁路寄存器	Pin/Logic

9.4.4　基于 BSD Compiler 的边界扫描电路设计方法

本节以基于 BSD Compiler 进行边界扫描电路设计（BSD）为例，介绍边界扫描电路设计的基本步骤。使用 BSD Compiler 进行边界扫描电路设计的基本步骤如图 9-15 所示。

（1）Edit Code

在进行设计之前需对 RTL 代码进行相应修改：编辑一顶层设计文件（top file），在此层中 instantiate（实例化）所有的 I/O Pad，并将除 JTAG 端口外的所有的 I/O Pad 与 Core 上相应的端口相连。应注意所选 I/O Pad 的类型，保证 TDO 为三态输出 buffer。此层结构如图 9-16 所示。

（2）BSD Configure

进行 BSD 配置的步骤及注意事项如下：

① Link Library：应保证 link _ library 中包含 DW library（DW 库）。

```
link_library={"* ","asic_vendor.db","dw01.sldb","dw02.sldb","dw03.sldb"}
```

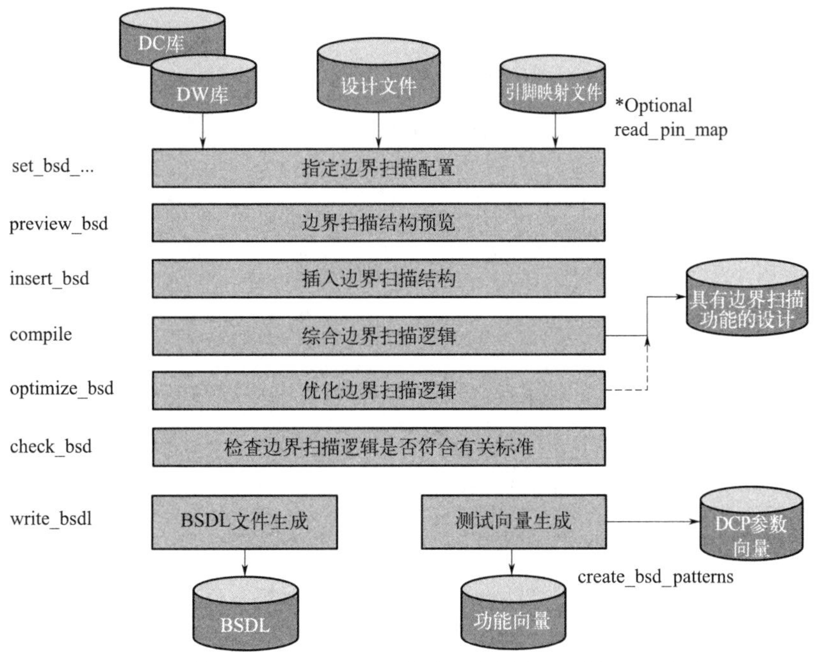

图 9-15　基于 BSD Compiler 的边界扫描电路设计的基本步骤

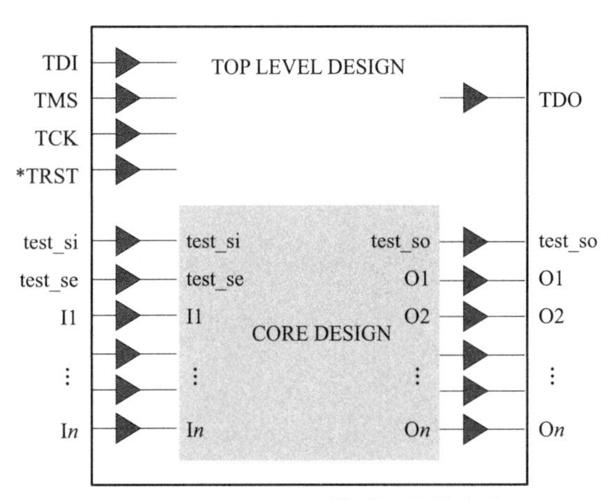

图 9-16　BSD RTL 模型顶层结构图

② Read File：读入 Design（设计）和 Pin Map（引脚映射）文件。

```
read-f verilog mytop.v
read_pin_map <filename>
```

③ Identify Boundary Scan Ports on Design：

```
set_bsd_signal tck my_tck
set_bsd_signal tdi my_tdi
set_bsd_signal tms my_tms
set_bsd_signal trst my_trst
set_bsd_signal tdo my_tdo
```

④ Identify Special Instruction to be Implemented：标准的指令如 SAMPLE/PRELOAD、BYPASS、EXTEST 无须指定，但一些特别的指令如 HIGHZ、IDCODE 等应在配

置中指定。

```
set_bsd_instruction {HIGHZ,INTEST,IDCODE}
```

⑤ Identify Instruction Encoding，Inclusion of Asynchronous Reset：

```
set_bsd_configuration-instruction_encoding default | one_hot
set_bsd_configuration-asynchronous_reset true | false
```

⑥ 如果使用了 IDCODE 指令，还需指定相关的参数：

```
test_bsd_version_number=<decimal #>
test_bsd_part_number=<decimal #>
test_bsd_manufacture_id=<decimal #>
```

（3）BSD Synthesize

完成 BSD Configure 之后便可进行 BSD Synthesize，具体步骤如下：

① Preview Boundary Scan Strutures That will be Built：

```
Preview_bsd-show cells | data_registers | instructions | tap | all
```

② 如果 Preview 过程没有报错，则可进行 Insert 过程：在此过程中将在电路中插入必需的边界扫描电路。

```
Insert_bsd
```

③ Synthesize：可使用相应的时间和面积约束条件，采用 Bottom-up 或 Top-down 的方式进行综合。

```
Use Bottom-up:
        current_design DW_bc_1_design;  compiler;...
        current_design DW_bc_2_design;  compiler;...
        current_design TOP_bsr_top_inst_design;
        remove_attribute {DW_bc_1_design,DW_bc_2_design,...} dont_touch
        current_design TOP
        set_dont_touch TOP_bsr_top_inst_design;
        compile;
        remove_attribute {TOP_bsr_top_inst_design } dont_touch
or Use Top-down
        uniquify
        compile
```

④ BSD Optimize：与 Synthesis 不同的是 BSD Optimization（optimize_bsd）在保存边界扫描单元的最基本的功能的前提下，考虑用户约束，使用简化的 boundary scan cell 以期达到用户设置的时间及面积约束。例如使用" observe-only" 或" none" 替换" contral-and-observe" 类型，boundary scan cell 可减小延时和面积消耗。Optimization 包括：

a. BSR 单元合并：test_bsd_control_cell_drive_limit=n

b. 时间约束优化：set_bsr_cell_type

c. 面积约束优化：test_bsd_optimize_control_cell=ture

Optimization 有可能与 IEEE 1149.1 规范冲突，所以应设置：

```
test_bsd_allow_tolerable_violations=true
```

⑤ Compliance Check：完成 BSD 综合及优化之后应使用 check_bsd 命令对其与 IEEE 1149.1 规范的一致性进行检查。

```
check_bsd _effort low | medium | high-verbose
```

check_bsd 检查内容包括：

a. TAP controller

b. instruction register

c. BYPASS register

d. boundary scan register

e. any test data registers that may exist

f. observability/controllability of input/output ports

g. behavior of inferred instructions

为检查 BSD configuration 是否正确，可使用如下命令报告当前 Design 的配置：

```
report_test-bsd_configuration
```

（4）BSDL and Vector Generation

使用如下命令产生 BSDL 文件：

```
:write_bsdl-output mybsdlfile
```

BSDL 用于该芯片所在 PCB 的 JTAG 测试。使用如下命令产生 BSD 的测试向量，用于该芯片 BSD 部分的故障测试：

```
creat_bsd_patterns-output mytests-type all | functional | dc_parametric \
      | tap_controller | tdr | bsr | reset
```

将测试向量以适当的格式写出：

```
write_test-format WGL-out myWGL
```

（5）BSD Script Example

以下是对 ATM Interface Design 进行 BSD 设计的 .synopsys _ dc.setup 及 Script 文件：

```
/*************************************************************** /
/*   Design Compiler setup file for TOSHIBA library tc220c* /
/*************************************************************** /
tsb_lib_path={ "/vendor/toshiba/TEAL/sd541/sd541_syn_lib",\
/vendor/toshiba/TEAL/sd541/sd541_syn_lib/tc220c" }
search_path=search_path+tsb_lib_path
best_library={ tc220c.db_MIN    TC220C_XCTS.db }
nom_library={ tc220c.db_TYP     TC220C_XCTS.db   }
worst_library={ tc220c.db_MAX     TC220C_XCTS.db }
link_library=worst_library
target_library=worst_library
symbol_library={ tc220c.workview.sdb }
db_path="./db/"
vhdl_path="./vhdl/"
netlist_path="./netlist"
rpt_path="./rpt/"
vec_path="./vec/"
```

```
bsdl_path=". /bsdl/"
/************************************************************************ /
/* Boundary Scan Design Script file for SD541A Using TOSHIBA library tc220c * /
/************************************************************************ /
free-all
CLK_PERIOD=6
read-f db db_path+"sd541_core. db"
read-f vhdl vhdl_path+"sd541_top. vhd"
current_design SD541_TOP
create_clock-p CLK_PERIOD-waveform {0 3}-name ICLKA {IClkA}
create_clock-p CLK_PERIOD-waveform {0 3}-name ICLKB {IClkB}
create_clock-p CLK_PERIOD-waveform {0 3}-name ICLKC {IClkC}
create_clock-p CLK_PERIOD-waveform {0 3}-name ICLKD {IClkD}
create_clock-p CLK_PERIOD-waveform {0 3}-name RCKA {RCkA}
create_clock-p CLK_PERIOD-waveform {0 3}-name RCKB {RCkB}
create_clock-p CLK_PERIOD-waveform {0 3}-name RCKC {RCkC}
create_clock-p CLK_PERIOD-waveform {0 3}-name RCKD {RCkD}
set_jtag_instruction "BYPASS"-code "11111"-reg_name "JTAG_BYPASS_REG"
set_jtag_instruction "EXTEST"-code "00000"-reg_name "JTAG_BSR"
set_jtag_instruction "SAMPLE/PRELOAD"-code "00001"-reg_name "JTAG_BSR"
set_jtag_instruction "IDCODE"-code "00100"-reg_name "JTAG_ID_REG"
set_signal_type jtag_tdi TDI
set_signal_type jtag_tdo TDO
set_signal_type jtag_tms TMS
set_signal_type jtag_tck TCK
set_signal_type jtag_trst TRST
insert_jtag-id_register-no_pads-ir_size 5
check_bsd > rpt_path+"sd541_bsd. rpt"
TOP_DESIGN=SD541
current_design TOP_DESIGN
write-f db-hier-o db_path+TOP_DESIGN+"_JTAG. db"
write-f verilog-hier-o netlist_path+TOP_DESIGN+"_JTAG. v"
write_bsdl-output  bsdl_path+" sd541. bsdl"
creat_bsd_patterns-output vec_path+"sd541. vdb"-type all
write_test-format verilog-out  vec_path+" sd541_jtag. v"
quit
```

本章习题

1. 为什么要进行可测性设计？

2. 可测性设计方法的核心思想是什么？

3. 试解释下列可测性设计相关术语的含义：ATPG、ATE、BIST、BSC、BSDC、CUT、DFT、JTAG、PI、PO、TC。

4. 简述扫描测试技术的基本原理。

5. 什么叫全扫描技术？什么叫部分扫描技术？什么叫边界扫描技术？

6. 简述内建自测试技术的基本原理及其电路结构。

7. 扫描测试分为哪些步骤？简述各个步骤的功能。

8. 简述边界扫描电路的结构、外部信号及工作原理。

第10章 SoC设计方法

本章学习目标

理解并掌握SoC的基本概念与思想，理解并掌握SoC的设计流程，了解SoC系统结构设计方法，了解IP复用的设计方法，了解SoC验证方法。

本章内容思维导图

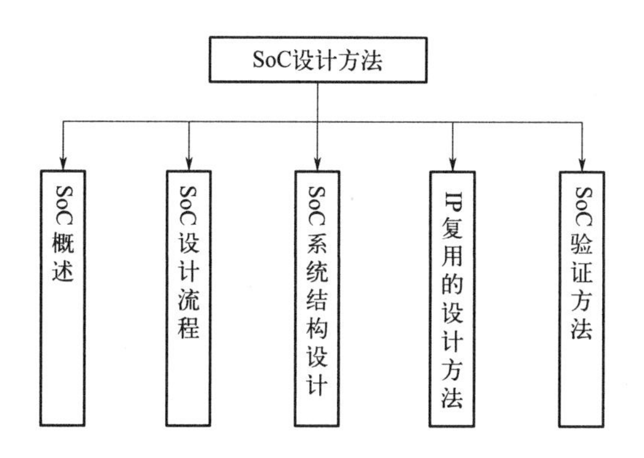

本章的主要内容包括SoC的基本概念与思想、SoC设计流程、SoC系统结构设计、IP复用的设计方法、SoC验证方法等。

10.1 SoC概述

（1）SoC的定义

SoC（system on a chip）即系统级芯片，又称为片上系统。SoC是在单个芯片上集成一个有复杂功能的电子系统，以 CMOS 为主要工艺技术，具有集成度高、性能强、功能复杂、灵活性大、低功耗、低成本等特性，在物联网、无线通信、消费类电子产品、嵌入式系统等领域具有广泛应用。

（2）SoC 的组成结构

SoC 通常由以下几类电路模块构成：微处理器（CPU、DSP、MCU 等）、存储器（ROM、RAM、EEPROM、Flash 等）、实现加速的专用硬件功能单元、与外部进行数据传输的接口模块、连接芯片上各部件的总线、存储控制器等，如图 10-1 所示。同时，SoC 还必须包括与硬件系统配套的软件系统，如嵌入式操作系统、应用软件等。

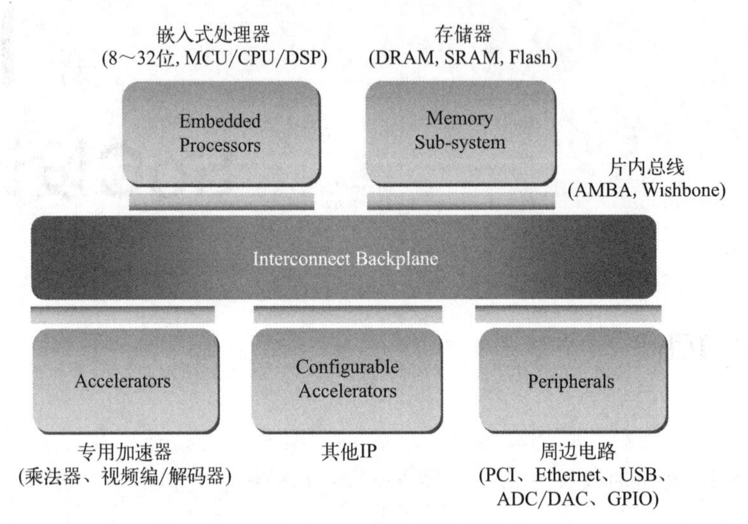

图 10-1　SoC 的组成结构

（3）SoC 的分类

根据应用领域的不同，SoC 可以划分为计算控制型、通信网络型、信号处理型等不同的类型，如图 10-2～图 10-4 所示。

（4）SoC 的特点

与传统的专用集成电路（ASIC）相比，SoC 具有如下特点：

① SoC 将整个系统集成在一片芯片上，使得产品的性能大大提高，体积显著缩小。

② SoC 适用于更复杂的系统，具有更低的设计成本和更高的可靠性。

③ SoC 规模大、复杂度高，为保证设计的正确性，需要先进的设计方法和设计自动化工具的支持。

④ SoC 市场需求多样化，产品升级换代速度快，要求产品设计周期短，以便快速上市占领市场。每一款 SoC 都完全重新设计是不能满足快速上市要求的，因此 SoC 通常采用基于 IP 复用的设计方法，以尽可能降低产品设计的复杂性，降低开发成本，缩短产品开发的时间。

⑤ SoC 设计包含硬件和软件两部分内容，在设计之初就要合理划分软/硬件的功能，明确软硬件之间的界面，然后同时开展软硬件协同设计、仿真和验证。

⑥ SoC 相比传统的 ASIC 在单一芯片上集成了更多的晶体管，因此功耗更大，要保证芯片正常工作，通常需要采用低功耗设计技术。

⑦ 在 SoC 中，经常是数字电路与模拟电路共存，硬件、软件共存，基带电路与射频电路共存，小信号电路与大功率电路共存。

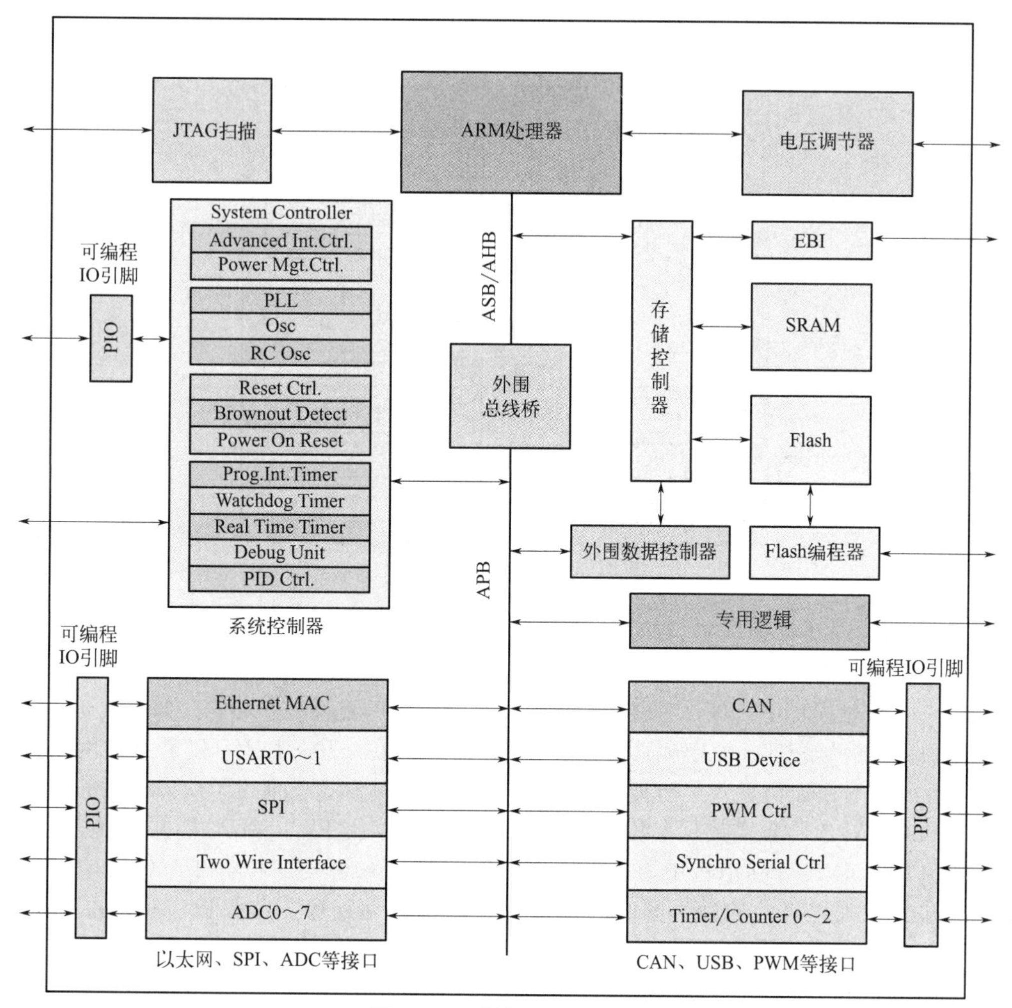

图 10-2 计算控制型 SoC

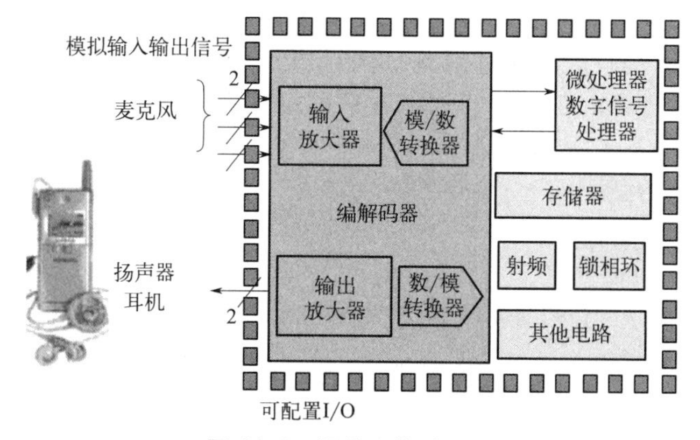

图 10-3 通信网络型 SoC

⑧ SoC 可以有效地降低整个电子系统的功耗。

⑨ SoC 能够减少芯片对外引脚数，简化系统加工的复杂性。

⑩ SoC 能够减少外围驱动接口单元及电路板之间的信号传递，加快了数据传输和处理的速度。

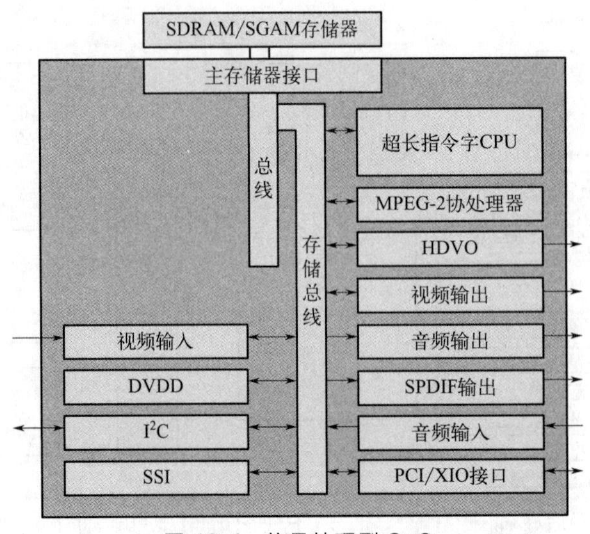

图 10-4　信号处理型 SoC

⑪ SoC 内嵌的线路可以减少甚至避免电路板信号传送时所造成的系统信号串扰。

（5）SoC 的发展趋势

在未来的 SoC 设计中，设计者会努力争取将系统所有的重要数字功能，如高效通信信号处理、图像和视频信号处理、加密和其他应用加速等，集成在一片芯片上。随着互联网新技术的不断涌现，人们对模拟仿真、互动及智能化的要求越来越高，这就催生了众核时代的到来。未来的众核 SoC 芯片上将集成数百个乃至数千个小核，可有效地提高 SoC 性能并降低功耗。

在未来的 SoC 设计和销售中，软件所占的比例将越来越大。未来的 SoC 设计不仅包含硬件，还包含很大规模的软件，同时芯片销售将包括驱动程序、监控程序和标准的应用接口，还可能包括嵌入式操作系统。软件的增值会给设计公司带来更多的收益，会使设计思路发生很大的变化。

在未来的 SoC 设计中，功耗将遇到更大的限制和挑战，高效能的新型 SoC 系统架构将成为 SoC 发展的主要驱动力。

以电子系统级设计为代表的先进的 SoC 设计方法的出现，使得以多个处理器为中心的复杂 SoC 的设计变得简单，而灵活的软件方案可以更有效地解决多变、复杂的应用问题，可配置、可重构的复杂 SoC 将成为未来的主流。

10.2　SoC 设计流程

SoC 设计与传统的 ASIC 设计最大的不同在于以下两方面。一是 SoC 设计包含硬件和软件两部分内容，需要根据整个系统的目标应用场景定义出合理的芯片架构，使得软硬件配合能让系统工作在最佳状态，即进行软硬件协同设计。二是 SoC 设计是以 IP 复用为基础的，因此基于 IP 模块的超大规模集成电路设计是硬件实现的关键。一个完整的 SoC 设计包括系统架构设计、硬件（芯片）设计和软件设计。

10.2.1　软硬件协同设计

SoC 通常被称为系统级芯片或者片上系统，作为一个完整的系统，其包含了硬件和软件两部分内容。硬件是指芯片部分，软件是指运行在芯片上的操作系统及应用程序。在进行设计时，需要同时从软件和硬件的角度去考虑，进行软硬件协同设计。

软硬件协同设计指的是软硬件的设计同步进行，并且协同配合实现系统整体功能和性能的仿真、验证和优化。软硬件协同设计方法使得软件设计者在硬件设计完成之前就可以获得软件开发的虚拟硬件平台，在虚拟平台上开发应用软件，评估系统架构设计，从而使硬件设计工程师和软件设计工程师能够协同进行 SoC 的开发及验证。这样不仅减少了 SoC 产品开发时间，同时大大提高了 SoC 一次流片成功的概率。

软硬件协同设计的 SoC 设计流程如图 10-5 所示。

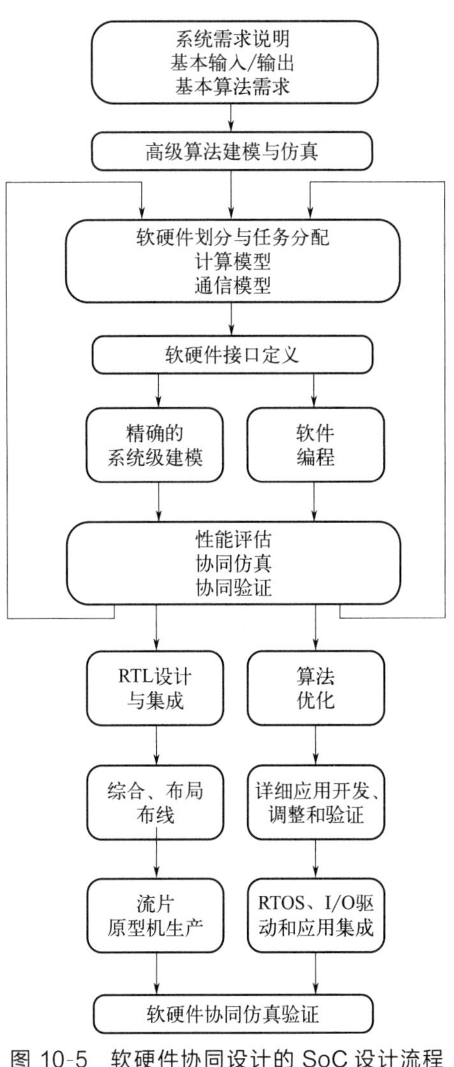

图 10-5　软硬件协同设计的 SoC 设计流程

（1）系统需求说明

系统设计首先从确定所需的功能开始，包含系统基本输入和输出及基本算法需求，以及系统要求的功能、性能、功耗、成本和开发时间等。在这一阶段，通常会将用户的需求转换为用于设计的技术文档，并初步确定系统的设计流程。

（2）高级算法建模与仿真

确定流程后，设计者将使用 C、C＋＋、System C、System Verilog 等高级语言创建整个系统的高级算法模型和仿真模型。有了高级算法模型，便可以得到软硬件协同仿真所需的可执行的说明文档，此类文档会随着设计进程的深入而不断完善和细化。

（3）软硬件划分与任务分配

软硬件划分与任务分配就是确定哪些功能由硬件实现，哪些功能由软件实现。软硬件划分的合理性对系统的实现至关重要。有些功能既可以用硬件实现，也可以用软件实现，这取决于所要达到的性能指标、实现的复杂程度及成本控制等因素。对比而言，两者各有优缺点（参见表 10-1），需要根据具体的设计目标和约束条件综合考虑后做出选择。

表 10-1　同一功能硬件实现与软件实现优缺点比较

硬件实现		软件实现	
优点	缺点	优点	缺点
速度快，可以实现数十倍乃至数百倍的性能提升 对于处理器复杂度的要求比较低，系统整体简单 相应的软件设计时间较少	成本较高，需要额外的硬件资源、新的研发费用（包括 IP 费、EDA 费等） 研发周期较长，通常需要 3 个月以上 良品率较低，通常只有 50% 的 ASIC 一次流片成功	成本较低，与芯片产量无关 功能容易修改 容易调试，不需要考虑时序问题	与硬件实现相比性能较差 算法实现对处理器速度、存储容量要求很高 通常需要实时操作系统的支持

软硬件划分和任务分配是一个需要反复评估和修改直至满足系统需求的过程。该过程通常是将应用在特定的系统架构上一一映射，建立系统的事务级模型，即搭建系统的虚拟平台，然后在这个虚拟平台上进行性能评估，根据评估结果优化系统架构。系统架构的选择需要在成本和性能之间折中。高抽象层次的系统建模技术及电子系统级设计工具能够使得性能的评估可视化、具体化，对提高设计效率帮助很大。

（4）软硬件同步设计

由于软硬件的分工已经明确，芯片的架构及同软件的接口也已定义，接下来便可以进行软硬件的同步设计了。其中硬件设计包括 RTL 设计与集成、综合、布局布线及最后的流片，软件设计则包括算法优化、应用开发以及操作系统（RTOS）、接口驱动和应用软件的开发。

（5）软硬件协同仿真验证

协同设计的最后一步是进行软硬件协同仿真验证。首先测试子模块的正确性，接着验证子模块的接口部分及总线功能，然后在整个搭建好的芯片上运行实际的应用软件或测试平台。软件将作为硬件设计的验证向量，这样不仅可以找出硬件设计中的问题，同时也验证了软件本身的正确性。可以说仿真验证贯穿于整个软硬件协同设计的流程中，为了降低设计风险，在流程的每一步都会进行不同形式的仿真和验证。

10.2.2 基于标准单元的 SoC 芯片设计流程

SoC 设计是从整个系统的角度出发，把处理机制、模型算法、芯片架构、各层次电路直至器件的设计紧密结合起来。SoC 芯片设计流程是以 IP 核为基础，以分层次的硬件描述语言为系统功能和架构的主要描述方法，并借助于 EDA 工具进行芯片设计的过程。

SoC 芯片设计流程主要包括模块定义、代码编写、功能及性能验证、综合优化、物理设计等环节。基于标准单元的 SoC 芯片设计流程如图 10-6 所示。

（1）硬件设计定义（hardware design specification）

硬件设计定义描述芯片总体结构、规格参数、模块划分、使用的总线，以及各个模块的详细定义等。

（2）模块设计及 IP 复用（module design & IP reuse）

对根据硬件设计定义所划分出的功能模块，确定需要重新设计的部分及可复用的 IP 核。对需要重新设计的模块进行设计，目前通常采用 RTL 硬件描述语言对硬件模块进行设计，如 Verilog 或 VHDL，所以数字集成电路模块的设计通常称为 RTL 代码编写。IP 核可自主研发也可购买其他公司的 IP 核。对于某些 IP 核，可能由于总线接口标准不一致，需要做一定的修改。

（3）顶层模块集成（top level integration）

顶层模块集成是将各个不同的功能模块（包括新设计的模块与复用的 IP 核）整合在一起，形成一个完整的系统级设计模型。通常采用硬件描述语言对电路进行描述，其中需要考虑系统时钟/复位、I/O 环等问题。

（4）前仿真（pre-layout simulation）

前仿真也叫 RTL 仿真或功能仿真，它通过 HDL 仿真器验证电路逻辑功能是否有效，即 HDL 描述是否符合设计所定义的期望功能。前仿真通常与具体的电路物理实现无关，没有时序信息。

（5）逻辑综合（logic synthesis）

逻辑综合是指使用 EDA 综合工具把由硬件描述语言描述的电路模型自动转换成特定工艺下的电路网表，即将 RTL 的 HDL 描述通过编译与优化产生符合约束条件的门级电路网表。网表是一种描述逻辑单元以及它们之间互连关系的数据文件。常用的约束条件包括时序

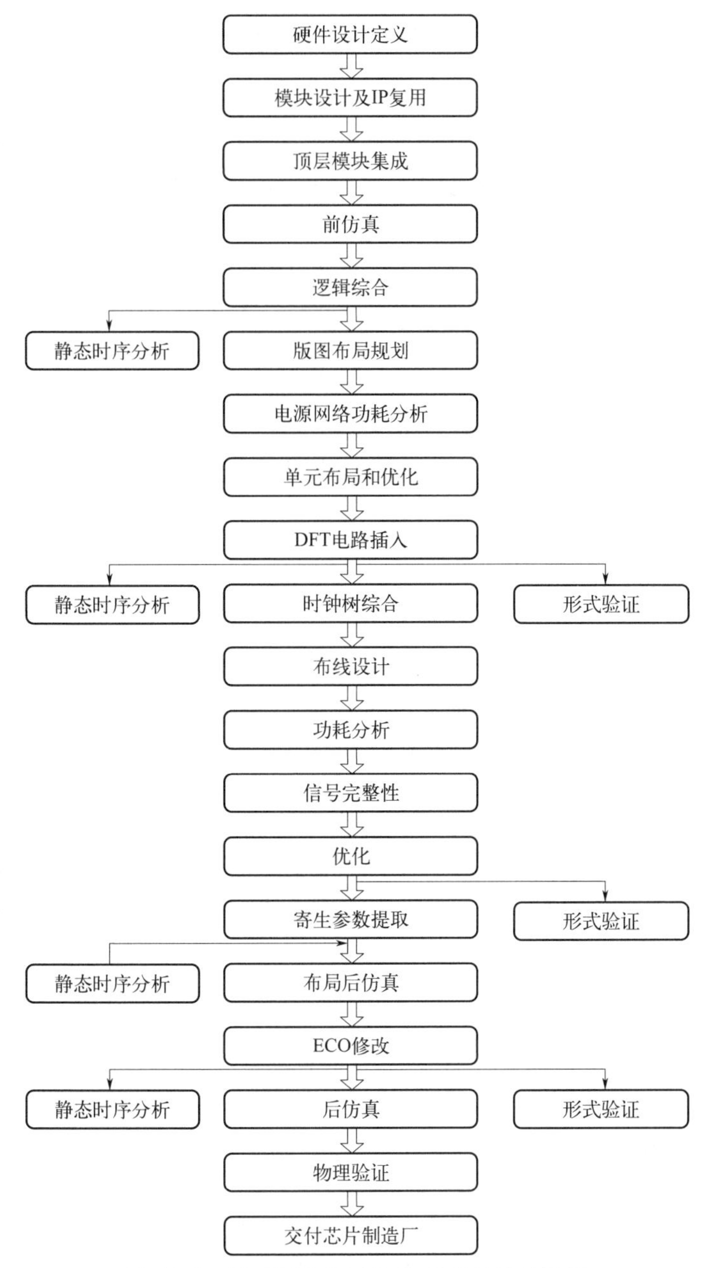

图 10-6 基于标准单元的 SoC 芯片设计流程

约束、面积约束和功耗约束。其中，时序约束是最复杂和最关键的约束，决定了整个芯片的性能。在综合过程中，EDA 综合工具会根据约束条件对电路进行优化。

（6）版图布局规划（floorplan）

版图布局规划完成的任务是确定设计中各个模块在版图上的位置，主要包括：I/O 规划，确定 I/O 的位置，定义电源和接地口的位置；模块放置，定义各种物理的组、区域或模块，对这些大的宏单元进行放置；供电设计，设计整个版图的供电网络，基于电压降（IR drop）和电迁移进行拓扑优化。

版图布局规划的挑战是在保证布线能够走通且性能允许的前提下，如何最大限度地减小芯片面积，这是物理设计过程中需要设计者付出最大努力的地方之一。

（7）电源网络功耗分析（power network analysis）

设计中的许多步骤都需要对芯片功耗进行分析，从而决定是否需要对设计进行改进。在版图布局规划后，需要对电源网络进行功耗分析（power network analysis，PNA），确定电源引脚的位置和电源线宽度。在完成布局布线后，需要对整个版图进行动态功耗分析和静态功耗分析。除了对版图进行功耗分析以外，还应通过仿真工具快速计算动态功耗，找出主要的功耗模块或单元。

（8）单元布局和优化（placement & optimization）

单元布局和优化主要定义每个标准单元（cell）的摆放位置，并根据摆放的位置进行优化。现代 EDA 工具广泛支持物理综合，即将布局和优化与逻辑综合统一起来，引入真实的连线信息，减少了时序收敛所需要的迭代次数。

（9）静态时序分析（static timing analysis，STA）

与时序仿真不同，静态时序分析是一种静态验证方法，它不需要测试向量，不需要模拟电路的工作过程。静态时序分析是一种穷尽分析方法，它通过提取电路中所有路径上的延迟信息，计算出信号在每一条时序路径上的延迟，找出违背时序约束的错误，检查建立时间（setup time）和保持时间（hold time）是否满足要求。

静态时序分析不依赖激励，而且可以穷尽所有路径，运行速度快，占用内存少，但无法区分伪路径。静态时序分析与动态时序仿真互相补充，都是 SoC 设计中的重要环节。后端设计的很多步骤完成后都要进行静态时序分析，如在逻辑综合完成之后、布局布线之后等。

（10）形式验证（formal verification）

形式验证也是一种静态验证方法。这里所说的形式验证是指逻辑功能上的等效性检查。这种方法与动态仿真最大的不同在于它不需要输入测试向量，不需要模拟电路的工作过程，而是根据电路的结构判断两个设计的逻辑功能是否一致。在整个设计流程中会多次引入形式验证，用于比较 RTL 代码之间、门级网表与 RTL 代码之间、门级网表之间的功能一致性。

（11）可测性（design for test，DFT）电路插入

可测性电路插入是 SoC 设计中的重要一环。通常，对于逻辑电路采用扫描链的可测试结构，对于芯片的输入/输出端口采用边界扫描的可测试结构。基本思想是通过插入扫描链，增加电路内部节点的可控制性和可观测性，以达到提高测试效率的目的。一般在逻辑综合或物理综合后进行扫描电路的插入和优化。

（12）时钟树综合（clock tree synthesis）

SoC 设计强调同步电路的设计，即所有的寄存器或一组寄存器是由同一个时钟的同一个边沿驱动的。构造芯片内部全局或局部平衡的时钟链的过程称为时钟树综合。分布在芯片内部的寄存器时钟的驱动电路构成了一种树状结构，这种结构称为时钟树。时钟树综合是在布线设计之前进行的。

（13）布线设计（routing）

这一阶段完成所有节点的连接。布线工具通常将布线分为两个阶段：全局布线与详细布线。在布局之后，布线工具通过全局布线判断布局的质量并提供大致的延时信息。如果单元布局不好，全局布线将会花上远比单元布局多得多的时间，而且还会影响设计的整体时序。因此，为了减少后端迭代次数并提高布线质量，通常在全局布线之后要提取一次时序信息，尽管此时的时序信息没有详细布线之后得到的准确。提取的时序信息将被反标（back annotation）到设计网表上，用于进行静态时序分析，只有当时序得到满足时才进行到下一阶段。详细布线是布线工具做的最后一步，在详细布线完成之后，可以得到精确的时序信息。

（14）寄生参数提取（parasitic extraction）

通过提取版图上内部互连所产生的寄生电阻和电容值，进而得到电路实现后的真实时序信息。这些信息通常会被转换成标准延迟格式反标回设计，用于进行静态时序分析和后仿真。

（15）后仿真（post-layout simulation）

后仿真也叫门级仿真、时序仿真、带反标的仿真，需要利用在布局布线后获得的精确延迟参数和网表进行仿真，验证网表的功能和时序是否正确。后仿真一般使用标准延时（standard delay format，SDF）文件来输入延时信息。

（16） ECO（engineering change order，工程修改命令）修改

这一步实际上是正常设计流程的一个例外。当在设计的最后阶段发现个别路径有时序问题或逻辑错误时，有必要通过 ECO 对设计的局部进行小范围的修改和重新布线，且不影响芯片其余部分的布局布线。在大规模的 IC 设计中，ECO 修改是一种有效、省时的方法，通常会被采用。

（17）物理验证（physical verification）

物理验证是对版图进行设计规则检查（design rule check，DRC）以及对版图和电路原理图进行比较。DRC 用于判断版图是否违反集成电路制造厂家规定的设计规则，以保证芯片制造的良率，LVS（layout vs. schematic，布局与示意图）用以确认电路版图网表结构是否与其原始电路原理图（网表）一致，以确保芯片功能的正确性。

在通过物理验证之后，设计就可以签收并交付到芯片制造厂进行制造了。

10.3 SoC 系统结构设计

一个完整的 SoC 包括硬件和软件，硬件包括处理器核、存储器核、各种专用 IP 核、总线等，软件包括操作系统、编译系统及各种应用软件等。系统结构设计是指将高层次产品需求转化为对硬件和软件的详细技术需求，给出一个总体设计方案。系统结构设计的关键任务是将 SoC 分解为一系列硬件模块和软件任务，定义各部分之间的接口规范，确定各部分之间协调配合实现整体功能的原理和机制。SoC 系统结构设计是后续一切硬件设计和软件开发的基础，是 SoC 设计中的第一步，也是最为重要的一步，对后续 SoC 设计的质量和成败起决定性作用。

（1）SoC 系统结构设计的总体目标及过程

SoC 系统结构设计的总体目标是针对应用需求的特点，选取合适的软硬件功能模块及模块之间的通信方式，确定系统的工作原理和控制机制，在满足性能、芯片面积、功耗等一系列的约束条件下，从众多的系统结构方案中找到一个相对最优的方案。

SoC 系统结构设计过程可以分为以下两个阶段：功能设计阶段、应用驱动的系统架构设计阶段。

① 功能设计阶段。功能设计阶段也称为行为级设计阶段。这一阶段的主要目标是根据应用的需要，正确地定义系统功能，并以此为基础确定初始的 SoC 系统结构。在该阶段需重点完成以下任务：正确定义系统的输入/输出；确定系统中各功能组件的功能行为；确定各功能组件之间的互连结构和通信方式；确定系统的测试环境，以便能正确验证系统功能。

功能设计阶段将建立一个面向应用需求的系统功能模型，该模型可作为后续设计中进行功能验证的重要方式之一。

② 应用驱动的系统架构设计阶段。该阶段需在前面建立的系统功能模型的基础上，进一步对系统的结构细节进行设计。本阶段的主要目标是针对特定的应用需求确定 SoC 系统结构的细节，从而在完成系统功能的同时，满足对系统性能、成本、功耗的需求。

本阶段的关键任务是根据应用需求将 SoC 分解为一系列硬件和软件模块，定义各软硬件模块之间的接口规范，确定各模块之间协调配合实现整体功能的原理和机制。例如，采用多处理器还是单处理器？选用什么类型的处理器？选用什么类型的存储器？选择哪一种总线标准？选用哪些专用 IP 核？在这一阶段也确定了软硬件的功能分配，即哪些功能由处理器通过执行程序完成，哪些功能用硬件加速器完成。

（2）SoC 中常用的处理器

处理器的软件可编程特性使得它可以实现更加快速的功能开发和提供更加敏捷的可适性，已经成为 SoC 最为重要的组件，其功能和性能对 SoC 系统的整体功能和性能至关重要。目前，在 SoC 中使用的处理器主要分为 3 类：通用处理器（CPU）、数字信号处理器（DSP）、可配置处理器。

通用处理器主要负责控制常规的算术逻辑运算等任务，其控制功能较为全面，但对于计算密集型任务（如视频编/解码、信息安全算法等）则显得性能不足。数字信号处理器（DSP）是一类特殊的 CPU，针对数字信号处理领域进行了优化设计，DSP 对于专用信号（如视频编/解码、通信信号等）的处理能力远优于 CPU。

从表面上来看，DSP 与标准微处理器有许多共同的地方：具有以 ALU 为核心的处理器、地址和数据总线、RAM、ROM 以及 I/O 端口。从广义上讲，DSP 也是一种 CPU，但 DSP 和一般的 CPU 又有许多不同之处，具体表现在以下几个方面。

首先是体系结构：CPU 是冯·诺依曼结构的，而 DSP 有分开的代码和数据总线，即“哈佛结构”，这样在同一个时钟周期内可以进行多次存储器访问，这是因为数据总线往往也有好几组。有了这种体系结构，DSP 就可以在单个时钟周期内取出一条指令和一个或者两个（或者更多）操作数。

标准化和通用性：CPU 的标准化和通用性做得很好，支持操作系统，所以以 CPU 为核心的系统方便人机交互以及和标准接口设备通信，非常方便而且不需要硬件开发，但这也使得 CPU 外设接口电路比较复杂。DSP 主要还是用来开发嵌入式的信号处理系统，不强调人机交互，一般不需要很多通信接口，因此结构也较为简单，便于开发。如果只是着眼于嵌入式应用的话，嵌入式 CPU 和 DSP 的区别应该只在于一个偏重控制一个偏重运算。

流水线结构：大多数 DSP 都拥有流水线结构，即每条指令都由片内多个功能单元分别完成取指、译码、取数、执行等步骤，这样可以大大提高系统的执行效率。但流水线结构的采用也增加了软件设计的难度，要求设计者在程序设计中考虑流水线的需要。

快速乘法器：信号处理算法往往大量用到乘加（multiply-accumulate，MAC）运算。DSP 有专用的硬件乘法器，它可以在一个时钟周期内完成 MAC 运算。硬件乘法器占用了 DSP 芯片面积的很大一部分。与之相反，通用 CPU 往往采用一种较慢的、迭代的乘法技术，它可以在多个时钟周期内完成一次乘法运算，但是占用了较少的硅片面积。

地址发生器：DSP 有专用的硬件地址发生器，这样它可以支持许多信号处理算法所要求的特定数据地址模式。这包括前（后）增（减）、环状数据缓冲的模地址以及 FFT 的比特倒置地址。地址发生器与主 ALU 和乘法器并行工作，这就进一步增加了 DSP 在一个时钟周期内可以完成的工作量。

硬件辅助循环：信号处理算法常常需要执行紧密的指令循环。硬件辅助循环的支持体现在可以让 DSP 高效地循环执行代码块而无须让流水线停转或者让软件来测试循环终止条件。

低功耗：DSP 的功耗较小，通常为 0.5～4W，采用低功耗的 DSP 甚至只有 0.05W，可用电池供电，很适合嵌入式系统；而 CPU 的功耗通常在 20W 以上。

在 SoC 设计过程中，要根据实际应用需求来选择处理器，如果处理器主要用于控制，则选择CPU，如果需要处理器有强大的计算能力，则选择DSP，如果控制能力和计算能力要求都很高，则可以同时使用CPU和DSP。

目前SoC设计中使用较多的通用处理器有ARM、MIPS、Power PC等，具有我国自主知识产权的处理器，如龙芯CPU、众志CPU、国芯C-CORE等，也正在被越来越多地采用。使用较多的DSP则大多来自TI、Freescale、ADI等厂家。

无论是通用CPU还是DSP，往往体系结构固定，对于不同的应用，势必造成资源的浪费或计算的低效。虽然ASIC可以采用最精简的资源达到最快的处理速度，但其不具备处理器的可编程能力，导致适应性和灵活性差。可配置处理器（configurable processor）结合了二者的优势，针对不同应用的需求，允许用户将其配置成具有不同体系结构的处理器。可配置处理器可以灵活改变自身的体系结构以匹配不同应用的需求，从而获得功能和性能的优化和提升，因此在以后的SoC设计中可配置处理器将会成为一个重要的选择。

（3）SoC中常用的总线

在SoC的设计中，最具特色的是IP复用技术，即选择所需功能的IP核，集成到一片芯片中。由于IP核的设计千差万别，IP核的连接就成为构造SoC的关键。片上总线（on-chip bus，OCB）是实现SoC中IP核连接最常见的技术手段，它以总线方式实现IP核之间的数据通信。与板上总线不同，片上总线不用驱动底板上的信号和连接器，使用更简单，速度更快。一个片上总线规范一般需要定义各个模块之间初始化、仲裁、请求传输、响应、发送、接收等过程中的驱动、时序、策略等关系。

片上总线与板上总线由于应用范围不同，存在着较大的差异，其主要特点如下：

① 片上总线要尽可能简单。首先结构要简单，这样可以占用较少的逻辑单元；其次时序要简单，以利于提高总线的速度；第三接口要简单，如此可减少与IP核连接的复杂度。

② 片上总线有较大的灵活性。由于片上系统应用广泛，不同的应用对总线的要求各异，因此片上总线具有较大的灵活性。其一，多数片上总线的数据和地址宽度都可变，如AMBA AHB支持32～128位数据总线宽度；其二，部分片上总线的互连结构可变，如Wishbone总线支持点到点、数据流、共享总线和交叉开关四种互连方式；其三，部分片上总线的仲裁机制灵活可变，如Wishbone总线的仲裁机制可以完全由用户定制。

③ 片上总线要尽可能降低功耗。在实际应用时，总线上各种信号尽量保持不变，并且多采用单向信号线，既降低了功耗，同时也简化了时序。

片上总线有两种实现方案，一是选用国际上通用的总线结构；二是根据特定领域自主开发片上总线。本书就目前SoC上使用较多的三种片上总线标准，ARM的AMBA、Silicore的Wishbone和Altera的Avalon，进行讨论，对三者特性进行分析和比较。

① AMBA。AMBA（advanced microcontroller bus architecture，高级单片机总线体系结构）规范是ARM公司设计的一种用于高性能嵌入式系统的总线标准。它独立于处理器和制造工艺技术，增强了各种应用中的外设和系统宏单元的可重用性。AMBA规范是一个开放标准，可免费从ARM获得。目前，AMBA被众多第三方支持，被ARM公司90%以上的合作伙伴采用，在基于ARM处理器内核的SoC设计中，已经成为被广泛支持的现有互连标准之一。AMBA规范2.0于1999年发布，该规范引入的先进高性能总线（advanced high-performance bus，AHB）是现阶段AMBA实现的主要形式。AHB的关键是对接口和互连均进行定义，目的是在任何工艺条件下实现接口和互连的最大带宽。AHB接口已与互连功能分离，不再仅仅是一种总线，而是一种带有接口模块的互连体系。

AMBA规范主要设计目的如下：满足具有一个或多个CPU或DSP的嵌入式系统产品的快速开发要求；增加设计技术上的独立性，确保可重用的多种IP核可以成功地移植到不同的系统中，适合全定制、标准单元和门阵列等技术；促进系统模块化设计，以增加处理器的独立性；减少对底层硅的需求，以使片外的操作和测试通信更加有效。

AMBA 是一个多总线系统。规范定义了三种可以组合使用的不同类型的总线：AHB（advanced high-performance bus，先进高性能总线）、ASB（advanced system bus，先进系统总线）和 APB（advanced peripheral bus，先进外用总线）。

典型的基于 AMBA 的 SoC 核心部分如图 10-7 所示。其中高性能系统总线（AHB 或 ASB）主要用以满足 CPU 和存储器之间的带宽需求。CPU、片内存储器和 DMA 设备等高速设备连接在其上，而系统的大部分低速外部设备则连接在低带宽总线（APB）上。系统总线和外设总线之间用一个桥接器（APB 桥）进行连接。

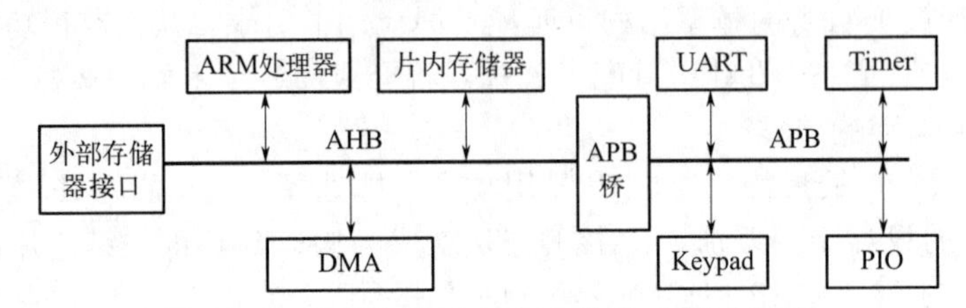

图 10-7　典型的基于 AMBA 的 SoC 核心架构

AMBA 的 AHB 适用于高性能和高时钟频率的系统模块。它作为高性能系统的骨干总线，主要用于高性能和大吞吐量设备之间的连接，如 CPU、片上存储器、DMA 设备和 DSP 或其他协处理器等。其主要特性如下：支持多个总线主设备控制器；支持猝发、分裂、流水等数据传输方式；单周期总线主设备控制权转换；32～128 位数据总线宽度；具有访问保护机制，以区分特权模式和非特权模式访问、指令和数据读取等；数据猝发传输最大为 16 段；地址空间 32 位；支持字节、半字和字传输。

AMBA 的 ASB 适用于高性能的系统模块。在不必要使用 AHB 的高速特性的场合，可选择 ASB 作为系统总线。它同样支持处理器、片上存储器和片外处理器接口与低功耗外部宏单元之间的连接。其主要特性与 AHB 类似，主要不同点是它读数据和写数据采用同一条双向数据总线。

AMBA 的 APB 适用于低功耗的外部设备，它已经过优化，可以减少功耗和外设接口的复杂度；它可连接在两种系统总线上。其主要特性：低速、低功耗外部总线；单个总线主设备控制器；非常简单，加上 CLOCK 和 RESET，总共只有 4 个控制信号；32 位地址空间；最大 32 位数据总线；读数据总线与写数据总线分开。

② Wishbone 总线。Wishbone 总线最先是由 Silicore 公司提出的，现在已被移交给 Open Cores 组织维护。由于其开放性，现在已被不少的用户，特别是一些免费的 IP 核采用。

Wishbone 总线规范是一种片上系统 IP 核互连体系结构。它定义了一种 IP 核之间公共的逻辑接口，减轻了系统组件集成的难度，提高了系统组件的可重用性、可靠性和可移植性，加快了产品市场化的速度。Wishbone 总线规范可用于软核、固核和硬核，对开发工具和目标硬件没有特殊要求，并且几乎兼容所有已有的综合工具，可以用多种硬件描述语言来实现。Wishbone 总线规范的目的是作为一种 IP 核之间的通用接口，因此它定义了一套标准的信号和总线周期，以连接不同的模块，而不是试图去规范 IP 核的功能和接口。

Wishbone 总线结构十分简单，它仅仅定义了一条高速总线。在一个复杂的系统中，可以采用两条 Wishbone 总线的多级总线结构：其一用于高性能系统部分，其二用于低速外设部分。两者之间需要一个接口，这个接口虽然占用一些电路资源，但这比设计并连接两种不同的总线要简单多了。用户可以按需要自定义 Wishbone 标准，如字节对齐方式和标志位

（TAG）的含义等，还可以加上一些其他的特性。图 10-8 展示了一种 Wishbone 总线架构。

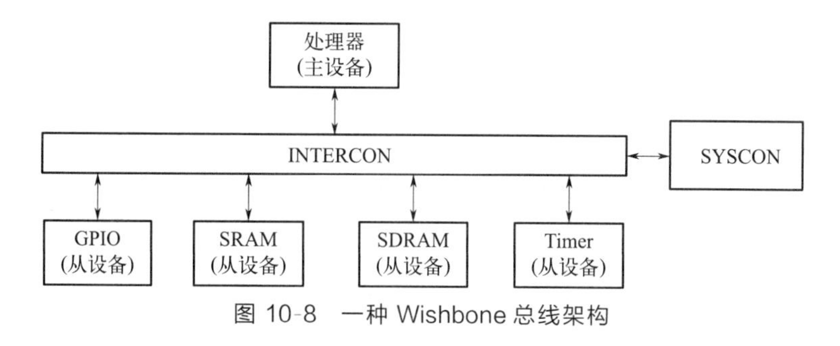

图 10-8　一种 Wishbone 总线架构

灵活性是 Wishbone 总线的另一个优点。由于 IP 核种类多样，其间并没有一种统一的连接方式。为满足不同系统的需要，Wishbone 总线提供了四种不同的 IP 核互连方式：点到点（point-to-point），用于两 IP 核直接互连；数据流（data flow），用于多个串行 IP 核之间的数据并发传输；共享总线（shared bus），多个 IP 核共享一条总线；交叉开关（crossbar switch），同时连接多个主从部件，提高系统吞吐量。还有一种片外连接方式，可以连接到上面任何一种互连网络中。比如说，有 Wishbone 接口的不同芯片之间就可以用点到点方式进行连接。

Wishbone 总线主要特征如下：所有应用适用于同一种总线体系结构；是一种简单、紧凑的逻辑 IP 核硬件接口，只需很少的逻辑单元即可实现；时序非常简单；主/从结构的总线，支持多个总线主设备；8～64 位数据总线（可扩充）；单周期读写；支持所有常用的总线数据传输协议，如单字节读写周期、块传输周期、控制操作及其他的总线事务等；支持多种 IP 核互连网络，如单向总线、双向总线、基于多路互用的互连网络、基于三态的互连网络等；支持总线周期的正常结束、重试结束和错误结束；使用用户自定义标记（TAG），确定数据传输类型、中断向量等；仲裁器机制由用户自定义；独立于硬件技术（FPGA、ASIC、Bipolar、MOS 等）、IP 核类型（软核、固核或硬核）、综合工具、布局布线技术等。

③ Avalon 总线。Avalon 总线是 Altera 公司设计的用于 SOPC（system on programmable chip，可编程片上系统）中，连接片上处理器和其他 IP 模块的一种简单的总线协议，规定了主部件和从部件之间进行连接的端口和通信的时序。

Avalon 总线的主要设计目的如下：简单性，提供一种易于理解的协议；优化总线逻辑的资源使用率，将逻辑单元保存在 PLD（programmable logic device，可编程逻辑器件）中；同步操作，将其他的逻辑单元很好地集成到同一 PLD 中，同时避免复杂的时序。

传统的总线结构中，一个中心仲裁器控制多个主设备和从设备之间的通信。这种结构会产生瓶颈，因为任何时候只有一个主设备能访问系统总线。Avalon 总线的开关构造使用一种称为从设备仲裁（slave-side arbitration）的技术，允许多个主设备控制器真正地实现同步操作。当有多个主设备访问同一个从设备时，从设备仲裁器将决定哪个主设备获得访问权。图 10-9 展示了一种 Avalon 总线架构。

Avalon 总线主要特性如下：32 位寻址空间；支持字节、半字和字传输；同步接口；独立的地址线、数据线和控制线；设备内嵌译码部件；支持多个总线主设备，Avalon 自动生成仲裁机制；多个主设备可同时操作使用一条总线；可变的总线宽度，即可自动调整总线宽度，以适应尺寸不匹配的数据；提供基于图形界面的总线配置向导，简单易用。

④ 三种片上总线比较。上述三种总线各自的特点，决定了其应用范围的不同。AMBA 规范拥有众多第三方的支持，被 ARM 公司 90%以上的合作伙伴采用，已成为被广泛支持的现有互连标准之一。Wishbone 总线异军突起，其简单性和灵活性受到广大 SoC 设计者的

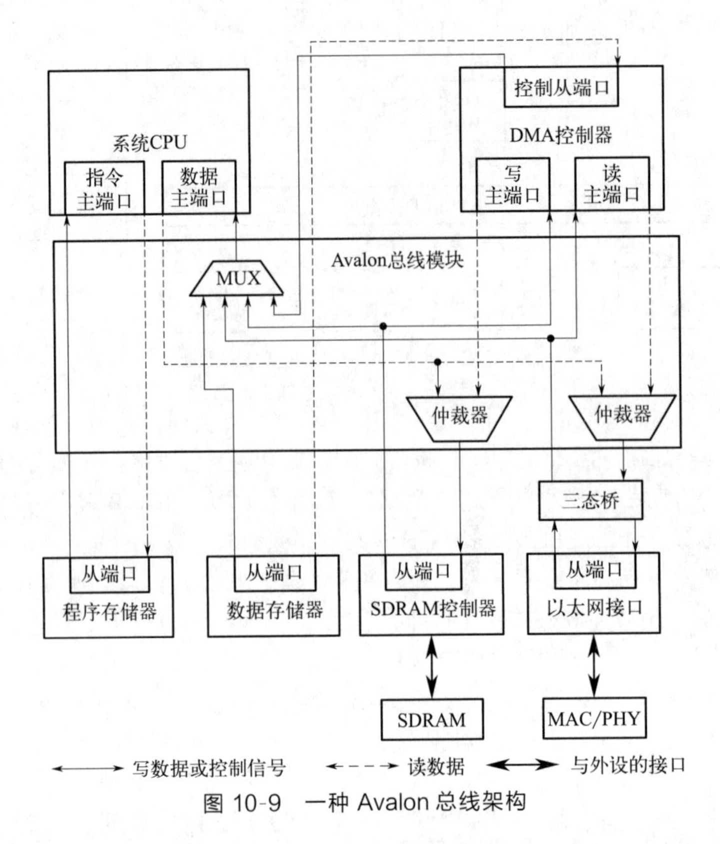

图 10-9　一种 Avalon 总线架构

青睐。由于它是完全免费的，并有丰富的免费 IP 核资源，因此它有可能成为未来的片上系统总线互连标准。Avalon 总线主要用于 Altera 公司系列 PLD 中，最大的优点在于其配置的简单性，可由 EDA 工具快速生成，受 PLD 厂商巨头 Altera 极力推荐，其影响范围也不可忽视。

SoC 设计中总线的选择不仅要看其性能，还要看其应用范围、是否有足够的 IP 核资源可用等。另外，SoC 中可以选用的总线还有很多，如 IBM 的 CoreConnect、Plamchip 的 CoreFrame、Mentor Graphics 的 FISPbus 等。虽然这些总线目前的应用范围都远不如上述三种总线，但是其各有特点和适用的领域。

（4）SoC 中常用的存储器

① SoC 常用的内部存储器。ROM（read only memory，只读存储器）和 RAM（random access memory，随机存取存储器）都是半导体存储器。ROM 在系统停止供电的时候仍然可以保持数据，而 RAM 通常都是在掉电之后就丢失数据，典型的 RAM 就是计算机的内存。

SRAM（static RAM，静态随机存取存储器）上电不需要软件初始化就能使用。SRAM 速度非常快，是目前读/写最快的存储设备了，但是它也非常昂贵，所以只在要求很苛刻的地方使用，譬如 CPU 的一级缓存、二级缓存。

DRAM（dynamic RAM，动态随机存取存储器）上电需要软件初始化才能使用。DRAM 保留数据的时间很短，速度也比 SRAM 慢，不过它还是比任何的 ROM 都要快，但从价格上来说，DRAM 相比 SRAM 要便宜很多，计算机内存就是 DRAM 的。

DRAM 分为很多种，常见的主要有 FPRAM/FastPage、EDORAM、SDRAM、DDR RAM、RDRAM、SGRAM 及 WRAM 等，这里介绍 DDR RAM。

DDR RAM（double date-rate RAM）也称作 DDR SDRAM，这种改进型的 RAM 和 SDRAM 基本是一样的，不同之处在于它可以在一个时钟周期内读写两次数据，这样就使得数据传输速率加倍了。这是目前计算机中用得最多的内存，而且它有着成本优势，事实上击败了Intel的另外一种内存标准——Rambus DRAM。在很多高端的显卡上，也配备了高速DDR RAM来提高带宽，这可以大幅度提高3D加速卡的像素渲染能力。

内存用来存放当前正在使用（即执行中）的数据和程序，我们平常所提到的计算机的内存指的是动态内存（即DRAM）。动态内存中所谓的"动态"，指的是当我们将数据写入DRAM后，经过一段时间，数据会丢失，因此需要一个额外的电路进行内存刷新操作。

具体的工作过程是这样的：一个DRAM的存储单元存储的是0还是1取决于电容是否有电荷，有电荷代表1，无电荷代表0。但时间一长，代表1的电容会放电，代表0的电容会吸收电荷，这就是数据丢失的原因。刷新操作定期对电容进行检查，若电量大于满电量的1/2，则认为其代表1，并把电容充满电，若电量小于1/2，则认为其代表0，并把电容放电，借此来保持数据的连续性。

ROM也有很多种，PROM是可编程的ROM。PROM和EPROM（可擦除可编程ROM）的区别是，PROM是一次性的，也就是软件写入后就无法修改了，这种是早期的产品，现在已经不再使用了，EPROM可通过紫外光的照射擦除原先的程序，另外一种EEPROM是通过电子擦除，价格很高，写入时间很长。

② SoC常用的外部存储器。

a. Flash。Flash存储器又称闪存，它结合了ROM和RAM的长处，不仅具备可电擦除可编程（EEPROM的优势）的特性，还不会断电丢失数据，同时可以快速读取数据（NVRAM的优势），U盘和MP3里用的就是这种存储器。在过去的30多年里，嵌入式系统一直使用ROM（EPROM）作为它们的存储设备，然而近年来Flash全面代替了ROM（EPROM）在嵌入式系统中的地位，用于存储Bootloader以及操作系统，或者程序代码，或者直接当硬盘使用（U盘）。

目前Flash主要有两种：NOR Flash和NAND Flash。NOR Flash的读取和我们常见的SDRAM的读取是一样，用户可以直接运行装载在NOR Flash里面的代码，这样可以减少SRAM的容量从而节约了成本，和CPU直接以总线相连，CPU上电后可以直接读取，一般用作启动介质。NAND Flash没有采用内存的随机读取技术，采用一次读取的形式，通常是一次读取512个字节。采用这种技术的Flash比较廉价，缺点是用户不能进行总线式访问，也就是说不能上电后用CPU直接读取，需要CPU先运行一些初始化代码，然后通过时序接口读写。

一般小容量用NOR Flash，因为其读取速度快，多用来存储操作系统等重要信息，而大容量用NAND Flash，最常见的NAND Flash应用是嵌入式系统采用的DoC（disk on chip，片上磁盘）和我们通常用的"闪盘"，可以在线擦除。目前市面上的NOR Flash主要来自Intel、AMD、FUJITSU和TOSHIBA，而生产NAND Flash的主要厂家有SAMSUNG和TOSHIBA。

b. eMMC/iNAND/oneNAND/moviNAND。eMMC（embedded multi media card，嵌入式多媒体卡）采用统一的MMC标准接口，把高密度NAND Flash以及MMC Controller封装在一片BGA芯片中。针对Flash的特性，产品内部已经包含了Flash管理技术，包括错误探测和纠正、Flash平均擦写、坏块管理、掉电保护等技术。

iNAND是SanDisk公司研发的存储芯片，可以简单地看成SD卡或MMC芯片化。用户完全可以默认它是SD卡或者MMC。相对于MLC，iNAND有以下优点：提高了性能，减少了SoC的工作量，节约了SoC资源，读写速度快，产品更可靠稳定，iNAND内置掉电保护、Wear leveling等SanDisk专利技术；降低了系统成本，因为iNAND中选用的Flash一般都是市场上最新、最先进制程的Flash，所以iNAND具有一定的价格优势。

oneNAND 是针对消费类电子产品和移动终端而设计的一种高可靠性嵌入式存储设备。随着 NAND 技术的发展，一些公司基于原先的 NAND 架构，设计出了一种理想的单存储芯片，其集成了 SRAM 的缓存和逻辑接口，这就是 oneNAND。oneNAND 既实现 NOR Flash 的高速读取，又保留了 NAND Flash 的大容量数据存储的优点。

moviNAND 将 NAND＋MMC Controller 封装在一起，通过 eMMC 4.3 的 Protocol 去存取 NAND 的好处是 embedded 系统不用考虑 NAND Flash 读写演算法（FTL）与 Hardware ECC 部分，因为 FTL 须考虑断电保护、平均抹除、坏块处理等问题。moviNAND 和 iNAND 一样，其实是 eMMC 的一种。

c. SD 卡/Micro SD 卡/MMC。SD 卡是由松下电器、东芝和 SanDisk 联合推出的，于 1999 年 8 月发布。SD 卡的数据传送和物理规范由 MMC 发展而来，大小和 MMC 差不多。SD 卡与 MMC 保持着向上的兼容，MMC 可以被新的 SD 设备存取，兼容性则取决于应用软件，但 SD 卡却不可以被 MMC 设备存取。

Micro SD 卡（TF 卡）是一种极细小的快闪存储器卡，其格式由 SanDisk 创造，原本这种记忆卡称为 T-Flash，此后改称为 Trans Flash，而重新命名为 Micro SD 的原因是被 SD 协会（SDA）采纳。

MMC（multi media card，多媒体卡）是 SanDisk 公司和德国西门子公司于 1997 年合作推出的新型存储卡，大小同一枚邮票差不多；其重量也多在 2g 以下，并且具有耐冲击、可反复读写 30 万次以上等特点。MMC 主要应用于移动终端和 MP3 播放器等体积小的设备。

d. HDD/SSD。机械硬盘即传统普通硬盘，主要由盘片、磁头、盘片转轴及控制电机、磁头控制器、数据转换器、接口、缓存等几个部分组成。磁头可沿盘片的半径方向运动，盘片以每分钟几千转高速旋转，磁头可以定位在盘片的指定位置上进行数据的读/写操作。信息通过离磁性表面很近的磁头，由电磁流改变极性的方式写到磁盘上。信息可以通过相反的方式读取。硬盘作为精密设备，尘埃是其大敌，所以进入硬盘的空气必须过滤。

固态硬盘的存储介质分为两种：一种是采用闪存（Flash 芯片）作为存储介质，另一种是采用 DRAM 作为存储介质。

基于闪存的固态硬盘（IDE Flash disk、serial ATA Flash disk）：采用 Flash 芯片作为存储介质，这也是我们通常所说的 SSD。它的外观可以被制作成多种模样，例如笔记本硬盘、微硬盘、存储卡、优盘等样式。这种固态硬盘最大的优点就是可以移动，而且数据保护不受电源控制，能适应各种环境，但是使用年限不长，适合个人用户使用。在基于闪存的固态硬盘中，存储单元又分为两类：SLC（single layer cell，单层单元）和 MLC（multi-level cell，多层单元）。SLC 的特点是成本高、容量小但是速度快；而 MLC 的特点是容量大、成本低，但是速度慢。MLC 的每个单元是 2bit，相对 SLC 来说整整多了一倍。不过，由于每个 MLC 存储单元中存放的资料较多，结构相对复杂，出错的概率会增加，必须进行错误修正，这个动作导致其性能大幅落后于结构简单的 SLC。此外，SLC 的优点是复写次数高达 100000 次，比 MLC 高 10 倍。此外，为了保证 MLC 的寿命，采用了智能磨损平衡技术，使得每个存储单元的写入次数可以平均分摊，达到 100 万小时故障间隔时间（MTBF）。

基于 DRAM 的固态硬盘：采用 DRAM 作为存储介质，目前应用范围较窄。它仿效传统硬盘的设计，可被绝大部分操作系统的文件系统工具进行设置和管理，并提供工业标准的 PCI 和 FC 接口，用于连接主机或者服务器。应用方式可分为 SSD 和 SSD 阵列两种。它是一种高性能的存储器，而且使用寿命很长，美中不足的是需要独立电源来保护数据安全。

e. SATA 硬盘。SATA（serial advanced technology attachment，串行高级技术附件）硬盘又叫串口硬盘，是 PC 硬盘的趋势，现已基本取代了传统的 PATA 硬盘。SATA 硬盘是带有 SATA 接口的硬盘。硬盘分为固态硬盘和机械硬盘两种，两种类型是根据内部构造定义的，而 SATA 是在说硬盘外面插头的样子。

（5）SoC 中的软件架构

一个 SoC 产品不仅包括硬件，也包括软件，需要进行软硬件协同设计。在 SoC 系统结构设计中，除了硬件架构之外，软件架构的设计对整个 SoC 的性能也有很大影响，只有软硬件配合好，才能实现系统整体性能的优化和提升。在有些 SoC 中，软件设计的复杂度和开发周期甚至超过硬件设计，软件设计在很大程度上决定了 SoC 中硬件性能的发挥。

SoC 软件架构的设计内容包括以下几个方面。

① 软件环境。SoC 的软件环境包括应用软件的开发环境和应用软件的运行环境。SoC 应用软件开发环境包括源代码编辑器、编译器、连接器、标准函数库、图形化调试工具、硬件调试接口等。有些处理器供应商会提供 SoC 应用软件开发环境，但为了在 SoC 中实现更多的功能，提供更大的适应性和便利性，往往需要 SoC 开发者在开发环境中增加更多自主设计的开发工具。SoC 应用软件运行环境主要包括应用程序、标准接口、操作系统核心、I/O 驱动程序、专用硬件驱动程序、中断服务等系统软件、初始化程序、复位程序、Bootloader 程序等。

② 软硬件接口。在 SoC 结构设计中还必须考虑软硬件接口（interface)。主要的软硬件接口有：存储空间映射（memory map)，包括所有设备的可配置寄存器的地址映射；设备驱动程序；初始化、复位、Bootloader 程序；中断服务程序及中断向量；I/O 引脚的复用等。这些是在系统结构设计时必须定义好的，在硬件设计时必须按照定义做，这样才能保证系统软件正常工作。

③ 存储空间映射。通常情况下，SoC 中的各个片上模块及与之通信的片外设备，如 Flash 及 Flash 控制器中的寄存器、RAM 及存储控制模块中的寄存器，以及各种外设等，均采用同一地址空间进行访问。为每一个存储设备分配一定数量的地址空间的过程称为存储空间映射。

④ 设备驱动。在 SoC 设计中，有大量的设备驱动程序（I/O 接口驱动、硬件加速器驱动等）需要开发，这关系到产品的成败。设备驱动程序的作用是在操作系统内核与 I/O 硬件设备之间建立连接，其目的是屏蔽各类设备的底层硬件细节，使得软件设计者可以像处理普通文件一样对硬件设备进行打开、读/写、关闭等操作。设备驱动程序主要完成的工作包括：初始化（如设定传输速率、定时器的周期等）、中断服务处理（如对硬件中断的处理）、输入/输出设备的接口服务（如启动和停止定时器、DMA 传输等）。操作系统提供商通常会提供常见设备的驱动包，这些驱动程序可以作为参考设计，而实际上软件开发者往往还需要根据具体应用需求做出大量修改，或者增加一些新的驱动程序。SoC 与接口和应用密切相关，一个 SoC 是否成功，很大程度上取决于驱动程序的质量和数量。

⑤ 初始化、复位、Bootloader 程序。SoC 的初始化程序主要负责整个 SoC 各个关键组件的初始化工作。这些初始化工作主要包括：初始化 CPU 内部的一些特殊寄存器，初始化 Cache 参数，初始化存储器管理单元（memory management unit，MMU)，初始化其他 SoC 组件（如 UART/Timer 等)，初始化中断向量表等，并开始运行应用程序或操作系统。

复位主要是在上电时完成处理器及整个系统的复位操作。它使得 CPU 的指令指针指到某一特定的存储器地址，然后从这个地址取指令执行复位中断服务程序。

Bootloader 程序是在操作系统运行之前执行的一小段程序。通过这部分程序，可以初始化硬件设备，建立内存空间的映射表，从而建立适当的软硬件环境，为调用操作系统内核做好准备。Bootloader 的主要任务就是将操作系统内核映像加载到 RAM 中，然后跳到内核的入口处运行，即启动操作系统。Bootloader 是与特定硬件平台密切相关的，因此几乎不可能为所有的 SoC 建立一个通用的 Bootloader。Bootloader 不但依赖于处理器的体系架构，还依赖于 SoC 中各设备模块的配置。

⑥ 中断服务程序及中断向量。当处理器正在工作时，外界发生了紧急事件，要求处理器暂停当前的工作，转去处理这个紧急事件，处理完毕后再回到原来被暂停之处继续原来的工作，这个过程称为中断，而对于紧急事件的处理程序称为中断服务程序。各类中断服务程序的入口地址均存放在中断向量表中。中断处理机制是 SoC 中非常重要且应用广泛的处理机制。

⑦ I/O 引脚的复用。I/O 引脚的数量将影响到芯片乃至系统板的面积，从而影响成本。为了降低成本，经常会将两个或两个以上不在同一时间使用的不同功能的 I/O 引脚进行复用，从而减少引脚数量。比如，将测试用的扫描链信号引脚与正常工作时的 UART 引脚复用等。I/O 引脚复用也需要用软件进行设置。

⑧ 模型。为了能及时开发出目标 SoC 所需要的软件，在 SoC 芯片制造出来之前，需要一种 SoC 模型来开发和运行软件。以前 SoC 模型通常是基于 FPGA 的，随着电子系统级设计方法的发展，软件仿真模型出现了。软件仿真模型虽然速度要慢一些，但便于开发、使用方便，可以更早地开展 SoC 软件系统的开发与验证。

10.4 IP 复用的设计方法

（1）IP 核产生的背景

随着集成电路的超深亚微米制造技术、设计技术的迅速发展，集成电路已经进入片上系统时代。所谓片上系统，是指在单片硅芯片上实现信号采集、转换、存储、处理和 I/O 等功能，或者说在单片硅芯片上集成了数字电路、模拟电路、信号采集和转换电路、存储器、微处理器（MPU）、微控制器（MCU）、数字信号处理器（DSP）等模块，实现一个复杂系统的功能。片上系统能够在单片硅芯片上实现高层次的系统集成，但同时也对硅芯片的设计提出了巨大的挑战，因为当前的设计工具和设计方法还不能完全胜任片上系统的设计。在芯片设计复杂度迅速增加的同时，熟练的设计人员的增加很有限，而对设计周期的要求越来越高。

IP 复用技术是提高片上系统设计效率、缩短设计周期的一个关键。IP 复用技术通过重复利用 IP 提高设计能力，减少设计人员，是填平集成电路设计与制造之间效率鸿沟的最有效方法之一。IP 复用技术能大大缩短上市周期，且可以更好地利用现有的工艺技术降低成本。预计在未来几年内，大多数的片上系统设计将不同程度地以可复用的 IP 核为基础。

复用并不是一个新的概念。在软件设计领域，很早就使用可复用代码，如函数库等，来提高设计效率。近些年来，在硬件设计领域中采用 IP 复用技术取得了重大的突破。自动综合工具与硬件描述语言（hardware description language，HDL）一起将设计复用提升到更高的抽象级别，实现了设计复用的自动化，同时提高了设计的效率和质量。HDL 能够实现设计的模块化、参数化，方便进行子模块的选择、加入和排列等操作。自动综合工具则根据具体应用优化设计并直接映射到相应的工艺库。通过上述方法，大大增强了 IP 核的可复用性。硬件设计复用正逐渐采用软件方法，如编程、编译、库技术等，从硬件设计模式向软件设计模式转变。

（2）IP 核的概念

IP 核（intellectual property core）是具有知识产权的、已经设计完成并经过充分验证的、可重复利用的集成电路模块。

根据设计层次的不同，IP 核分为软核、硬核和固核三种。

① 软核是能够被综合的 HDL（RTL 或门级 Verilog HDL 或 VHDL）代码。软核可经用户修改，以实现所需要的电路系统设计。它主要用于接口、编码、译码、算法和信道加密等对速度性能要求范围较宽的复杂系统。软核的开发工作量相对少，因此一般开发成本较低，柔性大，如可增加特性或选择工艺并容易从一个工艺向另一个工艺转移，且性能可提高，但可预测性差。

② 硬核为芯片版图。硬核的设计与工艺已完成而不能更改。用户得到的硬核仅是产品功能而不是产品设计，因此，硬核的设计与制造厂商能对它实行全权控制，它对知识产权的保护也较简单。常用的硬核有存储器、模拟器件和总线器件等。硬核的开发成本最高，柔性小，但性能高并具有可预测性，易于使用。

③ 固核为门级 HDL 描述。固核是一种介于软核与硬核之间的 IP 核。它既不独立，也不固定，可根据用户要求做部分修改。固核允许用户重新定义关键的性能参数，内部连线表有的可以重新优化，其使用流程同软核。如果内部连线表不能优化，使用流程与硬核相同。固核介于硬核与软核之间。较典型的 IP 固核有 MPEG（图像市场）核、存储器核、SPARC（RISC 微处理器）核等。

（3） IP 核的特征

由于 IP 核是被除了设计它的 IP 核提供者和 IC 加工厂商之外的第三方使用，而且往往被多个系统开发者使用，因此 IP 核必须具有以下特征：

① 可读性：这是针对软核和固核来说的。使用方不能或很少对硬核做进一步的设计优化，一般直接使用。对固核和软核，使用者需要对 IP 核进行进一步的综合或模拟。因此，必须对调用的 IP 核的功能、算法等有比较详细的了解，才可能正确使用和充分发挥 IP 核的优势。

② 完全、充分的验证：IP 核必须是经过精心设计并且优化的，而且要经过完全、充分的验证，包括功能仿真、时序仿真、静态时序分析、形式验证、流片验证等，以保证 IP 核的功能、性能、功耗等技术参数符合设计要求。

③ 设计的延展性和工艺适应性：IP 核应具有一定的应用范围，即针对不同的设计应用，具有一定的适应性。因此 IP 核应该可配置、参数化，提供最大程度的灵活性，当 IP 核被应用到不同的领域时，通过简单修改参数就能方便地使用。应提供多种工艺库的综合脚本，使得 IP 核能够应用到多种不同的工艺中，提高其工艺适应性。

④ 可测性：IP 核必须是经过测试验证的。但是，当 IP 核被应用到各个具体的设计中时，除了硬核外，并不是一点改变都没有。因此，IP 核的功能和性能应该被使用方测试，即 IP 核应具有可测试性。不仅要能对 IP 核进行单独的测试，还要能在 IP 核应用到的系统环境中进行测试。

⑤ 端口定义标准化：由于 IP 核是为第三方提供的设计，而第三方不是唯一的，这就要求 IP 核的提供者对设计的端口有一个严格的定义，以避免二义性。

⑥ 版权保护：IP 核设计中必须考虑版权保护问题，保护技术可以在 IP 核的设计中采用一些加密技术或在工艺实现时加上保密技术。

⑦ 完整的文档资料：IP 设计方应为 IP 使用方提供完整的文档资料，以帮助 IP 使用方顺利地将 IP 核集成到自己的设计中。

（4）IP 核设计流程

IP 核设计流程包括 IP 核关键特性定义、设计规范制定、模块设计和集成、IP 核产品化等阶段，如图 10-10 所示。

① 定义关键特性。IP 核的关键特性是在对 IP 核的目标市场进行了广泛、深入的需求分析之后所提出的 IP 核应该具备的目标特性和技术参数，包括 IP 核概述、功能定义、性能/

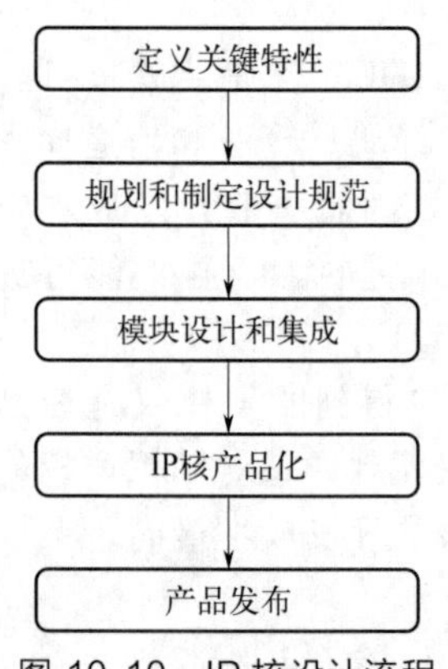

图 10-10　IP 核设计流程

功耗/芯片面积等参数、对外接口的详细定义、支持的制造测试方法、验证策略等。

② 规划和制定设计规范。

a. 功能设计规范。功能设计规范应详细、无二义性地描述 IP 核的全部功能。它的内容来自应用需求，也来自需要使用该 IP 核进行系统集成的设计人员。功能设计规范通常包括引脚定义、参数定义、寄存器定义、功能定义、性能/功耗/芯片面积等参数、物理实现约束等。

b. 验证规范。验证规范定义了用于 IP 核验证的测试环境，同时描述了验证 IP 核的方法。测试环境包括总线功能模型和其他必须开发或购买的相关环境。验证方法有直接测试、随机测试和全面测试等，应根据具体情况合理选择。

c. 封装规范。封装规范定义了作为最终可交付 IP 核的一部分特别脚本，通常包括安装脚本、配置脚本和综合脚本。

d. 开发计划。开发计划描述了实现项目的内容，包括交付信息、进度安排、资源规划、文档计划、交付计划等。

③ IP 核设计、验证与测试。通常采用基于 RTL 综合的设计流程，包括 IP 核体系结构设计、建立 IP 核 RTL 模型、功能仿真、综合优化、综合后仿真验证、插入可测性设计、布局布线、静态时序分析、时序仿真、形式验证、流片、样片测试、撰写 IP 核文档资料等环节。

④ IP 核产品化。IP 核产品化意味着需要提交系统集成者在使用 IP 核时所需要的全部资料。具体资料明细参见表 10-2。

表 10-2　IP 核交付所需要提供的资料

IP 软核	产品文件	①可综合的 Verilog/VHDL 描述的 RTL 代码 ②综合脚本和时序约束文件 ③扫描链插入和 APTPG 的脚本 ④参考工艺库 ⑤应用说明，包括集成了该 IP 核的设计实例
	验证文件	①测试平台所用的总线功能模型、总线监视器 ②测试平台文件，包括典型的验证测试文档
	用户文档	①用户指南、功能规范说明 ②产品手册
	系统集成文件	①SoC 中其他组件的总线功能模型 ②对于需要软件支持的 IP 核，推荐或提供编译器、调试器及实时操作系统，以便进行软硬件协同仿真或调试
IP 硬核	产品文件	①基于某种工艺实现的标准格式版图文件
	用户文档	①用户指南或功能说明 ②产品手册
	系统集成文件	①指令级模型或行为级模型 ②模块的总线功能模型 ③针对特定模块的周期精确模型 ④针对特定模块的仿真加速模型 ⑤模块的时序模型和综合模型 ⑥预布局模型 ⑦对于特定模型，有关软硬件协同仿真的商业软件推荐 ⑧生产测试激励

（5）IP 核的验证

① IP 核验证计划。IP 核验证的目的是保证 IP 核功能和时序的正确性，IP 核验证计划通常包括以下内容：

a. 仿真环境的详细描述，包括仿真器选择、模块连接关系图等。

b. 测试平台部件清单，例如总线功能模型和总线监控器，对于每一个模块，都应该有对应的关键功能说明。另外，还要说明模块的来源，是公司已有、自行设计还是向第三方购买。

c. 测试项目清单，包括每一个测试项目的目的和对应的测试向量生成方法。

d. 测试覆盖率的说明。

② IP 核验证策略。IP 核的验证必须是完备的，通常需要覆盖以下验证类型：

a. 兼容性验证：这种验证主要用于验证设计是否符合设计规范的要求。对于符合工业标准的设计，比如 PCI 接口或 IEEE 1394 接口等，兼容性验证要验证设计是否与工业标准相兼容。

b. 边界验证：这种验证主要是针对边界情况进行验证。所谓边界情况，就是指一些最有可能使设计运行崩溃的情况，比如子模块间进行复杂交互的部分，以及在设计规范中没有明确定义的部分。

c. 随机验证：随机验证是指采用随机方法产生测试向量进行验证的方法。随机验证可以测试到设计人员没有预计到的情况，发现设计中一些很难发现的错误，从而提高测试覆盖率。

d. 应用程序验证：应用程序验证是指在待验证的 IP 核上运行真正的应用程序，从而验证其正确性的方法。对于 IP 核设计人员来说，有可能错误地理解了设计规范，导致设计上的错误，应用程序验证可以有效地发现这类错误。

③ 验证平台的设计。在对 IP 核进行验证的过程中，需要搭建可重用的验证平台，验证平台的搭建根据被测试模块功能的不同而不同。一般来讲，验证平台通常具有以下特征：

a. 以事务处理的方式产生测试激励，检查测试响应。

b. 验证平台应该尽可能地使用可重用的仿真模块，以降低验证工作量，提高验证效率。

c. 所有的响应检查应该是自动的，而不是由设计人员通过观看仿真波形的方式来判断仿真结果是否正确，从而尽可能地降低验证工作量，提高验证效率。

（6）基于平台的 SoC 设计方法

基于 IP 核复用的设计方法在一定程度上缓解了 SoC 设计复杂度高与上市时间要求短之间的矛盾，但对于当前规模越来越大、功能越来越复杂的 SoC 系统，由于存在需要集成的 IP 核种类繁多、各方提供的 IP 核接口不一致及系统软件差异等问题，基于 IP 核复用的设计方法进行 SoC 设计仍然无法满足快速上市的需求。出于降低系统硬件 IP 核的集成难度、加快软件的开发与移植、缩短产品的上市时间等多方面的考虑，学术界和工业界提出了比基于 IP 核复用设计方法复用性更高、产出率更大的新型 SoC 设计方法——基于平台的 SoC 设计方法。

① 平台的组成与分类。“平台”是一种比 IP 核规模更大的可重用、可扩展单元，它可以是一种硬件、一种软件或一个系统。一个平台面向一个特定的应用领域，有相对稳定的体系结构，有固定的核心 IP 核模块，有一整套成熟的设计工具和设计方法，有利于设计面向特定领域的系列产品。

通常，一个平台包含针对特定应用领域已预先定义好的部分，如处理器、实时操作系统、外围 IP 核模块、存储模块及总线互连结构。根据不同的平台类型，设计者可以通过增减 IP 核、可编程 FPGA 逻辑或编写嵌入式软件来定制 SoC。这种方法的优点是可通过更大范围的设计复用获得更短的上市时间；缺点是平台限制了选择，与传统的 ASIC 设计方法相比，其灵活性和性能会有所下降。

一般来说，一个完整的SoC开发平台由以下几部分组成。

a. 硬件：主要包括处理器、存储器、通信总线及I/O单元等。

b. 软件：主要包括操作系统、功能驱动和应用程序等。

c. 体系结构的详细规范：主要包括总线结构、时钟及各个IP核的约束条件等。

d. 验证过的逻辑和物理综合脚本。

e. 软硬件系统验证环境和基本验证模型。

f. 各模块的设计说明。

目前，常用的可重用SoC设计平台主要有以下4种类型。

a. 全应用平台：此类开发平台针对应用定制，包括一系列软硬件单元和基于处理器开发的应用实例，如TI的面向多媒体应用的OMAP等。

b. 以处理器为中心的平台：此类平台侧重于可配置的处理器而不是完整的应用，如ARM的Micropack、苏州国芯的C* SoC等。

c. 以通信为中心的平台：此类平台定义了互连架构，但通常不提供处理器或全部应用，如Sonics公司的Silicon Backplane等。

d. 完全可编程平台：此类平台通常包括FPGA逻辑和一个处理器内核，如Altera公司的Excalibur、Xilinx公司的Virtex 5等。

② 基于平台的SoC设计流程与特点。与传统的基于IP核复用的SoC设计方法不同，基于平台的SoC设计方法强调系统级复用，其优点是能够显著地缩短衍生产品的开发时间，降低成本，且由于体系结构相对稳定，在一定程度上减轻了系统级验证的压力。

从大的方面讲，基于平台的SoC设计流程分为两个阶段：首先，设计厂商根据所要设计的面向某类应用的系列SoC产品的速度、成本、功耗需求，结合以往设计经验，选择合适的IP核、通信机制、系统软件及开发验证工具，来设计面向该类应用特点的SoC开发平台（即平台设计阶段）；然后设计厂商根据用户的具体需求，在该平台上进行二次开发，通过裁剪或扩充必要模块，设计出满足不同用户需求的个性化产品（即具体产品设计阶段）。

SoC开发平台的设计是选择合适的IP核与相应的系统软件、工具，并将它们集成在一起的过程。主要步骤如下：基于市场目标，确定该平台的主要应用领域；选择主要的软硬件IP核模块、总线架构；确定系统的架构和模块间的通信方式；选择或开发必要的软硬件设计工具；选择或开发所需的验证组件，进行平台体系的验证；模块的集成方法及系统级验证环境的设计。

SoC开发平台通常具有如下特点：平台有很强的可配置性，但不能改变，如果设计中包含一个不用的模块，可以通过设置使这个模块不工作，而不是将它去掉；平台使用的是标准接口，这样就使得采用相同标准接口的IP核的集成变得非常简单；能够支持应用软件的开发；架构相对稳定，易于进行系统级的验证；能够对速度、成本、功耗等技术指标进行验证与评估。

10.5 SoC验证方法

SoC验证方法与ASIC验证方法的不同之处在于SoC需要进行软硬件协同验证，即将嵌入式软件加载到SoC硬件仿真模型上运行，从而验证SoC的软件和硬件能否协同配合完成系统的整体预期功能。

软硬件协同验证的困难之处在于在设计早期提供可以运行软件的硬件虚拟原型。现在的软硬件协同验证工具，一般对常用的处理器核（如ARM系列）、总线模型（如AMBA）和外围 IP 核建立了模型库。这样可以帮助验证工程师在设计初期快速构建一个软硬件协同验证环境。

在软硬件协同验证环境建立完后，就可以对嵌入式软件和硬件模型进行协同验证，也就是对整个 SoC 系统进行验证。在软硬件协同验证环境中，可以检查软硬件之间的接口关系，探究系统的各项性能，分析系统性能的瓶颈，如内存和缓存的配置对系统性能的影响、总线宽度对系统性能的影响、总线竞争情况等。这样，在设计的早期可以帮助设计工程师合理地配置软硬件资源，提高系统的整体性能。

在建立系统硬件模型时，可以采用多种建模策略。比如说，可以由两个独立的团队分别建立两种模型，一个团队建立 RTL 模型，另一个团队建立基于 C 语言或 System C 等语言的功能模型。这两种模型都是对设计规范的阐述，功能是等价的。由于基于 C 语言的功能模型构建起来比较简单，因此可以更快地建立系统的硬件模型和软硬件协同验证平台。基于 C 语言的功能模型和 RTL 模型，在仿真时可以自动比较结果，提高仿真效率。有了不同级别的模型后，可以在不同的级别进行验证，如在架构级和实现级，还可以用实际应用程序在系统级进行仿真。

在协同验证中通常采用协同仿真的方法。协同仿真是通过同步的方式连接两个或多个仿真器进行联合仿真，比如同时调用 HDL 和 C 语言仿真器。

软硬件协同验证环境通常要求所提供的模型是周期精确的或者在引脚上的信号是精确的，能够运行实时操作系统，能够在设计的早期建立好系统环境。

软硬件协同验证环境可以分为如下 4 个层次。

a. 源码调试：用来控制处理器的运行，导出软件分析参数等，如总线上的竞争状况、缓存命中情况等。

b. 处理器：由工具供应商开发的仿真模型，也可由用户自行开发，通常有指令集仿真器（ISS）和总线功能模型（BFM）等。

c. 系统接口：提供处理器和外设之间的接口，通常由软硬件协同验证工具提供标准的接口。

d. 外设：通常为基于 C 语言的功能模型、RTL 模型或者基于 FPGA 实现的模型。

本章习题

1. 什么叫 SoC？
2. SoC 通常由哪些电路模块构成？
3. 与传统的专用集成电路（ASIC）相比，SoC 具有哪些特点？
4. SoC 的发展趋势如何？
5. 简述软硬件协同设计的 SoC 设计流程。
6. 简述基于标准单元的 SoC 芯片设计流程。
7. SoC 系统结构设计的总体目标是什么？
8. 简述 SoC 功能设计阶段的目标及任务。
9. 简述应用驱动的 SoC 系统结构设计阶段的目标及任务。
10. SoC 中常用的处理器有哪些？
11. SoC 中常用的总线有哪些？
12. 简述 IP 核的设计流程。
13. 简述 SoC 的验证方法。

第11章 AES密码处理器设计与验证（方案1）

本章学习目标

理解并掌握AES密码处理器的体系结构设计方案1，理解并掌握该方案中的AES密码处理器的RTL Verilog模型的设计与仿真方法，理解并掌握基于FPGA实现该AES密码处理器并对其进行测试的方法与技术。

本章内容思维导图

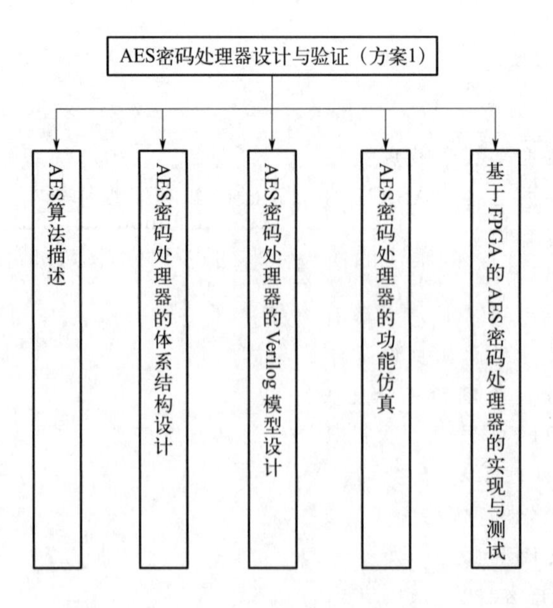

AES（advanced encryption standard，高级加密标准）密码算法于2001年11月被批准

为美国联邦信息处理标准，从此以后，AES算法成为各种安全协议中首选的对称密码算法，从而得到广泛的研究和应用。

本章提出了一种基于AES密码算法的密码处理器的体系结构设计方案，建立了RTL Verilog模型，进行了功能仿真、综合、布局布线、静态时序分析及时序仿真，最后用FPGA加以实现并进行了测试。

11.1 AES算法描述

11.1.1 数学预备知识

AES的加密或解密需要对字节进行操作，有时还需要对4字节双字进行操作。该算法在有限域G（2^8）上定义了一组加法、乘法运算，下面将对这些运算进行简单的介绍。

（1）字节运算

有限域中的所有元素都可以用特征多项式的方式进行描述。每个字节（byte）由8个比特（bit）组成，可以表示为$b_7 b_6 b_5 b_4 b_3 b_2 b_1 b_0$。它代表了有限域GF($2^8$）中的一个元素，可以将其看为系数在集合｛0，1｝中的二进制多项式$b_7x^7+b_6x^6+b_5x^5+b_4x^4+b_3x^3+b_2x^2+b_1x+b_0$。根据取值的不同，有限域GF($2^8$）中共有256个字节同这样的256个多项式一一对应。如一个字节为十六进制的57H（用二进制数可以表示为01010111），那么其对应的多项式则为$x^6+x^4+x^2+x+1$。

两个字节的和等于这两个字节逐位进行异或所得到的值。十六进制数｛57H｝和｛83H｝所表示的多项式的和，在下面的三个表达式中是等价的：

$(x^6+x^4+x^2+x+1)+(x^7+x+1)=x^7+x^6+x^4+x^2$ （多项式表示）

$\{01010111\} \oplus \{10000011\} = \{11010100\}$ （二进制表示）

$\{57H\} \oplus \{83H\} = \{d4H\}$ （十六进制表示）

两个字节的乘积等于它们所对应的多项式的乘积，再与一个8阶的不可约二进制多项式$m(x)$相模。不可约二进制多项式是在有限域GF(2^8）中除了1和其自身外不存在其他因子的多项式。$m(x)=x^8+x^4+x^3+x+1$就是有限域GF(2^8）上的一个不可约多项式。

例如：｛57H｝•｛83H｝=｛c1H｝，即

$$
\begin{aligned}
(x^6+x^4+x^2+x+1)(x^7+x+1) &= x^{13}+x^{11}+x^9+x^8+x^7+x^7+x^5+x^3+x^2+x+ \\
&\quad x^6+x^4+x^2+x+1 \\
&= x^{13}+x^{11}+x^9+x^8+x^6+x^5+x^4+x^3+1 \\
&= x^7+x^6+1 \quad \bmod (x^8+x^4+x^3+x+1)
\end{aligned}
$$

字节在有限域GF(2^8）上的乘法的逆为：当$(a(x)\times b(x)) \bmod m(x)=1$时，那么称$b(x)$为$a(x)$的逆元。

（2） 4字节运算

根据前面的定义，一个4字节双字｛$a_3a_2a_1a_0$｝（a_i为一个字节）和一个次数小于4的多项式$a_3x^3+a_2x^2+a_1x+a_0$相对应。

两个4字节双字的加法等于对应多项式相应系数之和，即

$$a(x)=a_3x^3+a_2x^2+a_1x+a_0, b(x)=b_3x^3+b_2x^2+bx+b$$

$$a(x)+b(x)=(a_3 \oplus b_3)x^3+(a_2 \oplus b_2)x^2+(a_1 \oplus b_1)x+(a_0 \oplus b_0)$$

两个4字节双字的乘法为对应的两个多项式相乘再模（x^4+1），即

$$(a(x) \otimes b(x)) \bmod (x^4+1)=d(x)=d_3x^3+d_2x^2+d_1x+d_0$$

其中

$$d_0=(a_0\cdot b_0)\oplus(a_3\cdot b_1)\oplus(a_2\cdot b_2)\oplus(a_1\cdot b_3)$$
$$d_1=(a_1\cdot b_0)\oplus(a_0\cdot b_1)\oplus(a_3\cdot b_2)\oplus(a_2\cdot b_3)$$
$$d_2=(a_2\cdot b_0)\oplus(a_1\cdot b_1)\oplus(a_0\cdot b_2)\oplus(a_3\cdot b_3)$$
$$d_3=(a_3\cdot b_0)\oplus(a_2\cdot b_1)\oplus(a_1\cdot b_2)\oplus(a_0\cdot b_3)$$

用矩阵表示为

$$\begin{bmatrix}d_0\\d_1\\d_2\\d_3\end{bmatrix}=\begin{bmatrix}a_0&a_3&a_2&a_1\\a_1&a_0&a_3&a_2\\a_2&a_1&a_0&a_3\\a_3&a_2&a_1&a_0\end{bmatrix}\begin{bmatrix}b_0\\b_1\\b_2\\b_3\end{bmatrix} \tag{11-1}$$

11.1.2 符号和习惯用语

（1）输入和输出

AES 算法的输入和输出分别是由一个 128bit（位）序列组成的数据分组。该序列通常被表示为数据块，数据块的长度可以用所包含的比特数来表示。AES 算法的密钥长度可以是 128bit、192bit 或 256bit。

序列中的比特编号从 0 开始到数据块的长度减 1 结束。数字 i 是与一个比特相对应的它的下标，且 $0\leqslant i\leqslant 127$、$0\leqslant i\leqslant 191$ 或者 $0\leqslant i\leqslant 255$，具体取决于数据块的长度和密钥的长度。

（2）字节（byte）

AES 算法中字节是数据运算的基本单位，它是一个作为独立单位的 8 比特序列。把输入、输出以及密钥的比特序列按每 8 个连续比特进行分组就可以构成字节数组。设输入、输出或密钥用 a 表示，那么得到的数组中的字节可以表示为 a_n 或 $a\ [n]$，其中 n 的取值范围如下：

密钥长度=128bit，$0\leqslant n<16$；密钥长度=192bit，$0\leqslant n<24$；

密钥长度=256bit，$0\leqslant n<32$；数据块长度=128bit，$0\leqslant n\leqslant 16$。

AES 算法中的所有字节的值都可以表示为 $\{b_7b_6b_5b_4b_3b_2b_1b_0\}$ 的形式。这些字节用多项式表示就成为有限域中的元素

$$b_7x^7+b_6x^6+b_5x^5+b_4x^4+b_3x^3+b_2x^2+b_1x+b_0=\sum_{i=0}^{7}b_ix^i$$

例如：特定的有限域元素 x^6+x^5+x+1 可以表示为 {01100011} 的形式。

将字节的值分成两个 4bit，然后用十六进制的符号来表示是一种习惯表示方法，如表 11-1 所示。

表 11-1 位的十六进制表示

比特	符号	比特	符号	比特	符号	比特	符号
0000	0	0100	4	1000	8	1100	12
0001	1	0101	5	1001	9	1101	13
0010	2	0110	6	1010	10	1110	14
0011	3	0111	7	1011	11	1111	15

（3）字节数组

字节和字节中位的顺序源自 128bit 的输入序列，如下所述

$$input_0 input_1 input_2 \cdots input_{126} input_{127}$$

按以下方式进行组合

$$\boldsymbol{a}_0 = \{input_0\ input_1 \cdots input_7\};$$
$$\boldsymbol{a}_1 = \{input_8\ input_9 \cdots input_{15}\};$$
$$\cdots$$
$$\boldsymbol{a}_{15} = \{input_{120}\ input_{121} \cdots input_{127}\}。$$

对于密钥长度为128bit和256bit的数据块来说，其原理是相同的。因此可以表示为

$$\boldsymbol{a}_n = \{input_{8n}\ input_{8n+1} \cdots input_{8n+7}\}$$

表11-2显示了在每个字节中比特的具体编号方式。

表11-2 字节和比特编号

输入序列	0	1	2	3	4	5	6	7	8	9	10	11	12	13	14	15	…
字节编号	0								1								…
比特编号	7	6	5	4	3	2	1	0	7	6	5	4	3	2	1	0	…

（4）状态矩阵（state）

AES算法具体的操作是在一个叫作状态矩阵的二维字节数组上进行的。状态矩阵有4行Nb列，Nb的大小等于数据分组长度除以32所得到的数值。设状态矩阵用$\boldsymbol{S}$表示，每个字节的行号用r表示，列号用c表示，那么状态矩阵中的元素可以表示为$S_{r,c}$或者$S[r, c]$，其中$0 \leqslant r < 4$，$0 \leqslant c < Nb$。

输入字节数组in_0，in_1，…，in_{15}在加密或解密的开始被复制到状态矩阵中。加/解密的每一次操作都是在状态矩阵上进行的，当运算结束后最终的结果也就是加/解密的结果被复制到输出字节数组out_0，out_1，…，out_{15}，这样便完成了一个数据分组的加/解密过程。

也就是说，在加密或解密开始，输入数组in按照下面的公式被复制到状态矩阵中

$$S[r,c] = in[r+4c] \qquad 0 \leqslant r < 4, 0 \leqslant c < Nb$$

最后，在加密或解密结束后，状态矩阵依照下面公式被复制到输出数组out

$$out[r+4c] = S[r,c] \qquad 0 \leqslant r < 4, 0 \leqslant c < Nb$$

11.1.3 AES加密算法

AES的加密过程可以用下面的伪语言代码描述：

```
Cipher(plaintext,ciphertext,CiperKey){
//初始化
    State=plaintext;
//生成扩展密钥 ExpandedKey
    KeyExpansion(CipherKey,ExpandedKey);
//初始密钥加变换
    AddRoundKey(State,ExpandedKey);
//前 Nr-1 轮迭代
    for(r=1;r<Nr;r++){
        SubBytes(State);//S 盒代替变换
        ShiftRow(State);//行移位变换
        MixColumn(State);//列混合变换
        AddRoundKey(State,ExpandedKey);//轮密钥加变换
        }
//最后一轮
```

```
        SubBytes(State);
        ShiftRow(State);
        AddRoundKey(State,ExpandedKey);
//输出密文
        Ciphertext=state;
        }
```

其中，plaintext 是输入明文，可以定义成 plaintext ［4×Nb］ 数组；ciphertext 是输出密文，可以定义成 ciphertext ［4×Nb］ 数组；CipherKey 是加密密钥，可以定义成 CipherKey ［4×Nk］ 数组；扩展密钥 ExpandedKey 可表示成 w［Nb×(Nr+1)］ 数组；State 是状态，整个加密过程都是针对 State 进行的。

（1）S 盒变换 SubBytes（ ）

S 盒变换又称字节替代变换，是一个针对字节的非线性、可逆变换。它将状态中的每一个字节进行非线性变换转换为另一个字节，作用在状态上每个字节的变换可以表示为 SubBytes（State），它由两个可逆的子变换复合而成。

① 将一个字节变换为有限域 GF（2^8）中的乘法逆元素，即把字节的值用它的乘法逆代替，其中 00 的逆就是其本身，该逆元素用一个字节 b 表示。

② 对①中的结果在 GF（2）上做仿射变换。

设有二进制数 $b=b_7b_6b_5b_4b_3b_2b_1b_0$，多项式可表示为 $b(x)=b_7x_7+b_6x_6+\cdots+b_0$ 的形式，经 S 盒变换后的二进制数表示为 $b'=b'_7b'_6b'_5b'_4b'_3b'_2b'_1b'_0$，用多项式可以表示为 $b'(x)=b'_7x^7+b'_6x^6+\cdots+b'_0$。

令 $u(x)=x^7+x^6+x^5+x^4+1$，$c(x)=x^7+x^6+x^2+x$ 仿射变换后可以表示为 $b'(x)=u(x)\cdot b(x)+c(x)\bmod(x^8+1)$，用矩阵写成系数形式如下

$$\begin{bmatrix} b'_0 \\ b'_1 \\ b'_2 \\ b'_3 \\ b'_4 \\ b'_5 \\ b'_6 \\ b'_7 \end{bmatrix} = \begin{bmatrix} 1 & 0 & 0 & 0 & 1 & 1 & 1 & 1 \\ 1 & 1 & 0 & 0 & 0 & 1 & 1 & 1 \\ 1 & 1 & 1 & 0 & 0 & 0 & 1 & 1 \\ 1 & 1 & 1 & 1 & 0 & 0 & 0 & 1 \\ 1 & 1 & 1 & 1 & 1 & 0 & 0 & 0 \\ 0 & 1 & 1 & 1 & 1 & 1 & 0 & 0 \\ 0 & 0 & 1 & 1 & 1 & 1 & 1 & 0 \\ 0 & 0 & 0 & 1 & 1 & 1 & 1 & 1 \end{bmatrix} \begin{bmatrix} b_0 \\ b_1 \\ b_2 \\ b_3 \\ b_4 \\ b_5 \\ b_6 \\ b_7 \end{bmatrix} + \begin{bmatrix} 1 \\ 1 \\ 0 \\ 0 \\ 0 \\ 1 \\ 1 \\ 0 \end{bmatrix} \tag{11-2}$$

也可表示为 $b'_i=b_i\oplus b_{(i+4)\bmod 8}\oplus b_{(i+5)\bmod 8}\oplus b_{(i+6)\bmod 8}\oplus b_{(i+7)\bmod 8}\oplus c_i, 0\leqslant i\leqslant 7$

$$c=(c_7c_6c_5c_4c_3c_2c_1c_0)=(00100011)$$

例如：有十六进制数 53H，二进制表示为 01010011，多项式表示为 x^6+x^4+x+1，该多项式的乘法逆为 $x^7+x^6+x^3+x$。

因此

$$b=b_7b_6b_5b_4b_3b_2b_1b_0=11001010$$

$$b'_0=(b_0+b_4+b_5+b_6+b_7+c_0)\bmod 2=1$$

…

$$b'_7=(b_3+b_4+b_5+b_6+b_7+c_7)\bmod 2=1$$

$$b'=b'_7b'_6b'_5b'_4b'_3b'_2b'_1b'_0=11101101=\text{EDH}$$

可以将变换 SubBytes（） 对各种可能的字节变换结果排成一个表，如表 11-3 所示，该表称为 AES 的 S 盒。通过查表可以直接得到 SubBytes（） 的输出，这样可以加快程序执行

的速度。如果状态中的一个字节为 xy，则 S 盒中第 x 行、第 y 列的字节就是 SubBytes () 的输出。

表 11-3　S 盒变换表

行号 x	列号 y															
	0	1	0	3	4	5	6	7	8	9	A	B	C	D	E	F
0	63	7C	77	7B	F2	6B	6F	C5	30	01	67	2B	FE	D7	AB	76
1	CA	82	C9	7D	FA	59	47	F0	AD	D4	A2	AF	9C	A4	72	C0
2	B7	FD	93	26	36	3F	F7	CC	34	A5	E5	F1	71	D8	31	15
3	04	C7	23	C3	18	96	05	9A	07	12	80	E2	EB	27	B2	75
4	09	83	2C	1A	1B	6E	5A	A0	52	3B	D6	B3	29	E3	2F	84
5	53	D1	00	ED	20	FC	B1	5B	6A	CB	BE	39	4A	4C	58	CF
6	D0	EF	AA	FB	43	4D	33	85	45	F9	02	7F	50	3C	9F	A8
7	51	A3	40	8F	92	9D	38	F5	BC	B6	DA	21	10	FF	F3	D2
8	CD	0C	13	EC	5F	97	44	17	C4	A7	7E	3D	64	5D	19	73
9	60	81	4F	DC	22	2A	90	88	46	EE	B8	14	DE	5E	0B	DB
A	E0	32	3A	0A	49	06	24	5C	C2	D3	AC	62	91	95	E4	79
B	E7	C8	37	6D	8D	D5	4E	A9	6C	56	F4	EA	65	7A	AE	08
C	BA	78	25	2E	1C	A6	B4	C6	E8	DD	74	1F	4B	BD	8B	8A
D	70	3E	B5	66	48	03	F6	0E	61	35	57	B9	86	C1	1D	9E
E	E1	F8	98	11	69	D9	8E	94	9B	1E	87	E9	CE	55	28	DF
F	8C	A1	89	0D	BF	E6	42	68	41	99	2D	0F	B0	54	BB	16

图 11-1 说明了 SubBytes () 变换在状态矩阵上的结果。

（2）行移位变换 ShiftRow ( )

行移位是将状态矩阵的各行进行循环移位，不同状态行的位移量不同。第 0 行不移位，保持不变，第 1 行移动 C1 个字节，第 2 行移动 C2 个字节，第 3 行移动 C3 个字节。C1、C2、C3 值依赖于分组长度 Nb 的大小。位移量 C1、C2 和 C3 与分组长度 Nb 有关，如表 11-4 所示。

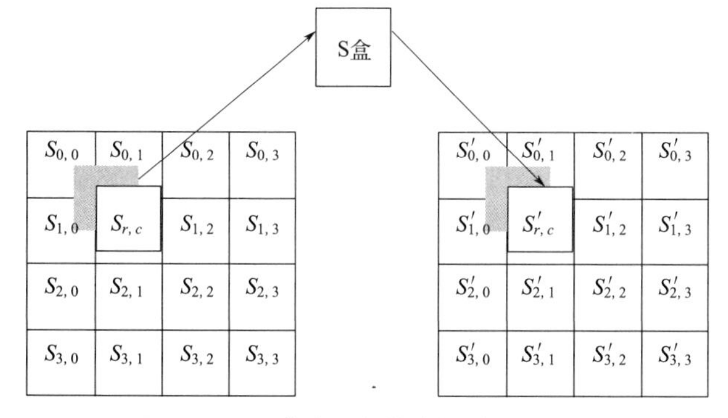

图 11-1　S 盒作用在状态矩阵上的结果

表 11-4　对应于不同分组长度的位移量

Nb	C1	C2	C3
4	1	2	3
6	1	2	3
8	1	3	4

在 AES 加密标准中，Nb=4，因此，AES-128 位行移位如图 11-2 所示。

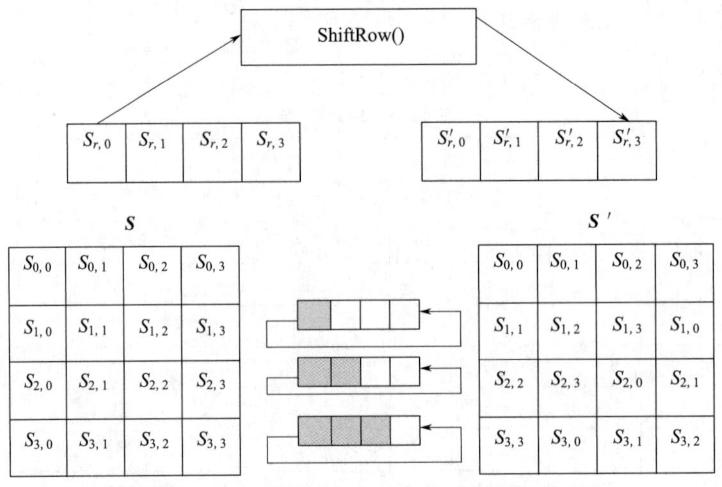

图 11-2 ShiftRow ( ) 作用在状态矩阵上的结果

（3）列混合变换 MixColumn ( )

列混合变换是对一个状态逐列进行变换，它将一个状态的每一列视为有限域 GF（2^8）上的一个多项式，如图 11-3 所示。

令 $S_c\ (x)=S_{3c}x^3+S_{2c}x^2+S_{1c}x+S_{0c}$ $\quad 0\leqslant c\leqslant 3$

$S'_c(x)=S'_{3c}x^3+S'_{2c}x^2+S'_{1c}x+S'_{0c}$ $\quad 0\leqslant c\leqslant 3$

则 $S'_c(x)=a\ (x)\ \otimes S_c\ (x)$ $\quad 0\leqslant c\leqslant 3$

其中，$a(x)=\{03H\}x^3+\{01H\}x^2+\{01H\}x+\{02H\}$，是 AES 选择的一个逆元多项式，$\otimes$表示模 x^4+1 乘法。

将 $S'_c(x)=a(x)\otimes S_c(x)$ 表示为矩阵乘法

$$\begin{bmatrix} S'_{0,c} \\ S'_{1,c} \\ S'_{2,c} \\ S'_{3,c} \end{bmatrix} = \begin{bmatrix} 02H & 03H & 01H & 01H \\ 01H & 02H & 03H & 01H \\ 01H & 01H & 02H & 03H \\ 03H & 01H & 01H & 02H \end{bmatrix} \begin{bmatrix} S_{0,c} \\ S_{1,c} \\ S_{2,c} \\ S_{3,c} \end{bmatrix} 0\leqslant c\leqslant \mathrm{Nb} \tag{11-3}$$

相乘之后每一列的结果如下

$$S'_{0,c}=(\{02H\}\cdot S_{0,c})\oplus(\{03H\}\cdot S_{1,c})\oplus S_{2,c}\oplus S_{3,c}$$
$$S'_{1,c}=S_{0,c}\oplus(\{02H\}\cdot S_{1,c})\oplus(\{03H\}\cdot S_{2,c})\oplus S_{3,c}$$
$$S'_{2,c}=S_{0,c}\oplus S_{1,c}\oplus(\{02H\}\cdot S_{2,c})\oplus(\{03H\}\cdot S_{3,c})$$
$$S'_{3,c}=(\{03H\}\cdot S_{0,c})\oplus S_{1,c}\oplus S_{2,c}\oplus(\{02H\}\cdot S_{3,c})$$

图 11-3 说明了 MixColumn（）变换。

（4）轮密钥加 AddRoundKey ( ) 变换

轮密钥加运算是将轮密钥简单地与状态矩阵进行逐比特异或运算，如图 11-4 所示。每个轮密钥由密钥扩展算法得到，轮密钥的长度为 Nb 个双字。轮密钥按顺序取自扩展密钥 ExpandedKey，扩展密钥是由原始密钥经过扩展后得到的，扩展密钥的长度为 Nb(Nr+1) 个双字。

11. 1. 4 AES 解密算法

AES 的解密过程可以用下面的伪语言代码描述：

```
InvCipher(ciphertext,plaintext,InvCipherKey){
//初始化
    State=ciphertext;
//生成扩展密钥 ExpandedKey
    KeyExpansion(InvCipherKey,ExpandedKey);
//初始密钥加变换
    AddRoundKey(State,ExpandedKey);
//前 Nr-1 轮迭代
  for(r=Nr-1;r>1;r--){
    InvShiftRows(State);//逆行移位变换
    InvSubBytes(State);//逆 S 盒代替变换
    InvMixColumn(State);//逆列混合变换
    AddRoundKey(State,ExpandedKey);//轮密钥加变换
    }
//最后一轮
    InvShiftRow(State);
    InvSubBytes(State);
    InvAddRoudKey(State,ExpandedKey);
//输出明文
    Plaintext=State;
}
```

图 11-3 MixColumn ( ) 作用在状态矩阵上的结果

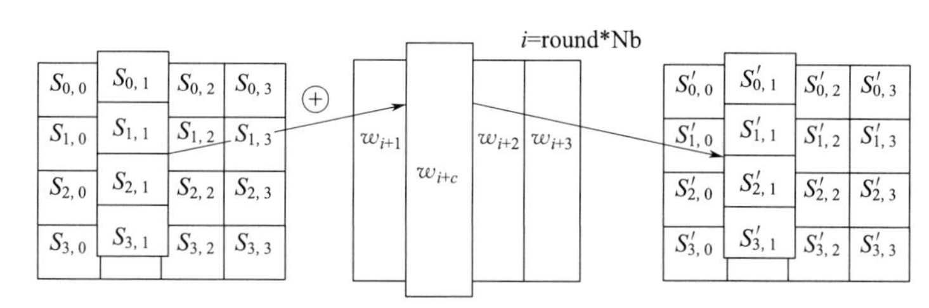

图 11-4 AddRoundKey ( ) 作用在状态矩阵上的结果

（1）逆行移位变换 InvShiftRows ( )

InvShiftRows () 是 ShiftRows () 的逆变换，是对一个状态的每一行循环右移不同的位移量。第 0 行不移位，保持不变，第 1 行循环右移 C1 个字节，第 2 行循环右移 C2 个字节，第 3 行循环右移 C3 个字节。C1、C2、C3 值依赖于分组长度 Nb 的大小，图 11-5 显示了 Nb=4 时逆行移位变换的具体过程。

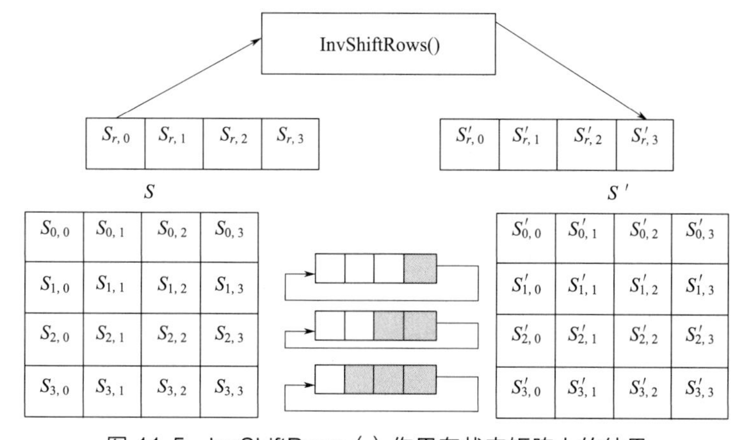

图 11-5 InvShiftRows ( ) 作用在状态矩阵上的结果

（2）逆 S 盒变换 InvSubBytes（）

InvSubBytes（）是对 SubBytes（）的逆变换，它将状态中的每一个字节非线性地变换为另一个字节。

InvSubBytes（）首先对一个字节 $b_7b_6b_5b_4b_3b_2b_1b_0$ 在 GF(2) 上做 SubBytes() 中仿射变换的逆变换，即

$$\begin{bmatrix} b_0' \\ b_1' \\ b_2' \\ b_3' \\ b_4' \\ b_5' \\ b_6' \\ b_7' \end{bmatrix} = \begin{bmatrix} 1 & 0 & 0 & 0 & 1 & 1 & 1 & 1 \\ 1 & 1 & 0 & 0 & 0 & 1 & 1 & 1 \\ 1 & 1 & 1 & 0 & 0 & 0 & 1 & 1 \\ 1 & 1 & 1 & 1 & 0 & 0 & 0 & 1 \\ 1 & 1 & 1 & 1 & 1 & 0 & 0 & 0 \\ 0 & 1 & 1 & 1 & 1 & 1 & 0 & 0 \\ 0 & 0 & 1 & 1 & 1 & 1 & 1 & 0 \\ 0 & 0 & 0 & 1 & 1 & 1 & 1 & 1 \end{bmatrix}^{-1} \begin{bmatrix} b_0 \\ b_1 \\ b_2 \\ b_3 \\ b_4 \\ b_5 \\ b_6 \\ b_7 \end{bmatrix} + \begin{bmatrix} 1 \\ 1 \\ 0 \\ 0 \\ 0 \\ 1 \\ 1 \\ 0 \end{bmatrix} \tag{11-4}$$

然后 InvSubBytes（）返回字节 $b_7'b_6'b_5'b_4'b_3'b_2'b_1'b_0'$ 在有限域 GF（2^8）中的逆元素，逆 S 盒变换过程与 S 盒变换过程刚好相反。

同样，可以将逆 S 盒变换对各种可能字节的变换结果排成一个表，如表 11-5 所示。该表称为 AES 的逆 S 盒变换表或逆字节代替表。如果状态中的一个字节为 xy，则逆 S 盒中第 x 行、第 y 列的字节就是 InvSubBytes（）的返回值。

表 11-5　逆 S 盒变换表

行号 x	列号 y															
	0	1	0	3	4	5	6	7	8	9	A	B	C	D	E	F
0	52	09	6A	D5	30	36	A5	38	BF	40	A3	9E	81	F3	D7	FB
1	7C	E3	39	82	9B	2F	FF	87	34	8E	43	44	C4	DE	E9	CB
2	54	7B	94	32	A6	C2	23	3D	EE	4C	95	0B	42	FA	C3	4E
3	08	2E	A1	66	28	D9	24	B2	76	5B	A2	49	6D	8B	D1	25
4	72	F8	F6	64	86	68	98	16	D4	A4	5C	CC	5D	65	B6	92
5	6C	70	48	50	FD	ED	B9	DA	5E	15	46	57	A7	8D	9D	84
6	90	D8	AB	00	8C	BC	D3	0A	F7	E4	58	05	B8	B3	45	06
7	D0	2C	1E	8F	CA	3F	0F	02	C1	AF	BD	03	01	13	8A	6B
8	3A	91	11	41	4F	67	DC	EA	97	F2	CF	CE	F0	B4	E6	73
9	96	AC	74	22	E7	AD	35	85	E2	F9	37	E8	1C	75	DF	6E
A	47	F1	1A	71	1D	29	C5	89	6F	B7	62	0E	AA	18	BE	1B
B	FC	56	3E	4B	C6	D2	79	20	9A	DB	C0	FE	78	CD	5A	F4
C	1F	DD	A8	33	88	07	C7	31	B1	12	10	59	27	80	EC	5F
D	60	51	7F	A9	19	B5	4A	0D	2D	E5	7A	9F	93	C9	9C	EF
E	A0	E0	3B	4D	AE	2A	F5	B0	C8	EB	BB	3C	83	53	99	61
F	17	2B	04	7E	BA	77	D6	26	E1	69	14	63	55	21	0C	7D

（3）逆列混合变换 InvMixColumn（）

InvMixColumn() 是 MixColumn() 的逆变换。InvMixColumn() 对一个状态逐列进行变

换，它将一个状态的每一列视为有限域 GF(2^8) 上的一个多项式，InvMixColumn() 将状态的每一列所对应的 GF(2^8) 上的多项式模（x^4+1）乘以多项式。

令 $S_c(x)=S_{3c}x^3+S_{2c}x^2+S_{1c}x+S_{0c}$，　$0\leqslant c\leqslant 3$

$S'_c(x)=S'_{3c}x^3+S'_{2c}x^2+S'_{1c}x+S'_{0c}$，　$0\leqslant c\leqslant 3$

则 $S'_c(x)=a^{-1}(x)\otimes S_c(x)$，　$0\leqslant c\leqslant 3$

其中，$a^{-1}(x)=\{0bH\}x^3+\{0dH\}x^2+\{09H\}x+\{0eH\}$。

$a^{-1}(x)$ 是 $a(x)=\{03H\}x^3+\{01H\}x^2+\{01H\}x+\{02H\}$ 模（x^4+1）的乘法逆多项式。

将 $S'_c(x)=a^{-1}(x)\otimes S_c(x)$ 表示为矩阵乘法：

$$\begin{bmatrix}S'_{0,c}\\S'_{1,c}\\S'_{2,c}\\S'_{3,c}\end{bmatrix}=\begin{bmatrix}0eH & 0bH & 0dH & 09H\\09H & 0eH & 0bH & 0dH\\0dH & 09H & 0eH & 0bH\\0bH & 0dH & 09H & 0eH\end{bmatrix}\begin{bmatrix}S_{0,c}\\S_{1,c}\\S_{2,c}\\S_{3,c}\end{bmatrix}0\leqslant c\leqslant Nb \tag{11-5}$$

相乘之后每一列的结果如下

$$S'_{0,c}=(\{0eH\}\cdot S_{0,c})\oplus(\{0bH\}\cdot S_{1,c})\oplus(\{0dH\}\cdot S_{2,c})\oplus(\{09H\}\cdot S_{3,c})$$
$$S'_{1,c}=(\{09H\}\cdot S_{0,c})\oplus(\{0eH\}\cdot S_{1,c})\oplus(\{0bH\}\cdot S_{2,c})\oplus(\{0dH\}\cdot S_{3,c})$$
$$S'_{2,c}=(\{0dH\}\cdot S_{0,c})\oplus(\{09H\}\cdot S_{1,c})\oplus(\{0eH\}\cdot S_{2,c})\oplus(\{0bH\}\cdot S_{3,c})$$
$$S'_{3,c}=(\{0bH\}\cdot S_{0,c})\oplus(\{0dH\}S_{1,c}\oplus(\{09H\}\cdot S_{2,c})\oplus(\{0eH\}\cdot S_{3,c})$$

（4）AddRoundKey（ ）变换的逆

AddRoundKey 进行的是异或运算，所以它的逆变换就是它自己。

11.1.5 密钥扩展

AES 算法首先得到初始密钥 K 后，执行一个密钥扩展程序以产生所有的轮密钥。密钥扩展共产生 Nb（Nr+1）个双字，算法初始需要一个 Nb 个双字的集合，接着每轮操作都需要 Nb 个双字的密钥数据。最终的密钥流程共包含了一个 4 字节双字的线性数组，用 [w_i] 表示，0≤Nb<Nb(Nr+1)。

扩展密钥程序涉及 RotWord()、SubWord() 和 Rcon[] 模块。它们的工作方式如下：

① 位置变换 RotWord ()：把一个 4 字节的输入序列（a0，a1，a2，a3）循环左移一个字节后输出。例如将（a0，a1，a2，a3）循环左移一个字节后输出为（a1，a2，a3，a0）。

② SubWord ()：把一个 4 字节的输入序列（a0，a1，a2，a3）的每一个字节进行 S 盒变换然后输出。

③ 变换 Rcon []：Rcon [] 是一个 10 个字节的常量数组，Rcon [i] 是一个 32 位字符串（x^{i-1}，00，00，00）。这里 $x=\{02H\}$，x^{i-1} 是 $x=\{02H\}$ 的 $i-1$ 次幂的十六进制表示，即 $x^0=\{01H\}$，$x=\{02H\}$，$x^i=\{02H\}\cdot x^{i-1}$。这里"•"表示有限域 GF(2^8) 中的乘法。

密钥扩展前 Nk 个字就是外部密钥 CipherKey()，以后的字 w [i] 等于它前一个字 w [$i-$1] 与前 Nk 个字 w [$i-$Nk] 的异或，$w[i]=w[i-Nk]\oplus SubWord(RotWord(w[i-1]))\oplus Rcon[i/Nk]$。

输入密钥扩展的整个过程可以用下面的程序段描述：

```
KeyExpansion(byte key[4* Nk],word w[Nb* (Nr+1)],Nk)
begin
  word  temp
```

```
    i=0
    while(i < Nk)
      w[i]=word(key[4 * i],key[4 *i+1],key[4 *i+2],key[4 *i+3])
      i=i+1
    end while
    i=Nk
    while(i < Nb * (Nr+1))
          temp=w[i-1]
          if(i mod Nk=0)
             temp=Subword(Rotword(temp))xor Rcon[i/Nk]
          else if(Nk > 6 andi mod Nk=4)
             temp=Subword(temp)
          end if
          w [i]=w[i-Nk] xor temp
          i=i+1
    end while
end
```

11.2 AES 密码处理器的体系结构设计

11.2.1 AES 密码处理器框图及外部信号说明

AES 密码处理器框图及外部信号说明见图 11-6 和表 11-6。

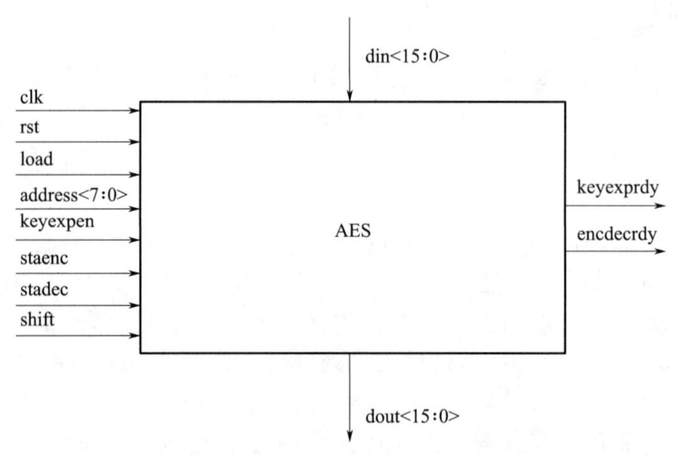

图 11-6 AES 密码处理器框图

表 11-6 AES 密码处理器外部信号说明

信号名称	信号宽度	传输方向	信号含义
clk	1 位	输入	时钟信号
rst	1 位	输入	复位信号,1 有效
load	1 位	输入	数据装载使能信号,用于控制输入明文/密文、密钥、S 盒配置数据等,1 有效
address	8 位	输入	寄存器或 RAM 地址,用于表示明文/密文/密钥寄存器、S 盒 RAM 单元
keyexpen	1 位	输入	密钥扩展使能信号,1 有效

续表

信号名称	信号宽度	传输方向	信号含义
keyexprdy	1 位	输出	密钥扩展完成标识信号，1 有效
staenc	1 位	输入	开始加密使能信号，1 有效
stadec	1 位	输入	开始解密使能信号，1 有效
encdecrdy	1 位	输出	加/解密运算完成标识信号，1 有效
din	16 位	输入	输入数据总线，用于输入明文/密文、密钥、配置数据等
dout	16 位	输出	输出数据总线，用于输出加/解密结果
shift	1 位	输入	结果移位输出使能信号，1 有效。有效时，每个时钟周期移位输出 16 位结果

11.2.2 AES 密码处理器模块结构图

AES 密码处理器包括明文/密文/密钥寄存器、密钥扩展、加/解密、控制等多个子模块，其模块结构如图 11-7 所示。

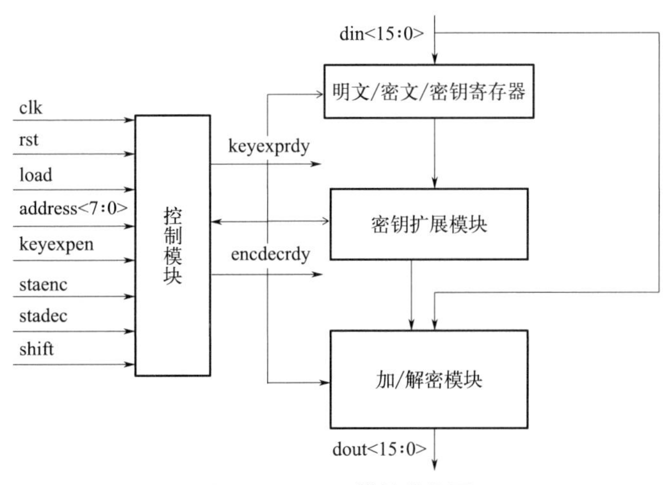

图 11-7 AES 模块结构图

11.2.3 AES 密码处理器各子模块设计方案

11.2.3.1 明文/密文/密钥寄存器设计方案

明文/密文/密钥寄存器的外部信号如表 11-7 所示。

表 11-7 明文/密文/密钥寄存器的外部信号

信号名称	信号宽度	传输方向	信号含义
clk	1 位	输入	时钟信号
write	1 位	输入	寄存器写使能信号，1 有效
din	16 位	输入	输入数据总线，用于输入明文/密文、密钥、配置数据等
dout	128 位	输出	输出数据总线，用于输出加/解密结果

明文/密文/密钥寄存器是一个 128 位的寄存器，用于保存从外部输入的明文/密文/密钥。为了与 USB 接口芯片的数据总线宽度相匹配，其输入数据宽度定为 16 位，为了提高 AES 模块内部的处理速度，同时为了与 AES 分组长度相匹配，其输出数据的宽度定为 128

位。其详细功能描述如下：在时钟信号 clk 的上升沿，若寄存器写使能信号 write 有效，则将输入数据总线 din 上的 16 位数据写入明文/密文/密钥寄存器的高 16 位，同时将寄存器原来的数据右移 16 位放入寄存器的低 112 位。若寄存器写使能信号 write 无效，则寄存器保持原来的数据不变。由此可见，1 个 128 位的数据需要经过 8 个时钟周期、通过 8 次写操作才能装入寄存器。

11.2.3.2 密钥扩展模块设计方案

密钥扩展模块的电路结构如图 11-8 所示。

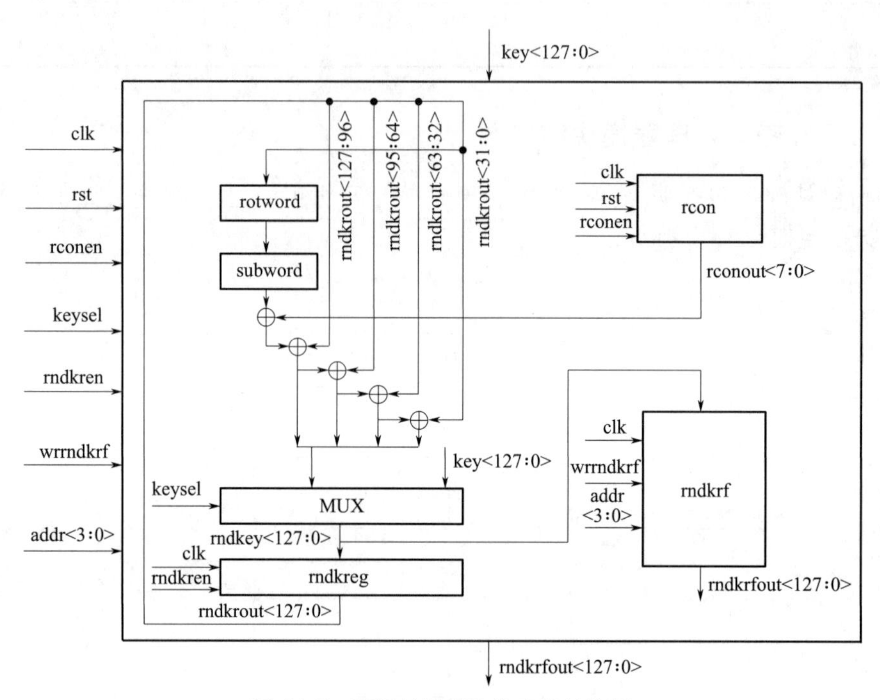

图 11-8　密钥扩展模块的电路结构图

密钥扩展模块的外部信号如表 11-8 所示。

表 11-8　密钥扩展模块的外部信号说明

信号名称	信号宽度	传输方向	信号含义
clk	1 位	输入	时钟信号
rst	1 位	输入	复位信号，1 有效。有效时使轮常数产生模块输出第一个轮常数
keysel	1 位	输入	轮密钥选择信号，keysel＝0 选择密钥寄存器中的种子密钥，否则，选择经过密钥扩展变换的轮密钥
rndkren	1 位	输入	轮密钥寄存器写使能信号，1 有效
wrrndkrf	1 位	输入	轮密钥寄存器堆写使能信号，1 有效
addr	4 位	输入	轮密钥寄存器堆地址，表示 11 个轮密钥寄存器的地址
rconen	1 位	输入	轮常数寄存器写使能信号，1 有效。当有效时将下一个轮常数写入轮常数寄存器
key	128 位	输入	种子密钥，来自密钥寄存器的输出
rndkrfout	128 位	输出	轮密钥寄存器堆的输出，为加/解密模块提供需要的轮密钥

密钥扩展模块由 1 个 128 位的轮密钥寄存器 rndkreg、1 个 11×128 位的轮密钥寄存器堆 rndkrf、1 个轮常数产生模块 rcon、1 个字节代替模块 subword、1 个 32 位的循环左移移位器

rotword、1 个 128 位的二选一选通器 MUX 以及 5 个 32 位异或器构成。其电路工作原理如下：

在进行密钥扩展之前，首先令复位信号 rst=1，以便使轮常数产生模块输出第 1 个轮常数。然后，在第 1 个时钟周期，通过选通器选择种子密钥 key 作为第 1 个子密钥，并在本周期结束时的时钟上升沿，将其同时保存到轮密钥寄存器 rndkreg 和轮密钥寄存器堆 rndkrf。在第 2 个时钟周期，对保存在轮密钥寄存器 rndkreg 中的第 1 个子密钥先后进行循环左移、字节代替变换、异或、选通操作得到第 2 个子密钥，并在本周期结束时的时钟上升沿，将其同时保存到轮密钥寄存器 rndkreg 和轮密钥寄存器堆 rndkrf。重复第 2 个时钟周期的操作 10 次，就可以得到 AES 第 1～10 轮迭代所需要的轮密钥。这样，经过 11 个时钟周期之后，AES 加/解密所需的全部 11 个子密钥就都产生了，并且被保存在轮密钥寄存器堆 rndkrf 中。

其中，循环左移运算实现对一个 32 位的数据循环左移 8 位，在电路实现时通过硬件连线即可实现，无须设计专门的移位电路。字节代替变换由 4 个 8×8 S 盒实现，S 盒采用查表方式实现。为了充分利用 Cyclone FPGA 中的 RAM 资源，减少 LE（逻辑单元）的使用数量，我们利用 Cyclone FPGA 中的 RAM 构建了一个 8×8 的 ROM 作为 S 盒，该 ROM 共有 256 个的存储单元，每个存储单元存储一个字节，这 256 个字节就用于实现 S 盒变换。该 ROM 可以利用 Quartus Ⅱ 的 Megafunction 工具自动生成，但需要注意的是该 ROM 的地址要经寄存器锁存以后才能进入 ROM，因此在地址有效的下一个周期才能在 ROM 的输出端口得到读出的数据。二选一选通器 MUX 用于选择外部输入的种子密钥或者内部逻辑产生的数据作为子密钥。轮密钥寄存器 rndkreg 是 1 个 128 位的寄存器，用于暂时保存当前产生的子密钥，以便产生下一个子密钥时使用。轮密钥寄存器堆 rndkrf 共有 11 个 128 位的存储单元，用于保存密钥扩展以后的全部 11 个子密钥，供 AES 加/解密使用。轮常数产生模块 rcon 由 1 个 8 位寄存器和轮常数产生逻辑构成，当复位时，寄存器输出第一个轮常数，当轮常数寄存器写使能信号 rconen 有效时，将由轮常数产生逻辑产生的下一个轮常数写入轮常数寄存器。

11.2.3.3 加/解密模块设计方案

AES 加密算法和解密算法所使用的变换大多相同或相似，因此其电路结构也类似，有很多资源可以共享。为了减小电路规模，我们采用一套电路分时实现 AES 加密和解密。

AES 加密过程由一个初始密钥加（异或）变换和十个轮变换构成，其中除第 10 个轮变换外，每个轮变换都是一样的，都是由字节代替（S 盒变换）、行移位、列混合、密钥加 4 个子变换组成。第 10 个轮变换由字节代替、行移位、密钥加 3 个子变换组成，不包括列混合变换。为了进一步减小电路的规模，我们仅实现一个轮变换的电路，用循环迭代的方式实现十轮变换。

设 $a_{i,j}$（$0\leqslant i\leqslant 3, 0\leqslant j\leqslant 3$）表示每一轮变换的输入字节，

$\boldsymbol{a}_j=\begin{bmatrix}a_{0,j}\\a_{1,j}\\a_{2,j}\\a_{3,j}\end{bmatrix}$（$0\leqslant j\leqslant 3$）表示由 4 个输入字节构成的一个 32 位双字，它是输入状态矩阵中的一列，

$\boldsymbol{a}=(a_0, a_1, a_2, a_3)$ 表示输入状态矩阵。

令 $b_{i,j}$（$0\leqslant i\leqslant 3, 0\leqslant j\leqslant 3$）表示字节代替变换（记为 S）后的字节，

$c_{i,j}$（$0\leqslant i\leqslant 3, 0\leqslant j\leqslant 3$）表示行移位变换后的字节，

$d_{i,j}$（$0\leqslant i\leqslant 3, 0\leqslant j\leqslant 3$）表示列混合变换后的字节，

$e_{i,j}$（$0\leqslant i\leqslant 3, 0\leqslant j\leqslant 3$）表示每一轮变换后的输出字节，

$k_{i,j}(0\leqslant i\leqslant 3,0\leqslant j\leqslant 3)$ 表示每一轮变换的密钥字节。

则根据 AES 加密算法的描述，对于第 1～9 轮变换，有下列式子成立

$$b_{i,j}=S(a_{i,j}),0\leqslant i\leqslant 3,0\leqslant j\leqslant 3 \tag{11-6}$$

$$\begin{bmatrix} c_{0,j} \\ c_{1,j} \\ c_{2,j} \\ c_{3,j} \end{bmatrix}=\begin{bmatrix} b_{0,j} \\ b_{1,(j+1)\bmod 4} \\ b_{2,(j+2)\bmod 4} \\ b_{3,(j+3)\bmod 4} \end{bmatrix},0\leqslant j\leqslant 3 \tag{11-7}$$

$$\begin{bmatrix} d_{0,j} \\ d_{1,j} \\ d_{2,j} \\ d_{3,j} \end{bmatrix}=\begin{bmatrix} 02H & 03H & 01H & 01H \\ 01H & 02H & 03H & 01H \\ 01H & 01H & 02H & 03H \\ 03H & 01H & 01H & 02H \end{bmatrix}\begin{bmatrix} c_{0,j} \\ c_{1,j} \\ c_{2,j} \\ c_{3,j} \end{bmatrix},0\leqslant j\leqslant 3 \tag{11-8}$$

$$\begin{bmatrix} e_{0,j} \\ e_{1,j} \\ e_{2,j} \\ e_{3,j} \end{bmatrix}=\begin{bmatrix} d_{0,j} \\ d_{1,j} \\ d_{2,j} \\ d_{3,j} \end{bmatrix}\oplus\begin{bmatrix} k_{0,j} \\ k_{1,j} \\ k_{2,j} \\ k_{3,j} \end{bmatrix},0\leqslant j\leqslant 3 \tag{11-9}$$

将式(11-6) 代入式(11-7)，式(11-7) 代入式(11-8)，式(11-8) 代入式(11-9)，得

$$\begin{bmatrix} e_{0,j} \\ e_{1,j} \\ e_{2,j} \\ e_{3,j} \end{bmatrix}=\begin{bmatrix} 02H & 03H & 01H & 01H \\ 01H & 02H & 03H & 01H \\ 01H & 01H & 02H & 03H \\ 03H & 01H & 01H & 02H \end{bmatrix}\begin{bmatrix} S(a_{0,j}) \\ S(a_{1,(j+1)\bmod 4}) \\ S(a_{2,(j+2)\bmod 4}) \\ S(a_{3,(j+3)\bmod 4}) \end{bmatrix}\oplus\begin{bmatrix} k_{0,j} \\ k_{1,j} \\ k_{2,j} \\ k_{3,j} \end{bmatrix}$$

$$=\begin{bmatrix} 02H\cdot S(a_{0,j})\oplus 03H\cdot S(a_{1,(j+1)\bmod 4})\oplus S(a_{2,(j+2)\bmod 4})\oplus S(a_{3,(j+3)\bmod 4})\oplus k_{0,j} \\ S(a_{0,j})\oplus 02H\cdot S(a_{1,(j+1)\bmod 4})\oplus 03H\cdot S(a_{2,(j+2)\bmod 4})\oplus S(a_{3,(j+3)\bmod 4})\oplus k_{1,j} \\ S(a_{0,j})\oplus S(a_{1,(j+1)\bmod 4})\oplus 02H\cdot S(a_{2,(j+2)\bmod 4})\oplus 03H\cdot S(a_{3,(j+3)\bmod 4})\oplus k_{2,j} \\ 03H\cdot S(a_{0,j})\oplus S(a_{1,(j+1)\bmod 4})\oplus S(a_{2,(j+2)\bmod 4})\oplus 02H\cdot S(a_{3,(j+3)\bmod 4})\oplus k_{3,j} \end{bmatrix} \tag{11-10}$$

在上式中，分别令 $j=0$，1，2，3，我们就得到了经过一轮变换后的所有输出字节。

对于初始密钥加变换（可以看成是第 0 轮变换），其输出字节与输入字节之间的函数关系为

$$e_{i,j}=a_{i,j}\oplus k_{i,j},0\leqslant i\leqslant 3,0\leqslant j\leqslant 3 \tag{11-11}$$

对于第 10 轮变换，其输出字节与输入字节之间的函数关系为

$$\begin{bmatrix} e_{0,j} \\ e_{1,j} \\ e_{2,j} \\ e_{3,j} \end{bmatrix}=\begin{bmatrix} S(a_{0,j})\oplus k_{0,j} \\ S(a_{1,(j+1)\bmod 4})\oplus k_{1,j} \\ S(a_{2,(j+2)\bmod 4})\oplus k_{2,j} \\ S(a_{3,(j+3)\bmod 4})\oplus k_{3,j} \end{bmatrix},0\leqslant j\leqslant 3 \tag{11-12}$$

由式(11-10)、式(11-11)、式(11-12) 可以看出，AES 加密过程包括字节代替（S 盒）、02H 乘字节、03H 乘字节、异或共 4 种操作，因此只要在电路中设置相应的电路模块就可以实现加密功能。为了充分利用 FPGA 中的 RAM 资源，减少 LE 的资源占用，我们采用查表方式实现 S 盒变换。同时，为了与 AES 加密算法自身的并行性相匹配，我们在电路中设置了 16 个 8×8 S 盒，16 个 02H 乘字节、03H 乘字节模块。另外，为了保存每轮加密变换的结果，在电路中还应该设置一个 128 位的寄存器。

通过类似的分析，我们得到 AES 解密过程包括逆 S 盒变换、09H 乘字节、0bH 乘字节、0dH 乘字节、0eH 乘字节、异或共 6 种操作。其中逆 S 盒变换可以使用与 S 盒变换相同的 RAM 电路，只是需要装入不同的初始值；09H 乘字节、0bH 乘字节、0dH 乘字节、0eH 乘字节也可以在 02H 乘字节、03H 乘字节的基础上实现。另外，保存每轮解密变换结果的寄存器也与加密过程所使用的寄存器相同。由此可见，只需在 AES 加密电路上增加少许电路，就可以实现 AES 解密功能。

通过上述分析，我们得到 AES 加/解密模块的电路结构如图 11-9 所示。

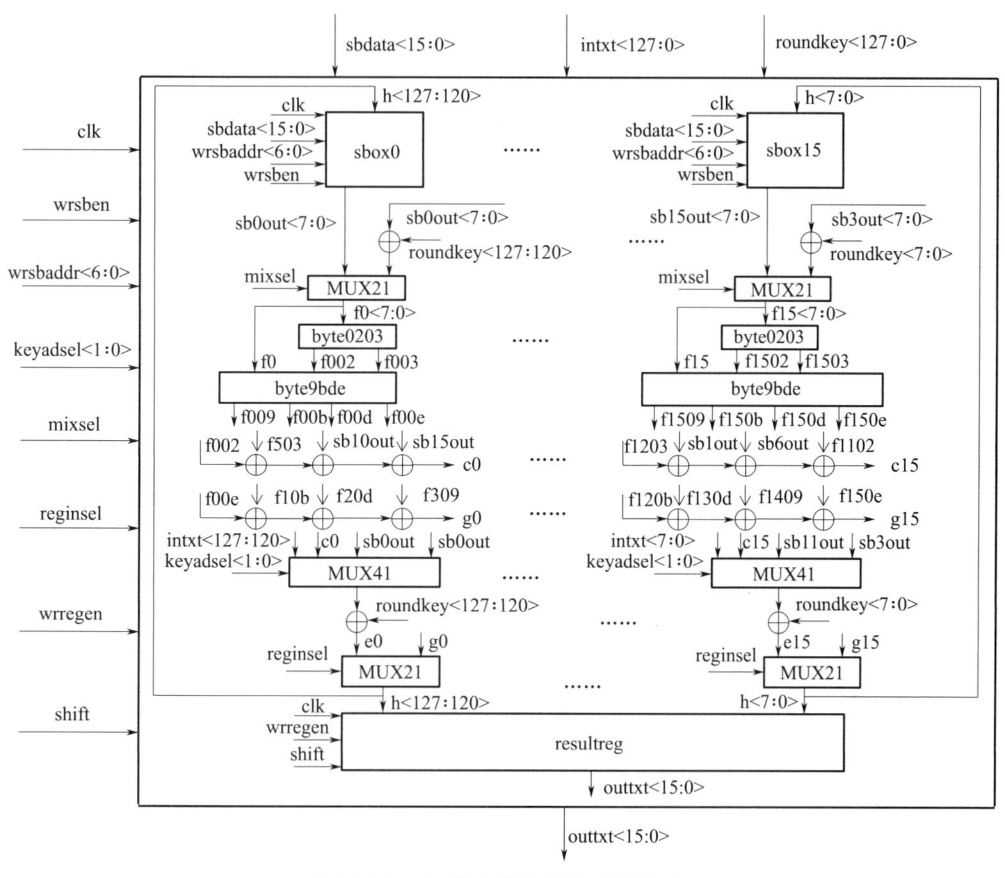

图 11-9　加/解密模块的电路结构图

说明：一般在图、表、程序等中，十六进制的 A～F 习惯用小写表示。

AES 加/解密模块的外部信号如表 11-9 所示。

表 11-9　加/解密模块的外部信号说明

信号名称	信号宽度	传输方向	信号含义
clk	1 位	输入	时钟信号
wrsben	1 位	输入	向 S 盒写入配置数据的使能信号，1 有效
wrsbaddr	7 位	输入	S 盒配置数据的地址，一个 S 盒包含 256 个字节，一次写入 16 位，因此共需要写 128 次，需要 128 个地址，所以需要 7 位地址码
sbdata	16 位	输入	S 盒配置数据
keyadsel	2 位	输入	密钥加操作输入数据选择信号
mixsel	1 位	输入	选择是否进行逆列混合变换，在进行第 1～9 轮解密变换时为 1，其余时间为 0

续表

信号名称	信号宽度	传输方向	信号含义
reginsel	1位	输入	结果寄存器输入数据选择信号
wrregen	1位	输入	结果寄存器写使能信号,1有效
intxt	128位	输入	外部输入数据(明文或密文)
roundkey	128位	输入	子密钥
shift	1位	输入	结果寄存器移位使能信号,1有效,有效时将128位结果寄存器中的数据右移16位
outtxt	16位	输出	输出数据(加/解密结果)

AES加/解密模块的工作原理如下。

① 加密流程：首先将S盒配置为加密S盒，即在使能信号wrsben和地址信号wrsbaddr的控制下，通过S盒配置数据端口sbdata将加密S盒配置数据写入16个S盒sbox0～sbox15。然后实现初始密钥加变换，即在选择信号keyadsel的控制下，通过四选一选通器选择外部输入明文数据intxt，与初始子密钥roundkey进行异或操作，并在选择信号reginsel的控制下，通过二选一选通器将异或操作的结果e0～e15保存到S盒的输入寄存器。接下来进行第一轮加密变换，即初始密钥加变换的结果经sbox0～sbox15完成S盒变换后，在选择信号mixsel的控制下，通过二选一选通器进入byte0203模块，完成02H乘字节和03H乘字节运算，然后进行式(11-10)中前4项的异或运算，得结果c0～c15，在选择信号keyadsel的控制下，通过四选一选通器选择c0～c15与第一轮子密钥进行异或操作，从而得到第一轮加密变换的结果e0～e15，并将其保存到S盒的输入寄存器，作为下一轮加密变换的输入数据。依次类推，可以完成第1～9轮加密变换。最后进行第10轮加密变换，即第9轮加密变换的结果经sbox0～sbox15完成S盒变换后，在选择信号keyadsel的控制下，通过四选一选通器选择恰当的S盒输出与第10轮子密钥进行异或操作，即可得到密文，最后将其保存到结果寄存器resultreg。初始密钥加变换和每轮加密变换都在一个周期内完成，因此上述加密过程共需要11个时钟周期。

② 解密流程：首先将S盒配置为解密S盒，配置过程与加密S盒配置过程一样，只是配置数据不同。然后实现初始密钥加变换，即在选择信号keyadsel的控制下，通过四选一选通器选择外部输入密文数据intxt，与初始子密钥roundkey进行异或操作，并在选择信号reginsel的控制下，通过二选一选通器将异或操作的结果e0～e15保存到S盒的输入寄存器。接下来进行第一轮解密变换，即初始密钥加变换的结果经sbox0～sbox15完成逆S盒变换后，再与第一轮子密钥进行异或操作，然后在选择信号mixsel的控制下，通过二选一选通器进入byte0203模块和byte9bde模块，完成进行逆列混合变换所需要的字节乘法运算（即09H乘字节、0bH乘字节、0dH乘字节和0eH乘字节），然后通过一系列异或运算得到逆列混合变换的结果g0～g15，在选择信号reginsel的控制下，通过二选一选通器选择g0～g15输出，从而得到第一轮解密变换的结果h，并将其保存到S盒的输入寄存器，作为下一轮解密变换的输入数据。依次类推，可以完成第1～9轮解密变换。最后进行第10轮解密变换，即第9轮解密变换的结果经sbox0～sbox15完成逆S盒变换后，在选择信号keyadsel的控制下，通过四选一选通器选择恰当的S盒输出与第10轮子密钥进行异或操作，即可得到明文，最后将其保存到结果寄存器resultreg。初始密钥加变换和每轮解密变换都在一个周期内完成，因此上述解密过程共需要11个时钟周期。需要注意的是，解密过程使用的子密钥与加密过程使用的子密钥相同，但使用顺序恰好相反。

11.2.3.4 控制模块设计方案

AES控制模块由密钥扩展状态机、加密状态机、解密状态机以及其他少量组合逻辑构成。其中密钥扩展状态机用于控制密钥扩展过程的执行，加密状态机用于控制加密过程的执行，解密状态机用于控制解密过程的执行。AES 控制模块的电路结构如图 11-10 所示。

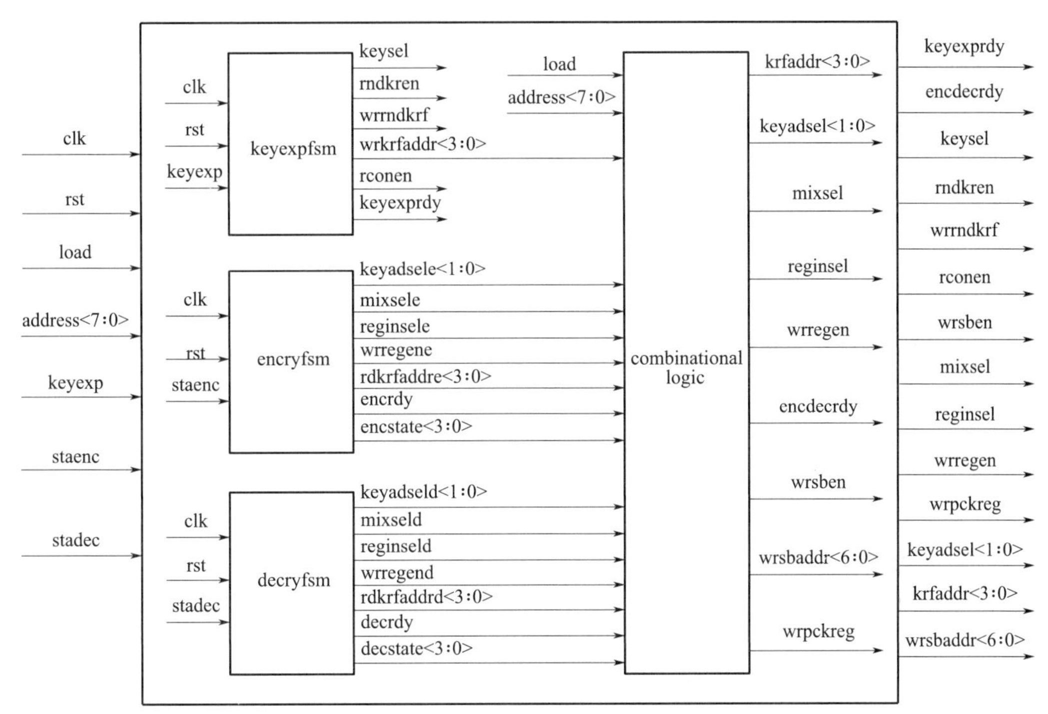

图 11-10　AES 控制模块电路结构图

AES 控制模块的外部信号如表 11-10 所示。

表 11-10　AES 控制模块的外部信号说明

信号名称	信号宽度	传输方向	信号含义
clk	1 位	输入	时钟信号
rst	1 位	输入	复位信号，1 有效
load	1 位	输入	数据装载使能信号，用于控制输入明文/密文、密钥、S 盒配置数据等，1 有效
address	8 位	输入	寄存器或 RAM 地址，用于表示明文/密文/密钥寄存器、S 盒 RAM 单元
keyexp	1 位	输入	密钥扩展使能信号，1 有效
staenc	1 位	输入	开始加密使能信号，1 有效
stadec	1 位	输入	开始解密使能信号，1 有效
keyexprdy	1 位	输出	密钥扩展完成标识信号，1 有效
encdecrdy	1 位	输出	加/解密运算完成标识信号，1 有效
keysel	1 位	输出	轮密钥选择信号，keysel=0 选择密钥寄存器中的种子密钥，否则，选择经过密钥扩展变换的轮密钥
rndkren	1 位	输出	轮密钥寄存器写使能信号，1 有效
wrrndkrf	1 位	输出	轮密钥寄存器堆写使能信号，1 有效
rconen	1 位	输出	轮常数寄存器写使能信号，1 有效。当有效时将下一个轮常数写入轮常数寄存器
wrsben	1 位	输出	向 S 盒写入配置数据的使能信号，1 有效
mixsel	1 位	输出	选择是否进行逆列混合变换，在进行第 1～9 轮解密变换时为 1，其余时间为 0
reginsel	1 位	输出	结果寄存器输入数据选择信号
wrregen	1 位	输出	结果寄存器写使能信号，1 有效

续表

信号名称	信号宽度	传输方向	信号含义
wrpckreg	1位	输出	明文/密文/密钥寄存器的写使能信号，1有效
keyadsel	2位	输出	密钥加操作输入数据选择信号，2'b00选择外部输入数据，2'b01选择列混合变换的结果，2'b10选择第10轮加密变换所需的S盒输出，2'b11选择第10轮解密变换所需的S盒输出
krfaddr	4位	输出	轮密钥寄存器堆地址，表示11个轮密钥寄存器的地址
wrsbaddr	7位	输出	S盒配置数据的地址

密钥扩展状态机用于产生密钥扩展过程中所使用的控制信号，它由12个状态构成，其状态的划分和定义如表11-11所示。

表11-11　AES密钥扩展状态机的状态划分及定义

状态名称	状态编码	状态定义
S0	0000	空闲状态，保持所有寄存器写使能信号无效。当rst=1时状态机处于空闲状态
S1	0001	产生并保存初始密钥加变换所需要的子密钥
S2	0010	产生并保存第1轮加密变换所需要的子密钥
S3	0011	产生并保存第2轮加密变换所需要的子密钥
S4	0100	产生并保存第3轮加密变换所需要的子密钥
S5	0101	产生并保存第4轮加密变换所需要的子密钥
S6	0110	产生并保存第5轮加密变换所需要的子密钥
S7	0111	产生并保存第6轮加密变换所需要的子密钥
S8	1000	产生并保存第7轮加密变换所需要的子密钥
S9	1001	产生并保存第8轮加密变换所需要的子密钥
S10	1010	产生并保存第9轮加密变换所需要的子密钥
S11	1011	产生并保存第10轮加密变换所需要的子密钥

AES密钥扩展状态机的状态转移如图11-11所示。

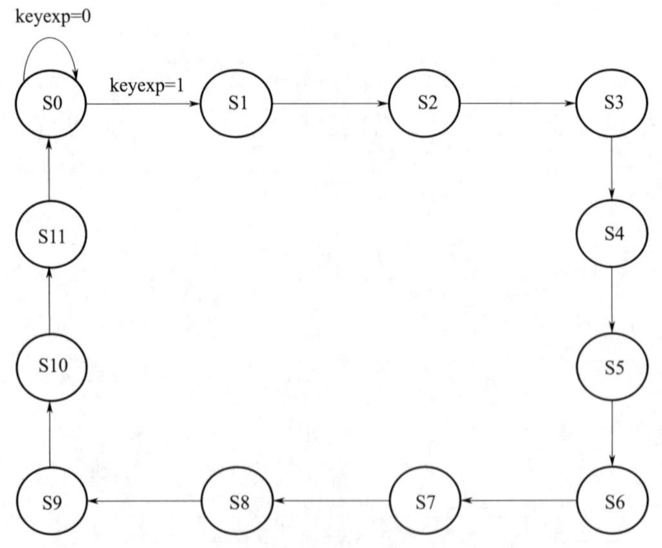

图11-11　AES密钥扩展状态机的状态转移图

AES密钥扩展状态机的状态转移及控制信号取值如表11-12所示。

表 11-12　AES 密钥扩展状态机的状态转移及控制信号取值表

当前状态	当前输入	下一状态	当前输出
S0	keyexp=0	S0	keysel=0，rndkren=0，wrrndkrf=0，wrkrfaddr=4′d0，rconen=0，keyexprdy=(state_delay==S11)
S0	keyexp=1	S1	keysel=0，rndkren=0，wrrndkrf=0，wrkrfaddr=4′d0，rconen=0，keyexprdy=(state_delay==S11)
S1	x	S2	keysel=0，rndkren=1，wrrndkrf=1，wrkrfaddr=4′d0，rconen=0，keyexprdy=0
S2	x	S3	keysel=1，rndkren=1，wrrndkrf=1，wrkrfaddr=4′d1，rconen=1，keyexprdy=0
S3	x	S4	keysel=1，rndkren=1，wrrndkrf=1，wrkrfaddr=4′d2，rconen=1，keyexprdy=0
S4	x	S5	keysel=1，rndkren=1，wrrndkrf=1，wrkrfaddr=4′d3，rconen=1，keyexprdy=0
S5	x	S6	keysel=1，rndkren=1，wrrndkrf=1，wrkrfaddr=4′d4，rconen=1，keyexprdy=0
S6	x	S7	keysel=1，rndkren=1，wrrndkrf=1，wrkrfaddr=4′d5，rconen=1，keyexprdy=0
S7	x	S8	keysel=1，rndkren=1，wrrndkrf=1，wrkrfaddr=4′d6，rconen=1，keyexprdy=0
S8	x	S9	keysel=1，rndkren=1，wrrndkrf=1，wrkrfaddr=4′d7，rconen=1，keyexprdy=0
S9	x	S10	keysel=1，rndkren=1，wrrndkrf=1，wrkrfaddr=4′d8，rconen=1，keyexprdy=0
S10	x	S11	keysel=1，rndkren=1，wrrndkrf=1，wrkrfaddr=4′d9，rconen=1，keyexprdy=0
S11	x	S0	keysel=1，rndkren=1，wrrndkrf=1，wrkrfaddr=4′d10，rconen=1，keyexprdy=0

加密状态机用于产生加密过程中所使用的控制信号，它由 12 个状态构成，其状态的划分和定义如表 11-13 所示。

表 11-13　AES 加密状态机的状态划分及定义

状态名称	状态编码	状态定义
S0	0000	空闲状态，保持所有寄存器写使能信号无效。当 rst=1 时状态机处于空闲状态
S1	0001	进行初始密钥加变换
S2	0010	进行第 1 轮加密变换
S3	0011	进行第 2 轮加密变换
S4	0100	进行第 3 轮加密变换
S5	0101	进行第 4 轮加密变换
S6	0110	进行第 5 轮加密变换
S7	0111	进行第 6 轮加密变换
S8	1000	进行第 7 轮加密变换
S9	1001	进行第 8 轮加密变换
S10	1010	进行第 9 轮加密变换
S11	1011	进行第 10 轮加密变换，并保存密文

AES 加密状态机的状态转移如图 11-12 所示。

AES 加密状态机的状态转移及控制信号取值如表 11-14 所示。

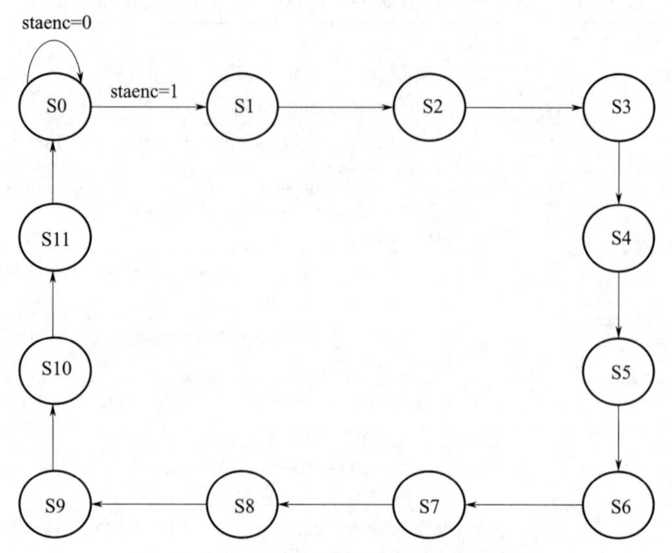

图 11-12　AES 加密状态机状态转移图

表 11-14　AES 加密状态机的状态转移及控制信号取值表

当前状态	当前输入	下一状态	当前输出
S0	staenc=0	S0	wrregen=0, mixsel=0, reginsel=0, keyadsel=2'b00, rdkrfaddr=4'd0, encrdy=(state_delay==S11)
S0	staenc=1	S1	wrregen=0, mixsel=0, reginsel=0, keyadsel=2'b00, rdkrfaddr=4'd0, encrdy=(state_delay==S11)
S1	x	S2	wrregen=1, mixsel=0, reginsel=0, keyadsel=2'b00, rdkrfaddr=4'd0, encrdy=0
S2	x	S3	wrregen=1, mixsel=0, reginsel=0, keyadsel=2'b01, rdkrfaddr=4'd1, encrdy=0
S3	x	S4	wrregen=1, mixsel=0, reginsel=0, keyadsel=2'b01, rdkrfaddr=4'd2, encrdy=0
S4	x	S5	wrregen=1, mixsel=0, reginsel=0, keyadsel=2'b01, rdkrfaddr=4'd3, encrdy=0
S5	x	S6	wrregen=1, mixsel=0, reginsel=0, keyadsel=2'b01, rdkrfaddr=4'd4, encrdy=0
S6	x	S7	wrregen=1, mixsel=0, reginsel=0, keyadsel=2'b01, rdkrfaddr=4'd5, encrdy=0
S7	x	S8	wrregen=1, mixsel=0, reginsel=0, keyadsel=2'b01, rdkrfaddr=4'd6, encrdy=0
S8	x	S9	wrregen=1, mixsel=0, reginsel=0, keyadsel=2'b01, rdkrfaddr=4'd7, encrdy=0
S9	x	S10	wrregen=1, mixsel=0, reginsel=0, keyadsel=2'b01, rdkrfaddr=4'd8, encrdy=0
S10	x	S11	wrregen=1, mixsel=0, reginsel=0, keyadsel=2'b01, rdkrfaddr=4'd9, encrdy=0
S11	x	S0	wrregen=1, mixsel=0, reginsel=0, keyadsel=2'b10, rdkrfaddr=4'd10, encrdy=0

AES 解密状态机用于产生解密过程中所使用的控制信号，它由 12 个状态构成，其状态的划分和定义如表 11-15 所示。

表 11-15　AES 解密状态机的状态划分及定义

状态名称	状态编码	状态定义
S0	0000	空闲状态，保持所有寄存器写使能信号无效。当 rst=1 时状态机处于空闲状态
S1	0001	进行初始密钥加变换。使用第 10 轮加密变换的子密钥
S2	0010	进行第 1 轮解密变换。使用第 9 轮加密变换的子密钥
S3	0011	进行第 2 轮解密变换。使用第 8 轮加密变换的子密钥
S4	0100	进行第 3 轮解密变换。使用第 7 轮加密变换的子密钥
S5	0101	进行第 4 轮解密变换。使用第 6 轮加密变换的子密钥
S6	0110	进行第 5 轮解密变换。使用第 5 轮加密变换的子密钥
S7	0111	进行第 6 轮解密变换。使用第 4 轮加密变换的子密钥
S8	1000	进行第 7 轮解密变换。使用第 3 轮加密变换的子密钥
S9	1001	进行第 8 轮解密变换。使用第 2 轮加密变换的子密钥
S10	1010	进行第 9 轮解密变换。使用第 1 轮加密变换的子密钥
S11	1011	进行第 10 轮解密变换，并保存明文。使用加密过程的初始密钥加变换的子密钥

AES 解密状态机的状态转移图与加密状态机的状态转移图类似。

AES 解密状态机的状态转移及控制信号取值如表 11-16 所示。

表 11-16　AES 解密状态机的状态转移及控制信号取值表

当前状态	当前输入	下一状态	当前输出
S0	stadec=0	S0	wrregen=0，mixsel=0，reginsel=0，keyadsel=2'b00，rdkrfaddr=4'd0，decrdy=(state_delay==S11)
S0	stadec=1	S1	wrregen=1，mixsel=0，reginsel=0，keyadsel=2'b00，rdkrfaddr=4'd0，decrdy=(state_delay==S11)
S1	x	S2	wrregen=1，mixsel=0，reginsel=0，keyadsel=2'b00，rdkrfaddr=4'd10，decrdy=0
S2	x	S3	wrregen=1，mixsel=1，reginsel=1，keyadsel=2'b00，rdkrfaddr=4'd9，decrdy=0
S3	x	S4	wrregen=1，mixsel=1，reginsel=1，keyadsel=2'b00，rdkrfaddr=4'd8，decrdy=0
S4	x	S5	wrregen=1，mixsel=1，reginsel=1，keyadsel=2'b00，rdkrfaddr=4'd7，decrdy=0
S5	x	S6	wrregen=1，mixsel=1，reginsel=1，keyadsel=2'b00，rdkrfaddr=4'd6，decrdy=0
S6	x	S7	wrregen=1，mixsel=1，reginsel=1，keyadsel=2'b00，rdkrfaddr=4'd5，decrdy=0
S7	x	S8	wrregen=1，mixsel=1，reginsel=1，keyadsel=2'b00，rdkrfaddr=4'd4，decrdy=0
S8	x	S9	wrregen=1，mixsel=1，reginsel=1，keyadsel=2'b00，rdkrfaddr=4'd3，decrdy=0
S9	x	S10	wrregen=1，mixsel=1，reginsel=1，keyadsel=2'b00，rdkrfaddr=4'd2，decrdy=0
S10	x	S11	wrregen=1，mixsel=1，reginsel=1，keyadsel=2'b00，rdkrfaddr=4'd1，decrdy=0
S11	x	S0	wrregen=1，mixsel=0，reginsel=0，keyadsel=2'b11，rdkrfaddr=4'd0，decrdy=0

11.3 AES 密码处理器的 Verilog 模型设计

```
//顶层模块
module aes(clk,rst,load,address,keyexpen,staenc,stadec,din,keyexprdy,encdecrdy,dout);
output [127:0] dout;
output keyexprdy,encdecrdy;
input  clk,rst,load,keyexpen,staenc,stadec;
input  [4:0] address;
input  [127:0] din;
wire  wrpckreg,keysel,rndkren,wrrndkrf,rconen,wrsben,mixsel,reginsel,wrregen;
wire [127:0] pckregout,roundkey;
wire [3:0] krfaddr,wrsbaddr;
wire [1:0] keyadsel;
reg_128    pckreg(clk,wrpckreg,din,pckregout);
aescontrol  control(clk,rst,load,address,keyexpen,staenc,stadec,keyexprdy,encdecrdy,
                    keysel,rndkren,wrrndkrf,krfaddr,rconen,
                    wrsben,wrsbaddr,keyadsel,mixsel,reginsel,wrregen,wrpckreg);
keyexp  keyexp(clk,rst,keysel,rndkren,wrrndkrf,krfaddr,rconen,pckregout,roundkey);
crydap
crydap(clk,wrsben,wrsbaddr,din,keyadsel,mixsel,reginsel,wrregen,pckregout,round-
key,dout);
endmodule
//控制子模块
module aescontrol(clk,rst,load,address,keyexp,staenc,stadec,keyexprdy,encdecrdy,
                    keysel,rndkren,wrrndkrf,krfaddr,rconen,
                    wrsben,wrsbaddr,keyadsel,mixsel,reginsel,wrregen,wrpckreg);
output keyexprdy,encdecrdy,keysel,rndkren,wrrndkrf,rconen;
output wrsben,mixsel,reginsel,wrregen,wrpckreg;
output [1:0] keyadsel;
output [3:0] krfaddr,wrsbaddr;
input clk,rst,load,keyexp,staenc,stadec;
input[4:0] address;
wire [3:0] wrkrfaddr,rdkrfaddre,rdkrfaddrd,encstate,decstate;
wire [1:0] keyadsele,keyadseld;
wire mixsele,reginsele,wrregene,encrdy,mixseld,reginseld,wrregend,decrdy;
assign krfaddr=(encstate != 4'd0)? rdkrfaddre:((decstate != 4'd0)? rdkrfaddrd:wrkrfaddr);
assign keyadsel=(encstate != 4'd0)? keyadsele:keyadseld;
assign mixsel=(encstate != 4'd0)? mixsele:mixseld;
assign reginsel=(encstate != 4'd0)? reginsele:reginseld;
assign wrregen=(encstate != 4'd0)? wrregene:wrregend;
assign encdecrdy=encrdy & decrdy;
keyexpfsm  keyexpfsm(clk,rst,keyexp,keysel,rndkren,wrrndkrf,wrkrfaddr,rconen,keyexprdy);
encryfsm  encryfsm(clk, rst, staenc, keyadsele, mixsele, reginsele, wrregene, rdkrfaddre,
encrdy,encstate);
decryfsm  decryfsm(clk, rst, stadec, keyadseld, mixseld, reginseld, wrregend, rdkrfaddrd,
decrdy,decstate);
assign wrsben=load & ~address[4];
assign wrsbaddr=address[3:0];
```

```
    assign wrpckreg=load & address[4] & ~address[3] & ~address[2] & ~address[1] & ~address[0];
    endmodule
    //密钥扩展状态机子模块
    module keyexpfsm(clk,rst,keyexp,keysel,rndkren,wrrndkrf,wrkrfaddr,rconen,keyexprdy);
    output keysel,rndkren,wrrndkrf,rconen,keyexprdy;
    output [3:0] wrkrfaddr;
    input clk,rst,keyexp;
    reg [3:0] state,next_state,wrkrfaddr;
    reg keysel,rndkren,keyexprdy;
    always @ (posedge clk)
        begin
            if(rst)
              state<=4'd0;
            else
              state<=next_state;
        end
    always@ (state or keyexp)
            case(state)
                    4'd0:if(keyexp==1)
                                next_state=4'd1;
                            else
                                next_state=4'd0;
                    4'd1:next_state=4'd2;
                    4'd2:next_state=4'd3;
                    4'd3:next_state=4'd4;
                    4'd4:next_state=4'd5;
                    4'd5:next_state=4'd6;
                    4'd6:next_state=4'd7;
                    4'd7:next_state=4'd8;
                    4'd8:next_state=4'd9;
                    4'd9:next_state=4'd10;
                    4'd10:next_state=4'd11;
                    4'd11:next_state=4'd0;
                    default:next_state=4'd0;
            endcase
    always @ (state)
            case(state)
                    4'd0:keysel=0;
                    4'd1:keysel=0;
                    4'd2:keysel=1;
                    4'd3:keysel=1;
                    4'd4:keysel=1;
                    4'd5:keysel=1;
                    4'd6:keysel=1;
                    4'd7:keysel=1;
                    4'd8:keysel=1;
                    4'd9:keysel=1;
                    4'd10:keysel=1;
                    4'd11:keysel=1;
```

```
                    default:keysel=0;
            endcase
    always @ (state)
            case(state)
                    4'd0:rndkren=0;
                    4'd1:rndkren=1;
                    4'd2:rndkren=1;
                    4'd3:rndkren=1;
                    4'd4:rndkren=1;
                    4'd5:rndkren=1;
                    4'd6:rndkren=1;
                    4'd7:rndkren=1;
                    4'd8:rndkren=1;
                    4'd9:rndkren=1;
                    4'd10:rndkren=1;
                    4'd11:rndkren=1;
                    default:rndkren=0;
            endcase
    assign wrrndkrf=rndkren;
    always @ (state)
            case(state)
                    4'd0:wrkrfaddr=4'd0;
                    4'd1:wrkrfaddr=4'd0;
                    4'd2:wrkrfaddr=4'd1;
                    4'd3:wrkrfaddr=4'd2;
                    4'd4:wrkrfaddr=4'd3;
                    4'd5:wrkrfaddr=4'd4;
                    4'd6:wrkrfaddr=4'd5;
                    4'd7:wrkrfaddr=4'd6;
                    4'd8:wrkrfaddr=4'd7;
                    4'd9:wrkrfaddr=4'd8;
                    4'd10:wrkrfaddr=4'd9;
                    4'd11:wrkrfaddr=4'd10;
                    default:wrkrfaddr=4'd0;
            endcase
    assign rconen=keysel;
    always @ (state)
            case(state)
                    4'd0:keyexprdy=1;
                    default:keyexprdy=0;
            endcase
    endmodule
    //加密状态机子模块
    module encryfsm(clk,rst,staenc,keyadsel,mixsel,reginsel,wrregen,rdkrfaddr,encrdy,state);
    output wrregen,mixsel,reginsel,encrdy,state;
    output [1:0] keyadsel;
    output [3:0] rdkrfaddr;
    input clk,rst,staenc;
    reg [3:0] state,next_state,rdkrfaddr;
    reg wrregen,encrdy;
```

```
reg [1:0] keyadsel;
always @ (posedge clk)
    begin
        if(rst)
           state<=4'd0;
        else
           state<=next_state;
    end
always @ (state or staenc)
         case(state)
                 4'd0:if(staenc==1)
                            next_state=4'd1;
                        else
                            next_state=4'd0;
                 4'd1:next_state=4'd2;
                 4'd2:next_state=4'd3;
                 4'd3:next_state=4'd4;
                 4'd4:next_state=4'd5;
                 4'd5:next_state=4'd6;
                 4'd6:next_state=4'd7;
                 4'd7:next_state=4'd8;
                 4'd8:next_state=4'd9;
                 4'd9:next_state=4'd10;
                 4'd10:next_state=4'd11;
                 4'd11:next_state=4'd0;
                 default:next_state=4'd0;
         endcase
always @ (state)
         case(state)
                 4'd0:wrregen=0;
                 4'd1:wrregen=1;
                 4'd2:wrregen=1;
                 4'd3:wrregen=1;
                 4'd4:wrregen=1;
                 4'd5:wrregen=1;
                 4'd6:wrregen=1;
                 4'd7:wrregen=1;
                 4'd8:wrregen=1;
                 4'd9:wrregen=1;
                 4'd10:wrregen=1;
                 4'd11:wrregen=1;
                 default:wrregen=0;
         endcase
assign mixsel=0;
assign reginsel=0;
always @ (state)
         case(state)
                 4'd0:keyadsel=2'b00;
                 4'd1:keyadsel=2'b00;
                 4'd2:keyadsel=2'b01;
```

```
                4'd3:keyadsel=2'b01;
                4'd4:keyadsel=2'b01;
                4'd5:keyadsel=2'b01;
                4'd6:keyadsel=2'b01;
                4'd7:keyadsel=2'b01;
                4'd8:keyadsel=2'b01;
                4'd9:keyadsel=2'b01;
                4'd10:keyadsel=2'b01;
                4'd11:keyadsel=2'b10;
                default:keyadsel=2'b00;
        endcase
always @ (state)
        case(state)
                4'd0:rdkrfaddr=4'd0;
                4'd1:rdkrfaddr=4'd0;
                4'd2:rdkrfaddr=4'd1;
                4'd3:rdkrfaddr=4'd2;
                4'd4:rdkrfaddr=4'd3;
                4'd5:rdkrfaddr=4'd4;
                4'd6:rdkrfaddr=4'd5;
                4'd7:rdkrfaddr=4'd6;
                4'd8:rdkrfaddr=4'd7;
                4'd9:rdkrfaddr=4'd8;
                4'd10:rdkrfaddr=4'd9;
                4'd11:rdkrfaddr=4'd10;
                default:rdkrfaddr=4'd0;
        endcase
always @ (state)
        case(state)
                4'd0:encrdy=1;
                default:encrdy=0;
        endcase
endmodule
//密钥扩展子模块
module keyexp(clk,rst,keysel,rndkren,wrrndkrf,addr,rconen,key,rndkrfout);
output[127:0] rndkrfout;
input clk,rst,keysel,rndkren,wrrndkrf,rconen;
input[3:0] addr;
input[127:0] key;
wire [127:0] rndkey,rndkrout,rndkrfout;
wire [31:0] w4,w5,w6,w7,rotword,subword,xorrcon;
wire [7:0] rconout;
assign rndkey=(keysel==0)? key:{w4,w5,w6,w7};
reg_128 rndkreg(clk,rndkren,rndkey,rndkrout);
rndkrf rndkrf(clk,wrrndkrf,addr,rndkey,rndkrfout);
assign rotword={rndkrout[23:0],rndkrout[31:24]};
sbox_mux sbox0(rotword[31:24],subword[31:24]);
sbox_mux sbox1(rotword[23:16],subword[23:16]);
sbox_mux sbox2(rotword[15:8],subword[15:8]);
sbox_mux sbox3(rotword[7:0],subword[7:0]);
```

```
rcon rcon(clk,rst,rconen,rconout);
assign xorrcon=subword^{rconout,24'h000000};
assign w4=xorrcon^rndkrout[127:96];
assign w5=w4^rndkrout[95:64];
assign w6=w5^rndkrout[63:32];
assign w7=w6^rndkrout[31:0];
endmodule
//密钥扩展模块中的S盒变换子模块
module sbox_mux(in,out);
output[7:0] out;
input[7:0] in;
reg [7:0] out;
always@ (in)
        case(in)
            8'h00:out=8'h63;
            8'h01:out=8'h7c;
            8'h02:out=8'h77;
            8'h03:out=8'h7b;
            8'h04:out=8'hf2;
            8'h05:out=8'h6b;
            8'h06:out=8'h6f;
            8'h07:out=8'hc5;
            8'h08:out=8'h30;
            8'h09:out=8'h01;
            8'h0a:out=8'h67;
            8'h0b:out=8'h2b;
            8'h0c:out=8'hfe;
            8'h0d:out=8'hd7;
            8'h0e:out=8'hab;
            8'h0f:out=8'h76;
            ......
            8'hf0:out=8'h8c;
            8'hf1:out=8'ha1;
            8'hf2:out=8'h89;
            8'hf3:out=8'h0d;
            8'hf4:out=8'hbf;
            8'hf5:out=8'he6;
            8'hf6:out=8'h42;
            8'hf7:out=8'h68;
            8'hf8:out=8'h41;
            8'hf9:out=8'h99;
            8'hfa:out=8'h2d;
            8'hfb:out=8'h0f;
            8'hfc:out=8'hb0;
            8'hfd:out=8'h54;
            8'hfe:out=8'hbb;
            8'hff:out=8'h16;
        endcase
endmodule
//轮密钥寄存器堆子模块
```

```
module rndkrf(clk,wrrndkrf,addr,rndkey,rndkrfout);
input clk,wrrndkrf;
input [3:0] addr;
input [127:0] rndkey;
output [127:0] rndkrfout;
reg [10:0] decout;
wire [10:0] write_reg;
wire [127:0] reg0out,reg1out,reg2out,reg3out,...,reg10out;
reg [127:0] rndkrfout;
always @ (addr)
case(addr)
4'd0:decout=11'b000_0000_0001;
4'd1:decout=11'b000_0000_0010;
4'd2:decout=11'b000_0000_0100;
4'd3:decout=11'b000_0000_1000;
4'd4:decout=11'b000_0001_0000;
4'd5:decout=11'b000_0010_0000;
4'd6:decout=11'b000_0100_0000;
4'd7:decout=11'b000_1000_0000;
4'd8:decout=11'b001_0000_0000;
4'd9:decout=11'b010_0000_0000;
4'd10:decout=11'b100_0000_0000;
default:decout=11'b000_0000_0000;
endcase
assign write_reg=decout &{11{wrrndkrf }};
reg_128 reg0(clk,write_reg[0],rndkey,reg0out);
reg_128 reg1(clk,write_reg[1],rndkey,reg1out);
reg_128 reg2(clk,write_reg[2],rndkey,reg2out);
reg_128 reg3(clk,write_reg[3],rndkey,reg3out);
reg_128 reg4(clk,write_reg[4],rndkey,reg4out);
reg_128 reg5(clk,write_reg[5],rndkey,reg5out);
reg_128 reg6(clk,write_reg[6],rndkey,reg6out);
reg_128 reg7(clk,write_reg[7],rndkey,reg7out);
reg_128 reg8(clk,write_reg[8],rndkey,reg8out);
reg_128 reg9(clk,write_reg[9],rndkey,reg9out);
reg_128 reg10(clk,write_reg[10],rndkey,reg10out);
always @ (addr or reg0out or reg1out or reg2out or reg3out or reg4out or reg5out or
reg6out or reg7out or reg8out or reg9out or reg10out)
case(addr)
4'd0:rndkrfout=reg0out;
4'd1:rndkrfout=reg1out;
4'd2:rndkrfout=reg2out;
4'd3:rndkrfout=reg3out;
4'd4:rndkrfout=reg4out;
4'd5:rndkrfout=reg5out;
4'd6:rndkrfout=reg6out;
4'd7:rndkrfout=reg7out;
4'd8:rndkrfout=reg8out;
4'd9:rndkrfout=reg9out;
4'd10:rndkrfout=reg10out;
```

```
default:rndkrfout=reg10out;
endcase
endmodule
//轮常数产生子模块
module rcon(clk,rst,write,rconout);
output [7:0] rconout;
input  clk,rst,write;
reg [7:0] rconout;
always @ (posedge clk)
    begin
        if(rst)
                rconout<=8'h01;
        else if(write)
                rconout<=(rconout[7]==0)? (rconout<< 1):((rconout<< 1)^{8'h1b});
        else
                rconout<=rconout;
    end
endmodule
//加解密子模块
module
crydap(clk,wrsben,wrsbaddr,sbdata,keyadsel,mixsel,reginsel,wrregen,intxt,roundk-
ey,outtxt);
output [127:0] outtxt;
input clk,wrsben,wrregen,mixsel,reginsel;
input [1:0] keyadsel;
input [7:0] wrsbaddr;
input [127:0] sbdata,intxt,roundkey;
wire [7:0] sb0out,sb1out,sb2out,sb3out,sb4out,sb5out,sb6out,sb7out;
wire [7:0] sb8out,sb9out,sb10out,sb11out,sb12out,sb13out,sb14out,sb15out;
wire [7:0] a0,b0,c0,a1,b1,c1,a2,b2,c2,a3,b3,c3,a4,b4,c4,a5,b5,c5;
wire [7:0] a6,b6,c6,a7,b7,c7,a8,b8,c8,a9,b9,c9,a10,b10,c10,a11,b11,c11;
wire [7:0] a12,b12,c12,a13,b13,c13,a14,b14,c14,a15,b15,c15;
wire [7:0] d0,d1,d2,d3,d4,d5,d6,d7,d8,d9,d10,d11,d12,d13,d14,d15;
wire [7:0] e0,e1,e2,e3,e4,e5,e6,e7,e8,e9,e10,e11,e12,e13,e14,e15;
wire [7:0] f0,f1,f2,f3,f4,f5,f6,f7,f8,f9,f10,f11,f12,f13,f14,f15;
wire [7:0] g0,g1,g2,g3,g4,g5,g6,g7,g8,g9,g10,g11,g12,g13,g14,g15;
wire [7:0] i0,i1,i2,i3,i4,i5,i6,i7,i8,i9,i10,i11,i12,i13,i14,i15;
wire [7:0] j0,j1,j2,j3,j4,j5,j6,j7,j8,j9,j10,j11,j12,j13,j14,j15;
wire [7:0] f002,f003,f009,f00b,f00d,f00e;
wire [7:0] f102,f103,f109,f10b,f10d,f10e;
wire [7:0] f202,f203,f209,f20b,f20d,f20e;
wire [7:0] f302,f303,f309,f30b,f30d,f30e;
wire [7:0] f402,f403,f409,f40b,f40d,f40e;
wire [7:0] f502,f503,f509,f50b,f50d,f50e;
wire [7:0] f602,f603,f609,f60b,f60d,f60e;
wire [7:0] f702,f703,f709,f70b,f70d,f70e;
wire [7:0] f802,f803,f809,f80b,f80d,f80e;
wire [7:0] f902,f903,f909,f90b,f90d,f90e;
wire [7:0] f1002,f1003,f1009,f100b,f100d,f100e;
wire [7:0] f1102,f1103,f1109,f110b,f110d,f110e;
```

```
wire [7:0] f1202,f1203,f1209,f120b,f120d,f120e;
wire [7:0] f1302,f1303,f1309,f130b,f130d,f130e;
wire [7:0] f1402,f1403,f1409,f140b,f140d,f140e;
wire [7:0] f1502,f1503,f1509,f150b,f150d,f150e;
wire [127:0] d,e,g,h;
sbox  sbox0(clk,wrsben,wrsbaddr,sbdata,outtxt[127:120],sb0out);
sbox  sbox1(clk,wrsben,wrsbaddr,sbdata,outtxt[119:112],sb1out);
sbox  sbox2(clk,wrsben,wrsbaddr,sbdata,outtxt[111:104],sb2out);
sbox  sbox3(clk,wrsben,wrsbaddr,sbdata,outtxt[103:96],sb3out);
sbox  sbox4(clk,wrsben,wrsbaddr,sbdata,outtxt[95:88],sb4out);
sbox  sbox5(clk,wrsben,wrsbaddr,sbdata,outtxt[87:80],sb5out);
sbox  sbox6(clk,wrsben,wrsbaddr,sbdata,outtxt[79:72],sb6out);
sbox  sbox7(clk,wrsben,wrsbaddr,sbdata,outtxt[71:64],sb7out);
sbox  sbox8(clk,wrsben,wrsbaddr,sbdata,outtxt[63:56],sb8out);
sbox  sbox9(clk,wrsben,wrsbaddr,sbdata,outtxt[55:48],sb9out);
sbox  sbox10(clk,wrsben,wrsbaddr,sbdata,outtxt[47:40],sb10out);
sbox  sbox11(clk,wrsben,wrsbaddr,sbdata,outtxt[39:32],sb11out);
sbox  sbox12(clk,wrsben,wrsbaddr,sbdata,outtxt[31:24],sb12out);
sbox  sbox13(clk,wrsben,wrsbaddr,sbdata,outtxt[23:16],sb13out);
sbox  sbox14(clk,wrsben,wrsbaddr,sbdata,outtxt[15:8],sb14out);
sbox  sbox15(clk,wrsben,wrsbaddr,sbdata,outtxt[7:0],sb15out);
mux21_8  mux21_8_0(mixsel,sb0out,e0,f0);
mux21_8  mux21_8_1(mixsel,sb1out,e1,f1);
mux21_8  mux21_8_2(mixsel,sb2out,e2,f2);
mux21_8  mux21_8_3(mixsel,sb3out,e3,f3);
mux21_8  mux21_8_4(mixsel,sb4out,e4,f4);
mux21_8  mux21_8_5(mixsel,sb5out,e5,f5);
mux21_8  mux21_8_6(mixsel,sb6out,e6,f6);
mux21_8  mux21_8_7(mixsel,sb7out,e7,f7);
mux21_8  mux21_8_8(mixsel,sb8out,e8,f8);
mux21_8  mux21_8_9(mixsel,sb9out,e9,f9);
mux21_8  mux21_8_10(mixsel,sb10out,e10,f10);
mux21_8  mux21_8_11(mixsel,sb11out,e11,f11);
mux21_8  mux21_8_12(mixsel,sb12out,e12,f12);
mux21_8  mux21_8_13(mixsel,sb13out,e13,f13);
mux21_8  mux21_8_14(mixsel,sb14out,e14,f14);
mux21_8  mux21_8_15(mixsel,sb15out,e15,f15);
byte0203 byte0203_0(f0,f002,f003);
byte0203 byte0203_1(f1,f102,f103);
byte0203 byte0203_2(f2,f202,f203);
byte0203 byte0203_3(f3,f302,f303);
byte0203 byte0203_4(f4,f402,f403);
byte0203 byte0203_5(f5,f502,f503);
byte0203 byte0203_6(f6,f602,f603);
byte0203 byte0203_7(f7,f702,f703);
byte0203 byte0203_8(f8,f802,f803);
byte0203 byte0203_9(f9,f902,f903);
byte0203 byte0203_10(f10,f1002,f1003);
byte0203 byte0203_11(f11,f1102,f1103);
byte0203 byte0203_12(f12,f1202,f1203);
```

```
byte0203 byte0203_13(f13,f1302,f1303);
byte0203 byte0203_14(f14,f1402,f1403);
byte0203 byte0203_15(f15,f1502,f1503);
byte9bde byte9bde_0(f0,f002,f003,f009,f00b,f00d,f00e);
byte9bde byte9bde_1(f1,f102,f103,f109,f10b,f10d,f10e);
byte9bde byte9bde_2(f2,f202,f203,f209,f20b,f20d,f20e);
byte9bde byte9bde_3(f3,f302,f303,f309,f30b,f30d,f30e);
byte9bde byte9bde_4(f4,f402,f403,f409,f40b,f40d,f40e);
byte9bde byte9bde_5(f5,f502,f503,f509,f50b,f50d,f50e);
byte9bde byte9bde_6(f6,f602,f603,f609,f60b,f60d,f60e);
byte9bde byte9bde_7(f7,f702,f703,f709,f70b,f70d,f70e);
byte9bde byte9bde_8(f8,f802,f803,f809,f80b,f80d,f80e);
byte9bde byte9bde_9(f9,f902,f903,f909,f90b,f90d,f90e);
byte9bde byte9bde_10(f10,f1002,f1003,f1009,f100b,f100d,f100e);
byte9bde byte9bde_11(f11,f1102,f1103,f1109,f110b,f110d,f110e);
byte9bde byte9bde_12(f12,f1202,f1203,f1209,f120b,f120d,f120e);
byte9bde byte9bde_13(f13,f1302,f1303,f1309,f130b,f130d,f130e);
byte9bde byte9bde_14(f14,f1402,f1403,f1409,f140b,f140d,f140e);
byte9bde byte9bde_15(f15,f1502,f1503,f1509,f150b,f150d,f150e);
assign a0=f002^f503;
assign b0=sb10out^sb15out;
assign c0=a0^b0;
mux41_8  mux41_8_0(keyadsel,intxt[127:120],c0,sb0out,sb0out,d0);
assign a1=sb0out^f502;
assign b1=f1003^sb15out;
assign c1=a1^b1;
mux41_8  mux41_8_1(keyadsel,intxt[119:112],c1,sb5out,sb13out,d1);
assign a2=sb0out^sb5out;
assign b2=f1002^f1503;
assign c2=a2^b2;
mux41_8  mux41_8_2(keyadsel,intxt[111:104],c2,sb10out,sb10out,d2);
assign a3=f003^sb5out;
assign b3=sb10out^f1502;
assign c3=a3^b3;
mux41_8  mux41_8_3(keyadsel,intxt[103:96],c3,sb15out,sb7out,d3);
assign a4=f402^f903;
assign b4=sb14out^sb3out;
assign c4=a4^b4;
mux41_8  mux41_8_4(keyadsel,intxt[95:88],c4,sb4out,sb4out,d4);
assign a5=sb4out^f902;
assign b5=f1403^sb3out;
assign c5=a5^b5;
mux41_8  mux41_8_5(keyadsel,intxt[87:80],c5,sb9out,sb1out,d5);
assign a6=sb4out^sb9out;
assign b6=f1402^f303;
assign c6=a6^b6;
mux41_8  mux41_8_6(keyadsel,intxt[79:72],c6,sb14out,sb14out,d6);
assign a7=f403^sb9out;
assign b7=sb14out^f302;
assign c7=a7^b7;
```

```
mux41_8  mux41_8_7(keyadsel,intxt[71:64],c7,sb3out,sb11out,d7);
assign a8=f802^f1303;
assign b8=sb2out^sb7out;
assign c8=a8^b8;
mux41_8  mux41_8_8(keyadsel,intxt[63:56],c8,sb8out,sb8out,d8);
assign a9=sb8out^f1302;
assign b9=f203^sb7out;
assign c9=a9^b9;
mux41_8  mux41_8_9(keyadsel,intxt[55:48],c9,sb13out,sb5out,d9);
assign a10=sb8out^sb13out;
assign b10=f202^f703;
assign c10=a10^b10;
mux41_8  mux41_8_10(keyadsel,intxt[47:40],c10,sb2out,sb2out,d10);
assign a11=f803^sb13out;
assign b11=sb2out^f702;
assign c11=a11^b11;
mux41_8  mux41_8_11(keyadsel,intxt[39:32],c11,sb7out,sb15out,d11);
assign a12=f1202^f103;
assign b12=sb6out^sb11out;
assign c12=a12^b12;
mux41_8  mux41_8_12(keyadsel,intxt[31:24],c12,sb12out,sb12out,d12);
assign a13=sb12out^f102;
assign b13=f603^sb11out;
assign c13=a13^b13;
mux41_8  mux41_8_13(keyadsel,intxt[23:16],c13,sb1out,sb9out,d13);
assign a14=sb12out^sb1out;
assign b14=f602^f1103;
assign c14=a14^b14;
mux41_8  mux41_8_14(keyadsel,intxt[15:8],c14,sb6out,sb6out,d14);
assign a15=f1203^sb1out;
assign b15=sb6out^f1102;
assign c15=a15^b15;
mux41_8  mux41_8_15(keyadsel,intxt[7:0],c15,sb11out,sb3out,d15);
assign d={d0,d1,d2,d3,d4,d5,d6,d7,d8,d9,d10,d11,d12,d13,d14,d15};
assign e={e0,e1,e2,e3,e4,e5,e6,e7,e8,e9,e10,e11,e12,e13,e14,e15};
assign g={g0,g1,g2,g3,g4,g5,g6,g7,g8,g9,g10,g11,g12,g13,g14,g15};
assign{e0,e1,e2,e3,e4,e5,e6,e7,e8,e9,e10,e11,e12,e13,e14,e15}=d^roundkey;
assign i0=f00e^f10b;
assign j0=f20d^f309;
assign g0=i0^j0;
assign i1=f009^f10e;
assign j1=f20b^f30d;
assign g1=i1^j1;
assign i2=f00d^f109;
assign j2=f20e^f30b;
assign g2=i2^j2;
assign i3=f00b^f10d;
assign j3=f209^f30e;
assign g3=i3^j3;
assign i4=f40e^f50b;
```

```
assign j4=f60d^f709;
assign g4=i4^j4;
assign i5=f409^f50e;
assign j5=f60b^f70d;
assign g5=i5^j5;
assign i6=f40d^f509;
assign j6=f60e^f70b;
assign g6=i6^j6;
assign i7=f40b^f50d;
assign j7=f609^f70e;
assign g7=i7^j7;
assign i8=f80e^f90b;
assign j8=f100d^f1109;
assign g8=i8^j8;
assign i9=f809^f90e;
assign j9=f100b^f110d;
assign g9=i9^j9;
assign i10=f80d^f909;
assign j10=f100e^f110b;
assign g10=i10^j10;
assign i11=f80b^f90d;
assign j11=f1009^f110e;
assign g11=i11^j11;
assign i12=f120e^f130b;
assign j12=f140d^f1509;
assign g12=i12^j12;
assign i13=f1209^f130e;
assign j13=f140b^f150d;
assign g13=i13^j13;
assign i14=f120d^f1309;
assign j14=f140e^f150b;
assign g14=i14^j14;
assign i15=f120b^f130d;
assign j15=f1409^f150e;
assign g15=i15^j15;
mux21_128  mux21_128_0(reginsel,e,g,h);
reg_128 resultreg(clk,wrregen,h,outtxt);
endmodule
//加解密模块中的可配置S盒变换子模块
module sbox(clk,write,wr_addr,din,rd_addr,dout);
input clk;
input write;
input [3:0] wr_addr;
input [127:0] din;
input [7:0] rd_addr;
output [7:0] dout;
reg [15:0] decout;
wire [15:0] write_reg;
wire [127:0] reg0out,reg1out,reg2out,reg3out,…,reg14out,reg15out;
reg [7:0] dout;
```

```
always @ (wr_addr)
case(wr_addr)
4'd0:decout=16'b0000_0000_0000_0001;
4'd1:decout=16'b0000_0000_0000_0010;
4'd2:decout=16'b0000_0000_0000_0100;
......
4'd14:decout=16'b0100_0000_0000_0000;
4'd15:decout=16'b1000_0000_0000_0000;
endcase
assign write_reg=decout &{16{write}};
reg_128 reg0(clk,write_reg[0],din,reg0out);
reg_128 reg1(clk,write_reg[1],din,reg1out);
reg_128 reg2(clk,write_reg[2],din,reg2out);
......
reg_128 reg14(clk,write_reg[14],din,reg14out);
reg_128 reg15(clk,write_reg[15],din,reg15out);
always @ (rd_addr or reg0out or reg1out or reg2out or reg3out or reg4out or reg5out or
reg6out or reg7out or reg8out or reg9out or reg10out or reg11out or reg12out or reg13out or
reg14out or reg15out)
case(rd_addr)
8'd0:dout=reg0out[127:120];
8'd1:dout=reg0out[119:112];
8'd2:dout=reg0out[111:104];
8'd3:dout=reg0out[103:96];
8'd4:dout=reg0out[95:88];
8'd5:dout=reg0out[87:80];
8'd6:dout=reg0out[79:72];
8'd7:dout=reg0out[71:64];
8'd8:dout=reg0out[63:56];
8'd9:dout=reg0out[55:48];
8'd10:dout=reg0out[47:40];
8'd11:dout=reg0out[39:32];
8'd12:dout=reg0out[31:24];
8'd13:dout=reg0out[23:16];
8'd14:dout=reg0out[15:8];
8'd15:dout=reg0out[7:0];
......
8'd240:dout=reg15out[127:120];
8'd241:dout=reg15out[119:112];
8'd242:dout=reg15out[111:104];
8'd243:dout=reg15out[103:96];
8'd244:dout=reg15out[95:88];
8'd245:dout=reg15out[87:80];
8'd246:dout=reg15out[79:72];
8'd247:dout=reg15out[71:64];
8'd248:dout=reg15out[63:56];
8'd249:dout=reg15out[55:48];
8'd250:dout=reg15out[47:40];
8'd251:dout=reg15out[39:32];
8'd252:dout=reg15out[31:24];
```

```
8'd253:dout=reg15out[23:16];
8'd254:dout=reg15out[15:8];
8'd255:dout=reg15out[7:0];
endcase
endmodule
//字节乘 02H/03H 子模块
module byte0203(a,a02,a03);
output[7:0] a02,a03;
input[7:0] a;
wire [7:0] b,c;
assign b={a[6:0],1'b0};
assign c=b^{8'h1b};
assign a02=(a[7]==0)? b:c;
assign a03=a02^a;
endmodule
//字节乘 09H/0BH/0DH/0EH 子模块
module byte9bde(a,a02,a03,a09,a0b,a0d,a0e);
output[7:0] a09,a0b,a0d,a0e;
input[7:0] a,a02,a03;
wire [7:0] a04,a08,b,c;
byte02 byte02_0(a02,a04);
byte02 byte02_1(a04,a08);
assign a09=a08^a;
assign a0b=a08^a03;
assign b=a04^a;
assign c=a04^a02;
assign a0d=a08^b;
assign a0e=a08^c;
endmodule
//字节乘 02H 子模块
module byte02(a,a02);
output[7:0] a02;
input[7:0] a;
wire [7:0] b,c;
assign b={a[6:0],1'b0};
assign c=b^{8'h1b};
assign a02=(a[7]==0)? b:c;
endmodule
```

11.4 AES 密码处理器的功能仿真

功能仿真的目的是验证系统的逻辑功能是否正确，在功能仿真中没有加入任何的时序信息。本书采用高级加密标准官方文件中提供的测试数据，测试数据如下：

明文：3243f6a8885a308d313198a2e0370734

密文：3925841d02dc09fbdc118597196a0b32

密钥：2b7e151628aed2a6abf7158809cf4f3c

11.4.1 密钥扩展仿真结果

图 11-13 所示是密钥扩展模块状态机仿真结果，可以看出当 keyexp 信号为高电平时启动密

钥扩展模块，经 11 个时钟周期完成全部轮密钥的生成并将产生的轮密钥存储到寄存器中。

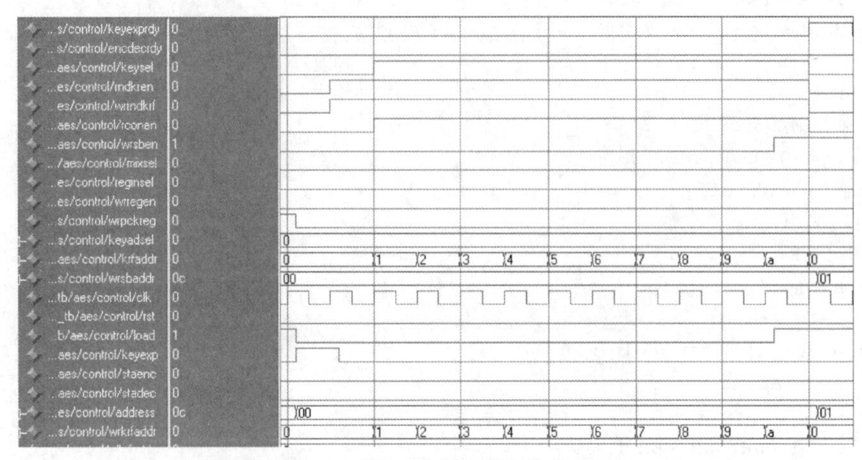

图 11-13　密钥扩展状态机仿真结果

在此例中，密钥扩展模块仿真所使用的测试数据均来自高级加密标准官方文件中提供的测试数据：

初始密钥：2b7e151628aed2a6abf7158809cf4f3c；

扩展后的轮密钥：

2b7e151628aed2a6abf7158809cf4f3ca0fafe1788542cb123a339392a6c7605
f2c295f27a96b9435935807a7359f67f3d80477d4716fe3e1e237e446d7a883b
ef44a541a8525b7fb671253bdb0bad00d4d1c6f87c839d87caf2b8bc11f915bc
6d88a37a110b3efddbf98641ca0093fd4e54f70e5f5fc9f384a64fb24ea6dc4f
ead27321b58dbad2312bf5607f8d292fac7766f319fadc2128d12941575c006e
d014f9a8c9ee2589e13f0cc8b6630ca6

从仿真的结果看，系统进行密钥扩展得到的结果完全正确，每个时钟周期产生一个轮密钥，完成所有的密钥扩展总共需要 11 个时钟周期（图 11-14）。

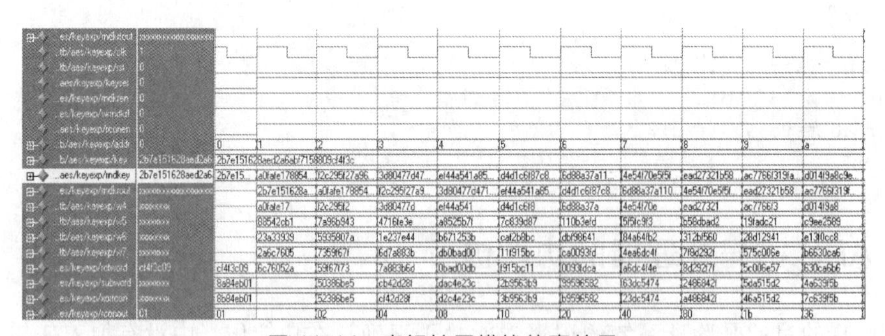

图 11-14　密钥扩展模块仿真结果

11.4.2　加密仿真结果

从加密状态机仿真的结果来看（图 11-15），开始时系统处于初始状态，当 staenc 为高电平时系统进入第一轮的加密，之后每一个时钟周期完成一轮加密，经过 11 时钟周期完成一个 128 位数据块的加密。最后延时一个时钟周期输出加密结果。

从加密部分仿真的结果看（图 11-16），当 shift 信号为高电平时，dout 开始输出加密的

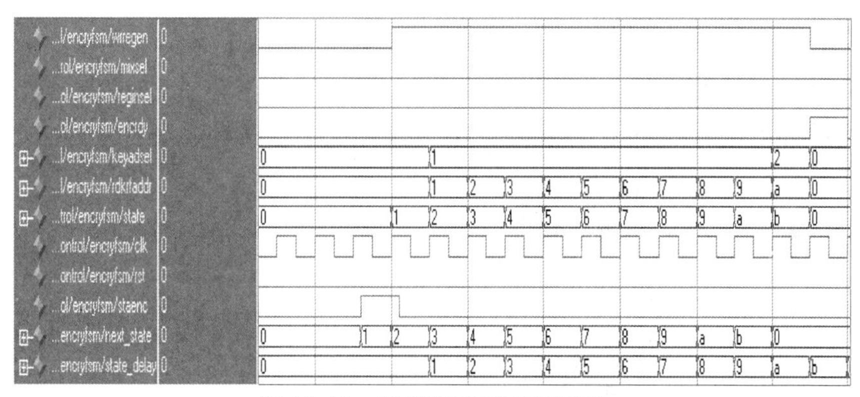

图 11-15　加密状态机的仿真结果

结果，每个时钟周期输出 16 位，输出 128 位加密结果需要 8 个时钟周期。可以看出最后结果为 3925841d02dc09fbdc118597196a0b32。

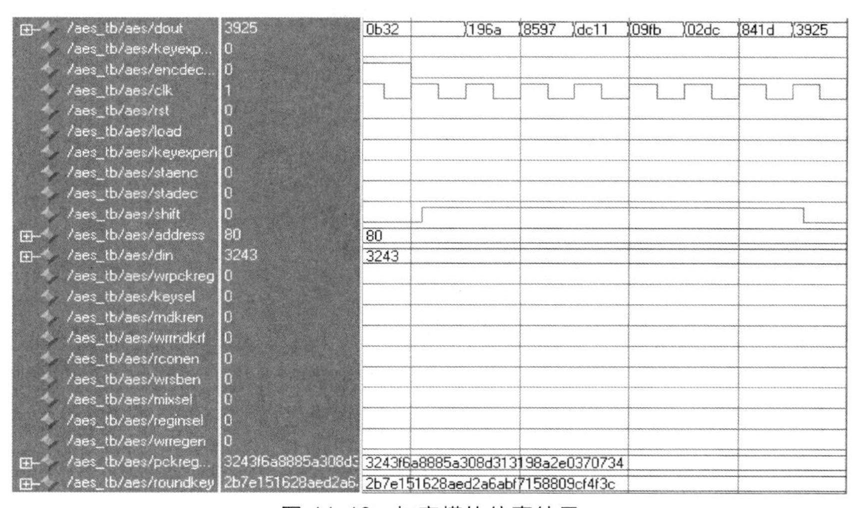

图 11-16　加密模块仿真结果

11.4.3　解密仿真结果

从解密状态机的仿真结果看（图 11-17），当 stadec 为高电平时系统从初始状态跳转到 1 状态开始第一轮的解密过程，在其后的过程中，每一个时钟周期可以完成一轮的解密过程。系统经过 11 个时钟周期完成 128 位数据的解密，最后延时一个时钟周期输出解密的结果。

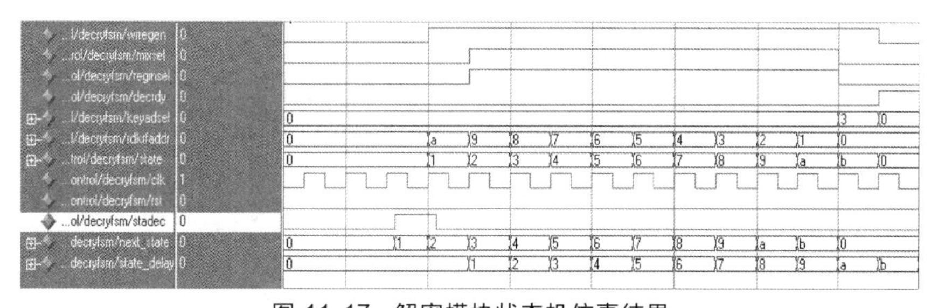

图 11-17　解密模块状态机仿真结果

从解密部分仿真的结果看（图 11-18），当 shift 信号为高电平时，dout 开始输出解密的结果，每个时钟周期输出 16 位，经过 8 个时钟周期输出全部 128 位解密结果，可以看出最后结果为 3243f6a8885a308d313198a2e0370734。

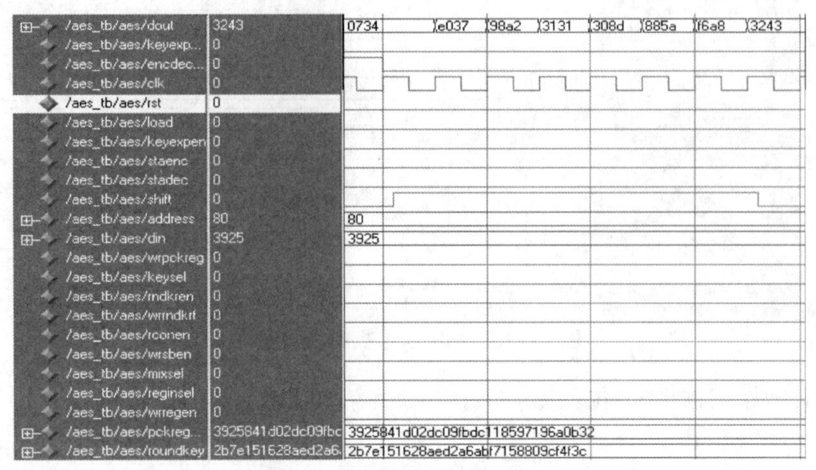

图 11-18 解密模块仿真结果

通过与所给的测试数据进行对比，可以看出本书设计的 AES 加密芯片在明文分组 128 位、初始密钥长度为 128 位时，加解密功能仿真完全正确，能够正确对数据进行加密。

11.5 基于 FPGA 的 AES 密码处理器的实现与测试

11.5.1 基于 FPGA 的 AES 密码处理器的综合与时序仿真

本设计是在 Quartus Ⅱ 7.0 环境下进行综合的，设计所选用的器件是 Altera Cyclone EP1C12Q240C8，图 11-19 所示是在进行全编译后得到的综合报告。从图中可以看出系统的资源利用情况：本设计使用了 2991 个逻辑单元，占 FPGA 芯片中逻辑单元总数的 25%，使用了 40960bit 存储容量，占 FPGA 芯片中存储容量的 17%。由此可见，本设计的 AES 加密芯片的规模并不大，满足了面向便携式应用的需求。

图 11-20 是在 Quartus Ⅱ 7.0 环境下得到的 RTL Viewer，从图中可以看出本系统各个

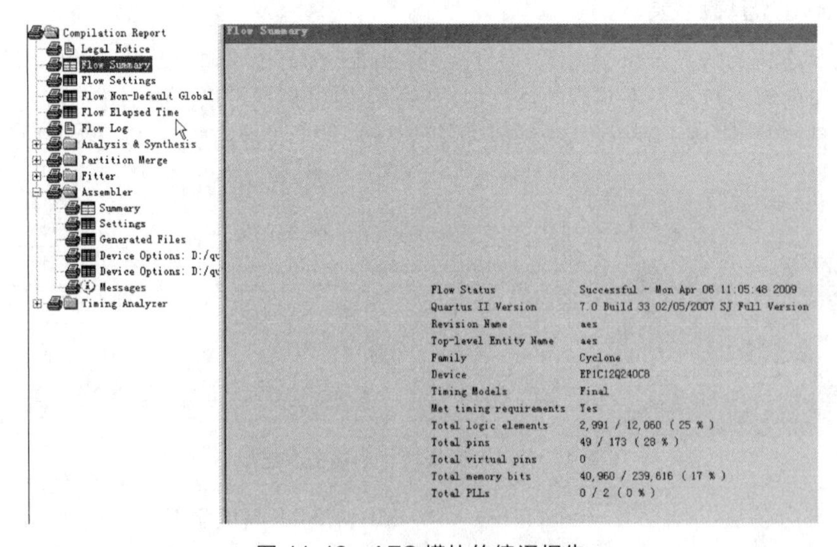

图 11-19 AES 模块的编译报告

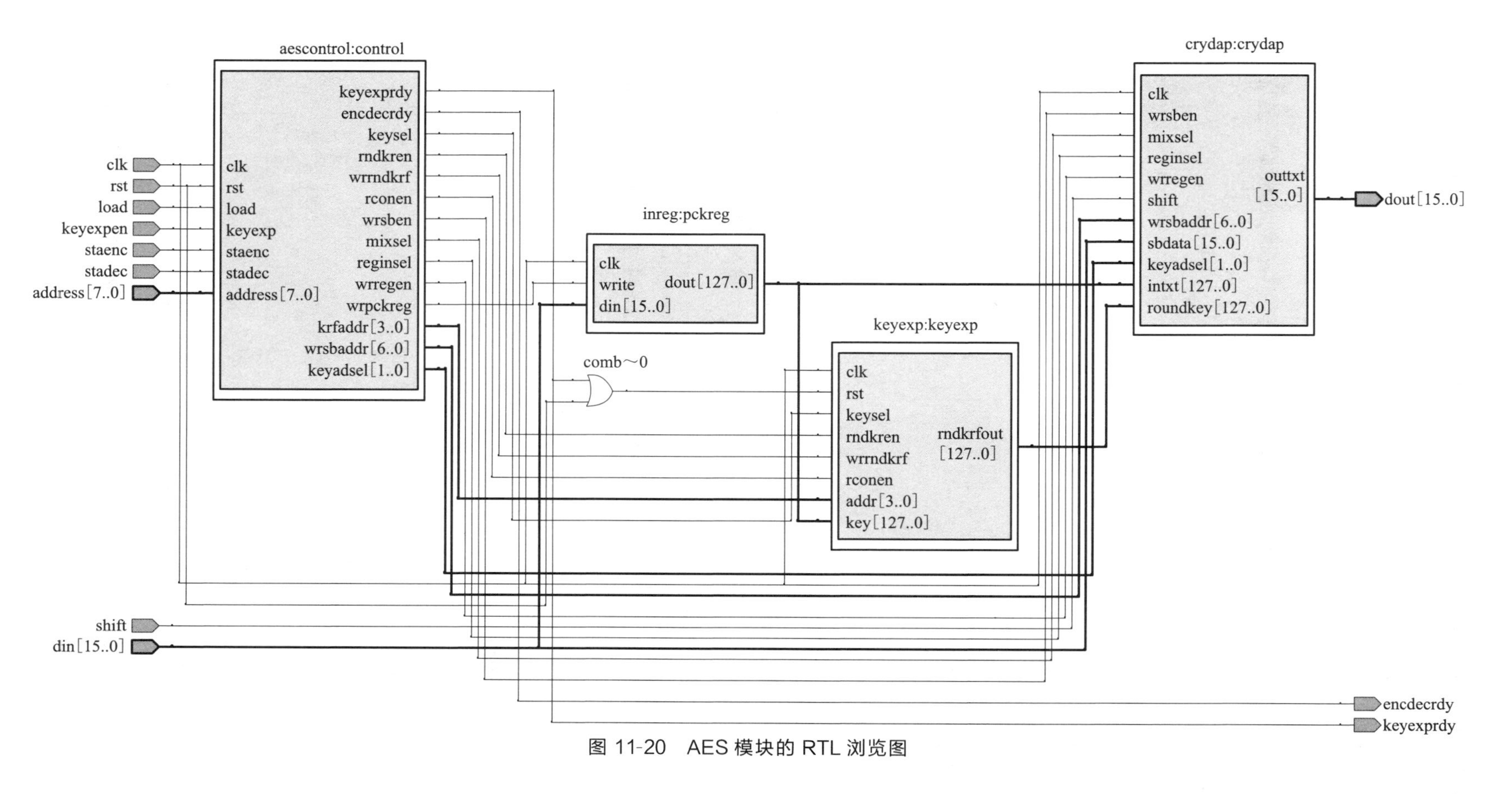

图 11-20 AES 模块的 RTL 浏览图

模块的连接关系，它们分别是控制模块、明文/密文/密钥寄存器、密钥扩展部分以及加/解密的数据路径。

图 11-21～图 11-25 给出了 AES 密码处理器时序仿真的波形图，从波形图上可以看出加密和解密的结果是正确的。

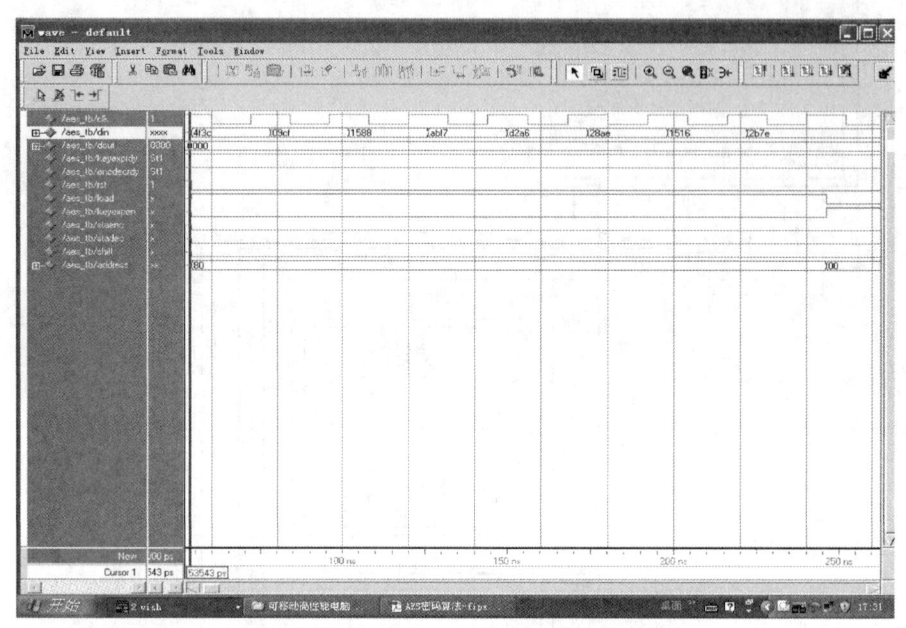

图 11-21　AES 时序仿真波形图——输入密钥

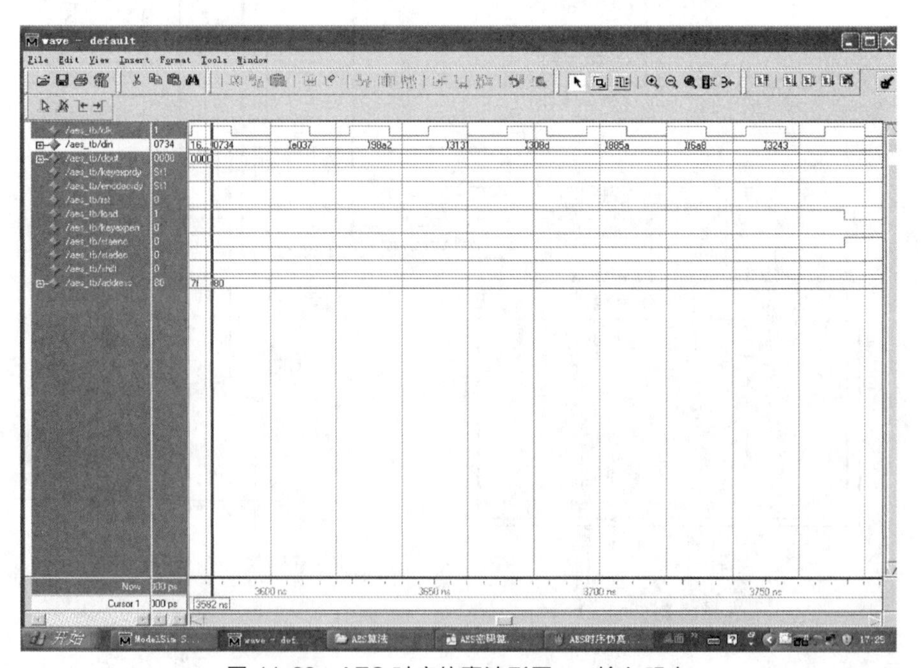

图 11-22　AES 时序仿真波形图——输入明文

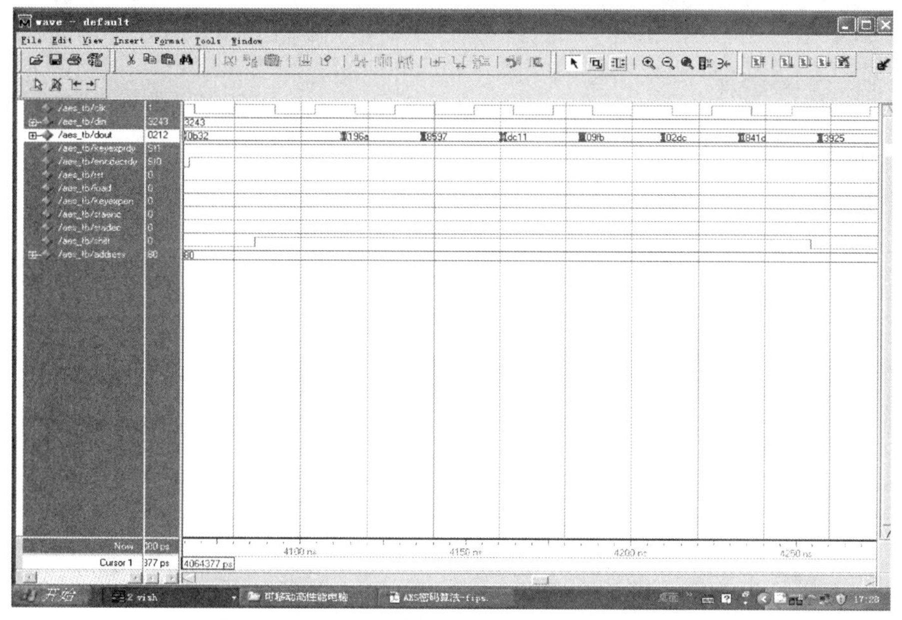

图 11-23 AES 时序仿真波形图——输出密文

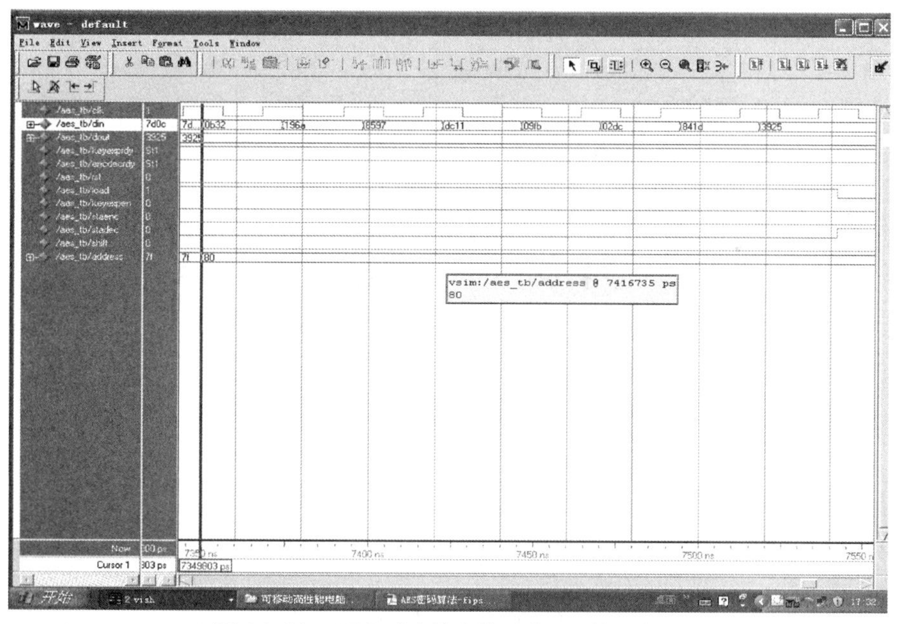

图 11-24 AES 时序仿真波形图——输入密文

11.5.2 基于 FPGA 的 AES 密码处理器的实现与测试

利用 Quartus Ⅱ 7.0 对 AES 密码处理器的 Verilog 模型基于 Altera Cyclone EP1C12Q240C8 FPGA 进行编译，将得到的 FPGA 配置文件下载到 FPGA 芯片就得到了一片 AES 密码处理器芯片。将上述基于 FPGA 实现的 AES 密码处理器芯片与 USB 2.0 接口芯片以及其他元器件一起集成在一块 PCB 上，就构成了一块 AES 密码处理器测试板，见图 11-26。

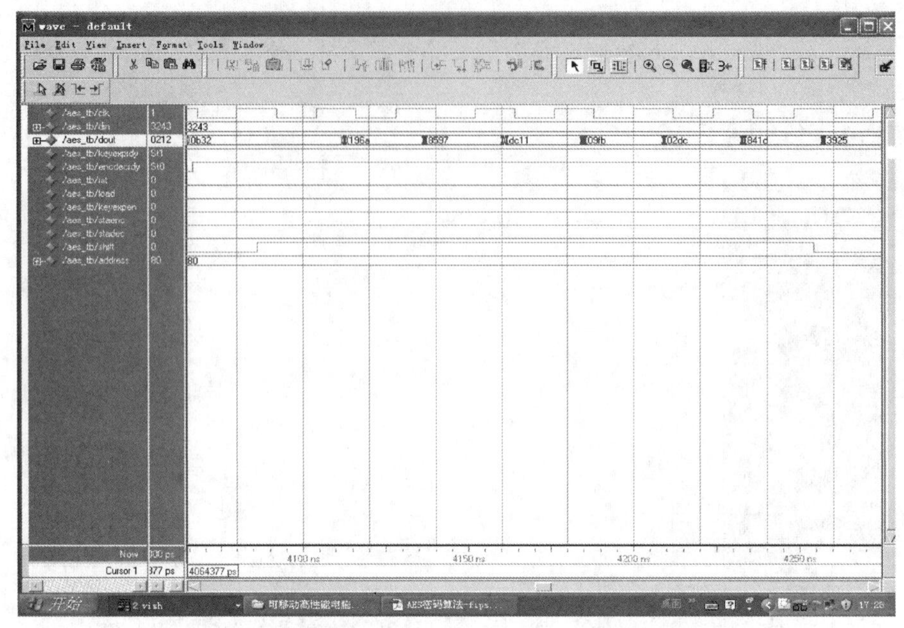

图 11-25　AES 时序仿真波形图——输出明文

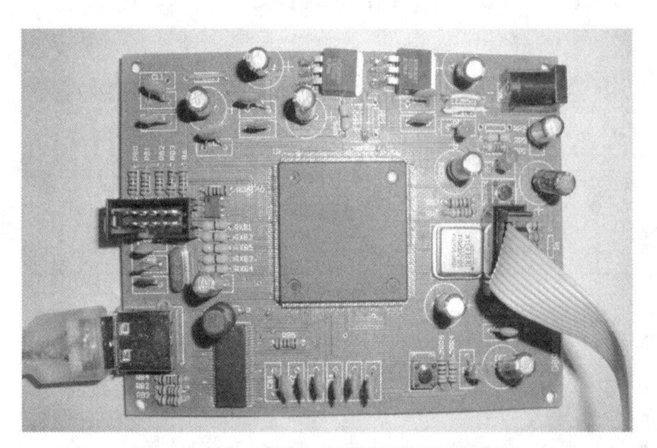

图 11-26　AES 密码处理器测试板

将 AES 密码处理器测试板与电脑通过 USB 接口连接，并在电脑端安装测试板的控制软件，就可以将电脑上的文件传输到测试板上的 AES 密码处理器进行加/解密处理，从而测试 AES 密码处理器的功能和性能。

图 11-27 是 AES 密码处理器测试板控制程序的界面，首先选中“加密”，然后打开电脑上需要加密的文件，如图 11-27 所示。

当打开文件后，需要输入 AES 加密的密钥，在本次测试中选用的密钥是 2b7e151628aed2a6abf7158809cf4f3c，输入密钥后单击“装载密钥”按钮完成密钥的装载，如图 11-28 所示。当密钥装载完成后，单击“运行”按钮就可以完成对已选文件的加密处理，如图 11-29 所示。当加密完成后就生成了加密后的文件，打开该文件后其内容都变成了乱码，如图 11-30 所示。

图 11-31～图 11-33 显示了解密过程的操作界面，其具体操作过程同加密过程类似。完成解密处理后，打开解密后的文件内容，如图 11-34 所示，图 11-35 所示是加密前的原始文件的内容，通过与解密后的文件进行对比，发现解密操作恢复了原始文件的内容，从而证明了加密过程与解密过程都是正确的。

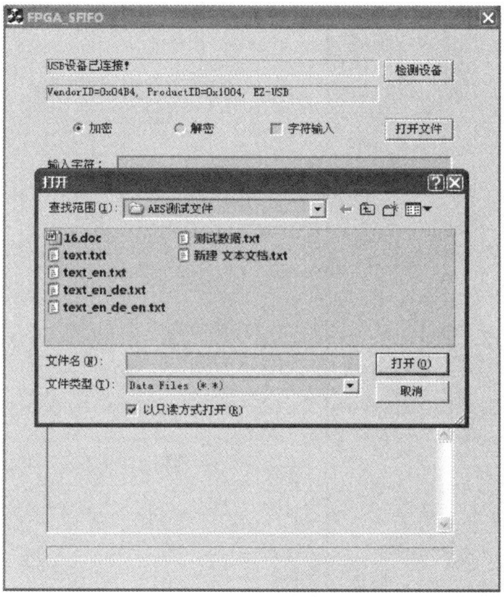

图 11-27 打开需要加密的文件

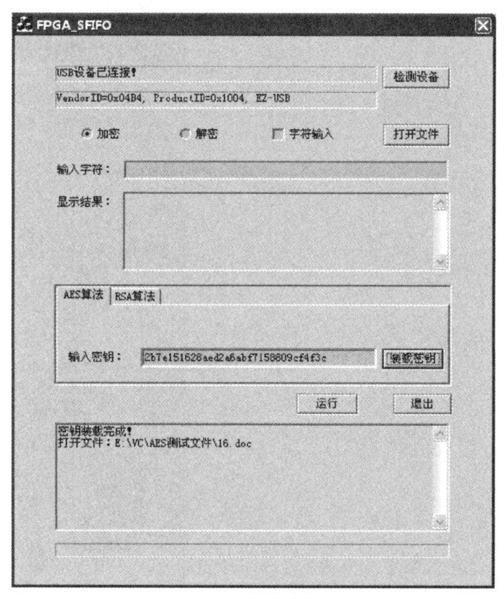

图 11-28 加密密钥装载界面

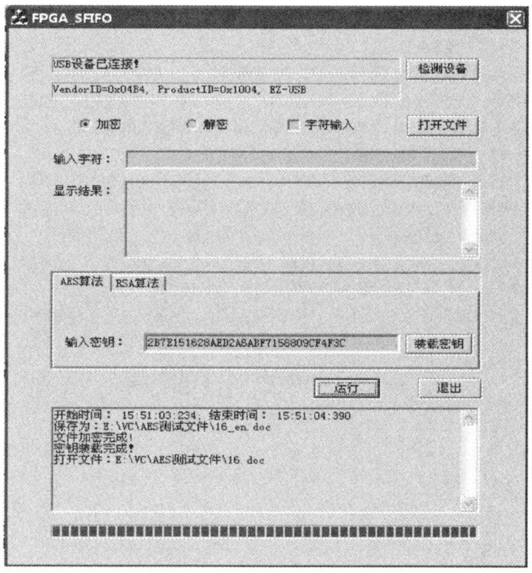

图 11-29 加密完成界面

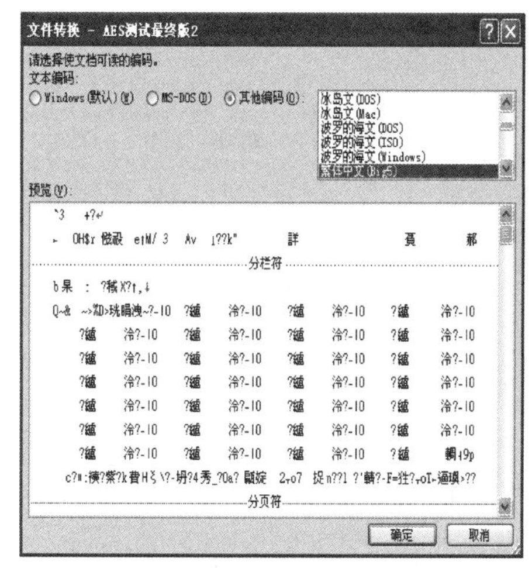

图 11-30 加密后的文件

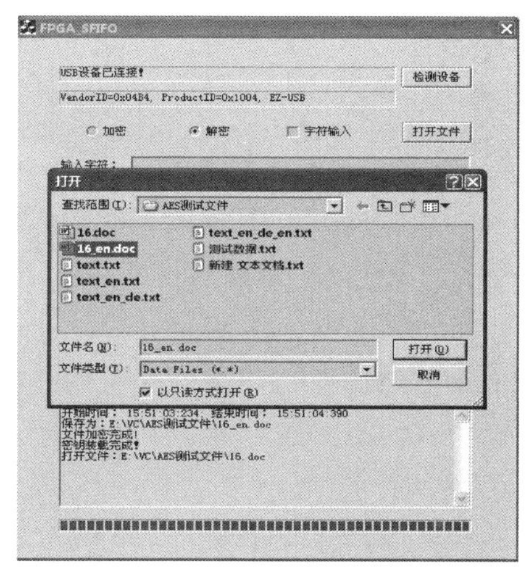

图 11-31 打开需要解密的文件界面

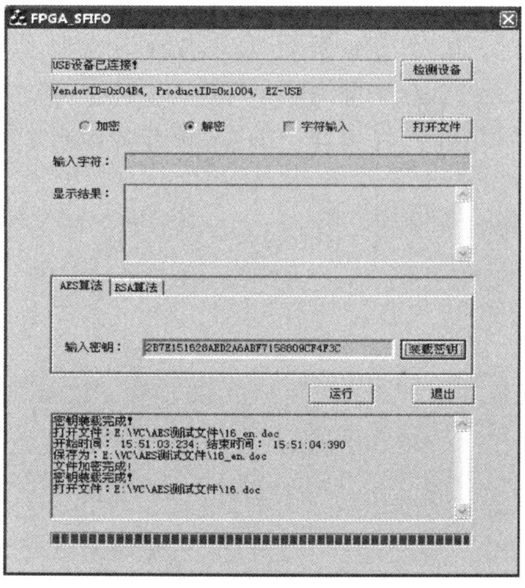

图 11-32 解密密钥装载界面

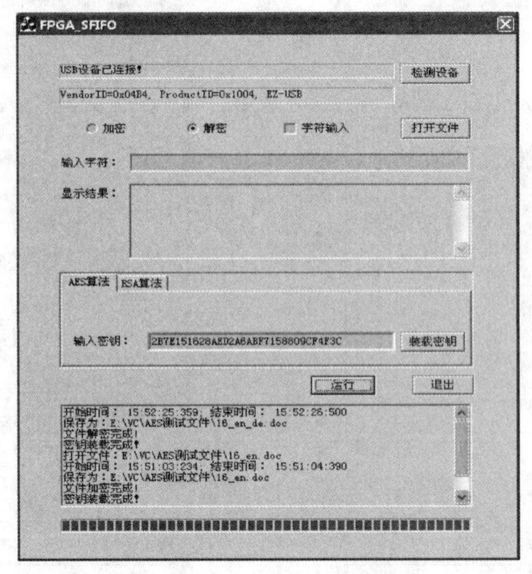

图 11-33　解密完成界面

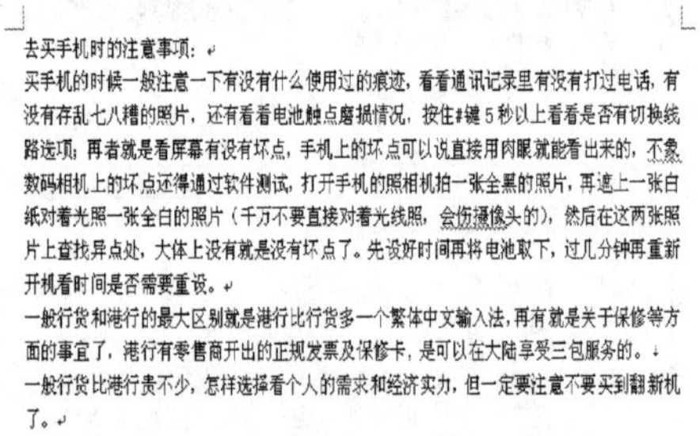

去买手机时的注意事项：

买手机的时候一般注意一下有没有什么使用过的痕迹，看看通讯记录里有没有打过电话，有没有存乱七八糟的照片，还有看看电池触点磨损情况，按住#键5秒以上看看是否有切换线路选项；再者就是看屏幕有没有坏点，手机上的坏点可以说直接用肉眼就能看出来的，不象数码相机上的坏点还得通过软件测试，打开手机的照相机拍一张全黑的照片，再遮上一张白纸对着光照一张全白的照片（千万不要直接对着光线照，会伤摄像头的），然后在这两张照片上查找异点处，大体上没有就是没有坏点了。先设好时间再将电池取下，过几分钟再重新开机看时间是否需要重设。

一般行货和港行的最大区别就是港行比行货多一个繁体中文输入法，再有就是关于保修等方面的事宜了，港行有零售商开出的正规发票及保修卡，是可以在大陆享受三包服务的。

一般行货比港行贵不少，怎样选择看个人的需求和经济实力，但一定要注意不要买到翻新机了。

图 11-34　解密后的文件内容

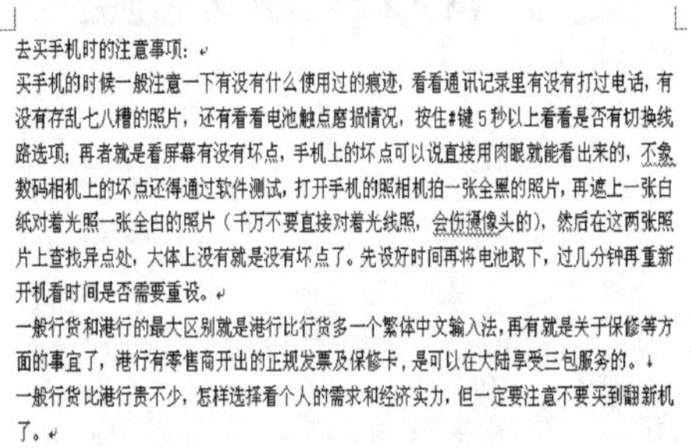

去买手机时的注意事项：

买手机的时候一般注意一下有没有什么使用过的痕迹，看看通讯记录里有没有打过电话，有没有存乱七八糟的照片，还有看看电池触点磨损情况，按住#键5秒以上看看是否有切换线路选项；再者就是看屏幕有没有坏点，手机上的坏点可以说直接用肉眼就能看出来的，不象数码相机上的坏点还得通过软件测试，打开手机的照相机拍一张全黑的照片，再遮上一张白纸对着光照一张全白的照片（千万不要直接对着光线照，会伤摄像头的），然后在这两张照片上查找异点处，大体上没有就是没有坏点了。先设好时间再将电池取下，过几分钟再重新开机看时间是否需要重设。

一般行货和港行的最大区别就是港行比行货多一个繁体中文输入法，再有就是关于保修等方面的事宜了，港行有零售商开出的正规发票及保修卡，是可以在大陆享受三包服务的。

一般行货比港行贵不少，怎样选择看个人的需求和经济实力，但一定要注意不要买到翻新机了。

图 11-35　原始文件的内容

本章习题

1. AES密码处理器包括哪些模块？各个模块的功能是什么？
2. 简述密钥扩展模块的电路结构及工作原理。
3. 简述加密/解密模块的电路结构及工作原理。
4. 简述密钥扩展状态机的状态划分与定义及其工作过程。
5. 简述加密状态机的状态划分与定义及其工作过程。
6. 简述解密状态机的状态划分与定义及其工作过程。

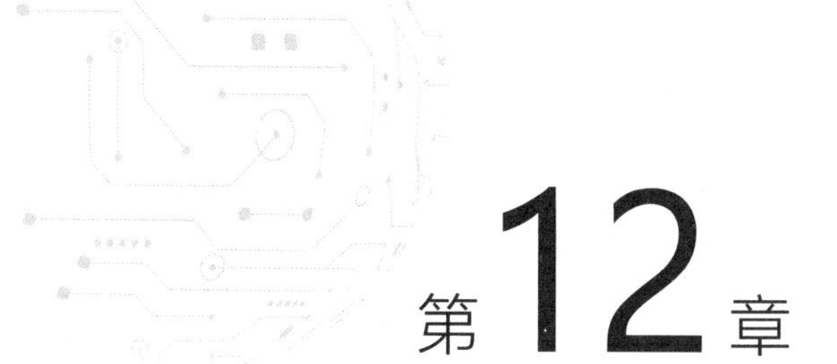

第12章

AES密码处理器设计与验证（方案2）

本章学习目标

理解并掌握AES密码处理器的体系结构设计方案2，理解并掌握该方案中的AES密码处理器的RTL Verilog模型的设计与仿真方法，了解基于ASIC实现该AES密码处理器的基本流程及结果，了解基于FPGA实现该AES密码处理器的基本流程与结果。能够对方案2和前一章的方案1进行对比，分析其各自的优缺点。

本章内容思维导图

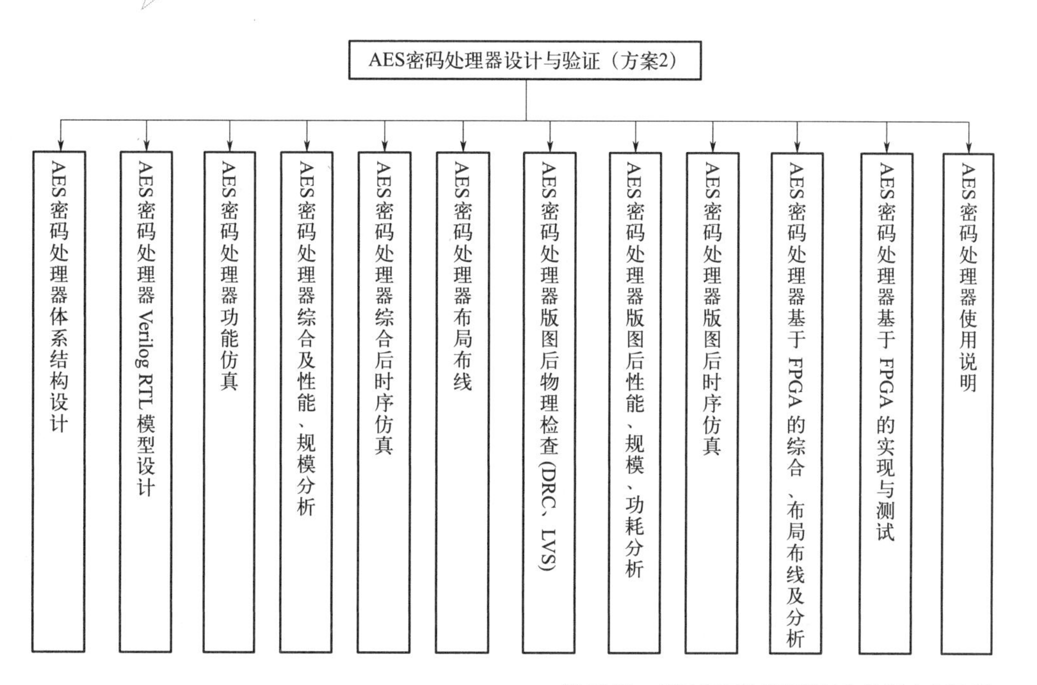

第 11 章介绍的 AES 密码处理器设计方案采用了轮密钥扩展与加/解密过程分离的设计方案，即先对种子密钥（或称初始密钥）进行扩展，生成 11 个轮密钥（或称子密钥）并将其保存在轮密钥寄存器堆中，然后在加/解密过程中随时读出使用。这种方案需要使用一个 11×128 位的寄存器堆，电路规模较大。为了降低电路规模，我们提出了 AES 密码处理器的第二种设计方案，在该方案中，密钥扩展与加/解密同步进行，即实时在线产生每一轮子密钥，用后即丢弃，不需要保存 11 个 128 位的子密钥，只需要保存第一个子密钥和最后一个子密钥即可，与第一种设计方案相比，该方案节省了 9 个 128 位的寄存器。另外，第一种方案中的加/解密模块中的 S 盒采用寄存器堆的方式实现，占用 2048bit 存储器资源和一个 4-16 译码器、一个 8bit 的 256 选 1 选通器；而第二种方案中的加/解密模块中的 S 盒采用组合逻辑的方式实现，不占存储资源。

12.1 AES 密码处理器体系结构设计

AES 密码处理器包括 3 个功能模块：密钥扩展模块、加/解密模块、控制模块。其中密钥扩展模块的功能是将 128 位的种子密钥扩展为 11 个 128 位的子密钥，作为 AES 加密和解密过程中使用的工作子密钥。加/解密模块的功能是实现加密和解密，加密是将 128 位明文经过一系列加密变换转换为 128 位密文，解密是将 128 位密文经过一系列解密变换转换为明文。控制模块的功能是控制加密和解密过程的自动、正确执行，即在加密或解密过程中，控制模块要产生密钥扩展模块和加/解密模块所需要的全部控制信号，以保证密钥扩展模块和加/解密模块能够协调配合，正确完成加密或解密操作。AES 密码处理器总体结构如图 12-1 所示，其外部信号说明见表 12-1。

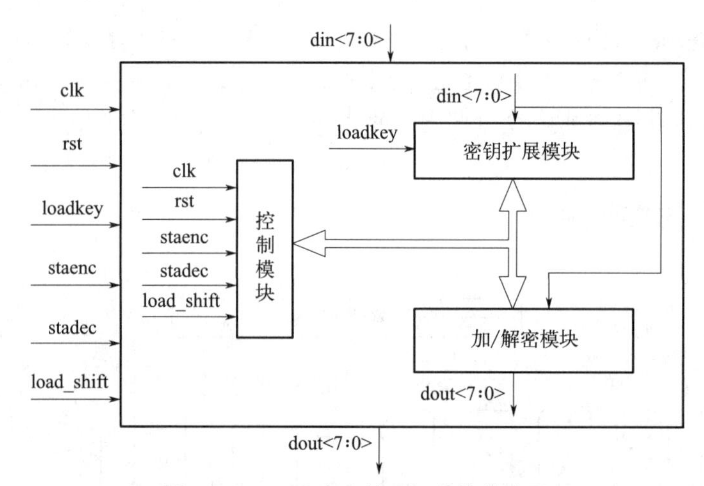

图 12-1　AES 密码处理器总体结构图

表 12-1　AES 密码处理器外部信号说明

信号名称	信号宽度	传输方向	信号含义
clk	1 位	输入	时钟信号，用于同步
rst	1 位	输入	复位信号，1 有效
loadkey	1 位	输入	密钥装载使能信号，1 有效。用于将 128 位种子密钥从输入总线 din 串行输入到密钥扩展模块中的 128 位密钥寄存器中保存，一次输入 8 位，128 位种子密钥需要分 16 次输入
load_shift	1 位	输入	明文/密文装载或结果移位输出使能信号，1 有效。有效时，将 128 位明文/密文串行装载至加/解密模块中的 128 位寄存器中，每次 8 位；或将加/解密模块中的 128 位寄存器中的加/解密结果通过输出总线 dout 串行输出，每次 8 位

续表

信号名称	信号宽度	传输方向	信号含义
staenc	1 位	输入	开始加密使能信号，1 有效。有效时启动加密状态机，控制加密过程的自动执行
stadec	1 位	输入	开始解密使能信号，1 有效。有效时启动解密状态机，控制解密过程的自动执行
din	8 位	输入	输入数据总线，用于输入明文/密文、种子密钥
dout	8 位	输出	输出数据总线，用于输出加/解密结果

12.1.1 AES 密钥扩展模块电路结构设计

AES 密钥扩展模块包括 3 个 128 位寄存器、4 个 8×8 S 盒、1 个 128 位的 4 选 1 选通器、1 个 32 位的 2 选 1 选通器、1 个轮常数产生模块和多个异或运算模块。其中，3 个 128 位寄存器分别用来保存种子密钥、每一轮的加密或解密密钥、第 10 轮加密密钥（也是第 1 轮解密密钥）；4 个 8×8 S 盒用来实现密钥扩展中的 S 盒变换；异或运算模块用于实现密钥扩展中的异或运算；轮常数产生模块用于产生密钥扩展中的轮常数；4 选 1 选通器用于从 4 个来源中选择 1 个写入轮密钥寄存器作为下一个周期要使用的轮密钥；2 选 1 选通器用于从 2 个来源中选择 1 个作为 S 盒变换的输入。AES 密钥扩展模块的电路结构见图 12-2。

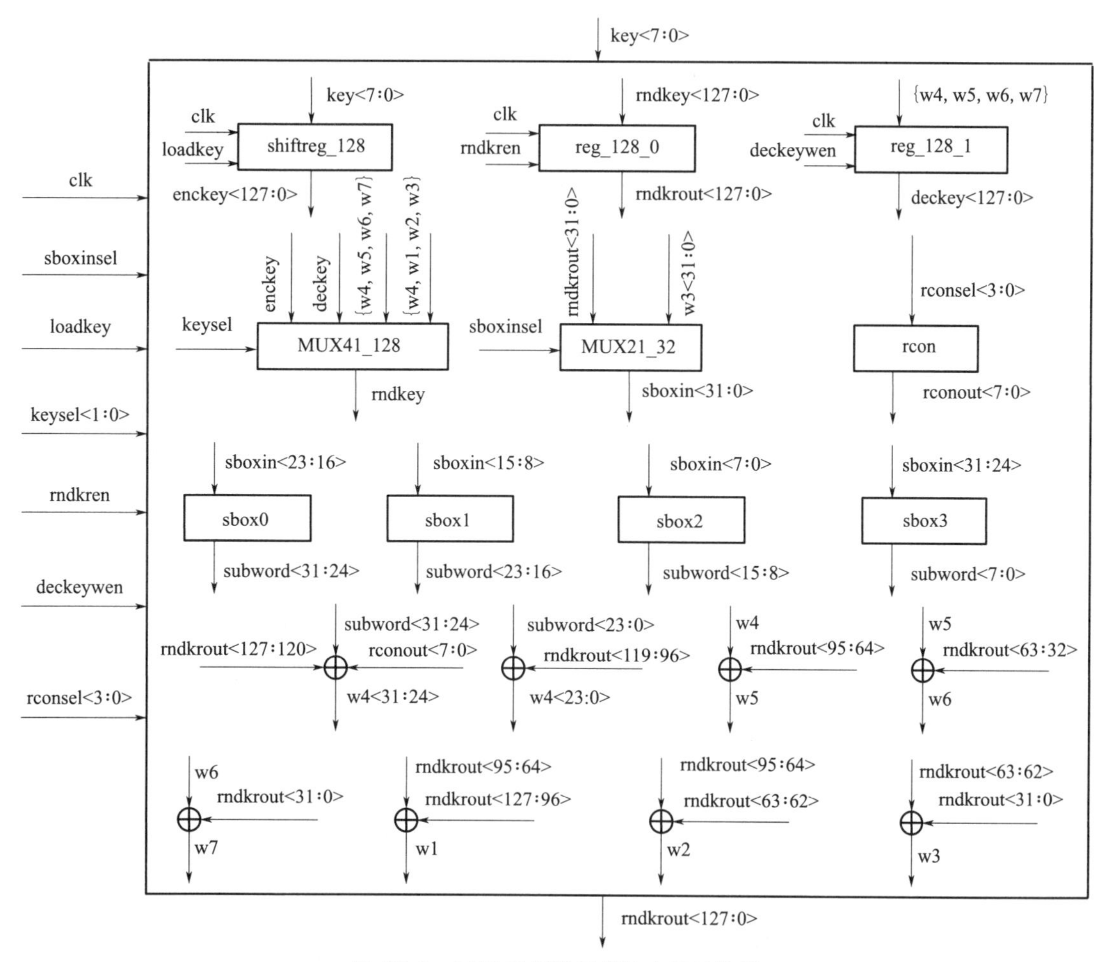

图 12-2 AES 密钥扩展模块电路结构图

12.1.2 AES 加/解密模块电路结构设计

AES加/解密模块包括16个8×8 S盒、16个8×8逆S盒、16个{02H}/{03H}乘字节模块、16个{09H}/{0BH}{0DH}{0EH}乘字节模块、1个128位寄存器、1个128位的2选1选通器、16个8位的4选1选通器、32个8位的2选1选通器、多个异或运算模块。其中，16个8×8 S盒用于实现加密过程中的S盒变换，16个8×8逆S盒用于实现解密过程中的逆S盒变换，16个{02H}/{03H}乘字节模块用于实现加密过程中的{02H}乘字节运算和{03H}乘字节运算，16个{09H}/{0BH}/{0DH}/{0EH}乘字节模块用于实现解密过程中的{09H}乘字节运算、{0BH}乘字节运算、{0DH}乘字节运算和{0EH}乘字节运算，异或运算模块用于实现加密或解密过程中的异或运算，1个128位寄存器用于保存每一轮加密或解密变换的结果和最终结果，选通器用于从多个数据来源中选择一个输出。AES加/解密模块的电路结构见图12-3。

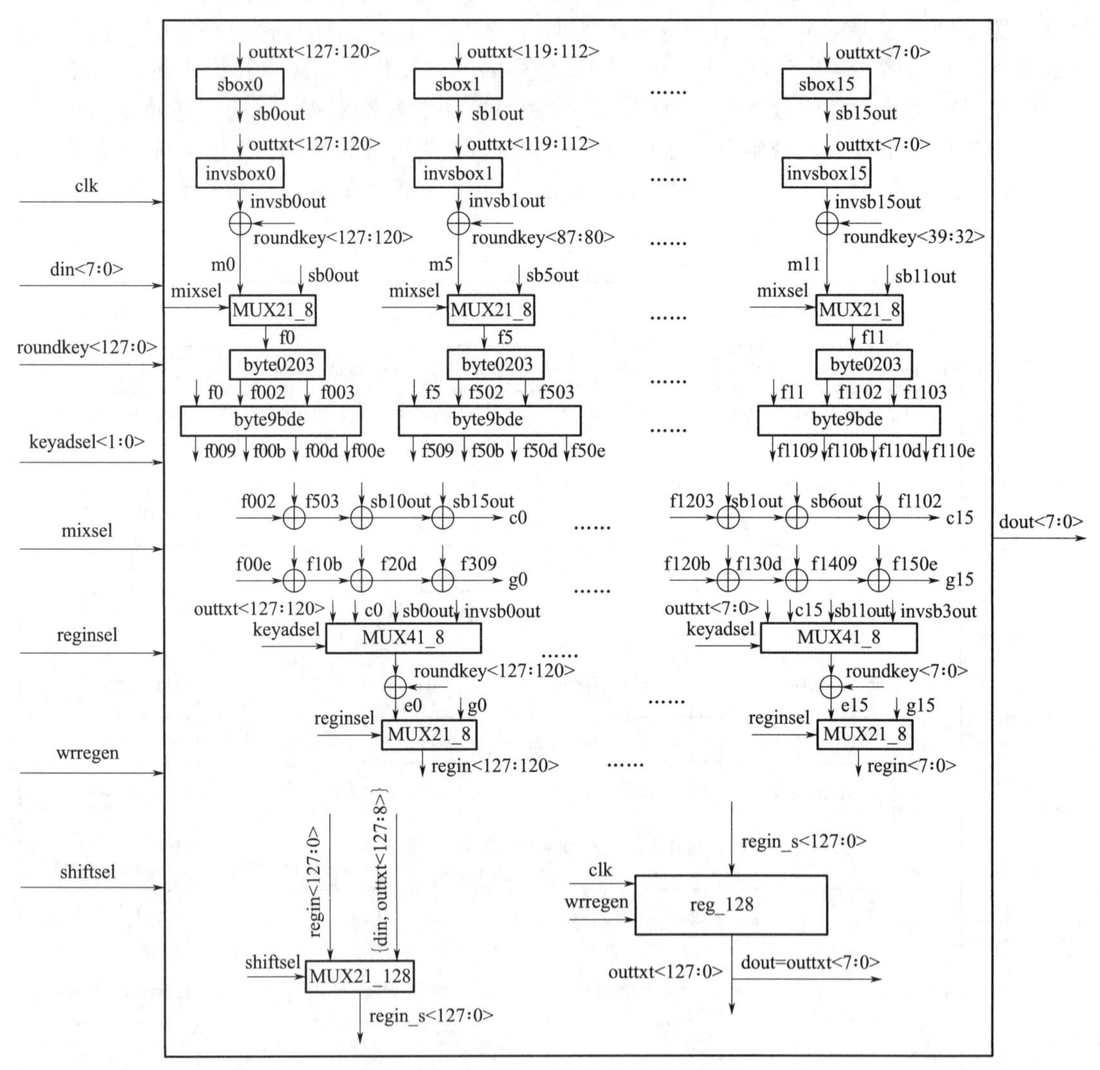

图12-3 AES加/解密模块电路结构图

12.1.3 提高性能和降低成本采用的技术

在AES密钥扩展模块和加/解密模块中，为了最大限度地开发算法本身具有的并行性，采用将某一种电路模块同时设置多个的方法，以提高加/解密速度，如同时设置16个8×8 S盒、16个8×8逆S盒、16个{02H}/{03H}乘字节模块、16个{09H}/{0BH}/{0DH}/{0EH}乘字节模块等。同时在满足算法本身并行性的基础上尽可能减小电路的规模，以降低电路的成本，为此采取了多种技术，如加密、解密共享同一套电路；只设置实现一轮加密变换和解密变换所需要的电路，通过分时复用这一轮电路完成11轮加密过程和11轮解密过程；密钥扩展采用实时在线产生每一轮子密钥，用后即丢弃，不需要保存11个128位的子密钥，只需要保存第一个子密钥和最后一个子密钥即可。这样，节省了大量的寄存器资源。

12.2 AES密码处理器Verilog RTL模型设计

```
module aestop(clk,rst,staenc,stadec,load_shift,loadkey,din,dout);
output [7:0] dout;
input [7:0] din;
input clk,rst,staenc,stadec,load_shift,loadkey;

wire mixsel,reginsel,shiftsel,dataregen,rndkren,sboxinsel,deckeywen;
wire [1:0] keyadsel,keysel;
wire [3:0] rconsel;
wire [127:0] roundkey;
cryptdap cryptdap(clk,rst,keyadsel,mixsel,reginsel,shiftsel,dataregen,din,roundkey,dout);
keyexp keyexp(clk,rst,keysel,rndkren,rconsel,loadkey,din,sboxinsel,deckeywen,roundkey);
control control(clk,rst,staenc,stadec,load_shift,rndkren,sboxinsel,dataregen,
                    mixsel,reginsel,shiftsel,deckeywen,keysel,keyadsel,rconsel);
endmodule

module cryptdap(clk,rst,keyadsel,mixsel,reginsel,shiftsel,wrregen,din,roundkey,dout);
output [7:0] dout;
input clk,wrregen,mixsel,reginsel,shiftsel;
input [1:0] keyadsel;
input [7:0] din;
input [127:0] roundkey;
input rst;
wire [127:0] outtxt;
wire [7:0] reg0in,reg1in,reg2in,reg3in,reg4in,reg5in,reg6in,reg7in;
wire [7:0] reg8in,reg9in,reg10in,reg11in,reg12in,reg13in,reg14in,reg15in;
wire [7:0] sb0out,sb1out,sb2out,sb3out,sb4out,sb5out,sb6out,sb7out;
wire [7:0] sb8out,sb9out,sb10out,sb11out,sb12out,sb13out,sb14out,sb15out;
wire [7:0] invsb0out,invsb1out,invsb2out,invsb3out,invsb4out,invsb5out,invsb6out,invsb7out;
wire [7:0] invsb8out,invsb9out,invsb10out,invsb11out,
           invsb12out,invsb13out,invsb14out,invsb15out;
wire [7:0] c0,c1,c2,c3,c4,c5,c6,c7,c8,c9,c10,c11,c12,c13,c14,c15;
wire [7:0] d0,d1,d2,d3,d4,d5,d6,d7,d8,d9,d10,d11,d12,d13,d14,d15;
wire [7:0] f0,f1,f2,f3,f4,f5,f6,f7,f8,f9,f10,f11,f12,f13,f14,f15;
wire [7:0] g0,g1,g2,g3,g4,g5,g6,g7,g8,g9,g10,g11,g12,g13,g14,g15;
wire [7:0] m0,m1,m2,m3,m4,m5,m6,m7,m8,m9,m10,m11,m12,m13,m14,m15;
wire [7:0] f002,f003,f009,f00b,f00d,f00e;
wire [7:0] f102,f103,f109,f10b,f10d,f10e;
wire [7:0] f202,f203,f209,f20b,f20d,f20e;
```

```
wire [7:0] f302,f303,f309,f30b,f30d,f30e;
wire [7:0] f402,f403,f409,f40b,f40d,f40e;
wire [7:0] f502,f503,f509,f50b,f50d,f50e;
wire [7:0] f602,f603,f609,f60b,f60d,f60e;
wire [7:0] f702,f703,f709,f70b,f70d,f70e;
wire [7:0] f802,f803,f809,f80b,f80d,f80e;
wire [7:0] f902,f903,f909,f90b,f90d,f90e;
wire [7:0] f1002,f1003,f1009,f100b,f100d,f100e;
wire [7:0] f1102,f1103,f1109,f110b,f110d,f110e;
wire [7:0] f1202,f1203,f1209,f120b,f120d,f120e;
wire [7:0] f1302,f1303,f1309,f130b,f130d,f130e;
wire [7:0] f1402,f1403,f1409,f140b,f140d,f140e;
wire [7:0] f1502,f1503,f1509,f150b,f150d,f150e;
wire [127:0] d,e,g,regin;
sbox_mux  sbox_mux0(outtxt[127:120],sb0out);
sbox_mux  sbox_mux1(outtxt[119:112],sb1out);
sbox_mux  sbox_mux2(outtxt[111:104],sb2out);
sbox_mux  sbox_mux3(outtxt[103:96],sb3out);
sbox_mux  sbox_mux4(outtxt[95:88],sb4out);
sbox_mux  sbox_mux5(outtxt[87:80],sb5out);
sbox_mux  sbox_mux6(outtxt[79:72],sb6out);
sbox_mux  sbox_mux7(outtxt[71:64],sb7out);
sbox_mux  sbox_mux8(outtxt[63:56],sb8out);
sbox_mux  sbox_mux9(outtxt[55:48],sb9out);
sbox_mux  sbox_mux10(outtxt[47:40],sb10out);
sbox_mux  sbox_mux11(outtxt[39:32],sb11out);
sbox_mux  sbox_mux12(outtxt[31:24],sb12out);
sbox_mux  sbox_mux13(outtxt[23:16],sb13out);
sbox_mux  sbox_mux14(outtxt[15:8],sb14out);
sbox_mux  sbox_mux15(outtxt[7:0],sb15out);
invsbox_mux  invsbox_mux0(outtxt[127:120],invsb0out);
invsbox_mux  invsbox_mux1(outtxt[119:112],invsb1out);
invsbox_mux  invsbox_mux2(outtxt[111:104],invsb2out);
invsbox_mux  invsbox_mux3(outtxt[103:96],invsb3out);
invsbox_mux  invsbox_mux4(outtxt[95:88],invsb4out);
invsbox_mux  invsbox_mux5(outtxt[87:80],invsb5out);
invsbox_mux  invsbox_mux6(outtxt[79:72],invsb6out);
invsbox_mux  invsbox_mux7(outtxt[71:64],invsb7out);
invsbox_mux  invsbox_mux8(outtxt[63:56],invsb8out);
invsbox_mux  invsbox_mux9(outtxt[55:48],invsb9out);
invsbox_mux  invsbox_mux10(outtxt[47:40],invsb10out);
invsbox_mux  invsbox_mux11(outtxt[39:32],invsb11out);
invsbox_mux  invsbox_mux12(outtxt[31:24],invsb12out);
invsbox_mux  invsbox_mux13(outtxt[23:16],invsb13out);
invsbox_mux  invsbox_mux14(outtxt[15:8],invsb14out);
invsbox_mux  invsbox_mux15(outtxt[7:0],invsb15out);
assign m0=invsb0out^roundkey[127:120];
assign m1=invsb13out^roundkey[119:112];
assign m2=invsb10out^roundkey[111:104];
assign m3=invsb7out^roundkey[103:96];
assign m4=invsb4out^roundkey[95:88];
```

```
assign m5=invsb1out^roundkey[87:80];
assign m6=invsb14out^roundkey[79:72];
assign m7=invsb11out^roundkey[71:64];
assign m8=invsb8out^roundkey[63:56];
assign m9=invsb5out^roundkey[55:48];
assign m10=invsb2out^roundkey[47:40];
assign m11=invsb15out^roundkey[39:32];
assign m12=invsb12out^roundkey[31:24];
assign m13=invsb9out^roundkey[23:16];
assign m14=invsb6out^roundkey[15:8];
assign m15=invsb3out^roundkey[7:0];
mux21_8  mux21_8_0(mixsel,sb0out,m0,f0);
mux21_8  mux21_8_1(mixsel,sb1out,m1,f1);
mux21_8  mux21_8_2(mixsel,sb2out,m2,f2);
mux21_8  mux21_8_3(mixsel,sb3out,m3,f3);
mux21_8  mux21_8_4(mixsel,sb4out,m4,f4);
mux21_8  mux21_8_5(mixsel,sb5out,m5,f5);
mux21_8  mux21_8_6(mixsel,sb6out,m6,f6);
mux21_8  mux21_8_7(mixsel,sb7out,m7,f7);
mux21_8  mux21_8_8(mixsel,sb8out,m8,f8);
mux21_8  mux21_8_9(mixsel,sb9out,m9,f9);
mux21_8  mux21_8_10(mixsel,sb10out,m10,f10);
mux21_8  mux21_8_11(mixsel,sb11out,m11,f11);
mux21_8  mux21_8_12(mixsel,sb12out,m12,f12);
mux21_8  mux21_8_13(mixsel,sb13out,m13,f13);
mux21_8  mux21_8_14(mixsel,sb14out,m14,f14);
mux21_8  mux21_8_15(mixsel,sb15out,m15,f15);
byte0203 byte0203_0(f0,f002,f003);
byte0203 byte0203_1(f1,f102,f103);
byte0203 byte0203_2(f2,f202,f203);
byte0203 byte0203_3(f3,f302,f303);
byte0203 byte0203_4(f4,f402,f403);
byte0203 byte0203_5(f5,f502,f503);
byte0203 byte0203_6(f6,f602,f603);
byte0203 byte0203_7(f7,f702,f703);
byte0203 byte0203_8(f8,f802,f803);
byte0203 byte0203_9(f9,f902,f903);
byte0203 byte0203_10(f10,f1002,f1003);
byte0203 byte0203_11(f11,f1102,f1103);
byte0203 byte0203_12(f12,f1202,f1203);
byte0203 byte0203_13(f13,f1302,f1303);
byte0203 byte0203_14(f14,f1402,f1403);
byte0203 byte0203_15(f15,f1502,f1503);
byte9bde byte9bde_0(f0,f002,f003,f009,f00b,f00d,f00e);
byte9bde byte9bde_1(f1,f102,f103,f109,f10b,f10d,f10e);
byte9bde byte9bde_2(f2,f202,f203,f209,f20b,f20d,f20e);
byte9bde byte9bde_3(f3,f302,f303,f309,f30b,f30d,f30e);
byte9bde byte9bde_4(f4,f402,f403,f409,f40b,f40d,f40e);
byte9bde byte9bde_5(f5,f502,f503,f509,f50b,f50d,f50e);
byte9bde byte9bde_6(f6,f602,f603,f609,f60b,f60d,f60e);
byte9bde byte9bde_7(f7,f702,f703,f709,f70b,f70d,f70e);
```

```
byte9bde byte9bde_8(f8,f802,f803,f809,f80b,f80d,f80e);
byte9bde byte9bde_9(f9,f902,f903,f909,f90b,f90d,f90e);
byte9bde byte9bde_10(f10,f1002,f1003,f1009,f100b,f100d,f100e);
byte9bde byte9bde_11(f11,f1102,f1103,f1109,f110b,f110d,f110e);
byte9bde byte9bde_12(f12,f1202,f1203,f1209,f120b,f120d,f120e);
byte9bde byte9bde_13(f13,f1302,f1303,f1309,f130b,f130d,f130e);
byte9bde byte9bde_14(f14,f1402,f1403,f1409,f140b,f140d,f140e);
byte9bde byte9bde_15(f15,f1502,f1503,f1509,f150b,f150d,f150e);
//encryption transformation,include 0th round and 10th round decryption transformation
assign c0=f002^f503^sb10out^sb15out;
mux41_8  mux41_8_0(keyadsel,outtxt[127:120],c0,sb0out,invsb0out,d0);
assign c1=sb0out^f502^f1003^sb15out;
mux41_8  mux41_8_1(keyadsel,outtxt[119:112],c1,sb5out,invsb13out,d1);
assign c2=sb0out^sb5out^f1002^f1503;
mux41_8  mux41_8_2(keyadsel,outtxt[111:104],c2,sb10out,invsb10out,d2);
assign c3=f003^sb5out^sb10out^f1502;
mux41_8  mux41_8_3(keyadsel,outtxt[103:96],c3,sb15out,invsb7out,d3);
assign c4=f402^f903^sb14out^sb3out;
mux41_8  mux41_8_4(keyadsel,outtxt[95:88],c4,sb4out,invsb4out,d4);
assign c5=sb4out^f902^f1403^sb3out;
mux41_8  mux41_8_5(keyadsel,outtxt[87:80],c5,sb9out,invsb1out,d5);
assign c6=sb4out^sb9out^f1402^f303;
mux41_8  mux41_8_6(keyadsel,outtxt[79:72],c6,sb14out,invsb14out,d6);
assign c7=f403^sb9out^sb14out^f302;
mux41_8  mux41_8_7(keyadsel,outtxt[71:64],c7,sb3out,invsb11out,d7);
assign c8=f802^f1303^sb2out^sb7out;
mux41_8  mux41_8_8(keyadsel,outtxt[63:56],c8,sb8out,invsb8out,d8);
assign c9=sb8out^f1302^f203^sb7out;
mux41_8  mux41_8_9(keyadsel,outtxt[55:48],c9,sb13out,invsb5out,d9);
assign c10=sb8out^sb13out^f202^f703;
mux41_8  mux41_8_10(keyadsel,outtxt[47:40],c10,sb2out,invsb2out,d10);
assign c11=f803^sb13out^sb2out^f702;
mux41_8  mux41_8_11(keyadsel,outtxt[39:32],c11,sb7out,invsb15out,d11);
assign c12=f1202^f103^sb6out^sb11out;
mux41_8  mux41_8_12(keyadsel,outtxt[31:24],c12,sb12out,invsb12out,d12);
assign c13=sb12out^f102^f603^sb11out;
mux41_8  mux41_8_13(keyadsel,outtxt[23:16],c13,sb1out,invsb9out,d13);
assign c14=sb12out^sb1out^f602^f1103;
mux41_8  mux41_8_14(keyadsel,outtxt[15:8],c14,sb6out,invsb6out,d14);
assign c15=f1203^sb1out^sb6out^f1102;
mux41_8  mux41_8_15(keyadsel,outtxt[7:0],c15,sb11out,invsb3out,d15);
assign d={d0,d1,d2,d3,d4,d5,d6,d7,d8,d9,d10,d11,d12,d13,d14,d15};
assign e=d^roundkey;
//decryption 1-9th round transformation
assign g0=f00e^f10b^f20d^f309;
assign g1=f009^f10e^f20b^f30d;
assign g2=f00d^f109^f20e^f30b;
assign g3=f00b^f10d^f209^f30e;
assign g4=f40e^f50b^f60d^f709;
assign g5=f409^f50e^f60b^f70d;
assign g6=f40d^f509^f60e^f70b;
```

```
assign g7=f40b^f50d^f609^f70e;
assign g8=f80e^f90b^f100d^f1109;
assign g9=f809^f90e^f100b^f110d;
assign g10=f80d^f909^f100e^f110b;
assign g11=f80b^f90d^f1009^f110e;
assign g12=f120e^f130b^f140d^f1509;
assign g13=f1209^f130e^f140b^f150d;
assign g14=f120d^f1309^f140e^f150b;
assign g15=f120b^f130d^f1409^f150e;
assign g={g0,g1,g2,g3,g4,g5,g6,g7,g8,g9,g10,g11,g12,g13,g14,g15};
//resultreg input selection
//0th-10th round encryption transformation,regin=e;
//0th round and 10th round decryption transformation,regin=e;
//1-9th round decryption transformation,regin=g.
mux21_128  mux21_128_0(reginsel,e,g,regin);
//register shift-right to input data and output result 8bits per cycle
mux21_8  mux21_8_16(shiftsel,regin[127:120],din,reg0in);
mux21_8  mux21_8_17(shiftsel,regin[119:112],outtxt[127:120],reg1in);
mux21_8  mux21_8_18(shiftsel,regin[111:104],outtxt[119:112],reg2in);
mux21_8  mux21_8_19(shiftsel,regin[103:96],outtxt[111:104],reg3in);
mux21_8  mux21_8_20(shiftsel,regin[95:88],outtxt[103:96],reg4in);
mux21_8  mux21_8_21(shiftsel,regin[87:80],outtxt[95:88],reg5in);
mux21_8  mux21_8_22(shiftsel,regin[79:72],outtxt[87:80],reg6in);
mux21_8  mux21_8_23(shiftsel,regin[71:64],outtxt[79:72],reg7in);
mux21_8  mux21_8_24(shiftsel,regin[63:56],outtxt[71:64],reg8in);
mux21_8  mux21_8_25(shiftsel,regin[55:48],outtxt[63:56],reg9in);
mux21_8  mux21_8_26(shiftsel,regin[47:40],outtxt[55:48],reg10in);
mux21_8  mux21_8_27(shiftsel,regin[39:32],outtxt[47:40],reg11in);
mux21_8  mux21_8_28(shiftsel,regin[31:24],outtxt[39:32],reg12in);
mux21_8  mux21_8_29(shiftsel,regin[23:16],outtxt[31:24],reg13in);
mux21_8  mux21_8_30(shiftsel,regin[15:8],outtxt[23:16],reg14in);
mux21_8  mux21_8_31(shiftsel,regin[7:0],outtxt[15:8],reg15in);
reg_8_0  reg_8_0(clk,rst,wrregen,reg0in,outtxt[127:120]);
reg_8_1  reg_8_1(clk,rst,wrregen,reg1in,outtxt[119:112]);
reg_8_2  reg_8_2(clk,rst,wrregen,reg2in,outtxt[111:104]);
reg_8_3  reg_8_3(clk,rst,wrregen,reg3in,outtxt[103:96]);
reg_8_4  reg_8_4(clk,rst,wrregen,reg4in,outtxt[95:88]);
reg_8_5  reg_8_5(clk,rst,wrregen,reg5in,outtxt[87:80]);
reg_8_6  reg_8_6(clk,rst,wrregen,reg6in,outtxt[79:72]);
reg_8_7  reg_8_7(clk,rst,wrregen,reg7in,outtxt[71:64]);
reg_8_8  reg_8_8(clk,rst,wrregen,reg8in,outtxt[63:56]);
reg_8_9  reg_8_9(clk,rst,wrregen,reg9in,outtxt[55:48]);
reg_8_10  reg_8_10(clk,rst,wrregen,reg10in,outtxt[47:40]);
reg_8_11  reg_8_11(clk,rst,wrregen,reg11in,outtxt[39:32]);
reg_8_12  reg_8_12(clk,rst,wrregen,reg12in,outtxt[31:24]);
reg_8_13  reg_8_13(clk,rst,wrregen,reg13in,outtxt[23:16]);
reg_8_14  reg_8_14(clk,rst,wrregen,reg14in,outtxt[15:8]);
reg_8_15  reg_8_15(clk,rst,wrregen,reg15in,outtxt[7:0]);
assign dout=outtxt[7:0];
endmodule
```

```
module keyexp(clk,rst,keysel,rndkren,rconsel,loadkey,key,sboxinsel,deckeywen,rnd-
krout);
    output[127:0] rndkrout;
    input clk,rndkren,sboxinsel,loadkey,deckeywen;
    input[3:0] rconsel;
    input[1:0] keysel;
    input[7:0] key;
    input rst;
    wire [127:0] rndkey,enckey,deckey;
    wire [31:0] w1,w2,w3,w4,w5,w6,w7,subword,sboxin;
    reg [7:0] rconout;
    //write 16 key bits in the register per cycle by shift right
    shfreg_128 shfreg_128(clk,rst,loadkey,key,enckey);
    //select first encryption round key or first decryption round key or next encryption
round key or
    //next decryption round key
    mux41_128 mux41_128(keysel,enckey,deckey,{w4,w5,w6,w7},{w4,w1,w2,w3},rndkey);
    reg_128_rst rndkreg(clk,rst,rndkren,rndkey,rndkrout);
    assign sboxin=(sboxinsel==0)? rndkrout[31:0]:w3;
    sbox_mux sbox0(sboxin[23:16],subword[31:24]);
    sbox_mux sbox1(sboxin[15:8],subword[23:16]);
    sbox_mux sbox2(sboxin[7:0],subword[15:8]);
    sbox_mux sbox3(sboxin[31:24],subword[7:0]);
    always@ (rconsel)
        case(rconsel)
            4'd0:rconout=8'h01;
            4'd1:rconout=8'h02;
            4'd2:rconout=8'h04;
            4'd3:rconout=8'h08;
            4'd4:rconout=8'h10;
            4'd5:rconout=8'h20;
            4'd6:rconout=8'h40;
            4'd7:rconout=8'h80;
            4'd8:rconout=8'h1b;
            4'd9:rconout=8'h36;
            default:rconout=8'hxx;
        endcase
    assign w4[31:24]=subword[31:24]^rconout^rndkrout[127:120];
    assign w4[23:0]=subword[23:0]^rndkrout[119:96];
    assign w5=w4^rndkrout[95:64];
    assign w6=w5^rndkrout[63:32];
    assign w7=w6^rndkrout[31:0];
    assign w3=rndkrout[63:32]^rndkrout[31:0];
    assign w2=rndkrout[95:64]^rndkrout[63:32];
    assign w1=rndkrout[127:96]^rndkrout[95:64];
    reg_128_rst deckeyreg(clk,rst,deckeywen,{w4,w5,w6,w7},deckey);
    endmodule

    module control(clk,rst,staenc,stadec,load_shift,rndkren,sboxinsel,dataregen,
                mixsel,reginsel,shiftsel,deckeywen,keysel,keyadsel,rconsel);
    input clk,rst,staenc,stadec,load_shift;
```

```
    output rndkren,sboxinsel,dataregen,mixsel,reginsel,shiftsel,deckeywen;
    output [1:0] keysel,keyadsel;
    output [3:0] rconsel;
    parameter IDLE=4'd0;
    wire rndkren_e,sboxinsel_e,wrregen_e,mixsel_e,reginsel_e,
         rndkren_d,sboxinsel_d,wrregen_d,mixsel_d,reginsel_d,
         wrregen;
    wire [1:0] keysel_e,keysel_d,keyadsel_e,keyadsel_d;
    wire [3:0] rconsel_e,rconsel_d,enc_state,dec_state;
    encryptfsm
    encryptfsm(clk,rst,staenc,keysel_e,rndkren_e,rconsel_e,sboxinsel_e,wrregen_e,key-
adsel_e,mixsel_e,reginsel_e,enc_state,deckeywen);
    decryptfsm
    decryptfsm(clk,rst,stadec,keysel_d,rndkren_d,rconsel_d,sboxinsel_d,wrregen_d,key-
adsel_d,mixsel_d,reginsel_d,dec_state);
    assign keysel=(enc_state != IDLE)? keysel_e:keysel_d;
    assign rndkren=rndkren_e | rndkren_d;
    assign rconsel=(enc_state != IDLE)? rconsel_e:rconsel_d;
    assign sboxinsel=(enc_state != IDLE)? sboxinsel_e:sboxinsel_d;
    assign wrregen=wrregen_e | wrregen_d;
    assign dataregen=wrregen | load_shift;
    assign keyadsel=(enc_state != IDLE)? keyadsel_e:keyadsel_d;
    assign mixsel=(enc_state != IDLE)? mixsel_e:mixsel_d;
    assign reginsel=(enc_state != IDLE)? reginsel_e:reginsel_d;
    assign shiftsel=((enc_state != IDLE) || (dec_state != IDLE))? 1'b0:1'b1;
    endmodule

    module invsbox_mux(in,out);
    output[7:0] out;
    input[7:0] in;
    reg [7:0] out;
    always @ (in)
           case(in)
                8'h00:out=8'h52;
                8'h01:out=8'h09;
                8'h02:out=8'h6a;
                8'h03:out=8'hd5;
                8'h04:out=8'h30;
                8'h05:out=8'h36;
                8'h06:out=8'ha5;
                8'h07:out=8'h38;
                8'h08:out=8'hbf;
                8'h09:out=8'h40;
                8'h0a:out=8'ha3;
                8'h0b:out=8'h9e;
                8'h0c:out=8'h81;
                8'h0d:out=8'hf3;
                8'h0e:out=8'hd7;
                8'h0f:out=8'hfb;
                ……
                ……
```

```
            8'hf0:out=8'h17;
            8'hf1:out=8'h2b;
            8'hf2:out=8'h04;
            8'hf3:out=8'h7e;
            8'hf4:out=8'hba;
            8'hf5:out=8'h77;
            8'hf6:out=8'hd6;
            8'hf7:out=8'h26;
            8'hf8:out=8'he1;
            8'hf9:out=8'h69;
            8'hfa:out=8'h14;
            8'hfb:out=8'h63;
            8'hfc:out=8'h55;
            8'hfd:out=8'h21;
            8'hfe:out=8'h0c;
            8'hff:out=8'h7d;
        endcase
endmodule

module mux21_8(sel,a,b,c);
output[7:0] c;
input[7:0] a,b;
input sel;
reg [7:0] c;
always@ (sel or a or b)
        case(sel)
            1'b0:c=a;
            1'b1:c=b;
        endcase
endmodule

module reg_8_0(clk,rst,write,din,dout);
output [7:0] dout;
input  clk,rst,write;
input  [7:0] din;
reg [7:0] dout;
always @ (posedge clk or negedge rst)
    begin
        if(! rst)
            dout  <=8'h32;
        else
          if(write)
                    dout<=din;
          else
                    dout<=dout;
    end
endmodule

module reg_8_15(clk,rst,write,din,dout);
output [7:0] dout;
input  clk,rst,write;
```

```
input  [7:0] din;
reg [7:0] dout;
always @ (posedge clk or negedge rst)
    begin
        if(! rst)
             dout  <=8'h34;
        else
             if(write)
                       dout<=din;
             else
                       dout<=dout;
    end
endmodule

module shfreg_128(clk,rst,write,din,dout);
output [127:0] dout;
input  clk,rst,write;
input  [7:0] din;
reg [127:0] dout;
always @ (posedge clk or negedge rst)
    begin
        if(! rst)
             dout <=128'h2b7e151628aed2a6abf7158809cf4f3c;
        else if(write)
                    dout<={din,dout[127:8]};
          else
                    dout<=dout;
    end
endmodule

module reg_128_rst(clk,rst,write,din,dout);
output [127:0] dout;
input  clk,write,rst;
input  [127:0] din;
reg [127:0] dout;
always @ (posedge clk or negedge rst)
    begin
        if(! rst)
             dout<=128'hd014_f9a8_c9ee_2589_e13f_0cc8_b663_0ca6;
        else if(write)
                  dout<=din;
        else
                  dout<=dout;
    end
endmodule

module encryptfsm(clk,rst,staenc,keysel,rndkren,rconsel,sboxinsel,
                  wrregen,keyadsel,mixsel,reginsel,enc_state,deckeywen);
output rndkren,sboxinsel,wrregen,mixsel,reginsel,deckeywen;
output [1:0] keysel,keyadsel;
output [3:0] rconsel,enc_state;
```

```
input clk,rst,staenc;
reg [3:0] enc_state,next_state;
reg [3:0] rconsel;
parameter IDLE=4'd0,KEY_PREPARE=4'd1,INITIAL_KEY_ADD=4'd2,FIRST_ROUND=4'd3,
          SECOND_ROUND=4'd4,THIRD_ROUND=4'd5,FOURTH_ROUND=4'd6,
          FIFTH_ROUND=4'd7,SIXTH_ROUND=4'd8,SEVENTH_ROUND=4'd9,
          EIGHTH_ROUND=4'd10,NINTH_ROUND=4'd11,TENTH_ROUND=4'd12;
always @ (posedge clk or negedge rst)
    if(! rst)
            enc_state<=IDLE;
    else
            enc_state<=next_state;
always @ (* )
    case(enc_state)
        IDLE:if(staenc==1)
                     next_state=KEY_PREPARE;
            else
                     next_state=IDLE;
        KEY_PREPARE:next_state=INITIAL_KEY_ADD;
        INITIAL_KEY_ADD:next_state=FIRST_ROUND;
        FIRST_ROUND:next_state=SECOND_ROUND;
        SECOND_ROUND:next_state=THIRD_ROUND;
        THIRD_ROUND:next_state=FOURTH_ROUND;
        FOURTH_ROUND:next_state=FIFTH_ROUND;
        FIFTH_ROUND:next_state=SIXTH_ROUND;
        SIXTH_ROUND:next_state=SEVENTH_ROUND;
        SEVENTH_ROUND:next_state=EIGHTH_ROUND;
        EIGHTH_ROUND:next_state=NINTH_ROUND;
        NINTH_ROUND:next_state=TENTH_ROUND;
        TENTH_ROUND:next_state=IDLE;
        default:next_state=IDLE;
    endcase
assign keysel=(enc_state==KEY_PREPARE)? 2'd0:2'd2;
assign rndkren=((enc_state==IDLE) || (enc_state==TENTH_ROUND))? 1'b0:1'b1;
assign sboxinsel=1'b0;
assign deckeywen=(enc_state==NINTH_ROUND)? 1'b1:1'b0;
assign wrregen=((enc_state==IDLE) || (enc_state==KEY_PREPARE))? 1'b0:1'b1;
assign keyadsel=(enc_state==INITIAL_KEY_ADD)? 2'd0:((enc_state==TENTH_ROUND)? 2'd2:2'd1);
assign mixsel=1'b0;
assign reginsel=1'b0;
always @ (* )
    case(enc_state)
        INITIAL_KEY_ADD:rconsel=4'd0;//select 1th round constant
            FIRST_ROUND:rconsel=4'd1;//select 2th round constant
            SECOND_ROUND:rconsel=4'd2;//select 3th round constant
            THIRD_ROUND:rconsel=4'd3;//select 4th round constant
            FOURTH_ROUND:rconsel=4'd4;//select 5th round constant
            FIFTH_ROUND:rconsel=4'd5;//select 6th round constant
            SIXTH_ROUND:rconsel=4'd6;//select 7th round constant
            SEVENTH_ROUND:rconsel=4'd7;//select 8th round constant
            EIGHTH_ROUND:rconsel=4'd8;//select 9th round constant
```

```
            NINTH_ROUND:rconsel=4'd9;//select 10th round constant
            default:rconsel=4'd0;
        endcase
endmodule

module decryptfsm(clk,rst,stadec,keysel,rndkren,rconsel,sboxinsel,
                  wrregen,keyadsel,mixsel,reginsel,dec_state);
output rndkren,sboxinsel,wrregen,mixsel,reginsel;
output [1:0] keysel,keyadsel;
output [3:0] rconsel,dec_state;
input clk,rst,stadec;
reg [3:0] dec_state,next_state;
reg [3:0] rconsel;
parameter IDLE=4'd0,KEY_PREPARE=4'd1,INITIAL_KEY_ADD=4'd2,FIRST_ROUND=4'd3,
          SECOND_ROUND=4'd4,THIRD_ROUND=4'd5,FOURTH_ROUND=4'd6,
          FIFTH_ROUND=4'd7,SIXTH_ROUND=4'd8,SEVENTH_ROUND=4'd9,
          EIGHTH_ROUND=4'd10,NINTH_ROUND=4'd11,TENTH_ROUND=4'd12;
always @ (posedge clk or negedge rst)
    if(! rst)
            dec_state<=IDLE;
    else
            dec_state<=next_state;
always @ (* )
    case(dec_state)
        IDLE:if(stadec==1)
                next_state=KEY_PREPARE;
             else
                next_state=IDLE;
        KEY_PREPARE:next_state=INITIAL_KEY_ADD;
        INITIAL_KEY_ADD:next_state=FIRST_ROUND;
        FIRST_ROUND:next_state=SECOND_ROUND;
        SECOND_ROUND:next_state=THIRD_ROUND;
        THIRD_ROUND:next_state=FOURTH_ROUND;
        FOURTH_ROUND:next_state=FIFTH_ROUND;
        FIFTH_ROUND:next_state=SIXTH_ROUND;
        SIXTH_ROUND:next_state=SEVENTH_ROUND;
        SEVENTH_ROUND:next_state=EIGHTH_ROUND;
        EIGHTH_ROUND:next_state=NINTH_ROUND;
        NINTH_ROUND:next_state=TENTH_ROUND;
        TENTH_ROUND:next_state=IDLE;
        default:next_state=IDLE;
    endcase
assign keysel=(dec_state==KEY_PREPARE)? 2'd1:2'd3;
assign rndkren=((dec_state==IDLE) || (dec_state==TENTH_ROUND))? 1'b0:1'b1;
assign sboxinsel=1'b1;
assign wrregen=((dec_state==IDLE) || (dec_state==KEY_PREPARE))? 1'b0:1'b1;
assign keyadsel=(dec_state==TENTH_ROUND)? 2'd3:2'd0;
assign mixsel=1'b1;
assign reginsel=((dec_state==INITIAL_KEY_ADD) || (dec_state==TENTH_ROUND))? 1'b0:1'b1;
always @ (* )
        case(dec_state)
            INITIAL_KEY_ADD:rconsel=4'd9;//select 10thround constant
```

```
                FIRST_ROUND:rconsel=4'd8;//select 9th round constant
                SECOND_ROUND:rconsel=4'd7;//select 8th round constant
                THIRD_ROUND:rconsel=4'd6;//select 7th round constant
                FOURTH_ROUND:rconsel=4'd5;//select 6th round constant
                FIFTH_ROUND:rconsel=4'd4;//select 5th round constant
                SIXTH_ROUND:rconsel=4'd3;//select 4th round constant
                SEVENTH_ROUND:rconsel=4'd2;//select 3th round constant
                EIGHTH_ROUND:rconsel=4'd1;//select 2th round constant
                NINTH_ROUND:rconsel=4'd0;//select 1th round constant
                default:rconsel=4'd0;
        endcase
endmodule

`timescale 1ns/1ns
module aestop_tb;
wire [7:0] dout;
reg [7:0] din;
reg clk,rst,staenc,stadec,load_shift,loadkey;
aestop aestop(clk,rst,staenc,stadec,load_shift,loadkey,din,dout);
//clock generation
initial clk=1;
always #5 clk=~clk;
initial
    begin
            rst=1;
            staenc=0;
            stadec=0;
            load_shift=0;
            loadkey=0;
        #2  rst=0;      //test reset
        #20 rst=1;
            loadkey=1;//load cipher key
            din=8'h3c;
        #10 loadkey=1;
            din=8'h4f;
        #10 loadkey=1;
            din=8'hcf;
        #10 loadkey=1;
            din=8'h09;
        #10 loadkey=1;
            din=8'h88;
        #10 loadkey=1;
            din=8'h15;
        #10 loadkey=1;
            din=8'hf7;
        #10 loadkey=1;
            din=8'hab;
        #10 loadkey=1;
            din=8'ha6;
        #10 loadkey=1;
            din=8'hd2;
        #10 loadkey=1;
```

```
        din=8'hae;
    #10 loadkey=1;
        din=8'h28;
    #10 loadkey=1;
        din=8'h16;
    #10 loadkey=1;
        din=8'h15;
    #10 loadkey=1;
        din=8'h7e;
    #10 loadkey=1;
        din=8'h2b;
    #10 loadkey=0;
        load_shift=1;//load plain text
        din=8'h34;
    #10 load_shift=1;
        din=8'h07;
    #10 load_shift=1;
        din=8'h37;
    #10 load_shift=1;
        din=8'he0;
    #10 load_shift=1;
        din=8'ha2;
    #10 load_shift=1;
        din=8'h98;
    #10 load_shift=1;
        din=8'h31;
#10 load_shift=1;
    din=8'h31;
#10 load_shift=1;
    din=8'h8d;
#10 load_shift=1;
    din=8'h30;
#10 load_shift=1;
    din=8'h5a;
#10 load_shift=1;
    din=8'h88;
#10 load_shift=1;
    din=8'ha8;
#10 load_shift=1;
    din=8'hf6;
#10load_shift=1;
    din=8'h43;
#10 load_shift=1;
    din=8'h32;
#10 load_shift=0;
    staenc=1;//start encryption
    #10 staenc=0;

    #130 load_shift=1;//shift right to output cipher text
    #150  load_shift=0;//stop shift right
    #50  load_shift=1;//load cipher text
         din=8'h32;
```

```
    #10  load_shift=1;
         din=8'h0b;
    #10  load_shift=1;
         din=8'h6a;
    #10  load_shift=1;
         din=8'h19;
    #10  load_shift=1;
         din=8'h97;
    #10load_shift=1;
         din=8'h85;
    #10  load_shift=1;
         din=8'h11;
    #10  load_shift=1;
         din=8'hdc;
    #10  load_shift=1;
         din=8'hfb;
    #10  load_shift=1;
         din=8'h09;
    #10  load_shift=1;
         din=8'hdc;
    #10  load_shift=1;
         din=8'h02;
    #10  load_shift=1;
         din=8'h1d;
    #10  load_shift=1;
         din=8'h84;
    #10  load_shift=1;
         din=8'h25;
    #10  load_shift=1;
         din=8'h39;
    #10  load_shift=0;
         stadec=1;//start decryption
    #10  stadec=0;
    #130 load_shift=1;//shift right to output plain text
    #150  load_shift=0;//stop shift right
    #50 $finish;
    end
endmodule
```

12.3 AES 密码处理器功能仿真

使用 Vivado 仿真工具对 AES 密码处理器进行功能仿真，表 12-2 列出了部分测试向量。图 12-4～图 12-7 为采用表 12-2 中第一组测试向量进行功能仿真的结果截图。经比较，AES 密码处理器的加密、解密功能仿真正确。

表 12-2　AES 密码处理器功能仿真测试向量

序号	种子密钥	明文	密文
1	2B7E151628AED2A6 ABF7158809CF4F3C	3243F6A8885A308D31 3198A2E0370734	3925841D02DC09FBDC1 18597196A0B32

续表

序号	种子密钥	明文	密文
2	F32407921C709056 41FC1596B3700DF3	6EEABB6C7124578E5B 42F524002E4833	59CB8F6BAB7EE4F3544 A166827773FEC
3	B30BA62EDB123C15 877E0C393E0F9900	24015E300D441C4906 4DB74D4715DE54	A97CFD51054ADCA2DEF 2AE2FDFCC7C01
4	B339122D4D07C84D 4364BB668B42A626	1F70035D5A7A7D7609 453812253B1F1E	B1A04187A5DE383E5A9 56F99ACACDC30
5	5D6ED41ACB63FC6B 967FF57F454E3B32	13220D26896B0A031C 30DB0BAE563207	BEE5F26B186A9DF69B2 E6BEBA9AB2F92

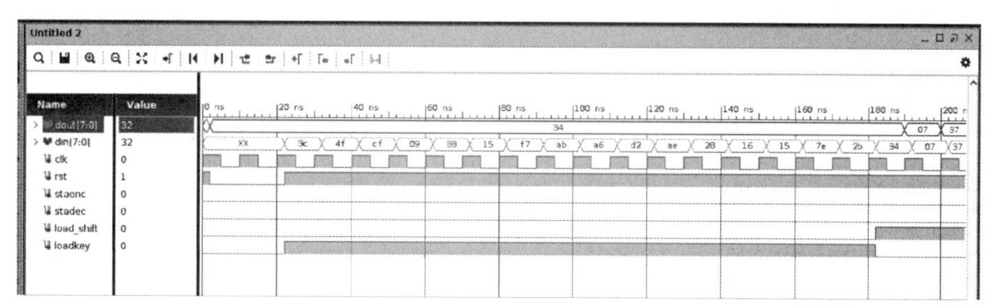

图 12-4 AES 密码处理器种子密钥输入

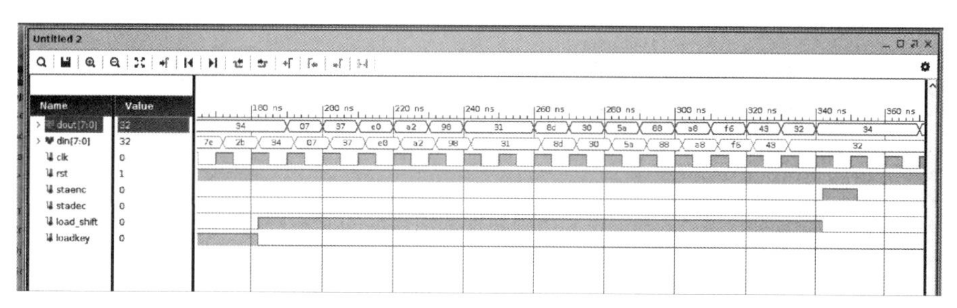

图 12-5 AES 密码处理器明文输入

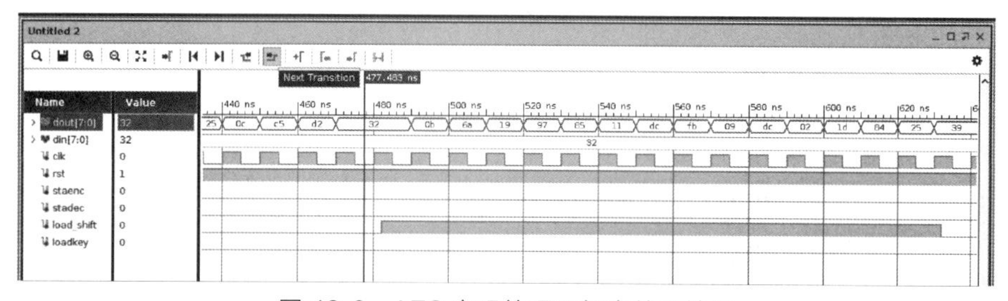

图 12-6 AES 密码处理器加密结果输出

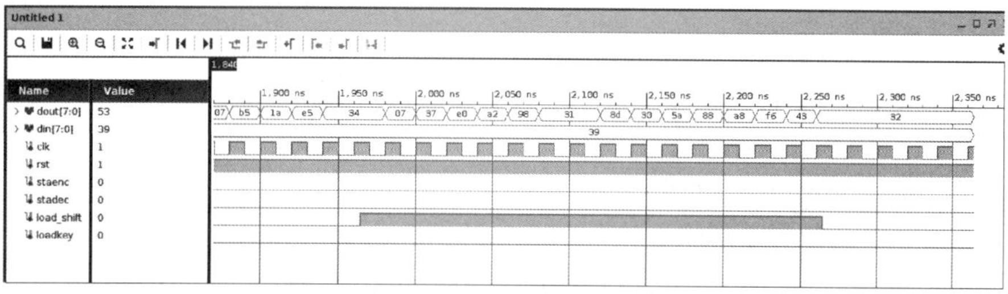

图 12-7 AES 密码处理器解密结果输出

12.4 AES 密码处理器综合及性能、规模分析

利用 Synopsys 综合工具 DC 对 AES 密码处理器基于华虹 40nm CMOS 工艺标准单元库进行了综合，并获得了相关的分析报告。面积报告见图 12-8，时序报告见图 12-9。AES 密码处理器 DC 综合优化后总面积约为 29766.09μm^2，当时钟周期为 2.5ns 时综合后网表满足时序要求，主频约为 400MHz，据此计算加解密处理峰值速度约为 4.65Gbps。

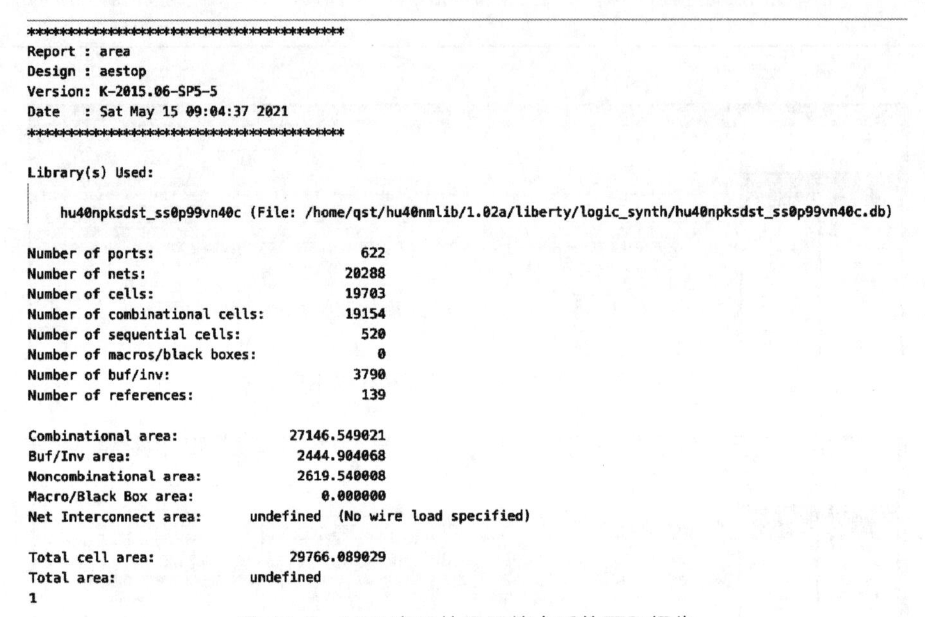

```
****************************************
Report : area
Design : aestop
Version: K-2015.06-SP5-5
Date   : Sat May 15 09:04:37 2021
****************************************

Library(s) Used:

    hu40npksdst_ss0p99vn40c (File: /home/qst/hu40nmlib/1.02a/liberty/logic_synth/hu40npksdst_ss0p99vn40c.db)

Number of ports:                          622
Number of nets:                         20288
Number of cells:                        19703
Number of combinational cells:          19154
Number of sequential cells:               520
Number of macros/black boxes:               0
Number of buf/inv:                       3790
Number of references:                     139

Combinational area:             27146.549021
Buf/Inv area:                    2444.904068
Noncombinational area:           2619.540008
Macro/Black Box area:               0.000000
Net Interconnect area:      undefined  (No wire load specified)

Total cell area:                29766.089029
Total area:                 undefined
1
```

图 12-8 AES 密码处理器综合后的面积报告

```
Startpoint: cryptdap/reg_8_6/dout_reg[3]
            (rising edge-triggered flip-flop clocked by clk)
  Endpoint: cryptdap/reg_8_5/dout_reg[3]
            (rising edge-triggered flip-flop clocked by clk)
  Path Group: clk
  Path Type: max

  Point                                              Incr       Path
  ---------------------------------------------------------------------
  clock clk (rise edge)                              0.00       0.00
  clock network delay (ideal)                        0.25       0.25
  cryptdap/reg_8_6/dout_reg[3]/CK (SEN_FDPRBQ_4)     0.00       0.25 r
  cryptdap/reg_8_6/dout_reg[3]/Q (SEN_FDPRBQ_4)      0.14       0.39 f
  cryptdap/sbox_mux6/in[3] (sbox_mux_13)             0.00       0.39 f
  cryptdap/sbox_mux6/U12/X (SEN_INV_3)               0.05 *     0.44 r
  cryptdap/sbox_mux6/U11/X (SEN_NR2_G_3)             0.03 *     0.46 f
  —
  cryptdap/reg_8_5/dout_reg[3]/D (SEN_FDPSBQ_4)      0.00 *     2.45 r
  data arrival time                                             2.45

  clock clk (rise edge)                              2.50       2.50
  clock network delay (ideal)                        0.25       2.75
  clock uncertainty                                 -0.13       2.62
  cryptdap/reg_8_5/dout_reg[3]/CK (SEN_FDPSBQ_4)     0.00       2.62 r
  library setup time                                -0.13       2.49
  data required time                                            2.49
  ---------------------------------------------------------------------
  data required time                                            2.49
  data arrival time                                            -2.45
  ---------------------------------------------------------------------
  slack (MET)                                                   0.04
```

图 12-9 AES 密码处理器综合后的时序报告

12.5 AES 密码处理器综合后时序仿真

使用 DC 综合生成的门级网表与 RTL 激励文件进行时序仿真，采用表 12-3 所示的测试向量，加/解密结果见图 12-10～图 12-13，经与正确结果比对，发现时序仿真功能正确。

表 12-3 AES 仿真测试数据表

I/O	数据
明文	00112233445566778899AABBCCDDEEFF
密钥	000102030405060708090A0B0C0D0E0F
密文	69C4E0D86A7B0430D8CDB78070B4C55A

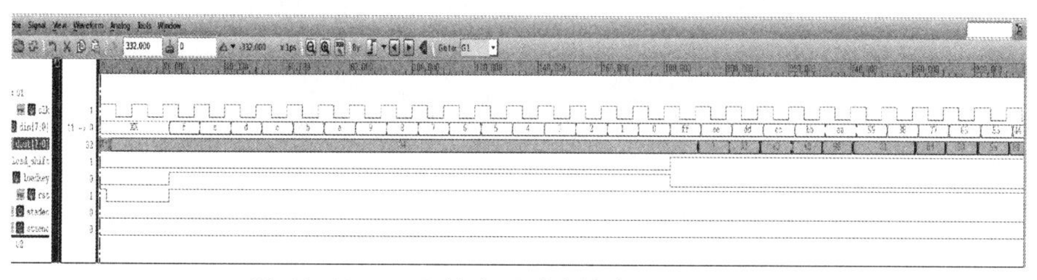

图 12-10 AES 综合后时序仿真——加载密钥

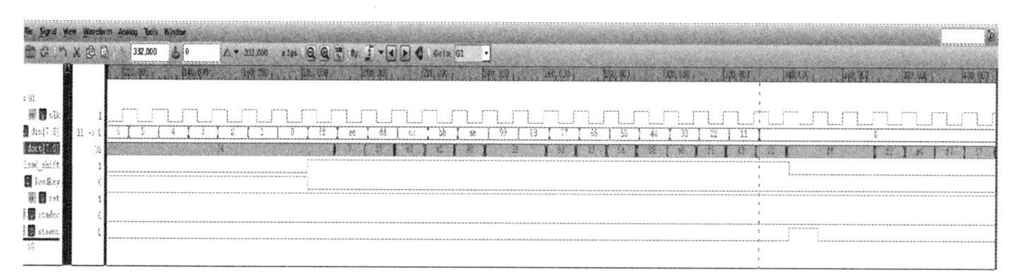

图 12-11 AES 综合后时序仿真——加载明文

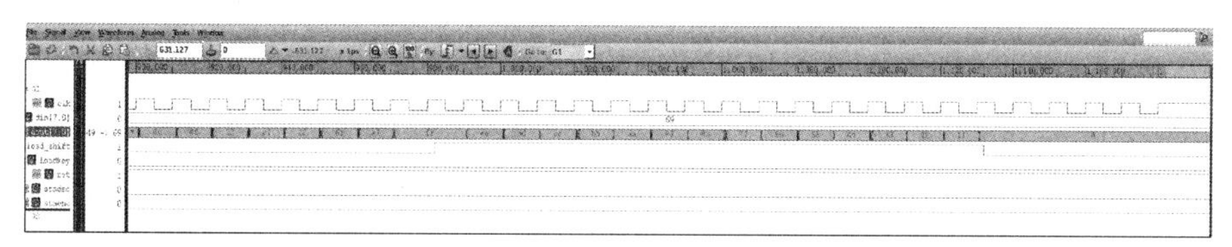

图 12-12 AES 综合后时序仿真——解密结果

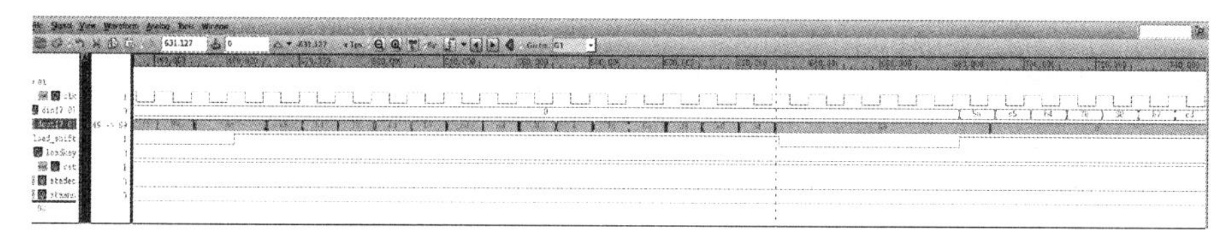

图 12-13 AES 综合后时序仿真——加密结果

12.6 AES 密码处理器布局布线

使用 ICC 工具对综合后的 AES 密码处理器进行布局布线，生成的版图如图 12-14 所示。

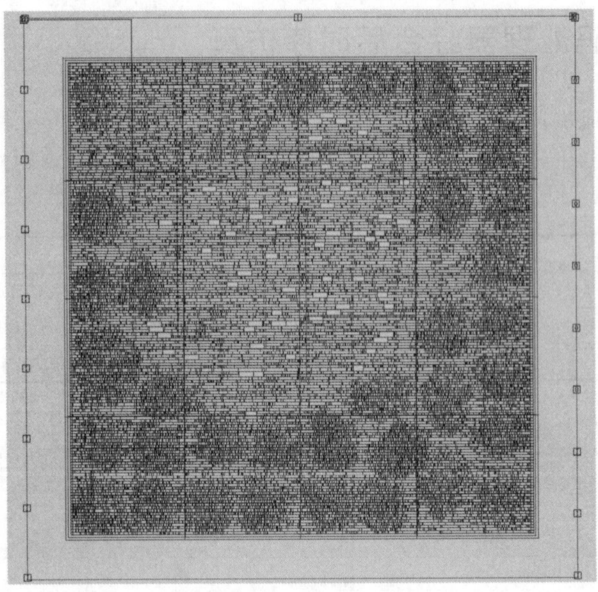

图 12-14　AES 密码处理器布局布线后生成的版图

12.7　AES 密码处理器版图后物理检查（DRC、LVS）

使用相关 EDA 工具对 AES 的版图进行物理检查和验证，结果如图 12-15 和图 12-16 所示。

```
Verify Summary:

Total number of nets = 21671, of which 0 are not extracted
Total number of open nets = 0, of which 0 are frozen
Total number of excluded ports = 0 ports of 0 unplaced cells connected to 0 nets
                                 0 ports without pins of 0 cells connected to 0 nets
                                 0 ports of 0 cover cells connected to 0 non-pg nets
Total number of DRCs = 0
Total number of antenna violations = 0
Total number of voltage-area violations = no voltage-areas defined
Total number of tie to rail violations = not checked
Total number of tie to rail directly violations = not checked

Memory usage for zrouter task 550 Mbytes -- main task 2211 Mbytes.
Router separate process finished successfully.
1
```

图 12-15　AES 密码处理器版图的 DRC 报告

```
REPORT FILE NAME:        finish.lvs.report
LAYOUT NAME:             /home/user01/workspace/AES/lvs/finish.sp ('finish')
SOURCE NAME:             /home/user01/workspace/AES/lvs/aestop.spi ('aestop')
RULE FILE:               /home/user01/workspace/AES/lvs/ SMIC CalLVS 018MSERF 1833 V1.11 1.lvs
HCELL FILE:              (-automatch)
CREATION TIME:           Wed Jul 28 11:13:53 2021
CURRENT DIRECTORY:       /home/user01/workspace/AES/lvs
USER NAME:               user01
CALIBRE VERSION:         v2019.2 35.24    Wed Jun 12 11:45:34 PDT 2019

                          OVERALL COMPARISON RESULTS

               #     ###################
              #      #                 #
         #   #       #     CORRECT     #      *  *
          # #        #                 #       |
           #         ###################     \___/
```

图 12-16　AES 密码处理器 LVS 报告

对 AES 密码处理器进行版图和电路图的比对验证，结果如图 12-16 所示。

12.8 AES 密码处理器版图后性能、规模、功耗分析

使用 ICC 工具对综合后的 AES 密码处理器进行布局布线之后的 AES 密码处理器的面积为 $44944\mu m^2$。

与综合后的静态时序分析类似，对布局布线之后的网表进行静态时序分析，由于时钟树综合之后更新了网表的延迟信息，且布局布线之后有更精确的电路拓扑信息去计算延迟，网表的时序与综合后略有差别。

AES 密码处理器布局布线之后的时序情况如图 12-17 所示，同样在 2.5ns 的时钟周期约束下，最差路径仍然发生在寄存器到寄存器的路径组中，时序裕量为－0.48ns，据此估算电路主频可达 335.6MHz，相较于综合后有 16％的缩减。

```
Startpoint: cryptdap/reg_8_12/dout_reg[7]
            (rising edge-triggered flip-flop clocked by clk)
Endpoint: cryptdap/reg_8_13/dout_reg[5]
          (rising edge-triggered flip-flop clocked by clk)
Path Group: clk
Path Type: max

Point                                                Incr       Path
--------------------------------------------------------------------------
clock clk (rise edge)                                0.00       0.00
clock network delay (propagated)                     0.27       0.27
cryptdap/reg_8_12/dout_reg[7]/CK (SEN_FDPSBQ_4)      0.00       0.27 r
cryptdap/reg_8_12/dout_reg[7]/Q (SEN_FDPSBQ_4)       0.23 @     0.50 f
cryptdap/sbox_mux12/in[7] (sbox_mux_7)               0.00       0.50 f
cryptdap/sbox_mux12/U21/X (SEN_ND2_T_1)              0.11 @     0.61 r
cryptdap/sbox_mux12/U22/X (SEN_NR2_2)                0.11 &     0.72 f
cryptdap/sbox_mux12/U169/X (SEN_ND2_2)               0.10 &     0.82 r
cryptdap/sbox_mux12/U170/X (SEN_INV_1)               0.08 &     0.89 f
...
cryptdap/U4548/X (SEN_EO2_S_8)                       0.12 &     2.73 r
cryptdap/U3415/X (SEN_EN2_S_8)                       0.09 &     2.82 r
cryptdap/U3416/X (SEN_EN4_DGY2_8)                    0.25 &     3.07 f
cryptdap/U3704/X (SEN_OAI211_8)                      0.06 &     3.13 r
cryptdap/reg_8_13/dout_reg[5]/D (SEN_FDPSBQ_4)       0.00 &     3.13 r
data arrival time                                               3.13

clock clk (rise edge)                                2.50       2.50
clock network delay (propagated)                     0.23       2.73
cryptdap/reg_8_13/dout_reg[5]/CK (SEN_FDPSBQ_4)      0.00       2.73 r
library setup time                                  -0.07       2.66
data required time                                              2.66
--------------------------------------------------------------------------
data required time                                              2.66
data arrival time                                              -3.13
--------------------------------------------------------------------------
slack (VIOLATED)                                               -0.48
```

图 12-17　AES 密码处理器布局布线后的时序报告

12.9 AES 密码处理器版图后时序仿真

在布局布线完成之后，为了更精确地计算电路延迟、分析信号的完整性，需要对布局布线之后的网表进行时序仿真。时序仿真所需要的时序反标文件需要通过静态时序分析工具产生，而在提取时序信息之前需要将布局布线之后的网表放入 StarRC 中提取寄生参数（由电路互连造成的寄生电容和寄生电阻的信息），利用提取出来的 R、C 寄生参数可以更精确地反标设计电路中的时序信息，从而得到更精确的仿真结果。布局布线后的时序仿真仍然使用表 12-3 中的测试向量，时序仿真结果见图 12-18 和图 12-19，经与正确结果比对，发现时序仿真结果正确。

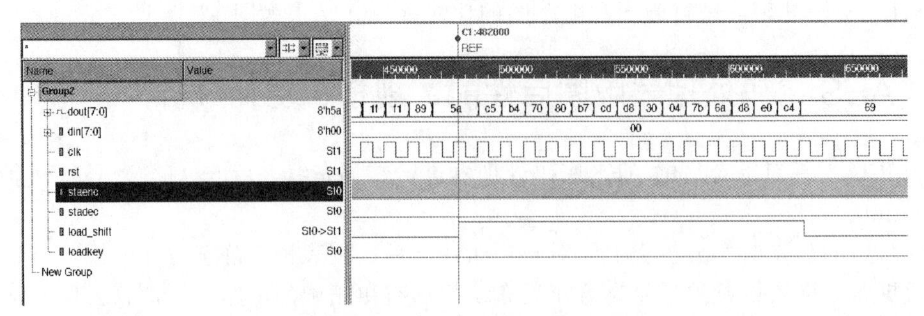

图 12-18 AES 加密时序仿真波形

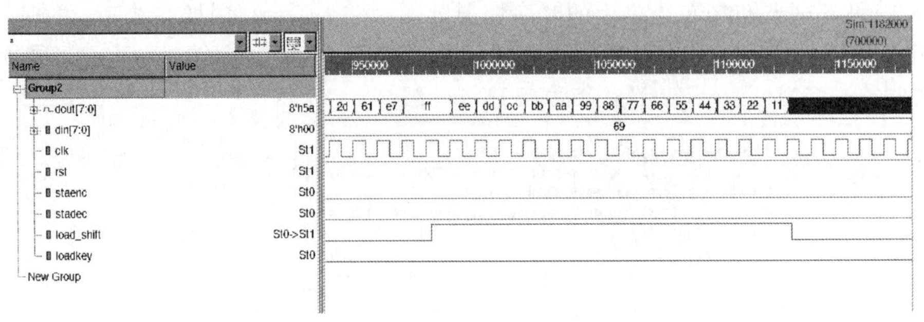

图 12-19 AES 解密时序仿真波形

12.10 AES 密码处理器基于 FPGA 的综合、布局布线及分析

使用 Vivado 2018.3 开发环境，基于 Xilinx xczu3cg-sfvc784-1-e FPGA，对 AES 密码处理器进行综合优化、引脚分配、自动布局布线。其时序分析报告见图 12-20，资源占用报告（包含各模块所使用的 LUT）见图 12-21，功耗分析报告见图 12-22。从报告中可以看出，AES 密码处理器在 7ns 时钟约束下，最坏路径建立时间裕量为 3.917ns、最坏路径保持时间裕量为 0.048ns、最坏路径脉冲宽度裕量为 4.725ns，估算电路主频可达 324MHz，处理速度可达 3.77Gbit/s。AES 密码处理器共占用了 2697 个 LUT，电路总功耗为 0.317W。

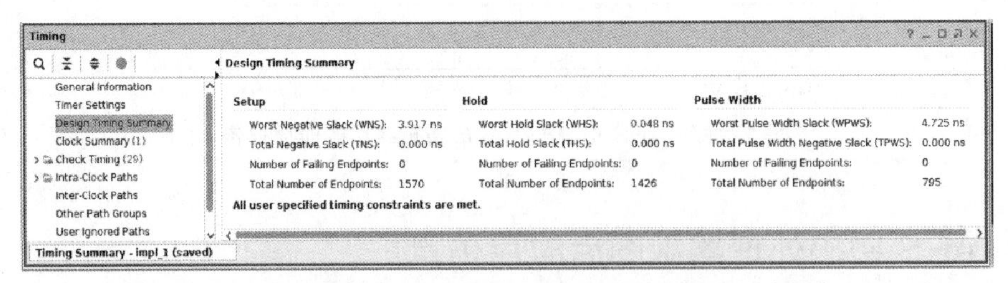

Timing

Design Timing Summary

Setup		Hold		Pulse Width	
Worst Negative Slack (WNS):	3.917 ns	Worst Hold Slack (WHS):	0.048 ns	Worst Pulse Width Slack (WPWS):	4.725 ns
Total Negative Slack (TNS):	0.000 ns	Total Hold Slack (THS):	0.000 ns	Total Pulse Width Negative Slack (TPWS):	0.000 ns
Number of Failing Endpoints:	0	Number of Failing Endpoints:	0	Number of Failing Endpoints:	0
Total Number of Endpoints:	1570	Total Number of Endpoints:	1426	Total Number of Endpoints:	795

All user specified timing constraints are met.

General Information / Timer Settings / Design Timing Summary / Clock Summary (1) / Check Timing (29) / Intra-Clock Paths / Inter-Clock Paths / Other Path Groups / User Ignored Paths

Timing Summary - impl_1 (saved)

图 12-20 基于 FPGA 实现的 AES 密码处理器的时序报告

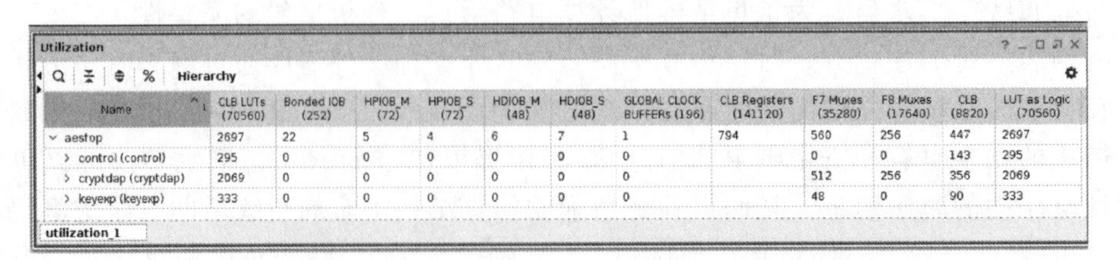

Utilization — Hierarchy

Name	CLB LUTs (70560)	Bonded IOB (252)	HPIOB_M (72)	HPIOB_S (72)	HDIOB_M (48)	HDIOB_S (48)	GLOBAL CLOCK BUFFERs (196)	CLB Registers (141120)	F7 Muxes (35280)	F8 Muxes (17640)	CLB (8820)	LUT as Logic (70560)
aestop	2697	22	5	4	6	7	1	794	560	256	447	2697
control (control)	295	0	0	0	0	0	0		0	0	143	295
cryptdap (cryptdap)	2069	0	0	0	0	0	0		512	256	356	2069
keyexp (keyexp)	333	0	0	0	0	0	0		48	0	90	333

utilization_1

图 12-21 基于 FPGA 实现的 AES 密码处理器的资源占用报告

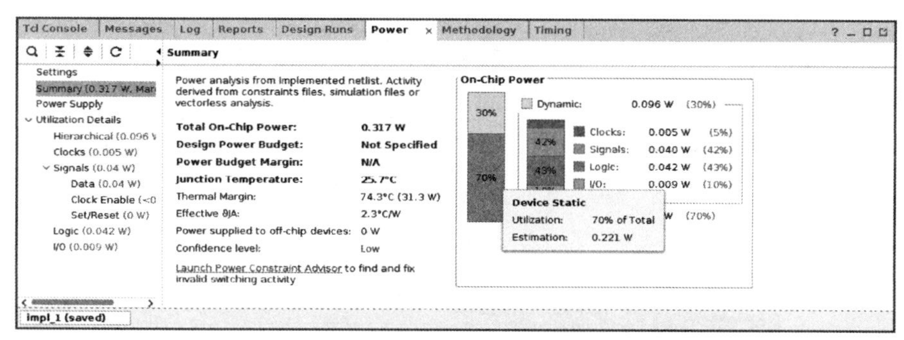

图 12-22 基于 FPGA 实现的 AES 密码处理器的功耗分析报告

12.11 AES 密码处理器基于 FPGA 的实现与测试

使用 Vivado 2018.3 开发环境对 AES 密码处理器进行综合、布局布线后，生成编程比特流文件烧写进 Xilinx xczu3cg-sfvc784-1-e FPGA，使用 Vivado 的 VIO debug 模块的模拟输入按键输入种子密钥和明文及加密使能信号，使用 Vivado 的嵌入式逻辑分析仪（ILA）捕捉加密结果信号并显示，如图 12-23 和图 12-24 所示。通过与正确结果进行比对，我们确认基于 FPGA 实现的 AES 密码处理器的加密、解密功能正确。

第一组测试数据：

密钥：F32407921C70905641FC1596B3700DF3

明文：6EEABB6C7124578E5B42F524002E4833

密文：59CB8F6BAB7EE4F3544A166827773FEC

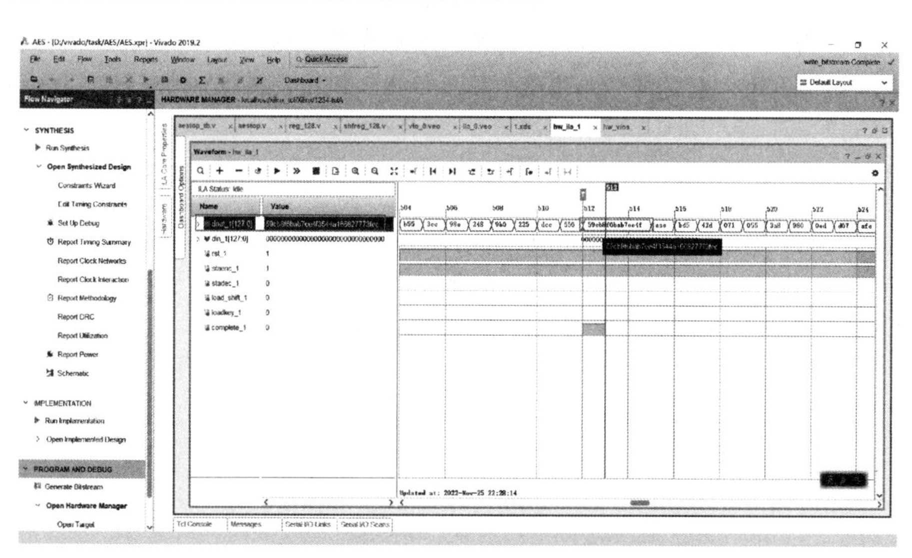

图 12-23 基于 FPGA 实现的 AES 密码处理器的加密结果（第一组）

第二组测试数据：

密钥：2B7E151628AED2A6ABF7158809CF4F3C

明文：3243F6A8885A308D313198A2E0370734

密文：3925841D02DC09FBDC118597196A0B32

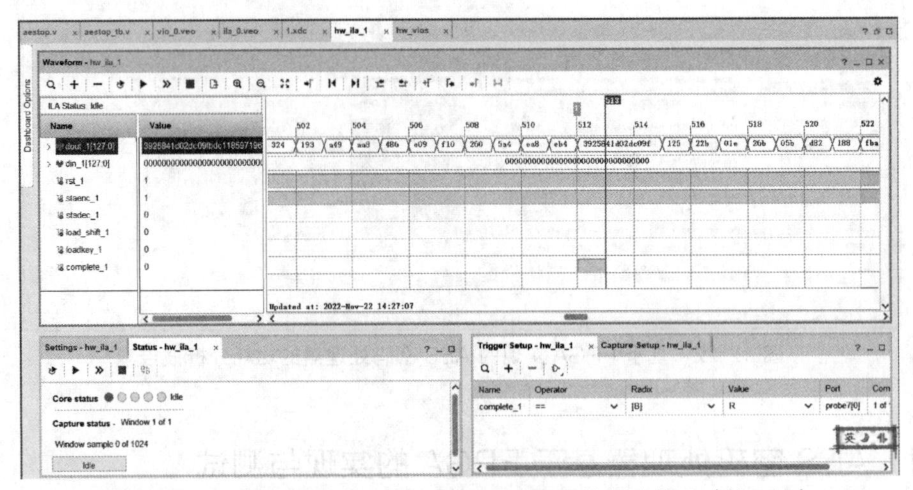

图 12-24 基于 FPGA 实现的 AES 密码处理器的加密结果（第二组）

12.12 AES 密码处理器使用说明

① AES 密码处理器与外部电路的信号连接与使用须符合表 12-1 的要求；

② AES 密码处理器在工作之前必须先进行复位，使其内部状态机处于初始状态；

③ 种子密钥 128 位，明文/密文分组长度 128 位，每次加密或解密一个分组；

④ 进行初次加/解密之前，须先装载种子密钥，其后如果每次加/解密时种子密钥不变，不需要重新装载种子密钥；

⑤ 每次进行加/解密操作之前，须先装载明文/密文；

⑥ 如 AES 密码处理器在复位后执行的第一个操作是解密，则需先执行一个加密过程，以便得到解密所需的第一个轮密钥，然后才能进行解密操作，其后，则可以以任何次序轮流执行加密或解密。

本章习题

1. 本章介绍的 AES 密码处理器设计方案 2 与第 11 章介绍的方案 1 有何不同？
2. 方案 2 中 AES 密码处理器包括哪些模块？各个模块的功能是什么？
3. 简述方案 2 中的密钥扩展模块的电路结构及工作原理。

第13章 SM4密码处理器设计与验证

本章学习目标

理解并掌握SM4密码处理器的体系结构设计方案，理解并掌握SM4密码处理器的RTL Verilog模型的设计与仿真方法，了解基于ASIC实现SM4密码处理器的基本流程及结果，了解基于FPGA实现SM4密码处理器的基本流程与结果。

本章内容思维导图

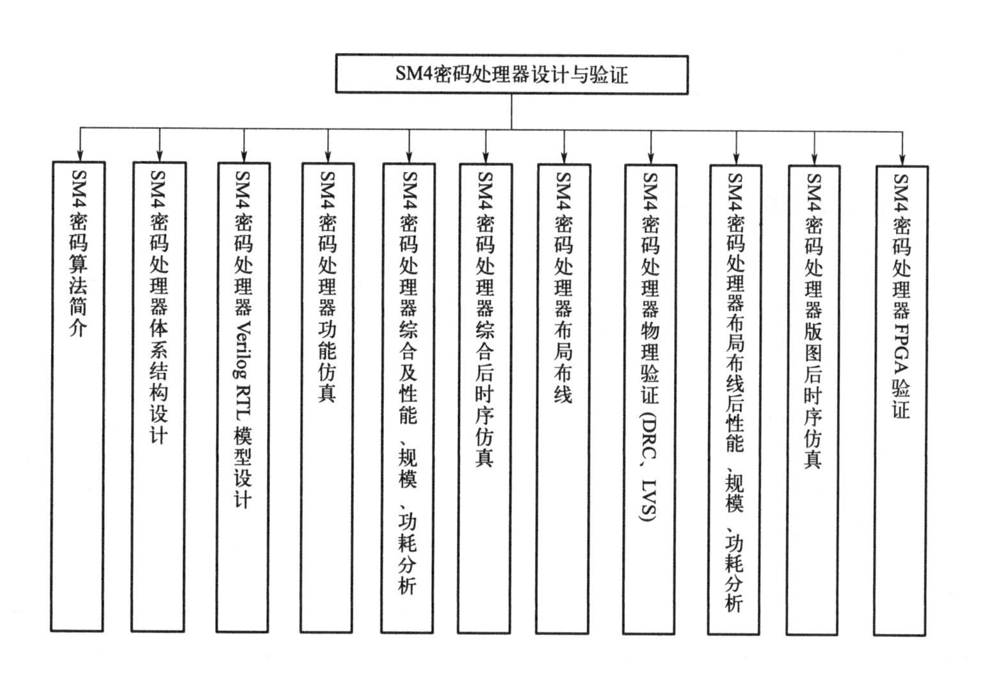

13.1 SM4密码算法简介

SM4算法是我国公布的第一个标准密码算法，主要用于解决无线局域网中的信息安全问题。SM4算法是一种长为128bit的分组算法，其密钥长度也是128bit。加密算法与密钥扩展都是采用32轮非线性迭代结构。而解密算法与加密算法采用同一结构，只是轮密钥使用的顺序不同，加密时顺序使用轮密钥，解密时逆序使用轮密钥。

13.1.1 说明与定义

（1）说明

① 本算法中用到的基本运算：$\oplus$为32位异或，$<\!<\!<i$为32位循环左移i位。

② S盒为固定的8位输入8位输出的置换，记为Sbox（·）。

③ Z^8为8位字节，Z^{32}为32位双字。

④ 加密的密钥长度为128位，表示为MK=(MK_0，MK_1，MK_2，MK_3)，其中MK_i($i=0$，1，2，3）为双字。轮密钥可表示为（rk_0，rk_1，…，rk_{31}），其中rk_i($i=0$，…，31）是双字。轮密钥是由加密密钥变换生成的。FK=(FK_0，FK_1，FK_2，FK_3）为固定的系统参数，CK=(CK_0，CK_1，…，CK_{31}）是固定的参数，用于密钥扩展的算法中，其中FK_i($i=0$，1，2，3)、CK_i($i=0$，…，31）均为双字。

（2）定义

本算法采用的是非线性迭代的结构，是以字为单位进行加密、解密运算的，称一次迭代运算为一轮变换。假设输入为（X_0，X_1，X_2，X_3），轮密钥为rk，X_i与rk均为字，则轮函数F为

$$F(X_0,X_1,X_2,X_3,\mathrm{rk})=X_0\oplus T(X_1\oplus X_2\oplus X_3\oplus \mathrm{rk}) \tag{13-1}$$

① T为合成置换，是一个可逆的变换，由非线性变换τ和线性变换L复合而成的，即$T(\cdot)=L(\tau(\cdot))$。

② 非线性变换τ是由4个并行的S盒构成。假设输入为$A=(a_0,\ a_1,\ a_2,\ a_3)$，输出为$B=(b_0,b_1,b_2,b_3)$，$a_i$、$b_i$是8位的字节，则

$$(b_0,b_1,b_2,b_3)=\tau(A)=(\mathrm{Sbox}(a_0),\mathrm{Sbox}(a_1),\mathrm{Sbox}(a_2),\mathrm{Sbox}(a_3)) \tag{13-2}$$

③ 非线性变换τ的输出是线性变换L的输入，设输入为B，输出为C，则

$$C=L(B)=B\oplus(B<\!<\!<2)\oplus(B<\!<\!<10)\oplus(B<\!<\!<18)\oplus(B<\!<\!<24) \tag{13-3}$$

④ S盒中数据采用十六进制表示，具体内容见表13-1。

表13-1 S盒数据

行	列															
	0	1	2	3	4	5	6	7	8	9	a	b	c	d	e	f
0	d6	90	e9	fe	cc	e1	3d	b7	16	b6	14	c2	28	fb	2c	05
1	2b	67	9a	76	2a	be	04	c3	aa	44	13	26	49	86	06	99
2	9c	42	50	f4	91	ef	98	7a	33	54	0b	43	ed	cf	ac	62
3	e4	b3	1c	a9	c9	08	e8	95	80	df	94	fa	75	8f	3f	a6
4	47	07	a7	fc	f3	73	17	ba	83	59	3c	19	e6	85	4f	a8
5	68	6d	81	b2	71	64	da	8b	f8	eb	0f	4b	70	56	9d	35
6	1e	24	0e	5e	63	58	d1	a2	25	22	7c	3b	01	21	78	87

续表

行	列															
	0	1	2	3	4	5	6	7	8	9	a	b	c	d	e	f
7	d4	00	46	57	9f	d3	27	52	4c	36	02	e7	a0	c4	c8	9e
8	ea	bf	8a	d2	40	c7	38	b5	a3	f7	f2	ce	f9	61	15	a1
9	e0	ae	5d	a4	9b	34	1a	55	ad	93	32	30	f5	8c	b1	e3
a	1d	f6	e2	2e	82	66	ca	60	c0	29	23	ab	0d	53	4e	6f
b	d5	db	37	45	de	fd	8e	2f	03	ff	6a	72	6d	6c	5b	51
c	8d	1b	af	92	bb	dd	bc	7f	11	d9	5c	41	1f	10	5a	d8
d	0a	c1	31	88	a5	cd	7b	bd	2d	74	d0	12	b8	e5	b4	b0
e	89	69	97	4a	0c	96	77	7e	65	b9	f1	09	c5	6e	c6	84
f	18	f0	7d	ec	3a	dc	4d	20	79	ee	5f	3e	d7	cb	39	48

例：输入 7fH，则经 S 盒变换后的值为表中第 7 行和第 f 列的值，即 Sbox(7fH)=9eH。

13.1.2 SM4 加/解密算法

定义反序变换 R 为：$R(A_0, A_1, A_2, A_3)=(A_3, A_2, A_1, A_0)$，$A_i$ 为字。

设输入明文为（X_0，X_1，X_2，X_3），输出密文为（Y_0，Y_1，Y_2，Y_3），轮密钥为 rk_i，X_i、Y_i、rk_i 为字，$i=0$，1，2，…，31，则本算法的加密实现为

$$X_{i+4}=F(X_i, X_{i+1}, X_{i+2}, X_{i+3}, \mathrm{rk}_i)=X_i \oplus T(X_{i+1} \oplus X_{i+2} \oplus X_{i+3} \oplus \mathrm{rk}_i) \quad i=0,\cdots,31 \tag{13-4}$$

$$(Y_0, Y_1, Y_2, Y_3)=R(X_{32}, X_{33}, X_{34}, X_{35})=(X_{35}, X_{34}, X_{33}, X_{32}) \tag{13-5}$$

本算法的解密实现与加密实现结构是相同的，不同的只是提供的轮密钥的使用次序。加密变换时使用轮密钥的顺序为（rk_0，rk_1，…，rk_{31}），解密变换时使用轮密钥的顺序为（rk_{31}，rk_{30}，…，rk_0）。

13.1.3 SM4 密钥扩展算法

假设加密密钥 $\mathrm{MK}=(\mathrm{MK}_0, \mathrm{MK}_1, \mathrm{MK}_2, \mathrm{MK}_3)$，$\mathrm{MK}_i$ 是字，$i=0$，1，2，3；假设 K_i 为双字，$i=0$，1，…，35，轮密钥为 rk_i，$i=0$，1，…，31，轮密钥的生成方法如下。

首先进行如下变换：

$$(K_0, K_1, K_2, K_3)=(\mathrm{MK}_0 \oplus \mathrm{FK}_0, \mathrm{MK}_1 \oplus \mathrm{FK}_1, \mathrm{MK}_2 \oplus \mathrm{FK}_2, \mathrm{MK}_3 \oplus \mathrm{FK}_3) \tag{13-6}$$

然后对 $i=0$，1，2，…，31 进行如下变换：

$$\mathrm{rk}_i=K_{i+4}=K_i \oplus T'(K_{i+1} \oplus K_{i+2} \oplus K_{i+3} \oplus \mathrm{CK}_i) \tag{13-7}$$

其中：

① FK 为系统参数，其取值使用十六进制可表示为

$$\mathrm{FK}_0=\mathrm{A3B1BAC6}, \mathrm{FK}_1=\mathrm{56AA3350}, \mathrm{FK}_2=\mathrm{677D9197}, \mathrm{FK}_3=\mathrm{B27022DC}$$

② CK_i 为固定参数，其取值方法为：设 $\mathrm{ck}_{i,j}$ 为 CK_i 的第 j 字节（$i=0$，1，…，31；$j=0$，1，2，3），即 $\mathrm{CK}_i=(\mathrm{ck}_{i,0}, \mathrm{ck}_{i,1}, \mathrm{ck}_{i,2}, \mathrm{ck}_{i,3})$，则 $\mathrm{ck}_{i,j}=(4i+j)\times 7 \pmod{256}$。32 个固定参数 CK_i 的十六进制数值表示为

00070e15，1c232a31，383f464d，545b6269，70777e85，8c939aa1，a8afb6bd，c4cbd2d9，e0e7eef5，fc030a11，181f262d，343b4249，50575e65，6c737a81，888f969d，a4abb2b9， c0c7ced5，dce3eaf1，f8ff060d，141b2229，30373e45，4c535a61，686f767d，848b9299，a0a7aeb5，bcc3cad1，d8dfe6ed，f4fb0209，10171e25，2c333a41，484f565d，646b7279

③ T'变换与加密算法的轮函数中的 T 基本相同，只是把其中线性变换 L 修改为 L'，如下：

$$L'(B)=B\oplus(B\lll 13)\oplus(B\lll 23) \tag{13-8}$$

13.1.4 SM4加密实例

以下为本算法 ECB 工作方式的运算实例，用以验证密码算法实现的正确性。其中，数据采用十六进制表示。

实例一：对一组明文用密钥加密一次。

明文：01 23 45 67 89 ab cd ef fe dc ba 98 76 54 32 10

加密密钥：01 23 45 67 89 ab cd ef fe dc ba 98 76 54 32 10

轮密钥与每轮输出状态：

rk [0]=f12186f9，X [0]=27fad345；

rk [1]=41662b61，X [1]=a18b4cb2；

rk [2]=5a6ab19a，X [2]=11c1e22a；

rk [3]=7ba92077，X [3]=cc13e2ee；

rk [4]=367360f4，X [4]=f87c5bd5；

rk [5]=776a0c61，X [5]=33220757；

rk [6]=b6bb89b3，X [6]=77f4c297；

rk [7]=24763151，X [7]=7a96f2eb；

rk [8]=a520307c，X [8]=27dac07f；

rk [9]=b7584dbd，X [9]=42dd0f19；

rk [10]=c30753ed，X [10]=b8a5da02；

rk [11]=7ee55b57，X [11]=907127fa；

rk [12]=6988608c，X [12]=8b952b83；

rk [13]=30d895b7，X [13]=d42b7c59；

rk [14]=44ba14af，X [14]=2ffc5831；

rk [15]=104495a1，X [15]=f69e6888；

rk [16]=d120b428，X [16]=af2432c4；

rk [17]=73b55fa3，X [17]=ed1ec85e；

rk [18]=cc874966，X [18]=55a3ba22；

rk [19]=92244439，X [19]=124b18aa；

rk [20]=e89e641f，X [20]=6ae7725f；

rk [21]=98ca015a，X [21]=f4cba1f9；

rk [22]=c7159060，X [22]=1dcdfa10；

rk [23]=99e1fd2e，X [23]=2ff60603；

rk [24]=b79bd80c，X [24]=eff24fdc；

rk [25]=1d2115b0，X [25]=6fe46b75；

rk [26]=0e228aeb，X [26]=893450ad；

rk [27]=f1780c81，X [27]=7b938f4c；

rk [28]=428d3654，X [28]=536e4246；

rk [29]=62293496，X [29]=86b3e94f；

rk [30]=01cf72e5，X [30]=d206965e；

rk [31]=9124a012，X [31]=681edf34；

密文：68 1e df 34 d2 06 96 5e 86 b3 e9 4f 53 6e 42 46

实例二：利用相同加密密钥对一组明文反复加密 1000000 次。

明文：01 23 45 67 89 ab cd ef fe dc ba 98 76 54 32 10

加密密钥：01 23 45 67 89 ab cd ef fe dc ba 98 76 54 32 10

密文：59 52 98 c7 c6 fd 27 1f 04 02 f8 04 c3 3d 3f 66

13.2 SM4 密码处理器体系结构设计

SM4 密码处理器包括数据通路模块和控制模块，其中数据通路模块用于提供密钥扩展、加密、解密所需的基本操作和数据传输路径，控制模块则用于产生数据通路模块所需的控制信号，从而控制密钥扩展、加密、解密过程的自动执行。

为了节省芯片面积，同时又能最大限度地发挥 SM4 算法本身固有的并行性，数据通路模块中只设置了实现一轮密钥扩展、加密、解密变换所需的电路资源，然后通过分时复用这一轮的电路资源完成 32 轮的密钥扩展、加密、解密变换。具体来说，数据通路模块包括下列子模块：5 个 2 输入的 32 位异或运算模块、4 个 32 位 3 选 1 选通器、4 个 32 位寄存器、1 个 4 输入的 32 位异或运算模块、4 个 8×8 S 盒变换模块、1 个 5 输入的 32 位异或运算模块、1 个 3 输入的 32 位异或运算模块、1 个 32 位 2 选 1 选通器、1 个 32×32 寄存器堆（用于保存 32 个 32 位的轮密钥）。

SM4 密码处理器数据通路模块的电路结构如图 13-1 所示。

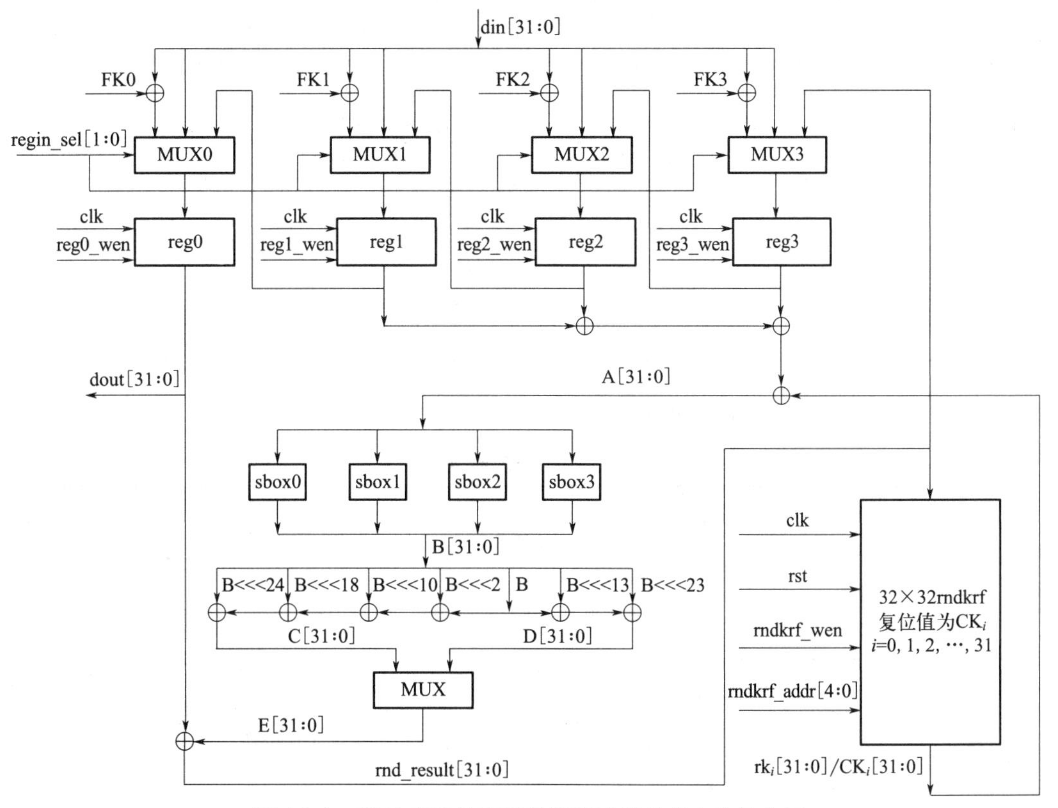

图 13-1 SM4 密码处理器数据通路模块的电路结构图

SM4 密码处理器控制模块由一个有限状态机和一个 5 位计数器构成，该状态机有 4 个状态，分别是空闲状态、密钥扩展状态、加密状态、解密状态。复位后处于空闲状态，在空闲状态下，若密钥扩展使能信号、加密使能信号、解密使能信号中的某个信号有效，则状态机进入相应状态，当该状态结束时则返回空闲状态。

SM4 密码处理器的状态划分与定义如表 13-2 所示。

表 13-2 SM4 密码处理器的状态划分及定义

状态名称	状态编码	状态定义
IDLE	00	空闲状态，当复位信号有效(rst=0)时，状态机处于空闲状态
KEYEXP	01	密钥扩展状态，产生加/解密过程中需要的 32 个轮密钥，并将其保存在 32×32 寄存器堆中
ENCRYPT	10	加密状态，进行 32 轮加密变换，并将密文保存在 32 位寄存器 reg0(低 32 位)～reg3(高 32 位)中
DECRYPT	11	解密状态，进行 32 轮解密变换，并将明文保存在 32 位寄存器 reg0(低 32 位)～reg3(高 32 位)中

SM4 密码处理器的状态转移及控制信号取值如表 13-3 所示。

表 13-3 SM4 密码处理器的状态转移及控制信号取值表

当前状态	当前输入	下一状态	当前输出
x	rst=0	IDLE	
IDLE	keyexp_start=1	KEYEXP	所有密钥扩展、加密、解密相关的内部控制信号无效
IDLE	encry_start=1	ENCRYPT	所有密钥扩展、加密、解密相关的内部控制信号无效
IDLE	decry_start=1	DECRYPT	所有密钥扩展、加密、解密相关的内部控制信号无效
IDLE	keyexp_start≠1，encry_start≠1，decry_start≠1	IDLE	所有密钥扩展、加密、解密相关的内部控制信号无效，可在外部信号的控制下进行输入、输出操作和启动密钥扩展、加密、解密操作
KEYEXP	keyexp_end=1	IDLE	保持密钥扩展相关控制信号有效
KEYEXP	keyexp_end≠1	KEYEXP	保持密钥扩展相关控制信号有效
ENCRYPT	encrypt_end=1	IDLE	保持加密相关控制信号有效
ENCRYPT	encrypt_end≠1	ENCRYPT	保持加密相关控制信号有效
DECRYPT	decrypt_end=1	IDLE	保持解密相关控制信号有效
DECRYPT	decrypt_end≠1	DECRYPT	保持解密相关控制信号有效
default	x	IDLE	

SM4 密码处理器的外部信号定义如表 13-4 所示。

表 13-4 SM4 密码处理器外部信号定义

信号名称	信号宽度	传输方向	信号含义
clk	1 位	输入	时钟信号，用于同步
rst	1 位	输入	复位信号，0 有效
load_key	1 位	输入	种子密钥装载使能信号，1 有效。用于将 128 位种子密钥从 32 位输入总线 din 分 4 次输入到内部 4 个 32 位寄存器 reg0～reg3 中
load_data	1 位	输入	明文/密文装载使能信号，1 有效。用于将 128 位明文/密文从 32 位输入总线 din 分 4 次输入到内部 4 个 32 位寄存器 reg0～reg3 中
load_addr	2 位	输入	明文/密文/密钥装载地址，为二进制 00 时装载至 reg0 中，为 01 时装载至 reg1 中，为 10 时装载至 reg2 中，为 11 时装载至 reg3 中
result_shift	1 位	输入	加/解密结果移位输出使能信号，为 1 时将加/解密结果中的高 96 位通过 32 位输出总线 dout 分 3 次输出(低位在前，高位在后)

续表

信号名称	信号宽度	传输方向	信号含义
encry_start	1位	输入	开始加密使能信号，1有效。有效时启动状态机，控制加密过程的自动执行
decry_start	1位	输入	开始解密使能信号，1有效。有效时启动状态机，控制解密过程的自动执行
keyexp_start	1位	输入	开始密钥扩展使能信号，1有效。有效时启动状态机，控制密钥扩展过程的自动执行
din	32位	输入	输入数据总线，用于输入明文/密文、种子密钥
dout	32位	输出	输出数据总线，用于输出加/解密结果
state	2位	输出	状态标志信号，00表示当前处于空闲状态，01表示当前处于密钥扩展状态，10表示当前处于加密状态，11表示当前处于解密状态

SM4密码处理器的工作原理如下：

在开始工作之前，首先让电路复位，使得状态机处于空闲状态；然后经外部32位输入总线din，分4次将128位种子密钥分别装载到4个32位寄存器reg0～reg3中；令密钥扩展使能信号keyexp_start有效，启动自动密钥扩展过程，经过32个时钟周期之后就得到了32个轮密钥，并将其保存到轮密钥寄存器堆，从而为后面反复进行的加/解密过程提供每轮加/解密所需的轮密钥；经外部32位输入总线din，分4次将128位明文装载到4个32位寄存器reg0～reg3中，令加密使能信号encry_start有效，即可启动自动加密过程，经过32个时钟周期之后就完成了加密过程，加密结果保存在reg0～reg3中，然后经外部32位输出总线dout，分4次将128位加密结果输出（低位在前，高位在后）；经外部32位输入总线din，分4次将128位密文装载到4个32位寄存器reg0～reg3中，令解密使能信号decry_start有效，即可启动自动解密过程，经过32个时钟周期之后就完成了解密过程，解密结果保存在reg0～reg3中，然后经外部32位输出总线dout，分4次将128位解密结果输出（低位在前，高位在后）；上述加密过程和解密过程可以交替进行、无缝连接。

13.3 SM4密码处理器Verilog RTL模型设计

```
module SM4_top(clk,rst,load_key,load_data,load_addr,keyexp_start,encry_start,
               decry_start,result_shift,din,dout,state);
input clk,rst,load_key,load_data,keyexp_start,encry_start,
      decry_start,result_shift;
input [1:0] load_addr;
input [31:0] din;
output [31:0] dout;
output [1:0] state;
wire [1:0] regin_sel;
wire[4:0] rndkrf_addr;
wire reg0_wen,reg1_wen,reg2_wen,reg3_wen,xorin_sel,rndkrf_wen;
SM4_control SM4_control(clk,rst,load_key,load_data,load_addr,keyexp_start,
                        encry_start,decry_start,result_shift,regin_sel,
                        reg0_wen,reg1_wen,reg2_wen,reg3_wen,xorin_sel,
                        rndkrf_wen,rndkrf_addr,state);
SM4_datapath SM4_datapath(clk,rst,regin_sel,reg0_wen,reg1_wen,reg2_wen,
                    reg3_wen,xorin_sel,rndkrf_wen,rndkrf_addr,din,dout);
endmodule
```

```
module SM4_control(clk,rst,load_key,load_data,load_addr,keyexp_start,
                   encry_start,decry_start,result_shift,regin_sel,reg0_wen,
                   reg1_wen,reg2_wen,reg3_wen,xorin_sel,rndkrf_wen,
                   rndkrf_addr,state);
input clk,rst,load_key,load_data,keyexp_start,encry_start,decry_start,
      result_shift;
input [1:0] load_addr;
output reg0_wen,reg1_wen,reg2_wen,reg3_wen,xorin_sel,rndkrf_wen;
output [1:0] regin_sel,state;
output [4:0] rndkrf_addr;
reg [1:0] state,next_state;
wire keyexp_end,encrypt_end,decrypt_end;
reg [4:0] counter,rndkrf_addr;
parameter IDLE=2'd0,KEYEXP=2'd1,ENCRYPT=2'd2,DECRYPT=2'd3;
always @ (posedge clk or negedge rst)
   if(! rst)
      state<=IDLE;
   else
      state<=next_state;
always @ (* )
   case(state)
      IDLE:    if(keyexp_start==1)
                  next_state=KEYEXP;
               else if(encry_start==1)
                  next_state=ENCRYPT;
               else if(decry_start==1)
                  next_state=DECRYPT;
               else
                  next_state=IDLE;
      KEYEXP:  if(keyexp_end==1)
                  next_state=IDLE;
               else
                  next_state=KEYEXP;
      ENCRYPT: if(encrypt_end==1)
                  next_state=IDLE;
               else
                  next_state=ENCRYPT;
      DECRYPT: if(decrypt_end==1)
                  next_state=IDLE;
               else
                  next_state=DECRYPT;
      default: next_state=IDLE;
   endcase
always @ (posedge clk or negedge rst)
   if(! rst)
         counter<=5'd0;
   else if(state! =IDLE)
         counter<=counter+1'd1;
   else
         counter<=counter;
```

```
assign keyexp_end=(counter==5'd31);
assign encrypt_end=keyexp_end;
assign decrypt_end=keyexp_end;
assign reg0_wen=((load_key|load_data)&(load_addr==2'd0))
                        |(state! =IDLE)|result_shift;
assign reg1_wen=((load_key|load_data)&(load_addr==2'd1))
                        |(state! =IDLE)|result_shift;
assign reg2_wen=((load_key|load_data)&(load_addr==2'd2))
                        |(state! =IDLE)|result_shift;
assign reg3_wen=((load_key|load_data)&(load_addr==2'd3))|(state! =IDLE);
assign xorin_sel=(state==KEYEXP)? 1'd1:1'd0;
assign regin_sel=(load_key==1)? 2'd2:((load_data==1)? 2'd1:2'd0);
assign rndkrf_wen=xorin_sel;
always @ (* )
    case(state)
        KEYEXP,
        ENCRYPT:  rndkrf_addr=counter;
        DECRYPT:  case(counter)
                        5'd0:rndkrf_addr=5'd31;
                        5'd1:rndkrf_addr=5'd30;
                        5'd2:rndkrf_addr=5'd29;
                        5'd3:rndkrf_addr=5'd28;
                        5'd4:rndkrf_addr=5'd27;
                        5'd5:rndkrf_addr=5'd26;
                        5'd6:rndkrf_addr=5'd25;
                        5'd7:rndkrf_addr=5'd24;
                        5'd8:rndkrf_addr=5'd23;
                        5'd9:rndkrf_addr=5'd22;
                        5'd10:rndkrf_addr=5'd21;
                        5'd11:rndkrf_addr=5'd20;
                        5'd12:rndkrf_addr=5'd19;
                        5'd13:rndkrf_addr=5'd18;
                        5'd14:rndkrf_addr=5'd17;
                        5'd15:rndkrf_addr=5'd16;
                        5'd16:rndkrf_addr=5'd15;
                        5'd17:rndkrf_addr=5'd14;
                        5'd18:rndkrf_addr=5'd13;
                        5'd19:rndkrf_addr=5'd12;
                        5'd20:rndkrf_addr=5'd11;
                        5'd21:rndkrf_addr=5'd10;
                        5'd22:rndkrf_addr=5'd9;
                        5'd23:rndkrf_addr=5'd8;
                        5'd24:rndkrf_addr=5'd7;
                        5'd25:rndkrf_addr=5'd6;
                        5'd26:rndkrf_addr=5'd5;
                        5'd27:rndkrf_addr=5'd4;
                        5'd28:rndkrf_addr=5'd3;
                        5'd29:rndkrf_addr=5'd2;
                        5'd30:rndkrf_addr=5'd1;
                        5'd31:rndkrf_addr=5'd0;
```

```
                    default:rndkrf_addr=5'd0;
                endcase
            default:rndkrf_addr=5'd0;
        endcase
endmodule

module SM4_datapath(clk,rst,regin_sel,reg0_wen,reg1_wen,reg2_wen,
                    reg3_wen,xorin_sel,rndkrf_wen,rndkrf_addr,din,dout);
    output[31:0] dout;
    input[31:0] din;
    input clk,rst,reg0_wen,reg1_wen,reg2_wen,reg3_wen,xorin_sel,rndkrf_wen;
    input [1:0] regin_sel;
    input [4:0] rndkrf_addr;
    wire [31:0] K0,K1,K2,K3,rndkrf_out,A,B,C,D,E;
    wire [31:0] reg0_out,reg1_out,reg2_out,reg3_out,rnd_result;
    wire [31:0] reg0_in,reg1_in,reg2_in,reg3_in;
    assign K0=din^{32'hA3B1BAC6};
    assign K1=din^{32'h56AA3350};
    assign K2=din^{32'h677D9197};
    assign K3=din^{32'hB27022DC};
    mux31_32 mux0(regin_sel,reg1_out,din,K0,reg0_in);
    mux31_32 mux1(regin_sel,reg2_out,din,K1,reg1_in);
    mux31_32 mux2(regin_sel,reg3_out,din,K2,reg2_in);
    mux31_32 mux3(regin_sel,rnd_result,din,K3,reg3_in);
    reg_32 reg0(clk,reg0_wen,reg0_in,reg0_out);
    reg_32 reg1(clk,reg1_wen,reg1_in,reg1_out);
    reg_32 reg2(clk,reg2_wen,reg2_in,reg2_out);
    reg_32 reg3(clk,reg3_wen,reg3_in,reg3_out);
    assign A=reg1_out^reg2_out^reg3_out^rndkrf_out;
    sbox sbox0(A[31:24],B[31:24]);
    sbox sbox1(A[23:16],B[23:16]);
    sbox sbox2(A[15:8],B[15:8]);
    sbox sbox3(A[7:0],B[7:0]);
    assign C=B^{B[29:0],B[31:30]}^{B[21:0],B[31:22]}^{B[13:0],B[31:14]}
             ^{B[7:0],B[31:8]};
    assign D=B^{B[18:0],B[31:19]}^{B[8:0],B[31:9]};
    mux21_32 mux4(xorin_sel,C,D,E);
    assign rnd_result=reg0_out^E;
    rndkrf rndkrf(clk,rst,rndkrf_wen,rndkrf_addr,rnd_result,rndkrf_out);
    assign dout=reg0_out;
endmodule

module mux31_32(sel,a,b,c,d);
    output[31:0] d;
    input[31:0] a,b,c;
    input [1:0] sel;
    reg [31:0] d;
    always@ (sel or a or b or c)
        case(sel)
            2'd0:d=a;
```

```
                2'd1:d=b;
                2'd2:d=c;
                default:d=a;
        endcase
endmodule

module reg_32(clk,wen,din,dout);
    output [31:0] dout;
    input  clk,wen;
    input  [31:0] din;
    reg [31:0] dout;
    always @ (posedge clk)
        begin
            if(wen)
               dout<=din;
            else
               dout<=dout;
        end
endmodule

module sbox(in,out);
    output[7:0] out;
    input[7:0] in;
    reg [7:0] out;
    always@ (in)
        case(in)
             8'h00:out=8'hd6;
             8'h01:out=8'h90;
             8'h02:out=8'he9;
             8'h03:out=8'hfe;
             8'h04:out=8'hcc;
             8'h05:out=8'he1;
             8'h06:out=8'h3d;
             8'h07:out=8'hb7;
             8'h08:out=8'h16;
             8'h09:out=8'hb6;
             8'h0a:out=8'h14;
             8'h0b:out=8'hc2;
             8'h0c:out=8'h28;
             8'h0d:out=8'hfb;
             8'h0e:out=8'h2c;
             8'h0f:out=8'h05;
             8'h10:out=8'h2b;
             8'h11:out=8'h67;
             8'h12:out=8'h9a;
             8'h13:out=8'h76;
             8'h14:out=8'h2a;
             8'h15:out=8'hbe;
             8'h16:out=8'h04;
             8'h17:out=8'hc3;
```

```
            8'h18:out=8'haa;
            8'h19:out=8'h44;
            8'h1a:out=8'h13;
            8'h1b:out=8'h26;
            8'h1c:out=8'h49;
            8'h1d:out=8'h86;
            8'h1e:out=8'h06;
            8'h1f:out=8'h99;
            ......
            8'hf0:out=8'h18;
            8'hf1:out=8'hf0;
            8'hf2:out=8'h7d;
            8'hf3:out=8'hec;
            8'hf4:out=8'h3a;
            8'hf5:out=8'hdc;
            8'hf6:out=8'h4d;
            8'hf7:out=8'h20;
            8'hf8:out=8'h79;
            8'hf9:out=8'hee;
            8'hfa:out=8'h5f;
            8'hfb:out=8'h3e;
            8'hfc:out=8'hd7;
            8'hfd:out=8'hcb;
            8'hfe:out=8'h39;
            8'hff:out=8'h48;
            default:out=8'h00;
        endcase
endmodule

module mux21_32(sel,a,b,c);
    output[31:0] c;
    input[31:0] a,b;
    input sel;
    reg [31:0] c;
    always@ (sel or a or b)
        case(sel)
            1'b0:c=a;
            1'b1:c=b;
            default:c=a;
        endcase
endmodule

module rndkrf(clk,rst,wen,addr,din,dout);
    input clk,rst,wen;
    input [4:0] addr;
    input [31:0] din;
    output [31:0] dout;
    reg [31:0] decout;
    wire [31:0] write_reg;
    wire [31:0] reg0out,reg1out,reg2out,reg3out,reg4out,reg5out,reg6out,reg7out,
```

```
            reg8out,reg9out,reg10out,reg11out,reg12out,reg13out,reg14out,
            reg15out, reg16out, reg17out, reg18out, reg19out, reg20out, reg21out,
            reg22out,reg23out,reg24out,reg25out,reg26out,reg27out,reg28out,
            reg29out,reg30out,reg31out;
reg [31:0] dout;
always @ (addr)
    case(addr)
        5'd0:decout=32'b0000_0000_0000_0000_0000_0000_0000_0001;
        5'd1:decout=32'b0000_0000_0000_0000_0000_0000_0000_0010;
        5'd2:decout=32'b0000_0000_0000_0000_0000_0000_0000_0100;
        5'd3:decout=32'b0000_0000_0000_0000_0000_0000_0000_1000;
        5'd4:decout=32'b0000_0000_0000_0000_0000_0000_0001_0000;
        5'd5:decout=32'b0000_0000_0000_0000_0000_0000_0010_0000;
        5'd6:decout=32'b0000_0000_0000_0000_0000_0000_0100_0000;
        5'd7:decout=32'b0000_0000_0000_0000_0000_0000_1000_0000;
        5'd8:decout=32'b0000_0000_0000_0000_0000_0001_0000_0000;
        5'd9:decout=32'b0000_0000_0000_0000_0000_0010_0000_0000;
        5'd10:decout=32'b0000_0000_0000_0000_0000_0100_0000_0000;
        5'd11:decout=32'b0000_0000_0000_0000_0000_1000_0000_0000;
        5'd12:decout=32'b0000_0000_0000_0000_0001_0000_0000_0000;
        5'd13:decout=32'b0000_0000_0000_0000_0010_0000_0000_0000;
        5'd14:decout=32'b0000_0000_0000_0000_0100_0000_0000_0000;
        5'd15:decout=32'b0000_0000_0000_0000_1000_0000_0000_0000;
        5'd16:decout=32'b0000_0000_0000_0001_0000_0000_0000_0000;
        5'd17:decout=32'b0000_0000_0000_0010_0000_0000_0000_0000;
        5'd18:decout=32'b0000_0000_0000_0100_0000_0000_0000_0000;
        5'd19:decout=32'b0000_0000_0000_1000_0000_0000_0000_0000;
        5'd20:decout=32'b0000_0000_0001_0000_0000_0000_0000_0000;
        5'd21:decout=32'b0000_0000_0010_0000_0000_0000_0000_0000;
        5'd22:decout=32'b0000_0000_0100_0000_0000_0000_0000_0000;
        5'd23:decout=32'b0000_0000_1000_0000_0000_0000_0000_0000;
        5'd24:decout=32'b0000_0001_0000_0000_0000_0000_0000_0000;
        5'd25:decout=32'b0000_0010_0000_0000_0000_0000_0000_0000;
        5'd26:decout=32'b0000_0100_0000_0000_0000_0000_0000_0000;
        5'd27:decout=32'b0000_1000_0000_0000_0000_0000_0000_0000;
        5'd28:decout=32'b0001_0000_0000_0000_0000_0000_0000_0000;
        5'd29:decout=32'b0010_0000_0000_0000_0000_0000_0000_0000;
        5'd30:decout=32'b0100_0000_0000_0000_0000_0000_0000_0000;
        5'd31:decout=32'b1000_0000_0000_0000_0000_0000_0000_0000;
        default:decout=32'b0000_0000_0000_0000_0000_0000_0000_0000;
    endcase
assign write_reg=decout & {32{wen}};
reg_32_rst_0  reg0(clk,rst,write_reg[0],din,reg0out);
reg_32_rst_1  reg1(clk,rst,write_reg[1],din,reg1out);
reg_32_rst_2  reg2(clk,rst,write_reg[2],din,reg2out);
reg_32_rst_3  reg3(clk,rst,write_reg[3],din,reg3out);
reg_32_rst_4  reg4(clk,rst,write_reg[4],din,reg4out);
reg_32_rst_5  reg5(clk,rst,write_reg[5],din,reg5out);
reg_32_rst_6  reg6(clk,rst,write_reg[6],din,reg6out);
reg_32_rst_7  reg7(clk,rst,write_reg[7],din,reg7out);
```

```
reg_32_rst_8  reg8(clk,rst,write_reg[8],din,reg8out);
reg_32_rst_9  reg9(clk,rst,write_reg[9],din,reg9out);
reg_32_rst_10  reg10(clk,rst,write_reg[10],din,reg10out);
reg_32_rst_11  reg11(clk,rst,write_reg[11],din,reg11out);
reg_32_rst_12  reg12(clk,rst,write_reg[12],din,reg12out);
reg_32_rst_13  reg13(clk,rst,write_reg[13],din,reg13out);
reg_32_rst_14  reg14(clk,rst,write_reg[14],din,reg14out);
reg_32_rst_15  reg15(clk,rst,write_reg[15],din,reg15out);
reg_32_rst_16  reg16(clk,rst,write_reg[16],din,reg16out);
reg_32_rst_17  reg17(clk,rst,write_reg[17],din,reg17out);
reg_32_rst_18  reg18(clk,rst,write_reg[18],din,reg18out);
reg_32_rst_19  reg19(clk,rst,write_reg[19],din,reg19out);
reg_32_rst_20  reg20(clk,rst,write_reg[20],din,reg20out);
reg_32_rst_21  reg21(clk,rst,write_reg[21],din,reg21out);
reg_32_rst_22  reg22(clk,rst,write_reg[22],din,reg22out);
reg_32_rst_23  reg23(clk,rst,write_reg[23],din,reg23out);
reg_32_rst_24  reg24(clk,rst,write_reg[24],din,reg24out);
reg_32_rst_25  reg25(clk,rst,write_reg[25],din,reg25out);
reg_32_rst_26  reg26(clk,rst,write_reg[26],din,reg26out);
reg_32_rst_27  reg27(clk,rst,write_reg[27],din,reg27out);
reg_32_rst_28  reg28(clk,rst,write_reg[28],din,reg28out);
reg_32_rst_29  reg29(clk,rst,write_reg[29],din,reg29out);
reg_32_rst_30  reg30(clk,rst,write_reg[30],din,reg30out);
reg_32_rst_31  reg31(clk,rst,write_reg[31],din,reg31out);
always @ (*)
    case(addr)
        5'd0:dout=reg0out;
        5'd1:dout=reg1out;
        5'd2:dout=reg2out;
        5'd3:dout=reg3out;
        5'd4:dout=reg4out;
        5'd5:dout=reg5out;
        5'd6:dout=reg6out;
        5'd7:dout=reg7out;
        5'd8:dout=reg8out;
        5'd9:dout=reg9out;
        5'd10:dout=reg10out;
        5'd11:dout=reg11out;
        5'd12:dout=reg12out;
        5'd13:dout=reg13out;
        5'd14:dout=reg14out;
        5'd15:dout=reg15out;
        5'd16:dout=reg16out;
        5'd17:dout=reg17out;
        5'd18:dout=reg18out;
        5'd19:dout=reg19out;
        5'd20:dout=reg20out;
        5'd21:dout=reg21out;
        5'd22:dout=reg22out;
        5'd23:dout=reg23out;
```

```
            5'd24:dout=reg24out;
            5'd25:dout=reg25out;
            5'd26:dout=reg26out;
            5'd27:dout=reg27out;
            5'd28:dout=reg28out;
            5'd29:dout=reg29out;
            5'd30:dout=reg30out;
            5'd31:dout=reg31out;
            default:dout=reg0out;
        endcase
endmodule

module reg_32_rst_0(clk,rst,wen,din,dout);
    output [31:0] dout;
    input  clk,rst,wen;
    input  [31:0] din;
    reg [31:0] dout;
    always @ (posedge clk or negedge rst)
        begin
            if(! rst)
                dout<=32'h00070e15;
            else if(wen)
                dout<=din;
            else
                dout<=dout;
        end
endmodule

module reg_32_rst_10(clk,rst,wen,din,dout);
    output [31:0] dout;
    input  clk,rst,wen;
    input  [31:0] din;
    reg [31:0] dout;
    always @ (posedge clk or negedge rst)
        begin
            if(! rst)
                dout<=32'h181f262d;
            else if(wen)
                dout<=din;
            else
                dout<=dout;
        end
endmodule

module reg_32_rst_31(clk,rst,wen,din,dout);
    output [31:0] dout;
    input  clk,rst,wen;
    input  [31:0] din;
    reg [31:0] dout;
```

```
    always @ (posedge clk or negedge rst)
        begin
            if(! rst)
                dout<=32'h646b7279;
            else if(wen)
                dout<=din;
            else
                dout<=dout;
        end
endmodule

`timescale 1ns/1ns
module SM4_top_tb;
    reg clk,rst,load_key,load_data,keyexp_start,encry_start,decry_start,
        result_shift;
    reg [1:0] load_addr;
    reg [31:0] din;
    wire [31:0] dout;
    wire [1:0] state;
    SM4_top SM4_top(clk,rst,load_key,load_data,load_addr,keyexp_start,
                encry_start,decry_start,result_shift,din,dout,state);
    //clock generation
    initial clk=1;
    always #5 clk=~clk;

    initial
        begin
                rst=1;
                load_key=0;
                load_data=0;
                keyexp_start=0;
                encry_start=0;
                decry_start=0;
                result_shift=0;
            #2  rst=0;      //test reset
            #20 rst=1;
                load_key=1;//load first word of cipher key
                load_addr=2'h0;
                //din=32'h01234567;
                //din=32'h76543210;
                din=32'ha0fafe17;
            #10 load_key=1;//load second word of cipher key
                load_addr=2'h1;
                //din=32'h89abcdef;
                //din=32'hfedcba98;
                din=32'h88542cb1;
            #10 load_key=1;//load third word of cipher key
                load_addr=2'h2;
                //din=32'hfedcba98;
                //din=32'h89abcdef;
```

```
    din=32'h23a33939;
#10 load_key=1;//load fourth word of cipher key
    load_addr=2'h3;
    //din=32'h76543210;
    //din=32'h01234567;
    din=32'h2a6c7605;

#10 load_key=0;
    keyexp_start=1;//key expansion
#10 keyexp_start=0;

#320 load_data=1;//load first word of plain text
     load_addr=2'h0;
     //din=32'h01234567;
     din=32'h3243f6a8;
#10 load_data=1;//load second word of plain text
    load_addr=2'h1;
    //din=32'h89abcdef;
    din=32'h885a308d;
#10 load_data=1;//load third word of plain text
    load_addr=2'h2;
    //din=32'hfedcba98;
    din=32'h313198a2;
#10 load_data=1;//load fourth word of plain text
    load_addr=2'h3;
    //din=32'h76543210;
    din=32'he0370734;
#10 load_data=0;
    encry_start=1;//start encryption
#10 encry_start=0;
#320 result_shift=1;//shift left to output cipher text,
                    //first low bits,later high bits.
#30  result_shift=0;//stop shift left
#10 load_data=1;//load first word of cipher text
    load_addr=2'h0;
    //din=32'h681edf34;
    //din=32'hf9af8445;
    din=32'h737d33b1;
#10 load_data=1;//load second word of cipher text
    load_addr=2'h1;
    //din=32'hd206965e;
    //din=32'hf00be4b2;
    din=32'hc840106c;
#10 load_data=1;//load third word of cipher text
    load_addr=2'h2;
    //din=32'h86b3e94f;
    //din=32'h5515f4e7;
    din=32'h979c085e;
#10 load_data=1;//load fourth word of cipher text
    load_addr=2'h3;
```

```
            //din=32'h536e4246;
            //din=32'hf0f3ce82;
            din=32'haed3fd32;
        #10 load_data=0;
            decry_start=1;//start decryption
        #10 decry_start=0;
        #320 result_shift=1;//shift left to output plain text,
                                   //first low bits,later high bits.
        #30  result_shift=0;//stop shift left
        #50 $finish;
    end
endmodule
```

13.4 SM4密码处理器功能仿真

使用 ModelSim 仿真工具对 SM4 密码处理器进行功能仿真，功能仿真结果如图 13-2～图 13-7 和表 13-5 所示，图中使用的测试数据如下。

密钥：a0fafe17 88542cb1 23a33939 2a6c7605

明文：3243f6a8 885a308d 313198a2 e0370734

密文：737d33b1 c840106c 979c085e aed3fd32

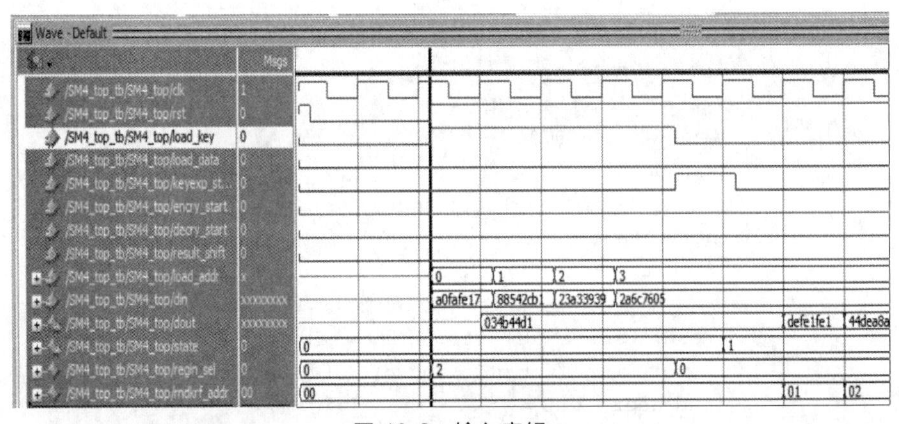

图 13-2 输入密钥

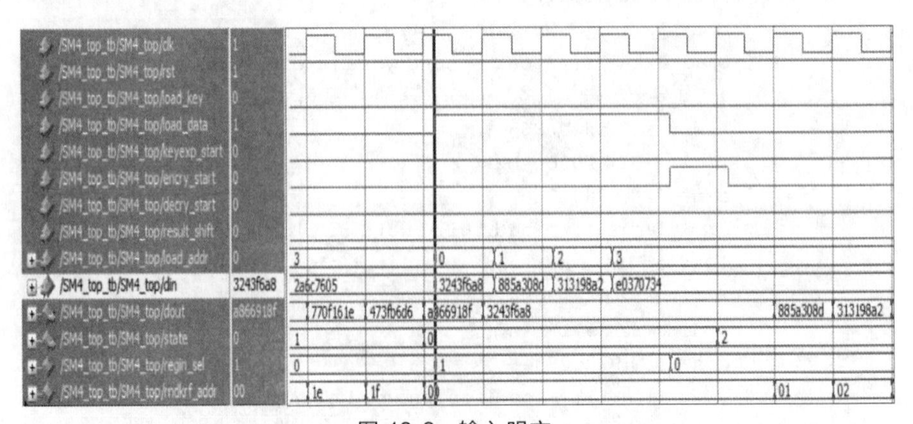

图 13-3 输入明文

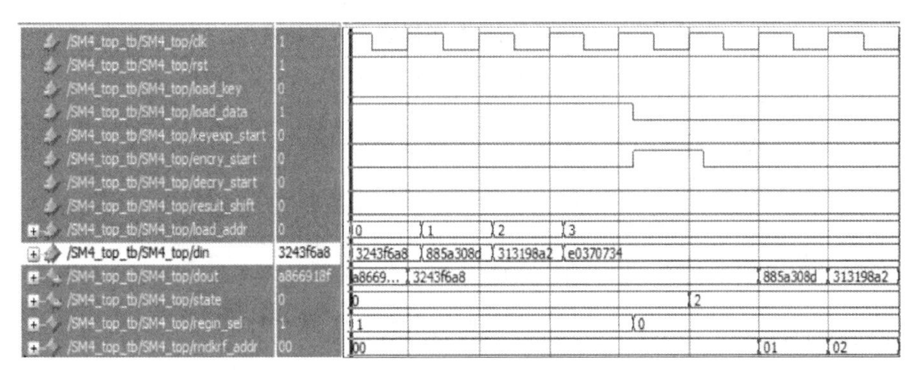

图 13-4 启动加密

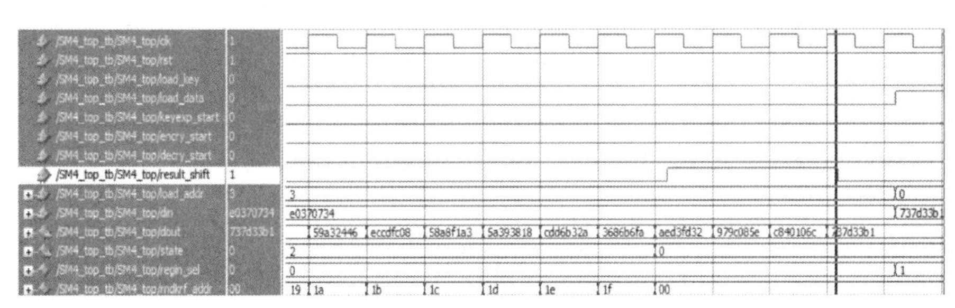

图 13-5 输出加密结果

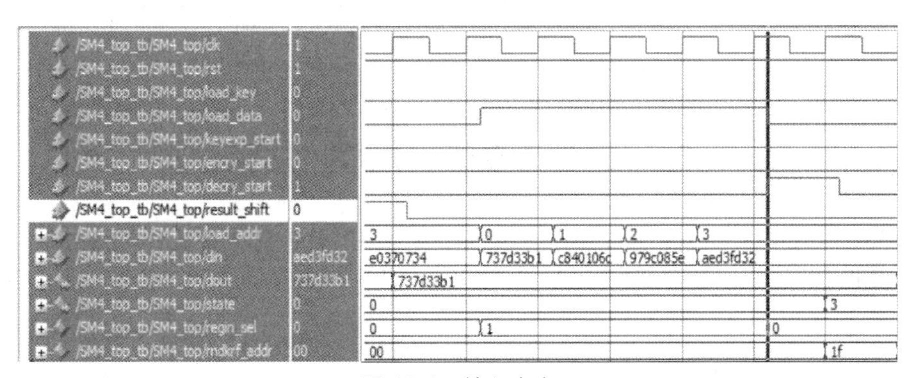

图 13-6 输入密文

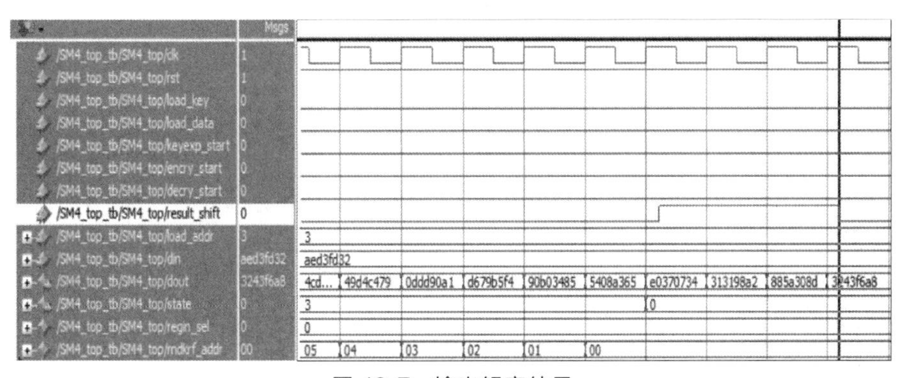

图 13-7 输出解密结果

表 13-5 列出了更多的仿真结果。

表 13-5　SM4 密码处理器功能仿真结果

SM4 密码处理器加密功能仿真				
序号	密钥	明文	密文	加密结果
1	01 23 45 67 89 AB CD EF FE DC BA 98 76 54 32 10	01 23 45 67 89 AB CD EF FE DC BA 98 76 54 32 10	68 1E DF 34 D2 06 96 5E 86 B3 E9 4F 53 6E 42 46	正确
2	01234567 89ABCDEF FEDCBA98 76543210	76543210 FEDCBA98 89ABCDEF 01234567	A1FF7D59 503D315E 78388940 D489E626	正确
3	76543210 FEDCBA98 89ABCDEF 01234567	76543210 FEDCBA98 89ABCDEF 01234567	E1DC36A5 BBFA8907 3B0C7CD1 FACFDD9A	正确
4	76543210 FEDCBA98 89ABCDEF 01234567	01234567 89ABCDEF FEDCBA98 76543210	F9AF8445 F00BE4B2 5515F4E7 F0F3CE82	正确
5	78243649 42664648 42648498 39426530	19231442 07178614 23909188 53567335	0357F45C FB4F119E CA888FCC 89900B0B	正确
SM4 密码处理器解密功能仿真				
序号	加密密钥	输入密文	输出明文	解密结果
1	01234567 89ABCDEF FEDCBA98 76543210	A1FF7D59 503D315E 78388940 D489E626	01234567 89ABCDEF FEDCBA98 76543210	正确
2	01234567 89ABCDEF FEDCBA98 76543210	681EDF34 D206965E 86B3E94F 536E4246	01234567 89ABCDEF FEDCBA98 76543210	正确
3	76543210 FEDCBA98 89ABCDEF 01234567	E1DC36A5 BBFA8907 3B0C7CD1 FACFDD9A	76543210 FEDCBA98 89ABCDEF 01234567	正确
4	76543210 FEDCBA98 89ABCDEF 01234567	F9AF8445 F00BE4B2 5515F4E7 F0F3CE82	01234567 89ABCDEF FEDCBA98 76543210	正确
5	78243649 42664648 42648498 39426530	0357F45C FB4F119E CA888FCC 89900B0B	19231442 07178614 23909188 53567335	正确

13.5 SM4 密码处理器综合及性能、规模、功耗分析

利用 DC 综合工具，基于华虹 40nm 工艺库对 SM4 密码处理器进行综合，得到相关报告如下：面积报告见图 13-8，时序报告见图 13-9，功耗报告见图 13-10。SM4 密码处理器综

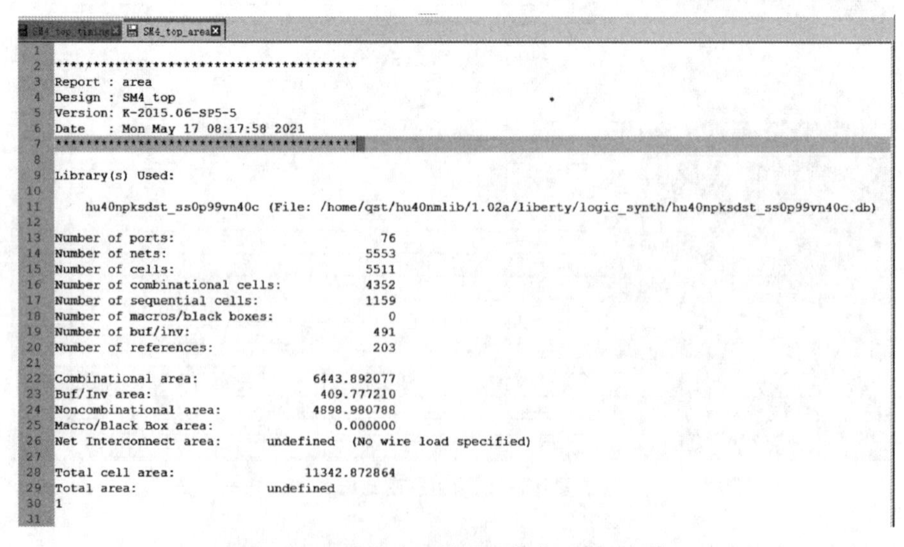

```
****************************************
Report : area
Design : SM4_top
Version: K-2015.06-SP5-5
Date   : Mon May 17 08:17:58 2021
****************************************

Library(s) Used:

    hu40npksdst_ss0p99vn40c (File: /home/qst/hu40nmlib/1.02a/liberty/logic_synth/hu40npksdst_ss0p99vn40c.db)

Number of ports:                           76
Number of nets:                          5553
Number of cells:                         5511
Number of combinational cells:           4352
Number of sequential cells:              1159
Number of macros/black boxes:               0
Number of buf/inv:                        491
Number of references:                     203

Combinational area:               6443.892077
Buf/Inv area:                      409.777210
Noncombinational area:            4898.980788
Macro/Black Box area:                0.000000
Net Interconnect area:      undefined  (No wire load specified)

Total cell area:                 11342.872864
Total area:                 undefined
1
```

图 13-8　SM4 密码处理器综合后面积报告

合优化后面积约为11342.9μm^2，Leakage Power约为168.2nW、总功耗为2.4mW，当约束时钟周期为3.6ns时综合后网表满足时序要求，主频约为278MHz，加/解密速度可达1.11Gbit/s。

```
 82                 (rising edge-triggered flip-flop clocked by clk)
 83   Endpoint: SM4_datapath/reg3/dout_reg[16]
 84               (rising edge-triggered flip-flop clocked by clk)
 85   Path Group: clk
 86   Path Type: max
 87
 88   Point                                                  Incr       Path
 89   --------------------------------------------------------------------------
 90   clock clk (rise edge)                                  0.00       0.00
 91   clock network delay (ideal)                            0.36       0.36
 92   SM4_control/state_reg[1]/CK (SEN_FDPRBQ_4)             0.00 #     0.36 r
 93   SM4_control/state_reg[1]/Q (SEN_FDPRBQ_4)              0.24       0.60 f
 94   U3795/X (SEN_INV_2)                                    0.05 *     0.66 r
 95   U3797/X (SEN_ND2_T_5)                                  0.04 *     0.70 f
 96   U3798/X (SEN_INV_6)                                    0.03 *     0.73 r
 97   U3805/X (SEN_NR2_G_10)                                 0.03 *     0.75 f
 98   U3817/X (SEN_ND2_S_3)                                  0.04 *     0.79 r
 99   U3819/X (SEN_ND2_T_6)                                  0.05 *     0.84 f
100   U3853/X (SEN_INV_S_3)                                  0.05 *     0.89 r
101   U3859/X (SEN_NR2_S_2)                                  0.08 *     0.97 f
102   U3890/X (SEN_ND2_1)                                    0.08 *     1.05 r
103   U4004/X (SEN_INV_S_6)                                  0.11 *     1.16 f
104   U4805/X (SEN_AOI22_T_0P75)                             0.13 *     1.29 r
105   U4809/X (SEN_ND4_S_1P5)                                0.08 *     1.37 f
106   U4821/X (SEN_OR4_2)                                    0.17 *     1.54 f
107   U4822/X (SEN_EN2_5)                                    0.11 *     1.65 f
108   U4924/X (SEN_ND2_T_1)                                  0.10 *     1.75 r
109   U4925/X (SEN_NR2_S_2)                                  0.10 *     1.86 f
110   U4960/X (SEN_ND2_T_1)                                  0.11 *     1.97 r
111   U4961/X (SEN_ND2_1)                                    0.11 *     2.07 f
112   U4962/X (SEN_INV_S_1)                                  0.05 *     2.13 r
113   U4963/X (SEN_ND2B_S_0P5)                               0.06 *     2.19 f
114   U4964/X (SEN_INV_S_1)                                  0.07 *     2.26 r
115   U5877/X (SEN_ND2B_S_1)                                 0.07 *     2.32 f
116   U5880/X (SEN_NR3_T_1P5)                                0.06 *     2.39 r
117   U5881/X (SEN_INV_S_1)                                  0.05 *     2.43 f
118   U5888/X (SEN_NR2_S_2)                                  0.05 *     2.48 r
119   U6692/X (SEN_ND4B_1)                                   0.10 *     2.58 f
120   U6697/X (SEN_AOI21B_2)                                 0.10 *     2.68 r
121   U6706/X (SEN_ND2_T_1)                                  0.04 *     2.73 f
122   U6713/X (SEN_ND2B_V1_3)                                0.06 *     2.79 f
123   U6940/X (SEN_INV_S_1)                                  0.09 *     2.88 r
124   U7541/X (SEN_EN3_2)                                    0.16 *     3.04 r
125   U7542/X (SEN_ND2B_S_0P5)                               0.17 *     3.21 r
126   U7543/X (SEN_OAI21_2)                                  0.07 *     3.27 f
127   U7544/X (SEN_EO2_G_2)                                  0.22 *     3.50 r
128   U4983/X (SEN_INV_S_1)                                  0.10 *     3.59 f
129   U8345/X (SEN_OAI21_1)                                  0.06 *     3.66 r
130   U5739/X (SEN_MUX2_G_1)                                 0.11 *     3.77 r
131   SM4_datapath/reg3/dout_reg[16]/D (SEN_FDPQ_V2_1)       0.00 *     3.77 r
132   data arrival time                                                 3.77
133
134   clock clk (rise edge)                                  3.60       3.60
135   clock network delay (ideal)                            0.36       3.96
136   clock uncertainty                                     -0.18       3.78
137   SM4_datapath/reg3/dout_reg[16]/CK (SEN_FDPQ_V2_1)      0.00       3.78 r
138   library setup time                                     0.00       3.78
139   data required time                                                3.78
140   --------------------------------------------------------------------------
141   data required time                                                3.78
142   data arrival time                                                -3.77
143   --------------------------------------------------------------------------
144   slack (MET)                                                       0.01
145
146
```

图13-9　SM4密码处理器综合后时序报告

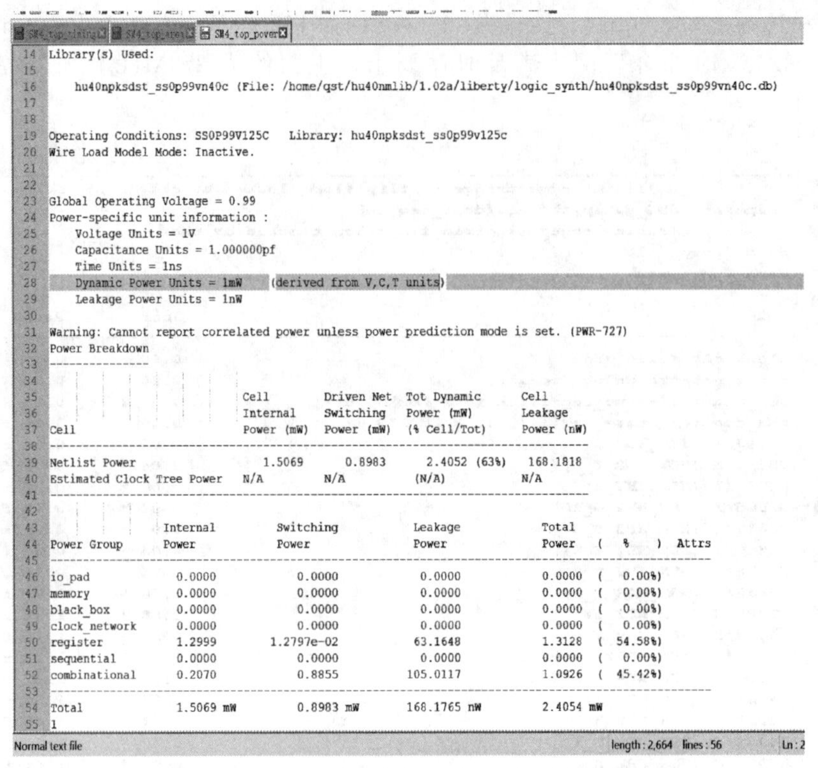

```
Library(s) Used:

    hu40npksdst_ss0p99vn40c (File: /home/qst/hu40nmlib/1.02a/liberty/logic_synth/hu40npksdst_ss0p99vn40c.db)


Operating Conditions: SS0P99V125C   Library: hu40npksdst_ss0p99v125c
Wire Load Model Mode: Inactive.


Global Operating Voltage = 0.99
Power-specific unit information :
    Voltage Units = 1V
    Capacitance Units = 1.000000pf
    Time Units = 1ns
    Dynamic Power Units = 1mW    (derived from V,C,T units)
    Leakage Power Units = 1nW

Warning: Cannot report correlated power unless power prediction mode is set. (PWR-727)
Power Breakdown
---------------

                             Cell        Driven Net  Tot Dynamic      Cell
                             Internal    Switching   Power (mW)       Leakage
Cell                         Power (mW)  Power (mW)  (% Cell/Tot)     Power (nW)
--------------------------------------------------------------------------------
Netlist Power                   1.5069      0.8983      2.4052 (63%)   168.1818
Estimated Clock Tree Power   N/A         N/A         (N/A)            N/A
--------------------------------------------------------------------------------

                 Internal         Switching           Leakage            Total
Power Group      Power            Power               Power              Power   (   %    )  Attrs
--------------------------------------------------------------------------------------------------
io_pad             0.0000            0.0000             0.0000            0.0000  (  0.00%)
memory             0.0000            0.0000             0.0000            0.0000  (  0.00%)
black_box          0.0000            0.0000             0.0000            0.0000  (  0.00%)
clock_network      0.0000            0.0000             0.0000            0.0000  (  0.00%)
register           1.2999         1.2797e-02           63.1648            1.3128  ( 54.58%)
sequential         0.0000            0.0000             0.0000            0.0000  (  0.00%)
combinational      0.2070            0.8855           105.0117            1.0926  ( 45.42%)
--------------------------------------------------------------------------------------------------
Total              1.5069 mW         0.8983 mW        168.1765 nW         2.4054 mW
1
```

图 13-10　SM4 密码处理器综合后功耗报告

13.6　SM4 密码处理器综合后时序仿真

使用 DC 综合生成的 SM4 密码处理器的门级网表与测试激励文件进行时序仿真，加/解密结果见图 13-11～图 13-13，经与正确结果比对，时序仿真功能正确。

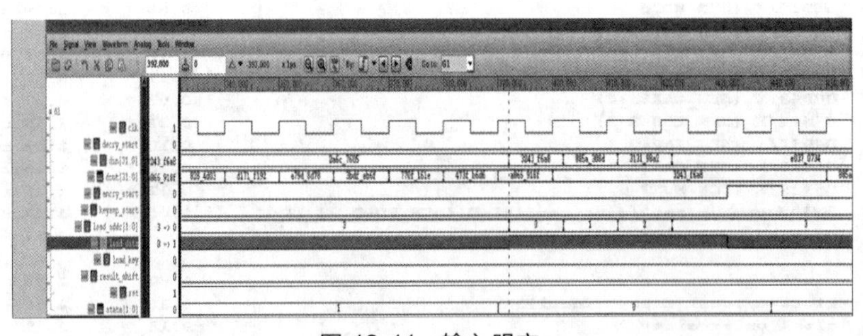

图 13-11　输入明文

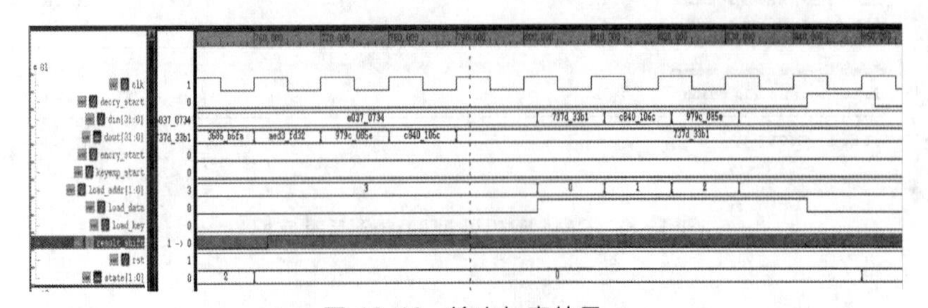

图 13-12　输出加密结果

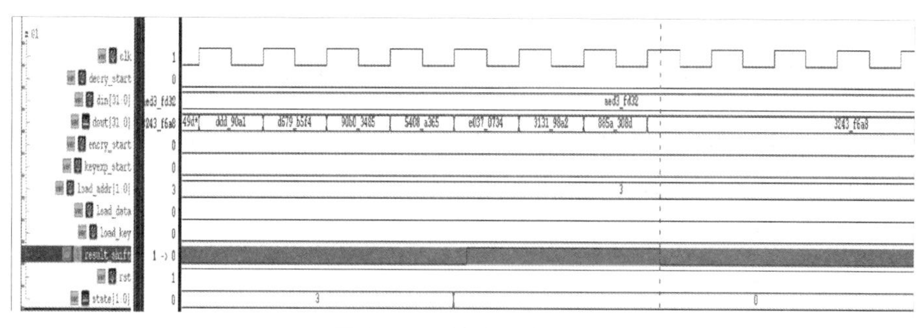

图 13-13　输出解密结果

13.7　SM4 密码处理器布局布线

使用 ICC 布局布线工具对综合后的 SM4 密码处理器进行布局布线，生成的版图如图 13-14 所示。

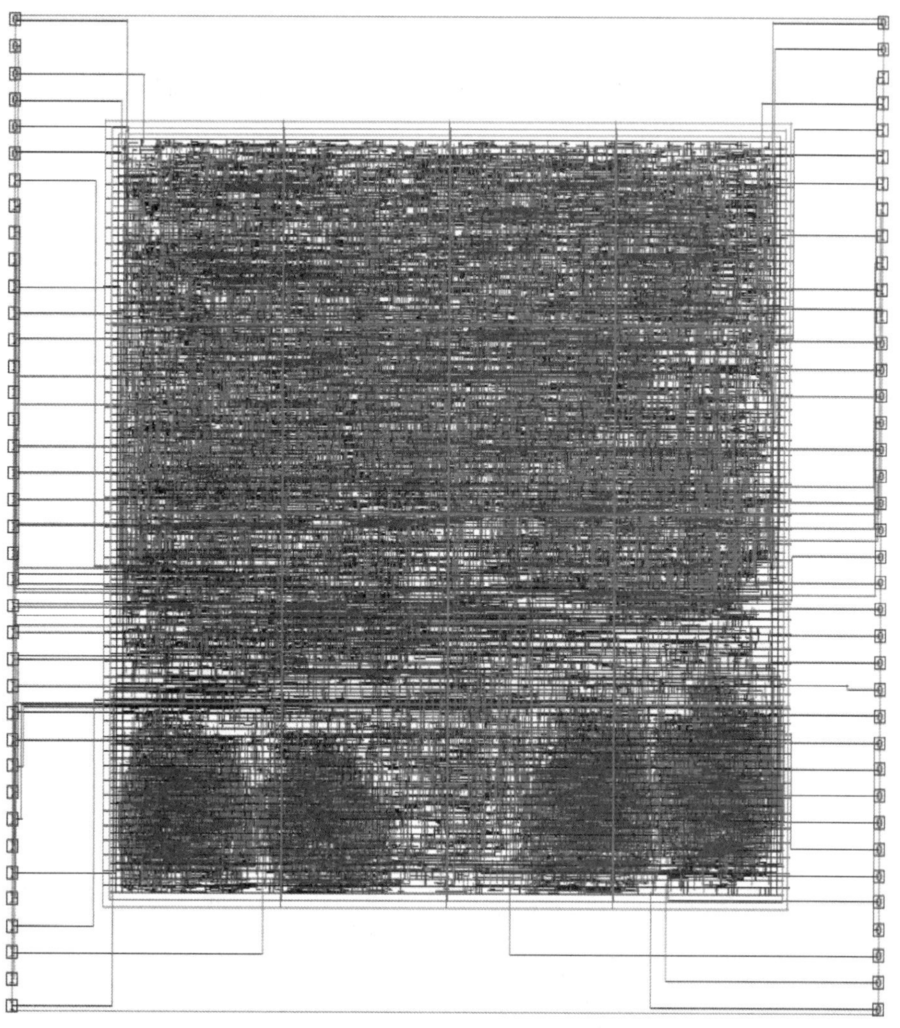

图 13-14　SM4 密码处理器版图

13.8 SM4 密码处理器物理验证（DRC、LVS）

使用 EDA 工具对布局布线后生成的 SM4 密码处理器版图进行物理验证，得到相应的验证报告，图 13-15 给出了 SM4 密码处理器版图的 DRC 报告的部分内容。

```
Verify Summary:

Total number of nets = 6050, of which 0 are not extracted
Total number of open nets = 0, of which 0 are frozen
Total number of excluded ports = 0 ports of 0 unplaced cells connected to 0 nets
                                 0 ports without pins of 0 cells connected to 0 nets
                                 0 ports of 0 cover cells connected to 0 non-pg nets
Total number of DRCs = 0
Total number of antenna violations = 0
Total number of voltage-area violations = no voltage-areas defined
Total number of tie to rail violations = not checked
Total number of tie to rail directly violations = not checked

Memory usage for zrouter task 405 Mbytes -- main task 1914 Mbytes.
Router separate process finished successfully.
1
```

图 13-15 SM4 密码处理器版图的 DRC 报告

13.9 SM4 密码处理器布局布线后性能、规模、功耗分析

使用 EDA 工具对布局布线后得到的 SM4 密码处理器版图进行分析，得到如下结果：SM4 密码处理器版图的面积为 $16384\mu m^2$；当时钟周期约束为 3.6ns 时，实现的版图满足时序要求，主频约为 278MHz，加/解密速度可达 1.11Gbps；Leakage Power 为 210.1334nW，总功耗为 3.1418mW。图 13-16 给出了 SM4 密码处理器版图的时序报告，图 13-17 给出了功耗报告。

```
Startpoint: load_key (input port clocked by clk)
Endpoint: SM4_datapath/reg0/dout_reg[21]
          (rising edge-triggered flip-flop clocked by clk)
Path Group: INPUT
Path Type: max

Point                                                  Incr       Path
-----------------------------------------------------------------------
clock clk (rise edge)                                  0.00       0.00
clock network delay (ideal)                            0.33       0.33
input external delay                                   1.00       1.33 f
load_key (in)                                          0.07       1.40 f
U620/X (SEN_BUF_S_1)                                   0.37 &     1.77 f
U8351/X (SEN_NR2_G_1)                                  0.72 &     2.49 r
U8431/X (SEN_MUXI2_S_0P5)                              0.60 &     3.10 f
U8534/X (SEN_AO21B_1)                                  0.20 &     3.30 r
U5776/X (SEN_MUX2_G_1)                                 0.16 &     3.46 r
SM4_datapath/reg0/dout_reg[21]/D (SEN_FDPQ_V2_1)       0.00 &     3.46 r
data arrival time                                                 3.46

clock clk (rise edge)                                  3.60       3.60
clock network delay (propagated)                       0.32       3.92
SM4_datapath/reg0/dout_reg[21]/CK (SEN_FDPQ_V2_1)      0.00       3.92 r
library setup time                                     0.00       3.92
data required time                                                3.92
-----------------------------------------------------------------------
data required time                                                3.92
data arrival time                                                -3.46
-----------------------------------------------------------------------
slack (MET)                                                       0.46
```

图 13-16 SM4 密码处理器版图时序报告

```
                Internal      Switching     Leakage       Total
Power Group     Power         Power         Power         Power   (   %    )  Attrs
--------------------------------------------------------------------------------
io_pad          0.0000        0.0000        0.0000        0.0000  (   0.00%)
memory          0.0000        0.0000        0.0000        0.0000  (   0.00%)
black_box       0.0000        0.0000        0.0000        0.0000  (   0.00%)
clock_network   5.1805e-02    0.4018        1.1320        0.4536  (  14.44%)
register        1.3092        2.0297e-02    62.9313       1.3295  (  42.32%)
sequential      0.0000        0.0000        0.0000        0.0000  (   0.00%)
combinational   0.2689        1.0896        146.0701      1.3587  (  43.25%)
--------------------------------------------------------------------------------
Total           1.6299 mW     1.5117 mW     210.1334 nW   3.1418 mW
1
```

图 13-17 SM4 密码处理器版图功耗报告

13.10 SM4密码处理器版图后时序仿真

对SM4密码处理器进行版图后时序仿真，仿真结果见图13-18～图13-20，经与正确结果比对，确认时序仿真功能正确。

图13-18 输入密钥并启动密钥扩展过程

（种子密钥为a0fafe17 88542cb1 23a33939 2a6c7605）

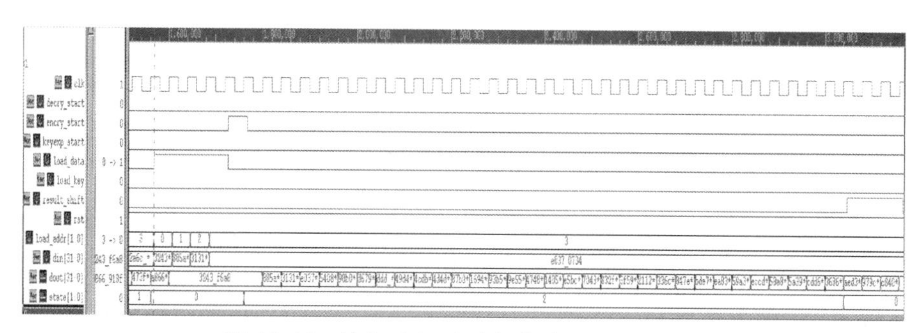

图13-19 输入明文，启动加密过程并输出密文

（明文为3243f6a8 885a308d 313198a2 e0370734）

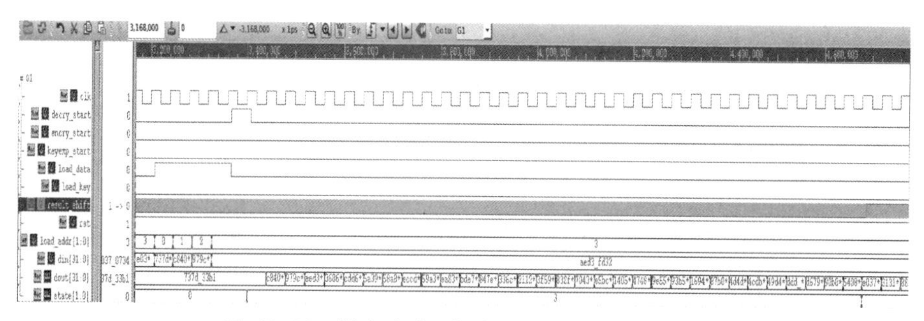

图13-20 输入密文，启动解密过程并输出明文

（密文为737d33b1 c840106c 979c085e aed3fd32）

13.11 SM4密码处理器FPGA验证

（1）基于FPGA对SM4密码处理器进行综合、布局布线及性能、规模、功耗分析

使用Vivado 2018.3开发环境，基于Xilinx xczu3cg-sfvc784-1-e FPGA，对SM4密码处理器进行综合优化、引脚分配、自动布局布线。其电路结构如图13-21所示，其时序分析报告见

图 13-22，资源占用分析报告（包含各模块所使用的 LUT）见图 13-23，功耗分析报告见图 13-24。从报告中可以看出，基于 FPGA 实现的 SM4 密码处理器在 7ns 时钟约束下，最坏路径建立时间裕量为 2.055ns、最坏路径保持时间裕量为 0.049ns，估算电路主频可达 202MHz，加/解密速度可达 809Mbps。SM4 密码处理器共占用了 786 个 LUT，电路总功耗为 0.292W。

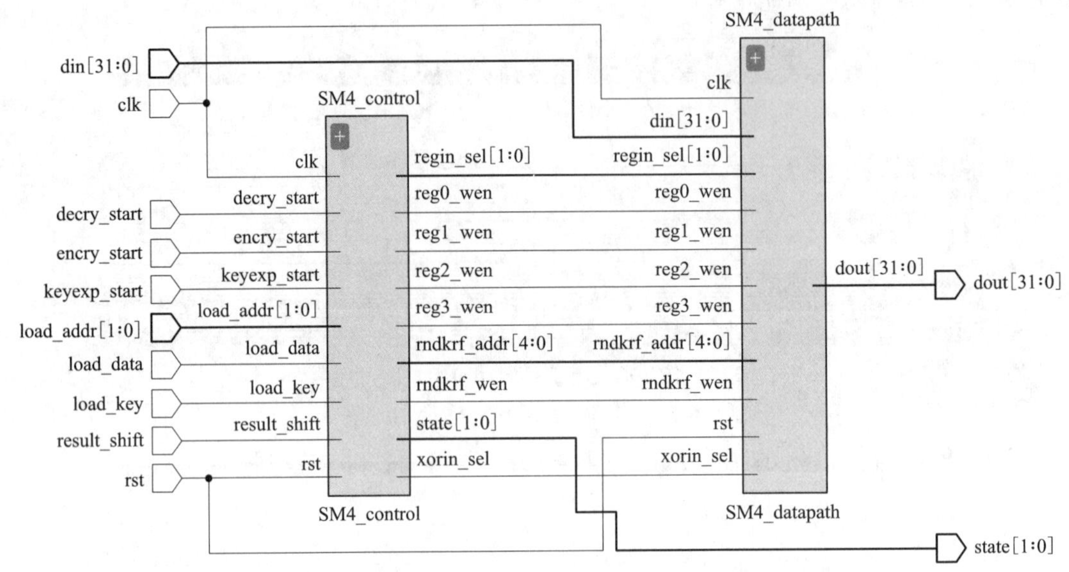

图 13-21　SM4 密码处理器基于 FPGA 实现的电路结构图

IMPLEMENTED DESIGN - xczu3cg-sfvc784-1-e (active)

Tcl Console | Messages | Log | Reports | Design Runs | Methodology | Power | Timing

Design Timing Summary

General Information
Timer Settings
Design Timing Summary
Clock Summary (1)
Check Timing (75)
Intra-Clock Paths
Inter-Clock Paths

Setup		Hold		Pulse Width	
Worst Negative Slack (WNS):	2.055 ns	Worst Hold Slack (WHS):	0.049 ns	Worst Pulse Width Slack (WPWS):	1.725 ns
Total Negative Slack (TNS):	0.000 ns	Total Hold Slack (THS):	0.000 ns	Total Pulse Width Negative Slack (TPWS):	0.000 ns
Number of Failing Endpoints:	0	Number of Failing Endpoints:	0	Number of Failing Endpoints:	0
Total Number of Endpoints:	2380	Total Number of Endpoints:	2380	Total Number of Endpoints:	1192

All user specified timing constraints are met.

图 13-22　SM4 密码处理器基于 FPGA 实现的时序分析报告

IMPLEMENTED DESIGN - xczu3cg-sfvc784-1-e (active)

Tcl Console | Messages | Log | Reports | Design Runs | Methodology | Power | Timing | Utilization

Hierarchy
Summary
CLB Logic
F8 Muxes (1%)
F7 Muxes (1%)
CLB LUTs (1%)

Name	CLB LUTs (70560)	Bonded IOB (252)	HPIOB_M (72)	HPIOB_S (72)	HDIOB_M (48)	HDIOB_S (48)	GLOBAL CLOCK BUFFERs (196)	CLB Registers (141120)	F7 Muxes (35280)	F8 Muxes (17640)	CLB (8820)	LUT as Logic (70560)
SM4_top	786	76	18	20	19	19	1	1191	192	96	233	786
SM4_control (SM4_control)	48	0	0	0	0	0	0		0	0	20	48
SM4_datapath (SM4_datapath)	738	0	0	0	0	0	0		192	96	231	738

图 13-23　SM4 密码处理器基于 FPGA 实现的资源占用分析报告

（2）对基于 FPGA 实现的 SM4 密码处理器进行时序仿真

使用 Vivado 2018.3 开发环境对基于 FPGA 实现的 SM4 密码处理器进行时序仿真，仿真结果如图 13-25～图 13-27 所示，经与正确结果比对，确认 SM4 加/解密结果正确。

（3）基于 FPGA 实现 SM4 密码处理器并进行测试

使用 Vivado 2018.3 开发环境对 SM4 密码处理器进行综合、布局布线后，生成编程比特流文件烧写进入 Xilinx xczu3cg-sfvc784-1-e FPGA 芯片，使用 Vivado 的 VIO debug 模块的模拟输入按键输入种子密钥和明文及加密使能信号，使用 Vivado 的嵌入式逻辑分析仪

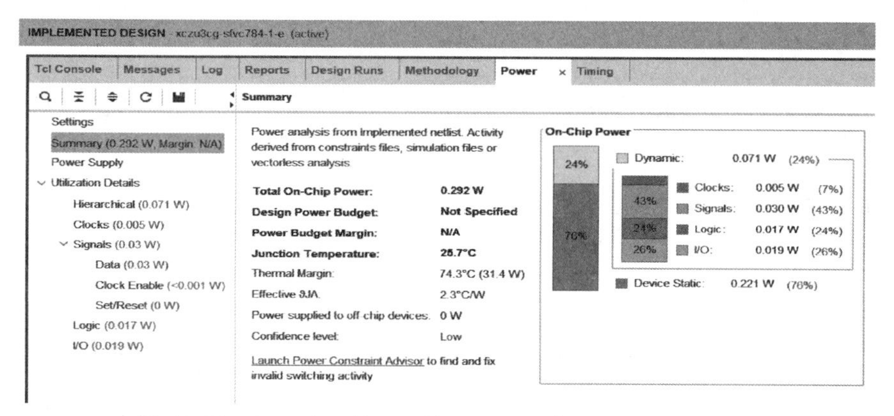

图 13-24 SM4 密码处理器基于 FPGA 实现的功耗分析报告

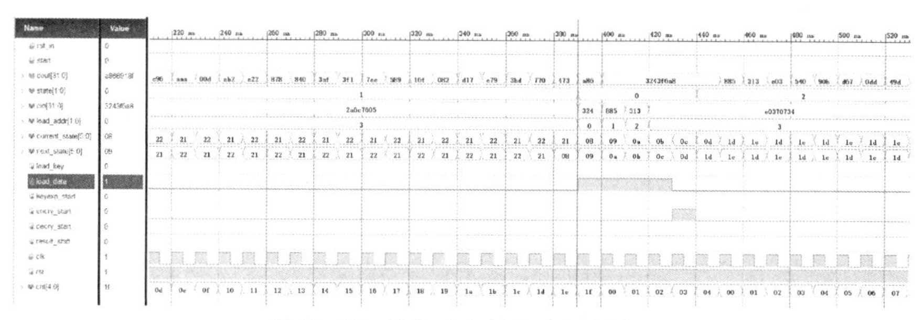

图 13-25 输入明文并启动加密过程

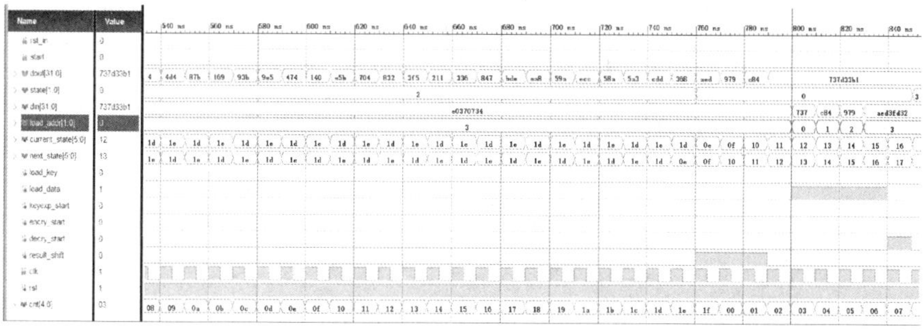

图 13-26 输出加密结果

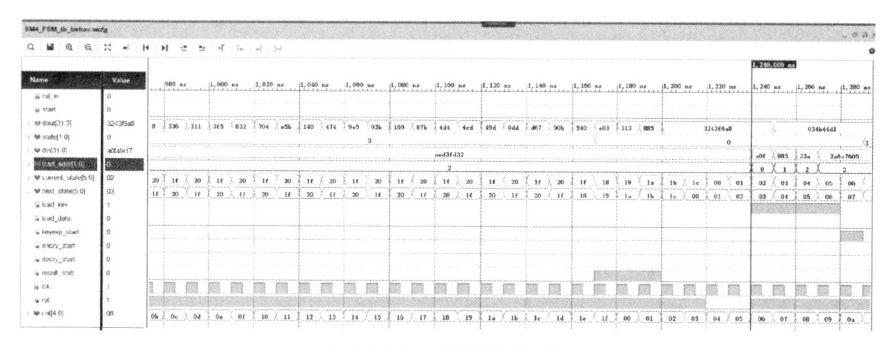

图 13-27 输出解密结果

（ILA）捕捉加密结果信号并显示，如图 13-28 和图 13-29 所示。通过与正确结果进行比对，我们确认基于 FPGA 实现的 SM4 密码处理器的加密、解密功能正确。SM4 密码处理器在 Xilinx FPGA 开发板上进行实测的照片如图 13-30 所示。

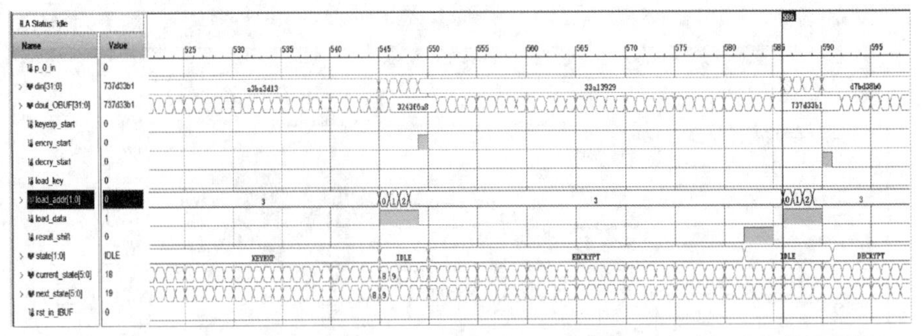

图 13-28　基于 FPGA 实现的 SM4 密码处理器明文输入、启动加密及结果输出

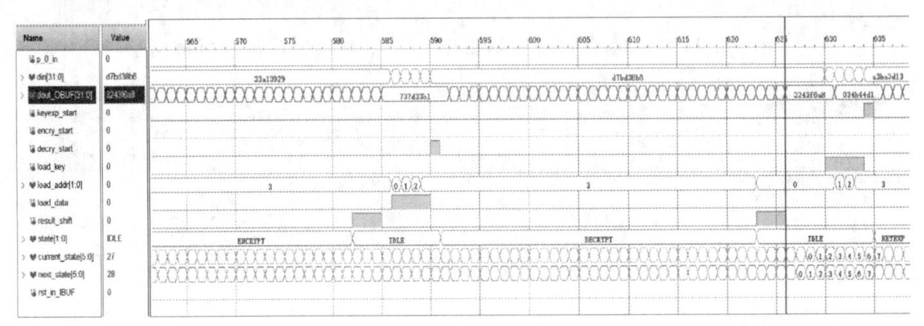

图 13-29　基于 FPGA 实现的 SM4 密码处理器密文输入、启动解密及结果输出

图 13-30　SM4 密码处理器在 Xilinx FPGA 开发板上进行实测的照片

本章习题

1. SM4 密码处理器包括哪些模块？各个模块的功能是什么？

2. 简述 SM4 密码处理器的工作原理。

3. 简述 SM4 密码处理器的状态划分及定义。

4. 为了节省芯片面积同时又能最大限度地发挥 SM4 算法本身固有的并行性，设计方案中采用了哪些方法？

第14章

RSA密码处理器设计与验证

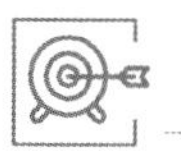

本章学习目标

理解并掌握 RSA 密码处理器的体系结构设计方案，理解并掌握 RSA 密码处理器的 RTL Verilog 模型的设计与仿真方法，了解基于 ASIC 实现 RSA 密码处理器的基本流程及结果，了解基于 FPGA 实现 RSA 密码处理器的基本流程与结果。

本章内容思维导图

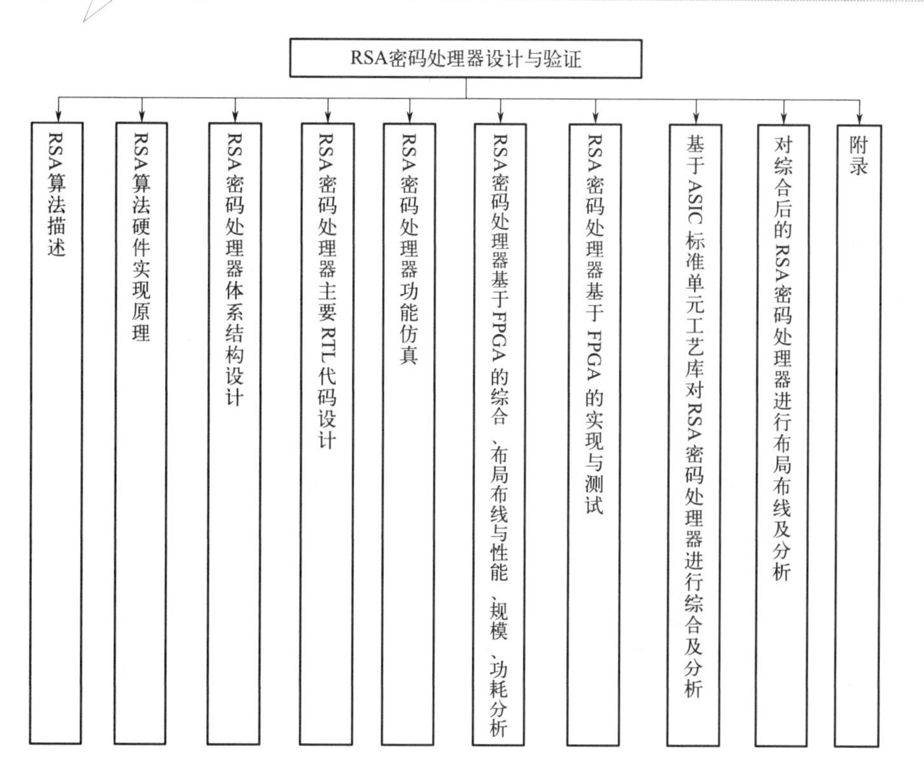

1977 年，罗纳德·李维斯特等提出了 RSA 密码算法。其数学基础是素数检测和欧拉定理等，其安全性与大数分解有关。RSA 密码算法可以被用于数据加密和数字签名等领域，安全性良好，原理简单，易于实现，同时保密性比较好，是最具有代表性的公钥密码体制之一。

本章提出了一种 RSA 密码处理器的体系结构设计方案，建立了 RTL Verilog 模型，进行了功能仿真、综合、布局布线、静态时序分析及时序仿真，最后用 FPGA 加以实现并进行了测试。

14.1 RSA 算法描述

在 RSA 密码系统中，每个参与通信的实体都要拥有一个 RSA 公钥以及一个对应的私钥，RSA 算法的密钥生成算法如下：

① 随机选取两个不同且大小相近的大素数 p 和 q（保密）。

② 计算 $n=p\cdot q$（公开），$\varphi(n)=(p-1)(q-1)$，其中 $\varphi(n)$ 是 n 的欧拉函数值（保密）。

③ 随机选取整数 e，使得 $1<e<\varphi(n)$，满足 $\gcd(e,\varphi(n))=1$（公开）。

④ 使用扩展的欧几里得算法计算 d，使得 $de\equiv 1(\bmod \varphi(n))$ 且 $1<d<\varphi(n)$（保密）。

RSA 公钥加/解密算法如下：

加密算法 $c=E(m)\equiv m^e \bmod n$

解密算法 $m=D(c)\equiv c^d \bmod n$

式中，m 是明文；c 是密文；n 为模数；e 是加密指数；$(e,\ n)$ 对是公钥；d 是解密指数；$(d,\ n)$ 对是私钥。

因为逆运算 $m=\sqrt[e]{\lambda n+c}$ 十分复杂，且存在多义性（λ 不定），所以它是一个单向陷门函数。同时，仅由公钥 e 和 n 是无法求出 d 的，除非能将 n 分解求出 p 和 q，这是大素数分解（NP）难题，难以实现。

解密原理的证明如下：

证明：由加密过程知 $c\equiv m^e \bmod n$，所以 $c^d \bmod n\equiv m^{ed} \bmod n\equiv m^{k\varphi(n)+1} \bmod n$。

① 若 $(m,\ n)=1$，即 $\gcd(m,\ n)=1$，m，n 互素，则由欧拉定理可得

$m^{\varphi(n)}\equiv 1 \bmod n$，$m^{k\varphi(n)}\equiv 1 \bmod n$，$m^{k\varphi(n)+1}\equiv m \bmod n$，即 $c^d \bmod n\equiv m$。

② 若 $\gcd(m,\ n)$ 不等于 1，由于 $n=p\cdot q$，所以 $\gcd(m,\ n)=1$ 意味着 m 既不是 p 的倍数也不是 q 的倍数，因此 $\gcd(m,\ n)$ 不等于 1 意味着 m 是 p 的倍数或是 q 的倍数，不妨设 $m=tp$，其中 t 为正整数，此时必有 $\gcd(m,\ q)=1$，否则 m 也是 q 的倍数，从而是 pq 的倍数，与 $m<n=pq$ 矛盾。

由欧拉定理及 $\gcd(m,\ q)=1$ 得 $m^{\varphi(q)}\equiv 1 \bmod q$，所以

$m^{k\varphi(q)}\equiv 1 \bmod q$，$[m^{k\varphi(q)}]^{\varphi(p)}\equiv 1 \bmod q$，$m^{k\varphi(n)}\equiv 1 \bmod q$，因此存在一整数 r，使得 $m^{k\varphi(n)+1}=m+rtpq=m+rtn$，即 $m^{k\varphi(n)+1}\equiv m \bmod n$，所以 $c^d \bmod n\equiv m$。

得证。

例：取 $p=47$，$q=71$，计算

$$n=p\times q=47\times 71=3337$$

$$\varphi(n)=(p-1)(q-1)=46\times 70=3220$$

取 $e=79$ 满足 $\gcd(79,\ 3220)=1$，采用扩展的欧几里得算法可由 $de\equiv 1 \bmod 3220$ 求出 d。

求解过程如下：

$$3220=79\times40+60,79=60\times1+19$$
$$60=19\times3+3,19=3\times6+1$$

所以

$$\begin{aligned}1&=19-3\times6=19\times19-60\times6\\&=(79-60)\times19-60\times6=79\times19-60\times25\\&=79\times19-(3220-79\times40)\times25=79\times1019-3220\times25\end{aligned}$$

即 $79\times1019\equiv1 \bmod 3220$，所以取 $d=1019$。

于是公开 $(e,n)=(79,3337)$，保密 $d=1019$ 和 $p=47$，$q=71$，设明文 $m=688$，加密是计算：$c=m^e \bmod n=688^{79} \bmod 3337=1570$。

解密是计算：$m=c^d \bmod n=1570^{1019} \bmod 3337=688$，得到正确的明文。

14.2 RSA 算法硬件实现原理

RSA 模块采用基于改进的 Montgomery 模乘算法的 L-R 扫描法设计，即利用 L-R 扫描法将模幂运算转化为一系列的模乘运算，然后利用改进的基 2 的 Montgomery 算法实现模乘运算。计算 $m^e \bmod n$ 算法中 MM（）表示 Montgomery 模乘算法，k 为模 n 的位数，指数 e 的二进制表示为 $e=e_{k-1}e_{k-2}\cdots e_i\cdots e_1e_0$。

计算 $m^e \bmod n$ 算法描述：

//预处理

① $A=2^{2k} \bmod n$；（在模 n 不变的情况下，A 是一个常数，可以事先计算出来）。

② $B=\mathrm{MM}(m,A)=mA\times2^{-k} \bmod n=m\times2^{2k}\times2^{-k} \bmod n=m\times2^k \bmod n$；（在一组加密过程中，$B$ 是一个常数，可以事先计算出来。）

③ if $e_{k-1}=1$，then $Z=B$，else $Z=C=2^k \bmod n$；（在模 n 不变的情况下，C 是一个常数，可以事先计算出来。）

//中处理——密钥指数降幂

④ for $i=k-2$ downto 0 do loop {

　　$Z=\mathrm{MM}$（Z，Z）；

　　if $e_i=1$，then $Z=\mathrm{MM}$（Z，B）}

　End for

//后处理

⑤ $Z=\mathrm{MM}$（Z，1）；

计算 $m^e \bmod n$ 算法分析：

首先 $2^{2k} \bmod n$ 和 $2^k \bmod n$ 需要进行两次取模过程，后面计算要用到，这两个过程在整个算法中类似一个常量。由于 k 的值在设计中已经规定为 1024 位，因此在系统设计中，要求提前把这两个取模过程计算出来，作为模幂的输入直接输进去。

算法中用到两种 Montgomery 模乘运算，其中一种实现的是平方运算 MM(Z，Z)，另一种实现的是不同的两个数的乘法运算 MM(Z，B)。为了节省资源，把平方看作相同的两个数相乘，这两种运算用同一个 Montgomery 模乘运算模块实现，不能并行工作，虽然速度不能提升，但减小了系统的面积，这在后面的设计结构中可看出。

由算法可看出最后一个步骤是来调整结果的。原因是 Montgomery 模乘算法计算出的结果是 $A\cdot B\times2^{-k} \bmod n$，而不是 $A\cdot B \bmod n$，因此用于模幂算法中时必须做出结果调整。由于步骤②$B=\mathrm{MM}$（m，A）$=mA\times2^{-k} \bmod n=m\times2^{2k}\times2^{-k} \bmod n=m\times2^k \bmod n$，所

以在下面步骤中当 $e_i=1$ 时，$Z=\mathrm{MM}(Z,B)$，计算结果是 $Z=BZ\times 2^{-k}\bmod n=(m\times 2^k \bmod n)(2^k \bmod n)\ 2^{-k}\bmod n$，结果中有数量级 2^k。$Z=\mathrm{MM}(Z,Z)=(m\cdot 2^k \bmod n)\cdot(m\cdot 2^k \bmod n)\ 2^{-k}\bmod n$，结果中也总是有数量级 2^k。因此，当 for 循环完成以后，最后一步 $Z=\mathrm{MM}(Z,1)=Z\cdot 2^{-k}\bmod n=(m^e\cdot 2^k)\cdot 2^{-k}\bmod n=m^e \bmod n$，完成模幂运算，得到符合要求的结果。

Montgomery 模乘算法描述：

设 $A=\sum_{i=0}^{m-1}a_i\cdot 2^i$，$B=\sum_{i=0}^{m-1}b_i\cdot 2^i$，$A$，$B<N$，$N$ 为奇数，则计算 Montgomery 模乘 $\mathrm{MM}(A,B)=AB\times 2^{-m}\bmod N$ 的算法描述如下：

① $R_0=0$；

② for $i=0$ to $m-1$ do

　　$q_i=(R_i+a_i*b_0)\bmod 2$；

　　$R_{i+1}=(R_i+a_i*B+q_i*N)/2$；

　End for

③ $\mathrm{MM}(A,B)=R_m$；

14.3 RSA 密码处理器体系结构设计

RSA 密码算法的核心步骤是模幂运算，本设计采用 L-R 扫描法，对 1024 位的密钥从左向右进行 1024 次扫描，将模幂运算转换为一系列的模乘运算，再利用改进的基 2 的 Montgomery 算法将模乘运算转化为加法和移位运算，对于模幂运算中的 3 个 1024 位数相加的运算，本设计采用 32 位加法器对 1024 位的数据循环相加 32 次，最后将 32 个结果数据整合成为一个 1024 位的数据。RSA 密码处理器主要包括控制模块、模乘模块、参数寄存器模块、数据选择器模块等。其中模乘模块又划分为模乘控制模块、数据预处理模块、32 位数据加法模块、数据后处理模块和计数器模块。

RSA 密码处理器的组成框图如图 14-1 所示，RSA 密码处理器的电路结构图如图 14-2 所示。

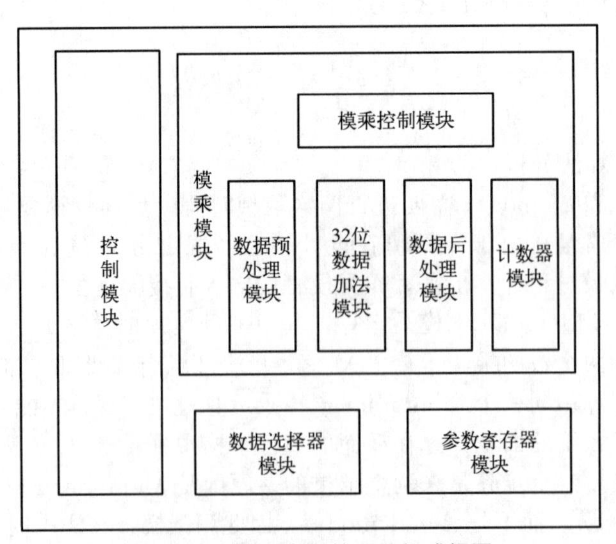

图 14-1　RSA 密码处理器组成框图

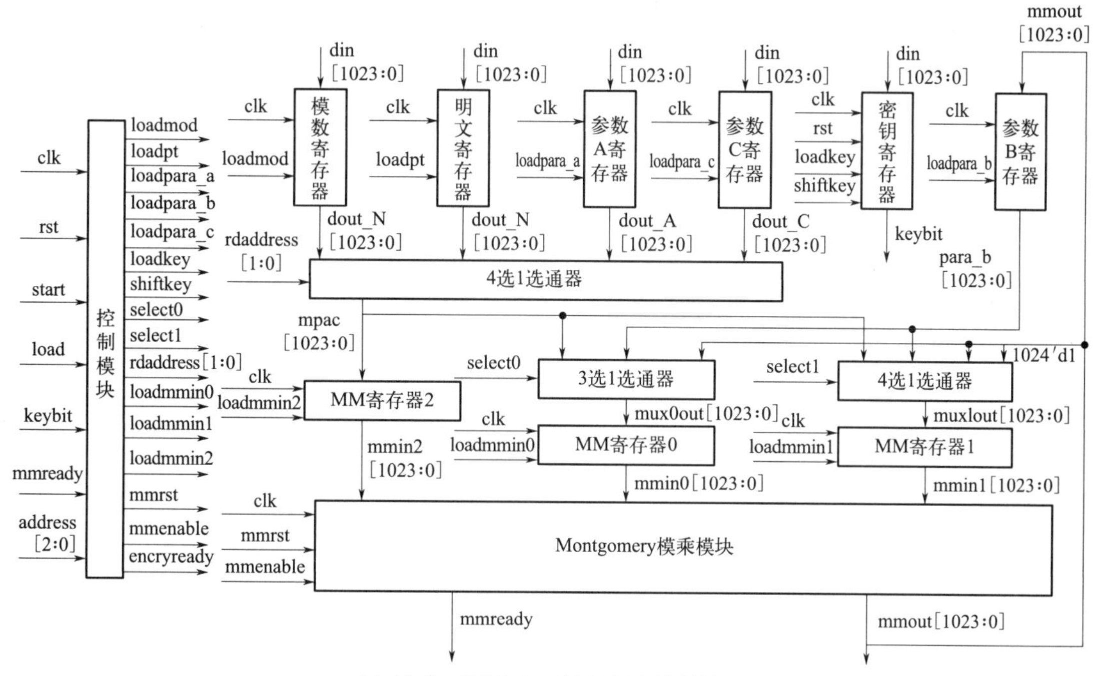

图 14-2　RSA 密码处理器电路结构图

RSA 顶层模块中实例化了 RSA 控制模块、模乘模块、参数寄存器模块、数据选择器模块，使它们共同配合完成 RSA 密码算法的加/解密过程。RSA 顶层模块的外部信号如图 14-3 所示，外部信号说明如表 14-1 所示。

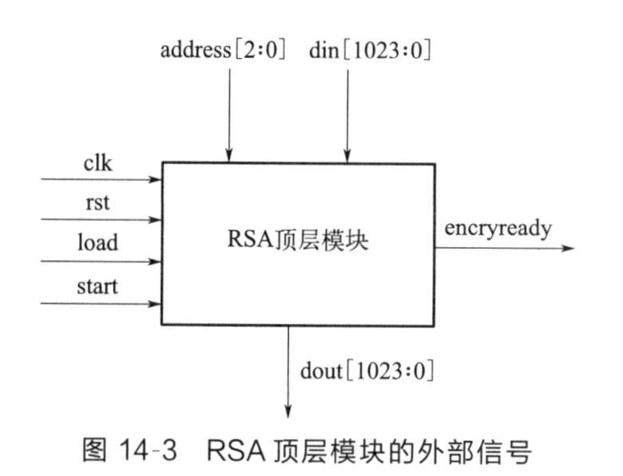

图 14-3　RSA 顶层模块的外部信号

表 14-1　RSA 顶层模块的外部信号说明

名称	位数	类别	含义
clk	1 位	输入	时钟信号
rst	1 位	输入	复位信号，1 有效
load	1 位	输入	参数载入使能信号，1 有效
start	1 位	输入	加/解密使能信号，1 有效
din	1024 位	输入	输入参数
address	3 位	输入	参数载入写地址，值为 0～4
encryready	1 位	输出	加/解密完成标志位，完成为 1
dout	1024 位	输出	RSA 加/解密结果

在复位信号 rst 有效时，将 RSA 加/解密模块置为空闲状态；在参数载入使能信号 load 有效时，从外部根据写地址 address 的值依次输入模数、明文、密钥、参数 A 和参数 C，为启动 RSA 加/解密做好准备，输入的 5 个参数均由外部程序提前产生。在参数载入完成后，RSA 加/解密使能信号 start 有效时，RSA 加/解密将启动，由空闲状态跳变至工作状态，直至完成整个 RSA 加/解密过程。在完成 RSA 加/解密后，将加/解密完成标志位 encry ready 置为 1，并输出加/解密结果 dout，由工作状态跳变至空闲状态，等待下一次 RSA 加/解密使能信号的有效时刻。

14.3.1　RSA 控制模块设计

RSA 控制模块是整个 RSA 加/解密过程的核心部分，整个 RSA 加/解密过程是由 RSA 控制模块控制完成的。RSA 控制模块的外部信号如图 14-2 所示，外部信号说明如表 14-2 所示。

表 14-2 RSA 控制模块的外部信号说明

名称	位数	类别	含义
clk	1位	输入	时钟信号
rst	1位	输入	复位信号,1有效
load	1位	输入	参数载入使能信号,1有效
start	1位	输入	加/解密使能信号,1有效
address	3位	输入	参数载入写地址,值为0～4
mmready	1位	输入	模乘完成标志位,完成为1
keybit	1位	输入	从左到右扫描输出密钥中的一位
loadmod	1位	输出	载入模数使能信号,1有效
loadpt	1位	输出	载入明文使能信号,1有效
loadpara_a	1位	输出	载入参数A使能信号,1有效
loadpara_b	1位	输出	载入参数B使能信号,1有效
loadpara_c	1位	输出	载入参数C使能信号,1有效
loadkey	1位	输出	载入密钥使能信号,1有效
shiftkey	1位	输出	密钥扫描位置右移一位信号,1有效
select0	1位	输出	数据选择器0使能信号,1有效
select1	1位	输出	数据选择器1使能信号,1有效
mmrst	1位	输出	模乘模块复位信号,1有效
mmenable	1位	输出	模乘模块运算使能信号,1有效
loadmmin0	1位	输出	MM寄存器0载入使能信号,1有效
loadmmin1	1位	输出	MM寄存器1载入使能信号,1有效
loadmmin2	1位	输出	MM寄存器2载入使能信号,1有效
rdaddress	2位	输出	模数、密钥、参数A、参数C选择信号
encryready	1位	输出	加/解密完成标志位,完成为1

在复位信号 rst 有效时，RSA 控制模块中的状态置为 S0 空闲状态；在 RSA 加/解密使能信号 start 有效时，状态由 S0 跳变至 S1 状态，开始进行 RSA 加/解密过程；RSA 加/解密过程中会对其他模块的控制信号进行赋值输出，使其他模块协调配合完成整个 RSA 加/解密过程；在完成 RSA 加/解密过程后，会将加/解密完成标志位置为 1，并输出最终 RSA 加/解密结果。

该控制模块中的状态机包括 S0 至 S16 共 17 个状态。RSA 控制模块中的状态转移过程如图 14-4 和表 14-3 所示。

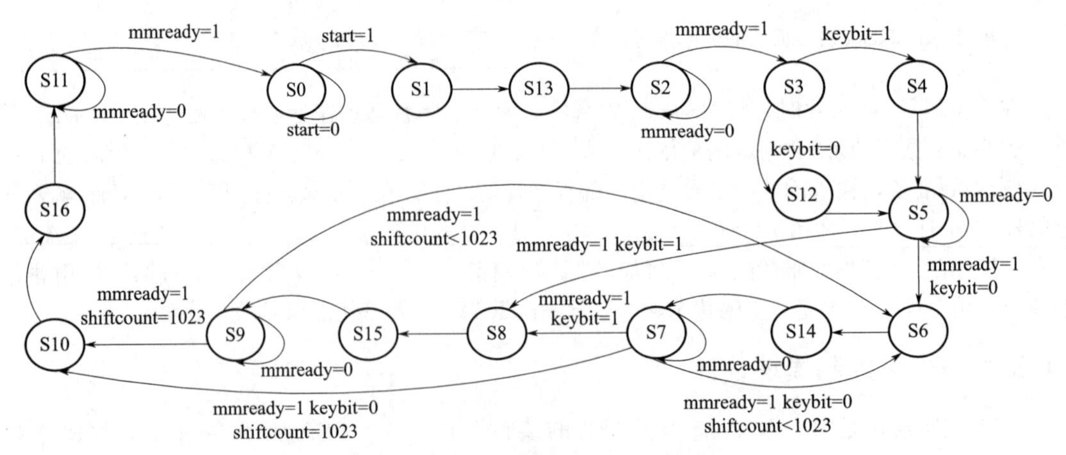

图 14-4 RSA 控制模块的状态转移图

表 14-3　RSA 控制模块的状态转移表

当前状态	状态功能	跳变条件	下一个状态
S0	空闲	start=0	S0
		start=1	S1
S1	M(M,A,N)初始化状态 MM 寄存器 0 载入明文	无	S13
S2	M(M,A,N)计算状态	mmready=0	S2
		mmready=1	S3
S3	保存 B=M(M,A,N)结果	keybit=0	S12
		keybit=1	S4
S4	第一个 M(Z,Z,N)初始化状态 (keybit=1,Z=B) MM 寄存器 0 载入参数 B MM 寄存器 1 载入参数 B	无	S5
S5	第一个 M(Z,Z,N)计算状态	mmready==0	S5
		mmready==1 keybit==0	S6
		mmready==1 keybit==1	S8
S6	M(Z,Z,N)初始化状态 ($0 \leqslant i \leqslant 1023$) MM 寄存器 0 载入 Z MM 寄存器 1 载入 Z	无	S14
S7	M(Z,Z,N)计算状态 ($0 \leqslant i \leqslant 1023$)	mmready==0	S7
		mmready==1 keybit==1	S8
		mmready==1 keybit==0 shiftcount<1023	S6
		mmready==1 keybit==0 shiftcount=1023	S10
S8	M(Z,B,N)初始化状态 MM 寄存器 0 载入 B MM 寄存器 1 载入 Z	无	S15
S9	M(Z,B,N)计算状态	mmready==0	S9
		mmready==1 shiftcount<1023	S6
		mmready==1 shiftcount=1023	S10
S10	M(Z,1,N)初始化状态 MM 寄存器 0 载入 Z MM 寄存器 1 载入 1	无	S16
S11	M(Z,1,N)计算状态	mmready==0	S11
		mmready==1	S0
S12	第一个 M(Z,Z,N)初始化状态 (keybit=0,Z=C) MM 寄存器 0 载入参数 C MM 寄存器 1 载入参数 C	无	S5

续表

当前状态	状态功能	跳变条件	下一个状态
S13	M(M,A,N)初始化状态 MM 寄存器 1 载入参数 A	无	S2
S14	将模乘结果值 R 复位为 0， 为下次模乘做好准备	无	S7
S15	将模乘结果值 R 复位为 0， 为下次模乘做好准备	无	S9
S16	将模乘结果值 R 复位为 0， 为下次模乘做好准备	无	S11

在 rst 复位信号有效时，状态会被置为 S0 空闲状态，在此状态会使 MM 寄存器 2 的载入信号有效，将模数载入 MM 寄存器 2，为启动 RSA 加/解密做好准备。在 RSA 加/解密使能信号有效时，状态由 S0 跳变至 S1，否则保持为 S0 空闲状态。

在 S1 状态进行模乘 M（M，A，N）初始化状态，使 MM 寄存器 0 的载入信号有效，数据选择器 0 选择输出明文，将明文载入 MM 寄存器 0，另外会将模乘模块复位信号 mmrst 置为 1，将模乘结果值 R 复位为 0，为启动模乘运算做好准备，完成后跳变至 S13 状态。

在 S13 状态进行模乘 M（M，A，N）初始化状态，使 MM 寄存器 1 的载入信号有效，数据选择器 1 选择输出参数 A，将参数 A 载入 MM 寄存器 1，完成后跳变至 S2 状态。

在 S2 状态进行模乘 M（M，A，N）计算，将模乘模块运算使能信号 mmenable 置为 1，开始进行模乘运算。模乘运算完成后会将模乘完成标志位 mmready 置为 1，状态由 S2 跳变至 S3。

在 S3 状态对模乘运算结果 B＝M（M，A，N）进行保存，将参数 B 寄存器的载入信号 loadpara_b 置为 1，将模乘运算结果保存至参数 B 寄存器。完成该操作后，对从密钥寄存器从左向右扫描输出的一位密钥 keybit 进行判断，若 keybit＝1，状态由 S3 跳变至 S4；若 keybit＝0，状态由 S3 跳变至 S12。

在 S4 状态完成第一个 M（Z，Z，N）初始化状态（keybit＝1，Z＝B），使 MM 寄存器 0 和 MM 寄存器 1 的载入信号有效，数据选择器 0 和数据选择器 1 选择输出参数 B，将参数 B 载入 MM 寄存器 0 和 MM 寄存器 1。另外，使密钥扫描位置右移一位信号 shiftkey 有效，将密钥扫描位置的数据赋值给 1 位的 keybit，完成后状态由 S4 跳变至 S5。

在 S12 状态完成第一个 M（Z，Z，N）初始化状态（keybit＝0，Z＝C），使 MM 寄存器 0 和 MM 寄存器 1 的载入信号有效，数据选择器 0 和数据选择器 1 选择输出参数 C，将参数 C 载入 MM 寄存器 0 和 MM 寄存器 1。另外，使密钥扫描位置右移一位信号 shiftkey 有效，将密钥扫描位置的数据赋值给 1 位的 keybit，完成后状态由 S12 跳变至 S5。

在 S5 状态进行第一个模乘 M（Z，Z，N）计算，将模乘模块运算使能信号 mmenable 置为 1，开始进行模乘运算。模乘运算完成后会将模乘完成标志位 mmready 置为 1，对密钥寄存器输出的一位密钥 keybit 进行判断，若 keybit＝1，状态由 S5 跳变至 S8；若 keybit＝0，状态由 S5 跳变至 S6。

在 S6 状态完成 M（Z，Z，N）（$0 \leqslant i \leqslant 1021$）初始化状态，使 MM 寄存器 0 和 MM 寄存器 1 的载入信号有效，数据选择器 0 和数据选择器 1 选择输出模乘结果 Z，将模乘结果 Z 载入 MM 寄存器 0 和 MM 寄存器 1。另外，使密钥扫描位置右移一位信号 shiftkey 有效，将密钥扫描位置的数据赋值给 1 位的 keybit，完成后状态由 S6 跳变至 S14。

在 S14 状态将模乘模块复位信号 mmrst 置为 1，将模乘结果值 R 复位为 0，为启动模乘运算做好准备，完成后跳变至 S7 状态。

在 S7 状态进行模乘 M（Z，Z，N）计算，将模乘模块运算使能信号 mmenable 置为 1，开始进行模乘运算。模乘运算完成后会将模乘完成标志位 mmready 置为 1，对密钥寄存器输出的一位密钥 keybit 进行判断，若 keybit＝1，状态由 S7 跳变至 S8；若 keybit＝0，对 1024 计数变量 shiftcount 进行判断，若 shiftcount＜1023，状态由 S7 跳变至 S6；若 shiftcount＝1023，状态由 S7 跳变至 S10。

在 S8 状态完成 M（Z，B，N）初始化状态，使 MM 寄存器 0 和 MM 寄存器 1 的载入信号有效，数据选择器 0 选择输出参数 B，数据选择器 1 选择输出模乘结果 Z，将参数 B 载入 MM 寄存器 0，将模乘结果 Z 载入 MM 寄存器 1，完成后状态由 S8 跳变至 S15。

在 S15 状态将模乘模块复位信号 mmrst 置为 1，将模乘结果值 R 复位为 0，为启动模乘运算做好准备，完成后跳变至 S9 状态。

在 S9 状态进行模乘 M（Z，B，N）计算，将模乘模块运算使能信号 mmenable 置为 1，开始进行模乘运算。模乘运算完成后会将模乘完成标志位 mmready 置为 1，对 1024 计数变量 shiftcount 进行判断，若 shiftcount＜1023，状态由 S9 跳变至 S6；若 shiftcount＝1023，状态由 S9 跳变至 S10。

在 S10 状态完成 M（Z，1，N）初始化状态，使 MM 寄存器 0 和 MM 寄存器 1 的载入信号有效，数据选择器 0 选择输出模乘结果 Z，数据选择器 1 选择输出常数 1，将模乘结果 Z 载入 MM 寄存器 0，将常数 1 载入 MM 寄存器 1，完成后状态由 S10 跳变至 S16。

在 S16 状态将模乘模块复位信号 mmrst 置为 1，将模乘结果值 R 复位为 0，为启动模乘运算做好准备，完成后跳变至 S11 状态。

在 S11 状态进行模乘 M（Z，1，N）计算，将模乘模块运算使能信号 mmenable 置为 1，开始进行模乘运算。模乘运算完成后会将模乘运算标志位 mmready 置为 1，状态由 S11 跳变至 S0 空闲状态，将 RSA 加/解密完成标志位 encryready 置为 1。

RSA 控制模块在各状态产生的控制信号如表 14-4 和表 14-5 所示。

表 14-4　模乘控制模块的控制信号的取值表

信号	S0	S1	S2	S3	S4	S5	S6	S7
loadpara_b	0	0	0	1	0	0	0	0
mmenable	0	0	1	0	0	1	0	1
mmrst	0	1	0	0	1	0	0	0
shiftkey	0	0	0	0	1	0	1	0
select0	2	0	2	2	1	2	2	2
select1	2	0	2	2	1	2	2	2
loadmmin0	0	1	0	0	1	0	1	0
loadmmin1	0	0	0	0	1	0	1	0
loadmmin2	1	0	0	0	0	0	0	0
rdaddress	0	1	0	0	0	0	0	0
shiftcount	0	原值	原值	原值	原值＋1	原值	原值＋1	原值
loadmod	(load＝＝1′d1)？((address＝＝3′d0)？1：0)：0							
loadpt	(load＝＝1′d1)？((address＝＝3′d1)？1：0)：0							
loadkey	(load＝＝1′d1)？((address＝＝3′d2)？1：0)：0							
loadpara_a	(load＝＝1′d1)？((address＝＝3′d3)？1：0)：0							
loadpara_c	(load＝＝1′d1)？((address＝＝3′d4)？1：0)：0							
encryready	(state＝＝4′d0)&(state_delay＝＝4′d11)							

表 14-5　模乘控制模块的控制信号的取值表

信号	S8	S9	S10	S11	S12	S13	S14	S15	S16
loadpara_b	0	0	0	0	0	0	0	0	0
mmenable	0	1	0	1	0	0	0	0	0
mmrst	0	0	0	0	1	1	1	1	1
shiftkey	0	0	0	0	1	0	0	0	0
select0	2	2	2	2	0	0	2	2	2
select1	1	2	3	2	0	0	2	2	2
loadmmin0	1	0	1	0	1	0	0	0	0
loadmmin1	1	0	1	0	1	1	0	0	0
loadmmin2	0	0	0	0	0	0	0	0	0
rdaddress	0	0	0	0	3	2	0	0	0
shiftcount	原值	原值	原值	原值	原值+1	原值	原值	原值	原值
loadmod	(load==1'd1)?((address==3'd0)?1:0):0								
loadpt	(load==1'd1)?((address==3'd1)?1:0):0								
loadkey	(load==1'd1)?((address==3'd2)?1:0):0								
loadpara_a	(load==1'd1)?((address==3'd3)?1:0):0								
loadpara_c	(load==1'd1)?((address==3'd4)?1:0):0								
encryready	(state==4'd0)&(state_delay==4'd11)								

14.3.2 参数寄存器模块设计

(1) 通用寄存器模块设计

在 RSA 顶层模块中，模数、明文、参数 A、参数 B 和参数 C 寄存器均是实例化的通用寄存器模块。通用寄存器模块的外部信号说明如表 14-6 所示。

表 14-6　通用寄存器模块的外部信号说明

名称	位数	类别	含义	名称	位数	类别	含义
clk	1 位	输入	时钟信号	din	1024 位	输入	外部输入
load	1 位	输入	参数载入信号，1 有效	dout	1024 位	输出	寄存器寄存值

当 load 载入使能信号有效时，在时钟信号的上升沿将输入端口 din 上的数据写入寄存器，否则寄存器的值保持不变，输出端口 dout 实时输出寄存器的值。

(2) 密钥寄存器模块设计

密钥寄存器是用来寄存密钥的，并对 1024 位的密钥从左到右扫描，每次输出一位密钥值。密钥寄存器模块的外部信号说明如表 14-7 所示。

表 14-7　密钥寄存器模块的外部信号说明

名称	位数	类别	含义
clk	1 位	输入	时钟信号
rst	1 位	输入	复位信号，1 有效
loadkey	1 位	输入	密钥载入信号，1 有效
shiftkey	1 位	输入	密钥扫描位置右移一位信号，1 有效
din	1024 位	输入	外部密钥值输入
keybit	1 位	输出	1 位密钥值

RSA 加/解密算法采用 L-R 密钥扫描法设计，对 1024 位的密钥按照从左到右的顺序扫描一位值并输出 1024 次，RSA 控制模块根据密钥每一位值的取值情况，判断要执行的模乘

运算。在密钥载入信号 loadkey 有效时，将密钥值寄存到寄存器内；在 shiftkey 有效时，将密钥的扫描位置右移一位，并将扫描位置的值实时赋值给 keybit 进行输出。

14.3.3 数据选择器模块设计

数据选择器模块实现多数据输入，根据选择信号从多数据中输出一个数据的功能。数据选择器模块的外部信号说明如表 14-8 所示。

表 14-8 数据选择器模块的外部信号说明

名称	位数	类别	含义	名称	位数	类别	含义
select	2 位	输入	选择信号	c	1024 位	输入	输入变量 3
a	1024 位	输入	输入变量 1	d	1024 位	输入	输入变量 4
b	1024 位	输入	输入变量 2	out	1024 位	输出	选择器输出值

14.3.4 模乘模块设计

模乘模块是本设计的核心部分，决定了整个模块的性能和规模。对于模乘模块中的 3 个 1024 位数据相加部分，如果采用 1024 位的加法器直接对 3 个 1024 位数据相加，将会占用很大的硬件资源，并且会降低时钟频率，影响运算速度。本设计对该部分采用循环使用 32 位的加法器 32 次实现 1024 位数据相加，并由模乘控制模块控制完成。

具体步骤分为数据预处理、循环完成 32 位数据加法、数据后处理。数据预处理部分是将 3 个 1024 位数据分组为 32 组 3 个 32 位的数据，按次序分次输出 32 组 3 个 32 位的数据。32 位数据加法部分是在模乘控制模块的控制下，对数据预处理后的 32 组 3 个 32 位数据循环完成 32 次加法，每次加法都会对上一次加法产生的进位进行输入和对本次加法产生的进位进行输出。数据后处理部分是对每组 32 位数据相加结果进行保存，在完成 32 次后，将 1 个 1024 位数据结果输出到数据预处理模块，为下次进行 3 个 1024 位数据相加做好准备，或在模乘运算完成后输出运算结果。计数器模块实现计数功能，在达到计数要求后输出计数完成标志位。

模乘模块的电路结构如图 14-5 所示。

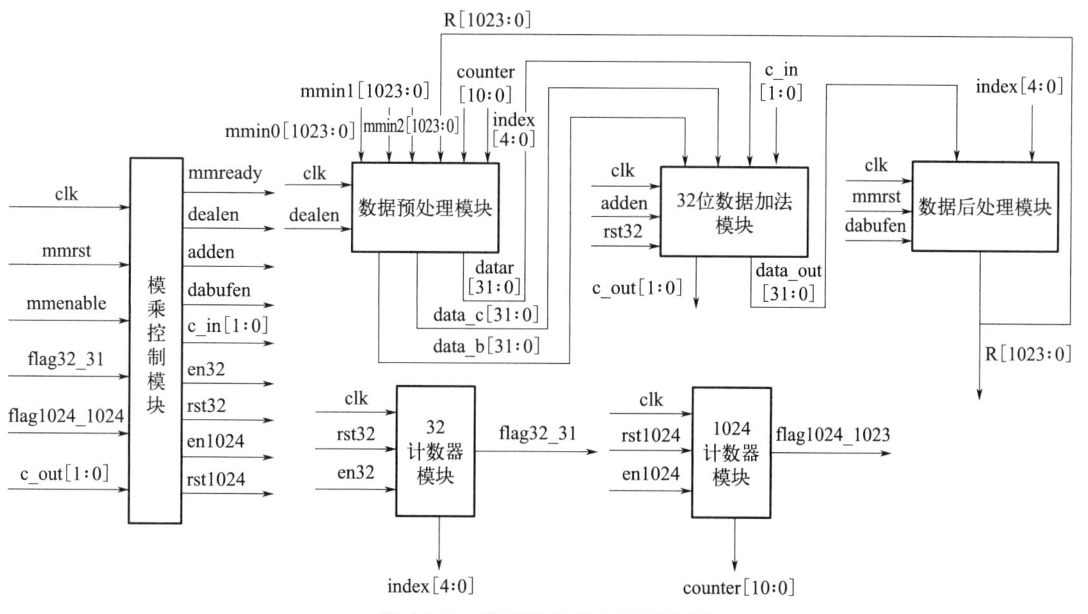

图 14-5 模乘模块的电路结构图

(1) 模乘顶层模块

模乘顶层模块实例化了模乘模块内的模乘控制模块、数据预处理模块、32 位数据加法模块、数据后处理模块和计数器模块，将这些模块连接起来，使它们配合工作完成模乘运算。模乘顶层模块的外部信号如图 14-6 所示，外部信号说明如表 14-9 所示。

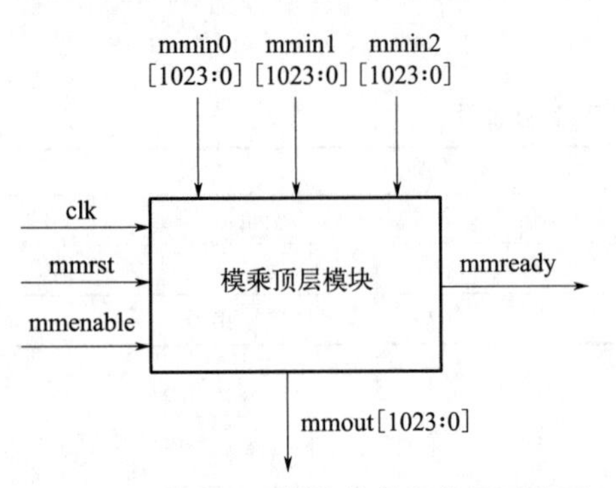

图 14-6 模乘顶层模块的外部信号示意图

表 14-9 模乘顶层模块的外部信号说明

名称	位数	类别	含义
clk	1 位	输入	时钟信号
mmrst	1 位	输入	模乘模块复位信号,1 有效
mmenable	1 位	输入	模乘模块运算使能信号,1 有效
mmin0	1024 位	输入	输入数据 0
mmin1	1024 位	输入	输入数据 1
mmin2	1024 位	输入	输入数据 2
mmready	1 位	输出	模乘完成标志位,完成为 1
mmout	1024 位	输出	模乘运算结果

在复位信号 mmrst 有效时，将状态机中的状态置为 S0 空闲状态，为进行模乘运算做好准备。在模乘模块运算使能信号 mmenable 有效时，状态机中的状态从 S0 空闲状态跳变至 S1 工作状态，进行模乘运算，在完成模乘运算后，将模乘完成标志位 mmready 置为 1 并将模乘运算结果 mmout 输出。

(2) 模乘控制模块设计

整个模乘运算是由模乘控制模块控制完成的。在进行一次模乘运算时，模乘模块使能信号 mmenable 为 1 时，模乘控制模块会由空闲状态跳至工作状态，开始进行模乘运算。在经历 1024 次 3 个 1024 位的数据相加后，会得到最终的模乘运算结果。其中 1 次 3 个 1024 位数据的相加过程又被拆分为 32 次 3 个 32 位数据时相加过程。模乘控制模块外部信号说明如表 14-10 所示。

表 14-10 模乘控制模块的外部信号说明

名称	位数	类别	含义
clk	1 位	输入	时钟信号
mmrst	1 位	输入	复位信号,1 有效
mmenable	1 位	输入	模乘模块运算使能信号,1 有效
flag32_31	1 位	输入	计数标志信号,计数到 31 时为 1
flag1024_1023	1 位	输入	计数标志信号,计数到 1023 时为 1
c_out	2 位	输入	上一次 32 位数相加产生的进位
mmready	1 位	输出	模乘完成标志位,完成为 1
dealen	1 位	输出	数据预处理使能信号
adden	1 位	输出	32 位数据加法使能信号
dabufen	1 位	输出	数据后处理使能信号
c_in	2 位	输出	为下一次 32 位数相加提供进位
en32	1 位	输出	计数 32 次使能信号
rst32	1 位	输出	计数 32 次复位信号
en1024	1 位	输出	计数 1024 次使能信号
rst1024	1 位	输出	计数 1024 次复位信号

模乘控制模块中的状态机控制整个模乘运算过程。模乘控制模块中的状态机跳变过程如

图 14-7 所示。状态机共有 5 个状态，S0 状态是空闲状态；S1 进行数据预处理；S2 进行 32 位数据相加；S3 进行数据后处理；S4 判断模乘运算是否完成。

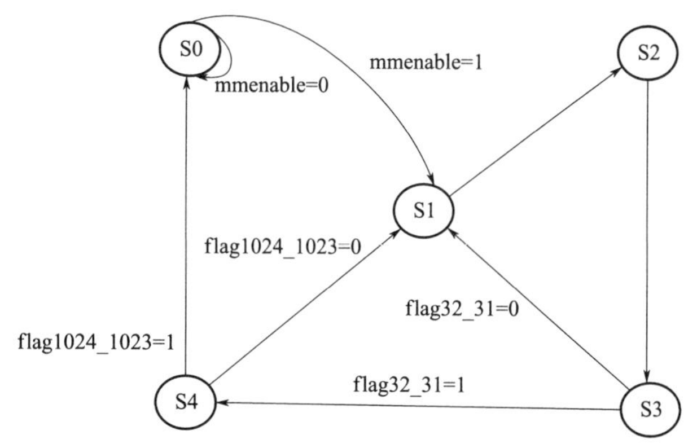

图 14-7 模乘控制模块的状态跳变示意图

在复位信号 mmrst 有效时，将状态机的状态复位为 S0 空闲状态。在模乘模块运算使能信号 mmenable 有效时，状态跳变至 S1，进行 32 位数据预处理。

在 S1 进行完 32 位数据预处理后，状态跳变至 S2，进行 32 位数据相加。

在 S2 完成 32 位数据相加后，状态跳变至 S3 进行数据后处理。在完成数据后处理后，会判断计数标志位 flag32_31 信号是否为 1，即是否完成 32 次 3 个 32 位数相加。若 flag32_31 为 0，状态会跳变至 S1，进行下一次 3 个 32 位数相加的过程。若 flag32_31 为 1，即完成了 32 次 3 个 32 位数据相加的过程，状态会跳变至 S4。

在 S4 会判断计数标志位 flag1024_1023 信号是否为 1，即是否完成了 1024 次 3 个 1024 位的数据相加。若 flag1024_1023＝0，状态会跳变至 S1，进行下一次 3 个 1024 位数据相加的过程。若 flag1024_1023＝1，即完成了 1024 次 3 个 1024 位数据相加的过程，状态会跳变至 S0。

状态跳变至 S0 后，状态机会进入空闲状态，等待下一次模乘模块运算使能信号 mmenale 有效时启动下一次模乘运算。模乘控制模块状态跳变如表 14-11 所示，产生的控制信号的取值情况如表 14-12 所示。

表 14-11 模乘控制模块状态跳变表

当前状态	状态功能	跳变条件	下一个状态
S0	空闲	mmenable＝0	S0
		mmenable＝1	S1
S1	数据预处理	无	S2
S2	32 位数据相加	无	S3
S3	数据后处理	flag32_31＝0	S1
		flag32_31＝1	S4
S4	判断模乘是否完成	flag1024_1023＝0	S1
		flag1024_1023＝1	S0

表 14-12 模乘控制模块产生的控制信号的取值表

信号	S0	S1	S2	S3	S4
en32_r	0	0	0	1	0
en1024_r	0	0	0	0	1

续表

信号	S0	S1	S2	S3	S4
rst32_r	1	0	0	(flag32_31==1)? 1 : 0	0
rst1024_r	1	0	0	0	0
dealen_r	0	1	0	0	0
adden_r	0	0	1	0	0
dabufen_r	0	0	0	1	0
mmready_r	0	0	0	0	(flag1024_1023==1)? 1 : 0
c_in	c_out				

(3) 数据预处理模块设计

数据预处理模块完成对 3 个 1024 位的数据分组为 32 组 3 个 32 位的数据，并按一定的地址位输出特定一组 32 位数据的任务，每组 32 位的数据有地址位对应，地址位的数值范围是 0～31。数据预处理模块的外部信号说明如表 14-13 所示。

表 14-13 数据预处理模块的外部信号说明

名称	位数	类别	含义
clk	1 位	输入	时钟信号
counter	11 位	输入	计数标志位,值从 0 计数到 1024
mmin0	1024 位	输入	1024 位被处理数 0
mmin1	1024 位	输入	1024 位被处理数 1
mmin2	1024 位	输入	1024 位被处理数 2
R	1024 位	输入	1024 位模乘模块结果
index	5 位	输出	地址位,值 0～31 用来表示 32 组数据
dealen	1 位	输出	数据预处理使能信号,1 有效
data_b	32 位	输出	输出加法数 b 的 1 组 32 位
data_c	32 位	输出	输出加法数 c 的 1 组 32 位
datar	32 位	输出	输出加法数 r 的 1 组 32 位

当 mmin0、mmin1、mmin2、R、counter 数据输入后，该模块会对数据进行处理，内部变量地址位 index 输入值的范围是 0～31。当预处理使能信号有效时，该模块根据 index 值对 32 位数据进行选择输出。

(4) 32 位数据加法模块设计

32 位数据加法模块是对数据预处理后的 32 组 3 个 32 位数据循环完成 32 次加法并输出 32 次 32 位的结果数据，每次加法都会有上一次加法产生的进位的输入，并对本次产生的加法进位进行输出。32 位数据加法模块外部信号说明如表 14-14 所示。

表 14-14 32 位数据加法模块的外部信号说明

名称	位数	类别	含义
clk	1 位	输入	时钟信号
rst32	1 位	输入	复位信号,1 有效
adden	1 位	输入	32 位数据加法使能信号,1 有效
c_in	2 位	输入	输入上次加法生成的进位值
data_b	32 位	输入	输入加法数 b 的 1 组 32 位
data_c	32 位	输入	输入加法数 c 的 1 组 32 位
datar	32 位	输入	输入加法数 r 的 1 组 32 位
data_out	32 位	输出	输出 32 位加法结果值
c_out	2 位	输出	输出此次加法生成的进位值

在进行第一次3个32位数的加法时，会在rst32复位信号有效时，对输出进位c_out赋值为0，使得输入的进位信号c_in为0；在32位数据加法使能信号adden有效时，会对输入的32位数据和2位数据c_in进行加法操作，将结果的低32位输出给data_out，结果的高2位的进位输出给c_out。

（5）数据后处理模块设计

数据后处理模块是将32组3个32位数的加法结果保存到寄存器内，在完成32次32位数据加法后，输出一个1024位结果数据，该结果会被输入到数据预处理模块，开始进行下一轮的3个1024位数的加法，在完成1024次3个1024位数据相加后，会输出模乘模块最终运算的结果。数据后处理模块外部信号说明如表14-15所示。

表14-15　数据后处理模块的外部信号说明

名称	位数	类别	含义
clk	1位	输入	时钟信号
mmrst	1位	输入	复位信号，1有效
dabufen	1位	输入	数据后处理使能信号，1有效
index	5位	输入	地址位，值0～31用来表示32组数据
data_out	32位	输入	输入32位加法结果值
R	1024位	输出	1024位模乘模块临时结果

在进行一次模乘运算时，会使mmrst有效，将模乘结果临时寄存器R复位为0。在数据后处理使能信号dabufen有效时，将输入的32位data _ out根据地址位index的值存储到模块寄存器内，在完成对32组数据按次序存储后，将拼接的1024位的数据赋值给R，输出到数据预处理模块或直接从模乘模块输出到模块外部。

（6）计数器模块设计

计数器模块实现从0到a的记数功能，在计数到a时，计数标志位变为1。计数器模块外部信号说明如表14-16所示。

表14-16　计数器模块的外部信号说明

名称	位数	类别	含义
clk	1位	输入	时钟信号
rst	1位	输入	复位信号，1有效
en	1位	输入	计数使能信号，1有效
index	5位	输出	地址位，值0～31用来表示32组数据
counter	5位	输出	计数变量
flag	1位	输出	计数标志位，计数完成时为1

在复位信号rst有效时，将计数变量counter和计数标志位flag复位为0，在计数使能信号en有效时，使计数变量counter加1，当计数变量达到计数要求时，将计数完成标志位flag置为1。

14.4　RSA密码处理器主要RTL代码设计

```
module  Contral(clk,rst,load,address,start,mmready,keybit,
        loadmod,loadpt,loadkey,shiftkey,loadpara_a,loadpara_b,loadpara_c,select0,
        select1,mmrst,mmenable,encryready,loadmmin0,loadmmin1,loadmmin2,rdaddress);
        input clk,rst,load,start,mmready,keybit;
```

```
input [2:0] address;
output loadmod,loadpt,loadkey,shiftkey,loadmmin0,loadmmin1,loadmmin2;
output loadpara_a,loadpara_b,loadpara_c,mmrst,mmenable,encryready;
output [1:0] select0,select1,rdaddress;

reg mmrst,mmenable,shiftkey,loadpara_b,loadmmin0,loadmmin1,loadmmin2;
reg [1:0] select0,select1,rdaddress;

reg [4:0] state,next_state,state_delay;
reg [9:0] shiftcount;

always@ (posedge clk)
begin
    if(rst)
        begin state=5'd0;state_delay=0;  end
    else
        begin state_delay=state;  state=next_state;end
end

always@ (posedge clk)
begin
    if(rst)
        shiftcount=10'd0;
    else if(shiftkey)
        shiftcount=shiftcount+1'b1;
    else
        shiftcount=shiftcount;
end

always@ (state,start,mmready,keybit,shiftcount)
begin
    case(state)
    5'd0:begin next_state=(start==1)? 5'd1:5'd0;end//start=1开始加密载入模数N
    5'd1:next_state=5'd13;  //S1,M(M,A,N)初始化状态,载入MMreg0,明文
    5'd2:next_state=(mmready==1)? 5'd3:5'd2;  //S2,M(M,A,N)计算状态
    5'd3:next_state=(keybit==1)? 5'd4:5'd12;  //S3,保存B=M(M,A,N)结果状态
    5'd4:begin next_state=5'd5;  end//S4,第一个M(Z,Z,N)初始化状态,(keybit=1,Z=B)
    5'd5:begin//S5,第一个M(Z,Z,N)计算状态
        if(mmready==0)  next_state=5'd5;
        else  begin if(keybit==1)next_state=5'd8;
                        else next_state=5'd6;end
            end
    5'd6:begin next_state=5'd14;end//S6,M(Z,Z,N)初始化状态(0≤i ≤1023)
    5'd7:begin//S7,M(Z,Z,N)计算状态
        if(mmready==0)  next_state=4'd7;
        else
        begin
            if(keybit==1)next_state=4'd8;
            else  begin
                    if(shiftcount==1023)next_state=4'd10;
```

```
                        else  next_state=4'd6;
                    end
                end
                    end
        5'd8:next_state=5'd15;    //S8,M(Z,B,N)初始化状态
        5'd9:begin//S9,M(Z,B,N)计算状态
            if(mmready==0)next_state=5'd9;
            else begin  if(shiftcount==1023)  next_state=5'd10;
                                        else next_state=5'd6;end  //shiftcount <1023
                    end
        5'd10:next_state=5'd16;  //S10,M(Z,1,N)初始化状态
        5'd11:next_state=(mmready==1)? 5'd0:5'd11;  //S11,M(Z,1,N)计算状态
        5'd12:begin next_state=4'd5;  end//S12,第一个 M(Z,Z,N)初始化状态(keybit=0,Z=C)
        5'd13:next_state=4'd2;  //S13,M(M,A,N)初始化状态,载入 MMreg1 参数 A
        5'd14:next_state=4'd7;//复位 R
        5'd15:next_state=4'd9;//复位 R
        5'd16:next_state=4'd11;//复位 R
        default:next_state=4'd0;
        endcase
end

always@ (state)
begin
    case(state)
    5'd3:  loadpara_b=1'd1;
    default:  loadpara_b=1'd0;
    endcase
end

always@ (state)
begin
    case(state)
    5'd2:  mmenable=1'd1;
    5'd5:  mmenable=1'd1;
    5'd7:  mmenable=1'd1;
    5'd9:  mmenable=1'd1;
    5'd11:mmenable=1'd1;
    default:  mmenable=1'd0;
    endcase
end

always@ (state)
begin
    case(state)
    5'd4:  shiftkey=1;
    5'd6:  shiftkey=1;
    5'd12:  shiftkey=1;
    default:  shiftkey=0;
    endcase
end
```

```
always@ (state)
begin
    case(state)
    5'd1:  select0=2'd0;
    5'd4:  select0=2'd1;
    5'd12:  select0=2'd0;
    5'd13:    select0=2'd0;
    default:  select0=2'd2;
    endcase
end

always@ (state)
begin
    case(state)
    5'd1:  select1=2'd0;
    5'd4:  select1=2'd1;
    5'd8:  select1=2'd1;
    5'd10:  select1=2'd3;
    5'd12:  select1=2'd0;
    5'd13:    select1=2'd0;
    default:  select1=2'd2;
    endcase
end

always@ (state)
begin
    case(state)
    5'd1:  mmrst=1'b1;
    5'd4:  mmrst=1'b1;
    5'd12:  mmrst=1'b1;
    5'd13:  mmrst=1'b1;
    5'd14:  mmrst=1'b1;//6
    5'd15:  mmrst=1'b1;//8
    5'd16:  mmrst=1'b1;//10
    default:  mmrst=1'b0;
    endcase
end

always@ (state)
begin
    case(state)
    5'd1:  loadmmin0=1'b1;
    5'd4:  loadmmin0=1'b1;
    5'd6:  loadmmin0=1'b1;
    5'd8:  loadmmin0=1'b1;
    5'd10:  loadmmin0=1'b1;
    5'd12:  loadmmin0=1'b1;
    default:loadmmin0=1'b0;
    endcase
end
```

```
	always@ (state)
	begin
	    case(state)
	    5'd4:  loadmmin1=1'b1;
	    5'd6:  loadmmin1=1'b1;
	    5'd8:  loadmmin1=1'b1;
	    5'd10:  loadmmin1=1'b1;
	    5'd12:  loadmmin1=1'b1;
	    5'd13:  loadmmin1=1'b1;
	    default:loadmmin1=1'b0;
	    endcase
	end

	always@ (state)
	begin
	    case(state)
	    5'd0:  loadmmin2=1'b1;
	    default:loadmmin2=1'b0;
	    endcase
	end

	always@ (state)
	begin
	    case(state)
	    5'd1:  rdaddress=3'd1;
	    5'd12:  rdaddress=3'd3;
	    5'd13:  rdaddress=3'd2;
	    default:rdaddress=3'd0;
	    endcase
	end

	assign  loadmod=(load==1'd1)? ((address==3'd0)? 1:0):0;
	assign  loadpt=(load==1'd1)? ((address==3'd1)? 1:0):0;
	assign  loadkey=(load==1'd1)? ((address==3'd2)? 1:0):0;
	assign  loadpara_a=(load==1'd1)? ((address==3'd3)? 1:0):0;
	assign  loadpara_c=(load==1'd1)? ((address==3'd4)? 1:0):0;
	assign  encryready=(state==4'd0)&(state_delay==4'd11);
endmodule

module MMcontral(
	input clk,mmrst,mmenable,
	input [1:0] c_out,
	input  flag32_31,flag1024_1023,

	output mmready,
	output adden,
	output dealen,
	output dabufen,
	output [1:0]c_in,
	output en32,en1024,rst32,rst1024
```

```
);

    reg [3:0] current_state,next_state;
    reg mmready_r,adden_r,dealen_r,dabufen_r;
    reg [1:0] c_in_r;
    reg en32_r,en1024_r,rst32_r,rst1024_r;

    always@ (posedge clk)begin
        if(mmrst)
             begin current_state <=4'b0;  end
        else
             current_state <=next_state;

    end

    always@ (mmenable or current_state or flag32_31 or flag1024_1023)begin
        case(current_state)
        4'd0:next_state <=(mmenable==1'b1)?  4'd1:4'd0;
        4'd1:next_state <=  4'd2;
        4'd2:next_state <=  4'd3;//32
        4'd3:next_state <=(flag32_31==1)? 4'd4:4'd1;
        4'd4:next_state <=(flag1024_1023==1)? 4'd0:4'd1;
        default:next_state <=4'd0;
        endcase
    end

    always@ (current_state)
    begin
        case(current_state)
        4'd3:  en32_r=1'b1;
        default:en32_r=1'b0;
        endcase
    end

    always@ (current_state)
    begin
        case(current_state)
        4'd4:  en1024_r=1'b1;
        default:en1024_r=1'b0;
        endcase
    end

    always@ (current_state,flag32_31)
    begin
        case(current_state)
        4'd0:  rst32_r=1'b1;
        4'd3:  rst32_r=(flag32_31==1)? 1'b1:1'b0;
        default:rst32_r=1'b0;
        endcase
    end
```

```
        always@ (current_state)
        begin
            case(current_state)
            4'd0:  rst1024_r=1'b1;
            default:rst1024_r=1'b0;
            endcase
        end

        always@ (current_state)
        begin
            case(current_state)
            4'd1:dealen_r  <=1'd1;
            default:dealen_r <=1'b0;
            endcase
        end

        always@ (current_state)
        begin
            case(current_state)
            4'd2:adden_r  <=1'd1;
            default:adden_r  <=1'b0;
            endcase
        end

        always@ (current_state)
        begin
            case(current_state)
            4'd3:dabufen_r  <=1'd1;
            default:dabufen_r  <=1'b0;
            endcase
        end

        always@ (current_state,flag1024_1023,mmready_r)
        begin
            case(current_state)
            4'd4:  mmready_r <=(flag1024_1023==1)? 1'd1:1'd0;
            default:mmready_r <=1'b0;
            endcase
        end
        assign c_in=c_out;
        assign en32=en32_r;
        assign en1024=en1024_r;
        assign rst32=rst32_r;
        assign rst1024=rst1024_r;
        assign mmready=mmready_r;
        assign adden=adden_r;
        assign dealen=dealen_r;
        assign dabufen=dabufen_r;
endmodule
module Regkey(clk,rst,shiftkey,loadkey,din,keybit);
```

```
        input clk,rst,shiftkey,loadkey;
        input [1023:0] din;
        output keybit;

        reg [1023:0] regkey;
        reg [9:0] rdaddress;

        always@ (posedge clk)
        begin
            if(rst)
                regkey =1024'd0;
            else        if(loadkey)
                        regkey=din;
            else
                        regkey=regkey;
        end

        always@ (posedge clk)
        begin
            if(rst)
                rdaddress=10'd1023;
            else  if(shiftkey)
                    begin
                  if(rdaddress ! =0)
                  rdaddress=(rdaddress-1'b1);
                    end
                    else
                  rdaddress=rdaddress;
        end
        assign keybit=regkey[rdaddress];
endmodule
```

14.5 RSA密码处理器功能仿真

14.5.1 模乘模块功能仿真

模乘模块是RSA加/解密算法的核心部分，选择一组测试数据，设计测试方案对模乘运算M（Z，Z，N）使用的模乘模块进行测试。

测试数据为：

Z=1024'h0366b365c6e18720159f14fcd9801e628bb0f1cd0cf3d34e1502a2d34d4c0afb6e92b878a7feae4555dbe71f62f693802928e754006977e30b4c1bb76136d6ee6461469bb1b668451bbe42eb5c0331fdff44c7fce8f8346ee4664333331c946263e774da97fc5679b3abe24df3d4e0026c76557f5ae3ee8dd14cf148a6d3fae2

N=1024'h2a198cc45eda697aa710272b31155044e8b7d7b328820772fc7f8f87731dfe2b6d9236968eaae2f471b0aed01a2c3cbff923d971ffee6c04d37350b6c52186d8449a743b62619949d0b59f8370aa2255aac9deab2e814c982f444a222225e744ef596c863c009c410cb8af9dacb1daaa43419c6ac62f583db2732d1e8edcab85

模乘运算正确结果为：

mmout＝1024′h0366b365c6e18720159f14fcd9801e628bb0f1cd0cf3d34e1502a2d34d4c0afb6e92b878a7feae4555dbe71f62f693802928e754006977e30b4c1bb76136d6ee6461469bb1b668451bbe42eb5c0331fdff44c7fce8f8346ee4664333331c946263e774da97fc5679b3abe24df3d4e0026c76557f5ae3ee8dd14cf148a6d3fae2

仿真波形如图 14-8 所示，在模乘模块完成信号 encry ready 由 0 变为 1 后，输出模乘运算结果，仿真结果与实际结果相同，模乘模块功能正确。

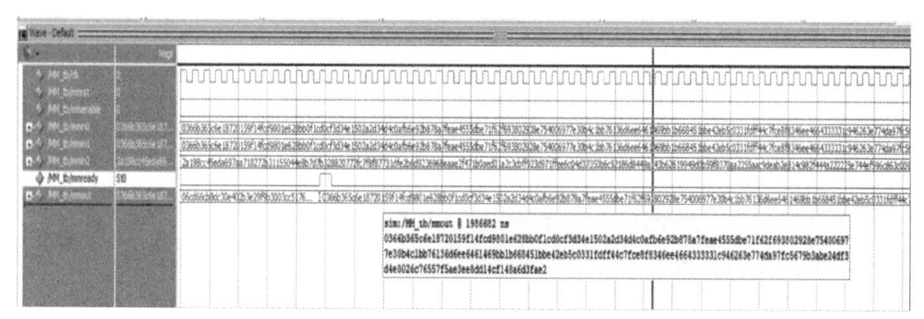

图 14-8　模乘模块功能仿真波形图

14.5.2　RSA 密码处理器功能仿真

RSA 模块在顶层模块实例化了 RSA 控制模块、参数寄存器模块、模乘模块和数据选择器模块。测试 RSA 控制模块需要部分参数反馈，测试复杂度较大，本设计选择直接测试 RSA 模块来验证 RSA 控制模块的正确性。

本次测试数据选择 1024 位的模数，其余 RSA 加/解密测试数据见附录部分。

测试数据为：

模数：

1024′h2A198CC45EDA697AA710272B31155044E8B7D7B328820772FC7F8F87731DFE2B6D9236968EAAE2F471B0AED01A2C3CBFF923D971FFEE6C04D37350B6C52186D8449A743B62619949D0B59F8370AA2255AAC9DEAB2E814C982F444A222225E744EF596C863C009C410CB8AF9DACB1DAAA43419C6AC62F583DB2732D1E8EDCAB8；

明文：

1024′h25CB7E9197B4E8EA08A067AD6B4DEB3C83F7A6981E26B8A0E917C790AAC94E2530D74D9B0B7369FBB748962309AA4A940B218894D35A361AED568AF6CDAE1043FA7AE835773DC18900F4FF80351DF62A46825E3FD9B512781C04D28E20459850089CD02BD034D09A63796C369E16809505C070F2407AB98C1FB26F114766FAE2；

加密密钥：

1024′hD77EB2250B44D17FC9E97F0D98D606BB610A4AB8CFBB78832DB5431ABE16A3AC93CB2DD18D1880CCEE8664D143348E8FEB11FC15439A1731F36C94F410D9B8E37EA775F1697AD2CFB2A97A56CD6AC4A149B579AD69809F5BB93996D3B5EC1A6A579ADB2B276F72A686DAE4D553F82E18FB11AA577D00A74D05CBDF7712551771；

参数 A：

1024′h8769EED40B7EE562060C0F2BA60E12EC6B384135B06D8CF4BD929F6ECA1AD80B3B15A608530E466582073BA034AF51303371DBDF6F9DA51078322E2821088A64B93C82

78FC76E0496AE4F5C710132F1284C9789946F6060E8DECD2F873A8CC111A2DBD470F10E
EFC56E772F3396FEE8CBDDD74B47C4596D493A7EF976BF9DDB；

参数 C：

1024'h366B365C6E18720159F14FCD9801E628BB0F1CD0CF3D34E1502A2D34D4C0AF
B6E92B878A7FEAE4555DBE71F62F693802928E754006977E30B4C1BB76136D6EE6461469
BB1B668451BBE42EB5C0331FDFF44C7FCE8F8346EE4664333331C946263E774DA97FC567
9B3ABE24DF3D4E0026C76557F5AE3EE8DD14CF148A6D3FAE2；

密文：

4D990763C88BC1373656C9E1925ECAE3CD9F4DC90F8A5C13882B3950FE33590C06CB
17A06711F909A72AE1696BBAB7F3E8CB672241F661CDFABC847ED2B8835253227679644
D7539166ACB941231C0BF2FF3182E351E2024E0E60F6B57546E457E40A7B058CA70A0402
FF548944921D6FB9094C8258FE5BF47B972CD9A3B3C0；

解密密钥：

2E7E92EA46702813D092D27D4EB9439810DEF900558785C76BBCC7411551E444516E9
5E4AF5653E7CB09A9FCD86B791D98DA521F8E2825CBEA0E67637644C77B260F25A1E574
EAC24032FC7560352AB50C188E0B03E052BB5DB0CD2CCE2717B1761CE16D58FFD204547
AB9A0D7DDCB0DDF35DB7E1C9162E6D4FD8EAB4373B65；

RSA 密码处理器功能仿真加密结果如图 14-9 所示，解密结果如图 14-10 所示，RSA 密码处理器可以将加密后的密文解密为原来的明文，结果符合预期，RSA 密码处理器加/解密功能正确。

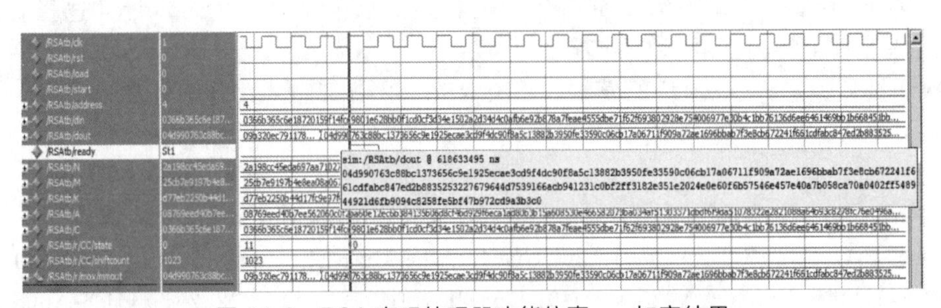

图 14-9 RSA 密码处理器功能仿真——加密结果

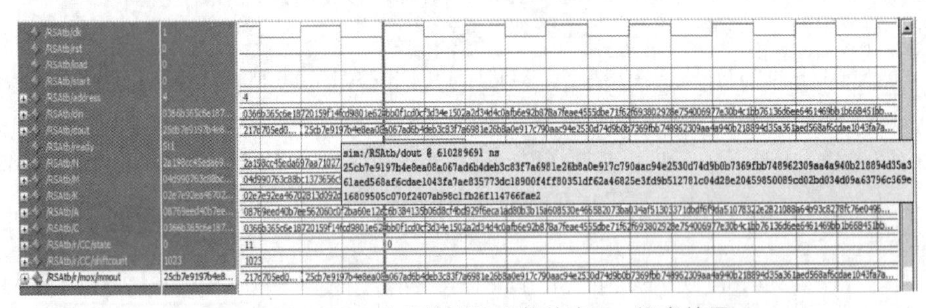

图 14-10 RSA 密码处理器功能仿真——解密结果

14.6 RSA 密码处理器基于 FPGA 的综合、布局布线与性能、规模、功耗分析

利用 Vivado 2018.3 FPGA 开发环境，将前面设计好的 RSA 密码处理器的 Verilog RTL

模型基于 xczu3cg-sfvc784-1-e FPGA 芯片进行综合、布局布线，并进行性能、规模、功耗分析。RSA 密码处理器的资源占用报告如图 14-11 所示。

Name	CLB LUTs (70560)	CLB Registers (141120)	CARRY8 (8820)	F7 Muxes (35280)	F8 Muxes (17640)	Bonded IOB (252)	HPIOB_M (72)	HPIOB_S (72)	GLOBAL CLOCK BUFFERs (196)
∨ RSA	8087	10426	5	335	68	40	20	20	1
A (REG_1024__4)	0	1024	0	0	0	0	0	0	0
B (REG_1024__1)	0	1024	0	0	0	0	0	0	0
C (REG_1024)	0	1024	0	0	0	0	0	0	0
CC (Contral)	1136	20	0	0	0	0	0	0	0
in0 (MMregin0)	273	1024	0	136	68	0	0	0	0
in1 (MMregin1)	104	1024	0	35	0	0	0	0	0
in2 (MMregin2)	107	1024	0	36	0	0	0	0	0
M (REG_1024__3)	0	1024	0	0	0	0	0	0	0
m31 (mux31_1024)	1024	0	0	0	0	0	0	0	0
m41 (mux41_1024)	1024	0	0	0	0	0	0	0	0
∨ mox (MMtop)	4417	2214	5	128	0	0	0	0	0
ad32 (add32)	1103	34	5	0	0	0	0	0	0
c32 (counter32)	716	16	0	0	0	0	0	0	0
c1024 (counter10...	15	17	0	0	0	0	0	0	0
contral (MMcontral)	8	3	0	0	0	0	0	0	0
dbuf (databuf)	2575	2048	0	128	0	0	0	0	0
deal (datadeal)	0	96	0	0	0	0	0	0	0
N (REG_1024__2)	0	1024	0	0	0	0	0	0	0

图 14-11　RSA 密码处理器资源占用报告

由报告可以看出，RSA 加/解密模块使用了 8087 个 CLB LUT，10426 个 CLB Register。其中，RSA 控制模块使用了 1136 个 CLB LUT，数据选择器 0 和数据选择器 1 都使用了 1024 个 CLB LUT，寄存器 0 使用了 273 个 CLB LUT，寄存器 1 使用了 104 个 CLB LUT，寄存器 2 使用了 107 个 CLB LUT，最关键的模乘模块使用了 4417 个 CLB LUT。

对 RSA 密码处理器在 Vivado 进行静态时序分析，将时钟约束为 200MHz，得到的静态时序分析报告如图 14-12 所示，最坏路径建立时间裕量为 0.689ns、最坏路径保持时间裕量为 0.049ns、最坏路径脉冲宽度裕量为 2.225ns，可以得到 RSA 协处理器的频率约为 231MHz。

Design Timing Summary

Setup		Hold		Pulse Width	
Worst Negative Slack (WNS):	0.689 ns	Worst Hold Slack (WHS):	0.049 ns	Worst Pulse Width Slack (WPWS):	2.225 ns
Total Negative Slack (TNS):	0.000 ns	Total Hold Slack (THS):	0.000 ns	Total Pulse Width Negative Slack (TPWS):	0.000 ns
Number of Failing Endpoints:	0	Number of Failing Endpoints:	0	Number of Failing Endpoints:	0
Total Number of Endpoints:	13772	Total Number of Endpoints:	13772	Total Number of Endpoints:	10427

All user specified timing constraints are met.

图 14-12　RSA 密码处理器静态时序分析报告

下面以 1024 位的模数为例，分析 RSA 密码处理器的实际性能参数。

RSA 密码处理器的运行频率约为 231MHz，时钟周期约为 4.33ns。完成一次模乘运算，包括模乘准备阶段和模乘运算阶段，共需使用 99331 个周期。完成一次 RSA 加/解密大约需要进行 (1024+1024/2)=1536 次模乘运算。由此可以粗略估算得出完成一次加密过程约需要时间为 660.64ms，1s 内可以完成 RSA 加密过程的次数约为 1.51 次，即 RSA 加/解密速率约为 1550bps。

RSA 密码处理器的功耗分析报告如图 14-13 所示。其中，实际片上功率为 0.375W，动态功耗为 0.154W，静态功耗为 0.221W，时钟功耗为 0.032W，信号传输功耗为 0.044W，逻辑功能功耗为 0.044W，I/O 引脚功耗为 0.035W。

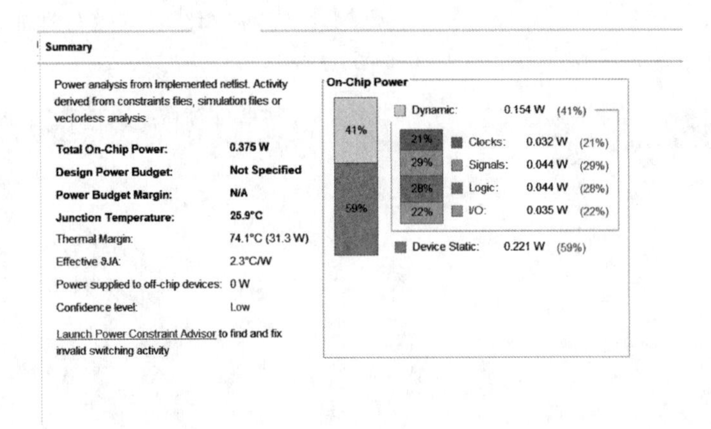

图 14-13　RSA 密码处理器功耗分析报告

14.7　RSA 密码处理器基于 FPGA 的实现与测试

利用 Vivado 2018.3 FPGA 开发环境，生成基于 xczu3cg-sfvc784-1-e FPGA 的 RSA 密码处理器的配置文件，并将其下载到 FPGA 芯片上即可在该 FPGA 上实现 RSA 密码处理器并对其进行测试。

为了便于观察 RSA 加/解密算法在 FPGA 板子的运行结果，本次测试方案引用了 Vivado 软件中集成的 ila IP 核，可以在 RSA 密码处理器运行时，使用 Vivado 的逻辑分析仪工具捕获到 RSA 加解密运算结果。

在测试设计 RTL 模型生成后，对设计中的引脚进行约束：设计中的 clk 引脚与 FPGA 板的 AE5 引脚相连，设置时钟频率为 120MHz；设计中的 rst 引脚与 FPGA 板的 U9 引脚相连，对应 FPGA 板的按键 KEY1；设计中的 start 引脚与 FPGA 板的 V9 引脚相连，对应 FPGA 板的按键 KEY0；设计中结果输出低 4 位的 dout [3]、dout [2]、dout [1]、dout [0] 与 FPGA 板的 A6、A7、F8 和 E8 相连，分别对应 FPGA 板的 LED1、LED2、LED3 和 LED4。RSA 加/解密程序在 FPGA 板上运行完后，加/解密结果的低 4 位会在 LED1、LED2、LED3 和 LED4 上对应显示，其中输出结果为 1 时，LED 灯亮。

引脚配置如图 14-14 所示。

Name	Direction	Neg Diff Pair	Package Pin	Fixed	Bank	I/O Std	Vcco	Vref	Drive Stren...	Slew Type	Pull Type	Off-Chip Terminati...
All ports (36)												
signal_clock_64812 (1)	IN			☑	64	LVCMOS18	1.800				NONE	NONE
Scalar ports (1)												
clk_in1	IN		AE5	☑	64	LVCMOS18	1.800				NONE	NONE
dout (32)	OUT			☑	66	LVCMOS18	1.800		12	SLOW	NONE	FP_VTT_50
Scalar ports (3)												
ready	OUT		A1	☑	66	LVCMOS18	1.800		12	SLOW	NONE	FP_VTT_50
rst	IN		V9	☑	65	LVCMOS18	1.800				NONE	NONE
start	IN		U9	☑	65	LVCMOS18	1.800				NONE	NONE

图 14-14　引脚配置图

在 RSA 密码处理器测试系统布置完引脚后，再次进行综合、布局布线和生成比特流文件，完成后使用 JTAG 连接 FPGA 开发板，将生成的比特流文件烧录至 FPGA 开发板中，硬件连接页面如图所 14-15 所示。

本次测试的数据为：

模数：1024'h0ac66f597f338ca1

明文＝1024′h0072418cccccccc3；

加密密钥＝1024′h0000000000000007；

参数 A＝1024′ha16c6d0ac51a104；

参数 C＝1024′h985c1bc96ceba58；

正确密文＝1024′h52dc2c78533d116（十六进制）＝1024′d373168506330665238（十进制）。

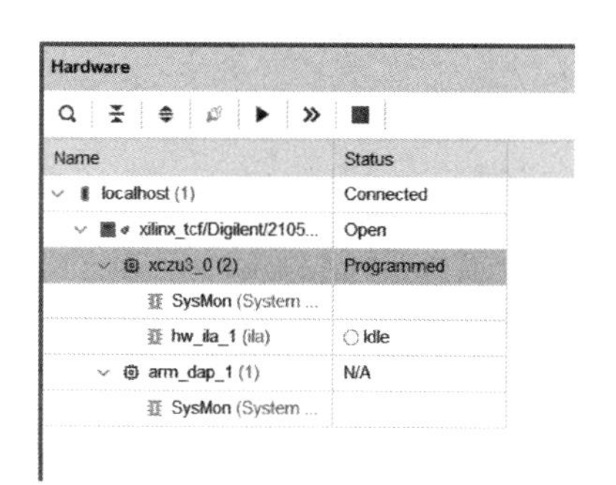

图 14-15　硬件连接页面

比特流文件烧录至 FPGA 后，按 KEY1 键给出 rst 使能信号，对 RSA 密码处理器进行复位，然后按 KEY2 键给出加/解密使能信号，启动 RSA 加/解密过程。待 RSA 加/解密程序运行完后，使用 Vivado 的逻辑分析仪模块对 RSA 加/解密完成标志位 encry ready（ready）信号变为 1 的状态进行捕捉，可以看到加/解密结果 mmout 符合预期，RSA 密码处理器功能正确。逻辑分析仪的捕获加/解密结果如图 14-16 所示。

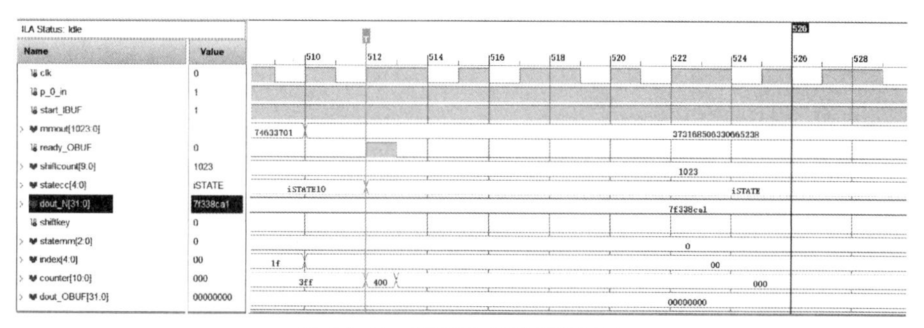

图 14-16　逻辑分析仪捕获结果

另外，RSA 加密结果的低 4 位 0110 分别在 FPAG 板的 LED1、LED2、LED3、LED4 对应显示，LED 灯的显示正确。FPGA 板的运行结果如图 14-17 所示。

图 14-17　FPGA 板运行结果

14.8　基于 ASIC 标准单元工艺库对 RSA 密码处理器进行综合及分析

使用 DC 工具基于国内某厂 40nm 的标准单元工艺库对 RSA 密码处理器进行综合，得到时序报告如图 14-18 和图 14-19 所示，面积报告如图 14-20 所示，功耗报告如图 14-21 所示。

```
Startpoint: CC/state_reg[1]
        (rising edge-triggered flip-flop clocked by clk)
Endpoint: mox/dbuf/dout_r_reg[424]
        (rising edge-triggered flip-flop clocked by clk)
Path Group: clk
Path Type: max

Point                                        Incr      Path
-----------------------------------------------------------
clock clk (rise edge)                        0.00      0.00
clock network delay (ideal)                  1.00      1.00
CC/state_reg[1]/CK (SEN_FDPQ_V2_1)           0.00 #    1.00 r
CC/state_reg[1]/Q (SEN_FDPQ_V2_1)            0.22      1.22 r
U10355/X (SEN_INV_S_1)                       0.08 *    1.29 f
U11523/X (SEN_ND2_0P5)                       0.12 *    1.41 r
U11524/X (SEN_INV_S_1)                       0.08 *    1.49 f
U11525/X (SEN_ND2_1)                         0.60 *    2.09 r
U12415/X (SEN_BUF_1)                         0.88 *    2.97 r
U11526/X (SEN_OR4B_4)                        1.08 *    4.05 f
mox/mmrst (MMtop)                            0.00      4.05 f
mox/U651/X (SEN_BUF_S_2)                     0.86 *    4.91 f
mox/U652/X (SEN_INV_S_1)                     0.44 *    5.35 r
mox/U2380/X (SEN_ND2_0P5)                    0.27 *    5.62 f
mox/U2391/X (SEN_NR2_S_1)                    0.29 *    5.91 r
mox/U2468/X (SEN_ND2B_S_1)                   0.52 *    6.43 f
mox/U2469/X (SEN_NR2_S_1)                    0.96 *    7.39 r
mox/U4604/X (SEN_INV_S_1)                    0.62 *    8.00 f
mox/U3020/X (SEN_AOI22_S_1)                  0.26 *    8.26 r
mox/dbuf/dout_r_reg[424]/D (SEN_FDPQ_V2_1)   0.00 *    8.26 r
data arrival time                                      8.26
```

图 14-18 RSA 密码处理器 DC 综合时序报告

```
clock clk (rise edge)                           10.00     10.00
clock network delay (ideal)                      1.00     11.00
clock uncertainty                               -0.50     10.50
mox/dbuf/dout_r_reg[424]/CK (SEN_FDPQ_V2_1)      0.00     10.50 r
library setup time                              -0.15     10.35
data required time                                        10.35
---------------------------------------------------------------
data required time                                        10.35
data arrival time                                         -8.26
---------------------------------------------------------------
slack (MET)                                                2.09

1
```

图 14-19 RSA 密码处理器 DC 综合时序报告（续）

```
****************************************
Report : area
Design : RSA
Version: K-2015.06-SP5-5
Date   : Sat Jun  5 05:15:26 2021
****************************************

Library(s) Used:

    hu40npksdst_ss0p99vn40c (File: /home/qst/hu40nmlib/1.02a/liberty/logic_synth/hu40npksdst_ss0p99vn40c.db)

Number of ports:                    20615
Number of nets:                     56689
Number of cells:                    38096
Number of combinational cells:      26683
Number of sequential cells:         11408
Number of macros/black boxes:           0
Number of buf/inv:                   5111
Number of references:                  50

Combinational area:          43607.667849
Buf/Inv area:                 2870.028094
Noncombinational area:       38235.052021
Macro/Black Box area:            0.000000
Net Interconnect area:       undefined  (No wire load specified)

Total cell area:             81842.719870
Total area:                  undefined
1
```

图 14-20 RSA 密码处理器 DC 综合面积报告

由上述报告可以看出，时钟周期约束为 10ns，综合后的时间裕量为 2.09ns，由此可以估算出 RSA 密码处理器的工作频率可达到 126MHz。

由规模报告可以看出 RSA 协处理器在 DC 综合后所用到的单元面积约为 $81842.72\mu m^2$。

由功耗报告可以看出 RSA 协处理器在 DC 综合后的 Leakage Power 为 1004.1nW，总功耗为 5.8767mW。

```
Global Operating Voltage = 0.99
Power-specific unit information :
    Voltage Units = 1V
    Capacitance Units = 1.000000pf
    Time Units = 1ns
    Dynamic Power Units = 1mW    (derived from V,C,T units)
    Leakage Power Units = 1nW

Warning: Cannot report correlated power unless power prediction mode is set. (PWR-727)
Power Breakdown
---------------

                           Cell      Driven Net  Tot Dynamic     Cell
                           Internal  Switching   Power (mW)      Leakage
Cell                       Power (mW) Power (mW) (% Cell/Tot)    Power (nW)
--------------------------------------------------------------------------
Netlist Power              5.6777    0.1979   5.876e+00 (97%)  1.004e+03
Estimated Clock Tree Power N/A       N/A      (N/A)            N/A
--------------------------------------------------------------------------

                Internal     Switching      Leakage        Total
Power Group     Power        Power          Power          Power   (  %  )  Attrs
----------------------------------------------------------------------------------
io_pad          0.0000       0.0000         0.0000         0.0000  (  0.00%)
memory          0.0000       0.0000         0.0000         0.0000  (  0.00%)
black_box       0.0000       0.0000         0.0000         0.0000  (  0.00%)
clock_network   0.0000       0.0000         0.0000         0.0000  (  0.00%)
register        5.6110       9.9215e-03     519.8911       5.6214  ( 95.66%)
sequential      0.0000       0.0000         0.0000         0.0000  (  0.00%)
combinational   6.6808e-02   0.1880         484.2440       0.2553  (  4.34%)
----------------------------------------------------------------------------------
Total           5.6778 mW    0.1979 mW      1.0041e+03 nW  5.8767 mW
1
```

图 14-21 RSA 密码处理器 DC 综合功耗报告

14.9 对综合后的 RSA 密码处理器进行布局布线及分析

使用 ICC 工具对综合后的 RSA 密码处理器进行布局布线，生成的版图如图 14-22 所示。该版图面积为 $116964\mu m^2$，其时序报告见图 14-23 和图 14-24，功耗报告见图 14-25。根据报告推算，布局布线后的 RSA 密码处理器的工作频率可以达到 107MHz，其 Leakage Power 为 1015.1nW，总功耗为 7.3680mW。

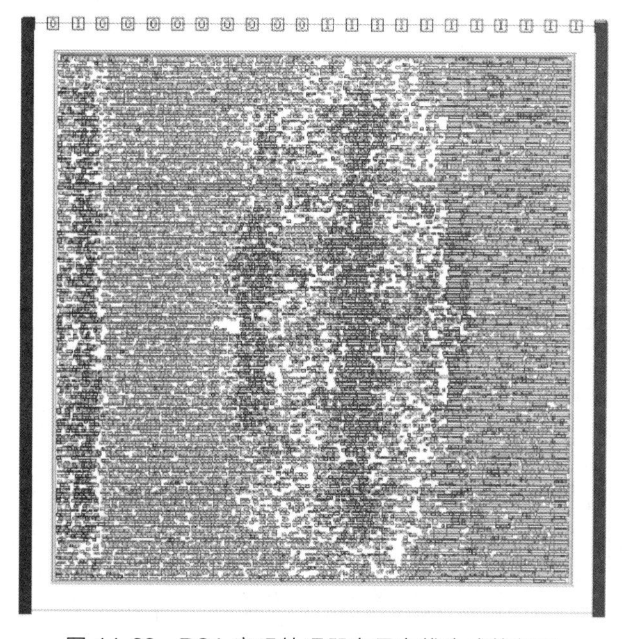

图 14-22 RSA 密码处理器布局布线生成的版图

```
Startpoint: mox/c1024/counter_reg[4]
          (rising edge-triggered flip-flop clocked by clk)
Endpoint: mox/deal/b_r_reg[11]
          (rising edge-triggered flip-flop clocked by clk)
Path Group: clk
Path Type: max

Point                                          Incr       Path
-----------------------------------------------------------------
clock clk (rise edge)                          0.00       0.00
clock network delay (propagated)               0.79       0.79
mox/c1024/counter_reg[4]/CK (SEN_FDPQ_V2_1)    0.00       0.79 r
mox/c1024/counter_reg[4]/Q (SEN_FDPQ_V2_1)     0.33       1.12 r
mox/deal/counter[4] (datadeal)                 0.00       1.12 r
mox/deal/U50/X (SEN_INV_S_1)                   0.08 &     1.19 f
mox/deal/U51/X (SEN_ND2_1)                     0.22 &     1.41 r
```

图 14-23 RSA 密码处理器版图时序报告

```
mox/deal/U50/X (SEN_INV_S_1)                0.08 &    1.19 f
mox/deal/U51/X (SEN_ND2_1)                  0.22 &    1.41 r
mox/deal/U75/X (SEN_NR2_S_3)                0.90 @    2.31 f
mox/deal/U407/X (SEN_AOI22_S_1)             0.46 @    2.77 r
mox/deal/U408/X (SEN_ND4_S_0P5)             0.53 &    3.31 f
mox/deal/U409/X (SEN_NR4_1)                 0.95 &    4.26 r
mox/deal/U410/X (SEN_OAI22_S_0P5)           0.49 &    4.74 f
mox/deal/U411/X (SEN_OAOI211_0P5)           0.43 &    5.17 r
mox/deal/U412/X (SEN_OAOI211_V2_1)          0.47 &    5.64 f
mox/deal/U413/X (SEN_OAOI211_0P5)           0.30 &    5.94 r
mox/deal/U414/X (SEN_AO32_0P5)              0.22 &    6.15 r
mox/deal/U764/X (SEN_MUXI2_DG_2P5)          0.11 &    6.26 f
mox/deal/U2320/X (SEN_INV_1)                0.84 @    7.11 r
mox/deal/U1563/X (SEN_NR2_G_1)              0.93 @    8.04 f
mox/deal/U1837/X (SEN_AOI22_S_1)            0.53 &    8.57 r
mox/deal/U1839/X (SEN_ND4_1)                0.82 &    9.39 f
mox/deal/U1855/X (SEN_OR4B_1)               0.58 &    9.97 f
mox/deal/U1856/X (SEN_MUX2_G_1)             0.21 &   10.18 f
mox/deal/b_r_reg[11]/D (SEN_FDPQ_V2_1)      0.00 &   10.18 f
data arrival time                                    10.18

clock clk (rise edge)                      10.00     10.00
clock network delay (propagated)            0.83     10.83
mox/deal/b_r_reg[11]/CK (SEN_FDPQ_V2_1)     0.00     10.83 r
library setup time                          0.01     10.84
data required time                                   10.84
---------------------------------------------------------------
data required time                                   10.84
data arrival time                                   -10.18
---------------------------------------------------------------
slack (MET)                                           0.66

1
```

图 14-24 RSA 密码处理器版图时序报告（续）

```
                    Internal    Switching    Leakage       Total
Power Group         Power       Power        Power         Power  ( %  )  Attrs
--------------------------------------------------------------------------------
io_pad              0.0000      0.0000       0.0000        0.0000 (  0.00%)
memory              0.0000      0.0000       0.0000        0.0000 (  0.00%)
black_box           0.0000      0.0000       0.0000        0.0000 (  0.00%)
clock_network       0.2184      1.2884       12.8474       1.5068 ( 20.45%)
register            5.5426      1.2292e-02   519.7416      5.5554 ( 75.40%)
sequential          0.0000      0.0000       0.0000        0.0000 (  0.00%)
combinational       6.3025e-02  0.2423       482.4813      0.3058 (  4.15%)
--------------------------------------------------------------------------------
Total               5.8240 mW   1.5430 mW    1.0151e+03 nW  7.3680 mW
1
```

图 14-25 RSA 密码处理器版图功耗报告

14.10 附录（表 14-17）

表 14-17 RSA 加/解密测试数据

序号	模数	参数 A	参数 C	明文	加密密钥	解密密钥	密文
第一组	0x8816A2C16756613DB7D8A276A1C83829	0x6660E3199F7169D3B82FAB0472B52DA6	0x55854B6EDCB74EDE4BAA5A24A739BC2D	0x013E81B0E72E8E1744B3FFA918CEA5BE	0x7	0x4DC3CAB7A8C3A546FDECD486DA91DD27	0x01BCAEAC79BA326B6EECE5C8C0B40994
第二组	0x2473B8463BC117E639C057A861272D79A3EA5B6872E597FEDAA7DDA7D13471E9	0x221ED8623B9AEFBBC3A4FBFEDF4A5B5D3EAC7C54E9199D8E4993C013D65DE8AC	0x166C33DF7889A280A14C594181ECBA21B56AF7BB81494DC01472BCA43E9EE887	0x848C2E3B5F9CBDDFF	0x13	0x7AC929585D7CF22FEAF3AE014740992B4E90967ED139F379DB7A980327FE98B	0xE3025AA635BE13AA0AB5037058BD3D9A4FF3F5B6B790A15126EC981F640D496
第三组	0x2D4453D54E67D3311450BBFE2E9C033F27C9C6735E4C01C58F6E93752ADEB7BCC63826541D7520C29779EE33FFFAECA821C02FB7B81ACA60494A6F338C792BB9	0x386675AEA50943CF0C9938D05FE617A44442FB68FEFC9644ECC2200D7A317852A3131AA4D36C1CEEB2129E3346C50C1C0685ACD7910661D2E2AF7EC6AD910FA	0x952E386D803CF21B4FF9289131FF9C0B0116871427EEF4746A47E81CCCBFBA8D1309295B288DD2D5BC4BA169C819997D00E2CAE5D3419A4F52A210065F18C23	0xF401620379CBC6F0370AA64CC36E37C428A36E37C428AD8	0x33F27C9C6735E4C01C581	0x1080915E1D54A9BF076DF15A7BC4E87A2B0C5C8A06B2966C9DFFE4943E7F60C82D2F6173FC30BA330FED1FF0F46CD90476EE1A6486368EC7C927761881633239	0x801B63D099416FDAA772EF371D6B4F890FFD042E264F1644A231E5BA7A7C366CC61F7214147FD2598C97B11BE1991DEC40BB179F3431930C80C60D2183D5006

续表

序号	模数	参数 A	参数 C	明文	加密密钥	解密密钥	密文
第四组	0x2A198CC45EDA697AA710272B31155044E8B7D7B328820772FC7F8F87731DFE2B6D9236968EAAE2F471B0AED01A2C3CBFF923D971FFEE6C04D37350B6C52186D8449A743B62619949D0B59F8370AA2255AAC9DEAB2E814C982F444A222225E744EF596C863C009C410CB8AF9DACB1DAAA43419C6AC62F583DB2732D1E8EDCAB85	0x8769EED40B7EE562060C0F2BA60E12EC6B384135B06D8CF4BD929F6ECA1AD80B3B15A608530E466582073BA034AF51303371DBDF6F9DA51078322E2821088A64B93C8278FC76E0496AE4F5C710132F1284C9789946F6060E8DECD2F873A8CC111A2DBD470F10EEFC56E772F3396FEE8CBDDD74B47C4596D493A7EF976BF9DDB	0x366B365C6E18720159F14FCD9801E628BB0F1CD0CF3D34E1502A2D34D4C0AFB6E92B878A7FEAE4555DBE71F62F693802928E754006977E30B4C1BB76136D6EE6461469BB1B668451BBE42EB5C0331FDFF44C7FCE8F8346EE4664333331C946263E774DA97FC5679B3ABE24DF3D4E0026C76557F5AE3EE8DD14CF148A6D3FAE2	0x25CB7E9197B4E8EA08A067AD6B4DEB3C83F7A6981E26B8A0E917C790AAC94E2530D74D9B0B7369FBB748962309AA4A940B218894D35A361AED568AF6CDAE1043FA7AE835773DC18900F4FF80351DF62A46825E3FD9B512781C04D28E20459850089CD02BD034D09A63796C369E16809505C070F2407AB98C1FB26F114766FAE2	0xD77EB2250B44D17FC9E97F0D98D606BB610A4AB8CFBB78832DB5431ABE16A3AC93CB2DD18D1880CCEE8664D143348E8FEB11FC15439A1731F36C94F410D9B8E37EA775F1697AD2CFB2A97A56CD6AC4A149B579AD69809F5BB93996D3B5EC1A6A579ADB2B276F72A686DAE4D553F82E18FB11AA577D00A74D05CBDF7712551771	0x2E7E92EA46702813D092D27D4EB9439810DEF900558785C76BBCC7411551E444516E95E4AF5653E7CB09A9FCD86B791D98DA521F8E2825CBEA0E67637644C77B260F25A1E574EAC24032FC7560352AB50C188E0B03E052BB5DB0CD2CCE2717B1761CE16D58FFD204547AB9A0D7DDCB0DDF35DB7E1C9162E6D4FD8EAB4373B65	0x4D990763C88BC1373656C9E1925ECAE3CD9F4DC90F8A5C13882B3950FE33590C06CB17A06711F909A72AE1696BBAB7F3E8CB672241F661CDFABC847ED2B8835253227679644D7539166ACB941231C0BF2FF3182E351E2024E0E60F6B57546E457E40A7B0B058CA70A0402FF548944921D6FB9094C8258FE5BF47B972CD9A3B3C0
第五组	0xB82B4CC4791409B3A7A71D9293700136DE2CD2A61C42DA4D5C7E7EEF75868782C049D7D3CDD52334C99DF52EC57648342406148A52F3A3BDE03B2BFAA8821B4E00F3DD81C7E0E765E7599B70D5385BB33040E66CC06237A003919B2849FA45B1F04F8A0F1DA256953E1340157F7FB22E16935EF94C3C18014F3D9A8008F52A5	0x35C70563664D6DE03F9C71F835E1E0071DAA45E629224BC3A20FAFDBE8A0C449E73BDA947B7BD0953B4E4FD4128B209B52B56859651B1729016BF9D0ECB0CE6DEBF93CDC239FCF9282DC8279B2FAABA5F9241F33FF86B594502210645046D7E1861DAC7C69B718979B3FC2A37434E4C5EA92E02E6BD960BAE1E6CB6A2C4A5AB	0x2C47671D98472A8F97A37567545FE548E825E5B992413D5A0D21176BE6705AC379A773CC4FAEF976AC6CEDFB07D5CB84E77A3C1CDF0FEDAEBAEA387584D1A74BEB0AF6D8D2AC1D3E1E4CA44DAD281E99DA6C32A7778F383FB17CAA89A47E02B5592A22B3740C8F2CAA587E270B06B00A0F55D69372D5EFE330B4B8FF3AEE5D2	0x4D990763C88BC1373656C9E1925ECAE3CD9F4DC90F8A5C13882B3950FE33590C06CB17A06711F909A72AE1696BBAB7F3E8CB672241F661CDFABC847ED2B8835253227679644D7539166ACB941231C0BF2FF3182E351E2024E0E60F6B57546E457E40A7B058CA70A0402FF548944921D6FB9094C8258FE5BF47B972CD9A3B3C0	0x2E7E92EA46702813D092D27D4EB9439810DEF900558785C76BBCC7411551E444516E95E4AF5653E7CB09A9FCD86B791D98DA521F8E2825CBEA0E67637644C77B260F25A1E574EAC24032FC7560352AB50C188E0B03E052BB5DB0CD2CCE2717B1761CE16D58FFD204547AB9A0D7DDCB0DDF35DB7E1C9162E6D4FD8EAB4373B65	0x3ACCA9909A5BDD83BFC5F7AC383F00024746B33D507FA1044AE1EC2B04E5638C19DB1EA23889B5A99FE9A09D2DD744CB5947188A5D192FF824E036AC7EBF823F6FA52E0C36D74AC3D6C9223407F410D03429721447385B102D76F0AB3FA7E383DD3610087E29BA17338877AA3780203B55547F71225BEF4CF09796E7C14CC79	0x8F8E4268604D459D855C844DA1A3728E2831290D4ED4C2034B8C735CE0345789F6F1F3F499B0CDFA255EBAD73CAFF9A44069AC8EB6C2C08B679AFB4EB1A476ED71914CCE3C0AB4455F35088C8A354177AD7401790D0300356ED2424DFEDEBAC1DD8FDDDF7B6985702CEBE78F3B17D66D66559F1A0AC5DA3774F8466FD021B85

续表

序号	模数	参数 A	参数 C	明文	加密密钥	解密密钥	密文
第六组	0x106890EA9E F29FC5D75369 F6A9C4F70341 A6FAF5188228 DFF886896642 C04116E0E92E F003D36F1C66 1AAA420987C 67C48DAECF1 73EDC8356409 028538B4E6849 826C0C7B0C41 41C744F84344 D6199F9ECD85 51F4627C1E2F DE5D4B52EFD 6B19665197AC 8DB87C9B2936 705DB25DF801 F381E1C1101D D50DCA52EEF B76DD32C9	0x67D4074F470 1F840E56FA3E 68A77B7F5FC9 A8D26E908A04 A946BAF2CED 3B4490BC8C01 0147C172AD85 FFB587A0A23 D6CEE1D11D0 4E67052649774 9283A420C5C8 14EF92D5DE9 F2C20788CE58 2E0774FF802F 2ED4B99B794C 51AFAC2A4F 773A1AE188B5 E396CFEA5F1 DD7E76363F2 E01D8F20E9A A3E133084E7B CE21D29ABF 1B	0x9DF8240AFC 8A368621CCA8 C0D7586CF273 74BA3905F9A E0701DF30216 BC2FA8D2563 FEFC69C7D56 04700621710B 5EB7BB2C1DD A351144DF237 8DA31AD667E 3B15BAB44CA 482D2552F5740 EF7747FA5B1F 53032AE3ABA 3B31F8889623 F26B98301381C E3B230B2E895 CF6A828C7E77 E2BB63C5B00E 4084312523FF4 4090A0639	0x53211EA17D C7EBDA5C5A 3D91133CFCB 71DB33F5A9F 29F2802376CD 0BF5ED656B96 DA08A408BE6 8709AD2F876F 60B5153606E2 C205AAA460D 79E3B7A4C9F0 0F936C40621B 76B1CB91B9E D07CB934FFA 7276F72A30D3 3C18C785169F 209C3A9F0915 FFF839F267E2 5FFD348D687A 02342C	0x5FD0E13CB4 DC5F032C1BC4 381C879D85FA 26DF06095D90 7763B6B29CF7 96D05AA9D4A 229DE16B9D1A 38CA9F7080BB AF19AB290DB A60D3E447D42 DDC39FCD43B C476BA8CE33B 3D06E42C8FF8 66A1C2FD6542 439BA91C1716 6E69B111F2B4 D86A4FA4C821 AF158F7BDF34 BE73C17E8546 E3C1A3CB1F44 0C7FD	0xDC7DDF6D7 211993413F6EE E1406BA6E0BA 8B64047173E9B BA05DC2DD64 2DD0DDF5AE5 4D624D5A8A4B F4150441D144 F7445629E6DA 41035640591050 E7A6DEA4FA B83707EA113A 857FDDF03372 2E82527CC732 BEB59C7DC5A EC35D88F7208 81E5A4D227B1 B7CDA7951F24 6B1F8041F0D9 35DBB87135AB E5ABCFBF070 D95F5F3D	0x75C3D1C42 6572526099A8 CFC0E02FCB5 62046BE30D5 D47CA973783 34672B0EBEA 01575F1DF7B 8CFC0D70C8D 56655DC17CA 6E9FC01D8C5 7A9EE682752 FCA5829C09 A7B80F0A9A ED3424F13538 BDB0CC573F7 1C1F92373F8 AB18DB1C97A DD2C5F546F1 F5F0C8228492 AFE807CF300 7262B1822CF4 8AC8A88B872 12B08196F61 5F
第七组	0x3471DB82814 0D20BDC7257F 181612CCA8E5 4727CEE3D7B EE4534433C2C 002D98AC4AA B357D1D0A3F B3111C5E4FDB FACD7E71617 2EC95564DE54 3CC19860B382 B0D89BD87930 340DD3EC441C 88CAD669FA2 799301234A34 467ABA1137C 1DCE71B0CFE 76EC0EDFEBC 1AE258680895 D0A4365D63F 435C5BB98892 3D8D424D0630 01	0x2B9AD2DDE 0217F8E403CA 580200FBE2E5 80FCD4BB39F 09FDEA821A7 8A5974EE80B5 FDEF90580F6 FDA6C4D2F40 2D9FD0575FB 7D07564ADB6 ECB9F00A8594 FBD03D65B9E 515C5BFEB8C 83772468BC25 31F014A9EA1 41C10FD30EC D2D1F699A67 8281C9E7A62 D28C458C4CA8 2FADC645233 573A5D7DD27 F984DA20A646 EC837051B	0x2E3891F5FA FCB7D08E36A 039FA7B4CD5 C6AE360C470 A1046EB2EF30 F4FFF499D4E D5532A0B8BD 70133BB8E86C 09014CA063A7 A344DAAA6C 86AF0CF99E7 D31F53C9D909 E1B3F2FC8B0 4EEF8DDCD4 A65817619B3F B72D72EE6151 7BB20F88C639 3CC06244FC48 050F94769E5F DDA8BD6F268 A702F28E9119 DDB709CAF6C BE73FFC	0x5C361D8599 6AB4970D3DE 0C598BE25436 0082134182B7 EE63A70A0AE 236E957157D1 4A92056435FB 4D8A384CD6E B20EFDB0D1 829DFE36A53 F1F8AD1F3A7 B62ECE5978C8 AD340182BDA 6BBC83ED310 DA74ADD93E4 B8060F6517D6 CF632F3BD2F1 B661D172AA36 7D77729857EC 7572E46134BB 07F602F78901	0x1161112CCA 8E54727CEE3D 7BEE4534433C 2C002D98AC4A AB357D1D0A3 FB3111C5E4FD BFACD7E7161 72EC95564DE5 43CC19860B382 9EED964342EF 5BFBA7F57640 A2676B05D0E4 670442DAAF8 1373CC95F67C ABB23BE1E7B 558BFB61B5CE 4B2924CFA262 BD87125076E1 EA4DCE63B1A DF02912BBDD 41	0x1544D77EB2 250B44D17FC9 E97F0D98D606 BB610A4AB8C FBB78832DB54 31ABE16A3AC 93CB2DD18D18 80CCEE8664D 143348E8FEB1 1FC15439A173 1F36C94F410D 9B8E37EA775F 1697AD2CFB2 A97A56CD6AC 4A149B579AD 69809F5BB9399 6D3B5EC1A6A 579ADB2B276F 72A686DAE4D 553F82E18FB1 1AA577D00A74 D05CBDF7712 55	0x25CB7E919 7B4E8EA08A 067AD6B4DE B3C83F7A698 1E26B8A0E91 7C790AAC94 E2530D74D9B 0B7369FBB74 8962309AA4A 940B218894D3 5A361AED568 AF6CDAE104 3FA7AE83577 3DC18900F4F F80351DF62A 46825E3FD9B 512781C04D28 E20459850089 CD02BD034D0 9A63796C369 E16809505C07 0F2407AB98C 1FB26F114766 FAE2

续表

序号	模数	参数 A	参数 C	明文	加密密钥	解密密钥	密文
第八组	0x1F7238D79836575D0E1E580D913980D94DE7F593A7248047C8B46A84B42E420A795EBE6E2F59FF0F0DE9CAD97C3352D0DCAD078D700C7059CEEA4DD5F9A136B44A5D16599A59F44AC0EDF9578FE83F54E0B337EEB75B351D8D5F796A31AFF5CDEF41AD4C8F2B4ED	0x1AA3D40F8F4746D4F0C6A9EA47B8F53D970AB0741AFDB8C96B39ED7F40C5BC18DFBF31D4DDFE3B430F4D8DB3B6C17E68F4913FD1591F73D4E65578F41B6E3C12814CB5B6D4B29DDF5188F804C8F610EB237BA1799DE579D46872DA3D20DF10947DDB91D29E63E26	0x1D501FB8BE64A50A99973AC1854D76AAA27C77AED286028B0B6CB98D215B69B175DFAEC600D301CCBCF38B2BEFD27F806F931472D22E89F701FAEA716B327855BCE3BC9E7541D5252FCB0CCE1A3805E5F9A813C28B3893ED344392DCF8C58CE60050FC52992AFCE	0xA54E8B86A8872AC60B7B3BC604BB4B3CA826011062B429E9B048FC23915D3ED8C05537851630DF536848C6953E17CDDFE6A3D8D889B89A17EFF735D68E54DA34559A8A9C01FA13F84C7FF7BE84B7B434603A1C88A195C	0x2768D917C022F945E4CA54E8B86A8872AC60B7B3BC604BB4B3CA826011062B429E9B048FC23915D3ED8C05537851630DF536848C6953E17CDDFE6A3D8D889B89A17EFF735D68E54DA34559A8A9C01FA13F84C7FF7BE84B7B434603	0x1CA9B2AE0556CDD480E45E30A41ED84B369A75C0ADD8B7AB4502D6CA517F6AB706389FA8C8CD61A9975CF5564B1C805F927308BC9FFF87D9D62F1FCC0628D0610AF5A11EFA06147F48347AC4CAC74292CA7260845042DD93245DBABE604DB194EEFF035E97B7E47	0x24BE3EF5B3F2138CB3649CB9E5DD740D63AE5525AA0274997669D78F56C5A263FA713042B07B45DEE137614EA65172340DDE4516F6B3BA29150C5BC8FB00AE9E3683CC718A4B4C2DE60E6D790C99C5370EB0D0FF9859BBFDA3B8A86287F3741F735B25602E6A20
第九组	0x53211EA17DC7EBDA5C5A3D91133CFCB71DB33F5A9F29F2802376CD0BF5ED656B96DA08A408BE68709AD2F876F60B5153606E2C205AAA460ECCB823D03DB248FE2C51DDD2163538FCD089E38FDFEF159ABC6AD95DFF612A02844540F0191D480A2986949087B4CB32C2E40E473C78DB65	0x21A81525F787288723C78514E37FC85DAC3013DB4FDF5E3E996DB424D06C2256DBD7B69ECF1717AFCA0C9D6F60C1EF1F5FECAB42A5CAE6BBBE0DE9F1D06F0C0CC0F7017FCEC0BA67177517BF86D64F8579ABECE9CE856905636B2CC28493D194D842A2A1D102A27C258CD35D6C4B6702	0x5C40EFE66138CDFAC0A4171CDB3188D0571DD92A57CB72014EA419258A9BA85E7F9841D46121A9C48F8D31AE12ECAB6856BCBFCA37F8843468F4AFE5B7276C1C63EB229FDF02C9D4AD4CDC17313EEC455DDEB4217DFC2D3EDE27CD870274D990D3E5209C58AE2A8DFD59F5529057BAD	0x53211EA17DC7EBDA5C5A3D91133CFCB71DB33F5A9F29F2802376CD0BF5ED656B96DA08A408BE68709AD2F876F60B5153606E2C205AAA460D79E3B7A4C9F00F936C40621B76B1CB91B9ED07CB934FFA7276F72A30D33C18C785169F209C3A9F0915FFF839F267E25FFD348D687A02342C	0x53211EA17DC7EBDA5C5A3D91133CFCB71DB33F5A9F29F2802376CD0BF5ED656B96DA08A408BE68709AD2F876F60B5153606E2C205AAA460D79E3B7A4C9F00F936C40621B76B1CB91B9ED07CB934FFA7276F72A30D33C18C785169F209C3A9F0915FFF839F267E25FFD3A02342C11	0x33778914E5D201016C67F6FA28843213FAE126B241340085A4C4E9947A60BD74FEED36DB0057E75BBA70A1DB96C9DB4CFB9200F29262FB1E056B6511E43B03A0EC2D34AF5BF67909061F77E9D82792A79FB5EB1617D56F37019F7D058DD2E50BF6FF8F054804C7228E6E0903380418F1	0x10FAE87282C0F86524F302B3E5BADF7A314BC67BACD6A467D945D4CE31C2154BDABEF6E274B36BADEEB6D34E494360F4FD1FA17BC23C1F5523666502B99B9586EC1A3103E668C5830390640559 53B05FB144ADEBBC8F6DF752D60652255F1B03B7D0F2DE5384E6BD702943046563607D

续表

序号	模数	参数 A	参数 C	明文	加密密钥	解密密钥	密文
第十组	0x8DAAFDEC E9815E9A2ED 9A49ECA7946 2423A31A959 EF7A48B112F 86704D0B45F9 320288BA598D 362DCD7CFF5 D2684BCCE8D 0B0F3AEC488 E62C6B4F1A2 CB3712210E2F 662D96DDE0E 52507D902A76 B08D6A310832 78D1D454A460 A010E93C84A 404A5D0D5B86 8E4E689D1D8 9C78D2BE945 A714CA779959 09D1	0x1611A304FA 0C530AAE650 A842D8A47F0 E28D34B0A6A 687F50008BFD 736DCEB41A3 C8BEB5D680E E2BC17DB95B 1BE63959EF25 95F9CFA647A 9494CD372404 1E63EC4DBDE 7CACFB29A0 F5344A649D36 120DFF353D30 8854632A1F37 B4ACF1EACF D0319C1EA3E E278607374D0 8031793F86681 F185E562346B8	0x6F43E5D127 DEAA6330814 54C13116E7F2 5B45A7E24DD D5D819256DD2 430D0961121E 2ADB4AEBEB F6F0D93FF03 A4C801F05F4D 941891DF0736 B7025935704D 5A53294ED2C 3460B2E72D3C 6C4E49C84B14 9E45E14D9CA 33DF92315CF8 CB58461B3029 35F0012B109C 453E410339AE BBFBB4642A5 259C6B9A18	0x53211EA17D C7EBDA5C5A 3D91133CFCB 71DB33F5A9F 29F2802376CD 0BF5ED656B96 DA08A408BE6 8709AD2F876F 60B5153606E2 C205AAA460D 79E3B7A4C9F0 0F936C40621B 76B1CB91B9E D07CB934FFA 7276F72A30D3 3C18C785169F 209C3A9F0915 FFF839F267E2 5FFD348D687A 02342C	0x33778914E5 D201016C67F6 FA28843213FA E126B24134008 5A4C4E9947A6 0BD74FEED36 DB0057E75BB A70A1DB96C9 DB4CFB9200F 29262FB1E056 B6511E43B03A 0EC2D34AF5B F67909061F77 E9D82792A79F B5EB1617D56F 37019DD2E50B F6FF8F054804 C7228E6E0903 380418F1	0x5FD0E13CB4 DC5F032C1BC 4381C879D85F A26DF06095D9 07763B6B29CF 796D05AA9D4 A229DE16B9D 1A38CA9F7080 BBAF19AB290 DBA60D3E447 D42DDC39FCD 43BC476BA8CE 33B3D06E42C8 FF866A1C2FD6 542439BA91C1 7166E69B111F2 B4D86A4FA4C 821AF158F7BD F34BE73C17E8 546E3C1A3CB1 F440C7FD	0x112F30E3D BA77E7CAB1 0666BEE36F5 2C176C0D2D7 311918AC8FF 7E6A05514A8 50A16E4AC33 6E4D229E87C D236A16257E E4A7FC85899 0694BCC3354 E144C5309283 31C635C84088 633A09732FE 3DC768C41FF 97B3EE43FA DCD5A9B23D 362D76436369 F62902A463B F98F10AF549 23FE05572D78 5404F9885

本章习题

1. 简述 RSA 密码处理器体系结构设计方案。
2. 简述 RSA 控制模块的状态划分与定义。
3. 简述 RSA 密码处理器中模乘模块的设计方法。
4. 简述 RSA 密码处理器基于 FPGA 实现的性能和规模。
5. 简述 RSA 密码处理器基于 ASIC 实现的性能和规模。

第15章 基于RISC-V处理器和密码协处理器的SoC设计

本章学习目标

理解并掌握基于RISC-V处理器和密码协处理器的SoC的体系结构设计方案，了解基于ASIC实现该SoC的基本流程及结果，了解基于FPGA实现该SoC的基本流程及结果。

本章内容思维导图

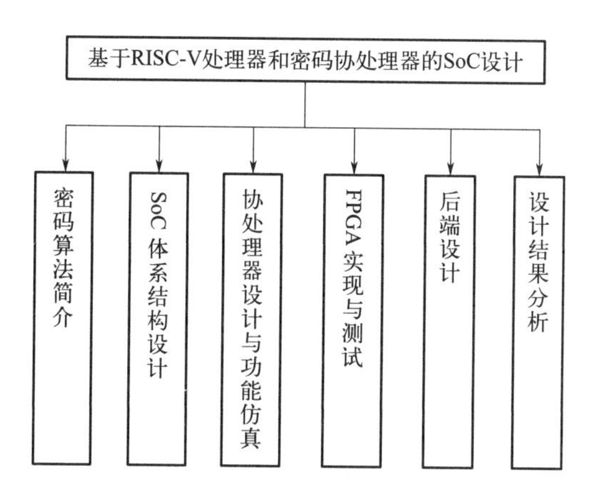

随着物联网技术的迅速发展，物联网设备的信息安全问题也越来越多地受到人们的关注。为了保障物联网数据传输的机密性，同时更好地满足应用场景中低延迟的需求，本章在

采用 RISC-V 架构的开源蜂鸟 E203 MCU（micro control unit，微控制单元）的基础上设计扩展了适用于 AES（advanced encryption standard，高级加密标准）和 RSA 复合加密场景的协处理器，组成了具有信息安全功能的 SoC。为了适应物联网芯片低成本的需求，对 AES、RSA 算法核架构进行低开销设计。AES 算法核采用实时产生轮密钥的架构方案，并使用纯组合逻辑实现 S 盒，相比轮密钥一次产生的方案，芯片面积减少了 22.5%。RSA 算法核中将 1024 位长整数加法分割成多个 32 位的短整数加法实现，有效降低了电路规模和关键路径延迟。

本章在 FPGA 开发板上实现了所设计的 SoC，并对其进行了功能验证和性能测试。分别编写了调用和不调用密码协处理器的测试程序，在 Xilinx FPGA 板的 SoC 上运行。与不调用密码协处理器的程序相比，调用密码协处理器的程序的 AES 128 位运算速度提高了 234.43 倍，RSA 1024 位运算速度提高了 239.91 倍。

另外，本章基于华虹 40nm 工艺对 AES 算法核和 RSA 算法核做了详细的物理设计和性能评估，AES 核综合后面积为 30805μm^2，物理设计后的硬核面积为 44944μm^2，加/解密速率可达 3.3Gbps；RSA 核综合后面积为 94552μm^2，物理设计后面积为 129600μm^2，一秒内可进行 48 次 1024 位 RSA 运算。

15.1 密码算法简介

15.1.1 AES 算法

AES 算法又称 Rijndael 加密法，是由美国国家标准技术研究所在众多加/解密标准中筛选出来的，替换了之前的数据加密标准，并作为国际通用的对称密码算法沿用至今，广泛应用于各种加密通信协议之中。

AES 算法主要包含两部分——加/解密算法、密钥扩展算法，属于迭代型对称密钥分组密码算法。明文字符串单个分组长度为 16 字节（128bit），密钥长度支持 128bit、192bit、256bit。本书实现的是密钥长度为 128bit 的 AES 加解密算法。

AES 算法中的密钥扩展算法会将 128bit 长度的密钥通过密钥编排函数，最终扩展为 44 个 32bit 双字，其中前四个双字用于初始密钥加，后 40 个双字每 4 个双字为一组，为每一轮加密、解密提供轮密钥。密钥扩展算法的伪代码如算法 1 所示。

AES 加解密算法中轮操作主要由四种运算逻辑组成，分别是 SubBytes（字节替换）、ShiftRow（行移位）、MixColumn（列混合）、AddRoundKey（轮密钥加）。其加密算法伪代码如算法 2 所示。使用上述四种操作对明文和轮密钥循环多次进行变换完成加解密。

算法 1：AES 密钥扩展算法

```
输入：128bit 初始密钥 K[4*Nk]
输出：轮密钥 w[Nb*(Nr+1)]
  word temp
  i=0
  while(i<Nk)
          w[i]=word(K[4*i],K[4*i+1],K[4*i+2],K[4*i+3])
            i=i+1
          end while
          i=Nk
          while(i<Nb*(Nr+1))
```

```
        temp=w [i-1]
        if(i mod Nk=0)
          temp= Subword(Rotword(temp))xor Rcon[i/Nk]
        else if(Nk > 6 and i mod Nk=4)
          temp=Subword(temp)
        end if
          w [i]=w[i-Nk] xor temp
        i=i+1
    end while
```

算法 2:AES 加密算法

输入:128bit 明文 P,初始密钥 CK

输出:128bit 密文 C

```
S=P;
KeyExpansion(CK,EK);
AddRoundKey(S,EK);
for(r=1;r<Nr;r++){
    SubBytes(S);
    ShiftRow(S);
    MixColumn(S);
    AddRoundKey(S,EK);
}
SubBytes(S);
ShiftRow(S);
AddRoundKey(S,EK);
return C=S;
```

SubBytes 操作是通过将当前字节的高低 4 位拆分作为二维坐标，在 S 盒的二维矩阵中进行映射，使用 S 盒矩阵中的字节进行替换的操作。

ShiftRow 操作是将 128bit 分组明文放到 4×4 字节的矩阵中，对矩阵的第二行、第三行和第四行分别循环左移一个字节、两个字节和三个字节。

MixColumn 同样是对此 4×4 字节矩阵来操作，对每一列中的 4 个字节做混淆变换，映射为一个新值。

AddRoundKey 操作就是将明文矩阵与密钥矩阵进行按位异或。由算法 2 可以看出，加密算法前 Nr 轮操作相同，而 Nr+1 轮所做操作仅缺少 MixColumn。最终得到一个 128bit 分组的密文。

AES 的解密算法是加密算法的逆过程，由于四种操作中的每个运算都是可逆的，按照加密流程相反的顺序运算即可进行解密。

15.1.2 RSA 算法

RSA 算法作为一种经典的非对称密码算法，其可靠性在于大数的因式分解，其系统的核心就是模幂运算，为了保证大数因式分解的难度，一般密钥的长度都大于 512bit，这也就提高了模幂运算的运算量。如何快速进行大量大数的模幂运算，是 RSA 算法用于计算机中需要解决的问题。本书采用的是可变长的硬件逻辑模型设计方法，通过调整参数可以实现 2048bit 密钥甚至更长密钥的 RSA 运算。

为了防止运算中间值位数过多，消耗更多的存储器资源，本书使用基 2 的 R-L 扫描模乘法，如算法 3 所示。从高位到低位逐位对二进制表示的指数幂进行遍历，此时指数幂的状态只有 0 和 1 两种，这就将模幂运算转换成了一轮轮模乘运算，不会产生位数很多的中间值，更有利于硬件逻辑的实现。

算法 3:R-L 扫描模乘

输入:$E=e_{n-1}e_{n-2}...e_2e_1e_0$(二进制),N(n 位奇数),M、E<N

输出:$P=M^E(modN)$

```
    P=1,Z=M
    for(i=0;i<n-1;i++){
    Z=Z^2(modN)
    if(e_i==1)
    P=P* Z(modN)
    else P=P
}
return P
```

而在硬件上实现 RSA 算法还需解决的一个重要的问题就是如何用基本运算器去实现扫描模乘中的模乘算法，目前适合硬件实现的模乘算法有 Barrett 算法、Booth 算法、Montgomery 算法等，本书使用的是改进的蒙哥马利算法，算法将模乘运算分解为加法运算和移位操作，避免了复杂的模运算。其算法伪代码如算法 4 所示。目前 RSA 算法中的模乘算法大多都是使用蒙哥马利算法，并针对 RSA 算法中的运算逻辑做了优化和改进，使得蒙哥马利算法更适合 RSA 的加/解密运算。

算法 4:改进的蒙哥马利算法

输入:A,B,N;A、B<2N,N 是 n 位奇数

输出:$R=A*B*2^{-(n+2)}(modN)$

```
    将 A、B 的高位补 0 扩展至 n+2 位
    R_0=0
    for(i=0;i<n+2;i++){
    q_i=(R_i[0]+a_i* b_0)mod2
    R_{i+1}=(R_i+a_i* B+q_i* N)/2
}
return R_{n+2}
```

总体来说，RSA 算法的加/解密都依靠的是模幂运算，算法原理比较简单，但是随着密钥长度越长，大数的模乘运算次数也就越多，如何在短时间内进行大量的模乘运算，是 RSA 算法硬件实现需要解决的问题。

15.2 SoC 体系结构设计

15.2.1 领域专用体系结构

随着摩尔定律的发展逼近极限，通用处理器架构的发展也遭遇了瓶颈。在过去的几十年里，处理器的发展一直吃着摩尔定律的红利，时钟频率从最早的 3MHz 发展至如今的 5GHz，处理器核数也从单核发展到数十个核。但如今靠工艺的进步和单位面积内晶体管数量的提升去突破通用处理器的发展瓶颈愈发变得不现实，著名计算机体系结构领域的教授 John Hennessy 在 2017 年的一次演讲中也提到，DSA（domain specific architectur，领域专用架构）或是处理器发展的新希望。

DSA 旨在针对特定应用领域做处理器架构的优化，使用专业的硬件做专业的事情，与之前计算机体系结构中的“异构计算”概念相同。RISC-V 架构强大的可配置性和可扩展性

又为其做处理器架构上的“异构”提供了极大的便利性。现阶段面向物联网的 RISC-V 处理器架构的设计偏向于使用一个通用基础平台加若干个专用领域加速器的架构，例如一个 RISC-V 内核外加 APU（audio processing unit，声音处理单元）、NPU（neural-network processing unit，神经网络处理单元）、SPU（security process unit，安全处理单元）等专用领域辅助处理模块。

本章所设计的基于 RISC-V 的面向信息安全应用的 SoC 所采用的通用基础平台为 RV32 处理器内核——蜂鸟 E203，并附加自主开发的密码算法协处理器，实现对 AES、RSA 加/解密运算进行加速的目的。

15.2.2 SoC 系统结构

本章在蜂鸟 E203 MCU 的基础上做 DSA 设计，扩展专用运算器单元做 AES 和 RSA 密码算法的加速器。蜂鸟 E203 是国内第一片开源的 RISC-V 处理器。面向物联网场景，E203 不仅提供了强大的在线调试接口——JTAG，更有丰富的外设接口，包括两个 GPIO（general purpose input/output），两个 UART（universal asynchronous receiver/transmitter，通用非同步收发器），两个 SPI（serial peripheral interface，串行外设接口），两个 I^2C（inter-integrated circuit，二线制同步串行总线）以及专为扩展指令预留的 EAI（extension accelerator interface）。本书所设计的协处理器使用 EAI 接口，通过自定义指令扩展至 SoC 上，通过 UART1 接口和 JTAG 接口进行 SoC 测试与软件调试。

整个 SoC 的体系结构如图 15-1 所示，E203 核心处理器通过系统总线与外部 ROM 、Flash 存储器相连，通过私有设备总线扩展外设接口，内部实例化了两个 RAM（random access memory，随机存取存储器）——ITCM（指令紧耦合存储器）和 DTCM（数据紧耦合存储器），分别用来存储指令和数据，但统一编址。

本文所使用的 EAI 是通过 RISC-V 指令集中预留的 Custom 指令扩展协处理器的接口。协处理器可通过 EAI 中的存储器访存通道调用片内的存储器资源，配合 E203 核心处理器完成加/解密任务。

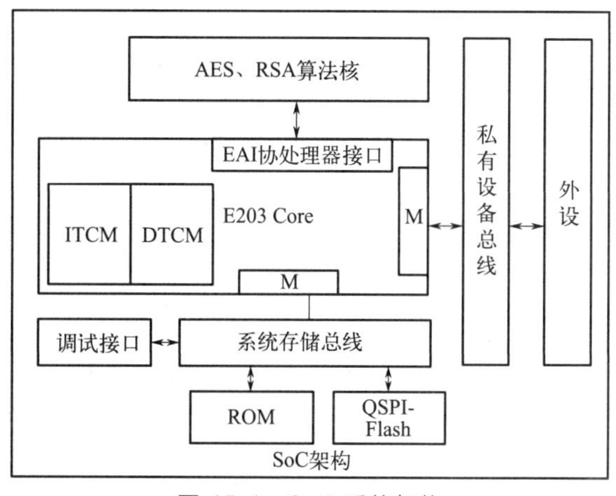

图 15-1 SoC 系统架构

15.2.3 扩展指令编码

RISC-V 32 位指令集中预留了 4 条 Custom 指令，为开发者保留了自定义指令的空间。指令编码格式如图 15-2 所示，指令 12～14 位为控制读源寄存器和写目标寄存器的 Func3 区间，25～31 位为作为额外编码空间的 Func7 区间。

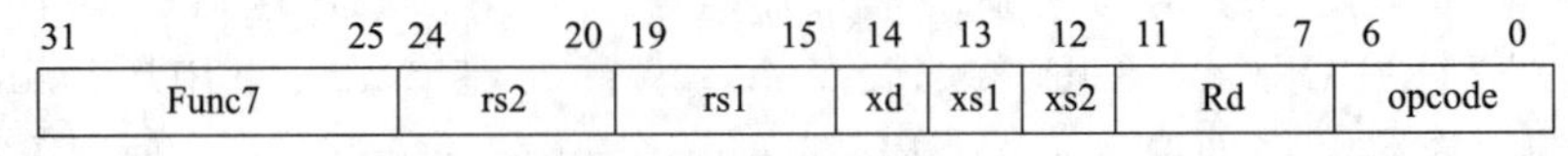

图 15-2 RISC-V 指令编码格式

在本书所设计的协处理器中，AES 算法使用 Custom0 指令，RSA 算法使用 Custom1 指令，并通过对指令编码中的 Func3 和 Func7 区间进行自定义，如表 15-1 所示，扩展出加载数据、开始加/解密以及写回数据的对应指令，帮助主处理器完成 AES、RSA 加/解密运算需求。

表 15-1 扩展指令定义表

指令	Func7	Func3	Description	Function
Custom0	0000000	010	Load_key	加载密钥
	0000001	010	Load_data	加载数据
	0000010	010	Write_back	写回数据
	0000110	000	encrydap	开始加密
	0000111	000	decrydap	开始解密
Custom1	0000000	010	Load_key	加载密钥
	0000001	010	Load_data	加载数据
	0000011	010	Laod_C	加载参数 C
	0000100	010	Load_N	加载参数 N
	0000101	010	Write_back	写回数据
	0000110	000	Start_work	开始运算

使用自定义指令扩展协处理器可以将协处理器直接接入 RISC-V 内核的流水线中。如图 15-3 所示，A&R 为本章所设计的协处理器核，其在蜂鸟 E203 MCU 两级流水线的位置和核内的 ALU（arithmetic and logic unit，算数和逻辑单元）同级。当译码器译到 Custom 指令时，就会将指令以及所用的操作数通过 EAI 转发到加/解密协处理器中进行二次译码，完成对协处理的控制，通过 EAI 的存储器访存通道占用 LSU（load storage unit，加载存储单元），访存 MCU 内部的存储器资源，完成数据在 MCU 与协处理器之间的传输。

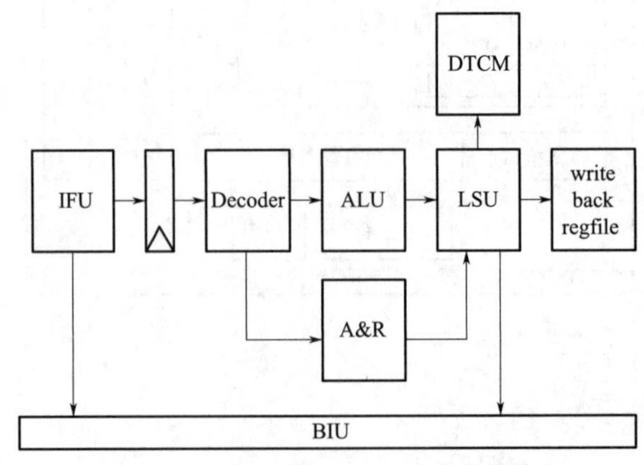

图 15-3 协处理器在 MCU 流水线的位置

15.3 协处理器设计与功能仿真

协处理器核主要包含三大部分，分别为接口控制逻辑部分、AES 算法核和 RSA 算法核。对协处理器使用自顶向下与自底向上相结合的设计方式，分别对三大部分进行 RTL（register transfer level，寄存器传输级）模型的设计。

15.3.1 AES 算法核设计

AES 算法核整体架构如图 15-4 所示，由控制器、密钥扩展模块和加/解密模块组成。由于 AES 算法解密流程正好是加密流程的逆，所以加/解密共用一组计算逻辑，由内部控制器对加密和解密流程分别进行控制。

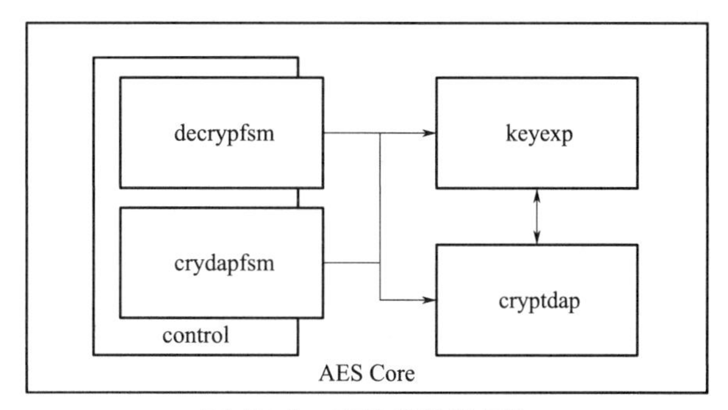

图 15-4 AES 算法核架构

分析 AES 算法核的算法和功能，定义 AES 模块私有的接口，以更高效地控制 AES 算法核的运算流程。接口部分的信号定义如表 15-2 所示。将 load_key 拉高，此时从 data_in 端口输入的数据为密钥数据，会存入初始密钥寄存器中；将 load_data 信号拉高，此时从 data_in 端口输入的即为明文或者密文数据，load_key、load_data 两位起到了指定写入地址的作用，使得明文/密文密钥可以复用输入端口，节省端口的数量。数据准备好后，根据输入数据的类型，拉高开始加密或开始解密的使能信号，AES 算法核即开始对输入的数据进行运算，运算完成后拉高 complete 信号，将运算结果从 data_out 端口输出。

表 15-2 AES 核端口定义表

端口	传输方向	功能定义
data_in[127：0]	输入	AES 完整一个分组的要处理的二进制数据
data_out[127：0]	输出	AES 模块的一个分组的运算结果
staenc	输入	开始加密使能信号
stadec	输入	开始解密使能信号
rst_n	输入	复位信号
clk	输入	来自主核的时钟输入
complete	输出	指示运算任务完成的标志位
load_key	输入	指示此时从 data_in 输入的数据为密钥
load_data	输入	指示此时从 data_in 输入的数据为明文/密文

对于 AES 加/解密算法中多轮迭代的结构，仅需实现 1 轮电路通过 FSM（finite state machine，有限状态机）控制分时复用，是可以大大减小电路规模的。同时为了保证 AES 的加/解密速度，并没有采用 S 盒复用的架构，AES 算法核内同时实例化了 16 个 S 盒，保留

了 AES 算法核内部固有的并行性，使得轮逻辑可以高速运行。

为了得到更优的资源使用的结果，在 RTL 模型创建初期，我们设计了三种不同的方案，方案的基本架构都与图 15-4 相同，只是在 S 盒的实现方式上，以及轮密钥寄存器的实现方式上略有不同。

方案一：使用组合逻辑实现 S 盒变换的方式，S 盒结构由译码器组成。密钥生成模块部分实时产生轮密钥。此种方案使用寄存器数量最少，但是组合逻辑的面积肯定会对应增加。

方案二：同样使用组合逻辑实现 S 盒变换的方式，但密钥产生逻辑在加/解密过程之前，将所有密钥全部产生。对应实际应用场景中不经常更换密钥，所得轮密钥结果可以多次使用的情况。所有的轮密钥会暂存在一个 11×128bit 的轮密钥堆中。此方案与方案一对照，对比轮密钥实时产生和一次性全部生成对资源开销和运算速度的影响。

方案三：使用经典的寄存器堆实现 S 盒变换的方式，密钥产生方式与方案二相同。此方案亦和方案二进行对照，验证使用寄存器堆实现和使用组合逻辑实现 S 盒在面积使用上的差别。

在 SMIC 180nm 工艺库下分别对三种方案的 RTL 模型进行综合，获得最终的综合后面积资源使用情况，如表 15-3 所示。

从表 15-3 可以看出，方案二采用组合逻辑实现 S 盒变换的方式对比方案三使用寄存器堆的实现方式(16 个 S 盒对应 16 个 256bit 的寄存器，再加上寄存器的寻址逻辑)，面积资源的使用上甚至减少了一个数量级。

表 15-3　AES 核不同方案技术参数对照

设计方案	方案一	方案二	方案三
面积/μm^2	326640	400274	2572729
Critical Path/ns	4.92	4.81	5.24

除此之外，为了尽量减少片内寄存器的使用，如图 15-5 所示，方案一采用在线实时产生轮密钥的方法，对比方案二将所有轮密钥一次产生、反复使用的方案，在速度上与实时产生轮密钥的方案影响微乎其微，关键路径上仅有 0.11ns 的差距，但减少了大量保存轮密钥

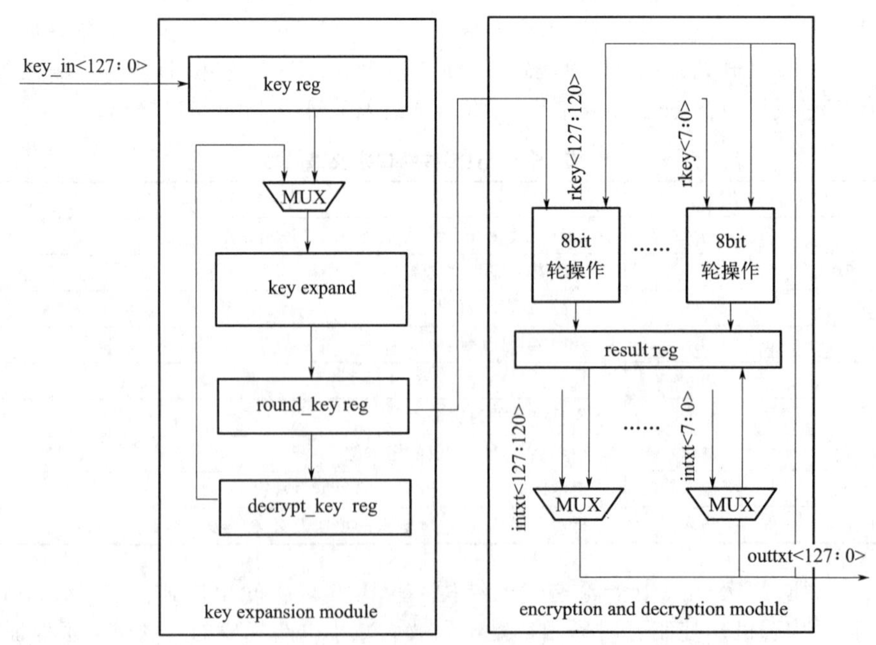

图 15-5　AES 算法核的数据路径

所需的寄存器，且明文、密文共享一个寄存器。整个 AES 算法核仅使用 4 个 128bit 的寄存器，较传统实现方法，节省了 9 个 128bit 的寄存器，当开始加密使能或者开始解密使能信号拉高，控制器会将初始密钥进行密钥扩展，产生第一轮轮密钥，同时将明文与轮密钥进行轮密钥加运算，密钥扩展逻辑会继续进行下一轮轮密钥的产生，同时加/解密逻辑继续向后运算。从综合结果上来看，减少了约 74000μm^2 的面积开销，所以对于物联网的应用场景来说，面积上的巨大优势使得方案一成为 AES 算法核的最佳设计方案。

15.3.2 RSA 算法核设计

根据前述 RSA 的蒙哥马利算法实现，对 RSA 算法核做架构上的规划和设计。如图 15-6 所示，RSA 算法核由控制模块（Controller）、蒙哥马利模乘模块（MM）和寄存器堆（Regfile）组成。

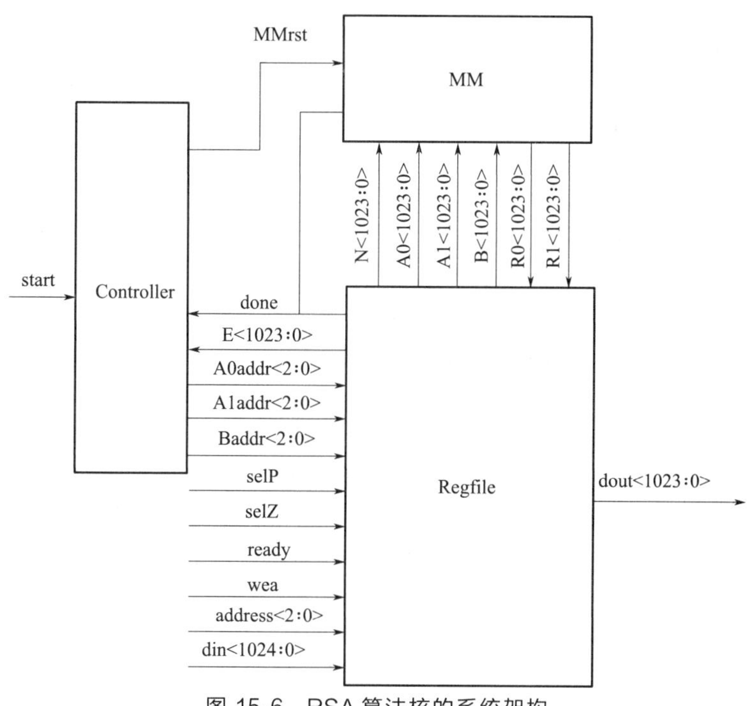

图 15-6 RSA 算法核的系统架构

顶层私有接口的信号定义如表 15-4 所示，与 AES 算法核的设计思路类似，为了避免顶层设计的端口数量过多，添加存储器结构，内部通过地址寻址，将 dout 端口输入的数据正确地存入寄存器堆中。

表 15-4 RSA 算法核端口定义表

端口	传输方向	功能描述
clk	输入	模块时钟输入
address[3 : 0]	输入	输入数据的地址，指示所属数据类型
din[1023 : 0]	输入	数据输入
dout[1023 : 0]	输出	处理后数据输出
ready	输出	指示运算完成的标志位
load	输入	片内存储器的写使能
start	输入	开始运算的标志位

控制模块控制整个运算流程，基本结构仍是有限状态机，在模乘次数的控制上并非使用

状态机控制，而是引入模乘计数器，根据输入的密钥长度，自动调整模乘次数，更有利于算法 IP 核的可重构设计。RSA 算法核的状态转移情况和功能描述如表 15-5 所示。

表 15-5　RSA 算法核的状态转移表

当前状态	转移条件	状态描述	下一状态
空闲态	start=1	空闲状态等待数据的输入，当开始运算标志位有效，转移至预处理状态	预处理
预处理	MMcomplete=1	预处理状态主要是参数的预处理，使能寄存器堆中的中值数寄存器	中处理
中处理	MMcomplete=1 cnt_done=1	正式使能模乘计数器，进行模乘运算，模乘结束信号拉高则转移到后处理状态	后处理
后处理	MMcomplete=1	开启模乘器调整结构。等待结束信号转移到停止状态	结束
结束	NULL	将运算完成信号拉高，将处理结果输出	空闲

模块内部的寄存器堆大小为 6×1024bit，分别存储外部输入 C、M、N、E 和中间值 P、Z。参数 N、C 需要在算法核外提前计算，通过 din 端口直接输入至 RSA 算法核中的寄存器堆中保存，等待外部控制信号输出到 MM 模块进行运算。

对于 1024bit 密钥长度的 RSA 算法，每次模乘需要 1024 次模加，本设计中 MM 模块采用 32 位的蒙哥马利模加运算实现 1024bit 模加算法的方案。

对于改进的蒙哥马利算法，由于将操作数扩展了 2 位，对于 N bit 的蒙哥马利模乘需要 N+2 次模加和移位操作，1024bit 的模乘则需要 1026 次模加和移位操作，这就存在极长的进位链，如果使用超前进位加法器的结构，进位逻辑会十分复杂。为了解决长进位链的问题，蒙哥马利模乘模块内部采用脉冲阵列结构，而脉冲阵列本质上就是利用流水线结构加速加法运算。为了尽量减少流水线造成的面积开销，减小 MM 的面积，本设计中仅实现一行脉冲阵列结构。由计数器控制依次输入不同的 Ai，来实现脉冲阵列结构。

根据算法 3 中的描述，完成一次蒙哥马利模加需要 3 个操作数进行 2 次加法，本设计中每个蒙哥马利模加模块由 2 个 32bit 的加法器组成。考虑到加法器模块的复用，对蒙哥马利模乘模块中的加法器进行了重新设计，如图 15-7 所示，将 qi 的计算放到模块外，模块内实例化 2 个 32 位的加法器，分别计算 Ri 中的两次加法，插入两级寄存器，形成流水线，控制运算流程。

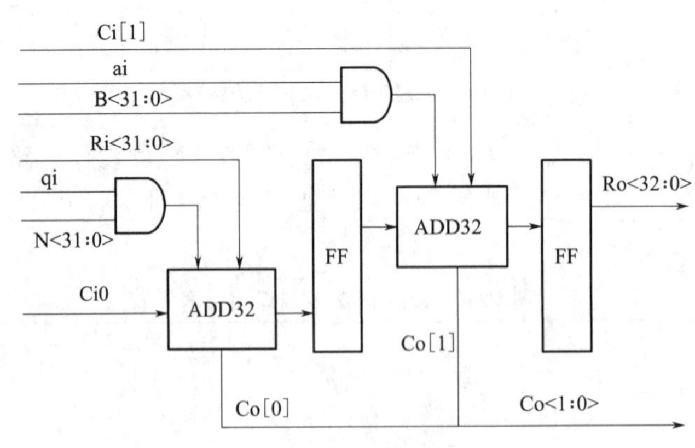

图 15-7　加法器的结构设计

15.3.3　EAI 接口控制逻辑的设计

协处理器接口控制逻辑需要对主处理器发来的指令进行二次译码，对来自主处理器的数据进行缓存，向主处理器发送处理结果，反馈错误信息等。这些都需要通过 EAI 有限的四个通道完成，这四个通道分别是处理请求通道、处理反馈通道、存储器请求通道和存储器反馈通道。通道的信号定义和功能描述如表 15-6 所示。

表 15-6　EAI 接口信号定义表

通道	位	信号名	描述
Request Channel（处理请求通道）	1	eai_req_valid	主处理器向协处理器发送协处理请求
	1	eai_req_ready	协处理器向主处理器反馈可收到协处理
	32	eai_req_instr	主处理器发来的运算指令
	32	eai_req_rs1	指令源操作数 1
	32	eai_req_rs2	指令源操作数 2
Response Channel（处理反馈通道）	1	eai_rsp_valid	协处理器向主处理器做指令处理反馈请求
	1	eai_rsp_ready	主处理器向协处理器反馈可收到反馈请求
	32	eai_rsp_data	协处理器的运算结果
	1	eai_rsp_err	指示协处理过程中出现了错误
Memory Request Channel（存储器请求通道）	1	eai_icb_cmd_valid	协处理器向主处理器发送存储器访问请求
	1	eai_icb_cmd_ready	主处理器向协处理器反馈可收到访问请求
	32	eai_icb_cmd_addr	协处理器要访问的存储器地址
	1	eai_icb_cmd_read	指示协处理访问存储器的动作 0:写 1:读
	32	eai_icb_cmd_wdata	协处理器需要写入存储器的值
	2	eai_icb_cmd_size	指示读出/写入信息的长度： 00:字节 01:字 10:双字 11:reserved
	1	eai_mem_holdup	指示协处理器占用 LSU 访存存储器的通道，方便协处理器可以连续多次写入/读出
Memory Response Channel（存储器反馈通道）	1	eai_icb_rsp_valid	主处理器向协处理器发送存储器访问的反馈请求
	1	eai_icb_rsp_ready	协处理向主处理反馈可收到反馈请求
	32	eai_icb_rsp_rdata	主处理器向协处理器发送对应地址的读出数据
	1	eai_icb_rsp_err	指示主处理器在做存储器期间发生错误

EAI 接口有自己严谨的握手机制，让主、协处理器之间能够高效无误地进行数据交换等操作。在设计接口控制逻辑时，握手信号的时序关系决定了协处理器能否正常与主处理器沟通。以处理请求与反馈通道的握手机制为例，在主处理器向协处理器发送处理请求的至少一个时钟周期之前，协处理器的 eai_req_ready 信号需要已变为有效，此次跟随 eai_req_vaild 信号一起进来的操作数和指令编码才能顺利被协处理器接收。其他通道的握手机制类似。

接口控制逻辑需要通过上述通道内的信号接口控制内部的 AES 和 RSA 算法核正常工作，如图 15-8 所示。协处理器和 E203 MCU 共用常开的 16MHz 时钟，设计控制单元、寄存器堆与 AES、RSA 算法核相连。

控制器使用有限状态机的基本结构控制译码、计算、存储的流程。状态机内部嵌套子状态机，控制算法核具体的计算流程。顶层状态机的状态跟随译码器译到的指令做状态转移，初始状态亦是空闲状态，等待译码结果。状态转移与指令的对应关系见表 15-7。

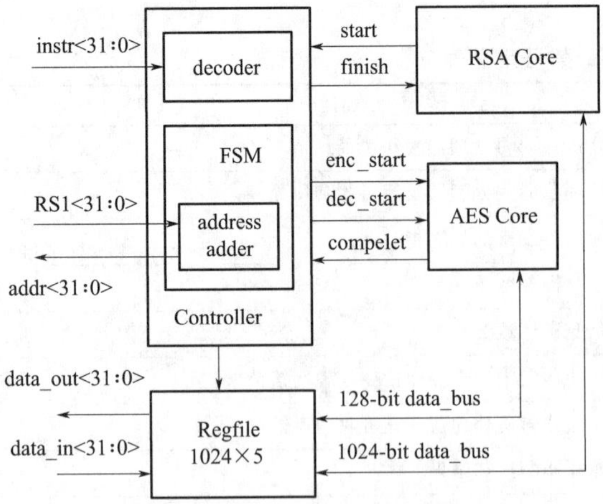

图 15-8　协处理器系统架构图

表 15-7　接口控制器状态转移表

Custom 指令	状态	描述
NULL	IDLE	译码状态
load_key	LKBUF	从 MCU 内存装载密钥
load_data	LDBUF	从内存装载待加/解密的数据
write_back	SBUF	将加/解密后的数据发回 MCU
load_A	LABUF	从 MCU 内存装载参数 A
load_C	LCBUF	从 MCU 内存装载参数 C
load_N	LNBUF	从 MCU 内存装载参数 N
encrydap，decrydap start_work	WORK_RSA，WORK_AES	开始加/解密

状态转移的信号依赖关系如图 15-9 所示。信号的转移主要是由状态退出使能信号所控制。状态机在初始态和工作态之间来回转移，对应协处理器的两级流水线，一级译码，一级计算和存储，使得协处理器在连续执行多条协处理器指令时，可以更高效地工作。

译码器在处理请求通道中译到协处理器对应的 Custom 指令，会立刻通过处理反馈通道给 MCU 反馈，进入工作状态或者进入独占存储器传输状态。协处理器内部设置了 5×1024bit 的寄存器堆，在访问 DTCM 存储的数据时，将数据暂存在寄存器堆中，等待分组数据完整加载后，再传至 AES、RSA 算法核进行运算。数据传输完毕后，就会关闭 LSU 通道，使协处理器单独工作。

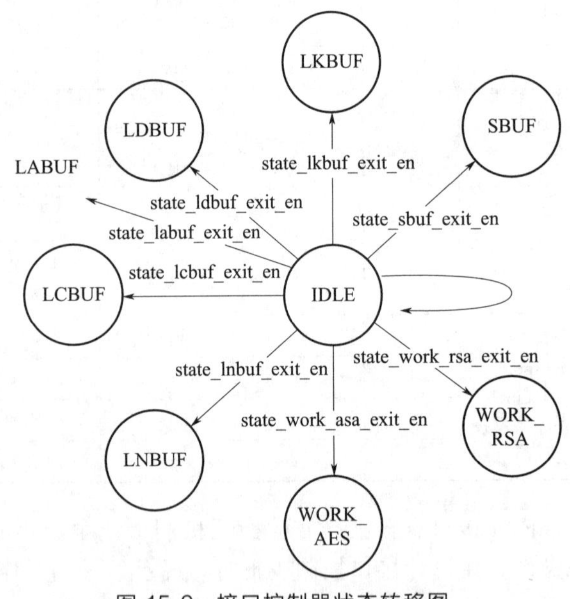

图 15-9　接口控制器状态转移图

为了更高效地利用 EAI 接口的存储器访存通道，在协处理内部设计了地址自增的逻辑电路，使用 EAI 接口中的 32 位的数据总线，协处理器可以在 32 个周期内完成 1024 位数据的传输。当协处理完成加/解密运算后，会将结果保存到 Regfile 中，AES、RSA 运算核可以继续执行下一组任务，控制器单独响应程序中的写回指令，将计算结果写回到 MCU，整个过程在软件程序控制下完成。通过存储器反馈通道从 MCU 获取数据的时序如图 15-10 所示。

通过拉高存储器占用信号，占用主处理器的 LSU（load/store unit，加载/存储单元）通道，从主处理器将未处理的数据连续传输，存储到对应的寄存器堆中。待全部数据加载完毕，协处理器会响应对应的控制指令，将数据加载到加/解密核中，进行加/解密处理。当加/解密完成后，处理完成的标志信号拉高，并将处理后的数据存储到寄存器堆中。当协处理器收到写回指令，则会将存储在寄存器堆中的数据通过存储器反馈通道写回主处理器中，

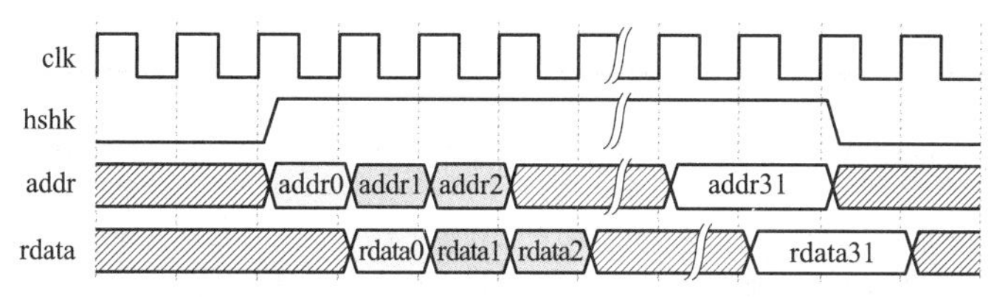

图 15-10　RSA 存储器请求反馈通道时序

从而完成整个加/解密流程。

15.3.4　功能仿真

本书分别针对所设计的 AES 算法核、RSA 算法核以及其组成的协处理器核顶层编写了激励文件进行功能仿真。对比前文描述的接口协议和算法理论，证明 RTL 模型的正确性。

AES 算法核选用了五组测试激励进行功能仿真测试，其中一组的加密结果仿真波形情况如图 15-11 所示。对比表 15-8 中的测试数据，可以确认功能仿真正确。

图 15-11　AES 加密结果仿真波形

表 15-8　AES 仿真测试数据表

I/O	数据
明文	3243F6A8885A308D313198A2E0370734
密钥	2B7E151628AED2A6ABF7158809CF4F3C
密文	3925841D02DC09FBDC118597196A0B32

RSA 算法核在设计前期为保证验证速度，分别对模乘模块、模加模块进行了单独的仿真，前期 RTL 模型调整阶段主要以 128bit 长度的 RSA 算法仿真为主，验证通过后再进行 1024bit 长度的测试，其中一组测试数据如表 15-9 所示，仿真结果如图 15-12 所示。

表 15-9　RSA 仿真测试数据表

I/O	数据
N	0x222BC3DB98EDF96367C2738413EA9F24DF580AC38B82EAA08A2AFAA46096DE960B6D97C6B72823E4AD A0328A4C887496FDD035C22A52D4A953D4946B2A2F5419411131E559730E951794C078F524DF9A17F972FED 3AEE8F287FD2584BEAD22FD03B94BAB699EB2BC75260DFEAC1882DE6607A123D04EE14A2F3C9C2C57458 9B3
E	0x1AA7FCBF8007CC97461EB35928BBCE934A9F36EE99014B136BD5FA76225D637E13592E29B0ED2B04B413 B10551D49DD6A541D71B7CE1D4FE748E55C27A77F0866C6F403FE6A6914693BE5AAA94542CF7718AF907C 5E1D60B8335C4EEF2BBF41AD943024DA02A8DA3390A1D25B1507473583547D4E6DECA76A6C7ED7E151E8 95B
D	0x0D384856DD1A556647EE408DAD9B02249F1ADB268CA6099C0A2D6A10D3854202DF44FD1D1E0C91D53117 9370C8F11C91C2F311DE2490BFA58F8ABDC5747D6BF34ACEC94F2775CB732FD57741E23C48B27008E826383 7995178AC951B4F04B1D2E5684BC63DCEA5C8061CBB3553AE297DF991953A5E6BE682568F13619F6B70C3

续表

I/O	数据
C	0x1C52C0419180F74439AB9C67952A4E2D2030B699000A142185D3A2A6BF39B3F3937BAD989E08D0E95DBE9 B8FBBDEB56167507227D5BBE81EC395EC29F81486DAF8C343039EBC4A526E62D4E2BC5FC409625DFDA464 FF9920C89BDF6DDA2542F2A751EBD0BE6D471521A159F5932E6B2B221F8895C9F89F23873D45FCB321D3E6
Pt	0x17218195B8542C8E0AE9820843B677D53E56A9CBEB266F993C851EEA4E4A9CBFD5882A08CC7F6C845CE5 BBD90C55AEF42916E5A5760F177516095DC9B825BF3C039FFF3743C4A3D4542F47F3CD4A239C7003D997CF CC834841D8FBCE07926B5DB96017DAF59869B749C13D105F0D6C056A159D59CFD6494A16EA0FB1120A395B
Ct	0x21C5C5AE0182E5BD1E9EE96728205411FA7F163BFC8FF19F91140461131E66AC8F6FC0C2C756A46318720 7832E1E1933CBBF64F4764888DA19F48534C56E975E9CC8831E4E5AC3B4A6F3B22A0FB6D3F8B0C5CD9B47D B7431CD961DBA66C311ABB27C30376D595688FCE083861A91524D9A285FC7F45CC8717ABBA401394CA43D

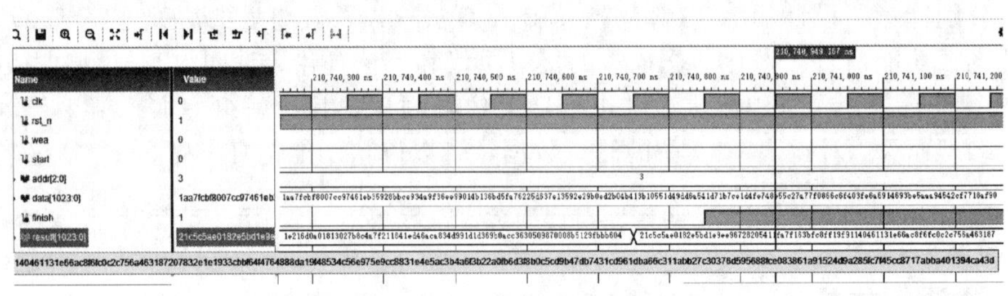

图 15-12　RSA 加密结果仿真波形

协处理器的仿真需要用到蜂鸟 E203 的 SoC 架构，配合 hbird_sdk 的编译环境，开发专用的测试文件，让 ITCM 和 DTCM 读取编译好的 Verilog 测试文件，完成 SoC 的功能仿真。由于协处理器的数据可以直接通过主处理器的串口输出，在仿真时串口的数据可以直接通过控制台打印，图 15-13 所示为其中一组 RSA 的串口输出结果。

```
ITCM 0x01: 8581819310001197
ITCM 0x02: ff01011310010117
ITCM 0x03: 1f02829300000297
ITCM 0x04: 3051f0733052907HummingBird SDK Build Time: May 30 2021, 04:19:59
Download Mode: ILM
CPU Frequency 540999 Hz
Resulter:0dd4f11e6f0cb7e25b6889d177b5982d266f0fb4936ef7268f7aca7a0a0287c5ef71598
5e922bd9fedfd0d020080ec833ed4c6d79714f9ff0da46360e1d5a233c65a07ca4707e7bf5964373
c8fa4d62be183d78b4e8cc95a6fb42aba03bf26447a6aaf5546b69d587095e9a5caadab53fde6c69
18dead69a43f412ef0af24ed8
```

图 15-13　RSA 加密结果串口输出

具体分析协处理器内部的信号波形，验证协处理器核的功能的可靠性，分别拾取 AES 输入数据、开始加密和输出结果期间协处理器的部分信号波形状态。如图 15-14 所示，当处

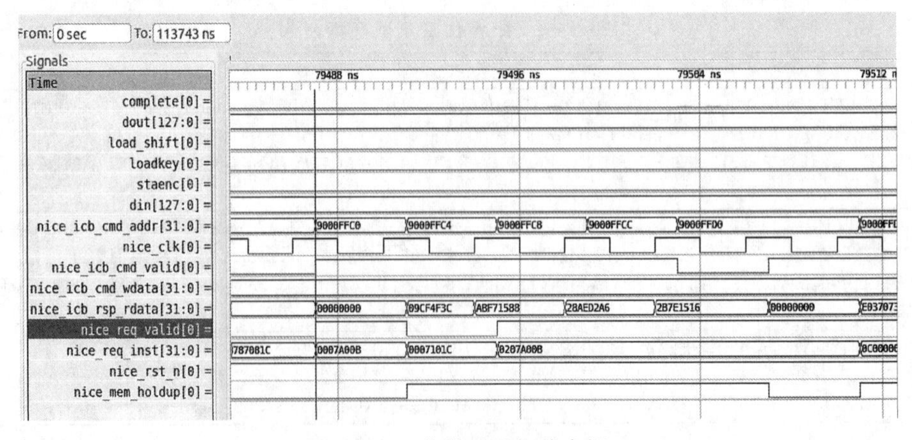

图 15-14　协处理器加载密钥

理请求通道成功握手，指令 0x0007A00B 对应 Custom0 中的 load_key 指令，可以看到 mem_hold_up 信号在译码得到这是一个数据传输指令之后立刻拉高，在指令译码周期完成后用连续的 4 个周期将密钥从高位 09CF 开始每 32 位为一组加载到协处理核中。

0x0207A00B 指令对应 Custom0 中的 load_data 指令，在译码周期完成后立即加入队列，等待译码，成功运行协处理器中的两级指令流水结构。如图 15-15 所示，在 load_key 指令运行完后一个周期后成功转移到 load_data 状态，接着进行明密文的传输。

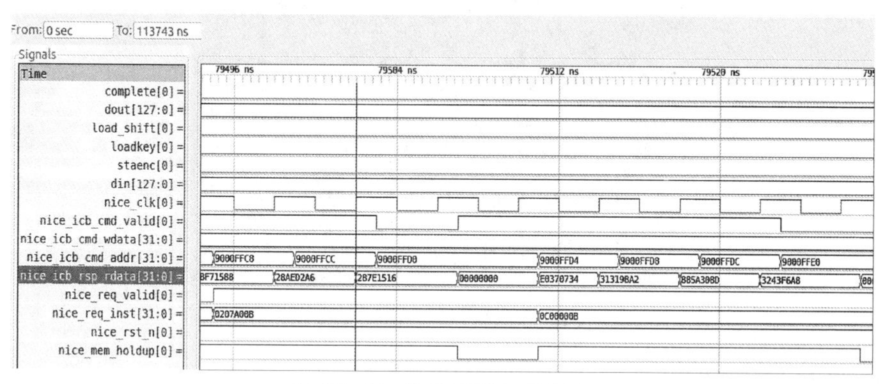

图 15-15　协处理器加载明文

数据准备完毕之后，等待开始加密或者开始解密的指令，使用协处理器的运算核进行运算，如图 15-16 所示，0x0407A00B 对应 Custom0 中的 write_back 指令，跟随指定的写入地址，处理完成的数据同样会以连续的 4 个周期写回到主处理核的 DTCM 中。

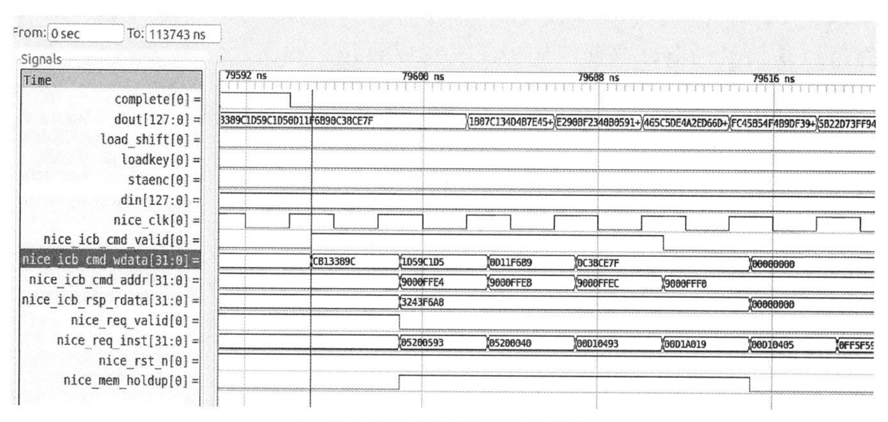

图 15-16　协处理器写回数据

15.4　FPGA 实现与测试

本节基于 FPGA 搭建 SoC 硬件验证平台。SoC 测试是对整个处理器系统的测试，需保证 SoC 主处理器可以正常运行裸机程序的前提下，才能进一步验证协处理器与主处理器能否正常配合工作。而市面上鲜有配备 RISC-V 硬核的 FPGA 开发板，因此需要将 RISC-V 内核和协处理器一起直接烧写入 FPGA，配合软件程序进行测试。

15.4.1　FPGA 测试方案

本书所使用的 FPGA 开发板如图 15-17 所示，板上有两个 JTAG 接口，一个负责 FPGA

的烧写和调试，另一个用于连接 SoC 的 JTAG 接口和串口，负责处理器程序的烧写和调试。后者需要使用蜂鸟处理器专用的 USB 调试器。

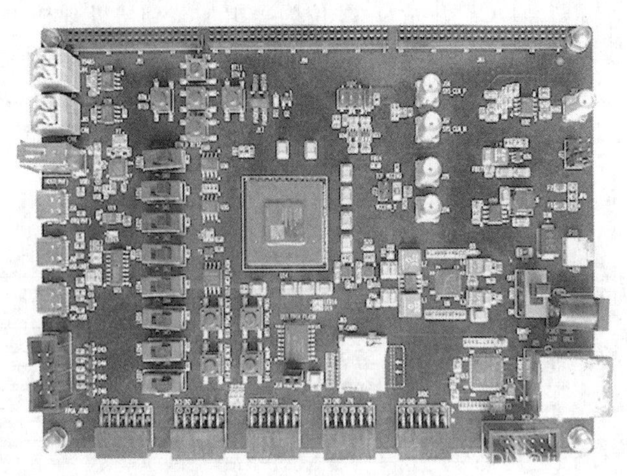

图 15-17 FPGA 开发板

FPGA 的测试根据设计层次递进执行。为了保证 SoC 能够正常运行，首先对 AES、RSA 算法核单独进行 FPGA 验证，同时收集两个算法核在 FPGA 上实现的性能和资源参数。算法核单独通过 FPGA 验证之后，再进行 SoC 的测试。根据 FPAG 设计开发流程，在完成 RTL 模型设计和仿真的基础上，在 Vivado 集成开发环境中完成综合、转换、映射、布局布线等步骤之后，生成无时序违例的可执行文件，配合 Vivado 内置的嵌入式逻辑分析仪 IP，一起下载至 FPGA 进行硬件验证测试。布局布线之后的设计所使用的资源情况和时序分析结果直接反映协处理器在实际应用中的表现以及是否达到设计预期。

15.4.2 测试程序开发

本书使用 Nuclei studio 开发测试用的 C 语言程序，为 Custom 指令封装函数。以 AES 的加载密钥指令为例，汇编封装中 0x0b 为 custom0 的操作码；数字“2”指示指令结构中的 Func3 区间，二进制表示为 010，指示有读源操作数 1 的需求，没有跟随指令写回 32 位结果和读源操作数 2 的需求；数字“0”指示指令结构中的 Func7 区间，二进制表示 0000000，指示为自定义指令 load_key。

```
void loadkey(int addr)
{
    int zero=0;
    asm volatile(
    ".insn r 0x0b,2,0,x0,% 1,x0"
    :"=r"(zero)
    :"r"(addr)
    );
}
```

将 load_key 指令封装为一个有地址参数的函数，将第一个地址参数读入，协处理器核内译码器依据算法对应的不同 opcode 区分地址是 3 次自增还是 31 次自增，将所需要的数据的地址遍历，将数据从 DTCM 加载到协处理器的寄存器堆中。其他指令也使用内嵌汇编封装为函数使用。使用这些函数分别编写使用协处理器进行 AES 和 RSA 加/解密的 C 语言程序进行 SoC 的软硬件联合测试。将明文或密文、密钥在 C 语言中直接以立即数的形式存储在数组中，运行加/解密的 Custom 指令，并将加/解密完成后的数据存储到 DTCM 中的数组中，通过串口打印至 PC 端的控制台上。

除此之外，为了更方便分析使用协处理器与使用通用处理器中运算器做 AES 和 RSA 加/解密相比所带来的速度上的提升，仍然使用 RISC-V 的编译环境，编写了使用主处理中的通用 ALU 进行 AES 和 RSA 加/解密的 C 语言程序，并对所使用的指令条数和处理器周期数进行了统计和比较。

15.4.3 SoC 测试结果

通过 Vivado 内嵌逻辑分析仪，将加/解密结果通过 JTAG 接口传输至 PC 端。AES、RSA 算法核 FPGA 的单独测试均顺利通过。下面仅简述测试结果。AES 算法核共使用 2697 个 LUT，在 7ns 时钟约束下，关键路径建立时间裕量为 3.917ns，估算电路主频可达 324MHz，传输速率可达 2.77Gbps。RSA 算法核共使用 7074 个 LUT，50ns 时钟约束下，关键路径建立时间裕量为 0.25ns，主频约为 20MHz，估算传输速率为 10kbps。

将 SoC 烧写在 FPGA 上进行验证。SoC 的资源使用情况如图 15-18 所示，协处理器为图中 u_e203_nice_core2 单元，共使用 16248 个 LUT，占到整个 SoC 资源总量的约 59%。占用 LUT 资源较多的主要原因是 RSA 大数运算所用的存储器较多，且都是使用寄存器例化。这也指明了后续的优化方向：进一步优化大数存储到计算的数据路径，减少大数存储器的使用。

Name	Slice LUTs (133800)	Block RAM Tile (365)	Bonded IOB (285)	BUFGCTRL (32)
∨ system	27445	32.5	81	5
∨ dut (e203_soc_top)	27444	32.5	0	0
∨ u_e203_subsys_top (e203_subsys_top)	27444	32.5	0	0
∨ u_e203_subsys_main (e203_subsys_main)	26438	32.5	0	0
∨ u_e203_cpu_top (e203_cpu_top)	20518	32.5	0	0
∨ u_e203_cpu (e203_cpu)	20480	0.5	0	0
> u_e203_core (e203_core)	4169	0	0	0
> u_e203_dtcm_ctrl (e203_dtcm_ctrl)	30	0	0	0
> u_e203_irq_sync (e203_irq_sync)	2	0	0	0
> u_e203_itcm_ctrl (e203_itcm_ctrl)	30	0	0	0
> u_e203_nice_core2 (e203_subsys_ni...	16248	0.5	0	0

图 15-18　SoC 资源使用情况

使用蜂鸟调试器将 PC 与烧写在 FPGA 上的 SoC 相连，分别运行使用处理器内通用运算器以及使用协处理器进行加/解密运算的 C 程序，通过串口将运行结果反馈至 PC 端，并打印处理器所使用的指令条数和处理器周期数，如图 15-19 所示。

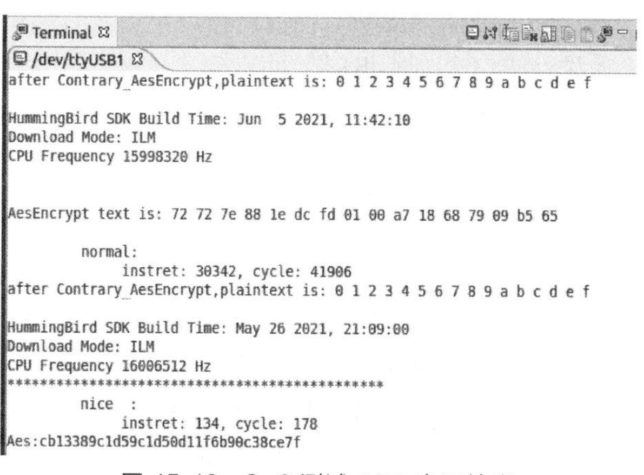

图 15-19　SoC 测试 AES 串口输出

分析测试程序的运行结果。如图 15-20 所示，使用主处理器通用运算器进行 AES 的加密，所用指令条数为 30342，所用处理器周期数为 41906；而使用协处理器，所使用的指令条数为 134，指令条数减少了约 99.56%，所用处理器周期数为 178，处理周期减少了约 99.58%。对使用协处理器核运算的 RSA 算法同样做了上述比较，如图 15-21 所示，其中使用主处理 ALU 进行 RSA 的加密，所用指令条数为 379525348，所用处理器周期数为 507805632，而协处理器时所使用的指令条数为 179，相差了百万倍之多，所用处理器周期数为 2107805，与 ALU 运算相比相差了 239.91 倍。

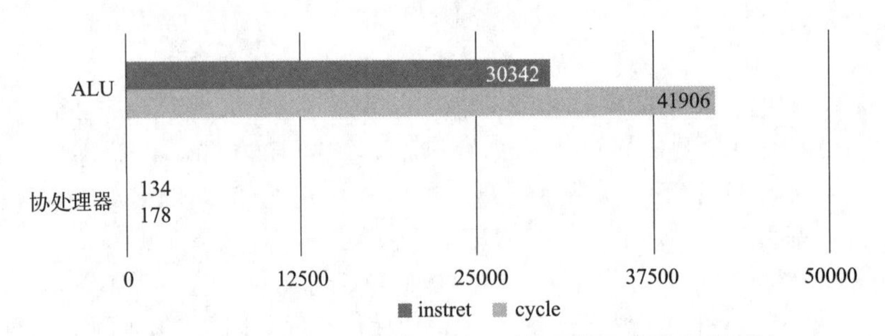

图 15-20　AES 有/无扩展指令所用时钟周期和指令条数对比

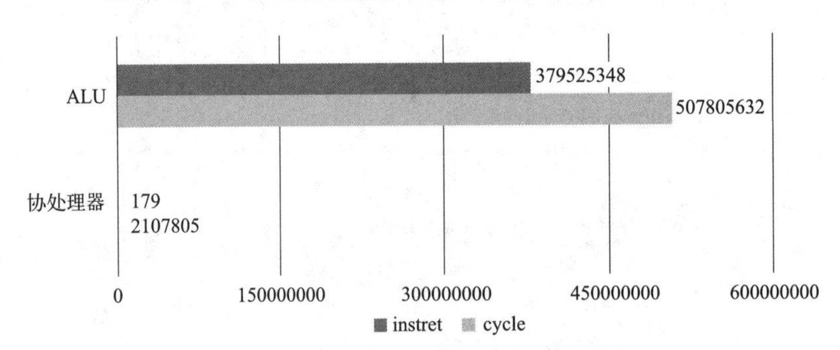

图 15-21　RSA 有/无扩展指令所用时钟周期和指令条数对比

15.5　后端设计

专用集成电路的后端设计是对应具体工艺的详细布局和布线情况的设计，是生产 ASIC 芯片光刻掩模版的重要依据。数字系统的后端设计大致包含：综合、静态时序分析、形式验证、布局布线、时序仿真、物理验证六部分。根据设计层次以及自底向上、自顶向下等不同的设计方式，对应后端的设计步骤也有所不同。可测性设计由于增量设计对象经常为综合后的网表，也经常划分到后端设计流程之中。后端设计的基本流程如图 15-22 所示。

本设计分别在不同制程、不同工艺库下进行了多次综合，下述的物理设计流程考虑到与其他文献对比的便利性，以华虹 40nm 工艺库的设计内容为主。

15.5.1　综合

综合是将数字系统的 RTL 模型综合为与工艺库相匹配的网表的过程。RTL 模型一般是使用行为级方式来描述电路的，这种描述方式比较抽象，而版图的设计需要的是由一个个基本门电路组成的网表，这就需要综合工具将 RTL 模型映射为由标准单元组成的门级网表。

本设计中使用 Synopsys 的 Design Compiler 作为综合工具。综合的步骤大致分为转换、逻辑优化和门级映射三步。工具对 RTL 模型进行综合时，会先将 RTL 模型与工具根目录下的 DW 库进行映射，将其转换成一个只有门信息没有匹配库信息的 Gtech 网表，之后再根据约束的情况对 Gtech 网表进行组合逻辑优化和时序优化。使用综合命令将 Gtech 网表映射为与工艺相关的门级网表，并对工艺依赖的网表进行延迟、功耗和面积上的优化以及 DRC 的修复。

综合之前需要对设计进行约束，包括时序、面积、功耗等方面。本设计中仅对时序进行了详细的约束，不自定义其他约束，以最小的约束让综合工具去优化面积和功耗。综合所用的工艺库为华虹 40nm。AES 算法核综合后的面积报告如图 15-23 所示，标准单元总面积约为 29766μm^2。根据工艺库中单个与非门的面积为 0.92μm^2，换算为逻辑门数约 32k。

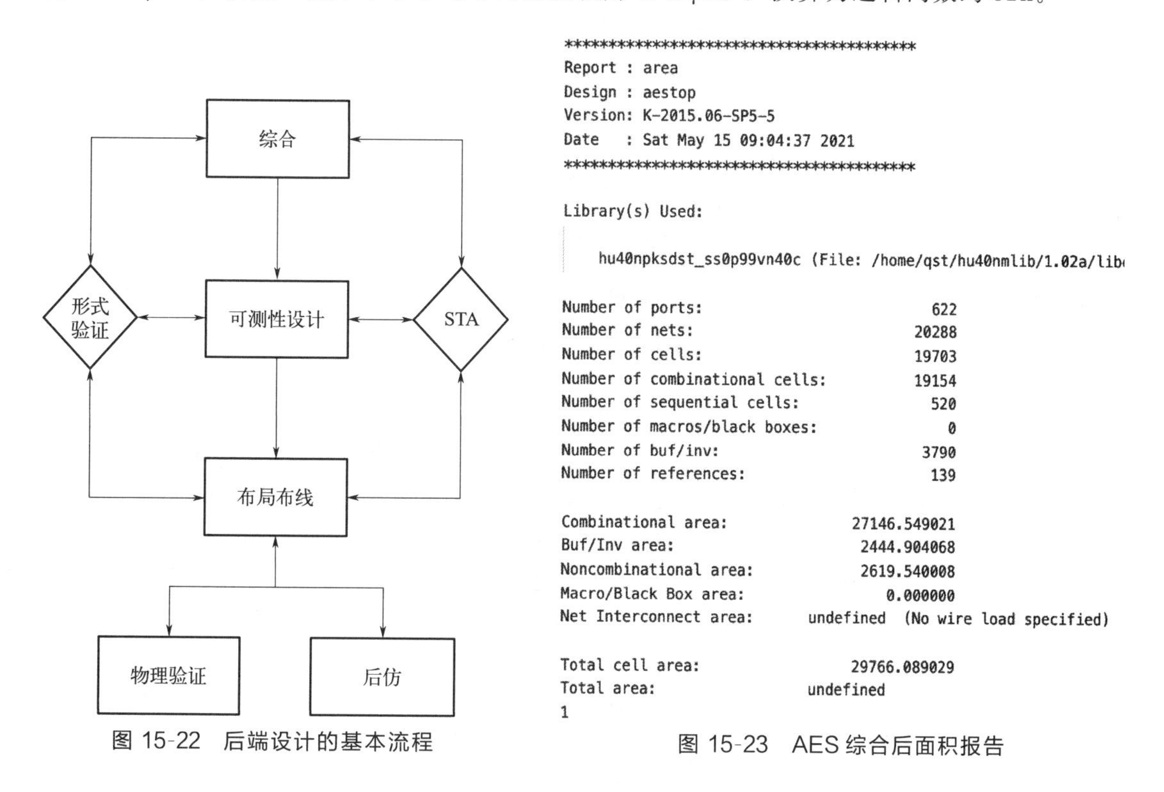


```
****************************************
Report : area
Design : aestop
Version: K-2015.06-SP5-5
Date   : Sat May 15 09:04:37 2021
****************************************

Library(s) Used:

    hu40npksdst_ss0p99vn40c (File: /home/qst/hu40nmlib/1.02a/lib

Number of ports:                          622
Number of nets:                         20288
Number of cells:                        19703
Number of combinational cells:          19154
Number of sequential cells:               520
Number of macros/black boxes:               0
Number of buf/inv:                       3790
Number of references:                     139

Combinational area:              27146.549021
Buf/Inv area:                     2444.904068
Noncombinational area:            2619.540008
Macro/Black Box area:                0.000000
Net Interconnect area:      undefined  (No wire load specified)

Total cell area:                 29766.089029
Total area:                 undefined
1
```

图 15-22　后端设计的基本流程

图 15-23　AES 综合后面积报告

RSA 综合后的面积如图 15-24 所示，标准单元面积约为 94552μm^2，换算为逻辑门数约 98k。其中组合逻辑面积约 48912μm^2，非组合逻辑面积约 45640μm^2，可见大数运算中存储单元占到运算器面积的一大半，使用存储器宏单元在理论上能得到更优的资源使用情况，这也是后期继续优化的方向。

15.5.2　综合后的静态时序分析

数字电路 ASIC 设计的可靠性严重依赖时序约束的完备性和准确性，静态时序分析就是根据时序约束对映射后的网表进行寄存器建立时间和保持时间检查的过程。静态时序分析的结果很大程度上依赖于时序约束的质量。

本书根据之前设计在 FPGA 上验证的最大工作时钟频率，对华虹 40nm 工艺库下的物理设计进行了详细的时序约束，并根据综合结果，对时序进行迭代优化。整个时序约束主要分四部分——时钟约束、输入端口约束、输出端口约束和输入/输出约束。

时钟约束用于约束电路中寄存器到寄存器之间的路径，包括时钟周期的约束、时钟的不确定性约束、时钟延迟约束和时钟翻转延迟约束。在做时钟树综合之前，设计中的时钟网络

```
****************************************

Library(s) Used:

    hu40npksdst_ss0p99vn40c (File: /home/qst/hu40nmlib/1.02a/liberty/l
ogic_synth/hu40npksdst_ss0p99vn40c.db)

Number of ports:                        16425
Number of nets:                         71957
Number of cells:                        56050
Number of combinational cells:          43726
Number of sequential cells:             12321
Number of macros/black boxes:               0
Number of buf/inv:                       8685
Number of references:                      58

Combinational area:              48911.663604
Buf/Inv area:                     8034.138203
Noncombinational area:           45640.500505
Macro/Black Box area:                0.000000
Net Interconnect area:      undefined  (No wire load specified)

Total cell area:                 94552.164109
Total area:                 undefined
1
~
```

图 15-24　RSA 综合后面积报告

是理想线网，不会考虑时钟网络到达不同叶子节点之间的时钟差。根据综合结果不断调整，最终确定的 AES 算法核的时钟约束周期为 2.5ns，按照时钟周期的 10%设置时钟的网络延迟和源延迟，按照时钟周期的 5%加 0.05ns 的时钟偏离、0.04ns 的抖动和 0.03ns 的裕量设置时钟的不确定延迟，按照时钟周期的 8%来设置时钟的翻转延迟。

输入端口的约束用来约束输入到寄存器的路径，包括输入端口驱动单元的指定和输入的延迟。在静态时序分析中，对于输入端口到寄存器的路径类型和寄存器到输出端口的路径类型，输入/输出端口会假设与设计连接的另一端电路的同步寄存器相连。输入延迟计算是从上一级寄存器的 CP 端到本设计的输入端口的延迟。本设计的约束文件中按照时钟周期的 40%设置输入延迟。在标准单元库中找到驱动能力最小的反相器，作为输入端口的驱动单元，可更大程度地增加约束的容错性。

输出端口的约束是用来约束寄存器到输出端口的路径，包括输出负载的指定和输出延迟。与输入端口的约束类似，为了使得时序约束更加严谨，本设计约束文件中按照时钟周期的 40%设置输出延迟。输出负载数量设置为 1。

将综合之后的网表、对应的链接库和时序约束文件读入到静态时序分析工具 Prime Time 中，分析综合后的时序情况如图 15-25 所示，图中路径为静态时序分析工具报告的最差路径，此时的时序裕量为 0.04ns，表明在当前的时钟约束下，电路可满足库中建立时间要求，电路能够在这种时序条件下正常工作。

与 AES 的约束方案类似，对 RSA 算法核做详细的时序约束，并进行静态时序分析。图 15-26 为 RSA 算法核的静态时序分析结果，由于关键路径比较长，路径的中间部分已省略，分析时序报告可得，时序紧张仍然发生在寄存器到寄存器的路径上，在 10ns 的时钟周期约束下，时序裕量为 0.04ns，满足库内的建立时间要求。

15.5.3　形式验证

在设计的不同阶段之间，特别是在有 ECO 的设计阶段，都需要对设计进行形式验证。形式验证是用数学建模或逻辑推理的方法，对不同阶段的设计模型进行对比分析，从而验证其基本的电路功能是否发生改变。本设计中使用的 EDA 工具为 Synopsys 的 Formality 验证工具，它可以对比分析 RTL 模型与网表之间、网表与网表之间、版图与网表之间的功能一

```
Startpoint: cryptdap/reg_8_6/dout_reg[3]
            (rising edge-triggered flip-flop clocked by clk)
Endpoint: cryptdap/reg_8_5/dout_reg[3]
          (rising edge-triggered flip-flop clocked by clk)
Path Group: clk
Path Type: max

Point                                                   Incr       Path
------------------------------------------------------------------------
clock clk (rise edge)                                   0.00       0.00
clock network delay (ideal)                             0.25       0.25
cryptdap/reg_8_6/dout_reg[3]/CK (SEN_FDPRBQ_4)          0.00       0.25 r
cryptdap/reg_8_6/dout_reg[3]/Q (SEN_FDPRBQ_4)           0.14       0.39 f
cryptdap/sbox_mux6/in[3] (sbox_mux_13)                  0.00       0.39 f
cryptdap/sbox_mux6/U12/X (SEN_INV_3)                    0.05 *     0.44 r
cryptdap/sbox_mux6/U11/X (SEN_NR2_G_3)                  0.03 *     0.46 f
......
cryptdap/reg_8_5/dout_reg[3]/D (SEN_FDPSBQ_4)           0.00 *     2.45 r
data arrival time                                                  2.45

clock clk (rise edge)                                   2.50       2.50
clock network delay (ideal)                             0.25       2.75
clock uncertainty                                      -0.13       2.62
cryptdap/reg_8_5/dout_reg[3]/CK (SEN_FDPSBQ_4)          0.00       2.62 r
library setup time                                     -0.13       2.49
data required time                                                 2.49
------------------------------------------------------------------------
data required time                                                 2.49
data arrival time                                                 -2.45
------------------------------------------------------------------------
slack (MET)                                                        0.04
```

图 15-25　AES 综合后时序报告

```
Startpoint: Mult/shiftA1/q1_reg[0]
            (rising edge-triggered flip-flop clocked by clk)
Endpoint: Mult/LINE/RegRi/A/q_reg
          (rising edge-triggered flip-flop clocked by clk)
Path Group: clk
Path Type: max

Point                                                   Incr       Path
------------------------------------------------------------------------
clock clk (rise edge)                                   0.00       0.00
clock network delay (ideal)                             1.00       1.00
Mult/shiftA1/q1_reg[0]/CK (SEN_FDPQ_V2_1)               0.00 #     1.00 r
Mult/shiftA1/q1_reg[0]/Q (SEN_FDPQ_V2_1)                0.27       1.27 r
Mult/shiftA1/q (SHREG_WIDTH1024_0)                      0.00       1.27 r
Mult/LINE/ai1 (MontgomeryLine_WIDTH1024_BLOCKWIDTH256_TYPEADD0_SELN10)
                                                        0.00       1.27 r
Mult/LINE/U4982/X (SEN_MUXI2_DGY2_16)                   0.19 *     1.46 f
Mult/LINE/U228/X (SEN_BUF_S_4)                          0.22 *     1.68 f
Mult/LINE/U5644/X (SEN_NR2B_V1_1)                       0.11 *     1.79 r
...
Mult/LINE/R_out[1025] (MontgomeryLine_WIDTH1024_BLOCKWIDTH256_TYPEADD0_SELN10)
                                                        0.00       9.91 r
U8663/X (SEN_AN2_1)                                     0.24 *    10.14 r
Mult/LINE/Ri[1024] (MontgomeryLine_WIDTH1024_BLOCKWIDTH256_TYPEADD0_SELN10)
                                                        0.00      10.14 r
Mult/LINE/U24205/X (SEN_NR2B_V1_1)                      0.20 *    10.35 r
Mult/LINE/RegRi/A/q_reg/D (SEN_FDPQ_V2_1)               0.00 *    10.35 r
data arrival time                                                 10.35

clock clk (rise edge)                                  10.00      10.00
clock network delay (ideal)                             1.00      11.00
clock uncertainty                                      -0.50      10.50
Mult/LINE/RegRi/A/q_reg/CK (SEN_FDPQ_V2_1)              0.00      10.50 r
library setup time                                     -0.11      10.39
data required time                                                10.39
------------------------------------------------------------------------
data required time                                                10.39
data arrival time                                                -10.35
------------------------------------------------------------------------
slack (MET)                                                        0.04
```

图 15-26　RSA 综合后时序报告

致性。在数字电路的物理设计流程中需要做形式验证的阶段也对应为综合后的网表与 RTL 模型之间的形式验证，综合后网表与可测性设计之后的网表的形式验证，自动布局布线之后的版图与可测性设计之后的网表的形式验证。形式验证会遍历所有的逻辑组合，保证两者之间逻辑的等价性，所以原则上形式验证的测试覆盖率要比激励驱动的功能仿真高得多。

本书对设计的关键步骤做了严谨的形式验证，在综合阶段使用 .svf 文件记录在映射网表期间综合工具对设计做出的修改，并将 RTL 模型与综合后的网表做了形式验证。在可测性设计阶段，对设计进行了复杂的 ECO，添加了许多测试模式才会用到的逻辑元件，比如慢时钟控制器、片上的时钟控制器、IJTAG 子网络元件等，但是经过严谨的隔离操作，功能模式和测试模式是完全独立的，很多可测性元件在隔离单元的作用下，在功能模式期间是不工作的，所以在做可测性设计后的网表与综合后网表的形式验证期间，需要将所有的可测性设计端口屏蔽，将工作模式固定在功能模式下进行验证。

本设计对协处理器核以及其中的 AES 算法核和 RSA 算法核分别进行了形式验证，其中 RSA 的验证结果如图 15-27 所示，所有的对照点都通过了验证。其他核的形式验证结果类似，不再赘述。

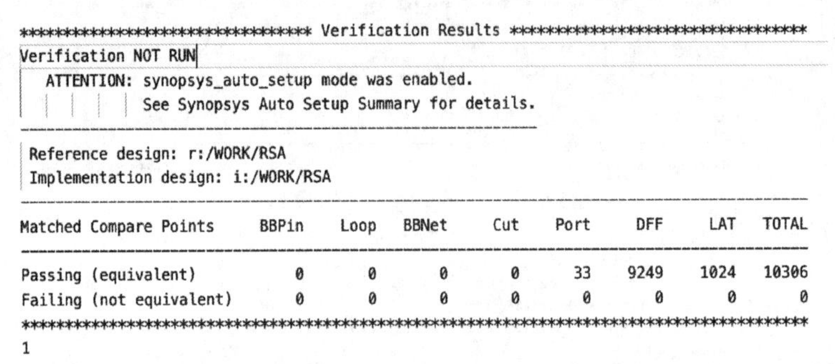

```
********************************** Verification Results **********************************
Verification NOT RUN
   ATTENTION: synopsys_auto_setup mode was enabled.
              See Synopsys Auto Setup Summary for details.

 Reference design: r:/WORK/RSA
 Implementation design: i:/WORK/RSA

Matched Compare Points      BBPin    Loop   BBNet     Cut    Port     DFF     LAT   TOTAL
----------------------------------------------------------------------------------------
Passing (equivalent)            0       0       0       0      33    9249    1024   10306
Failing (not equivalent)        0       0       0       0       0       0       0       0
****************************************************************************************
1
```

图 15-27　RSA 形式验证报告

15.5.4　布局布线

本设计使用 Synopsys 的 IC Compiler 对综合完的网表进行物理空间上的布局与连线，其整个流程如图 15-28 所示。

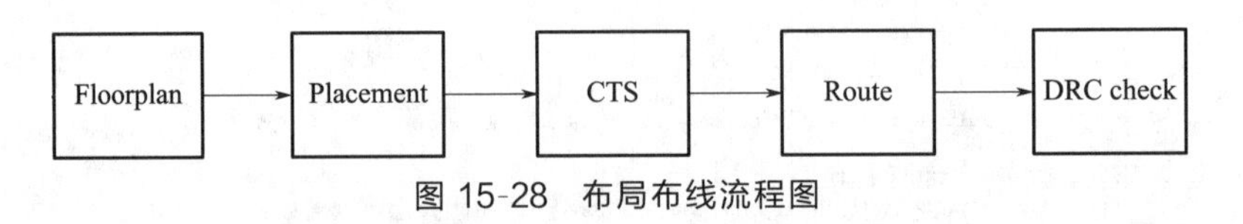

图 15-28　布局布线流程图

15.5.4.1　Floorplan

Floorplan 阶段是对芯片进行全局性规划的阶段，在此阶段的工作主要分三部分，即芯片尺寸等物理信息参数的规划、电源网络的综合以及 I/O 和宏单元的放置。芯片的尺寸、形状、内部标准单元的面积利用率等都要在此阶段指定。

芯片的尺寸需要根据综合后标准单元的面积进行规划。本设计分别对两个加/解密核进行 Block 级的物理设计，形状上由于没有使用宏单元，均采用长度均匀的四边形设计；由于在左右两边需要插入 Endcap 单元，所以左右两边的长度根据 Endcap 单元的高度的倍数来设置，会与上下两边稍有不同。

AES 算法核综合后的面积为 $30805\mu m^2$，以标准单元的面积利用率 70%来估算，核心与芯片边缘预留 $20\mu m$ 宽度的通道，最终确定 AES 模块的边长为 $212\mu m$。RSA 算法核综合后面积为 $94552\mu m^2$，以标准单元面积利用率为 80%来估算，核心与芯片边缘通道宽度 $20\mu m$，确定 RSA 算法核心边长为 342μm。

电源网络综合用来规划为标准单元进行供电的电源网络。供电的电源网络主要分三部分——电源环、高层金属绘制的电源网格以及底层金属为防止栓锁效应绘制的衬底电源供电网络。

综合后的网表中并没有电源端口，需要使用 create_port 指令为设计添加 VSS 和 VDD 端口。在使用高层金属创建电源环之前，需要指定设计所使用的金属层以及金属层的优先布线方向。本设计所使用的工艺库中共包含 8 层金属（金属 1～7 加 RDL)，考虑到设计为 Block 级的物理设计，后期需要与顶层设计融合，所以不能将所有的金属层全都用掉。经分析后确定本设计使用金属 1 到金属 6 做所有的布线工作，其中金属 5 和金属 6 做电源环和电源网格的布线，金属 1～4 做逻辑布线。电源环的金属宽度要略宽于默认的布线规则。作为整个芯片的主供电线，本设计中设置电源环金属宽度为 0.2μm（默认的单位布线宽度为 0.07μm)，VDD 与 VSS 布线间距为 1μm。电源网格金属宽度为 0.1μm，为了避免与底层的金属 1 的电源网络出现通孔的设计规则上的冲突，我们仅布置纵向的电源网格，其间距为 69μm，在芯片上均匀布置了 3 组。分析整个芯片的 IR drop 是可以满足要求的。

本设计由于是 Block 级的物理设计，不会涉及输入/输出 Pad 的插入，但是在布局规划期间还需要将一些仅有物理属性的单元插入到设计中，包括 Endcap 单元和 Well TAP 单元。添加 Endcap 单元主要是为了避免或者缓和 PSE、OSE 所造成的影响，原则上说核心区域以及内部所有的宏单元都要包一圈 Endcap 单元，保证 Poly 和 Oxide 周围不会因为太空旷、不对称或密度太低导致与内部标准单元的性能不一致。本设计中仅对左右两条边进行 Endcap 单元的布置。

Well TAP 单元是防止闩锁效应的标准单元。对于一个 CMOS（N 阱，P 衬底）来说，为防止闩锁效应，其 N 阱需要连接 VDD，P 衬底需要连接 GND，但是实际设计中并不需要为每个单元配备这种结构。在数字集成电路的物理设计中，标准单元以行布局，每一行的衬底都连在一起，所以一整行标准单元仅需要连接一个 VDD，同理衬底也是。在整行中只保留一个 VDD、VSS，还会省下很多的面积。但一行仅有一个 TAP 会导致靠近中间的标准单元因为距离太远无法正确地进行偏置，仍然会产生闩锁效应，这就需要在一定距离内添加 Well TAP 单元来解决。在本设计中，如图 15-29 所示，采用棋盘式的布局，将 TAP 单元间隔放置，单元之间间隔为 40μm。

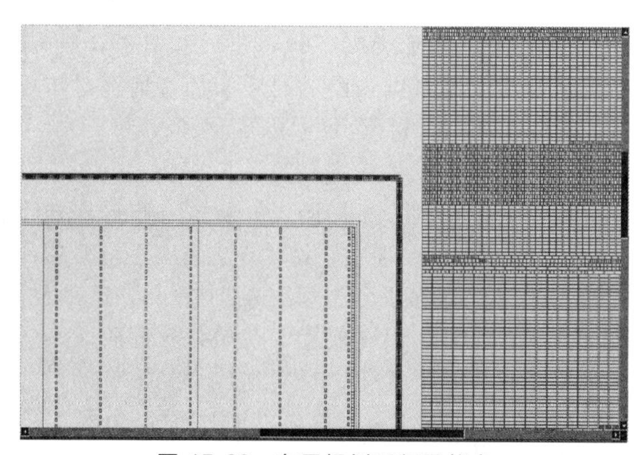

图 15-29　布局规划后版图状态

至此，Floorplan 阶段基本完成，需要对布局规划的结果进行质量评估，主要包括 IR drop 和布线拥塞情况的评估。IR drop 是衡量电源网络质量的参数，由于从电源引脚到芯片内的标准单元，其压降是不可避免的，设置复杂的电源网络就是通过更多的并联尽量避免压降对位于芯片内部标准单元性能的影响。

在布局规划和正式布局之后都需要对布线的拥塞情况进行评估，更大的标准单元密度和不合理的宏单元的放置都会导致部分区域可能出现按设计规则无法进行合理布线的情况。由于本设计 AES 算法核设置的标准单元面积利用率约为 70%，RSA 算法核的标准单元面积利用率约为 80%，预留了充足的布线空间，无须担心布线拥塞问题。AES 算法核布线拥塞情况热点图如图 15-30 所示，大部分 GRC 的拥塞都小于 4/7，可见芯片内部不存在拥塞。

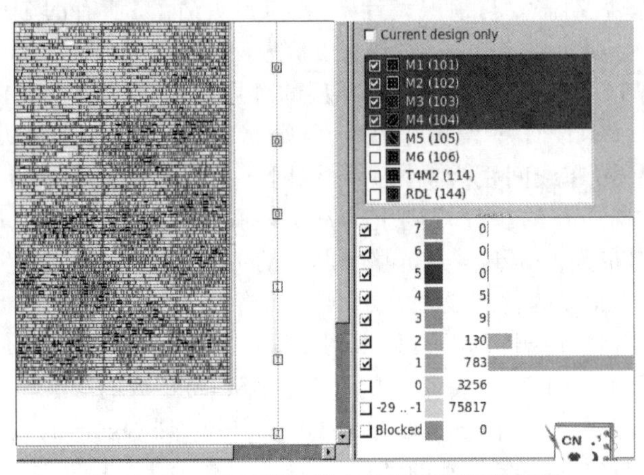

图 15-30　AES 算法核布线拥塞情况热点图

15.5.4.2　Placement

布局是在布局规划之后，根据一定的优先级对标准单元进行物理空间上的放置的过程。使用 IC Compiler 工具对设计进行布局大致分为下面五个步骤：

Initial coarse placement（初始化布局）：此阶段执行缓冲器敏感的时序驱动的布局以及扫描链的优化，能预测需要插入缓冲器的线网，针对缓冲器树进行优化。

HFN buffering（初始化设计规则的修复）：此阶段会移除缓冲器树，执行高扇出逻辑的综合和时序 DRC 的修复。

Initial optimization（初始优化）：此阶段执行快速的时序优化。

Final placement（最终布局）：此阶段执行时序驱动和基于全局布线拥塞的布局以及扫描链的优化，属于增量布局，主要是根据当前的时序和拥塞情况对布局进行调整。

Final optimization（最终优化）：执行全尺寸的优化和设计布局的合法化。

在设计的初始化布局或者初始化设计规则修复阶段需要对布线拥塞情况进行二次分析，如果拥塞情况不能接受，则需要返回到未布局的设计阶段（布局规划阶段或者布局的初始化设置阶段）进行调整，应用一些专注于拥塞优化的设置选项，重新执行布局优化。当拥塞可接受之后，在初始优化或者最终优化阶段分析设计的时序、功耗和面积，验证时序、面积、功耗的结果是否满足设计需求，否则，仍需要返回初始化布局阶段，应用专注于时序、面积或者功耗的优化设置选项重新执行布局优化，反复迭代得到最优的设计结果。

对布局后的网表进行时序分析，AES 算法核的时序报告如图 15-31 所示，所得静态时序分析结果与综合后的结果差别不大，在可接受的范围之内。

15.5.4.3　时钟树综合

时钟树综合是整个物理设计中最重要的步骤，通过对时钟网络插入缓冲器或反相器来达到

```
cryptdap/U3346/X (SEN_AO122_1)                     0.08 *     2.24 r
cryptdap/U3347/X (SEN_OA21B_1)                     0.15 *     2.39 r
cryptdap/U3348/X (SEN_AO21B_2)                     0.09 *     2.48 f
cryptdap/reg_8_9/dout_reg[0]/D (SEN_FDPSBQ_2)      0.00 *     2.48 f
data arrival time                                             2.48

clock clk (rise edge)                              2.50       2.50
clock network delay (ideal)                        0.25       2.75
clock uncertainty                                 -0.17       2.58
cryptdap/reg_8_9/dout_reg[0]/CK (SEN_FDPSBQ_2)     0.00       2.58 r
library setup time                                -0.12       2.46
data required time                                            2.46
------------------------------------------------------------------
data required time                                            2.46
data arrival time                                            -2.48
------------------------------------------------------------------
slack (VIOLATED)                                             -0.02


1
```

图 15-31 AES 核布局后时序报告

平衡时钟到达每个时钟节点时间的目的。时钟树关系到电路时序的正确性，在未做时钟树综合的电路中，时钟网络以理想线网的形式存在，工具不会考虑时钟到达不同叶子节点的时钟差，时钟的不确定性延迟由工程师在时序约束中指定，而不是依据实际的时钟树结构计算得到。

默认对于每一个时钟域时钟树综合的目标偏斜量和目标延迟都是 0ns。在时钟树综合之前需要去除约束中时钟网络的理想线网属性。时钟树综合之后，时序约束中时钟的 uncertainty（不确定性量）以及线网延迟会被更加精确的 clock propagate latency（时钟衍生延迟）所替代。

时钟树综合需要使用工艺库中特殊定制的缓冲器和反相器进行时序上的平衡，综合时的布线规则也与默认布线规则不同，使得在布线时发生设计规则违例的可能性更小。本设计中对时钟布线设置双倍线宽、双倍间距，使时钟网络更宽松，确保时钟布线对于 cross-talk（串扰）和 electro-migration（电迁移）的影响是更不敏感的。时钟网络的布线规则更严格，也进一步要求优化金属层通孔去提高电路整体的可靠性，通常会使用 multiple-cut via array（多通孔阵列）或者面积更大的通孔替换普通的金属通孔。

使用上述的专用标准单元和非默认布线规则和通孔规则，对设计中的时钟树网络进行综合，结果如图 15-32 所示，AES 算法核综合后时钟网络共 5 级，叶子节点之间最大的时钟偏斜为 0.24ns。

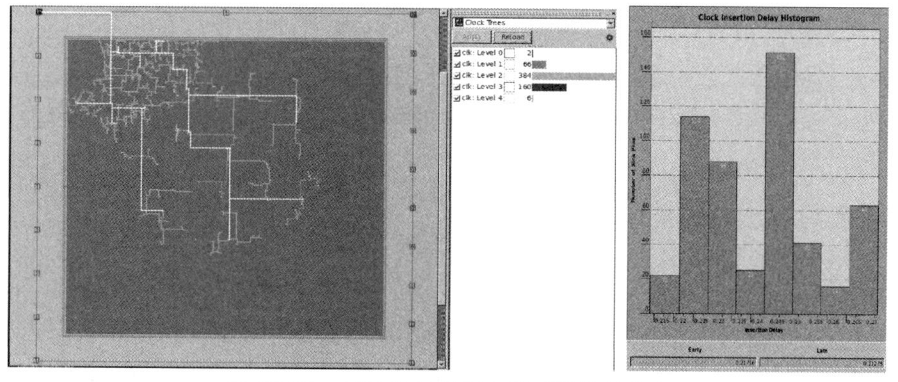

图 15-32 AES 时钟树网络及时钟偏斜分布

如图 15-33 所示，RSA 算法核综合之后时钟网络共 7 级，叶子节点之间的最大时钟偏斜为 0.71ns。两个核最后的时钟偏斜量都要比约束中的量更小，满足当前的设计要求。在时钟树综合阶段只是对时钟树进行了规划，具体的布线会放到布线阶段执行。

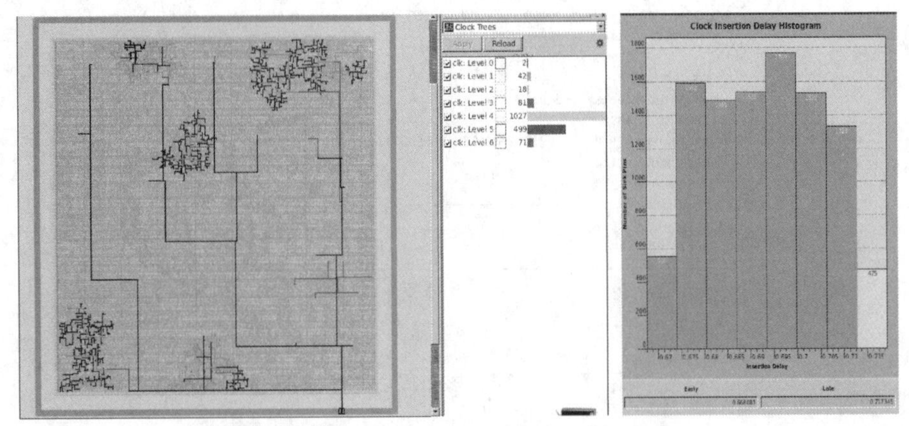

图 15-33　RSA 时钟树网络及时钟偏斜分布

15.5.4.4　Route

使用 IC Compiler 工具对设计进行布线的过程主要分三个阶段——global route、track assignment 和 detail route。

Global route（全局布线）：此阶段主要是在 GRC（global route cell）上考虑布线的拥塞情况，为每条线基于金属层的优先布线方向分配金属层。全局布线阶段的工具会在最小化绕线的情况下避免布线拥塞的产生，同时避免在电源网络区域以及用户设置的布线阻塞区域进行布线。

Track assignment（轨迹分配）：此阶段的主要任务是为全局布线阶段的轨迹分配真实的金属形状，工具会尽量布长而直的金属线轨迹，从而减少通孔的使用。在 track assignment 之后，尽管所有的线都被初步布置完毕，但是并不是非常严谨的，会存在很多设计规则上的违例，特别是连接引脚的区域，需要在 detail route 阶段进行解决。

Detail route（详细布线）：详细布线就是对 track assignment 阶段的布线进行进一步的优化，将上阶段存在的设计规则违例一一消除。

本设计使用时钟树综合阶段设置的非默认规则，对未布线的时钟网络进行布线，优先满足时钟网络的布线需求之后，使用华虹 40nm 工艺库中的默认布线规则对逻辑部分线网进行详细的布线。

在布线完成之后对 QoR（quilty of result，结果质量）进行分析和衡量。除了前述一直考虑的时序违例问题之外，还包括设计规则的违例检查、电源网络的检查以及初步的电路图与版图的对比等。验证完成之后，将完成布局布线的设计输出为 GDSII 格式的文件，用于进一步的检查和设计。

15.5.5　布局布线后的静态时序分析

对布局布线之后的网表进行静态时序分析，与综合后的静态时序分析类似。由于时钟树综合之后更新了网表的延迟信息，且布局布线之后有更精确的电路拓扑信息去计算延迟，网表的时序与综合后的时序略有差别。

AES 算法核布局布线之后的时序报告如图 15-34 所示，同样在 2.5ns 的时钟周期约束下，最差路径仍然发生在寄存器到寄存器的路径组中，时序裕量为－0.48ns，估算电路主频为 335.6MHz，相较于综合后有 16％的缩减。

RSA 算法核布局布线之后静态时序报告如图 15-35 所示，在 10ns 的时钟周期约束下，最差路径的时序裕量为 0.22ns，比综合后的时序结果更优，估算电路主频为 102.2MHz。

```
Startpoint: cryptdap/reg_8_12/dout_reg[7]
            (rising edge-triggered flip-flop clocked by clk)
Endpoint: cryptdap/reg_8_13/dout_reg[5]
          (rising edge-triggered flip-flop clocked by clk)
Path Group: clk
Path Type: max

Point                                                  Incr       Path
-----------------------------------------------------------------------
clock clk (rise edge)                                  0.00       0.00
clock network delay (propagated)                       0.27       0.27
cryptdap/reg_8_12/dout_reg[7]/CK (SEN_FDPSBQ_4)        0.00       0.27 r
cryptdap/reg_8_12/dout_reg[7]/Q (SEN_FDPSBQ_4)         0.23 @     0.50 f
cryptdap/sbox_mux12/in[7] (sbox_mux_7)                 0.00       0.50 f
cryptdap/sbox_mux12/U21/X (SEN_ND2_T_1)                0.11 @     0.61 r
cryptdap/sbox_mux12/U22/X (SEN_NR2_2)                  0.11 &     0.72 f
cryptdap/sbox_mux12/U169/X (SEN_ND2_2)                 0.10 &     0.82 r
cryptdap/sbox_mux12/U170/X (SEN_INV_1)                 0.08 &     0.89 f
...
cryptdap/U4548/X (SEN_EO2_S_8)                         0.12 &     2.73 r
cryptdap/U3415/X (SEN_EN2_S_8)                         0.09 &     2.82 r
cryptdap/U3416/X (SEN_EN4_DGY2_8)                      0.25 &     3.07 f
cryptdap/U3704/X (SEN_OAI211_8)                        0.06 &     3.13 r
cryptdap/reg_8_13/dout_reg[5]/D (SEN_FDPSBQ_4)         0.00 &     3.13 r
data arrival time                                                 3.13

clock clk (rise edge)                                  2.50       2.50
clock network delay (propagated)                       0.23       2.73
cryptdap/reg_8_13/dout_reg[5]/CK (SEN_FDPSBQ_4)        0.00       2.73 r
library setup time                                    -0.07       2.66
data required time                                                2.66
-----------------------------------------------------------------------
data required time                                                2.66
data arrival time                                                -3.13
-----------------------------------------------------------------------
slack (VIOLATED)                                                 -0.48
```

图 15-34　AES 核布局布线后的时序报告

```
Startpoint: Mult/shiftA1/q1_reg[0]
            (rising edge-triggered flip-flop clocked by clk)
Endpoint: Mult/LINE/BLOCKS[3].ADDBLOCK/DRi_F2/data_next_reg[255]
          (rising edge-triggered flip-flop clocked by clk)
Path Group: clk
Path Type: max

Point                                                            Incr       Path
---------------------------------------------------------------------------------
clock clk (rise edge)                                            0.00       0.00
clock network delay (propagated)                                 0.70       0.70
Mult/shiftA1/q1_reg[0]/CK (SEN_FDPQ_V2_1)                        0.00       0.70 r
Mult/shiftA1/q1_reg[0]/Q (SEN_FDPQ_V2_1)                         0.32       1.02 r
Mult/shiftA1/q (SHREG_WIDTH1024_0)                               0.00       1.02 r
Mult/LINE/ai1 (MontgomeryLine_WIDTH1024_BLOCKWIDTH256_TYPEADD0_SELN10)
                                                                 0.00       1.02 r
Mult/LINE/U2/X (SEN_ND2B_S_0P5)                                  0.12 &     1.14 r
Mult/LINE/U3/X (SEN_OAI211_2)                                    0.09 &     1.23 f
Mult/LINE/U3864/X (SEN_EO2_G_10)                                 0.15 @     1.38 r
...
Mult/LINE/U4990/X (SEN_ND3_T_2)                                  0.05 &     9.86 r
Mult/LINE/U4999/X (SEN_ND4_12)                                   0.11 @     9.97 f
Mult/LINE/U4518/X (SEN_MUX2_8)                                   0.10 @    10.07 f
Mult/LINE/U14540/S (SEN_ADDF_V3_3)                               0.29 &    10.37 f
Mult/LINE/U4524/X (SEN_NR2B_2)                                   0.07 &    10.44 f
Mult/LINE/BLOCKS[3].ADDBLOCK/DRi_F2/data_next_reg[255]/D (SEN_FDPQ_V2_3)
                                                                 0.00 &    10.44 f
data arrival time                                                          10.44

clock clk (rise edge)                                           10.00      10.00
clock network delay (propagated)                                 0.63      10.63
Mult/LINE/BLOCKS[3].ADDBLOCK/DRi_F2/data_next_reg[255]/CK (SEN_FDPQ_V2_3)
                                                                 0.00      10.63 r
library setup time                                               0.03      10.65
data required time                                                         10.65
---------------------------------------------------------------------------------
data required time                                                         10.65
data arrival time                                                         -10.44
---------------------------------------------------------------------------------
slack (MET)                                                                 0.22
```

图 15-35　RSA 布局布线后的时序报告

15.5.6　时序仿真

在布局布线完成之后，为了更精确地计算电路延迟、分析信号的完整性，需要对布局布线之后的网表进行时序仿真。时序仿真所需要的时序反标文件需要通过静态时序分析工具产生，而在提取时序信息之前需要将布局布线之后的网表放入 StarRC 中提取寄生参数（由于电路互连造成的寄生电容和寄生电阻的信息），利用提取出来的 R、C 寄生参数更精确地反标设计电路中的时序信息，从而得到更精确的仿真结果。

根据静态时序分析结果对激励文件中时钟周期进行调整，并将时序反标文件读入到仿真工具中。AES 算法核激励时钟为 10ns，图 15-36 为加密仿真结果，图 15-37 为解密仿真结果。对照表 15-10 中的测试数据，可知仿真结果正确。

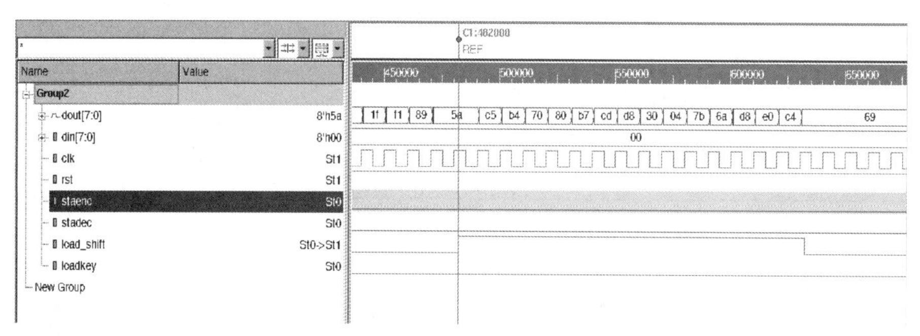

图 15-36　AES 加密时序仿真波形

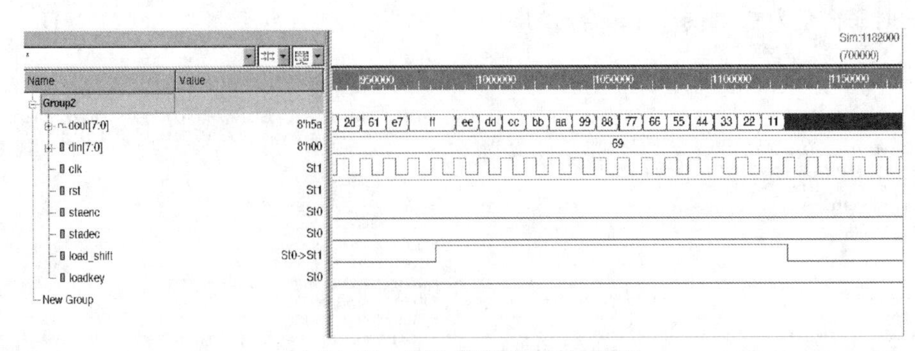

图 15-37　AES 解密时序仿真波形

表 15-10　AES 仿真测试数据表

I/O	数据
明文	00112233445566778899aabbccddeeff
密钥	000102030405060708090a0b0c0d0e0f
密文	69c4e0d86a7b0430d8cdb78070b4c55a

由于 RSA 时序仿真时间过长，将 RSA 中的模乘模块中的一次运算独立进行时序仿真，如图 15-38 所示，1024 位的结果分 32 个 32 位输出，图 15-38 中从 1948_15d8 开始为模乘运算结果，对比表 15-11 中的测试数据，可知仿真结果正确。

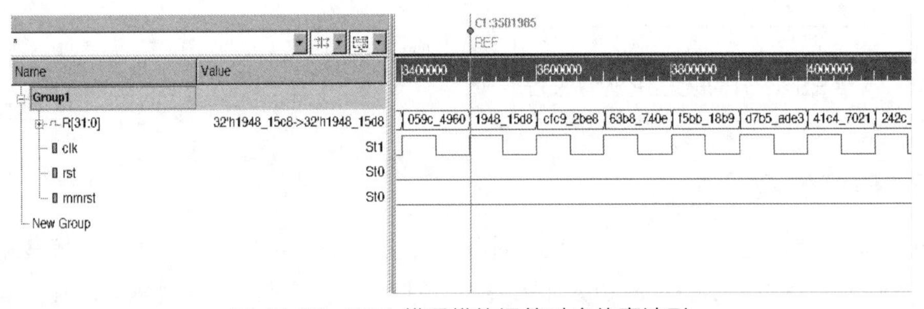

图 15-38　RSA 模乘模块运算时序仿真波形

表 15-11　RSA 仿真测试数据表

I/O	数据
A	1024′b1
B	8769eed40b7ee562060c0f2ba60e12ec6b384135b06d8cf4bd929f6eca1ad80b3b15a608530e466582073ba034af513033 71dbdf6f9da51078322e2821088a64b93c8278fc76e0496ae4f5c710132f1284c9789946f6060e8decd2f873a8cc111a2db d470f10eefc56e772f3396fee8cbddd74b47c4596d493a7ef976bf9ddb
N	2a198cc45eda697aa710272b31155044e8b7d7b328820772fc7f8f87731dfe2b6d9236968eaae2f471b0aed01a2c3cbff923 d971ffee6c04d37350b6c52186d8449a743b62619949d0b59f8370aa2255aac9deab2e814c982f444a222225e744ef596c8 63c009c410cb8af9dacb1daaa43419c6ac62f583db2732d1e8edcab85
R	194815d8cfc92be863b8740ef5bb18b9d7b5ade341c47021242c5cbf2fdfd5d610a1c87b89ede3ad64e891450ebb98e97e2 d7b97fb74232aed7b39cca39907bf48171e31791483a733b1176f10d5aaa302ce24b06178567c8c118ba8d4b03a03007e2 42d5678d5986913936670246cc9878fb9db698b3b1a7dd6d60c02ce24b0

15.5.7　物理验证

物理验证是验证物理设计是否满足设计标准的重要一步，主要包括设计规则检查和版图原理图对比检查等。

设计规则检查就是利用代工厂提供的设计规则文件去检查物理设计完成后的芯片版图是否存在最小间距、最小距离、最小宽度等设计规则的违例。在本次物理设计过程中，不仅使用 IC Compiler 内部的物理验证引擎对设计中是否存在设计规则违例进行检查，还使用业内权威的物理验证工具——Calibre，配合代工厂提供的物理验证文件，对两个算法核的版图进行严格的设计规则检查。出现了下述一些问题，并进行了解决。

问题 1：在使用 SIMC 180nm 工艺对 AES 算法核进行 Sign Off 检查时，发现其存在大于天线效应规则约束的一条长直走线。

解决办法：尝试重新读入天线效应规则文件，在 IC Compiler 中进行二次布局布线仍然没有解决问题之后，直接使用版图编辑工具，对走线进行修改，将原本长直的金属 3 的走线在金属层密度较低的地方，跳层到金属 4，再转跳回金属 3，使金属 3 的直线布线长度小于天线效应规则约束的长度。

问题 2：在使用华虹 40nm 工艺对 AES 算法核和 RSA 算法核进行 Sign Off 检查时，初步 LVS（原理图与版图的比较）的检查中存在部分线网断路的情况。

解决办法：经过对 LVS 结果的细致检查，发现是由于电源网络中横向的 Power Strap 与最底层金属的电源布线重合导致无法顺利打下通孔，从而金属走线存在断路。通过调整 Power Strap 的间距，减少横向的 Power Strap 的数量，重新进行电源网络的布线。

对 AES 和 RSA 算法核进行版图和电路图的比对验证，结果如图 15-39 所示。经过对电源网络的修改，版图可顺利通过 LVS 检查。理论上，通过 Sign Off 的检查后的版图已经达到可以生产的水平。

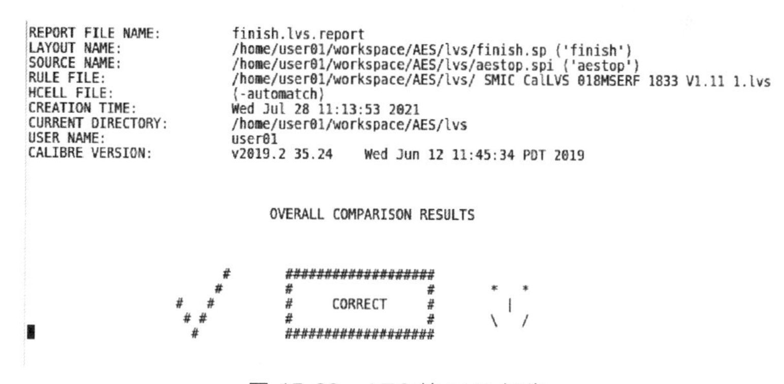

图 15-39 AES 核 LVS 报告

15.6 设计结果分析

本章所设计的密码协处理器的性能依赖于两个算法核。经过对 AES 算法核的分析和优化，本书完成了 AES 不同方案 RTL 模型的创建和对比，选取了性能和资源使用情况更符合物联网应用场景的方案作为最终设计方案，进行了 FPGA 的原型验证和 ASIC 设计。

使用 Xilinx 开发板对 AES 算法核做了 FPGA 原型验证。AES 算法核仅使用 2697 个 LUT，在 7ns 时钟约束下，最坏路径建立时间裕量为 3.917ns，根据本书对 AES 算法核的描述，13 个时钟周期即可完成一次 128bit 的加/解密，估算电路主频可达 324MHz，数据传输速率可达 2.77Gbps。

在华虹 40nm 工艺下对 AES 算法核进行详细的物理设计，其主频可达 335.6MHz，综合后面积为 $30805\mu m^2$，物理设计后，版图的面积为 $44944\mu m^2$（$212\mu m \times 212\mu m$），静态时序分析估算 AES 算法核的数据传输速率为 3.3Gbps，与 FPGA 实现方案相比传输速率提升了约 16%，对比同为逻辑复用结构的低开销 ASIC 实现 AES 算法核的其他方案，如表 15-12 所示，虽然面积要比同为低开销设计的相关研究要大，但数据传输速率与面积之比，本设计仍有较大优势。造成这一现象的原因主要是设计的侧重点不同，如文献 3 瞄准的是超小面积，而本设计的目的是在速度与面积之间达到平衡。

表 15-12 AES 算法核 ASIC 实现与其他文献的对比

文献	工艺/nm	传输速率/Gbps	面积/k-gates	吞吐率面积比/(kbps/k-gates)
1	90	0.051	18.20	2.80
2	22	0.432	4.03	107.20
3	90	0.094	2.60	36.15
本设计	40	3.304	32.00	103.25

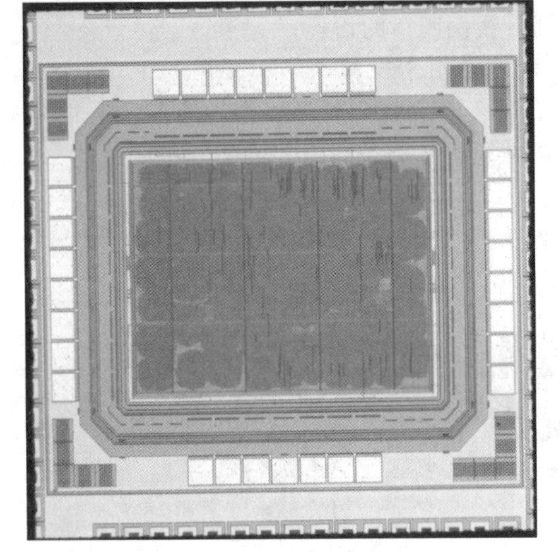

图 15-40 AES 芯片显微照片

本章所设计的 AES 算法核已在 SMIC 180nm 工艺下顺利流片，图 15-40 为流片后芯片的显微照片。由于 I/O pad（Input/Output pad，输出/输出端口）数量和性能的限制，设计改为 8bit 输入/输出，芯片尺寸为 1256μm×1028μm，静态时序分析主频可达 100MHz，数据传输速率达 980Mbps。

对流片后芯片进行了 QFN32（quad flat no-leads package，方形扁平无引脚封装）封装，图 15-41 所示为 AES 算法核封装后在 PCB 上的连接情况。为了对流片后的 AES 算法核进行测试，在 PCB 上整合了一片 Altera 的 FPGA 芯片，以及 LED、拨码开关等外设。

RSA 算法核同样进行了 FPGA 原型验证和 ASIC 设计。在 Xilinx 开发板上做 FPGA 测试，RSA 算法核共使用 7074 个 LUT，主频约为 20MHz。根据本章蒙哥马利模乘模块的运算流程分析，1024bit RSA 运算共需执行 1026 次模乘，单次模乘所需要的时钟周期数为 2×(1024+2)+1=2053，估算 RSA 算法核数据传输速率约为 10kbps。

图 15-41 AES 芯片测试用 PCB 照片

在华虹 40nm 工艺下对 RSA 算法核进行了详细的物理设计，综合后标准单元面积为 $94552\mu m^2$，主频可达到 102.2MHz。对其进行详细的物理设计后，面积为 $129600\mu m^2$ ($360\mu m \times 360\mu m$)，版图后的静态时序分析结果与综合后一致，可以估算一次 RSA 加密所需要的时间为 20.59ms，数据传输速率估算为 49.73kbps，与 FPGA 实现方案相比，数据传输速率提升了约 4 倍，对比同为低开销 ASIC 实现 RSA 算法核的其他方案，如表 15-13 所示，本设计所用等效门数与文献 4 相比减少了 29.5%。

表 15-13　RSA 算法核 ASIC 实现与其他文献的对比

文献	工艺 nm	吞吐率/kbps	面积/k-gates	吞吐率面积比/(kbps/k-gates)
4	130	433.04	139	3.12
5		48.75	94	0.52
6	130	292.00	165	1.77
本设计	40	49.73	98	0.51

本章所设计的协处理器在 Xilinx FPGA 开发板上完成了 SoC 的整合与测试，配合蜂鸟 E203 MCU 可以顺利使用协处理器完成 AES、RSA 的加/解密任务。如表 15-14 所示，与使用通用运算器运算的无扩展指令程序相比，AES 运算速度提升了 234.43 倍，RSA 运算速度提升了 239.91 倍。

表 15-14　AES/RSA 算法有/无扩展指令所用时钟周期对比

算法	有扩展指令	无扩展指令	缩减比率
AES	179	41906	99.58%
RSA	2107805	507805632	99.58%

协处理器在台积电 12nm 工艺下完成了详细的可测性设计，协处理器综合后总面积为 $24559\mu m^2$，库内单个或非门面积为 $0.11\mu m^2$，估算使用门数为 222k。电路门数要比两个算法核单独相加多出 41%，主要原因是协处理器中添加的存储单元占用了较多的面积资源以及可测性逻辑的资源占用。可测性设计完成后自动生成测试向量 1039 条，测试覆盖率达到 85%。

本章习题

1. 什么叫领域专用体系结构？它有哪些优点？
2. 本章所设计的 SoC 包括哪些模块？
3. 用于密码协处理器的扩展指令是如何定义的？
4. 基于 FPGA 实现的 AES 算法核的性能、规模如何？
5. 基于 FPGA 实现的 RSA 算法核的性能、规模如何？
6. 基于 FPGA 实现的 SoC 占用多少个 LUT？
7. 基于 ASIC 实现的 AES 算法核的性能、规模如何？
8. 基于 ASIC 实现的 RSA 算法核的性能、规模如何？

参考文献

[1] Mentor Graphics Corporation. ModelSim SE Tutorial（Version 6.0c）. 2005. 1.

[2] Mentor Graphics Corporation. ModelSim SE Tutorial（V10.1a）.

[3] Altera Corporation. Introduction to the Quartus Ⅱ Software（Version 8.1）.

[4] Altera Corporation. Quartus Ⅱ简介. 2003. 6.

[5] 林丰成，竺红卫，李立．数字集成电路设计与技术［M］. 北京：科学出版社，2008.

[6] 杨之廉，申明．超大规模集成电路设计方法学导论［M］. 2版．北京：清华大学出版社，1999.

[7] 陈贵灿，张瑞智，程军．大规模集成电路设计［M］. 北京：高等教育出版社，2005.

[8] Scheffer L，Lavagno L，Martin G. 集成电路实现、电路设计与工艺［M］. 陈力颖，等译．北京：科学出版社，2008.

[9] Rabaey J M，Chandrakasan A，Nikolic B. 数字集成电路——电路、系统与设计［M］. 2版．周润德，等译．北京：电子工业出版社，2004.

[10] Wolf W. 现代VLSI设计——基于IP核的设计［M］. 4版．李东生，等译．北京：电子工业出版社，2011.

[11] 李亚民．计算机组成与系统结构［M］. 北京：清华大学出版社，2000.

[12] Li Ping，Lin Yaping. A protocol for designated confirmer signatures based on RSA cryptographic algorithms［C］. AINA 2005. 19th International Conference，2005，2（3）：28-30.

[13] Sudhakar M，Kamala R V，Srinivas M B. An efficient，reconfigurable and unified Montgomery multiplier architecture. Proceedings［J］. India：IEEE/ACM VLSI Design，2007（1）：6-10，75-755.

[14] Wolf W. 基于FPGA的系统设计［M］. 闫敬文，等译．北京：机械工业出版社，2006.

[15] Panu H，Liu N，Marko H，et al. Acceleration of modular exponentiation on system-on-a-programmable-chip. Tampere，Finland：Proc. of IEEE International Symposium on System-on-Chip，2005：11-15，14-17.

[16] 郭炜，魏继增，郭筝，等．SoC设计方法与实现［M］. 3版．北京：电子工业出版社，2017.

[17] 胡振波．手把手教你设计CPU——RISC-V处理器篇［M］. 北京：人民邮电出版社，2018.

[18] 叶以正，来逢昌．集成电路设计［M］. 北京：清华大学出版社，2011.